技能应用速成系列

ABAQUS 有限元分析从入门到精通
（第2版）

CAX 技术联盟
陈海燕　编著

電子工業出版社
Publishing House of Electronics Industry
北京 · BEIJING

U0811694

内 容 简 介

ABAQUS 是国际上比较流行的、被誉为功能最强大的有限元分析软件之一，特别是在非线性分析领域，它可以分析复杂的工程力学问题，具有驾驭庞大求解规模的能力。

本书以 ABAQUS 6.14 最新版本为讲解对象，由浅入深地讲解 ABAQUS 仿真计算的各种功能。全书分为两部分共 18 章，其中基础部分包括 ABAQUS 的基本操作、前处理、网格划分、相互作用定义、分析及后处理等内容，案例分析部分包括结构静力学、接触问题、材料非线性、结构动力学、热应力、多体系统、显式非线性、多步骤分析、用户子程序、复杂工程分析等内容。本书每个实例都以图文并茂的形式详细介绍 ABAQUS/CAE 的操作流程，并对 INP 文件进行细致的解释。此外，书中还着重讨论了用户常犯的错误和经常遇到的疑难问题，以及常见的错误信息和警告信息，并给出了相应的解决方法。

本书结构严谨、条理清晰、重点突出，适合 ABAQUS 初学者和中级用户使用，既可以供大中专院校理工科相关专业学生学习，也可以作为工程技术人员的参考用书。

未经许可，不得以任何方式复制或抄袭本书之部分或全部内容。
版权所有，侵权必究。

图书在版编目（CIP）数据

ABAQUS 有限元分析从入门到精通 / CAX 技术联盟，陈海燕编著. —2 版. —北京：电子工业出版社，2015.9
（技能应用速成系列）
ISBN 978-7-121-26972-1

Ⅰ. ①A… Ⅱ. ①陈… Ⅲ. ①有限元分析—应用软件 Ⅳ. ①O241.82-39

中国版本图书馆 CIP 数据核字（2015）第 195655 号

策划编辑：许存权
责任编辑：许存权　　特约编辑：谢忠玉　冯彩茹
印　　刷：北京虎彩文化传播有限公司
装　　订：北京虎彩文化传播有限公司
出版发行：电子工业出版社
　　　　　北京市海淀区万寿路 173 信箱　邮编　100036
开　　本：787×1 092　1/16　印张：32.5　字数：832 千字
版　　次：2015 年 9 月第 1 版
印　　次：2022 年 1 月第 7 次印刷
定　　价：69.00 元

凡所购买电子工业出版社图书有缺损问题，请向购买书店调换。若书店售缺，请与本社发行部联系，联系及邮购电话：（010）88254888。

质量投诉请发邮件至 zlts@phei.com.cn，盗版侵权举报请发邮件至 dbqq@phei.com.cn。

服务热线：（010）88258888。

前言

ABAQUS 被誉为国际上功能最强大的有限元分析软件之一，特别是在非线性分析领域，它可以分析复杂的工程力学问题，融结构、传热学、流体、声学、电学，以及热-固耦合、流-固耦合、热-电耦合、声-固耦合于一体，具有驾驭庞大求解规模的能力。

ABAQUS 在很多国家得到了广泛应用，用户分布于机械、土木、水利、航空航天、船舶、电器、汽车等各个工程领域。近年来，我国的 ABAQUS 用户也迅速增长，使得 ABAQUS 在大量的高科技产品的研发过程中发挥了巨大的作用。

ABAQUS 不仅可以做单一部件的力学和复杂物理场的分析，而且可以处理多系统的分析，这一特点相对于其他软件是独一无二的。

广大 ABAQUS 用户，尤其是初学者都面临一个普遍问题，即如何快速有效地理解和掌握 ABAQUS 丰富的分析功能和操作方法。因此，一本系统的 ABAQUS 教材是每个 ABAQUS 用户的必备参考书。

1．本书特色

本书由多年从事 ABAQUS 实践工作的一线从业人员编写，在编写过程中，不仅注重绘图技巧的介绍，还重点讲解 ABAQUS 和工程实际的关系，本书主要有以下几个特色。

- ✧ 本书以基础和实例详解并重，既是 ABAQUS 初学者的学习教材，也可作为对 ABAQUS 有一定基础的用户制订工程问题分析方案、精通高级前后处理与求解技术的参考书。
- ✧ 本书内容编排上注意难易结合，每一章首先给出一个简单实例，使读者一目了然地了解该类问题的特点和分析方法，然后给出一个或者多个复杂实例，帮助读者掌握相关的高级技巧。
- ✧ 本书内容全面，在编写过程中遵循的原则是：除详细讲解基本的知识外，还介绍 ABAQUS 在各个行业中的应用（几乎包含了机械分析的所有内容），让读者在掌握基本操作技巧的同时，也对机械设计行业有一个大致的了解，这是我们要达到的目标。
- ✧ 本书图文并茂，帮助读者快速入门。本书详细介绍了 ABAQUS 各个功能模块的常用设置和使用技巧，帮助读者全面了解 ABAQUS 有限元软件。
- ✧ 本书详细介绍了每个工程实例的操作步骤，读者可以很轻松地按照书中的提示，一步步地完成软件操作。用醒目的提示指出了读者容易遇到的困扰和错误操作，给出了每个案例的 INP 文件（input file），并对其中的重要部分给出了注释。

2．重点内容

本书基于 ABAQUS 6.14 版本编写，分为两部分，第一部分为基础部分，第二部分是根据 ABAQUS 的应用领域而编写的计算案例。通过这两个部分的介绍，使读者对 ABAQUS 有一个充分的认识和理解，从而快速地掌握 ABAQUS 的应用。

第一部分：基础知识。主要介绍 ABAQUS 的基础知识，包括 ABAQUS 的基本操作、前处理、网格划分、分析及后处理等内容。具体章节安排如下：

第 1 章 ABAQUS 概述　　第 2 章 前处理模块
第 3 章 相互作用定义　　第 4 章 划分网格
第 5 章 分析和后处理

第二部分：应用案例分析。主要从 ABAQUS 所能求解的实际物理问题入手，给出其具体的计算案例，主要内容包括结构静力学、接触问题、材料非线性、结构动力学、热应力、多体系统等。具体章节安排如下：

第 6 章 结构静力学分析　　第 7 章 接触问题分析
第 8 章 材料非线性分析　　第 9 章 结构动力学分析
第 10 章 热应力分析　　第 11 章 多体系统分析
第 12 章 显式非线性动态分析　　第 13 章 多步骤分析
第 14 章 用户子程序　　第 15 章 复杂工程分析

本书附录给出了 ABAQUS 在分析过程中经常遇到的错误和警告，以及常用的解决方法。本书重要案例的模型和 INP 文件，读者可以在作者博客中下载，或到华信教育资源网（http://www.hxedu.com.cn），找到本书页面，即可下载。

3．读者对象

本书适合 ABAQUS 初学者和期望提高利用 ABAQUS 进行有限元仿真分析计算能力的读者，具体包含如下：

★ 相关从业人员
★ 初学 ABAQUS 的工程技术人员
★ 大中专院校理工科学生
★ 相关培训机构的教师和学员
★ 参加工作实习的“菜鸟”
★ ABAQUS 爱好者

4．本书作者

本书主要由陈海燕编著，其他参与编写的还有张亮亮、吴光中、黄志国、石良臣、刘冰、林晓阳、唐家鹏、丁金滨、王菁、吴永福、张小勇、温正、李昕、刘成柱、乔建军、张迪妮、张岩、凌桂龙、郭海霞、王芳。虽然作者在编写过程中力求叙述准确、完善，但由于水平有限，书中会有欠妥之处，请读者及各位同行批评指正，我们将不甚感激。

5．读者服务

为了方便解决本书疑难问题，读者在学习过程中遇到与本书有关的技术问题，可以发邮件到邮箱 caxbook@126.com，或访问作者博客 http://blog.sina.com.cn/caxbook，编者会尽快给予解答，我们将竭诚为您服务。

编者

目录

第一部分 基础知识

第二部分 应用案例分析

第一部分 基础知识

第1章 ABAQUS 概述

ABAQUS 是一款功能强大的有限元分析软件，本章将简要介绍 ABAQUS 的使用环境和软件发展历程。ABAQUS 提供了强大的帮助文件系统，并且包含一套完整的帮助文档。通过本章的学习，使读者了解利用 ABAQUS 软件进行有限元分析的一般步骤和其特有的模块化处理方式。

教学目标

（1）了解 ABAQUS 的简介和使用环境。

（2）掌握 ABAQUS 的文件系统。

（3）熟悉 ABAQUS 帮助文档。

1.1 ABAQUS 简介

ABAQUS 是一款功能强大的有限元分析软件，它既可以完成简单的有限元分析，也可以用来模拟非常庞大复杂的模型，解决工程实际中大型模型的高度非线性问题。

ABAQUS 由世界知名的有限元分析软件公司——ABAQUS 公司（原为 HKS 公司，即 Hibbitt, Karlsson & Sorensen, INC.，2005 年被法国达索公司收购，2007 年公司更名为 SIMULIA）于 1978 年推出。

ABAQUS 软件是在计算机硬件和软件高速发展的背景下应运而生的，并根据用户反馈的信息不断解决新的技术难题与软件更新，使得其逐步完善。

具体而言，ABAQUS 不仅能进行有效的静态和准静态的分析、瞬态分析、模态分析、弹塑性分析、接触分析、碰撞和冲击分析、爆炸分析、屈服分析、断裂分析、疲劳和耐久性分析等结构和热分析，而且可以进行流—固耦合分析、声场和声—固耦合分析、压电和热—电耦合分析、热—固耦合分析、质量扩散分析等。

ABAQUS 在很多国家得到了广泛应用，用户分布于机械、土木、水利、航空航天、船舶、电器、汽车等各个工程领域。近年来，我国的 ABAQUS 用户也迅速增长，使得 ABAQUS 在大量的高科技产品的研发过程中发挥了巨大的作用。

ABAQUS 使用非常简便，很容易建立复杂问题的模型。对于大多数数值模拟，用户只需要提供结构的几何形状、边界条件、材料性质、载荷情况等工程数据。对于非线性问题的分析，ABAQUS 能自动选择合适的载荷增量和收敛准则，在分析过程中对这些参数进行调整，保证结果的精确性。

此外，ABAQUS 基于其丰富的单元库，可以用于模拟各种复杂的几何形状，并且拥有丰富的材料模型库，可用于模拟绝大多数的常见工程材料，如金属、聚合物、复合材料、橡胶、可压缩的弹性泡沫、钢筋混凝土及各种地质材料等。

1.2 ABAQUS 分析模块

ABAQUS 包括三个主要的分析模块：ABAQUS/Standard、ABAQUS/Explicit 和 ABAQUS/CFD。此外，ABAQUS/Standard 中还附带了 ABAQUS/Aqua、ABAQUS/Design 及 ABAQUS/Foundation 三个特殊用途的分析模块。另外，ABAQUS 还提供了 MOLDFLOW 接口和 ADAMS 接口。

ABAQUS/CAE 的集成工作环境，包括 ABAQUS 的模型建立、交互式提交作业、监控运算过程及结果评估等能力，如图 1-1 所示。本书主要介绍 ABAQUS/CAE、ABAQUS/Standard 及 ABAQUS/Explicit 的基本应用，特殊需求的用户可参阅 *ABAQUS/CAE User's Manual* 等帮助文档。

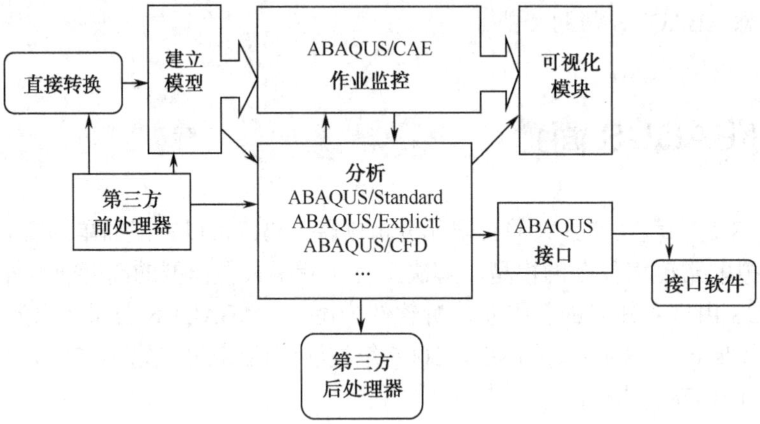

图 1-1　ABAQUS 产品

1. ABAQUS/Standard

ABAQUS/Standard 是一个通用的分析模块。它能够求解广泛领域的线性和非线性问题，包括静态分析、动力分析、结构热响应分析，以及其他复杂非线性耦合物理场的分析。

ABAQUS/Standard 为用户提供了动态载荷平衡的并行稀疏矩阵求解器、基于域分解并行迭代求解器和并行的 Lanczos 特征值求解器，可以对包含各种大规模计算的问题进行非常可靠的求解，并进行一般过程分析和线性摄动过程分析。

2. ABAQUS/CAE

ABAQUS/CAE（Complete ABAQUS Environment）是 ABAQUS 的交互式图形环境。它可以便捷地生成或者输入分析模型的几何形状，为部件定义材料特性、边界条件、载荷等模型参数。

ABAQUS/CAE 具有强大的几何体划分网格功能，可以检测所形成的分析模型，并在模型生成后提交、监视和控制分析作业，最后通过 Visualization 可视化模块显示得到的结果。

ABAQUS/CAE 是目前为止唯一采用“特征”（feature-based）参数化建模方法的有限元前处理程序。用户可通过拉伸、旋转、放样等方法来创建参数化几何体，也可以导入各种通用 CAD 系统建立的几何体，并运用参数化建模方法对模型进行编辑。

在 ABAQUS/CAE 中，用户能够方便地根据个人的需求设置 ABAQUS/Standard 或 ABAQUS/Explicit 对应的材料模型和单元类型，并进行网格划分。对部件间的接触、耦合、绑定等相互作用，ABAQUS 也能够方便地定义。

3. ABAQUS/Explicit

ABAQUS/Explicit 为显式分析求解器，适用于模拟短暂、瞬时的动态事件，以及求解冲击和其他高度不连续问题；此外，它对处理改变接触条件的高度非线性问题也非常有效，能够自动找出模型中各部件之间的接触对，高效地模拟部件之间的复杂接触，如模拟成型问题。它的求解方法是在短时间域内以很小的时间增量步向前推出结果，而无须在每个增量步求解耦合的方程系统和生成总刚。

ABAQUS/Explicit 拥有广泛的单元类型和材料模型，但是它的单元库是 ABAQUS/Standard 单元库的子集。它提供的基于域分解的并行计算仅可进行一般过程分析。此外，需要注意的是，ABAQUS/Explicit 不但支持应力/位移分析，而且支持耦合的瞬态温度/位移分析、声—固耦合的分析。

可见，ABAQUS/Explicit 和 ABAQUS/Standard 具有各自的适用范围，它们互相配合使得 ABAQUS 功能更加灵活和强大。有些工程问题需要两者结合使用，以一种求解器开始分析，分析结束后将结果作为初始条件交给另一种求解器继续进行分析，从而结合显式和隐式求解技术的优点。

4. ABAQUS/CFD

ABAQUS/CFD 是 ABAQUS 新增加的流体仿真模块，新模块的增加使得 ABAQUS 能够模拟层流、湍流等流体问题，以及热传导、自然对流问题等流体传热问题。该模块的增加使得流体材料特性、流体边界、载荷，以及流体网格等与流体相关的前处理定义等都可以在 ABAQUS/CAE 里完成，同时还可以用 ABAQUS 输出等值面、流速矢量图等多种流体相关后处理结果。ABAQUS/CFD 使得 ABAQUS 在处理流—固耦合问题时拥有更优秀的表现，配合使用 ABAQUS/Explicit 和 ABAQUS/Standard，使得 ABAQUS 更加灵活和强大。

5. ABAQUS/View

ABAQUS/View 是 ABAQUS/CAE 的子模块，后处理功能中的可视化模块（Visualzation）就包含其中。

6. ABAQUS/Design

ABAQUS/Design 扩展了 ABAQUS 设计敏感度分析（DSA）中的应用。设计敏感度分析可用于预测设计参数变化对结构响应的影响。它是一套可选择模块，可以附加到 ABAQUS/Standard 模块。本书将不介绍该模块。

7. ABAQUS/Aqua

ABAQUS/Aqua 也是 ABAQUS/Standard 的附加模块，它主要用于海洋工程，可以模拟近海结构，也可以进行海上石油平台导管和立架的分析、基座弯曲的计算和漂浮结构的研究及 J 管道的受拉模拟。它的其他一些功能包括模拟稳定水流和波浪，对受浮力和自由水面上受风载的结构进行分析。本书将不介绍该模块。

8. ABAQUS/Foundation

ABAQUS/Foundation 是 ABAQUS/Standard 的一部分，它可以更经济地使用 ABAQUS/Standard 的线性静态和动态分析。本书将不介绍 ABAQUS/Foundation 模块的使用。

9. MSC.ADAMS 接口

ABAQUS 的 MSC.ADAMS 接口是基于 ADAMS/Flex 的子模态综合格式，它是 ABAQUS/Standard 的交互产品，使用户能够将 ABAQUS 同机械系统动力学仿真软件 MSC.ADAMS 一起配合使用，可将 ABAQUS 中的有限元模型作为柔性部分输入到 MSC.ADAMS 系列产品中。本书将不介绍该模块。

10. MOLDFLOW 接口

ABAQUS 的 MOLDFLOW 接口是 ABAQUS/Explicit 和 ABAQUS/Standard 的交互产品，使用户能将注塑成型软件 MOLDFLOW 与 ABAQUS 配合使用，将 MOLDFLOW 分析软件中的有限元模型信息转换成 INP 文件的组成部分。本书将不介绍该模块。

1.3 ABAQUS 使用环境

ABAQUS/CAE 是完整的 ABAQUS 运行环境，它为生成 ABAQUS 模型、交互式的提交作业、监控和评估 ABAQUS 运行结果提供了一个一致的、风格简单的界面。

ABAQUS 分成若干个功能模块，每个模块定义了模拟过程中的一个逻辑步骤，例如，生成部件、定义材料属性、网格划分等。完成一个功能模块的操作后，可以进入下一个功能模块，逐步建立分析模型。

ABAQUS/Standard 或者 ABAQUS/Explicit 读入由 ABAQUS/CAE 生成的输入文件进行分析，将信息反馈给 ABAQUS/CAE 来让用户对作业进程进行监控，并生成输出数据库。最后，用户可通过 ABAQUS/CAE 的可视化模块读入输出的数据库，进一步观察分析的结果。

在操作过程中，会生成一个包含 ABAQUS/CAE 操作命令的执行文件（rpy 文件），它是 ABAQUS 文件系统的组成部分。下面将简要介绍 ABAQUS 的使用环境。

1.3.1 启动 ABAQUS/CAE

在操作系统的命令提示符中输入如下命令：

abaqus cae

这里 abaqus 是运行 ABAQUS 的命令。不同的系统可能会有所不同。

当 ABAQUS/CAE 启动以后，会出现 Start Session（开始任务）对话框，如图 1-2 所示。下面将介绍对话框中的选项。

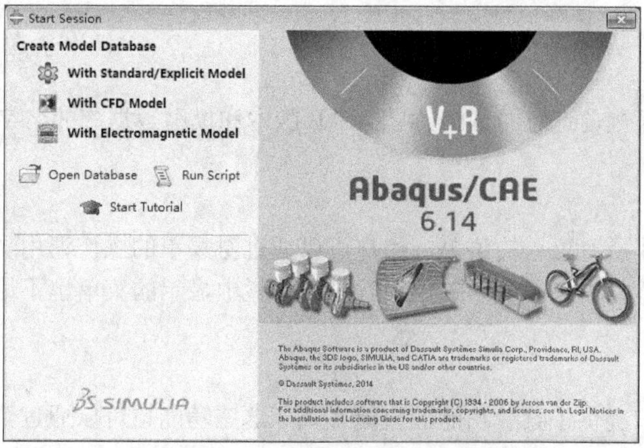

图 1-2 Start Session 对话框

（1）Create Model Datebase：开始一个新的分析过程。用户可根据自己的问题建立 Standard/Explicit Model、CFD Model 或 Electromagnetic Model。

（2）Open Database：打开一个以前存储的模型或者输入/输出数据库文件。

（3）Run Script：运行一个包含 ABAQUS/CAE 命令的文件。

（4）Start Tutorial：单击后将打开 ABAQUS 的辅导教程在线文档。

1.3.2 ABAQUS 的主窗口

用户可以通过主窗口与 ABAQUS/CAE 进行交互，图 1-3 中显示了主窗口的各个组成部分。

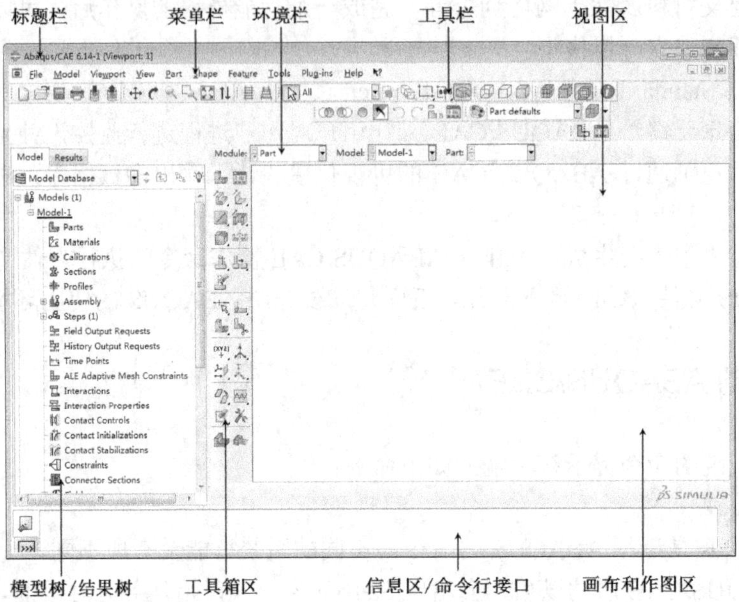

图 1-3 主窗口的各个组成部分

1. 标题栏

标题栏显示了当前运行的 ABAQUS/CAE 版本和模型数据库的名字。

2. 菜单栏

菜单栏显示了所有可用的菜单，用户可以通过对菜单的操作调用 ABAQUS/CAE 的各种功能。在环境栏中选择不同的模块时，菜单栏中显示的菜单也不尽相同。

3. 工具栏

工具栏给用户提供了菜单功能的快捷方式，这些功能也可以通过菜单进行访问。

4. 环境栏

ABAQUS/CAE 由一组功能模块组成，每一模块针对模型的某一方面。用户可以在环境栏中的 Module（模块）列表中的各个模块之间进行切换。

提 示

环境栏中的其他项是当前操作模块的相关功能。如用户在创建模型的几何形状时，可以通过环境栏提取出一个已经存在的部件（Part）。

（1）画布和作图区。可以把画布和作图区比作为一个无限大的屏幕，用户在其上摆放视图区域（viewport）。作图区则是当前显示的部分。

（2）提示区。用户在 ABAQUS/CAE 中进行的各种操作都会在提示栏得到相应的提示。例如，当在作图区画一个矩形时，提示区会提示用户输入相应的点信息。

（3）视图区。ABAQUS/CAE 通过在画布上的视图区显示用户的模型。

（4）工具箱区。当用户进入某一功能模块时，工具箱会显示该功能模块相应的工具箱。工具箱的存在使得用户可以方便地调用该模块的许多功能。

（5）命令行接口。使用 ABAQUS/CAE 利用内置的 Python 编译器，在使用命令行接口输入 Python 命令和数学表达式。

提 示

接口中包含了主要（>>>）和次要（...）提示符，随时提示用户安装 Python 的语法输入命令行。

（6）信息区。ABAQUS/CAE 在信息区显示状态信息和警告。通过拖动其顶边可以改变信息区的大小写；利用滚动条可以查阅已经滚出信息区的信息。信息区在默认状态下是显示的，这里同时也是命令行接口的位置。

提 示

通过窗口信息区左侧的 Message Area（信息区）按钮和 Command Line Interface（命令行接口）按钮可以进行切换。

1.3.3 ABAQUS/CAE 功能模块

如前所述，ABAQUS/CAE 划分为一系列的功能单元，称为功能模块。每一个功能模块都只包含与模拟作业的某一指令部分相关的一些工具。例如，Part（部件）模块只包含生成几何模型的部件，而 Mesh（网格）模块只包含生成有限元网格的工具。

用户可以从环境栏中的 Module（模块）列表中选择进入各个模块，如图 1-4 所示。列表中的模块次序与创建一个分析模型应遵循的逻辑次序应该是一致的。例如，用户在生成 Assembly（装配件）前必须先生成 Part（部件）。

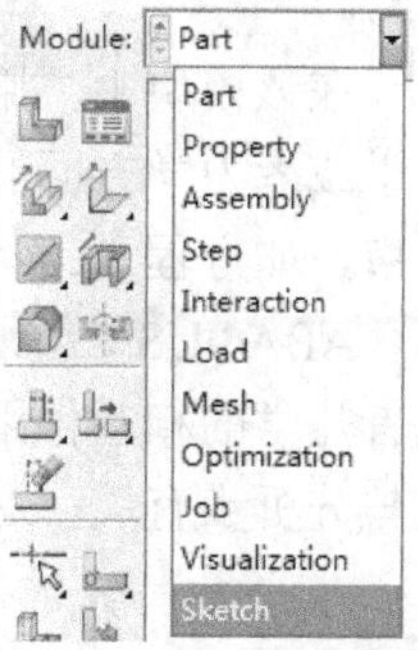

图 1-4 选择一个模块

当然，ABAQUS/CAE 也允许用户在任何时刻选择任一个模块进行工作，而无须关注模型的当前状态。然而，这种操作会受到明显的限制。例如，像悬臂梁横截面尺寸一类的截面性质就不能指定到一个未生成的几何体上。

下面列出了 ABAQUS/CAE 的各个模块，并简要介绍了为建立一个模型需要在各个模块可能进行的模拟任务。所列次序与图 1-4 中列出的顺序一致。

1. 生成 Part（部件）

Part 模块用于创建各个单独的部件，用户可以在 ABAQUS/CAE 环境中用图形工具直接生成，也可以从第三方图形软件导入部件的几何形状。

提 示

更详细的信息可查询《ABAQUS/CAE 用户手册》第 15 章 The Part Module。

2. 定义 Property（特性）

整个部件中的任一个部分的特征，如与该部分有关的材料性质定义和截面几何形状，包含在截面（section）定义中。在该模块下，用户可以定义截面和材料，并将它们赋予部件的某一部分。

提 示

详细信息请查阅《ABAQUS/CAE 用户手册》第 16 章 The Property Module。

3. 创建 Assembly（装配）

创建一个部件时，部件存在于自己的局部坐标系中，独立于模型的其他部分。用户可以应用该模块建立部件的实例，并且将这些实例相对于其他部件定位于总体坐标系之中，从而构成一个装配件。一个 ABAQUS/CAE 模型只能包含一个装配件。

4. 创建 Step（分析步）

用户可以应用 Step 模块生成和构建分析步，并与输出需求联系起来。分析步序列给模拟过程的变化提供了方便的途径（如变载荷和变边界问题）。可以根据需要，在分析步之间更改输出变量。

5. 创建 Interaction（相互作用）

在该模块中，用户可指定模型各区域之间或者模型的一个区域与周围环境之间的热力学或者力学方面的相互作用，如两个传热的接触表面。其他可以定义的相互作用包括约束，如方程（equation）和刚体（rigid body）约束、绑定（tie）。

ABAQUS/CAE 不会自动识别部件实体之间或者一个装配件的各个区域之间的力学或者热学的相互作用，用户要实现该需求，必须在相互作用模块指定接触关系。相互作用与分析步有关，这就意味着用户必须规定相互作用是在哪个分析步起作用的。

6. 定义 Load（载荷）

在载荷模块中指定载荷、边界条件和场变量。边界条件和载荷与分析步有关，这就说明用户必须指定载荷和边界条件在哪些分析步骤中起作用。某些场变量仅作用于分析的初始阶段，而其他的场变量与分析步有关。

7. 划分 Mesh（网格）

Mesh 模块包含了与 ABAQUS/CAE 为装配件生成网格所需要的网格划分工具。利用所提供的各个层次上的自动划分和控制工具，用户可以生成满足自己需要的网格。

8. 提交 Job（作业）

一旦完成了所有定义模型的任务，用户就可以用 Job 模块分析计算模型。该模块允许用户交互地提交分析作业并进行监控。可以同时提交多个模型和运算并对其进行监控。

9. Optimization（优化）

优化模块提供了对有限元模型的优化分析功能。用户根据具体的优化目标与限制条件，从而得出优化后的模型，有助于改进结构或性能。

10. Visulization（可视化）

可视化模块提供了有限元模型和分析结果的图像显示。它从数据库中获得模型和结果信息，通过 Step 修改输出要求，从而用户可以控制写入数据库中的信息。

11. Sketch（草图）

Sketch 是二维轮廓图，用来帮助形成几何形状，定义 ABAQUS/CAE 可以识别的部件。应用 Sketch 模块创建草图，定义二维平面部件、梁、剖面，或者创建一个草图，然后通过拉伸、扫掠或者旋转的方式将其形成三维部件。

> **注 意**
>
> 在功能模块进行切换时，主窗口中的环境栏、工具箱区和菜单栏的内容也会发生相应的改变。用户在环境栏的 Module 列表中选择一个模块，将使环境栏、工具箱栏和菜单栏产生变化。

1.4 ABAQUS 文件系统

ABAQUS 最主要的文件是数据库文件。除此之外，还包括日志文件、信息文件、用于重启动的文件、用于结果转换的文件、输入/输出文件、状态文件等。

有些临时文件在运行中产生，但在运行结束后自动删除。下面介绍几种重要的 ABAQUS 文件系统，在此约定 job-name 表示分析作业的名称，model-data-name 表示数据库文件。

1. 数据库文件

数据库文件包括两种：cae 文件（model-data-name.cae），又称模型数据库文件；odb 文件（job-name.odb），即结果文件。

✧ cae 文件在 ABAQUS/CAE 中可直接打开，其中包含模型的几何信息、网格信息、载荷信息等各种信息和分析任务。

✧ odb 文件在 ABAQUS/CAE 中可直接打开，也可以输入到 cae 文件中作为 Part 或者 Model。它包含 Step 功能模块中定义的场变量和历史变量输出结果。

2. 日志文件

日志文件又称 log 文件（job-name.log），属于文本文件，用于记录 ABAQUS 运行的起止时间。

3. 数据文件

数据文件又称 dat 文件（job-name.dat），属于文本文件，用于记录数据和参数检查、内存和磁盘估计等信息，并且预处理 inp 文件时产生的错误和警告信息也包含在内。

注 意

dat 文件中输出用户自定义的 ABAQUS/Standard 的结果数据，而 ABAQUS/Explicit 的结果数据则不会写入该文件。

4. 信息文件

信息文件有四类：msg 文件（job-name.msg）、ipm 文件（job-name.ipm）、prt 文件（job-name.prt）及 pac 文件（job-name.pac）。

✧ msg 文件属于文本文件，它详细记录了计算过程总的平衡迭代次数、计算时间、错误、警告、参数设置等信息。

✧ imp 文件又称内部过程信息文件。顾名思义，它在 ABAQUS/CAE 分析时开始启动，记录从 ABAQUS/Standard 或 ABAQUS/Explicit 到 ABAQUS/CAE 的过程日志。

✧ prt 文件包含模型的部件和装配信息，在重启动分析时需要用到该文件。

✧ pac 文件包含模型信息，它仅用于 ABAQUS/Explicit，在重启动分析时需要。

5. 状态文件

状态文件包括三类：sta 文件（job-name.sta）、abq 文件（job-name.abq）和 stt 文件（job-name.stt）。

✧ sta 文件属于文本文件，其包含分析过程信息。

✧ abq 文件仅用于 ABAQUS/Explicit，记录分析、继续和恢复命令，在重启动分析时需要用到该文件。

✧ stt 文件称为状态外文件，是允许数据检查时产生的文件，在重启动分析时需要用到它。

6. 输入文件

inp 文件（job-name.inp），属于文本文件，在 Job 功能模块中提交任务时或者单击分析作业管理器中 Wirte Input 按钮时生成。此外，它也可以通过其他有限元前处理软件生成。

inp 文件可以输入到 ABAQUS/CAE 中作为 Model（模型），也可以由 ABAQUS Command 直接运行。inp 文件包含模型的节点、单元、截面、材料属性、集合、边界条件、载荷、分析步及输出设置等信息，但没有模型的几何信息。

7. 结果文件

结果文件分为三类：fil 文件（job-name.fil）、psr 文件（job-name.psr）和 sel 文件（job-name.sel）。

✧ fil 文件是可被其他软件读入的结果数据格式。记录 ABAQUS/Standard 的分析结果，如果 ABAQUS/Explicit 的分析结果要写入 fil 文件，则需要转换。

✧ psr 文件是文本文件，是参数化分析时要求的输出结果。

✧ sel 文件又称结果选择文件，用于结果选择，仅适用于 ABAQUS/Explicit，在重启动分析时需要用到该文件。

8. 模型文件

mdl 文件（job-name.mdl），是在 ABAQUS/Standard 和 ABAQUS/Explicit 中运行数据并进行检查后产生的文件，在重启动时需要用到该文件。

9. 保存命令文件

保存命令文件分为三类：jnl 文件（model-data-name.mdl）、rpy 文件（abaqus.rpy）和 rec 文件（model-data-name.rec）。

✧ jnl 文件是文本文件，包含用于复制已存储的模型数据库的 ABAQUS/CAE 命令。

✧ rpy 文件用于记录一次 ABAQUS/CAE 所运用的所有命令。

✧ rec 文件包含用于恢复内存中模型数据库的 ABAQUS/CAE 命令。

10. 脚本文件

psf 文件（job-name.psf）是用户参数研究（parametric study）时需要创建的文件。

11. 重启动文件

res 文件（job-name.res）用 STEP 功能模块进行定义。

12. 临时文件

ABAQUS 还会生成一些临时文件，可以分为两类：ods 文件（job-name.ods）和 lck

文件（job-name.lck）。

✧ ods 文件用于记录场输出变量的临时运算结果，运行后自动删除。

✧ lck 文件用于阻止并发写入输出数据库，关闭输出数据库后自动删除。

1.5 ABAQUS 帮助文档

ABAQUS 为用户提供了便捷和详实的帮助文档，帮助各个层次的用户完成自己的分析。下面将对 ABAQUS 的帮助文档进行简单的讲解。

1.5.1 ABAQUS 帮助文档的内容

ABAQUS 具有一套内容完整和充实的文档。除非特殊说明，用户都可从 SIMULIA 网站获得，常用的文档如下。

（1）《ABAQUS 入门指南》（*Getting Started with ABAQUS*）。

该手册是针对初学者的入门指南，指导用户如何使用 ABAQUS/CAE 生成模型、使用 ABAQUS/CAE、ABAQUS/Explicit 或者 ABAQUS/CFD 进行分析，然后在可视化模块中观察结果。

（2）《ABAQUS 在线文档使用》（*Using ABAQUS Online Document*）。

该在线手册的主要内容是指导用户如何阅读和搜索 ABAQUS 在线文档。

（3）《ABAQUS 分析用户手册》（*ABAQUS Analysis User's Manual*）。

这是最常见的 ABAQUS 手册，包含 ABAQUS 所有功能的参考手册，如单元、材料模型、分析过程、输入格式等内容。

（4）《ABAQUS/CAE 用户手册》（*ABAQUS/CAE User's Manual*）。

该手册通过三个便于理解的教程说明了如何运用 ABAQUS/CAE 生成模型、分析和评估结果、可视化。

（5）《ABAQUS 关键词参考手册》（*ABAQUS Keywords Reference Manual*）。

该手册包括了对 ABAQUS 中全部关键词的完整描述，包括对其参数和数据行的说明。

（6）《ABAQUS 实例手册》（*ABAQUS Example Problems Manual*）。

该手册包含许多详细的实例，用来演示那些具有意义的线性和非线性计算分析的方法和结果。每一个例题的说明中都包括了对单元类型和网格密度的讨论。

（7）《ABAQUS 基准校对手册》（*ABAQUS Benchmark Manual*）。

该手册只有在线的版本，包括了用来评估 ABAQUS 特性的基准问题和标准分析（如 NAFEMS 基准问题），其结果与精确解和其他已经发表的结果进行了比较。这些问题对于学习各种单元和材料模型的性质会有很大的帮助。

（8）《ABAQUS 验证手册》（*ABAQUS Verification Manual*）。

该手册只有网上版本，包括对 ABAQUS 每一个特定功能（如分析过程、多点约束、输出选项等）的基本测试问题。

（9）《ABAQUS 理论手册》（*ABAQUS Theory Manual*）。

该手册只有在线版本，对 ABAQUS 理论方面进行了详尽而严谨的探讨，该内容面向具有一定工程背景的用户，并不需要作为日常参考。

1.5.2 如何使用 ABAQUS 帮助文档

下面介绍如何使用 ABAQUS 帮助文档，现以 ABAQUS 6.14 为例。首先，介绍一下三种打开帮助文件的方法。

（1）在 Windows 操作系统下单击“开始”→“所有程序”→Abaqus 6.14 Documentation →HTML Documentation。

（2）在 ABAQUS/CAE 主菜单中选择 Help→Search & Browse Guides…。

完成上述操作以后，就可以看到如图 1-5 所示的 ABAQUS 帮助文档首页，里面列出了所有的帮助文档，直接单击上面的超链接就能打开相应的帮助文档。

用户可以在帮助文档首页顶部的搜索框中输入自己需要的关键词，然后单击 Search All Guides。若该关键词出现在手册中，每本手册中出现的次数就以红色数字显示出来，如图 1-6 所示。单击页面顶部的 Next Match 和 Previous Match，就可以依次显示此关键词所在的页面。

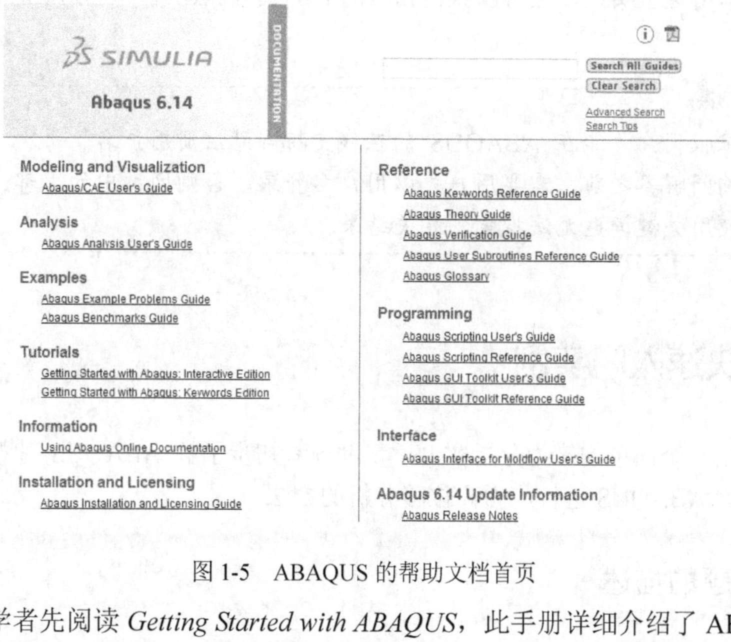

图 1-5　ABAQUS 的帮助文档首页

建议初学者先阅读 *Getting Started with ABAQUS*，此手册详细介绍了 ABAQUS 有限元分析的基本概念，并且提供了众多实例。如果对 ABAQUS/Standard 和 ABAQUS/Explicit 很熟悉，仅仅希望了解 ABAQUS/CAE 的使用方法，则继续练习附录提供的几个例子即可。

若用到 ABAQUS/CAE 中的问题，则可以查阅 *ABAQUS/CAE User's Manual*；若是用到 ABAQUS/Explicit 或者 ABAQUS/Standard 中的问题，则可以查阅 *ABAQUS Analysis*

User's Manual。

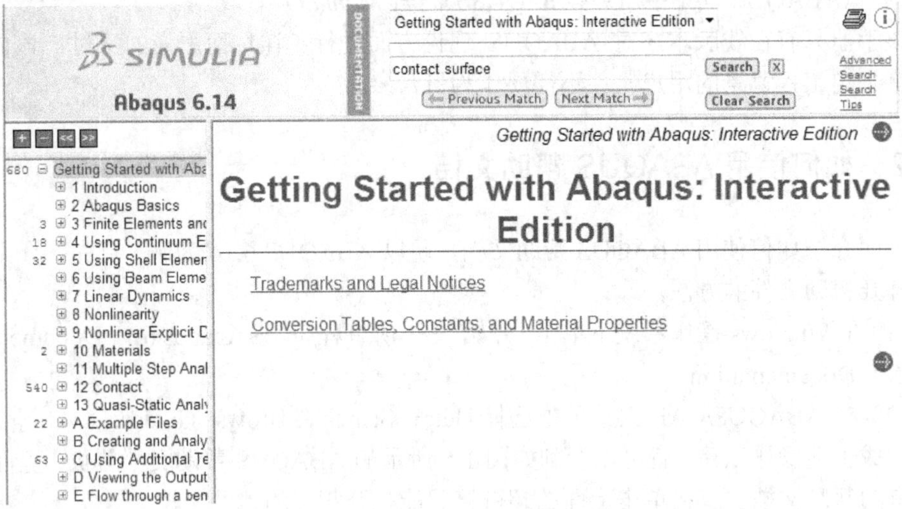

图 1-6　在 *Getting started with ABAQUS* 中查看 contact surface 的搜索结果

当使用一个不熟悉的功能时，可以使用前面的搜索功能，在 *ABAQUS Example Problems Manual*、*ABAQUS Verification Manual* 和 *ABAQUS Benchmark Manual* 中搜索相应的实例。单击这些实例，还可以获得相应的 INP 文件。此外，可以用提示符命令提取这些文件。

注 意

只有正版用户才能在 ABAQUS 的在线支持网站注册用户名。每次在此网站提交问题或询问解答之前，需要用户先以用户名登录，否则网站中的大部分内容都无法看到，使用关键词也无法搜索到相关结果。

1.6 快速入门实例

下面介绍一个简单的应力分析实例，帮助读者初步了解 ABAQUS 建模和分析的基本步骤，掌握 ABAQUS 进行应力和位移分析的方法。

1.6.1 问题的描述

一悬臂梁左端受固定约束，右端自由，结构尺寸如图 1-7 所示，求梁受载后的 Mises 应力、位移分布。

材料性质：弹性模量 $E = 2e3$，泊松比 $\nu = 0.3$

均布载荷：$p = 0.6$ MPa

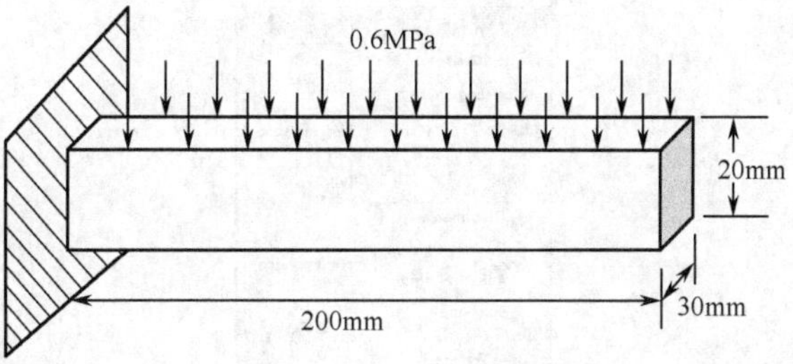

图 1-7　悬臂梁受均布载荷图

注 意

ABAQUS 中的量都没有单位，用户应自己保证量纲的一致性。

1.6.2　启动 ABAQUS

如前所述，启动 ABAQUS 有两种方法，用户可以任选一种。

（1）在 Windows 操作系统中单击“开始”→“所有程序”→Abaqus 6.14-1→Abaqus CAE。

（2）在操作系统的 DOS 窗口中输入命令：abaqus cae。

启动ABAQUS/CAE后，在出现的Start Session（开始任务）对话框中选择Create Model Database。

1.6.3　创建部件

在 ABAQUS/CAE 顶部的环境栏中，可以看到模块列表：Module：Part，这表示当前处在 Part（部件）模块，在这个模块中可以定义模型各部分的几何形体。可参照下面步骤创建悬臂梁的几何模型。

（1）创建部件。对于如图 1-7 所示的悬臂梁结构，可以先画出梁结构的二维截面（矩形），再通过拉伸得到。

单击左侧工具区中的 （Creat Part）按钮，或者在主菜单里面选择 Part→Create，弹出如图 1-8 所示的 Create Part 对话框。

在 Name（部件名字）后面输入 Beam，Modeling Space（模型所在空间）设为 3D，Shape 选择 Solid（实体），Type 采用默认的 Extrusion，在 Approximate size 里面输入 300。单击 Continue…按钮。

注 意

如果无法输入字符，原因可能是当前正处于中文输入法的状态，应切换到英文输入法。

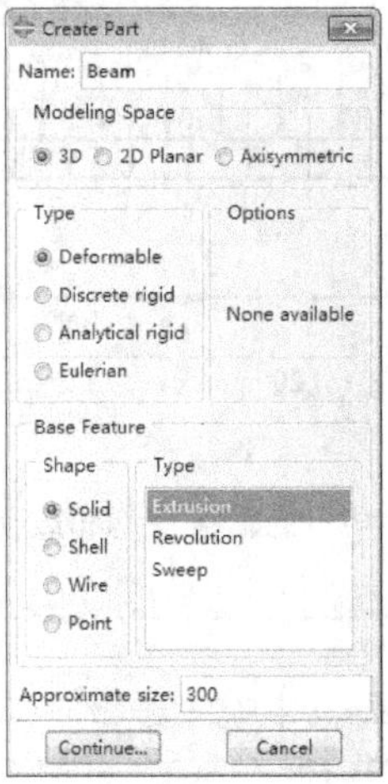

图 1-8　Create Part 对话框

（2）绘制矩形。ABAQUS/CAE 自动进入绘图环境，左侧的工具区显示出绘图工具按钮，视图区内显示栅格，视图区正中两条相互垂直的点划线即当前二维区域的 *X* 轴和 *Y* 轴。二者相交于坐标原点。

选择绘图工具箱中的工具，窗口提示区显示 Pick a starting corner for the rectangle—or enter X, Y（选择矩形的一个角点，或输入 *X*、*Y* 的坐标），如图 1-9 所示。

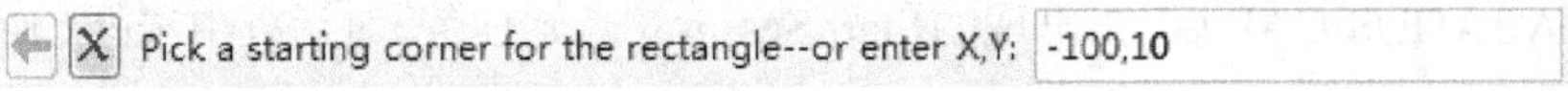

图 1-9　输入点坐标

提 示

在视图区中移动鼠标时，鼠标就会自动对齐栅格点，视图区的左上角会显示当前位置的坐标。

输入矩形的第一个点的坐标为（-100，10），移动光标选择与该点相对的点的坐标为（100，-10），单击鼠标左键，矩形就画出来了。

如果在绘制过程中操作有误，可以单击绘图工具箱的撤销工具来撤销上一步操作，也可以使用删除工具来删除错误的几何图形，具体操作步骤如下。

① 单击绘图工具箱中的删除工具。

② 在所绘图形中选择要删除的线或者图形，ABAQUS/CAE 以红色高亮度显示被选中的对象。

提 示

如果想删除多个对象，可以在单击此对象的同时按住 Shift 键，或者按住鼠标左键不放，在视图区中画出一个矩形框，选中矩形框中的对象。如果想取消对某对象的选择，可以在单击此对象的同时按住 Ctrl 键。

③ 在视图区单击鼠标中键，或者单击提示区中的 Done 按钮，结束对删除工具的使用。

④ 根据需要，重复②、③、④步骤。

注 意

在确认结束某一步操作的时候，一般总是在视图区中单击鼠标中键，或者单击窗口底部提示区的 Done 按钮（完成），以下不再赘述。

（3）由于前面操作中，已经选择了 Extrusion 类型，在上一步退出后，ABAQUS 即弹出“编辑基本拉伸”对话框。在该窗口中，输入拉伸尺寸 30，如图 1-10 所示。然后单击 OK 按钮，视图区就出现了悬臂梁的结构图，如图 1-11 所示。

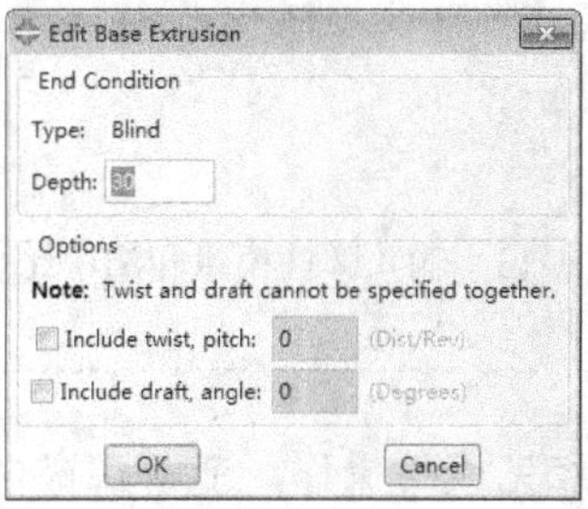

图 1-10 “编辑基本拉伸”对话框

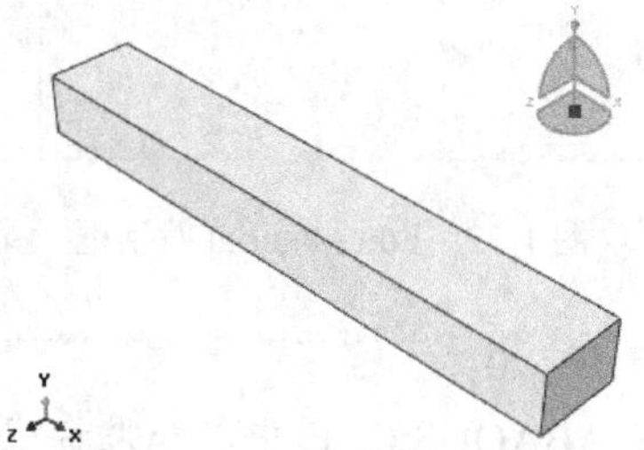

图 1-11 形成的悬臂梁结构图

（4）保存模型。在下一步之前，单击窗口顶部工具栏中的按钮来保存所建立的模型。输入希望保存的文件名，ABAQUS/CAE 会自动加上后缀.cae。用户还可以在主菜单中选择 File→Save 对所建模型进行保存操作。此处把该部件取名为 beam。

说 明

ABAQUS/CAE 不会自动保存模型的数据，用户每隔一段时间自己保存模型。如果由于意外造成的系统死机或者无法自动退出 ABAQUS/CAE，下次启动时就会显示自动恢复的对话框，选择 Yes 就可以自动恢复尚未保存的数据，但是有时会因为恢复文件中存在错误，出现自动恢复失败。所以建议用户养成经常保存模型的习惯。

1.6.4 创建材料和截面属性

在窗口左上角 Module（模块）列表中选择 Property（特性）功能模块，按照以下步骤来定义材料。

（1）创建材料。单击工具区左侧的（Create Material）按钮，或者在主菜单中选择 Material→Create，弹出 Edit Material 对话框（也可以双击左侧模型树中的 Material 来完成此操作），如图 1-12 所示。

在 Name（材料名称）后面输入 Steel，单击此对话框中的 Mechanical（力学特性）→Elasticity（弹性）。在数据表中设置 Young's Modulus（弹性模量）为 2e3，Poisson's Ratio（泊松比）为 0.3，其余参数不变，如图 1-13 所示，单击 OK 按钮。

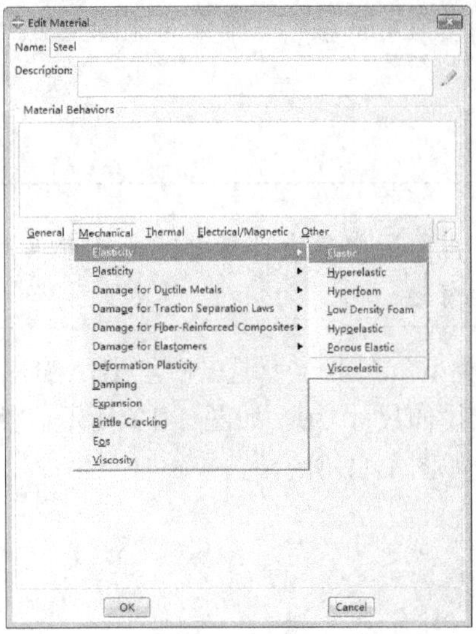

图 1-12　Edit Material 对话框

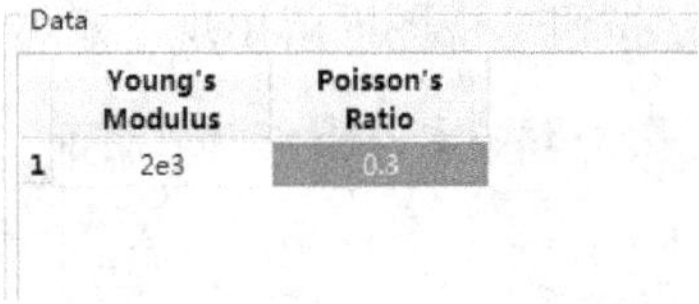

图 1-13　输入弹性模量和泊松比

说 明

在 ABAQUS/CAE 中，如果希望修改或撤销已经完成的操作，可以在窗口左侧的模型树中找到此项操作，在上面单击鼠标右键，选择 Edit 或者 Delete。在绘制二维平面图时，可以单击绘图工具箱中的 按钮来撤销上一步操作。

（2）创建截面属性。单击左侧工具区的 （Create Section）按钮，或者在主菜单中选择 Section→Create，弹出 Create Section 对话框（也可以双击左侧模型树中的 Section 来完成此操作），Name 改为 BeamSection，保持其他默认参数不变，单击 Continue...按钮。

在弹出的 Edit Section 对话框（见图 1-14）中，默认的参数（Material: Steel；Type: Solid, Homogeneous；Plane stress/strain thickness：1）不变，单击 OK 按钮。

（3）给部件赋予截面属性。单击左侧工具区的 （Assign Section）按钮，或者在主菜单中选择 Assign→Section，单击视图区中的悬臂梁模型，ABAQUS/CAE 以红色亮度显示被选中，在视图区中单击鼠标中键，弹出 Edit Section Assignment 对话框，如图 1-15 所示，单击 OK 按钮。

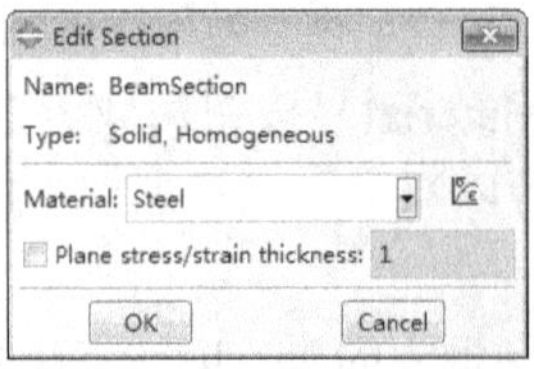

图 1-14　Edit Section 对话框

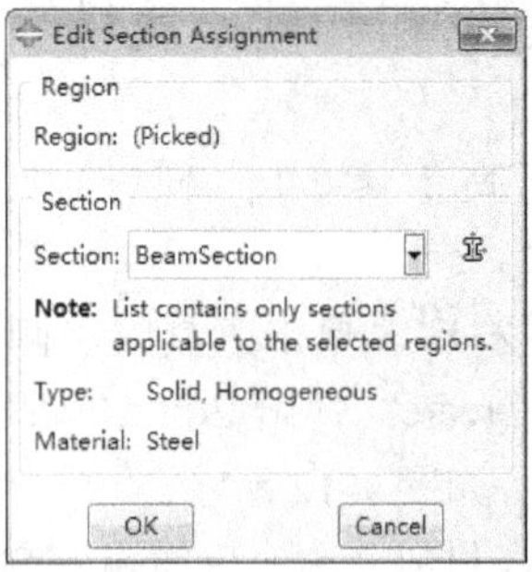

图 1-15　Edit Section Assignment 对话框

说 明

ABAQUS/CAE 不把材料属性直接赋予单元或者几何实体，而是首先在截面属性（Section）中定义材料特性，再为每个部件赋予相应的截面属性。

注 意

ABAQUS/CAE 推荐的建模方法是把整个数值模型（如材料、载荷、边界条件等）都直接定义在几何模型上，而不是像其他前处理器一样定义在单元或者节点上，这样，在修改网格时不必重新定义材料和边界条件等模型参数；在处理复杂问题时，也可以首先简单地划分粗网格，得到初步的模拟结果，然后在适当的区域细化网格。

1.6.5 定义装配件

整个分析模型是一个装配件，前面的 Part 功能模型中创建的各个部件将在 Assembly 功能模块中装配起来。

具体的操作方式：在窗口左上角的 Module 列表中选择 Assembly（装配）功能模块，单击左侧工具区的（Instance Part）按钮，或者在主菜单中选择 Instance→Create（也可以直接单击左侧模型树中的 Assembly 左侧的+号，然后双击其下一层的 Instance 来完成此项操作）。

在弹出的 Create Instance 对话框中（见图 1-16），前面创建的部件 Beam 自动被选中，默认参数为 Instance Type：Dependent（mesh on part），单击 OK 按钮。

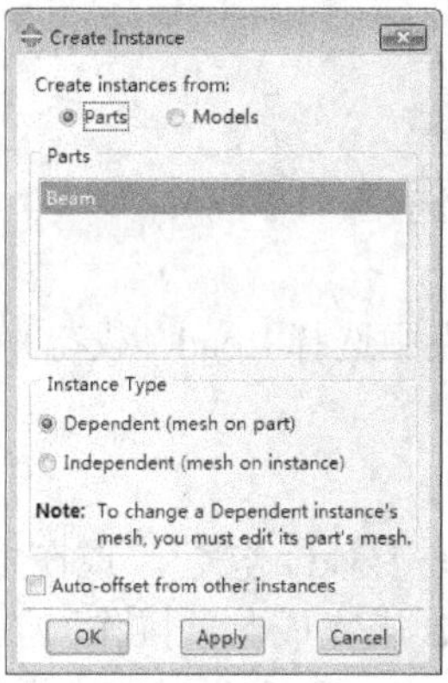

图 1-16 Create Instance 对话框

1.6.6 设置分析步

ABAQUS/CAE 会自动创建一个初始分析步（Initial step），可以在其中施加边界条件，用户必须自己创建后续分析步（analysis step），用来施加载荷，具体操作方法如下。

（1）在窗口左上角的 Module 列表中选择 Step（分析步）功能模块。单击左侧工具

区的 （Create Step）按钮，或者在主菜单中选择 Step→Create（也可以直接单击左侧模型树中的 Steps 来完成此项操作）。

（2）在弹出的 Create Step 对话框中，在 Name 后面输入分析步的名称，此处将默认值 Step-1 改为 loadbeam。其余参数如图 1-17 所示（Procedure type：General；选择 Static General），单击 Continue...按钮。

（3）在弹出的 Edit Step 对话框（见图 1-18）中，Description 后面改为 Load the top of the beam，其余参数都保持默认值，单击 OK 按钮，完成操作。

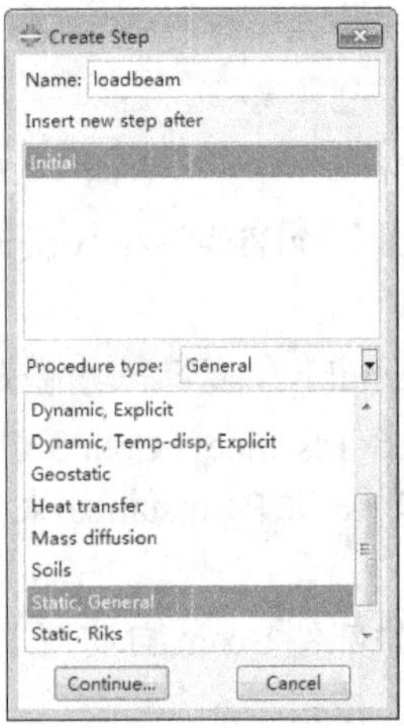

图 1-17　Create Step 对话框

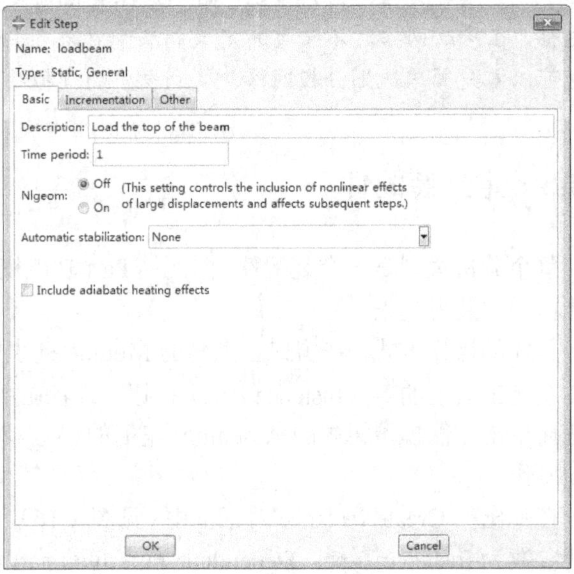

图 1-18　Edit Step 对话框

1.6.7　定义边界条件和载荷

在窗口左上角的 Module 列表中选择 Load（载荷）功能模块，定义边界条件和载荷。

1. 施加载荷

单击左侧工具区的 （Create Load）按钮，或在主菜单中选择 Load→Create（也可以直接单击左侧模型树中的 Loads 来完成此项操作）。在弹出的 Create Load 对话框中（见图 1-19），将 Types for Selected Step（所选分析步的载荷类型）设为 Pressure（单位面积上的压力），Step 设为 loadbeam，单击 Continue...按钮。

此时窗口底部的提示区信息变为 Select surfaces for the load，单击悬臂梁的上表面，ABAQUS/CAE 以红色高亮度显示被选中的表面，在视图区中单击鼠标中键。在弹出的 Edit Load 对话框中（见图 1-20），在 Magnitude 后面输入 0.6，然后单击 OK 按钮。

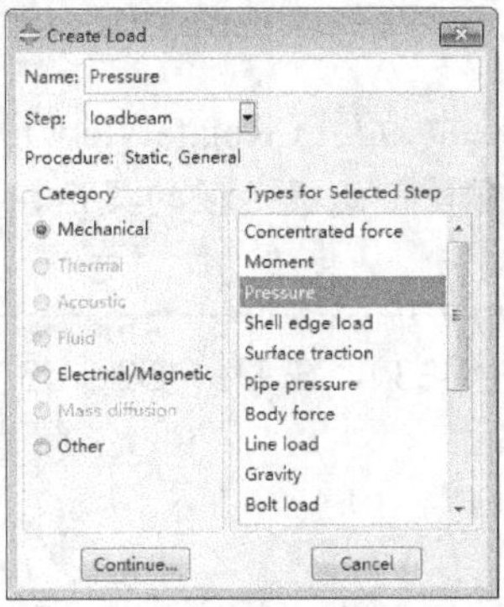

图 1-19 Create Load 对话框

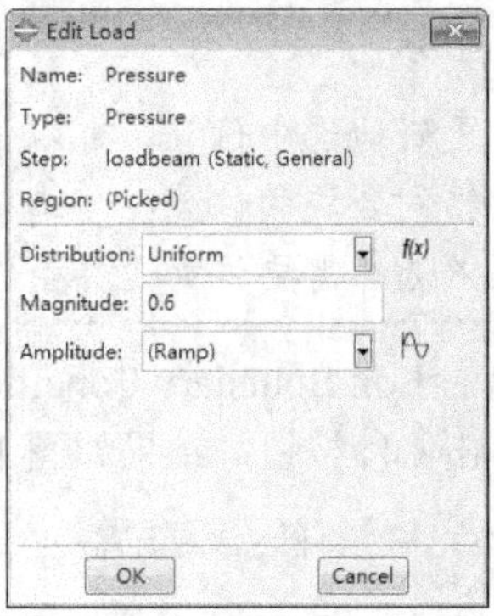

图 1-20 Edit Load 对话框

说 明

载荷类型 Pressure 的含义是单位面积上的力，正值表示压力，负值表示拉力。

2. 定义悬臂梁左侧的固支约束

单击工具区左侧的 （Create Boundary Condition）按钮，或者在主菜单中选择 BC →Create（也可以直接单击左侧模型数据树中的 BCs 来完成此操作）。在弹出的 Create Boundary Condition 对话框中（见图 1-21），在 Name 后面输入 Fixed，将 Step 设为 Initial，Types for Selected Step 设为 Displacement/Rotation，单击 Continue…按钮。

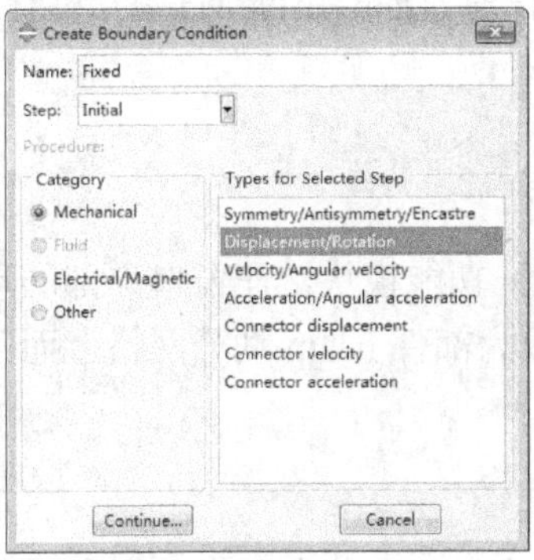

图 1-21 Create Boundary Condition 对话框

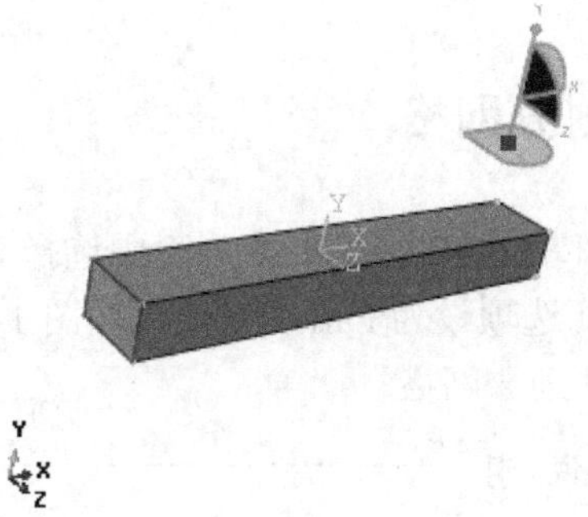

图 1-22 选择施加边界条件的悬臂梁模型

此时窗口底部的提示区信息变为 Select regions for the boundary condition，选择悬臂梁左侧的面，ABAQUS/CAE 以红色高亮度的显示选中的平面，如图 1-22 所示，在视图区中单击鼠标中键。

说 明

施加边界条件时，要准确地选中要选择的边界面。如果发现单击后悬臂梁其他部分的面被 ABAQUS/CAE 红色高亮度显示，说明刚才选中了显示的位置。这时应重新单击正确的位置。

提 示

为了更好地选中位置，可以借助菜单栏下工具栏中的（Rotate View）按钮把悬臂梁旋转到合适的位置，单击鼠标中键。再根据窗口下面提示区的提示，在旋转后的模型中选择需要施加边界条件的面。

在弹出的 Edit Boundary Condition 对话框中（见图 1-23），在 U1、U2、U3 前的方框中打钩，单击 OK 按钮，结果如图 1-24 所示。

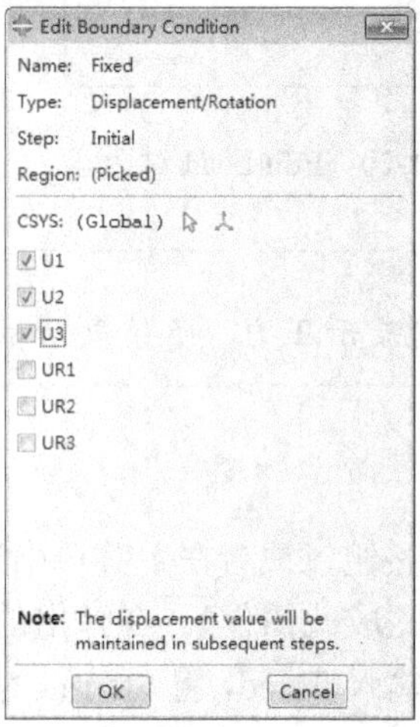

图 1-23　Edit Boundary Condition 对话框

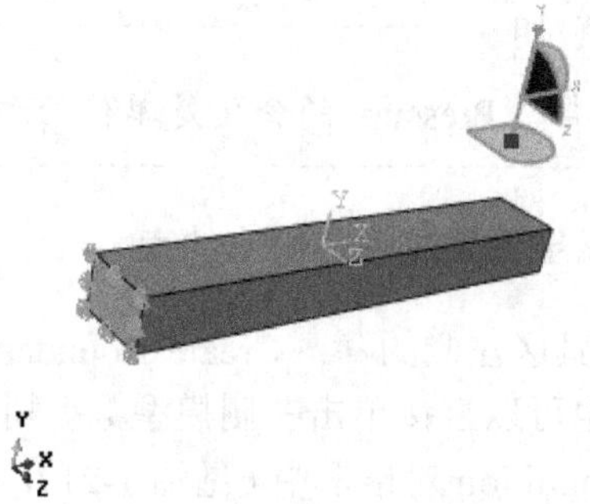

图 1-24　创建边界条件后的悬臂梁模型

1.6.8　划分网格

在窗口左上角的 Module 列表中选择 Mesh（网格）功能模块，在窗口顶部的环境栏中把 Object 选项设为 Part：beam，如图 1-25 所示，即为部件 beam 划分网格，而不是为整个装配件划分网格。

说 明

如果没有选择对部件划分网格，而是按照默认选项来对整个装配件划分网格，接下来的操作就会出现错误信息。

图 1-25　把划分网格的对象设置为 Part：beam

1. 设置网格控制参数

在主菜单中选择 Mesh→Controls 命令，或单击左侧工具区的（Assign Mesh Controls）按钮，弹出 Mesh Controls（网格控制参数）对话框，将 Element Shape（单元

形状）设置为 Hex，Technique 设置为 Structured，如图 1-26 所示，单击 OK 按钮。

2. 设置单元类型

单击左侧工具区的（Assign Element Type）按钮，或者在主菜单中选择 Mesh→Element Type，弹出 Element Type 对话框，如图 1-27 所示。

单击 Hex 标签项，选择 Incompatible modes，对话框中就出现了 C3D8I 单元类型的信息提示。其余参数采用默认值，单击 OK 按钮。

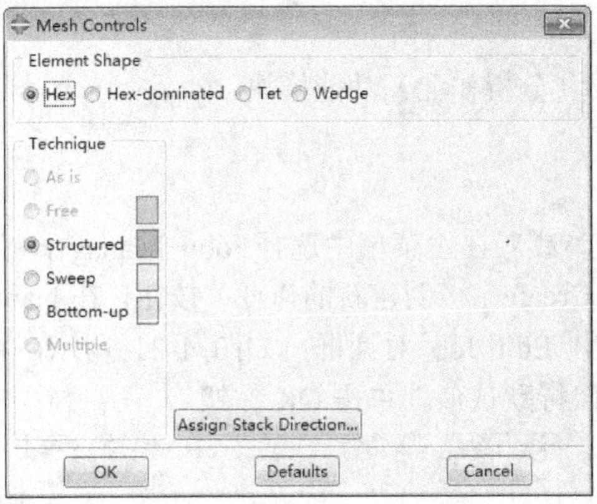

图 1-26 Mesh Controls 对话框

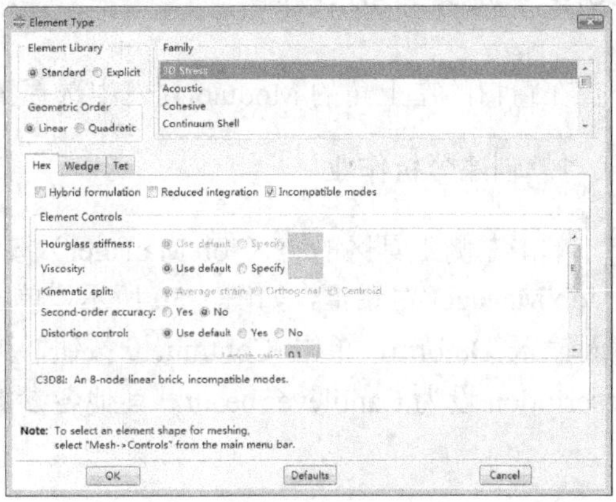

图 1-27 Element Type 对话框

3. 设置种子

在左侧工具区用鼠标单击（Seed Part）按钮，或者直接在主菜单中选择 Seed→Part...，就会出现 Global Seeds 对话框，选择单元大小默认值：10，如图 1-28 所示，单击 OK 按钮。

4. 划分网格

单击左侧工具区的（Mesh Part）按钮，或者在主菜单中选择 Mesh→Part，窗口底部的提示区显示 OK to mesh the part?（为部件划分网格？），在视图区中单击鼠标中键，或直接单击提示区中的 Yes，得到如图 1-29 所示的网格。

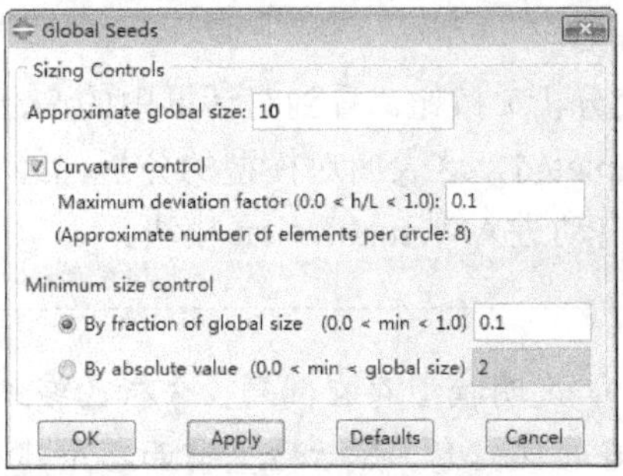

图 1-28 Global Seeds 对话框

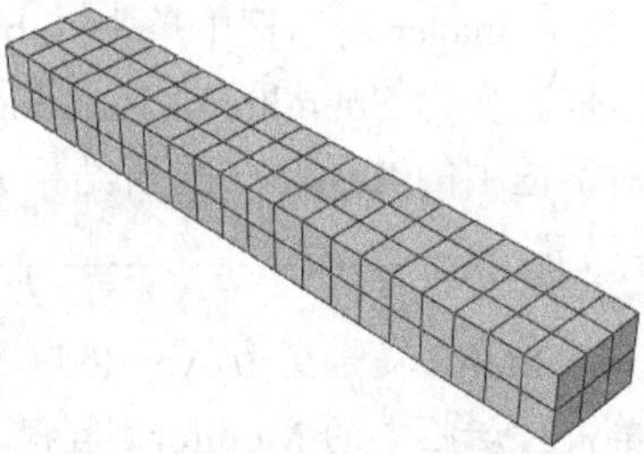

图 1-29 生成的网格

说 明

本例题的目的是通过一个简单的模型，让读者初步了解一下 ABAQUS/CAE 的建模方法，因此使用了比较简单的网格划分方法，得到的网格较粗糙，计算得出的悬臂梁固定端处的应力结果将不会太精确。如果希望更准确地分析此悬臂梁受均布载荷的问题，可以进一步细化网格。

1.6.9 提交分析作业

在窗口的左上角的 Module 列表中选择 Job（分析作业）功能模块。

1. 创建分析作业

单击左侧工具区的（Job Manager）按钮，或者在主菜单中选择 Job→Manager，弹出 Job Manager 对话框，如图 1-30 所示，单击 Create...（创建新的作业）按钮，在 Name 后面输入 Deform，单击 Continue...按钮，弹出 Edit Job 对话框，如图 1-31 所示，将 Description 设为 Cantilever beam，其他各参数保持默认值，单击 OK 按钮。

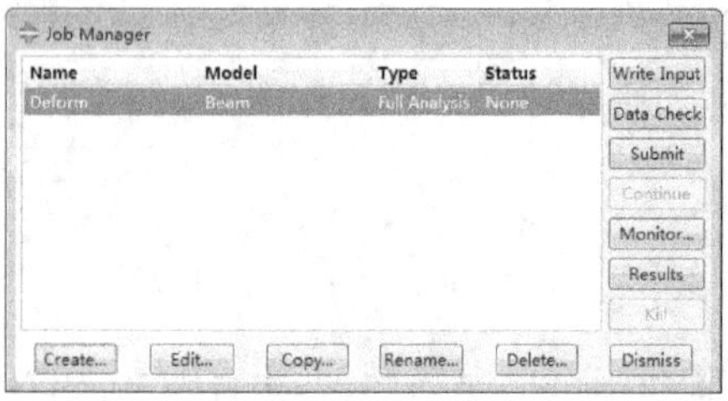

图 1-30 Job Manager 对话框

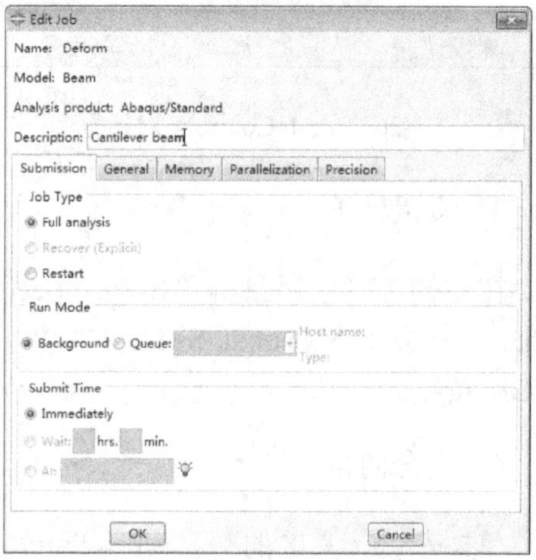

图 1-31 Edit Job 对话框

2. 提交分析

在 Job Manager 对话框中单击 Submit（提交分析）按钮。看到对话框中的 Status（状态）提示依次变为 Submitted，Running 和 Completed，这表明对模型的分析已经完成。单击此对话框中的 Results（分析结果）按钮，自动进入 Visualization 模块。

提 示

如果 Status 提示变为 Aborted（分析失败），说明模型存在问题，分析已经终止。可以单击对话框中的 Monitor（监视器）来检查错误信息，然后检查前面各个建模步骤是否都已经准确完成，更正错误后，再重新提交分析。

说 明

在 ABAQUS/CAE 对话框的底部常常可以看到两个按钮：Dismiss 和 Cancel，它们的作用都是关闭当前对话框，两者的区别在于：Dismiss 按钮出现在包含只读数据的对话框中；Cancel 按钮出现在允许做出修改的对话框中，单击 Cancel 按钮可以关闭对话框，而不保存所修改的内容。

1.6.10 后处理

看到窗口左上角的 Module 列表已经自动变成 Visualization 功能模块，在视图区显示出模型未变形时的轮廓图。

1. 显示未变形图

单击左侧工具区的（Plot Undeformed Shape）按钮，或者在主菜单中选择 Plot→Undeformed Shape，显示出未变形的网格模型。

2. 显示变形图

单击左侧工具区的（Plot Deformed Shape）按钮，或者在主菜单中选择 Plot→Deformed Shape，显示出变形后的网格模型。

单击窗口右下角的 Deformed Shape Options，在弹出的对话框中，选择 Superimpose undeformed plot（覆盖未变形图），单击 OK 按钮，将看到变形图和未变形图的模型一起显示出来。

3. 显示云纹图

单击左侧工具区中的（Plot Contours on Deformed Shape）按钮，或者在主菜单中选择 Plot→Contours，显示出 Mises 应力的云纹图，如图 1-32 所示。

4. 显示动画

单击左侧工具区的（Animate：Scale Factor）按钮，可以显示缩放系数变化时的动画，再次单击此图标即可停止动画。

5. 显示节点的 Mises 应力值

单击窗口顶部工具栏中的（Query information）按钮，或者在主菜单中选择 Tools→Query（查询），在弹出的 Query 对话框（见图 1-33）中，选择 Probe values（查询值），然后单击 OK 按钮。

在弹出的 Probe Values 对话框（见图 1-34）中，将 Probe（查询对象）设为 Nodes，然后将鼠标移至悬臂梁的任意位置处，此节点的 Mises 应力就会在 Probe Values 对话框中显示出来。

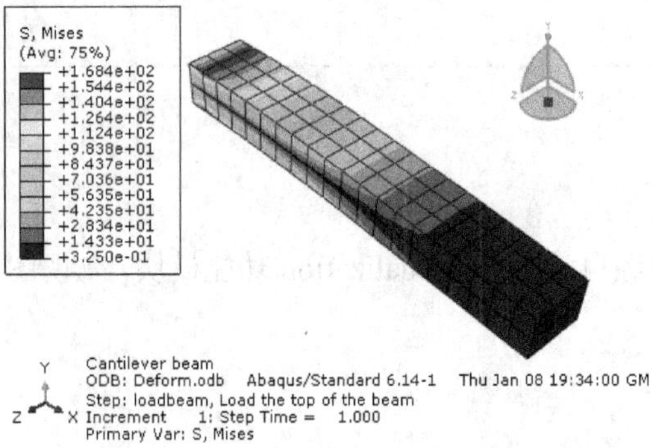

图 1-32　变形后的 Mises 应力分布

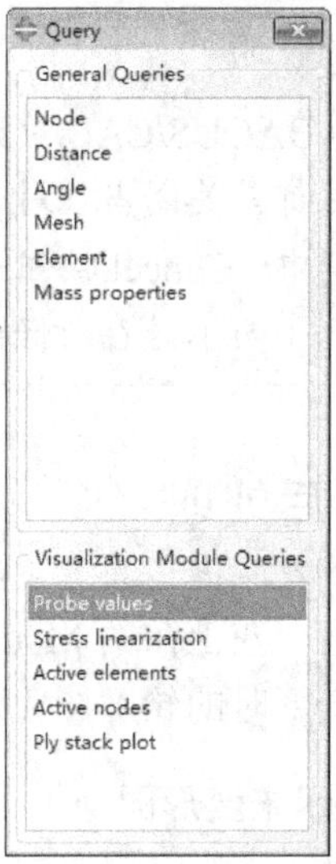

图 1-33　查询分析结果

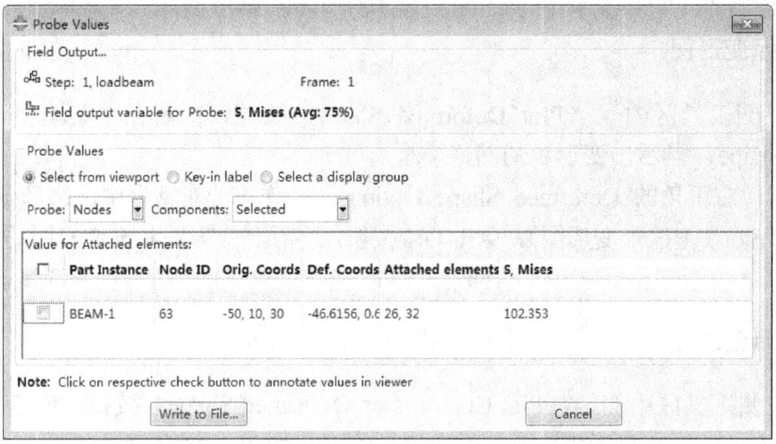

图 1-34　显示某节点处的 Mises 应力

6. 查询节点的位移

在工具栏中单击（Field Output）按钮，弹出 Field Output 对话框，如图 1-35 所示，当前的默认输出变量是 Name：S（名称：应力）、Invariant：Mises（变量：Mises 应力）。

将输出变量改为 Name：U（名称：位移）、Component：U3（变量：在方向 3 上的位移），单击 OK 按钮，此时云纹图变成对 U3 的结果显示，如图 1-36 所示。将鼠标移至所关心的节点处，此处的 U3 就会在 Probe Values 对话框中显示出来，如图 1-37 所示，单击 Cancel 按钮可以关闭此对话框。

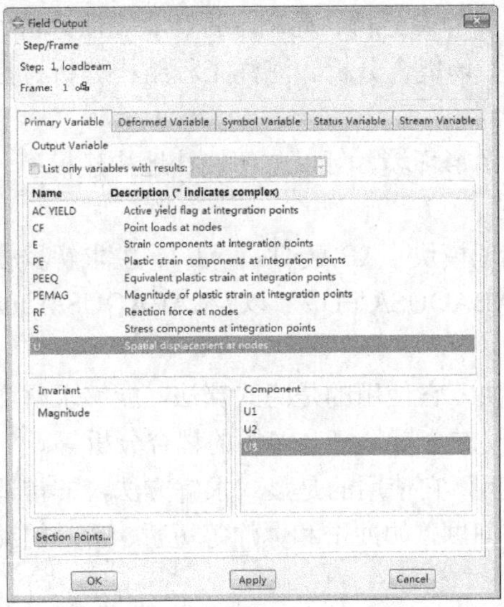

图 1-35　选择方向 3 上的变形 U3 作为当前的显示结果

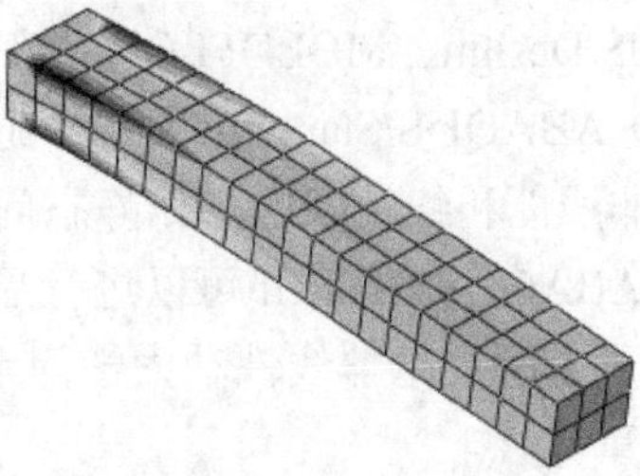

图 1-36　云纹图：方向 U3 上的变形

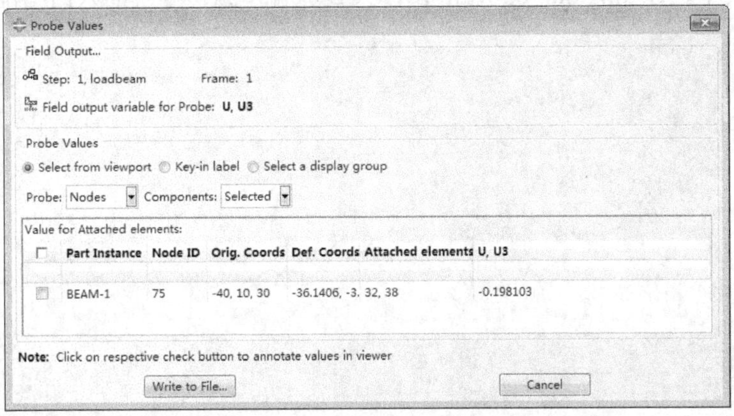

图 1-37　显示数值：某节点处在方向 3 上的位移 U3

1.6.11　退出 ABAQUS/CAE

至此，对此例题的完整分析过程已经完成。单击窗口顶部工具栏中的按钮来保存模型，然后单击窗口右上方的按钮，或者在主菜单中选择 File→Exit，退出 ABAQUS/CAE。

本章小结

ABAQUS 是一款功能强大的有限元软件，本章主要介绍了 ABAQUS 的使用环境和主要文件，并通过一个简单实例，介绍了利用它处理问题的流程，需要注意如下问题。

（1）ABAQUS 可以完成多种类型的分析，如静态分析、动态分析、非线性分析、热传导分析、流体运动分析、流—固耦合分析、多场耦合分析、海洋工程结构分析、疲劳分析、冲击动力学分析、设计灵敏度分析等。

（2）ABAQUS/CAE 是 ABAQUS 的交互式图形环境，可以方便快捷地构建模型，提交作业和显示分析结果。

（3）ABAQUS 由多个模块组成，包括前处理模块（ABAQUS/CAE）、主求解器模块（ABAQUS/Standard、 ABAQUS/Explicit 和 ABAQUS/CFD），以及 ABAQUS/Aqua、ABAQUS/Design、MOLDFLOW 接口等专用模块。

（4）ABAQUS/Standard 是一个通用分析模块，它使用的是隐式算法，能够求解广泛领域的非线性和线性问题，如静态问题、动力模态分析、复杂多场的耦合分析等。

- ABAQUS/Explicit 可以进行显式动力分析，它使用的是显式求解方法，非常适用于求解复杂非线性动力学问题和准静态问题，如冲击和爆炸等短暂、瞬时的动态事件。

（5）ABAQUS 具有一套非常详尽的帮助文档。用户可以根据自己遇到的问题查阅相关的文档，其中，Getting Started with ABAQUS 适合作为初学者的入门指南。

第2章

前处理模块

ABAQUS 的所有功能都集成在各功能模块中，用户可根据需要在 ABAQUS/CAE 主界面中激活各功能模块，对应的菜单和工具栏随即出现在界面中。

ABAQUS 的模型是基于 CAD 软件中的部件和组装的概念建立起来的。ABAQUS 的模型包括一个或多个部件，所有部件都在 Part 模块中建立，部件的草图在 Sketch 模块中创建，各部件在 Assembly 模块中进行组装，Property 模块用于定义材料属性和截面特性。

随后，需要进入 Step 功能模块进行分析步和输出的定义。Load（载荷）功能模块主要用于定义模型装配件的载荷、边界条件、预定义场和载荷状况，在进入该模块之前，用户需要在 Assembly（装配）功能模块中创建装配件并完成各部件实体的定位。

本章将详细介绍 Part、Sketch、Property、Assembly、Step、Load 模块的运用。

教学目标

（1）掌握部件模块（Part）和草图模块（Sketch）的使用。
（2）熟悉特性模块（Property）的应用。
（3）了解装配模块（Assembly）的应用。
（4）掌握分析步模块（Step）的应用。
（5）掌握载荷功能模块（Load）的应用。

2.1 部件模块（Part）和草图模块（Sketch）

启动 ABAQUS 后，界面中出现 ABAQUS 的第一个功能模块——Part（部件）模块，Part 模块提供了强大的建模功能，支持两种建模方式：在 ABAQUS/CAE 中直接建模和从其他软件中导入模型。

2.1.1 在 ABAQUS 中创建部件

单击主菜单上的 Part→Create 命令，或者单击界面工具区，即图 2-1 中的 Create Part（创建部件）工具，将会弹出 Create Part（创建部件）对话框，如图 2-2 所示。

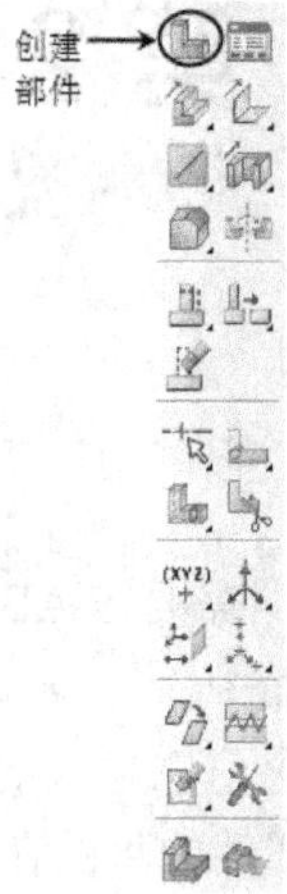

图 2-1　创建部件的工具箱

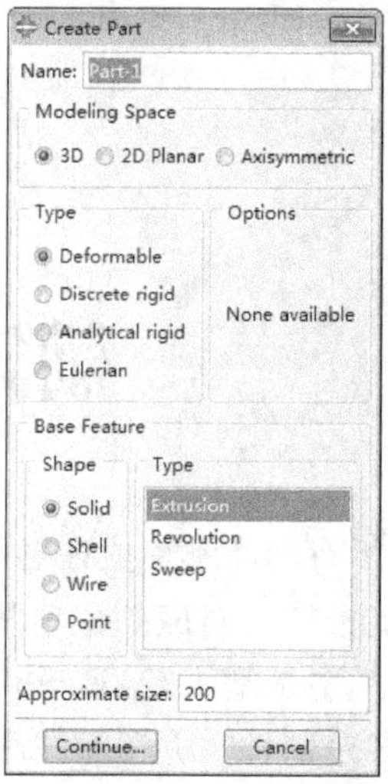

图 2-2　Create Part 对话框

在弹出的 Create Part 对话框中，可以选择调整的是 Name（part 的名称）和 Approximate size（部件的大致尺寸，其单位与模型的单位一致）项，其默认值分别为 Part-n（n 表示创建的第 *n* 个部件）和 200。其他选项均为单选项，具体介绍如下。

（1）Modeling Space：下面有三个选项，如表 2-1 所示。根据所要建立模型的空间结构选择其中的一个。

表 2-1　Modeling Space 选项

参　数	功　能
3D	为默认选项，三维立体模型
2D Planar	二维平面模型
Axisymmetric	轴对称模型

（2）Options：只有当建立轴对称可变形体时，该选项 Include twist 才被激活，允许轴对称的结构绕对称轴发生扭曲。

（3）Type：为部件的类型，主要介绍下面三个选项，如表 2-2 所示。

表 2-2　Type 选项

参　数	功　能
Deformable（可变形体）	为默认选项，适合绝大多数的模拟对象
Discrete rigid（离散刚体）	通常用于接触分析中。类似于可变形体，可以模拟任何形状的物体
Analytical rigid（解析刚体）	仅用于建立壳和曲线，不能模拟任何形状的物体，当模拟较简单的刚体时使用，为接触分析提供刚性表面

（4）Shape：为部件形态，随 Modeling Space 和 Type 选择的变化而变化，如表 2-3 所示。

表 2-3 Shape 选项

参 数	功 能
Solid（实体）	为默认选项，用于建立实体模型。只有在 Modeling Space 中选择 3D 及在 Type 中选择 Deformable 或 Discrete rigid 时，该项才出现
Shell （壳体）	用于建立壳体模型。当 Modeling Space 为 3D 或 Type 为 Deformable 时，可以选择构建壳体部件。其中，当 Modeling Space 为 3D 且 Type 为 Deformable 或 Discrete rigid 时，ABAQUS 提供四种方式建立壳体，在之后的 Type 中介绍：当 Modeling Space 为 3D 且 Type 为 Analytical rigid 时，Base Feature 的选项为 Extruded shell （拉伸壳）和 Revolved shell（旋转壳）
Wire（线）	用于建立位于同一平面内的线模型。除了 Modeling Space 为 3D 且 Type 为 Analytical rigid 之外，均可构建线部件
Point（点）	用于建立点模型，直接输入坐标值即可。除了 Type 为 Analytical rigid 之外，均可构建点部件

（5）Type：为建模方式，仅当 Modeling Space 为 3D 且 Type 为 Deformable 或 Discrete rigid 时，该项才可选，如表 2-4 所示。本节将介绍前三种建模方式。

表 2-4 Type 选项

参 数	功 能
Extrusion（拉伸）	用于建立一般的三维模型。当 Shape 为 Solid 或 Shell 时，可以选择采用拉伸方式建立部件
Revolution（旋转）	用于建立旋转体模型。当 Shape 为 Solid 或 Shell 时，可以选择采用旋转方式建立部件
Sweep （扫掠）	用于建立不规则形状的模型。当 Shape 为 Solid 或 Shell 时，可以选择采用扫掠方式建立部件

注 意

可以对部件的特性进行修改，在模型树中单击 Parts 前的 ⊞，鼠标移至需要修改的 Part 上，单击鼠标右键，在弹出的命令菜单中单击 Edit 命令，弹出 Edit Part 对话框，如图 2-3 所示，可以修改该部件的 Modeling Space、Type 和 Options。

单击工具区中的 Part Manager（部件管理器）工具，弹出 Part Manager 对话框，如图 2-4 所示，其中列出了模型中的所有部件，可以创建（Create）、复制（Copy）、重命名（Rename）、删除（Delete）、锁定（Lock）、解锁（Unlock）、修正（Update Validity）、忽略操作（Dismiss）。

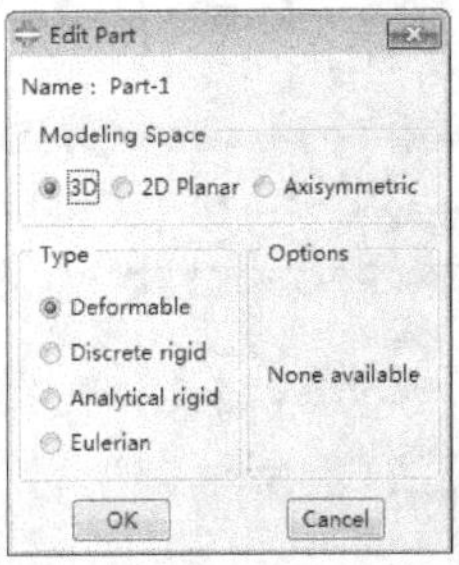

图 2-3 Edit Part 对话框

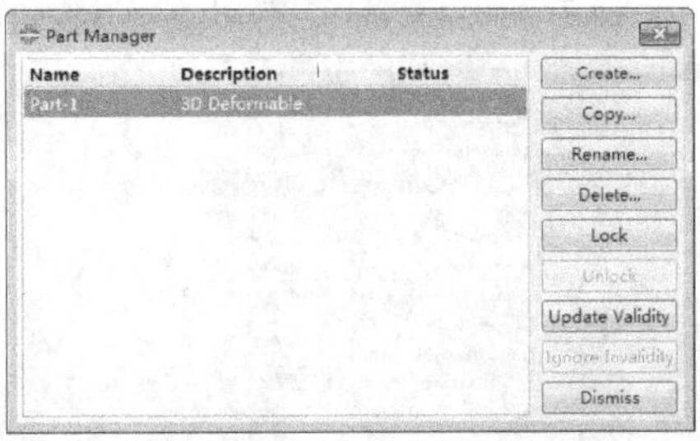

图 2-4 Part Manager 对话框

设置完图 2-2 中的对话框选项之后，单击 Continue…按钮，进入绘制平面草图的界面，如图 2-5 所示。使用界面左侧工具区中的工具，可以作出点、线、面，作为构成部件的要素（此处不再详细介绍，具体操作可通过相关的例子掌握）。

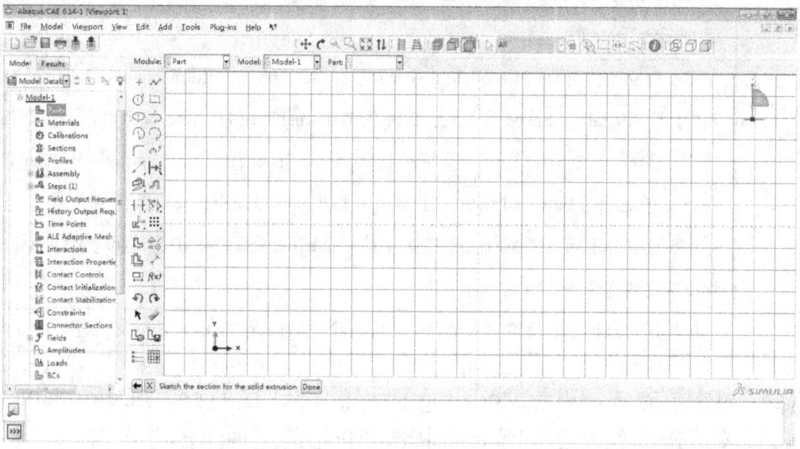

图 2-5　绘制草图的界面

2.1.2　导入部件

可以把建立好的模型导入 ABAQUS 中，导入分为下面两种情况，后面就这两种情况分别加以介绍。

✧ 导入在其他 CAD 软件中建立的模型。

✧ 导入 ABAQUS 建立后导出的模型。

ABAQUS 提供了强大的接口，支持 Sketch（草图）、Part（部件）、Assembly（装配件）和 Model（模型）的导入，如图 2-6 所示。

对于每种类型的导入，ABAQUS 都支持多种不同后缀名的文件，但导入的方法和步骤是类似的。另外，还支持 Sketch（草图）、Part（部件）、Assembly（装配）和 VRML（当前视窗的模型导出成 VRML 文件）和 OBJ 的导出，如图 2-7 所示。

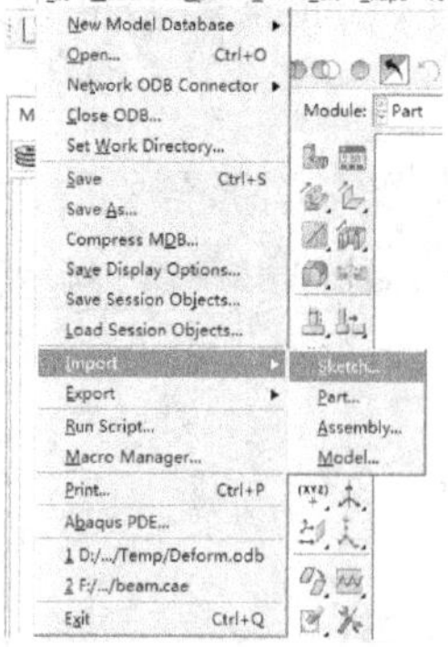

图 2-6　模型的导入菜单

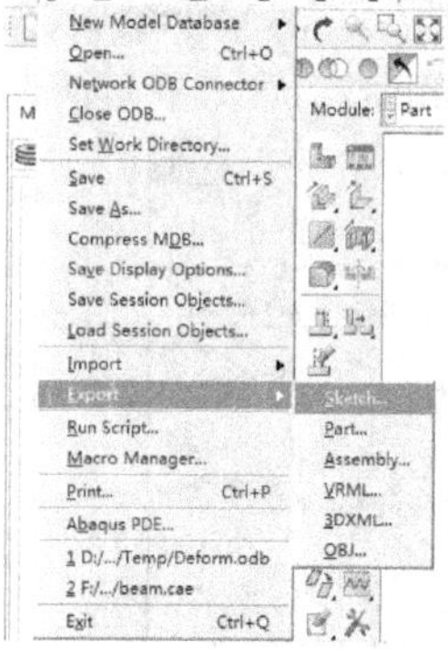

图 2-7　导出菜单

2.1.3 模型的修复与修改

有时在导入模型后会出现警告对话框，这是由于导入过程中可能有部分几何元素丢失，使得模型无效或不精确，需要进行修复工作。

1. 模型的修复

有问题的模型在之后的操作中可能会遇到问题，这时需要仔细阅读警告提示的内容，然后单击 Dismiss 按钮。

如果出现了警告，则需要对导入的模型进行修复。执行 Tools→Geometry Edit 命令，弹出 Geometry Edit（几何修复工具）对话框，如图 2-8 所示，在 Category（种类）选项中选择需要修复的区域，系统有三个选项可以选择，分别是 Edge（边）、Face（面）、Part（部件），此处选择 Part。

Tool 选项与 Category 对应，用于选择几何修复的工具。本例中选择 Convert to precise（转换为精确模型）。

单击 Convert to precise 后弹出一个警告对话框，如图 2-9 所示，再单击 OK 按钮进行几何修复。几何修复工具还可以在工具区调用，用鼠标左键按住工具区中的 Stitch（缝合）工具，展开工具条，单击右侧的 Convert to precise（转换为精确模型）工具，即可进行几何修复。

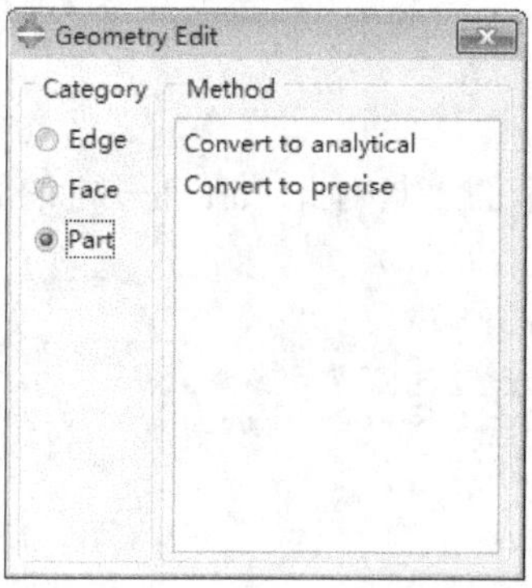

图 2-8 “几何修复工具”对话框

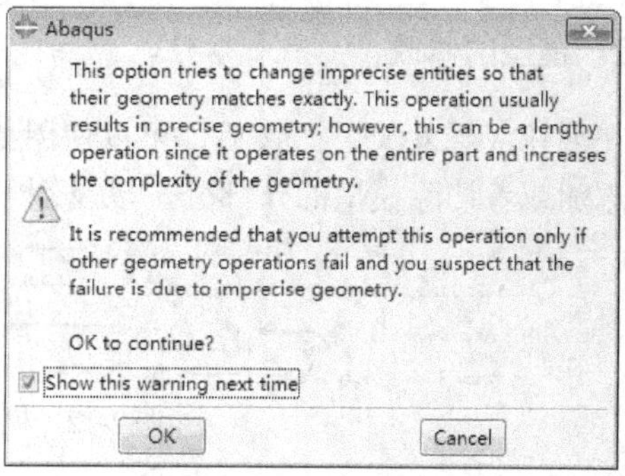

图 2-9 警告对话框

几何修复结束后，可以查看模型。具体操作：单击工具栏中的 Query information（询问信息）工具，弹出 Query 对话框，如图 2-10 所示。

在 Part Module Queries（部件模块询问）中选择 Geometry diagnostics（几何诊断），单击 OK 按钮，弹出 Geometry Diagnostics 对话框，如图 2-11 所示。勾选 Geometry 下的 Imprecise entities 复选框，单击 Highlight 按钮，视图区的模型中以高亮度显示出不精确的部分，如果没有高亮度区，表示该模型已没有不精确的部分。读者可以自行练习 Geometry Diagnostics 对话框中的其他选项。

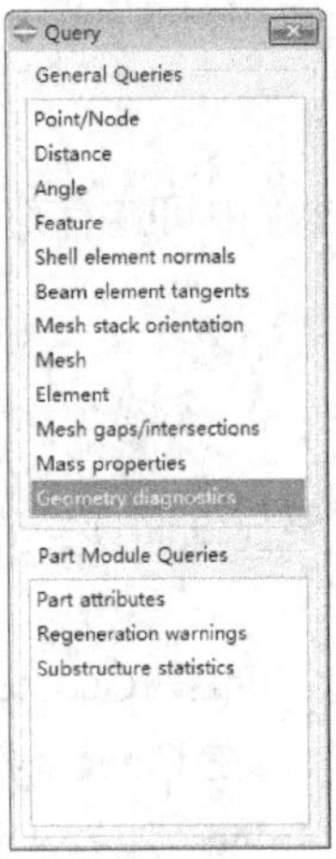

图 2-10　Query 对话框

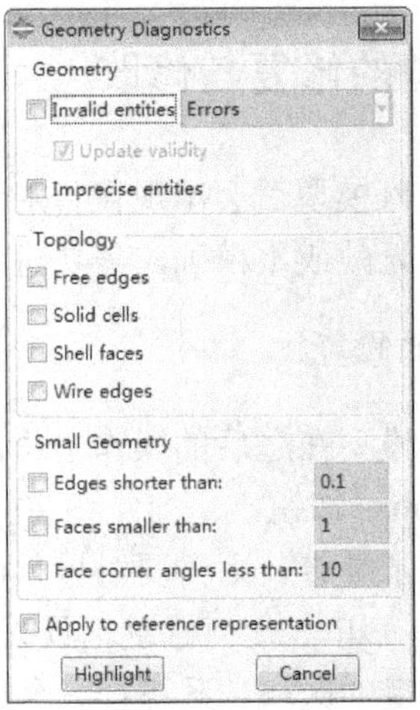

图 2-11　Geometry Diagnostics 对话框

提 示

Query information（询问信息）是非常有用的工具，可以对模型的各种信息进行查询。只有 Job 模块没有该工具；除了 Step 和 Load 模块只有 General Queries（一般询问）外，各功能模块都同时包含 General Queries（一般询问）和各自的 Module Queries（模块询问）。读者也可以自行练习。

2. 模型的修改

在创建或导入一个 Part 后，可以使用如图 2-12 所示的工具对此 Part 作一定的修改，实现添加或者切除模型的一部分，以及倒角等功能。

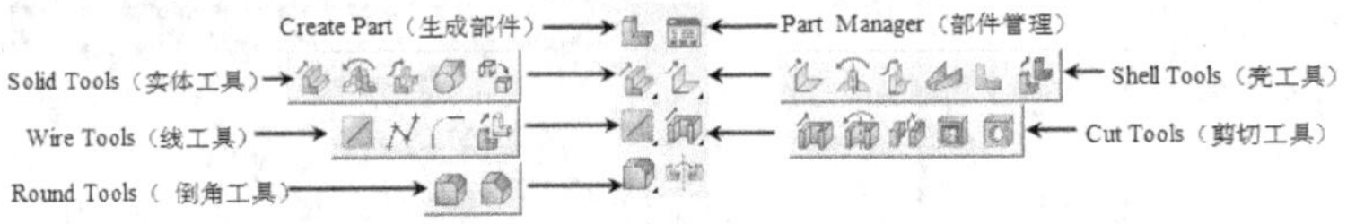

图 2-12　模型修改工具条

2.2 特性模块（Property）

在 Module（模块）列表中选择 Property（特性），即进入 Property（特性）功能模块，在此模块中可以进行材料和截面特性的设置，以及弹簧、阻尼器和实体表面壳的定义等。

进入功能模块后发现主菜单有所变化，如图 2-13 所示，同时工具区转变成与设置材料和截面特性相对应的工具，如图 2-14 所示。

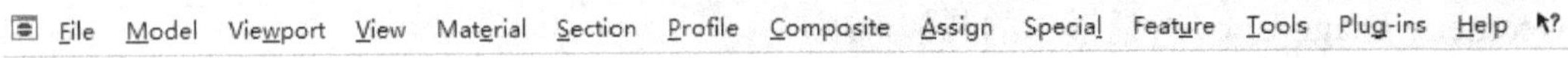

图 2-13　特性模块的菜单

2.2.1 定义材料属性

执行 Material→Create 命令，或单击工具区中的 Create Material（创建材料）工具，如图 2-14 所示，弹出 Edit Material（编辑材料）对话框，如图 2-15 所示。对话框包括三个部分。

图 2-14 特性模块的工具区

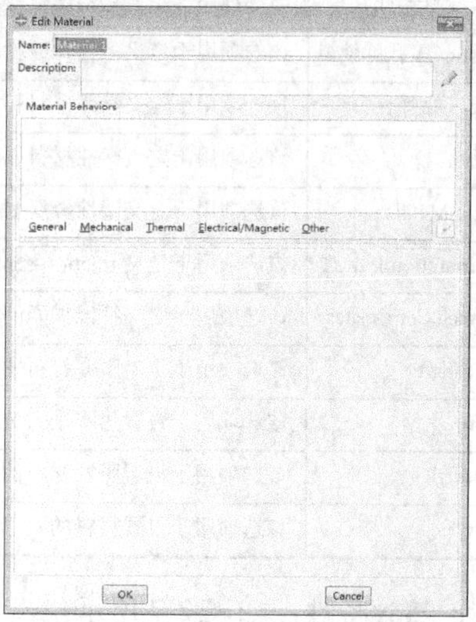

图 2-15 Edit Material 对话框

✧ Name（名称）：用于为材料参数命名。

✧ Description（描述）：用于对材料信息的说明。

✧ Material Behaviors（材料性质）：用于选择材料类型。

Data field（数据区）：出现在 Material Behaviors 的下方，在该区域内设置相应的材料属性值。

Material Behaviors（材料性质）选择的材料会依次列到下拉菜单的上部。其中包含四个菜单，下面分别对四个菜单项进行介绍。

（1）General：通用特性，如表 2-5 所示。

表 2-5 General 菜单

参　数	功　能
Density（密度）	用于定义材料的密度。在动态分析中，必须指定每种材料的密度，这样才能形成质量矩阵
Depvar	用于定义状态变量矩阵的维数
Regularization	用于应变速率的调整，仅适用于 ABAQUS/Explicit
User Material	用于用户自定义的材料属性，包括力学、热学、热力学三种材料类型
User Defined Field	使用 USDFLD 用户子程序定义场变量
User Output Variables	使用 UVARM 用户子程序定义输出变量

（2）Mechanical：力学特性，如表 2-6 所示。

表 2-6　Mechanical 菜单

参　数		功　能
Elasticity（弹性）	Elastic（弹性）	该选项用于定义弹性材料模型的属性
	Hyperelastic（超弹性）	该选项用于定义超弹性材料模型的属性
	Hyperfoam（弹性泡沫）	该选项用于定义弹性泡沫材料模型的属性
	Hypoelastic（亚弹性）	该选项用于定义亚弹性材料模型的属性
	Porous Elastic（多孔弹性）	该选项用于定义多孔弹性材料模型的属性
	Viscoelastic（黏弹性）	该选项用于定义黏弹性材料模型的属性
Plasticity（塑性）		该选项用于定义塑性材料属性，详见系统帮助文件《ABAQUS/CAE Use's Manual》
Damage for Ductile Metals		该选项用于定义塑性金属材料的损伤初始化准则
Damage for Traction Separation Laws		该选项用于定义 traction-separation 法则的参数，仅适用于 Cohesive 单元
Damage for Fiber-Reinforced Composites		该选项用于定义纤维加固的复合材料的损伤初始化准则
Deformation Plasticity		该选项用于定义塑变材料的属性，仅适用于 ABAQUS/Standard
Expansion		该选项用于设置热膨胀系数
Brittle Cracking		该选项用于设置脆性材料的断裂参数，仅适用于 ABAQUS/Explicit
Damping		该选项用于设置材料的阻尼

（3）Thermal：热学特性，如表 2-7 所示。

表 2-7　Thermal 菜单

参　数	功　能
Conductivity（传导率）	该选项用于定义材料的导热性能的热传导率
Heat Generation	在传热分析中使用 HETVAL 用户子程序提供内部生热，仅适用于 ABAQUS/Standard
Inelastic Heat Fraction	该选项用于设置非弹性热分数
Joule Heat Fraction	该选项用于设置焦耳热分数
Latent Heat	该选项用于设置潜热参数
Specific Heat	该选项用于设置比热

（4）Other：其他特性，如表 2-8 所示。

表 2-8　Other 菜单

参　数	功　能
Acoustic Medium（声媒质）	用于在声波传播问题中定义声媒质
Electrical（电学的）	用于定义与电学相关的电导率、介电特性和压电特性
Mass Diffusion（质量扩散）	用于定义质量扩散分析中的扩散率和溶解性
Pore Fluid（孔隙流动）	用于设置充满流体的多孔介质的特性，仅适用于 ABAQUS/Standard
Gasket（垫圈）	用于定义垫圈的材料属性，仅适用于 ABAQUS/Standard
Eos	用于定义流体动力学模型的状态方程，仅适用于 ABAQUS/Explicit

注 意

关于各种类型的材料属性的详细介绍请参阅系统帮助文件 *ABAQUS/CAE User's Manual* 和 *ABAQUS Analysis User's Manual*。

2.2.2 创建和分配截面特性

ABAQUS/CAE 不能直接把材料属性赋予模型，而是先创建包含材料属性的截面特性，再将截面特性分配给模型的各区域。

1. 创建截面特性

单击工具区中的 Create Section（创建截面）工具，弹出 Create Section 对话框，如图 2-16 所示，该对话框包括两部分。

✧ Name（名称）：定义截面的名称。

✧ Category（种类）和 Type（类型）：配合起来指定截面的类型。

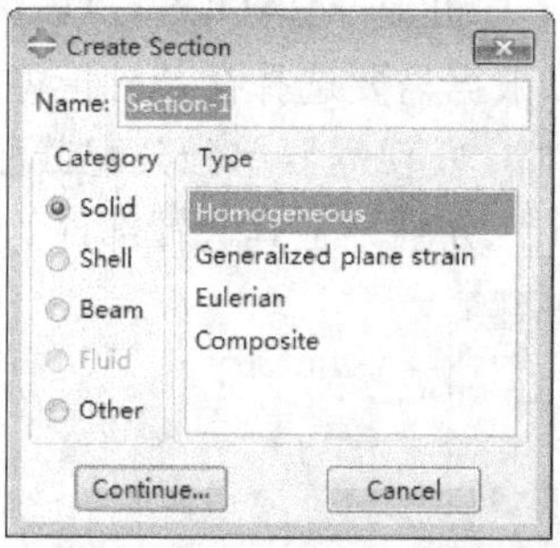

图 2-16 Create Section 对话框

（1）Solid（实体）：用于定义实体的截面特性，包括 Homogeneous（均匀体）和 Generalized plane strain（一般平面应变）、Composite（复合的）等，Homogeneous 用于定义二维、三维和轴对称实体的截面特性，Generalized plane strain 用于定义二维平面实体的截面特性。

（2）Shell（壳）：用于定义壳体的截面特性，对应 5 个子选项：Homogeneous（均匀的）、Composite（复合的）、Membrane（膜）、Surface（表面）、General Shell Stiffness（广义壳刚度），其中，Surface 类似于膜，但厚度为零。

（3）Beam（梁）：用于定义梁的截面特性，包括 Beam（梁）和 Truss（桁架）。在创建梁的截面特性前，用户需要先定义梁的横截面的形状和尺寸。

（4）Fluid（流体）：用于定义流体截面性质。

（5）Other（其他）：ABAQUS/CAE 还提供垫圈（Gasket）、黏合层（Cohesive）、声媒介（Acoustic infinite）、声—固耦合（Acoustic interface）的截面特性。

2. 分配截面特性

创建了截面特性后，就要将它分配给模型。首先，在环境栏的 Part 列表中选择要赋予截面特性的部件，如图 2-17 所示。

图 2-17　在环境栏的 Part 列表中选择部件

然后单击工具区中的 Assign Section（分配截面）工具，或执行 Assign→Section 命令，按提示在视图区选择要赋予此截面特性的部分，单击提示区的 Done 按钮，弹出 Edit Section Assignment（编辑截面分配）对话框，如图 2-18 所示，该对话框包括以下几项。

- ✧ Create（创建）：当需要分配的截面没有定义时，单击 Create...按钮创建截面。
- ✧ Section（截面）：用于选择已建立的截面特性，仅列出了与选择区域对应的截面特性。选定后，列表下部会显示出该截面的类型和材料。
- ✧ Shell Offset（壳偏置）：仅适用于截面类型为 Shell（壳）时，用于设置壳的偏置。

这里需要给出 Cell 的概念，Cell 是 ABAQUS/CAE 中能单独赋予材料和截面属性的最小单元。在建立模型时，可以根据需要选择在基础模型上增加的部分是否是一个 Cell。

如果在准备分配截面特性时，发现需要单独分配截面特性的部分没有分离出来，可以选用工具区中适当的 Partition（分割）工具进行部件的分割，如图 2-19 所示。

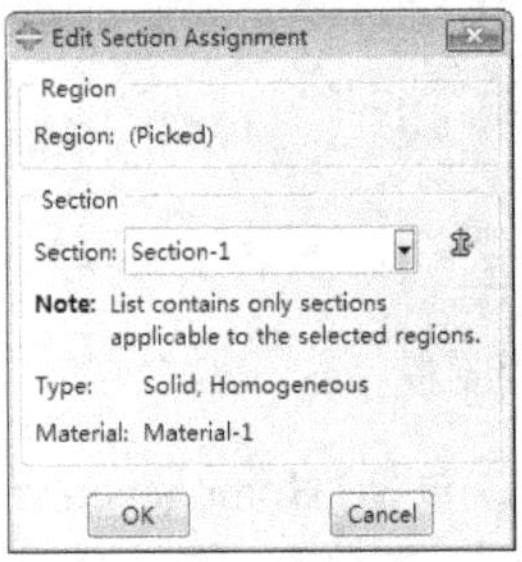

图 2-18　Edit Section Assignment 对话框

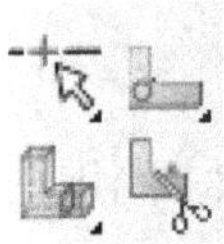

图 2-19　工具区中的 Partition 工具栏

提 示

Partition（分割）工具的功能详见系统帮助文件 *ABAQUS/CAE User's Manual*。单击工具区的 Section Assignment Manager（截面分配管理器）工具，该管理器中显示已分配的截面列表。

2.2.3　设置梁的截面特性和方向

ABAQUS 还可以在 Property 模块中定义梁的截面特性、截面方向和切向方向。

1. 设置梁的截面特性

梁的截面特性的设置方法与其他截面类型有所差异，主要体现在以下几个方面。

✧ 在创建梁的截面特性前，需要首先定义梁的横截面的形状和尺寸。

✧ 当选择在分析前提供截面特性时，材料属性在 Edit Beam Section（编辑梁截面）对话框中定义，不需要通过 Create Material 工具创建材料。

2. 梁的截面方向和切向方向的设置

在分析前，还需要定义梁的截面方向，操作方法如下。

执行 Assign→Beam Section Orientation 命令，或单击工具区的 Assigning Beam Orientation 工具，在视图区选择要定义截面方向的梁。

单击鼠标中键，在提示区中输入梁截面的局部坐标的 1 方向，如图 2-20 所示，按 Enter 键，再单击提示区的 OK 按钮，完成梁截面方向的设置。

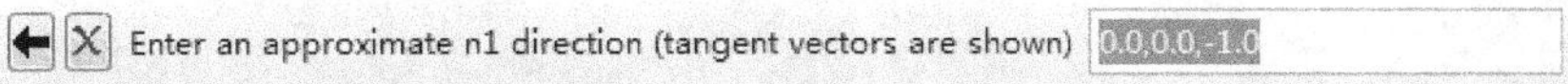

图 2-20　提示输入梁截面的局部坐标的 1 方向

当部件由 Wire（线）组成时，ABAQUS 会默认其切向方向，但可以改变此默认的切向方向。

操作方法：在主菜单上选择 Assign→Tangent，或单击工具，在展开的工具条中选择 Assigning Beam/Truss Tangent 工具，在视图区选择要改变切向方向的梁，单击提示区的 Done 按钮，梁的切向方向即变为反方向。此时，梁截面的局部坐标的 2 方向也变为反方向。

注 意

梁截面的局部坐标的 1 方向、2 方向和梁的切向方向满足右手法则。

2.2.4 Special 菜单的功能

Property 模块除了能设置材料和截面属性外，还可以通过 Special 菜单进行一些特殊的操作，下面对这些功能进行简单地介绍。

1. Inertia（惯量）

根据需要可以定义各种惯量，执行 Special→Inertia→Create 命令，弹出 Create Inertia 对话框，如图 2-21 所示，在 Name 栏中输入名称，在 Type 栏中可以选择 Point mass/inertia（点质量和转动惯量）、Heat capacitance（热容）、Nonstructural mass（非结构质量），单击 Continue...按钮，在视图区选择对象进行相应惯量的设置。

提 示

惯量的设置详见系统帮助文件 *ABAQUS/CAE User's Manual*。

2. Skin（皮肤）

在 Property 功能模块中，用户可以在实体模型的面或轴对称模型的边附上一层 Skin（皮肤），适用于几何部件和网格部件。

提 示

在创建 Skin 之前，需要定义材料和截面属性。Skin 的材料可以不同于其他部件的材料。Skin 的截面类型可以是均匀壳截面（Homogeneous）、膜（Membrane）、复合壳截面（Composite）、表面（Surface）和垫圈（Gasket）。

单击 Special→Skin→Create 命令创建 Skin，详见系统帮助文件 *ABAQUS/CAE User's Manual*。

一般情况下，不方便直接从模型中选取 Skin，这时可以使用 Set（集合）工具，方法为执行 Tools→Set→Create 命令，在弹出的 Create Set 对话框中输入 name，单击 Continue...按钮，在视图区中选择 Skin 作为构成集合的元素，单击提示区的 Done 按钮，完成集合的定义。

单击工具栏的 Create Display Group（创建显示组）工具，在 Item 栏中选择 Sets，在其右侧的区域内选择包含 Skin 的集合，如图 2-22 所示。单击对话框下端的 Intersect（相交）按钮，视图区即显示用户定义的 Skin。

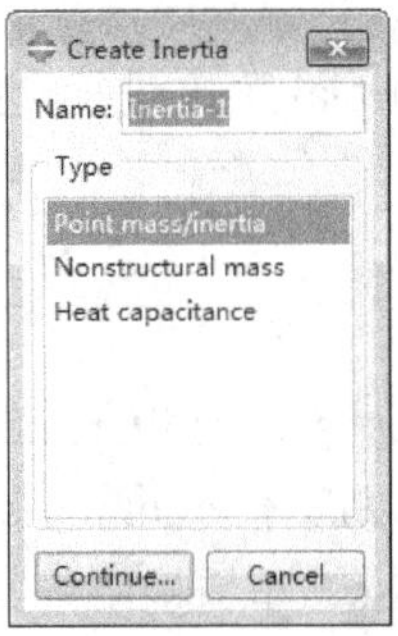

图 2-21　Create Inertia 对话框

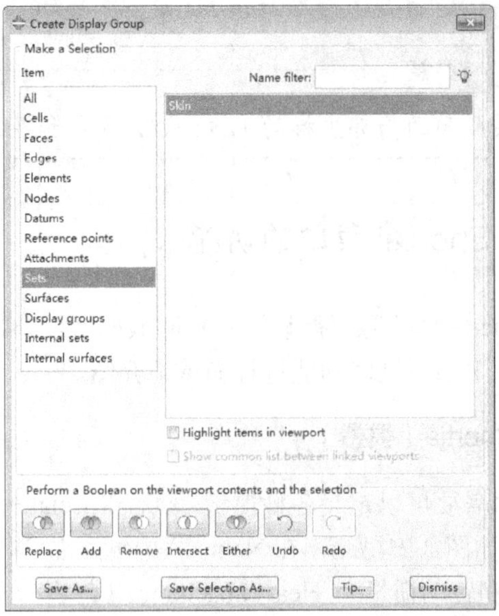

图 2-22　用 Create Display Group 对话框选择包含 Skin 的集合

注 意

Skin 不能重叠，仅一个 Skin 能定义在部件的一个指定表面。对于实体和轴对称部件，在 Mesh 功能模块中对部件进行网格划分时，ABAQUS 会自动对位于表面的 Skin 划分对应的网格，而不用单独对 Skin 进行网格划分。

3. Springs/Dashpots（弹簧/阻尼器）

ABAQUS 可以定义各种惯量，单击 Special→Springs/Dashpots→Create 命令，弹出 Create Springs/Dashpots 对话框，在 Name 栏中输入名称，在 Connectivity Type 栏中可以选择 Connect two points（连接两点）和 Connect points to ground（连接点和地面），后者仅适用于 ABAQUS/Standard，单击 Continue…按钮，在视图区选择对象进行相应的设置，使用时可以同时设置弹簧的刚度和阻尼器系数。

提 示

相关内容可参考系统帮助文件 *ABAQUS/CAE User's Manual* 及 *ABAQUS Analysis User's Manual*。

2.3 装配模块（Assembly）

在 Module（模块）列表中选择 Assembly（装配），即进入 Assembly（装配）功能模块。

在 Part 功能模块中创建或导入部件时，整个过程都是在局部坐标系下进行的。对于由多个部件构成的物体，必须将其在统一的整体坐标系中进行装配，使其成为一个整体，这部分工作在 Assembly 功能模块中进行。

一个模型只能包含一个装配件，一个装配件可以包含多个部件，一个部件也可以被多次调用来组装成装配件。即使装配件中只包含一个部件，也必须进行装配，定义载荷、边界条件、相互作用等操作都必须在装配件的基础上进行。

2.3.1 创建部件实体

装配的第一步是选择装配的部件，创建部件实体，具体操作方法如下。

执行 Instance→Create 命令，或单击工具区中的 Instance Part（创建部件实体）工具，弹出 Create Instance 对话框，如图 2-23 所示。

该对话框包括三部分，其中，Parts（部件）栏内列出了所有存在的部件，单击鼠标左键进行部件的选取，可以单选，也可以多选，只不过多选时在单击的同时要借助键盘上的 Shift 键或 Ctrl 键。Instance Type（实体类型）选项用于选择创建实体的类型，有两个选项。

✧ Dependent（mesh on part）：用于创建非独立的部件实体，为默认选项。当对部件划分网格时，相同的网格被添加到调用该部件的所有实体中，特别适用于线性阵列和辐射阵列构建部件实体。

✧ Independent （mesh on instance）：该选项用于创建独立的部件实体，这种实体是对原始部件的复制。此时需要对装配件中的每个实体划分网格，而不是原始部件。

提 示

与创建非独立的部件实体相比，这种方法会耗用更多的内存；另外，由于节点集合和单元集合被写入每一个独立的部件实体中，这种方法的 Inp 文件也较大。

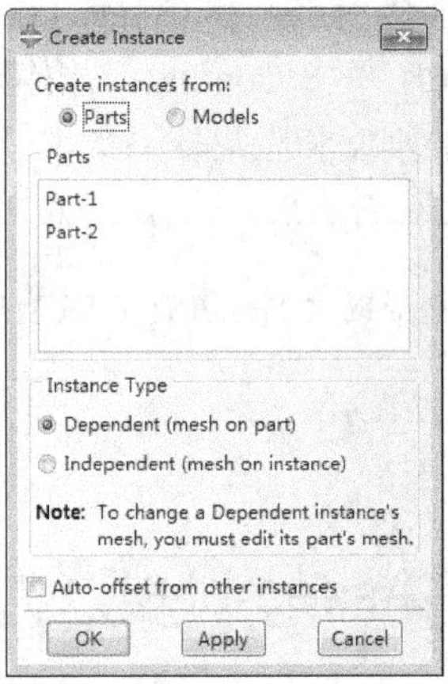

图 2-23　Create Instance 对话框

Auto-offset from other instances 选项用于使实体间产生偏移而不重叠。整体坐标系的原点和坐标轴与第一个部件实体的重合，当继续添加部件实体时，ABAQUS/CAE 会将新实体的坐标系对齐整体坐标系，这样部件实体间可能会产生重叠。

在创建实体前，选中此选项，ABAQUS/CAE 会自动产生偏移而使各实体间无重叠，具体而言，对三维和二维的部件实体产生 X 方向的偏移，对轴对称部件实体产生 Y 方向的偏移。

完成设置后，单击 OK 按钮，完成实体的创建。

提 示

工具区和主菜单中没有删除实体等工具，一旦创建部件实体后，可以在模型树中进行这些操作。具体操作：在模型树中单击该模型 Assembly 前的⊞展开该列表，再单击 Instances 前的⊞，鼠标指向需要操作的实体，单击鼠标右键，弹出的命令菜单中的 Delete 按钮用于删除该实体，Suppress 和 Resume 用于抑制和恢复该实体的选择。

部件实体创建完成后，其实体类型可以修改，方法为在模型树中选择该部件实体，单击鼠标右键，在弹出的命令菜单中单击 Make Independent 或 Make Dependent，即可改变实体的类型。

ABAQUS/CAE 还提供以阵列方式复制部件实体，包括线性阵列和辐射阵列两种模式，分别介绍如下。

1. Linear Pattern（线性阵列模式）

执行 Instance→Linear Pattern 命令，或单击工具区的 Linear Pattern（线性阵列模式）工具，在视图区单击鼠标左键选取实体，单击提示区的 Done 按钮，弹出 Linear Pattern 对话框，如图 2-24 所示。该对话框包括以下几项。

（1）Direction 1（方向 1）栏用于设置线性阵列的第一个方向，默认为 X 轴。

✧ Number（数目）：该选项用于设置部件实体的数目（含原始实体），默认值为 2。

✧ Direction（方向）：该选项用于设置线性阵列的方向。单击 Direction...按钮，在视图区中的原始实体上选择一条线段，新实体即按该方向排列。

✧ Offset（偏移）：该选项用于设置实体间的距离。

✧ Flip（反向）：该按钮用于将线性阵列变为反方向。

（2）Direction 2（方向 2）栏用于设置线性阵列的第二个方向，默认为 Y 轴，其选项与 Direction 1 完全相同，不再赘述。

（3）Preview（预览）选项用于预览线性阵列的实体，默认为选择预览方式。

完成设置后，单击 OK 按钮，完成线性阵列的实体创建操作。

2. Radial Pattern（辐射阵列模式）

执行 Instance→Radial Pattern 命令，或单击工具区的 Radial Pattern（辐射阵列模式）工具，在视图区单击鼠标左键选取实体，单击提示区的 Done 按钮，弹出 Radial Pattern 对话框，如图 2-25 所示。该对话框包括以下几项。

（1）Number（数目）：用于设置阵列实体的数目（含原始实体），默认值为 4，最小可以设置成 2。

（2）Total angle（总角度）：用于设置原始实体与最后一个复制实体间的角度，范围为-360°～360°，正值代表逆时针方向，默认为绕 Z 轴 90°。

（3）Axis（轴）：用于设置辐射阵列的旋转轴，类似于线性阵列中的 Direction 功能。单击 Axis...按钮，在视图区中的原始实体上选择一条线段，新实体即以该线段为轴旋转排列。

（4）Preview（预览）：用于预览辐射阵列的实体，默认为选择预览方式。

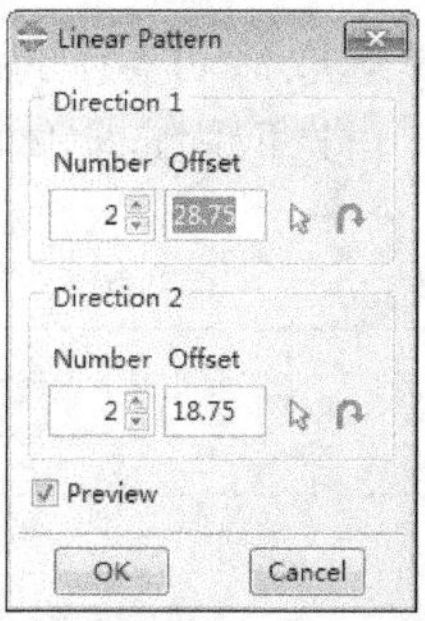

图 2-24 Linear Pattern 对话框

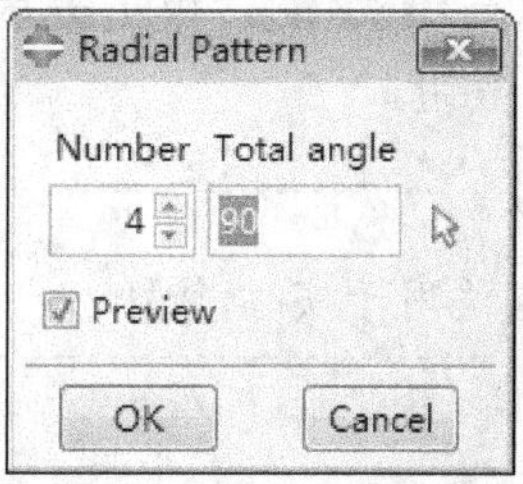

图 2-25 Radial Pattern 对话框

2.3.2 部件实体的定位

创建了部件实体后，可以采用多种工具对实体进行定位，下面分别进行介绍。

1. 平移和旋转工具

使用平移和旋转工具可以完成部件实体在任何情况下的定位，常用工具有 Translate（平移）、Rotate（旋转）、Translate To（平移到）。下面分别对这些工具进行介绍。

（1）Translate（平移）：执行 Instance→Translate 命令，或单击工具区的 Translate Instance（平移实体）工具，在视图区单击鼠标左键选取实体，单击提示区的 Done 按钮。有两种方法实现部件实体的平移。

- ✧ 按提示输入平移向量起点的坐标，按 Enter 键，继续在提示区输入平移矢量终点的坐标，再次按 Enter 键。
- ✧ 在视图区中选择部件实体上的一点，接着在视图区中选择部件实体上的另一点。此时，视图区显示出实体移动后的位置，单击 OK 按钮，完成部件实体的移动。

（2）Rotate（旋转）：执行 Instance→Rotate 命令，或单击工具区的 Rotate Instance（旋转实体）工具，在视图区单击鼠标左键选取实体，单击提示区的 Done 按钮。

提 示

类似于平移工具，有两种方法确定部件实体的旋转轴。之后，在提示区输入旋转的角度，如图 2-26 所示。范围为-360°～360°，正值表示逆时针方向的旋转，默认为 90°。

输入角度后按 Enter 键，视图区显示出实体旋转后的位置，单击 OK 按钮，完成部件实体的旋转。

图 2-26 提示输入旋转的角度

（3）Translate To（平移到）：执行 Instance→Translate To 命令，或单击工具区的 Translate To（平移到）工具，在视图区单击鼠标左键选取移动实体的边（二维或轴对称实体）或面（三维实体），单击提示区的 Done 按钮，再选取固定实体的面或边，单击提示区的 Done 按钮。

注 意

该工具仅适用于实体模型。

提 示

类似于平移工具，选取平移矢量的起止点。之后，需要在提示区输入移动后两实体的间隙距离，如图 2-27 所示。负值表示两实体的重叠距离，默认为 0.0，即选取的两实体的面或边接触在一起，单击 Preview 按钮预览，再单击 Done 按钮确认本次操作。

图 2-27　提示输入两实体的间隙距离

如果沿平移矢量的方向，选取的两实体的面或边不能接触在一起，该平移操作将无法进行，并弹出错误提示信息，如图 2-28 所示。

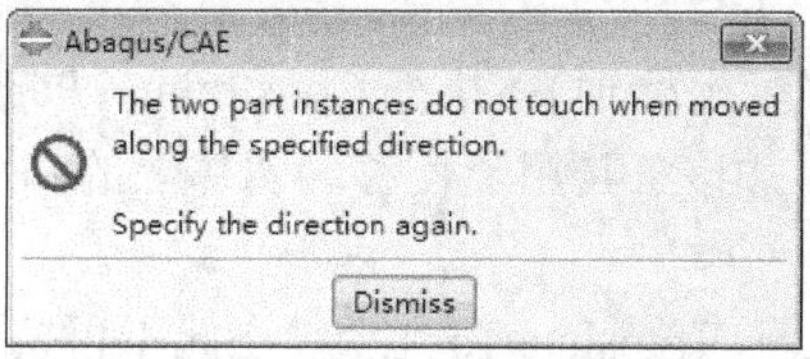

图 2-28　错误提示信息

注 意

平移和旋转操作可以预览，但不能撤销或修改，读者可以在预览后再确定是否进行该操作。如果用户觉得实体的平移或旋转不符合要求，可以不断单击提示区的 Go Back to Previous Step（返回上一步）按钮，退回到任一步操作前的状态，再重新进行操作。

2. 约束定位工具

ABAQUS/CAE 提供了一系列约束定位工具，包括在 Constraint 菜单和展开工具条  中。

提 示

这组工具与 Translate To 工具类似，都是通过指定两个部件实体间的位置关系来移动其中一个实体；不同的是约束定位操作可以撤销和修改。下面简要介绍各约束定位工具的功能。

（1）Parallel Face（平行面）：执行 Constraint→Parallel Face 命令，或单击展开工具条的左侧第一个工具，该工具用于使选取的移动实体的平面平行于选取的固定实体的平面。

（2）Parallel Edge（平行边）：执行 Constraint→Parallel Edge 命令，或单击展开工具条的左侧第三个工具，该工具用于使选取的移动实体的直线段平行于选取的固定实体的直线段。

（3）Face to Face（面对面）：执行 Constraint→Face to Face 命令，或单击展开工具条的左侧第二个工具，该工具类似于 Parallel Face 工具，用于使选取的移动实体的平面平行于选取的固定实体的平面，并使两个基准面间产生指定的间距。

（4）Edge to Edge（平行边）：执行 Constraint→Edge to Edge 命令，或单击展开工具条的左侧第四个工具，该工具类似于 Parallel Edge 工具，用于使选取的移动实体的直线段与选取的固定实体的直线段重合。

（5）Coincident Point（重合点）：执行 Constraint→Coincident Point 命令，或单击展开工具条的左侧第六个工具，该工具用于使选取的移动实体上的点与选取的固定实体上的点重合，但移动实体的方向保持不变。

（6）Coaxial（共轴）：执行 Constraint→Coaxial 命令，或单击展开工具条的左侧第五个工具，该工具用于使选取的移动实体的圆柱面或圆锥面平行于选取的固定实体的圆柱面或圆锥面共轴。

（7）Parallel CSYS（平行坐标轴）：执行 Constraint→Parallel CSYS 命令，或单击展开工具条的右侧第一个工具，该工具用于使移动实体上的基准坐标系的轴平行于固定实体上的基准坐标系的轴。

这 7 种工具的操作类似于 Translate To 工具，在此不再赘述，读者可以根据提示区的提示自行练习，系统帮助文件 *ABAQUS/CAE User's Manual*。

提 示

约束定位工具的操作结果不能进行预览，但可以选择模型树的 Assembly→Position Constraints 命令，将鼠标指向需要修改的操作，单击鼠标右键，在弹出的命令菜单中单击 Edit 按钮，弹出 Edit Feature（编辑特征）对话框，如图 2-29 所示，即可在该对话框中对该约束定位操作进行修改。

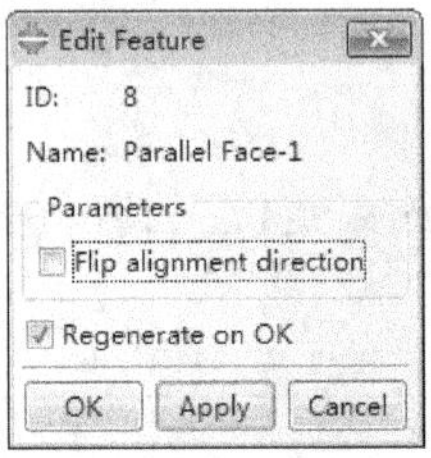

图 2-29　Parallel Face 对话框

此外，弹出的命令菜单中的 Delete 命令用于删除该约束定位操作，Suppress 和 Resume 命令用于抑制和恢复该约束定位操作。单独的约束定位操作很难对部件实体进行精确定位，往往需要几个约束定位操作的配合才能精确地定位部件实体。

当几个约束定位操作或旋转、平移操作与约束定位操作发生冲突时，可以选择 Instance→Convert Constraints 工具移除模型树中的所有约束定位操作的特征（模型的位置保持不变），之后，再进行平移和旋转操作或新的约束定位操作。

2.3.3 合并/剪切部件实体

当装配件包含两个或两个以上的部件实体时，ABAQUS/CAE 提供部件实体的合并（Merge）和剪切（Cut）功能。对选择的实体进行合并或剪切操作后，将产生一个新的实体和一个新的部件。

具体操作：执行 Instance→Merge/Cut 命令，或单击工具区中的 Merge/Cut Instances（合并/剪切实体）工具，弹出 Merge/Cut Instances 对话框，如图 2-30 所示。

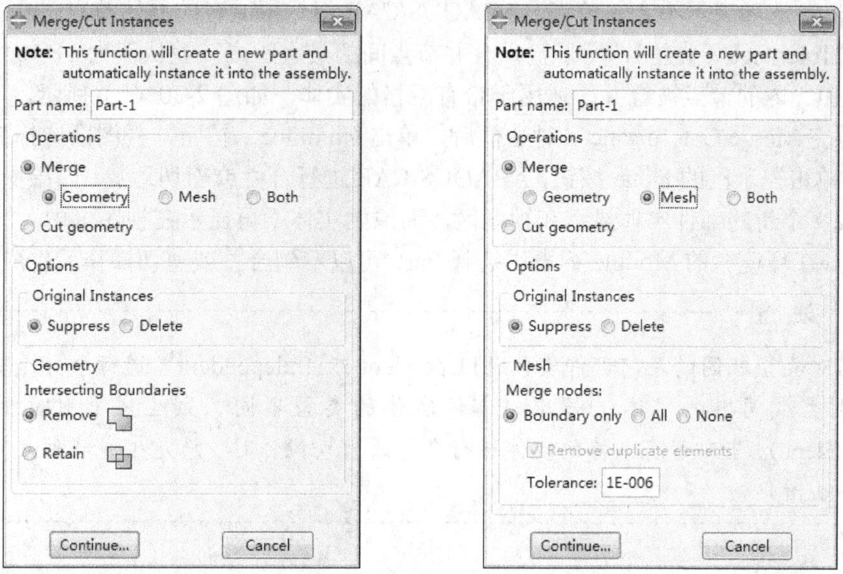

（a）适用于几何部件的实体选项　　（b）适用于带有网格的实体选项

图 2-30　Merge/Cut Instances 对话框

该对话框的参数：Part name（部件名称）栏用于输入新生成的部件的名称；Operations（操作）栏用于选择操作的类型。

（1）Merge（合并），用于部件实体的合并。

✧ Geometry（几何）选项用于几何部件实体的合并。

✧ Mesh（网格）选项用于网格实体的合并。

✧ ABAQUS/CAE 可实现网格部件实体和划分了网格的实体部件的合并。Cut geometry（剪切）选项用于部件实体的剪切，仅适用于几何部件实体。

（2）Options（选项），用于设置操作的选项。

✧ Suppress original instances（抑制原始实体）选项用于选择进行合并或剪切操作后，原始实体是否被激活。

✧ Intersecting Boundaries（相交的边界）栏用于选择对部件实体边界的处理，适用于几何部件实体，如图 2-30（a）所示。

✧ Remove（移除）选项用于移除合并的几何部件实体的重合边界，使之成为一个 Cell。

✧ Retain（保留）选项用于保留合并的几何部件实体的公共部分，使之成为三个 Cells。

（3）Merge nodes（合并节点），该栏用于选择节点的合并方式，适用于带有网格的实体，如图 2-30（b）所示。

✧ Boundary only 为默认选项，仅适用于只有一个公共面的情况，此时仅沿边界合并节点。

✧ All 选项适用于部件有重叠时，ABAQUS/CAE 合并选取实体的所有节点。此时，Remove duplicate elements 选项被激活，默认选择该选项，表示移除合并后重合的单元。

✧ None 选项表示不合并节点，ABAQUS/CAE 将保留所有的原始节点。

（4）Tolerance（公差），用于输入合并节点间的最大距离，默认值为 1×10^{-6}，即间距在 1×10^{-6} 内的节点被合并，适用于带有网格的实体，如图 2-30（b）所示。

设置完 Merge/Cut Instances 对话框后，单击 Continue...按钮，视图区选择需要操作的实体，单击提示区的 Done 按钮，ABAQUS/CAE 进行合并或剪切运算，如果操作成功，则会生成一个新的部件实体显示在视图区，而原始实体不再显示在视图区中。

此时，在环境栏的 Module 列表中选择 Part，可以看到合并或剪切操作后生成的部件。

注 意

若对类型相同的几何部件实体（Dependent 或 Independent）进行合并或剪切操作，则生成同类的实体；若几何部件实体的类型不同，则生成非独立的实体（Dependent）。当对带有网格的实体进行合并或剪切操作时，总是生成非独立的实体（Dependent）。

2.4 分析步模块

任何几何模型都可在前面介绍的这四个功能模块中创建。Part 模块和 Sketch 模块用于创建部件，Assembly 模块用于组装模型的各部件。

有时，需要将 Part 模块和 Assembly 模块配合起来使用，如通过 Assembly 模块中的合并（Merge）和剪切（Cut）功能创建出新的部件，再进行装配。对装配件中所包含的部件的所有操作都完成后，就可以进入 Step 模块，进行分析步和输出的定义。

2.4.1 设置分析步

进入 Step 功能模块后，主菜单中的 Step 菜单及工具区中的 Create Step（创建分析步）工具和 Step Manager（步骤管理器）工具用于分析步的创建和管理。

创建一个模型数据库后，ABAQUS/CAE 默认创建初始步（Initial），位于所有分析步之前。用户可以在初始步中设置边界条件和相互作用，使之在整个分析中起作用，但不能编辑、替换、重命名和删除初始步。

ABAQUS 可以在初始步后创建一个或多个分析步，执行 Step→Create 命令，或单击工具区中的 Create Step（创建分析步）工具，弹出 Create Step 对话框，如图 2-31 所示。

该对话框包括三部分。

（1）在 Name（名称）栏内输入分析步的名称，默认为 Step-n（n 表示第 *n* 个创建的分析步）。

（2）Insert new step after 栏用于设置创建的分析步的位置，每个新建立的分析步都可以设置在 Initial（初始步）后的任何位置。

（3）Procedure type（分析步类型）栏用于选择分析步的类型。用户需要首先选择 General（通用分析步）或 Linear perturbation（线性摄动分析步），其下部列表中显示出所有可供选择的分析步类型，默认为 General（通用分析步）中的 Static、General（静态分析）。

- ✧ General（通用分析步）：用于设置一个通用分析步（General analysis steps），可用于线性分析和非线性分析。该分析步定义了一个连续的事件，即前一个通用分析步的结束是后一个通用分析步的开始。ABAQUS 包括 13 种通用分析步，如表 2-9 所示。
- ✧ Linear perturbation（线性摄动分析步）：用于设置一个线性摄动分析步（Linear perturbation analysis steps），仅适用于 ABAQUS/Standard 中的线性分析。ABAQUS 包括 10 种线性摄动分析步，如表 2-10 所示。

表 2-9　通用分析步

名　称	功 能 说 明
Coupled temp-displacement	用于热—力耦合分析，当应力分布和温度分布互相影响时（如金属加工问题），需要采用该类分析步，适用于 ABAQUS/Standard 和 ABAQUS/Explicit。所选用的单元应该同时具有温度和位移自由度
Coupled thermal-electric	用于线性或非线性的热—电耦合分析，仅适用于 ABAQUS/Standard
Dynamic, Implicit	用于线性或非线性的隐式动力学分析，非线性动态响应只能采用该类分析步，仅适用于 ABAQUS/Standard
Dynamic, Explicit	用于显式动力学分析，对于大模型的瞬时动力学分析和高度不连续事件的分析特别有效，仅适用于 ABAQUS/Explicit
Dynamic，Temp-disp, Explicit	用于显式动态温度—位移耦合分析，类似于热—力耦合分析，仅适用于 ABAQUS/Explicit，且包含惯性效应和瞬时热响应
Geostatic	用于线性或非线性的地压应力场分析，仅适用于 ABAQUS/Standard，其后往往跟随多孔流体扩散—应力耦合分析或静力学分析
Heat transfer	用于传热分析，不考虑热—力耦合与热—电耦合，仅适用于 ABAQUS/Standard
Mass diffusion	用于质量扩散分析（瞬态或稳态），仅适用于 ABAQUS/Standard

续表

名　称	功 能 说 明
Soils	用于土壤力学分析，仅适用于 ABAQUS/Standard
Static, General	用于线性或非线性静力学分析，不考虑惯性及与时间相关的材料属性，仅适用于 ABAQUS/Standard
Static, Riks	通常用于处理不稳定的几何非线性问题(采用 Riks 方法)，仅适用于 ABAQUS/Standard
Visco	用于与时间相关材料（如黏弹性、黏塑性、蠕变）的线性或非线性响应分析，属于准静态分析，惯性效应被忽略，仅适用于 ABAQUS/Standard
Anneal	用于模拟金属材料的退火过程，与时间无关，为瞬时过程，适用于金属材料和用户自定义材料。该类分析步仅适用于 ABAQUS/Explicit，且当 Dynamic、Explicit 或 Dynamic，Temp-disp、Explicit 分析步创建后才出现

表 2-10　线性摄动分析步

名　称	功 能 说 明
Buckle	该选项用于线性特征值屈曲分析
Frequency	通过特征值的提取计算固有频率和相应的振型，用户可以选用 Lanczos 特征值求解器、AMS 特征值求解器和子空间迭代特征值求解器
Static, Linear perturbation	该选项用于线性静态应力/位移分析
Steady-state dynamic, Direct	该选项用于稳态谐波响应分析，直接求解模型在谐波激励下的稳态动力学线性响应
Complex Frequency	创建了 Frequency 分析步后才出现，综合特征值提取
Modal Dynamic	创建了 Frequency 分析步后才出现，瞬时模态动力学分析
Random response	创建了 Frequency 分析步后才出现，随机响应分析
Response spectrum	创建了 Frequency 分析步后才出现，响应谱分析
Steady-state dynamic, Modal	创建了 Frequency 分析步后才出现，基于模态的稳态动力学分析
Steady-state dynamic, Subspace	创建了 Frequency 分析步后才出现，基于子空间的稳态动力学分析

选择分析类型后，单击 Continue...按钮，弹出 Edit Step（编辑分析步）对话框。对于不同类型的分析步，该对话框的选项有所差异，下面就几种常用的分析步进行介绍。

1. Static General（静力学分析）分析步

该分析步用于分析线性或非线性静力学问题，其 Edit Step 对话框包括 Basic、Incrementation 和 Other 三个选项卡页面。

（1）Basic（基础）选项卡，该页面主要用于设置分析步的时间和大变形等，如图 2-32 所示。

- ✧ Description（描述）：用于输入对该分析步的简单描述，该描述保存在结果数据库中，进入 Visualization 模块后显示在状态区。该栏非必选项，用户可以不对分析步进行描述。

✧ Time period（时间）：用于输入该分析步的时间，系统默认值为 1。对于一般的静力学问题，可以采用默认值。

✧ Nlgeom：用于选择该分析步是否考虑几何非线性，对于 ABAQUS/Standard 该选项默认为 Off（关闭）。

✧ Use stabilization with：该选项用于局部不稳定的问题（如表面褶皱、局部屈曲），ABAQUS/Standard 会施加阻尼来使该问题变得稳定。

✧ Include adiabatic heating effects：用于绝热的应力分析，如高速加工过程。

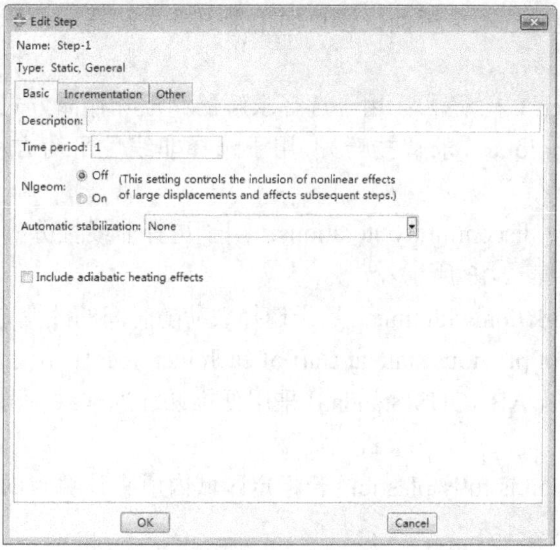

图 2-32　编辑分析步的 Basic 选项卡页面

（2）Incrementation（增量）选项卡页面，该页面用于设置增量步，如图 2-33 所示。

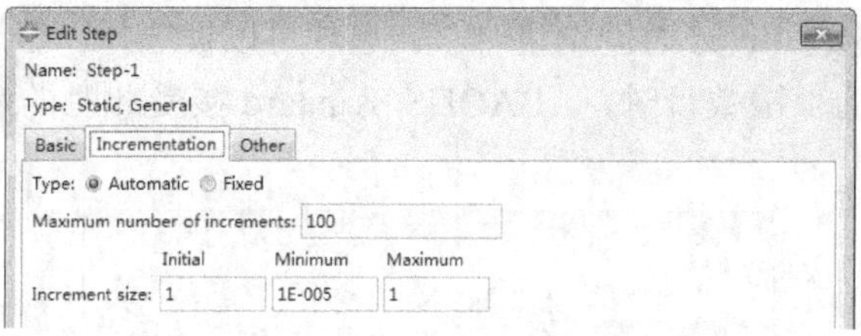

图 2-33　编辑分析步的 Incrementation 选项卡页面

✧ Type（类型）：该选项用于选择时间增量的控制方法，包括两种方式：Automatic（自动的）为默认选项，ABAQUS/Standard 根据计算效率来选择时间增量。

提 示

建议读者采用这种方式。Fixed（固定的）选项，ABAQUS/Standard 采用设置的固定的时间增量进行运算。在确保所设的时间增量能够收敛的情况下，可以选择该选项。

✧ Maximum number of increments（增量步的最大数目）：该栏用于设置该分析步的增量步数目的上限，默认值为 100。即使没有完成分析，当增量步的数目达到该值时，分析停止。

✧ Increment size（时间增量大小）：该栏用于设置时间增量的大小。当选择 Automatic 时，用户可以设置 Initial（初始时间增量）、Minimum（最小的时间增量）和 Maximum（最大的时间增量），默认值分别为 1、1×10^{-5} 和 1。当选择 Fixed 时，只能设置时间增量的大小。

（3）Other（其他）选项卡页面，该页面用于选择求解器、求解技巧、载荷随时间的变化等，如图 2-34 所示。

✧ Equation Solver（求解器）：用于选择求解器和矩阵存储方式，如表 2-11 所示。

✧ Solution Technique（求解技巧）：用于选择非线性平衡方程组的求解技巧，如表 2-12 所示。

✧ Convert severe discontinuity iterations：用于选择非线性分析中高度不连续迭代的处理方法，如表 2-13 所示。

✧ Default load variation with time：用于选择载荷随时间的改变方式，如表 2-14 所示。

✧ Extrapolation of previous state at start of each increment：用于选择每个增量步开始时的外推方法，ABAQUS/Standard 采用外推法加速非线性分析的收敛，如表 2-15 所示。

✧ Stop when region is fully plastic：若指定区域内所有计算点的解答是完全塑性的，该分析步结束。

✧ Obtain long-term solution with time-domain material properties：适用于黏弹性或黏塑性材料。

✧ Accept solution after reaching maximum number of iterations：当在 Incrementation 选项卡页面中选择 Fixed 时间增量时，该选项可以被选择。若选择该选项，当增量步达到设置的上限数目时，ABAQUS/Standard 接受此时的解答。建议不选择此选项。

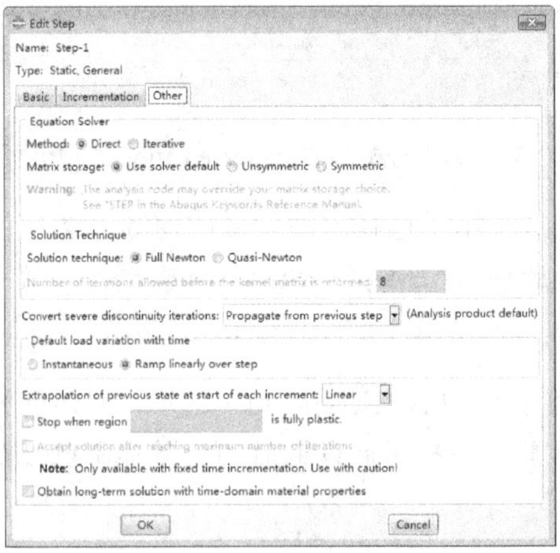

图 2-34　编辑分析步的 Other 选项卡页面

表 2-11　Equation Solver 选项

参　　数	功　　能
Direct	用于选择直接稀疏矩阵求解器，此为默认选项，适用于大多数分析
Iterative	用于选择域分解的线性迭代求解器，对于大规模的模型，分析速度快于直接求解器
Use solver default	此为默认选项，ABAQUS/Standard 自行选择对称的或不对称的刚度矩阵存储方式和解答方案。仅适用于直接稀疏矩阵求解器，建议读者采用此选项
Unsymmetric	选择不对称的刚度矩阵存储方式和解答方案，仅适用于直接稀疏矩阵求解器
Symmetric	选择对称的刚度矩阵存储方式和解答方案，适用于直接稀疏矩阵求解器和迭代求解器

表 2-12　Solution Technique 选项

参　　数	功　　能
Full Newton	完全牛顿方法。此为默认选项，采用牛顿方法求解非线性平衡方程组，适用于大多数情况
Quasi-Newton	准牛顿方法。采用准牛顿方法求解非线性平衡方程组。当方程组的雅可比矩阵是对称的且在迭代过程中变化不大时，采用该方法能够加快收敛，特别是大规模的模型。如果选择该方法，用户需要设置 Number of iterations allowed before the kernel matrix is reformed（迭代次数），默认为 8，最大可以设置为 25
Contact iterations	接触迭代方法。采用接触迭代法求解非线性平衡方程组，适用于静力学分析和直接稀疏矩阵求解器，对于具有高度不连续迭代的大规模、几何线性、小滑动、无摩擦的静力学问题特别有效。如果选择该方法，用户需要设置 Adjustment factor for the number of solutions in any iteration（任何迭代中的解答数量的修正因子）和 Maximum number of contact iterations（最大迭代次数），默认值分别为 1 和 30

表 2-13　Convert severe discontinuity iterations 选项

参　　数	功　　能
Propagate from previous step	此为默认选项，若出现高度不连续迭代，采用前一个通用分析步的值
Off	若出现高度不连续迭代，开始一个新的迭代
On	若出现高度不连续迭代，程序估计与高度不连续相关的残余载荷并检查平衡容差，判断是否开始另一个迭代或减小时间增量

表 2-14　Default load variation with time 选项

参　　数	功　　能
Instantaneous	瞬间的。在该分析步开始时载荷被瞬间施加，在整个分析步中保持不变
Ramp linearly over step	线性增加。此为默认选项，在整个分析步中载荷线性增加

表 2-15　Extrapolation of previous state at start of each increment 选项

参　　数	功　　能
Linear	线性的。此为默认选项，在开始一个增量步前外推前一个增量步的解答，第一个增量步不外推
Parabolic	二次的。在开始一个增量步前外推前两个增量步的解答，第一个增量步不外推，第二个增量步采用线性外推法
None	不使用外推法

2. Dynamic，Implicit（隐式动力学分析）分析步

该分析卡用于分析线性或非线性隐式动力学分析问题，其 Edit Step 对话框也包括 Basic、Incrementation 和 Other 三个选项卡页面，其中很多选项与静力学分析时相同，此处仅介绍不同的选项。

在 Incrementation（增量）页面中，当选择自动时间增量（Automatic）时，可以设置 Half-step residual tolerance（增量步中的平衡残余误差的容差）；当选择固定时间增量（Fixed）时，可以选择 Suppress half-step residual calculation 来加快收敛。Other（其他）选项卡页面的参数说明如下。

（1）Solution Technique（求解技巧）中不包括 Contact iterations（接触迭代方法）。

（2）Numerical damping control parameter（数值阻尼控制参数）：该栏用于输入数值阻尼控制参数，范围为 0～-0.333（阻尼），默认值为-0.05。

（3）Default load variation with time 的默认选项为 Instantaneous（瞬间加载）。

（4）By pass calculations of initial accelerations at the beginning of step：适用于分析步开始时载荷不突然变化的情况，ABAQUS/Standard 在分析步开始时不计算初始加速度。若前一个分析步也是动力学分析步，采用前一个分析步结束时的加速度作为新的分析步的加速度。若当前分析步是第一个动力学分析步，加速度为 0；在默认情况下，ABAQUS/Standard 计算初始加速度。

3. Dynamic，Explicit（显式动力学分析）分析步

该分析步用于显式动力学分析，除 Basic、Incrementation 和 Other 三个选项卡页面外，Edit Step 对话框中还包括一个 Mass scaling 选项卡页面。

Basic（基础）选项卡页面中的 Nlgeom 选项默认为 On（开）。Incrementation（增量）选项卡页面的相关参数如表 2-16 所示。

表 2-16　Incrementation 选项卡

参　数	功　能
Stable increment estimator	用于选择时间增量的稳定极限的估算方法，总是以 Element-by-element 方式开始，在一定条件下转化为 Global 方式
Global	此为默认选项，用于估算整个模型使用当前膨胀波速的最高频率。当采用该方法具有足够的精确度时，才从 Element-by-element 方式转化为 Global 方式。若模型包含流体单元、无限元、阻尼器、厚壳、厚梁、材料阻尼、自适应网格等，该方法不被使用。若使用该方法耗费太多的计算时间，ABAQUS/Explicit 采用 Element-by-element 方法
Element-by-element	用于估算每个单元的最高频率，该方法是保守的，得到的稳定时间增量总是小于整体估算法
Unlimited	此为默认选项，不限制时间增量的上限
Value	用于设置时间增量的上限
Use element-by-element time increment estimator	此为默认选项，ABAQUS/Explicit 在分析步开始时采用逐个单元估算法计算时间增量，并将此值作为固定时间增量
User-defined time increment	用户直接指定时间增量
Time scaling factor	用于输入时间增量比例因子，用于调整 ABAQUS/Explicit 计算出的稳定的时间增量，默认值为 1。不适用于用户选择固定时间增量（Fixed）中的 User-defined time increment 的情况

（1）Mass scaling（质量缩放）选项卡页面用于质量缩放的定义。当模型的某些区域包含控制稳定极限的很小的单元时，ABAQUS/Explicit 采用质量缩放功能来增加稳定极限，提高分析效率。

✧ “Use scaled mass andthroughout step” definitions from the previous step：为默认选项，程序采用前一个分析步对质量缩放的定义。

✧ Use scaling definitions below：用于创建一个或多个质量缩放定义。单击该对话框下部的 Create…按钮，弹出 Edit Mass Scaling 对话框，如图 2-35 所示，在该对话框内选择质量缩放的类型并进行相应的设置。

设置完成后，Edit Step 对话框的 Data 列表内将显示出该质量缩放的设置，用户可以单击该对话框下部的 Edit…或 Delete 按钮进行质量缩放定义的编辑或删除，如图 2-36 所示。

说 明

这里不详细讲解 Edit Mass Scaling 对话框的使用，请参阅系统帮助文件 *ABAQUS/CAE User's Manual*。

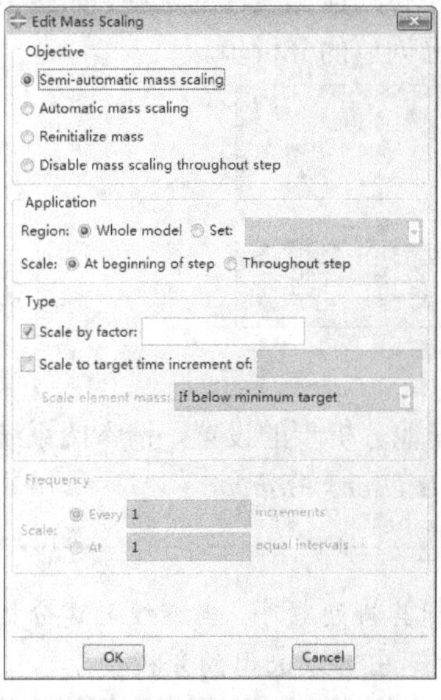

图 2-35 Edit Mass Scaling 对话框

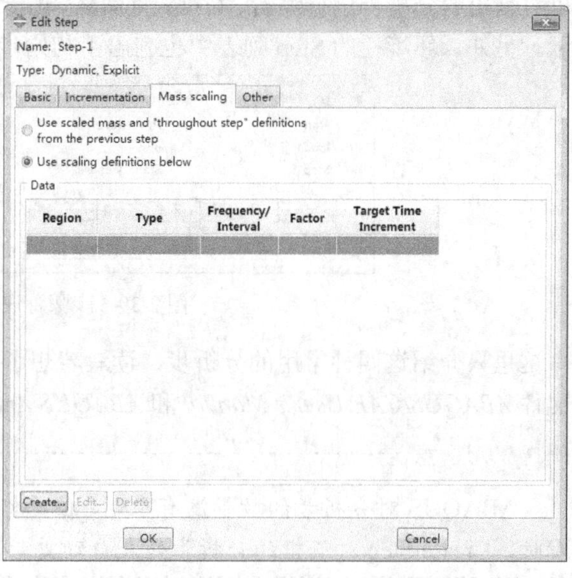

图 2-36 设置质量缩放后的 Edit Step 对话框

（2）Other（其他）选项卡页面，不同于 Static，General 和 Dynamic，Implicit 的情况，该页面仅包含 Linear bulk viscosity parameter 和 Quadratic bulk viscosity parameter 两栏，如图 2-37 所示。

Linear bulk viscosity parameter：用于输入线性体积黏度参数，默认值为 0.06，ABAQUS/Explicit 默认使用该类参数。

Quadratic bulk viscosity parameter：用于输入二次体积黏度参数，默认值为 1.2，仅适用于连续实体单元和压容积应变率时。

4. Static，Linear perturbation（线性摄动静力学分析）分析步

该分析步用于线性静力学分析，其 Edit Step 对话框仅包含 Basic 和 Other 两个选项卡页面，如图 2-38 所示，且选项为 Static，General 的子集。

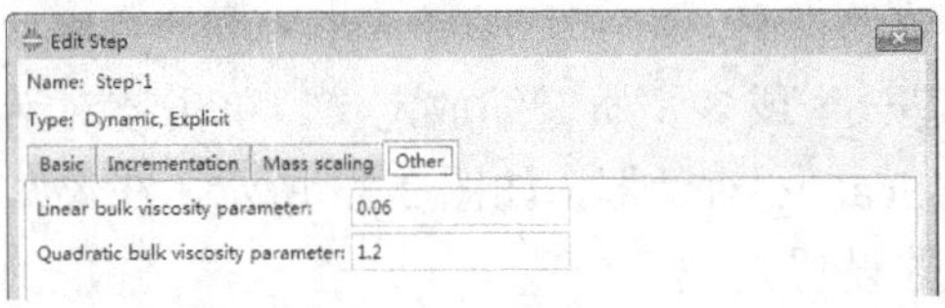

图 2-37　Edit Step 对话框中的 Other 标签栏图

图 2-38　线性摄动静力学分析中的 Edit Step 对话框

（1）Basic（基础）选项卡页面：仅包含 Description（描述）栏。Nlgeom 为 Off（关闭），即不涉及几何非线性问题。

（2）Other（其他）选项卡页面：仅包含 Equation Solver（求解器）栏。

设置完 Edit Step 对话框后，单击 OK 按钮，完成分析步的创建。此时单击工具区 Step Manager（步骤管理器）工具，可见步骤管理器内列出了初始步和已创建的分析步，可以对列出的分析步进行编辑、替换、重命名、删除操作和几何非线性的选择，如图 2-39 所示。另外，环境栏的 Step 列表中也列出了初始步和已创建的分析步。

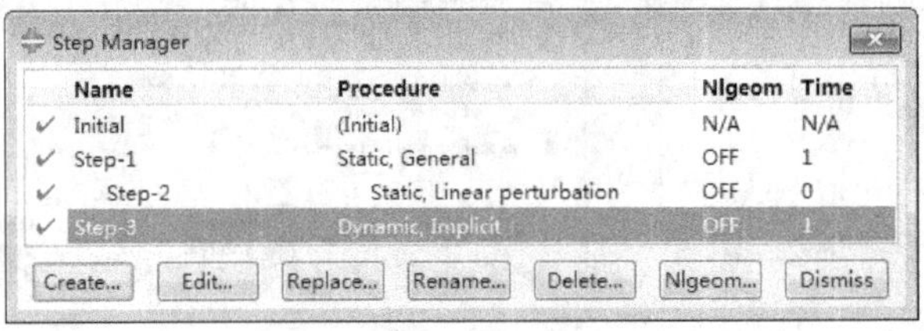

图 2-39　步骤管理器

这里只介绍这四种常用的分析步，读者若想了解其他分析步的设置，请参阅系统帮助文件 *ABAQUS/CAE User's Manual* 和 *ABAQUS Analysis User's Manual*。

注 意

ABAQUS 对分析步的数量没有限制，但严格限制其排列顺序。当继续创建分析步时，Create Step 对话框的分析步列表自动更新，仅列出可以选用的分析步。

2.4.2　定义输出

用户可以设置写入输出数据库的变量，包括场变量（以较低的频率将整个模型或模型的大部分区域的结果写入输出数据库）和历史变量（以较高的频率将模型的小部分区域的结果写入输出数据库）。

1. 变量输出要求管理器

创建了分析步后，ABAQUS/CAE 会自动创建默认的场变量输出要求和历史变量输

出要求（线性摄动分析步中的 Buckle、Frequency. Complex Frequency 无历史变量输出）。

单击工具区中 Field Output Manager（场变量输出要求管理器）工具和 Field History Manager（历史变量输出要求管理器）工具，分别弹出场变量输出要求管理器和历史变量输出要求管理器，图 2-40 所示为创建如图 2-39 所示的分析步后的场变量输出要求管理器和历史变量输出要求管理器。

提 示

这两个管理器的布局完全相同，下面只介绍场变量输出要求管理器，历史变量输出要求管理器的使用与之相同。

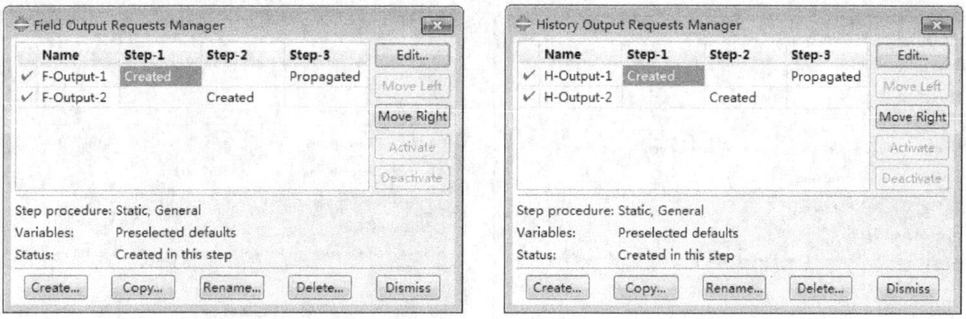

（a）场变量输出管理器　　（b）历史变量输出管理器

图 2-40　输出要求管理器

ABAQUS 可以在场变量输出要求管理器中进行场变量输出要求的创建、重命名、复制、删除、编辑。此外，列表最左侧的 ✔ 表示该场变量输出要求被激活，单击此图标则变为 ✕，表示该场变量输出要求被抑制。

提 示

这些功能也可以执行 Output→Field Output Requests 和 Output→History Output Requests 命令。

已创建的通用分析步的场变量输出要求，在之后所有的通用分析步中继续起作用，在管理器中显示为 Propagated，如图 2-40（a）所示。

单击管理器中 Step-3 下的 Propagated，右侧的 Deactivate 变为可选按钮，单击该按钮，Propagated 变为 Inactive，表明 Step-1 创建的场变量输出要求在 Step-3 中不起作用。此时 Activate 变为可选按钮，可用于激活 Step-3 的场变量输出要求。该功能同样适用于线性摄动分析步，但必须是同一种线性摄动分析步的场变量输出要求。

提 示

若在所有通用分析步前创建一个通用分析步，则 ABAQUS/CAE 不会自动创建一个默认的场变量输出要求。此时可以使用 Move Left 和 Move Right 来控制场变量输出要求起作用的范围，也可以创建一个新的场变量输出要求。该功能同样适用于线性摄动分析步，但必须是同一种线性摄动分析步的场变量输出要求。

注 意

如果有的分析步不包含场变量输出要求，ABAQUS/CAE 在生成 inp 文件时会出现警告。

2. 编辑输出要求

单击场变量输出要求管理器或历史变量输出要求管理器中的 Edit...按钮，弹出 Edit Field Output Request 或 Edit History Output Request 对话框，如图 2-41 所示，就可以对场变量输出要求/历史变量输出要求进行修改。

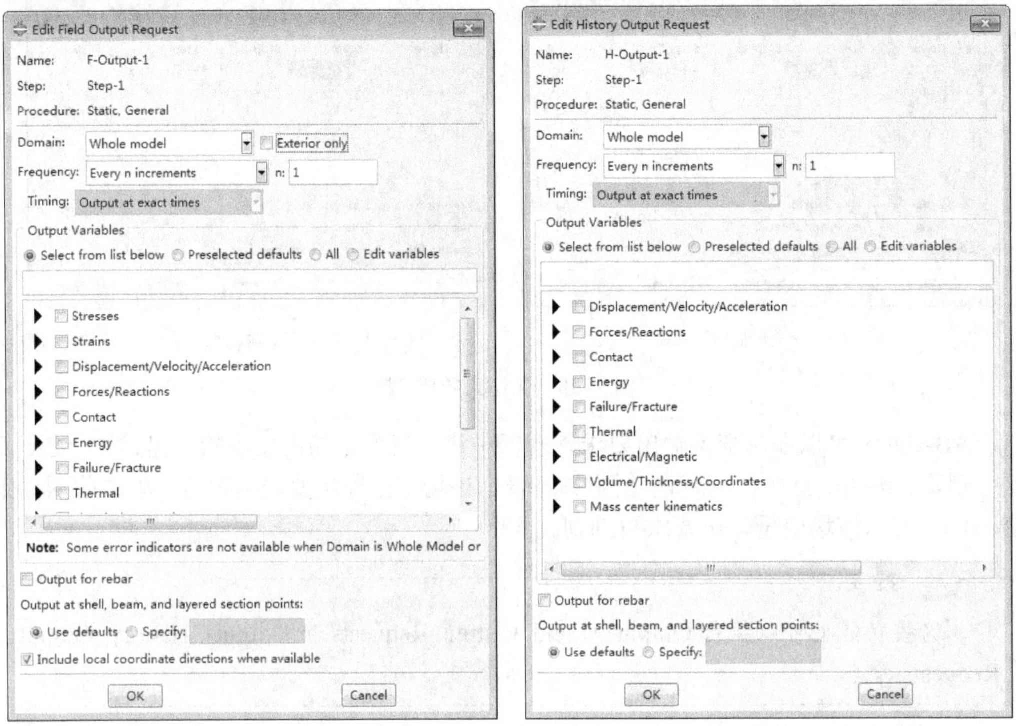

（a）编辑场变量输出要求　　（b）编辑历史变量输出要求

图 2-41　编辑变量输出要求

（1）编辑场变量输出要求

在 Edit Field Output Request 对话框中，用户可以对场变量输出要求进行设置。不同分析步的选项可能不完全相同，下面以 Static，General 分析步为例进行介绍。

- ✧ Domain（范围）：该列表用于选择输出变量的区域，如表 2-17 所示。
- ✧ Frequency（频率）：该栏用于设置输出变量的频率，如表 2-18 所示。
- ✧ Timing：当在 Frequency 列表中选择 Every x units of time、Evenly spaced time intervals 或 From time points 时，该列表为可选，包括 Output at exact times（在精确时间输出）和 Output at approximate times（在近似的时间输出）。

✧ Output Variables（输出变量）：用于选择写入输出数据库的场变量，可通过几种方式进行选择：Select from list below（从列表中选择）、All（全选）、Preselected defaults（默认选择）、Edit variables（编辑变量名称）。输出变量列表与输出变量的区域选择相对应。这是需要重点选择的部分，写入输出数据库的场变量越多，输出数据库占的计算机空间也相应地增大，所以用户应该根据需要选择输出变量。

✧ Output for rebar：用于选择写入输出数据库的场变量中是否包括钢筋的结果，Domain 中为 Whole model 或 Set 时被激活。

✧ Output at shell，beam，and layered section points：用于设置写入输出数据库的场变量的截面点，Domain 中为 Whole model 或 Set 时被激活。

✧ Include local coordinate directions when available：不选择该项可以减小输出数据库，默认为选择该项。

完成设置后，单击 OK 按钮。

表 2-17　Domain 选项

参　数	功　能
Whole model	整个模型。此为默认选项，将整个模型的场变量写入输出数据库
Set	集合。将指定集合的场变量写入输出数据库
Bolt load	螺栓载荷。将指定的螺栓载荷的场变量写入输出数据库
Interaction	相互作用。将指定的面—面接触或自接触的场变量写入输出数据库

表 2-18　Frequency 选项

参　数	功　能
Last increment	最后的增量步。将最后一个增量步的场变量写入输出数据库
Every n increments	每隔 *n* 个增量步。此为默认选项，每隔指定数量的增量步 ABAQUS 将场变量写入输出数据库，默认值为 1。此时，ABAQUS 也会将最后一个增量步的场变量写入输出数据库
Evenly spaced time intervals	平均的时间间隔。用户指定时间间隔的数目，ABAQUS 以此数目将时间平均分割并将场变量写入输出数据库
Every x units of time	每隔单位时间。每隔指定的时间长度 ABAQUS 将场变量写入输出数据库
From time points	时间点。ABAQUS 根据时间点集合将场变量写入输出数据库

（2）编辑历史变量输出要求

Edit History Output Request 对话框与 Edit Field Output Request 对话框基本相同，现就其不同之处进行介绍（仍以 Static，General 分析步为例）。

✧ Domain（范围）中增加了 Springs/Dashpots（将指定的弹簧/阻尼器的场变量写入输出数据库）和 Contour integral（将指定的围线积分中的场变量写入输出数据库）。

✧ 不包含 Include local coordinate directions when available 选项。

2.4.3　Step 模块的其他功能

Step 模块除了能够设置分析步和定义输出变量外，还能通过 Output 菜单和 Other 菜单进行其他操作，下面简单进行介绍。

1. ALE 自适应网格

ALE 自适应网格适用于静力学分析（Static，General）、热—力耦合分析（Coupled temp-displacement）、显式动力学分析（Dynamic，Explicit）、显式动态温度—位移耦合分析（Dynamic，Temp-disp，Explicit）、土壤力学分析（Soils）。

ALE 自适应网格（ALE adaptive meshing）是任意拉格朗日—欧拉（Arbitrary Lagrangian-Eulerian）分析，它综合了拉格朗日分析和欧拉分析的特征，在整个分析中保持高质量的网格而不改变网格的拓扑结构。

主菜单中的 Other 下有三个子菜单用于 ALE 自适应网格。

（1）Other→ALE Adaptive Mesh Domain 菜单用于指定模型中 ALE 自适应网格的区域，一个分析步只能指定一个区域。

（2）Other→ALE Adaptive Mesh Constraint 菜单用于指定 ALE 自适应网格的约束。

（3）Other→ALE Adaptive Mesh Controls 菜单用于指定 ALE 自适应网格的控制。

若想进一步了解 ALE 自适应网格，请参阅系统帮助文件 *ABAQUS/CAE User's Manual* 和 *ABAQUS Analysis User's Manual*。

2. 求解控制

通过调整参数可以控制 ABAQUS 的分析，包括通用求解控制和线性方程组迭代求解器的控制。Other→General Solution Controls 菜单用于通用求解控制，仅适用于 ABAQUS/Standard 的通用分析步，用户通过调整变量来控制收敛和时间积分的精确性。

提 示

请参阅系统帮助文件 *ABAQUS/CAE User's Manual* 和 *ABAQUS Analysis User's Manual*。

Other→Solver Controls 菜单用于线性方程组迭代求解器的控制，适用于通用静力学分析（Static，General）、线性摄动静力学分析（Static，Linear perturbation）、黏性分析（Visco）和传热分析（Heat transfer）。详见系统帮助文件 *ABAQUS/CAE User's Manual* 和 *ABAQUS Analysis User's Manual*。

注 意

读者要慎用通用求解控制，因为通用求解控制的默认设置适用于大多数分析，改变默认设置可能增加计算时间、产生不精确的解或导致收敛问题。

3. 特殊的输出

在 Step 模块中，除了能设置场变量输出要求和历史变量输出要求外，还能进行特殊的输出控制，这些功能都包含在 Output 菜单中，详见系统帮助文件 *ABAQUS/CAE User's Manual*。

2.5 载荷模块（Load）

进入 Load 功能模块后，主菜单中的 Load 菜单及工具区中的 Create Load（创建载荷）工具和 Load Manager（载荷管理器）工具用于载荷的创建和管理。

2.5.1 定义载荷

定义载荷时，执行 Load→Create 命令，或单击工具区中的 Create Load（创建载荷）工具，也可双击左侧模型树中的 Loads，弹出 Create Load 对话框，如图 2-42 所示。该对话框包括以下几项。

（1）Name（名称），在该栏内输入载荷的名称，默认为 Load-n（n 为第 *n* 个创建的载荷）。

（2）Step（分析步），该列表用于选择用于创建载荷的分析步。

注 意

在初始步（Initial）中不能定义载荷，必须在 Step 列表中选择分析步，以施加相应的载荷。

（3）Category（种类），用于选择适用于所选分析步的加载种类，包括 Mechanical（力学的）、Fluid（流体）、Thermal（热学的）、Acoustic（声学的）、Electrical（电学的）、Mass diffusion（质量扩散）。对于不同的分析步，可以施加不同的载荷种类。

（4）Types for Selected Step，用于选择载荷的类型，是 Category 的下一级选项。

- ✧ Mechanical：包括 Concentrated force（集中力）、Moment（力矩）、Pressure（施加在面上的压力载荷）、Surface traction（施加在面上的载荷）、Shell edge load（施加在壳边上的载荷）、Pipe pressure（管道压力）、Line load（施加在梁上的线载荷）、Body force（体力）、Gravity（重力，输入指定方向的加速度）、Generalized plane strain（广义平面应变）、Rotational body force（旋转体力），Bolt load（螺栓或扣件的预紧力）、Coriolis force（科氏力）、Connector force（施加在连接器上的集中力）、Inertia Relief（惯性释放载荷）、Connector moment（施加在连接器上的力矩），如图 2-42（a）所示。
- ✧ Thermal：包括 Surface heat flux（表面热通量）、Body heat flux（体热通量）、Concentrated heat flux（集中热通量），如图 2-42（b）所示。
- ✧ Acoustic：可设置 Inward volume acceleration（声媒介边界上点或节点的容积加速度），如图 2-42（c）所示。

（a）Mechanical：Concentrated force　（b）Thermal：Surface heat flux　（c）Acoustic

（d）Fluid：Concentrated pore fluid　（e）Electrical：Static General　（f）Electrical：Dynamic，Implicit

图 2-42　Greate Load 对话框

✧ Fluid：包括 Concentrated pore fluid（点或节点上的集中孔隙流速）、Surface pore fluid（垂直于表面的孔隙流速），如图 2-42（d）所示。

✧ Electrical：包括压电分析中的 Concentrated charge（集中电荷）、Surface charge（面上的电荷密度）、Body charge（体上的电荷密度），如图 2-42（e）所示，热—电耦合分析中的 Surface current（面上的电流密度）、Concentrated current（集中电流）、Body current（体上的电流密度），如图 2-42（f）所示。其他的加载方式请读者参阅系统帮助文件 *ABAQUS/CAE User's Manual*。

1. 定义 Concentrated force（集中力）

如图 2-42（a）所示，选择 Concentrated force 之后，单击 Continue...按钮，选择施加集中力的几何实体上的参考点、顶点或网格实体上的节点，单击提示区的 Done 按钮，弹出 Edit Load 对话框，如图 2-43 所示。该对话框包括以下几项。

（1）CSYS：用于选择载荷对应的坐标系，默认为整体坐标系（Global）。单击 按钮，选择局部坐标系。

（2）CF1、CF2、CF3：分别为力在三个方向上的分量。与坐标轴正方向同向的力为正值，反之为负，不输入值则默认为 0。

（3）Follow nodal rotation：用于选择集中力是否随着节点的旋转而改变。在小变形分析中可以不作选择，认为力的方向不随模型变形方向的改变而改变；而在大变形分析中应该选择该项。

（4）Amplitude（幅值）：用于选择载荷随时间/频率变化的规律。

✧ 对于静力学问题，默认的是 Ramp，如图 2-43（a）所示，为由 0 线性增长到给定值。

✧ 对于动力学问题，默认的是 Instantaneous，如图 2-43（b）所示，为瞬时加载。

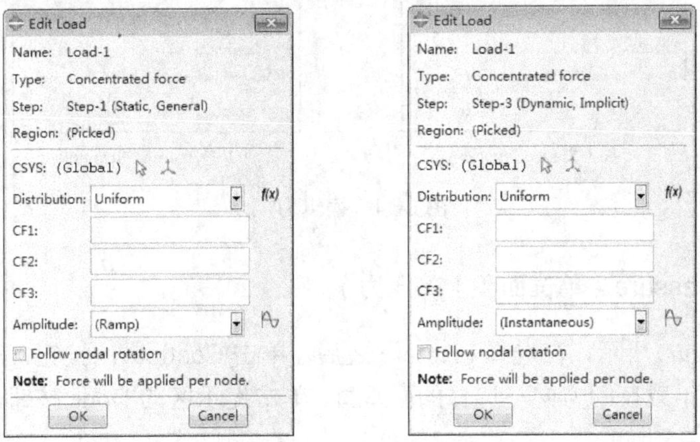

（a）Static General　　（b）Dynamic，Implicit

图 2-43　编辑集中力

若已通过 Tools→Amplitude→Create 命令定义了幅值，可以在该列表内进行选择。

若没有定义幅值，可以单击按钮定义随时间变化的加载方式，如 Equally spaced（按等时间/频率间距变化的载荷）、Tabular（由表格给定的载荷与时间/频率的关系）和 Periodic（周期变化的载荷）等。

输入集中力对应的坐标系三个方向上的分量的值或设置随时间变化的载荷后，单击 OK 按钮，完成集中力的施加。加载在几何顶点或参考点上的集中力会自动转换为加载在相应节点上的集中力。

2. 定义 Moment（力矩）

如图 2-42（a）所示，在选择 Moment 之后，单击 Continue...按钮，选择施加力矩的几何实体上的参考点、顶点或网格实体上的节点，单击 Done 按钮，弹出 Edit Load 对话框，如图 2-44 所示。该对话框包括以下几项。

（1）CSYS（坐标系）：用于选择载荷对应的坐标系，与施加集中力时的设置方法相同。

（2）CM1、CM2、CM3：分别为绕三个坐标轴的力矩，力矩的正负遵守右手法则。

（3）Amplitude（幅值）：用于选择载荷随时间/频率变化的规律，与施加集中力时的设置方法相同。

（4）Follow nodal rotation：用于选择集中力是否随着节点的旋转而改变，与施加集中力时相同。

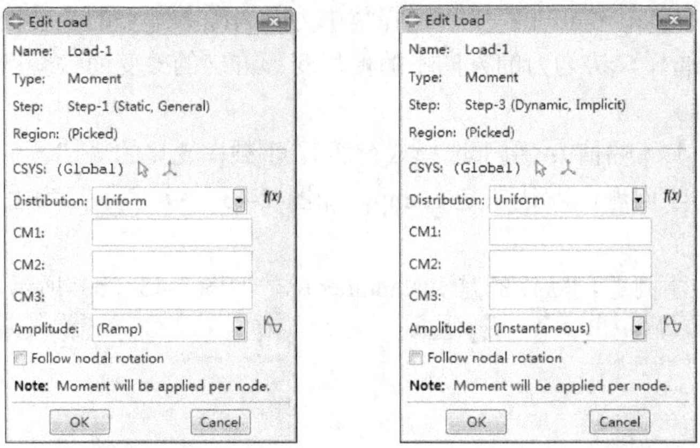

（a）Static General　　（b）Dynamic，Implicit

图2-44　编辑力矩

3. 定义 Pressure（单位面积上的压力）

如图2-42（a）所示，在选择Pressure之后，单击Continue...按钮，选择施加压力的几何实体的表面，载荷的方向与选择的面垂直，单击提示区的Done按钮，弹出Edit Load对话框，如图2-45所示。

首先需要在Distribution（分布）列表中选择压力的分布方式，每种分布方式都有各自的设置选项，分别介绍如下。

（1）Uniform，施加均匀分布的压力，如图2-45（a）所示。

✧ Magnitude：输入压力值，正值为压力，负值为拉力。

✧ Amplitude：该列表用于选择载荷随时间/频率变化的规律，与施加集中力时的设置方法相同，不再赘述。

（2）Hydrostatic，施加静水压力，如图2-45（b）所示，仅适用于ABAQUS/Standard。

✧ Magnitude：输入压力值。

✧ Amplitude：用于选择载荷随时间/频率变化的规律。

✧ Zero pressure height：用于输入零压力处的高度。

提 示

对于三维模型以 *Z* 轴方向（坐标轴3方向）为静水压力随高度变化方向；二维模型以 *Y* 轴方向（坐标轴2方向）为静水压力随高度变化方向。

✧ Reference pressure height：用于输入参考压力值（Magnitude栏内设定的压力值）的高度。对于三维模型以 *Z* 轴方向（坐标轴3方向）为静水压力随高度变化方向；二维模型以 *Y* 轴方向（坐标轴2方向）为静水压力随高度变化方向。

（3）User-defined，使用用户子程序DLOAD（ABAQUS/Standard）或VDLOAD（ABAQUS/Explicit）定义压力，如图2-45（c）所示。

✧ Magnitude：如果需要可以在该栏输入压力值。在 ABAQUS/Standard 分析中，该值被输入用户子程序 DLOAD；在 ABAQUS/Explicit 分析中，该值被忽略。

（4）Stagnation，施加滞止压力，如图 2-45（d）所示，仅适用于 ABAQUS/Explicit。

✧ Magnitude：输入压力值。

✧ Amplitude：用于选择载荷随时间/频率变化的规律。

✧ Determine relative velocity from reference point：该选项用于选择是否将施加压力的面的速度减去参考点的速度。默认为不选择该选项；若用户选择该选项，需要单击 Edit...按钮选择几何模型的顶点、参考点或网格模型的节点作为参考点。

（5）Viscous，施加黏性压力，如图 2-45（e）所示，仅适用于 ABAQUS/Explicit，其设置方法同滞止压力。

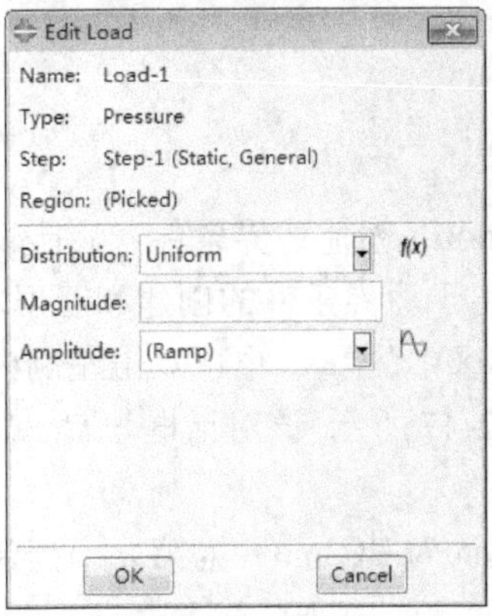

（a）Uniform

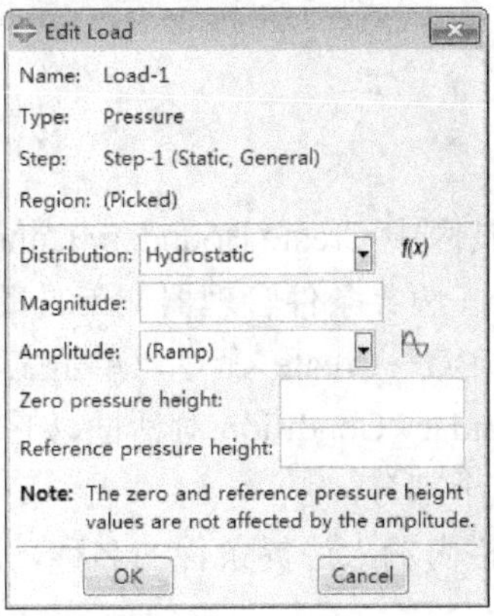

（b）Hydrostatic

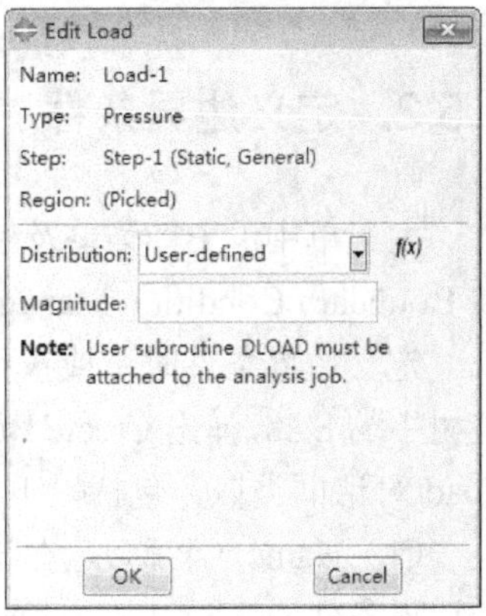

（c）User-defined

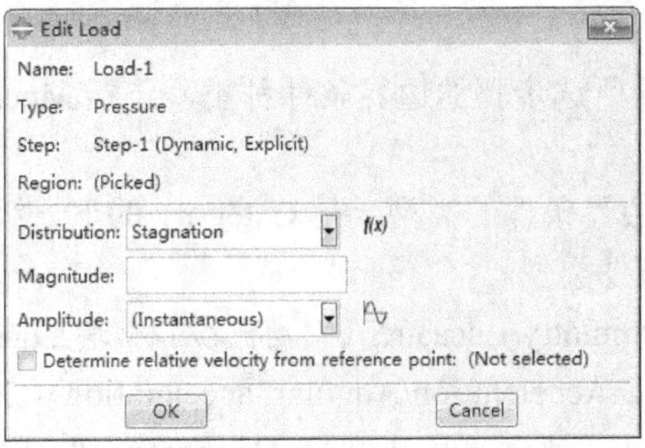

（d）Stagnation

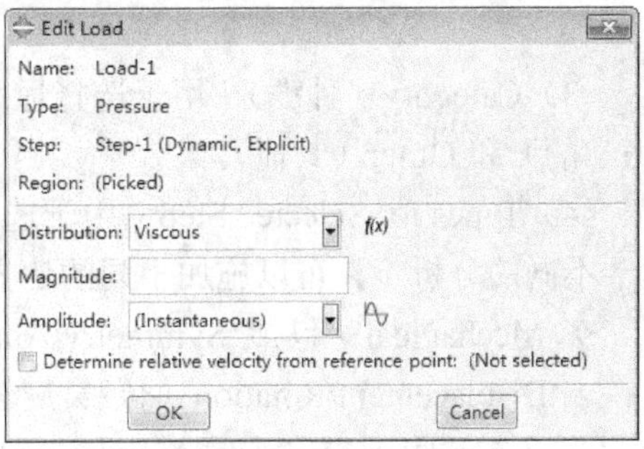

（e）Viscous

图 2-45　编辑单位面积上的压力

（6）f(x) Create 按钮，该按钮用于创建分析场的表达式，创建后该分析场被列入 Distribution 列表中，可选择压力按此表达式分布。

如果事先通过 Tools→Analytical Field→Create 命令定义了分析场，可以直接在 Distribution 列表内进行选择。

完成载荷的设置后，单击工具区的 Load Manager（载荷管理器）工具，可见载荷管理器内列出了已创建的载荷，如图 2-46 所示。该管理器的用法不再赘述。

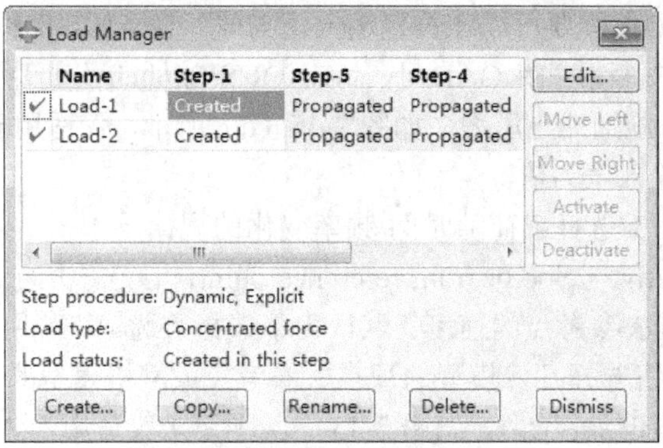

图 2-46 Load Manager 对话框

2.5.2 定义边界条件

主菜单中的 BC 菜单及工具区中 Create Boundary Condition（创建边界条件）工具和 Boundary Condition Manager（边界条件管理器）工具用于边界条件的创建和管理。

定义边界条件时，或执行 BC→Create 命令，单击工具区中的，也可双击左侧模型树中的 BCs，弹出 Create Boundary Condition 对话框，如图 2-47 所示。该对话框与 Create Load 对话框类似，包括以下几个部分。

（1）Name（名称），在该栏内输入边界条件的名称，默认为 BC-n（n 为第 *n* 个创建的边界条件）。

（2）Step（分析步），在该列表内选择用于创建边界条件的步骤，包括初始步和分析步。

（3）Category（种类），用于选择适用于所选步骤的边界条件种类，包括 Mechanical（力学的）和 Other（其他）。

（4）Types for Selected Step，用于选择边界条件的类型，是 Category 的下一级选项。对于不同的分析步，可以施加不同的边界条件类型。

- ✧ Mechanical：包括 Symmetry/Antisymmetry/Encastre（对称/反对称/端部固定）、Displacement/Rotation（位移/旋转）、Acceleration/Angular acceleration（加速度/角加速度）、Velocity/Angular velocity（速度 / 角速度）、Connector displacement（连接器位移）、Connector velocity（连接器速度）、Connector acceleration（连接器加速度），如图 2-47（a）所示。
- ✧ Other：包括 Temperature（温度）、Pore pressure（孔隙压力）、Fluid cavity presswe（流体腔压力）Mass concentration（质量浓度）、Acoustic pressure（声压），Connectar material flow（连接器材料流动），如图 2-47（b）所示。

下面对较常用的 Symmetry/Antisymmetry/Encastre 和 Displacement/Rotation 边界条件的定义做详细介绍，其他的请参阅系统帮助文件 *ABAQUS/CAE User's Manual*。

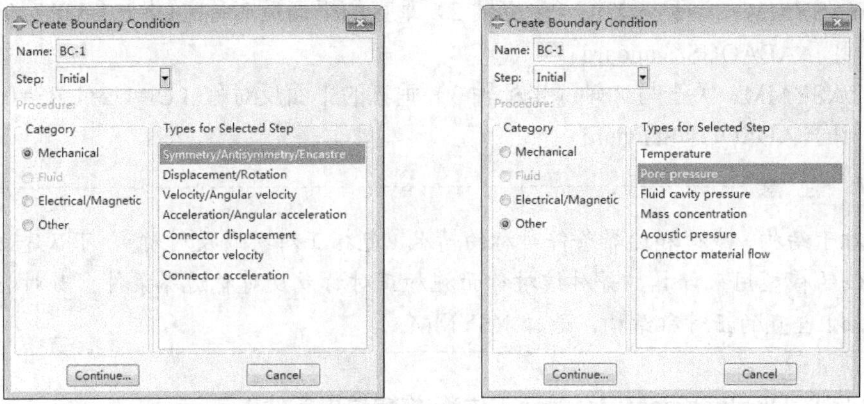

（a）Mechanical （b）Other

图 2-47 创建边界条件

1. 定义 Symmetry/Antisymmetry/Encastre（对称／反对称／端部固定边界条件）

如图 2-47（a）所示，选择 Symmetry/Antisymmetry/Encastre 后，单击 Continue...按钮，选择施加该边界条件的点、线、面、cells，单击提示区的 Done 按钮，弹出 Edit Boundary Condition 对话框，如图 2-48 所示。该对话框包括以下 8 种单选的边界条件。

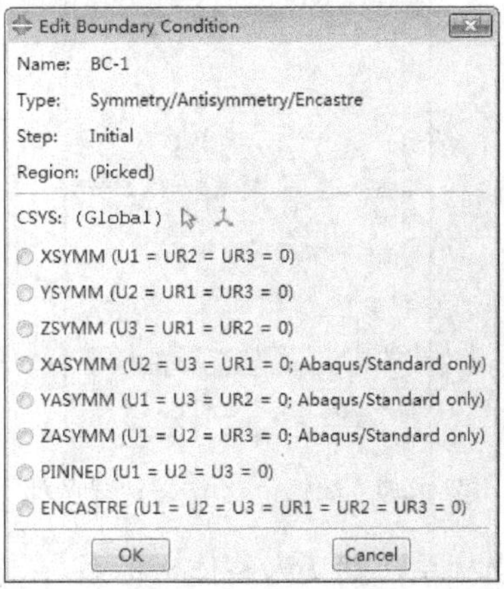

图 2-48 编辑对称/反对称/端部固定边界条件

- ✧ XSYMM：关于与 *X* 轴（坐标轴 1）垂直的平面对称（Ul=UR2=UR3=0）。
- ✧ YSYMM：关于与 *Y* 轴（坐标轴 2）垂直的平面对称（U2=URl=UR3=0）。
- ✧ ZSYMM：关于与 *Z* 轴（坐标轴 3）垂直的平面对称（U3=URl=UR2=0）。
- ✧ PINNED：约束 3 个平移自由度，即铰支约束（Ul=U2=U3=0）。
- ✧ ENCASTRE：约束 6 个自由度，即固支约束（Ul=U2=U3=URl=UR2=UR3=0）。
- ✧ XASYMM：关于与 *X* 轴（坐标轴 1）垂直的平面反对称（U2=U3 = URl=0），仅适用于 ABAQUS/Standard。

✧ YASYMM：关于与 *Y* 轴（坐标轴 2）垂直的平面反对称（Ul=U3=UR2=0），仅适用于 ABAQUS/Standard。

✧ ZASYMM：关于与 *Z* 轴（坐标轴 3）垂直的平面反对称（Ul=U2=UR3=0），仅适用于 ABAQUS/Standard。

注 意

对于结构、载荷和边界条件对称的情况（包括正对称或反对称），可以建立对称面一侧的模型用来计算，并对该对称面施加正对称或反对称边界条件。如对称面与坐标轴 l 垂直的正对称结构，选择 XSYMM。

2. 定义 Displacement/Rotation（位移/旋转边界条件）

如图 2-47（a）所示，选择 Displacement/Rotation 后，单击 Continue…按钮，选择施加该边界条件的点、线、面，单击提示区的 Done 按钮，弹出 Edit Boundary Condition 对话框，如图 2-49 所示。该对话框包括如下选项。

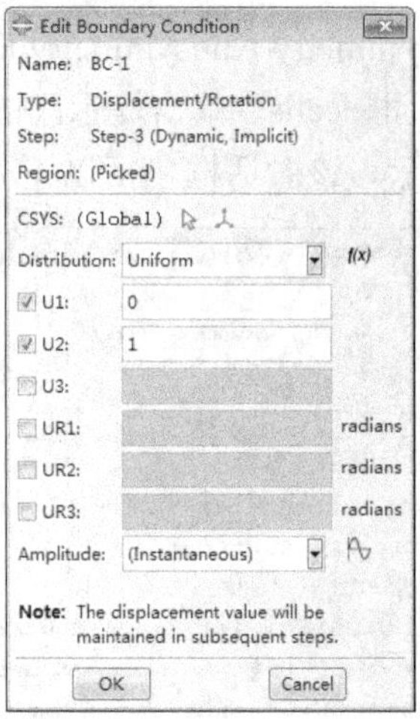

图 2-49　编辑位移/旋转边界条件

（1）CSYS，用于选择坐标系，默认为整体坐标系。单击按钮，可以选择局部坐标系。

（2）Distribution，用于选择边界条件的分布方式。

提 示

当选择 Fixed at Current Position 方式或在 ABAQUS/Explicit 分析步中定义边界条件时，该选项不被激活。

✧ Uniform：该选项用于定义均匀分布的边界条件。

✧ User-defined：使用用户子程序 DISP 定义边界条件。

（3）Ul、U2、U3 用于指定三个方向的位移边界条件，UR1、UR2、UR3 用于指定三个方向的旋转边界条件（指定转角值为弧度）。

以上所有选项用于设置位移约束，可选择一个或多个自由度，选择之后默认为 0。如图 2-49 所示，表示坐标轴 1 方向的位移为 0，坐标轴 2 方向的指定位移为 1，其他方向不约束。

（4）Amplitude（幅值），用于选择边界条件随时间/频率变化的规律，与施加集中力时的设置方法相同，不再赘述。

完成边界条件的设置后，单击工具区的 Boundary Condition Manager（边界条件管理器）工具，可见边界条件管理器内列出了已创建的边界条件。该管理器的用法与 Load Manager（载荷管理器）相同，不再赘述。

2.5.3 设置预定义场

主菜单中的 Predefined Field 菜单及工具区的 Create Predefined Field（创建预定义场）工具和 Predefined Field Manager（预定义场管理器）工具，用于预定义场的创建和管理。

执行 Predefined Field→Create 命令，或定义预定义场时，单击工具区中的工具，也可双击左侧模型树中的 Predefined Field，弹出 Create Predefined Field 对话框，如图 2-50 所示。该对话框与 Create Load 对话框类似，包括以下几项。

（1）Name（名称），在该栏内输入预定义场的名称，默认为 Predefined Field-n（n 表示第 *n* 个创建的预定义场）。

（2）Step（分析步），在该下拉列表内选择用于创建预定义场的步骤，包括初始步和分析步。

（3）Category（种类），该选项用于选择适用于所选步骤的预定义场的种类，包括 Mechanical（力学的）和 Other（其他）。

（4）Types for Selected Step，该列表用于选择预定义场的类型，是 Category 的下一级选项。

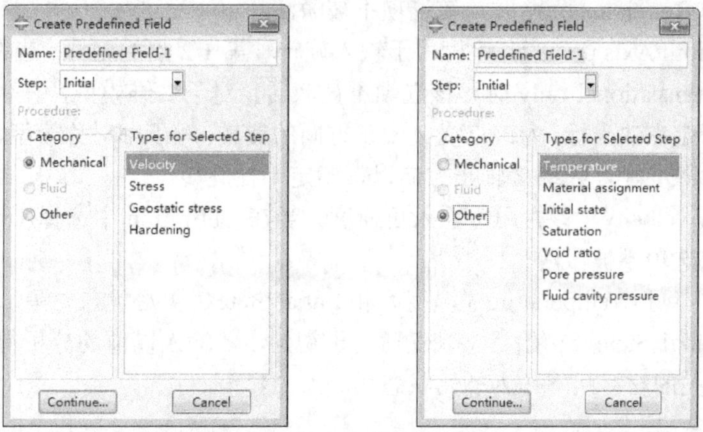

（a）Mechanical:Velocity　　（b）Other：Temperature

图 2-50　创建预定义场

① Mechanical，在初始步中设置 Velocity（速度），如图 2-50（a）所示。单击 Continue... 按钮，选择施加该边界条件的点、线、面、cells，单击提示区的 Done 按钮，弹出 Edit Predefined Field 对话框，如图 2-51 所示，该对话框包括以下几项。

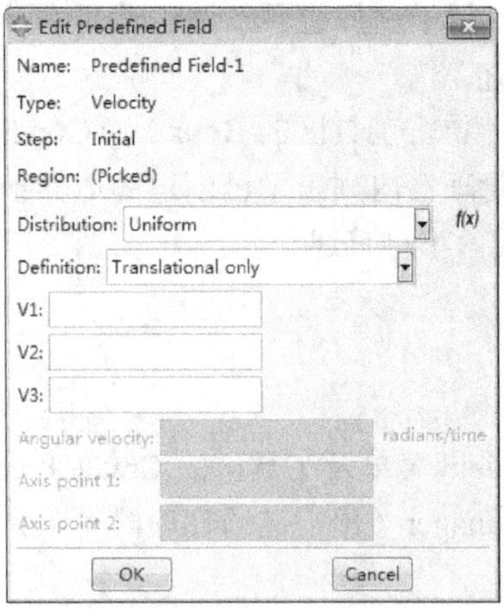

图 2-51　编辑初始位移场

- Definition，用于选择初始速度的定义方式。

✧ Translational only：用于定义初始平移速度。

✧ Rotational only：用于定义初始旋转速度。

✧ Translational & rotational：用于定义初始平移速度和初始旋转速度。

- V1，该栏用于输入坐标轴 1 方向（整体坐标系 *X* 轴）的平移速度。当在 Definition 中选择 Rotational only 时，该选项不被激活。
- V2，该栏用于输入坐标轴 2 方向（整体坐标系 *Y* 轴）的平移速度。当在 Definition 中选择 Rotational only 时，该选项不被激活。
- V3，该栏用于输入坐标轴 3 方向（整体坐标系 *Z* 轴）的平移速度。当在 Definition 中选择 Rotational only 时，该选项不被激活。
- Axis point l/Axis point 2，该栏用于输入旋转轴第 1/2 点的坐标。当在 Definition 中选择 Translational only 时，该选项不被激活。对于二维模型，在 Axis point 栏内输入指定点的坐标，为该点绕 *Z* 轴正方向的旋转；对于轴对称模型，在 Axis radius 栏内输入半径，为绕 *Z* 轴正方向以该指定半径旋转。
- Angular velocity，该栏用于输入角速度。当在 Definition 中选择 Translational only 时，该选项不被激活。

② Other，包括 Temperature（温度）和 Initial State（初始状态）等，如图 2-50（b）所示，其中 Initial State（初始状态）仅适用于初始步，输入以前的分析得到的已发生变形的网格和相关的材料状态作为初始状态场。

提 示

若想了解 Temperature 和 Initial State 的设置，请参阅系统帮助文件 *ABAQUS/CAE User's Manual*。

完成预定义场的设置后，单击工具区的 Predefined Field Manager（预定义场管理器）工具，可见预定义场管理器内列出了已创建的预定义场。该管理器的用法与载荷管理器、边界条件管理器类似。

2.5.4 定义工况

主菜单中的 Load Case 菜单及工具区中第四行的 Create Load Case（创建工况）工具和 Load Case Manager（工况管理器）工具，用于工况的创建和管理。

工况是一系列组合在一起的载荷和边界条件（可以指定非零的比例系数对载荷和边界条件进行缩放），线性叠加结构对它们的响应，仅适用于直接求解的稳态动力学线性摄动分析步（Steady-state dynamic, Direct）和静态线性摄动分析步（Static, Linear perturbation），包含工况的分析步仅支持场变量输出。

定义工况时，执行 Load Case→Create 命令，或单击工具区中的工具，弹出 Create Load Case 对话框，如图 2-52 所示，该对话框包括以下几项。

✧ Name（名称）：在该栏内输入工况名称，默认为 LoadCase-n（n 为第 *n* 个创建的工况）。

✧ Step（分析步）：在该列表内选择用于创建工况的分析步。

单击 Continue...按钮，弹出 Edit Load Case 对话框，如图 2-53 所示。该对话框包括以下几项。

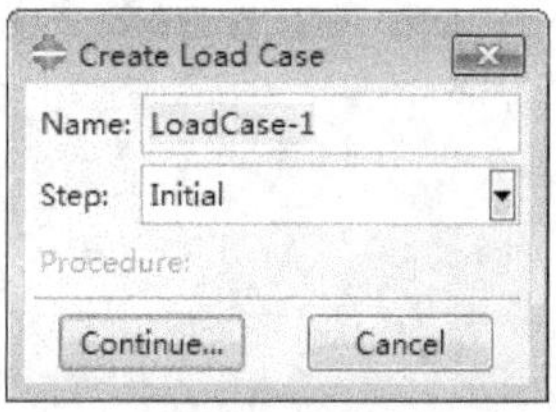

图 2-52 定义工况

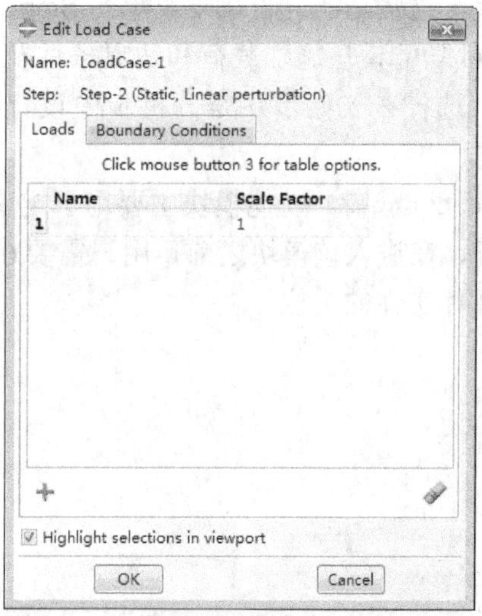

图 2-53 编辑工况

（1）Loads（载荷）：用于选择该工况下的载荷。可以在表格内输入载荷名称和非零的比例系数（可以为负数），勾选 Highlight selections in viewport 对选择的载荷进行高亮度显示；也可以单击 Add...按钮，在 Load Selection 对话框中进行载荷的选择。单击 Delete Rows 按钮删除已添加的载荷。

（2）Boundary Conditions（边界条件）：用于选择该工况下的边界条件。边界条件的设置与载荷的设置相同。默认选择的 In addition to selections bellow, use all boundary conditions propagated or modified from the base state 表示除了表中选择的边界条件外，该工况还包含所有传播到该分析步的边界条件(在该分析步下显示 propagated 或 modified)。

完成工况的设置后，单击工具区 Load Case Manager（工况管理器）工具，可见工况管理器内列出了该分析步内已创建的工况。

本章小结

ABAQUS 的所有功能都集成在各功能模块中，用户根据需要在 ABAQUS/CAE 主界面中激活各功能模块，对应的菜单和工具栏随即出现在界面中。

本章详细介绍了 Part 模块、Sketch 模块、Assembly 模块、Property 模块、Step 功能模块和 Load 模块的功能，读者可以多加练习，并进一步从后面章节的学习中加以巩固。

（1）ABAQUS 的模型是基于 CAD 软件中的部件和组装的概念建立起来的。ABAQUS 的模型包括一个或多个部件，所有部件都在 Part 模块中建立，部件的草图在 Sketch 模块中创建，各部件在 Assembly 模块中进行组装，Property 模块用于定义材料属性和截面特性。

（2）Step 功能模块可进行分析步和输出的定义，也可以进行求解控制和自适应网格划分的设置，这些功能包含在主菜单的 Step、Output 和 Other 中。

在 Load 功能模块施加载荷和边界条件及在 Interaction 功能模块定义接触前，需要创建分析步，选择在初始步还是分析步中设置接触和边界条件，载荷则只能设置在分析步中。

（3）Load（载荷）功能模块主要用于定义模型装配件的载荷、边界条件、预定义场和载荷状况，在进入该模块之前，用户需要在 Assembly（装配）功能模块中创建装配件并完成各部件实体的定位。

第3章

相互作用定义

接触等相互作用的分析是十分常见的问题，ABAQUS 提供了十分方便的相互作用定义的模块。在 Module 列表中选择 Interaction，ABAQUS 进入 Interaction（相互作用）功能模块。Interaction 模块主要用于定义装配件各部分之间的相互作用、约束和连接器。

ABAQUS 可以通过主菜单中的 Interaction 菜单或工具区内相应的工具定义接触、热传导、弹性基础、入射波、热辐射、声阻，通过 Constraint 菜单或工具区内相应的工具定义绑定约束、显示体约束、刚体约束、耦合约束、嵌入区域约束、壳—实体耦合约束和方程约束，通过 Connector 菜单或工具区内相应的工具定义各种连接器。

教学目标

（1）掌握定义相互作用。
（2）熟悉定义约束。
（3）了解定义连接器。

3.1 定义相互作用

在定义一些相互作用之前，需要定义对应的相互作用属性，包括接触、入射波、热传导、声阻。本节主要介绍接触属性和接触的定义，其他类型的相互作用请参阅系统帮助文件。

提示

在进入该模块之前，需要在 Assembly（装配）功能模块中创建装配件并完成各部件实体的定位。

3.1.1 接触属性的定义

执行 Interaction→Property→Create 命令，或单击工具区中的 Create Interaction Property（创建相互作用属性）工具，ABAQUS 弹出 Create Interaction Property 对话框，如图 3-1 所示，该对话框包括两个部分。

✧ Name（名称）：该处输入相互作用属性的名称，默认为 IntProp-n（n 表示第 *n* 个创建的相互作用属性）。

✧ Type（类型）：该列表用于选择相互作用属性的类型，包括 Contact（接触）、Film condition（薄膜表面散热）、Cavity Radiation（空腔辐射）、Fluid cavity（流体腔）、Fluid exchange（液体交换）、Acoustic impedance（声阻）、Incident wave（入射波）、Actuator/sensor（传动和传感特性）。

在列表中选择 Contact，单击 Continue...按钮，弹出 Edit Contact Property（编辑接触属性）对话框，如图 3-2 所示。该对话框包括 Contact Property Options 列表和各种接触参数的设置区域，下面分别进行介绍。

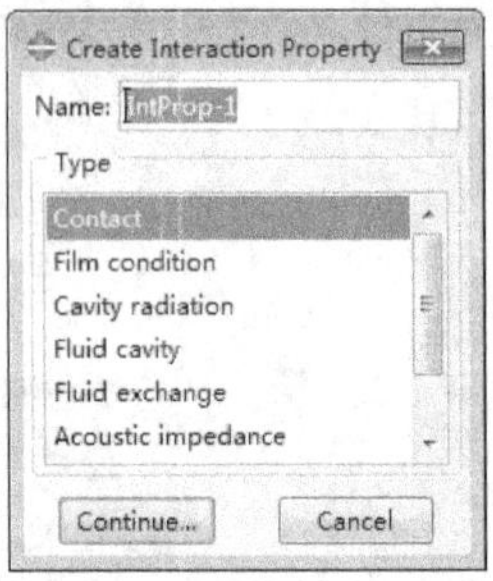

图 3-1　Create Interaction Property 对话框

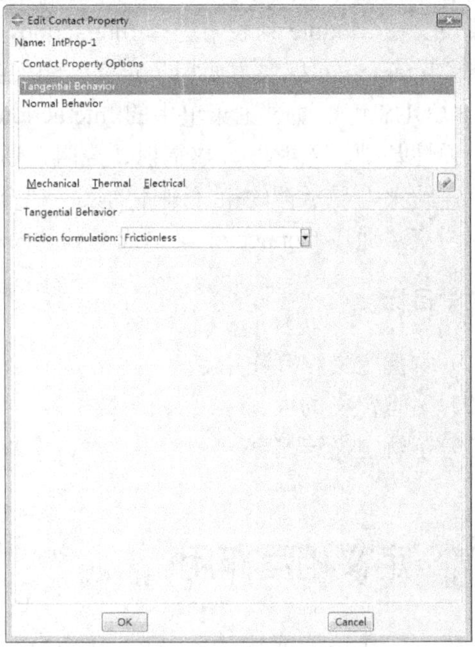

图 3-2　Edit Contact Property 对话框

1. Contact Property Options（接触属性选项）

用于选择接触属性的类型，选择的接触属性会依次出现在列表中，其中包括两个下拉菜单。

（1）Mechanical（力学的），用于定义力学的接触属性。

✧ Normal Behavior（法向属性）：选择定义接触刚度等法向接触属性。

✧ Tangential Behavior（切向属性）：选择定义摩擦系数、剪应力极限、弹性滑动等摩擦属性。

✧ Geometric Properties（几何属性）：选择定义附加的几何属性。

✧ Damping（阻尼）：选择定义对接触面相对运动的阻尼。

（2）Thermal（热学的），用于定义由摩擦产生的热接触属性。

✧ Heat Generation（产热）：选择定义由接触面的相互作用导致生热的能量损耗分数，适用于热—电耦合分析（Coupled thermal-electrical）或热—力耦合分析（Coupled temperature—displacement）。
✧ Thermal Conductance（热传导）：选择定义接触面间的热传导率。
✧ Radiation（热辐射）：用于定义靠近的接触面间的热辐射属性。

2. Data field（数据区）

出现在 Contact Property Options 的下方，在该区域内设置相应的接触属性值。

本节主要介绍力学分析中常用的 Normal Behavior（法向属性）和 Tangential Behavior（切向属性），其他类型的接触属性请读者参见系统帮助文件。

（1）Normal Behavior（法向属性），用于设置接触压力与穿透的关系。

① Constraint enforcement method，该栏用于选择约束增强方法。

● Default，为默认选项，采用接触压力与穿透的关系。

此时，可以通过 Pressure-Overclosure 栏选择硬接触和四种软接触，下面分别进行介绍。

✧ Hard Contact（硬接触）：在 ABAQUS/Standard 中采用拉格朗日乘子方法或在 ABAQUS/Explicit 中采用罚函数方法来加强接触约束。

提 示

此时会出现一个选项 Allow separation after contact，默认为选择该选项，不选择该选项表明一旦接触后，接触面不再分离。

✧ Linear（线性的）：该选项用于指定接触压力与穿透的线性关系。读者需要在 Contact stiffness 栏输入接触刚度，即接触压力—穿透关系曲线的斜率，必须为正值。
✧ Exponential（指数的）：该选项用于指定接触压力与穿透的指数关系。读者需要在数据表中输入零间距时的接触压力值和零接触压力时的间距。其中，Maximum stiffness 栏可以设置模型的最大接触刚度，仅适用于 ABAQUS/Explicit，默认选项为 Infinite（no slip），表示在运动接触中最大接触刚度为无限大，在罚函数接触中最大接触刚度为默认罚函数刚度；若选择 Specify，则用户指定最大接触刚度。
✧ Tabular（列表）：以表格形式指定分段线性的接触压力—穿透关系，需要在数据表中输入接触压力与对应的穿透量，接触压力和穿透量必须是单调递增的，且必须以零压力开始。

提 示

当穿透量大于表中的最大穿透量时，接触压力—穿透关系以用户定义的最后斜率外推。

✧ Scale Factor（General Contact）：以缩放默认接触刚度的公式指定分段线性的接触压力—穿透关系，仅适用于 ABAQUS/Explicit 中的 General Contact（通用接触），需要在 Overclosure 栏输入正值的穿透量，可以选择 measure（直接输入穿透量）和 factor（输入最小单元尺寸的分数）两种方式。

提 示

还需要在 Contact stiffness scale factor 栏输入大于1的默认接触刚度的放大因子，当穿透超过 Overclosure 栏中指定的穿透量时，接触刚度乘以该放大因子。另外，可以选择在 Initial stiffness scale factor 栏输入初始刚度的比例因子，该比例因子必须大于 0，默认值为 1。

② Augmented Lagrange（Standard），仅适用于 ABAQUS/Standard，采用扩张的拉格朗日方法。此时仅能选择 Hard Contact（硬接触）。

✧ Contact stiffness（接触刚度）：用于指定接触刚度。默认选项为 Use default，ABAQUS 自动计算出罚函数接触刚度；可以选择 Specify，输入正值的接触刚度。

✧ Allow separation after contact：默认为选择该选项，接触后接触面可以分离。不选择该选项表明一旦接触后，接触面不再分离。

✧ Clearance at which contact pressure is zero（接触压力为零时的间距）：用于输入接触压力为零时主面和从面的间距，默认值为 0。

✧ Contact stiffness scale factor（接触刚度的比例因子）：用于输入接触刚度的比例因子，该比例因子必须大于 0，默认值为 1。

③ Penalty（Standard），采用罚函数方法，仅适用于 ABAQUS/Standard。此时，仅能选择 Hard Contact（硬接触）。面板设置与扩张的拉格朗日方法（Augmented Lagrange）相同。

（2）Tangential Behavior（切向属性），主要设置摩擦公式（Friction formulation），共有 6 个选项。

① Frictionless（无摩擦的），此为默认选项，用于定义无摩擦的接触面。

② Penalty（罚函数），用于定义罚函数摩擦公式，包含 3 个页面。

● Friction（摩擦）页面，用于定义摩擦系数。

✧ Directionality（方向性）：用于选择摩擦的方向，有两个选项：Isotropic（各向同性），仅输入一个统一的摩擦系数，为默认选项；Anisotropic（各向异性），需要设定两个正交方向的摩擦系数，仅适用于 ABAQUS/Standard。

✧ Use slip-rate-dependent data：勾选该选项表示摩擦系数与滑动速度相关，在数据表中出现 Slip Rate 栏。

✧ Use temperature-dependent data：勾选该选项表示摩擦系数与温度相关，在数据表中出现 Temp 栏。

✧ Use contact-pressure-dependent data：勾选该选项表示摩擦系数与接触压力相关，在数据表中出现 Contact Pressure 栏。

✧ Number of field variables：该选项用于设置与摩擦系数相关的场变量的数目，在数据表中出现 Field 1、Field 2、…、Field n 栏（n 为场变量的数目），默认值为 0。

对话框下部的数据表用于设置摩擦系数及相关参数。

● Shear Stress（剪应力）页面，用于设置对剪应力的限制。

✧ No limit（不限制）：此为默认选项，在滑动前，不限制接触面的剪应力。

✧ Specify（指定）：该选项用于指定剪应力极限，当剪应力达到该极限值时，开始滑动。

● Elastic Slip（弹性滑动）页面，分别设置 ABAQUS/Standard 和 ABAQUS/Explicit 中的弹性滑动。

✧ Specify maximum elastic slip：用于设置最大弹性滑动距离，仅适用于 ABAQUS/Standard，包括两个单选项，一是 Fraction of characteristic surface dimension，此为默认选项，以特征接触面长度的最小分数作为允许的最大弹性滑动，默认值为 0.005；二是 Absolute distance，直接输入允许的最大弹性滑动距离。

✧ Elastic slip stiffness：用于设置弹性滑动刚度，仅适用于 ABAQUS/Explicit，包括两个单选项，一是 Infinite（no slip），此为默认选项，指定无弹性滑动；二是 Specify，指定剪应力与弹性滑动关系曲线的斜率。

③ Static-Kinetic Exponential Decay，用于指定静 / 动摩擦系数和弹性滑动，包含两个页面。

● Friction 页面，主要用于设置静摩擦系数和动摩擦系数指数衰减关系，包括两种方式。

✧ Coefficients（系数）：直接指定静摩擦系数、极限滑动速度下的动摩擦系数和衰减系数来定义静摩擦系数和动摩擦系数的指数衰减关系。

✧ Test data（测试数据）：设置静摩擦系数、指定滑动速度和对应的动摩擦系数、极限滑动速度下的动摩擦系数。

● Elastic Slip（弹性滑动）页面，与罚函数摩擦公式（Penalty）的选项完全相同。

④ Rough（粗糙的），该选项用于定义无限大的摩擦系数，一旦接触，则不发生相对滑动。

⑤ Lagrange Multiplier（Standard only），使用拉格朗日乘子来加强接触面的黏性约束，仅适用于 ABAQUS/Standard。该摩擦公式包含两个页面 Friction（摩擦）和 Shear Stress（剪应力），页面设置与罚函数摩擦公式（Penalty）完全相同。

⑥ User-defined（用户子程序），该选项用于选择用户子程序 FRIC（ABAQUS/Standard）或 VFRIC（ABAQUS/Explicit）进行分析。该对话框包含两个选项。

● Number of state-dependent variables，用于指定与解答相关的状态变量的数量。

● Friction Properties，该数据表用于输入用户子程序中需要的摩擦系数。

设置完成后，单击 OK 按钮。

提 示

读者可以修改接触属性，修改方法：单击工具区中的 Interaction Property Manager（相互作用属性管理器）工具，弹出如图 3-3 所示的对话框，选择需要编辑的接触属性，单击 Edit...按钮；或执行 Interaction→Property→Edit 命令后，在下级菜单中选择需要编辑的接触属性。

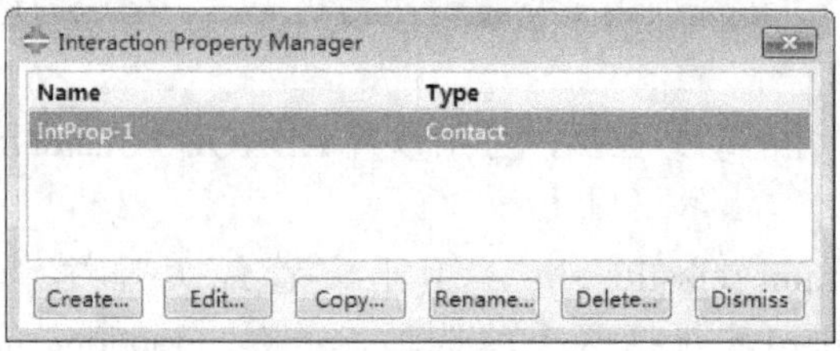

图 3-3　Interaction Property Manager 对话框

3.1.2　接触的定义

在 ABAQUS/Standard 中，可以定义面—面接触和自接触、压穿等类型；在 ABAQUS/Explicit 中，可以定义面—面接触、自接触、声学边界等类型。3.1.1 节设置的接触属性适用于所有的接触类型。

执行 Interaction→Create 命令，或单击工具区中的 Create Interaction（创建相互作用）工具，弹出 Create Interaction 对话框，如图 3-4 所示。该对话框包括三个部分。

✧ Name（名称）：在该栏内输入相互作用的名称。

✧ Step（步骤）：该栏用于选择激活相互作用的步骤，可以选择初始步或一个分析步。

✧ Types for Selected Step（类型）：该列表用于选择相互作用的类型。

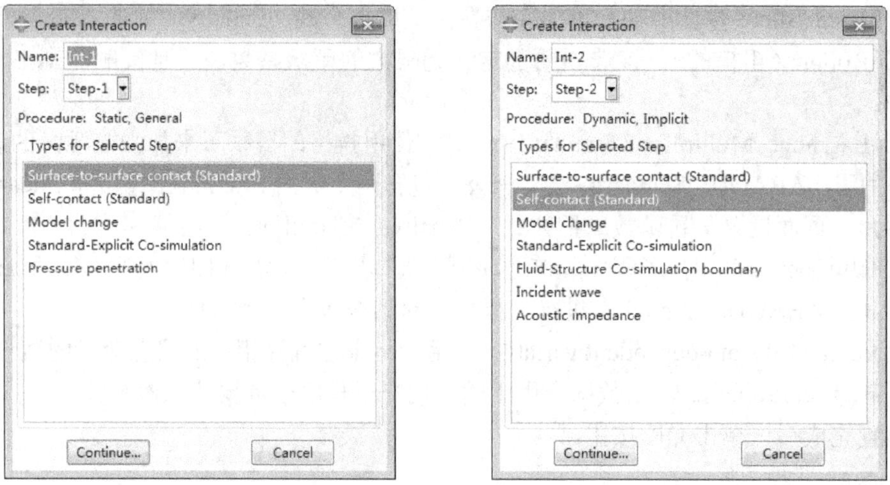

（a）static，General 分析步　　（b）Dynamic Implicit 分析步

图 3-4　Create Interaction 对话框

选择完成后，单击 Continue...按钮，进行接触的定义。下面分别对几种常见类型的接触定义进行介绍。

1. 定义 Surface-to-surface contact（General step）

ABAQUS/Standard 中的面—面接触。在创建 ABAQUS/Standard 的通用分析步或者

Implicit 分析步后，在 Create Interaction 对话框中选择 Surface-to-surface contact（Standard）定义面—面接触，如图 3-4（a）所示。

单击 Continue...按钮，在视图区选择主面，单击提示区的 Done 按钮；或单击提示区中右侧的 Surface 按钮，在弹出的 Region Selection（区域选择）对话框中选择已创建的 Surface，如图 3-5（a）所示，单击 Continue...按钮。

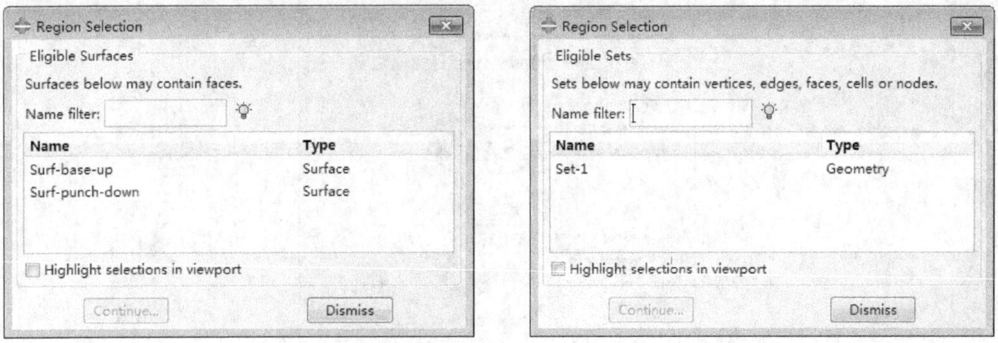

（a）Surf-base-up 面　　（b）Set-1 集合

图 3-5　选择区域

接着需要在提示区选择从面的类型，如图 3-6 所示，可以选择 Surface（面）和 Node Region（包含节点集合的区域）。

图 3-6　提示区提示选择从面的类型

✧ 若选择 Surface，则选择从面的方法如同选择主面。
✧ 若选择 Node Region，在视图区选择从节点区域，单击提示区的 Done 按钮；或单击提示区中右侧的 Sets 按钮，在弹出的 Region Selection（区域选择）对话框中选择已创建的 Set-1，如图 3-5（b）所示，单击 Continue...按钮。

提 示

面—面接触包含一个主面和一个从面组成的接触对，主面可以穿透到从面内，但从面不能穿透到主面内。接触对可以定义两个可变形面或一个可变形面和一个刚性面，若接触对包含一个可变形面和一个刚性面，则刚性面一定是主面。

弹出 Edit Interaction（编辑相互作用）对话框，如图 3-7 所示。下面对该对话框进行介绍。

（1）Switch（转换）按钮，该按钮用于交换主面和从面，在选择从面（图 3-6 中的 Surface）时被激活。

提 示

在视图区中，主面为红色，从面为紫红色。

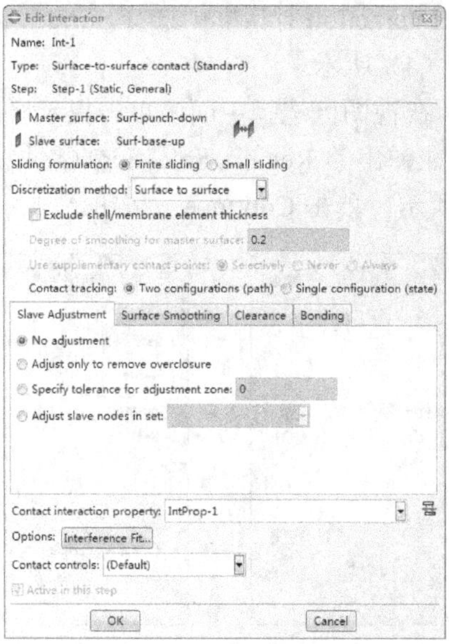

图 3-7　编辑面—面接触

（2）Sliding formulation（滑动公式），用于选择滑动公式。

✧ Small sliding（小滑动）：用于选择小滑动公式，即在整个分析中，接触面间的相对运动都是小量。

✧ Finite sliding（有限滑动）：用于选择有限滑动公式，即允许接触面间的任意滑动、分离、旋转，此为默认选项。

（3）Constraint enforcement method，用于选择约束增强方法，即接触离散化。

✧ Surface to surface：该方法考虑了主面和从面的形状，提高了计算精确度，但要增加计算时间。该方法仅适用于从面。

✧ Node to surface：此为默认选项，从面被离散成节点，每个从面节点与其投影到主面上的节点发生相互作用，接触方向为主面的法向，每一个接触条件包含一个从面节点和一组投影的主面节点。

（4）Exclude shell/membrane element thickness，用于选择是否考虑壳或膜的厚度。

✧ 当 Sliding formulation 栏为 Finite sliding 且 Constraint enforcement method 栏为 Node to surface 时，ABAQUS 不考虑壳或膜的厚度。

✧ 当 Sliding formulation 栏为 Small sliding 或 Sliding formulation 栏为 Finite sliding 且 Constraint enforcement method 栏为 Surface to surface 时，该选项被激活，可以选择是否考虑壳或膜的厚度。

（5）Degree of smoothing for master surface，当 Sliding formulation 栏为 Finite sliding 时，可以在该栏输入主面边界长度的分数作为主面光滑参数，该值小于 0.5，默认值为 0.2。

（6）Clearance，当选择小滑动公式（在 Sliding formulation 栏选择 Small sliding）时，该页面用于指定主面和从面之间的初始间距或穿透，需要首先在 Initial clearance（初始间距）列表内选择间距类型，再按要求指定初始间距或穿透。

- Not specified，不指定初始间距。
- Uniform value across slave surface，用于指定主面和从面之间统一的间距或穿透，正值为间距，负值为穿透。
- Computed for single-threaded bolt，用于单个螺栓连接的螺纹模拟，初始间距或穿透由 ABAQUS/Standard 计算出。

✧ Clearance region on slave surface：需要单击 Edit Region…按钮指定需要设置初始间距或穿透的从面节点区域，方法与定义接触时指定从面节点区域相同。

✧ Half-thread angle：用于输入半螺纹断面角。

✧ Bolt direction vector：需要单击 Edit…按钮，在视图区选择已创建的轴作为螺栓/螺栓孔中心线的方向。

✧ Bolt diameter：该栏用于输入螺纹的直径，用户可以选择 Major 定义最大螺纹直径，选择 Mean 定义平均螺纹直径。

✧ Pitch：该栏用于输入螺距。

- Specify for single-threaded bolt，用于单个螺栓连接的接触分析，与 Computed for single-threaded bolt 的唯一区别是需要用户指定初始间距或穿透，正值为间距，负值为穿透。

（7）Slave Node/Surface Adjustment，该页面用于在计算开始时调整从节点/从面的位置。对从节点/从面位置的调整仅仅是对模型几何的调整，不产生应力/应变。

✧ No adjustment：此为默认选项，不调整从节点/从面的位置。

✧ Adjust only to remove overclosure：仅调整被主面穿透的从面区域，将这些区域精确地移动到与主面接触的位置。

✧ Specify tolerance for adjustment zone：用于指定一个调整区域。在该栏内输入一个距离值，从主面向外延伸该设定的距离为调整区域，ABAQUS/Standard 将调整区域内的从面精确地移动到与主面接触的位置。默认值为 0，此时的调整效果与 Adjust only to remove overclosure 选项相同，仅调整被主面穿透的从面区域。

✧ Adjust slave nodes in set：ABAQUS/Standard 仅调整指定节点集内包含的从面节点，不管该节点与主面的距离多大，ABAQUS/Standard 将指定节点集内包含的从面节点精确地移动到与主面接触的位置。

✧ Tie adjusted surfaces：当选择调整从节点/从面的位置时被激活，表示在整个分析中将主面和从面绑定在一起，即定义一个绑定接触。

提 示

一般情况下，建议读者采用 Tie Constraint（绑定约束）代替绑定接触。

（8）Options（选项），单击 Interference Fit…按钮，弹出 Interference Fit Options 对话框，如图 3-8 所示，用于设置初始过盈。

（9）Contact interaction property（接触属性），用于选择接触属性。若之前没有设置接触属性，可以单击 Create…按钮进行创建。

（10）Contact controls（接触控制），用于选择已建立的接触控制。

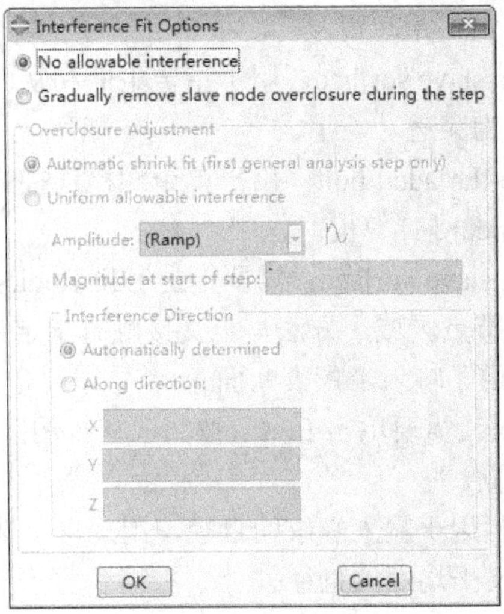

图 3-8　设置初始过盈

2. 定义 Self-contact （General step）

ABAQUS/Standard 中的自接触。在创建 ABAQUS/Standard 的通用分析步后，可以在如图 3-4（a）所示的 Create Interaction 对话框中，选择 Self-contact（Standard）定义自接触，单击 Continue...按钮，在视图区选择可变形的面，单击提示区的 Done 按钮；或单击提示区中右侧的 Surface 按钮，在弹出的 Region Selection（区域选择）对话框中选择已创建的 Surface，如图 3-5（a）所示。单击 Continue...按钮，弹出 Edit Interaction 对话框，如图 3-9 所示，下面对其主要功能进行介绍。

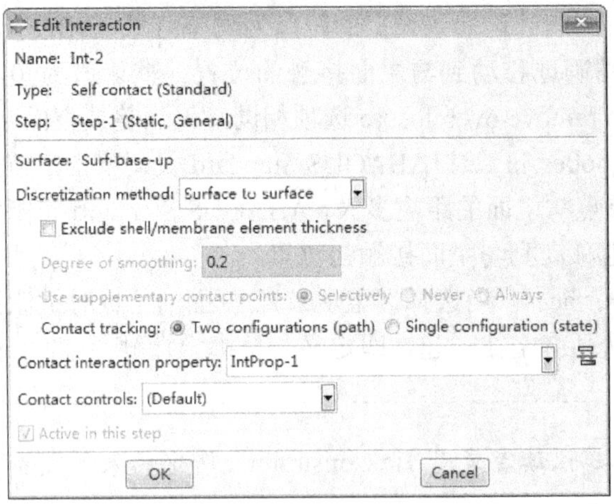

图 3-9　编辑自约束

（1）Contact interaction property（接触属性）：用于选择接触属性。若之前没有设置接触属性，可以单击 Create...按钮进行创建。

（2）Exclude shell/membrane element thickness：该栏用于选择是否考虑壳或膜的厚度。当 Constraint enforcement method 栏为 Surface to surface 时，该选项被激活，用户可以选

择是否考虑壳或膜的厚度。当 Constraint enforcement method 栏为 Node to surface 时，ABAQUS 不考虑壳或膜的厚度。

（3）Constraint enforcement method：该栏用于选择约束增强方法，即接触离散化。用户可以选择 Node to surface 和 Surface to surface 两种方式，与 Surface-to-surface contact（Standard）相同。

（4）Degree of smoothing：如同 Surface-to-surface contact （Standard），该栏用于输入主面边界长度的分数作为主面光滑参数，该值小于 0.5，默认值为 0.2。

（5）Contact controls（接触控制）：该栏用于选择已建立的接触控制。

3. 定义 Surface-to-surface contact (Explicit step)

ABAQUS/Explicit 中的面—面接触。在创建 ABAQUS/Explicit 的分析步后，可以在 Create Interaction 对话框中选择 Surface-to-surface contact（Standard）定义面—面接触，如图 3-4（b）所示。单击 Continue…按钮，分别选择第一个表面和第二个表面/节点集合区域，弹出 Edit Interaction（编辑相互作用）对话框，如图 3-10 所示，下面对该对话框的功能进行介绍。

（1）Switch（转换）按钮，用于交换第一个表面和第二个表面，在选择第二个表面（图 3-5 中的 Surface）时被激活。在视图区中，第一个表面为红色，第二个表面为紫红色。

（2）Sliding formulation（滑动公式），该栏用于选择滑动公式。

✧ Finite sliding（有限滑动）：用于选择有限滑动公式，允许接触面间的任意分离、滑动、旋转，此为默认选项。

✧ Small sliding（小滑动）：用于选择小滑动公式，在整个分析中，接触面间的相对运动都是小量。

（3）Clearance，当选择小滑动公式（在 Sliding formulation 栏选择 Small sliding）时，该页面用于指定主面和从面之间的初始间距或穿透，设置方法与 Surface-to-surface contact（Standard）完全相同。

（4）Contact interaction property（接触属性），该栏用于选择接触属性。若之前没有设置接触属性，可以单击 Create...按钮进行创建。

（5）Contact controls（接触控制），该栏用于选择已建立的接触控制。

4. 定义 Self-contact (Explicit step)

ABAQUS/Explicit 中的自接触。在创建 ABAQUS/Explicit 的分析步后，可以在 Create Interaction 对话框中选择 Self-contact（Standard）定义自接触，如图 3-4（b）所示。

单击 Continue…按钮，选择可变形的面，方法与 Self-contact（Standard）中面的选择相同。弹出 Edit Interaction（编辑相互作用）对话框，如图 3-11 所示，下面对该对话框进行介绍。

（1）Contact interaction property（接触属性）：该栏用于选择接触属性。若之前没有设置接触属性，可以单击 Create...按钮进行创建。

（2）Contact controls（接触控制）：该栏用于选择已建立的接触控制。

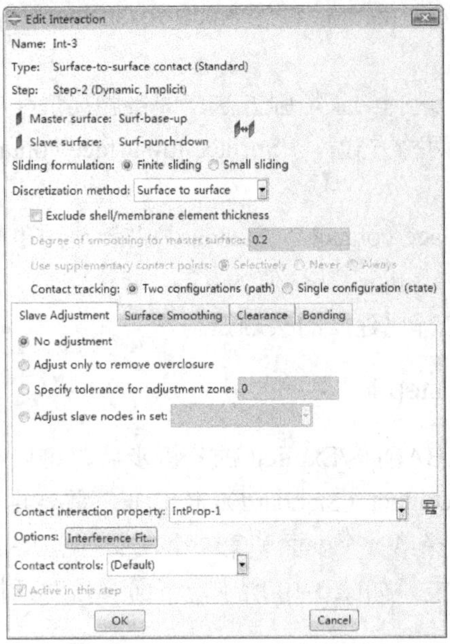

图 3-10　编辑面—面接触（Explicit step）

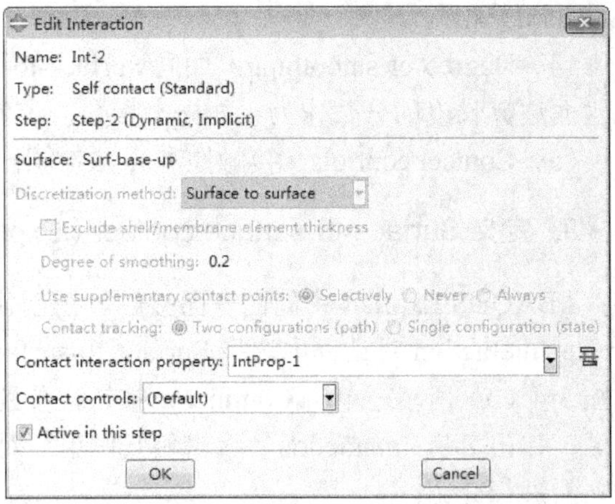

图 3-11　编辑自接触（Explicit step）

3.1.3　接触控制的定义

用户可以通过 Interaction→Contact Controls→Create 命令定义接触控制，适用于 ABAQUS/Standard 和 ABAQUS/Explicit 中的面—面接触和自接触，详见系统帮助文件《ABAQUS/CAE User's Manual》和《ABAQUS Analysis User's Manual》。

注 意

要慎用接触控制，因为接触控制的默认设置适用于大多数分析，改变默认设置可能增加计算时间或产生不精确的解。

3.1.4　接触实例

此处给出了平压头与平板之间的接触的实例定义，采用 ABAQUS/Standard 中的面—面接触。

刚性平压头与平板的接触设置。

1. 设置接触属性

创建了 General，Static（通用静力学分析）分析步后，进入 Interaction（相互作用）功能模块。

单击工具区中的 Create Interaction Property（创建相互作用属性）工具，在弹出的 Create Interaction Property 对话框（见图 3-12）中的 Name 栏输入 Frictionless，单击

Continue…按钮，弹出 Edit Contact Property（编辑接触属性）对话框，如图 3-13 所示。

选择 Mechanical→Tangential Behavior 命令，采用默认的摩擦公式 Frictionless（无摩擦的），单击 OK 按钮。

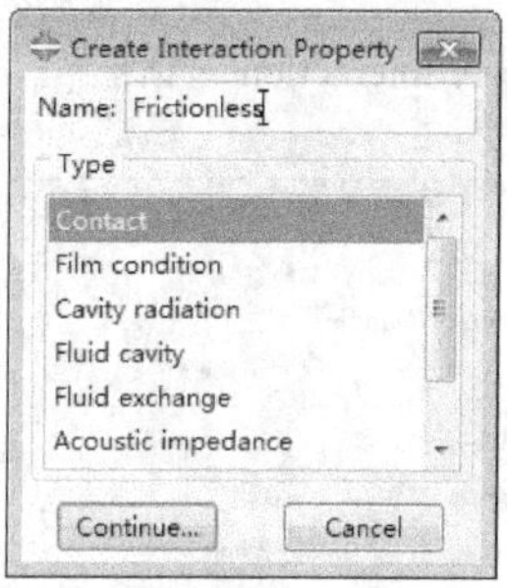

图 3-12 Create Interaction Property 对话框

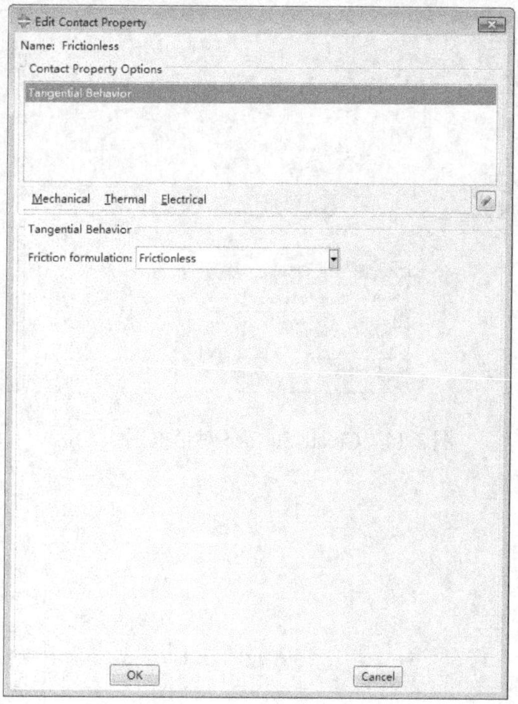

图 3-13 Edit Contact Property 对话框

2. 创建主面和从面

在定义面—面接触前，需要创建两个 Surface（表面）。选择 Tools→Surface→Create 命令，在弹出的 Create Surface 对话框（见图 3-14）中，输入 Surf-base-up 为平板上表面的名称，单击 Continue…按钮，按提示在视图区选择面。

用同样的方法，定义压头的下表面，命名为 Surf-punch-down。

3. 定义面—面接触

单击工具区中的 Create Interaction（创建相互作用）工具，弹出 Create Interaction 对话框，如图 3-15 所示。

在 Step 栏选择 Initial（初始步），在 Types for Selected Step 栏选择 Surface-to-surface contact （Standard），单击 Continue…按钮，单击 Surface 按钮，在弹出的 Region Selection（区域选择）对话框（见图 3-16）中，选择 Surf-punch-down，单击 Continue…按钮。

单击 Surface 按钮，在弹出的 Region Selection（区域选择）对话框中选择 Surf-base-up，单击 Continue…按钮，弹出 Edit Interaction（编辑相互作用）对话框，如图 3-17 所示。

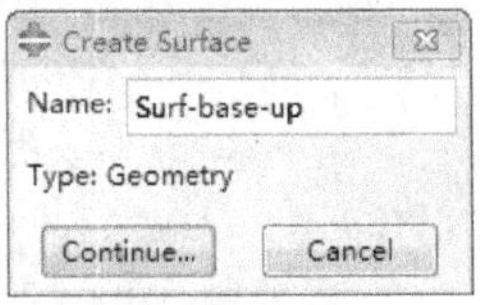

图 3-14　Create Surface 对话框图

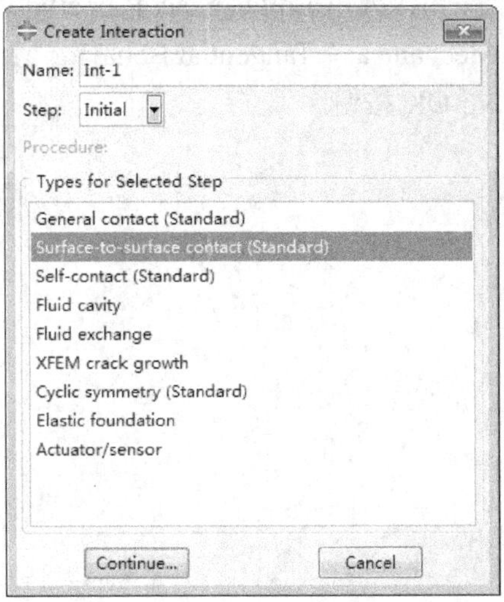

图 3-15　Create Interaction 对话框

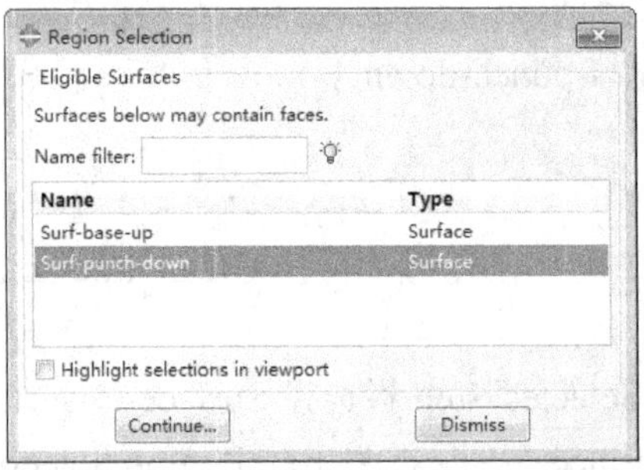

图 3-16　Region Selection 对话框图

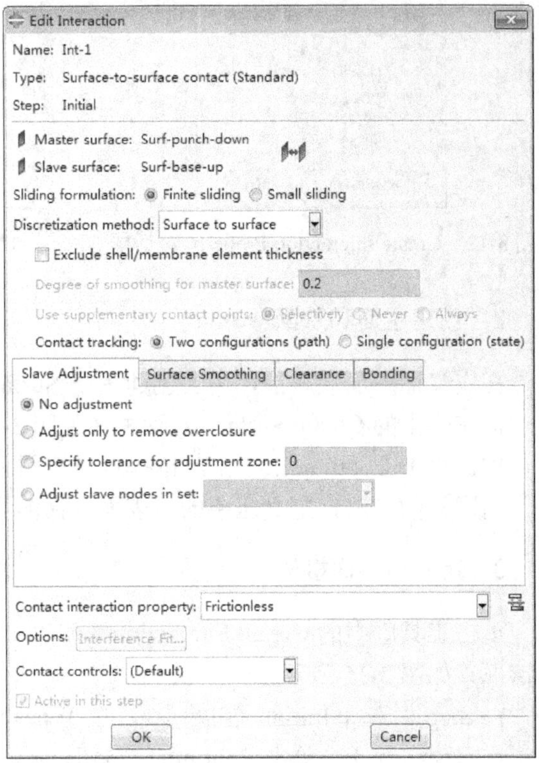

图 3-17　Edit Interaction 对话框

在 Sliding formulation 栏选择 Finite sliding（有限滑动），在 Constraint enforcement method 栏选择 Surface to surface，在 Contact interaction property 栏选择 Frictionless，单击 OK 按钮。接触定义完成后的模型如图 3-18 所示。

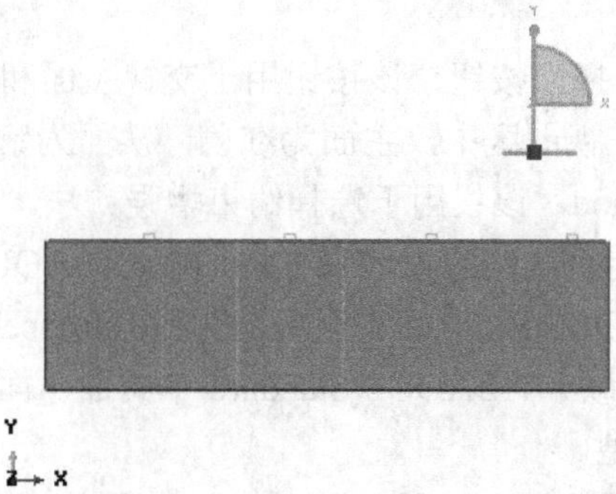

图 3-18　定义好的接触模型

3.2 定义约束

在 Interaction（相互作用）功能模块中，可使用主菜单中的 Constraint 菜单及工具区中的 Create Constraint（创建约束）工具和 Constraint Manager（约束管理器）工具，进行约束的定义和编辑。

> **注 意**
>
> 该模块中的 Constraint（约束）是约束模型中各部分间的自由度，而 Assembly 功能模块中的 Constraint 仅仅是限定装配件中各部件的相对位置。

执行 Constraint→Create 命令，或单击工具区中的 Create Constraint（创建约束）工具，弹出 Create Constraint 对话框，如图 3-19 所示，该对话框包括两个部分。

- ✧ Name（名称）：用于输入约束的名称。
- ✧ Type（类型）：用于选择约束的类型，包括 Tie（绑定）、Rigid body（刚体）、Display body（显示体）、Coupling（耦合）、Adjust point（调整点）、Mpc Constraint（Mpc 约束）、Shell-to-solid coupling（壳—实体耦合）、Embedded region（嵌入区域）、Equation（方程）。

本节主要介绍绑定约束、刚体约束、显示体约束和耦合约束，其他类型的约束请读者参阅系统帮助文件 *ABAQUS/CAE User's Manual* 和 *ABAQUS Analysis User's Manual*。

3.2.1　绑定约束

绑定（Tie）约束用于将模型中的两个区域（面或节点区域）绑定在一起，使它们之间没有相对运动。该类约束允许绑定两个网格划分截然不同的区域。

在 Create Constraint 对话框的 Type 列表内选择 Tie，如图 3-19 所示。单击 Continue...按钮，需要首先在提示区选择主面的类型，与面—面接触的定义基本相同，不再赘述。选择从面后，弹出 Edit Constraint（编辑约束）对话框，如图 3-20 所示，下面对该对话框进行介绍。

（1）Switch（转换）按钮，该按钮用于交换主面和从面，在主面和从面的类型相同时被激活。在视图区中，主面为红色，从面为紫红色。

（2）Discretization method，该栏用于选择约束增强方法。

✧ Analysis default：采用默认的约束增强方法，即在 ABAQUS/Standard 中采用 Surface to surface，在 ABAQUS/Explicit 中采用 Node to surface。

✧ Node to surface：类似于 ABAQUS/Standard 中的面—面接触，不再赘述。该方法适用于两种从面类型。

✧ Surface to surface：该方法考虑了主面和从面的形状，提高了计算精确度，但要增加计算时间。该方法仅适用于主面和从面的类型都是 Surface。

（3）Exclude shell element thickness，该栏用于选择是否考虑壳的厚度。

（4）Position Tolerance，用于设置被绑定的从面节点的区域，位于该公差以外的从面节点将不被绑定。

✧ Use computed default：采用默认的位置公差确定被绑定的从面节点的区域。

✧ Specify distance：用于指定一个距离值，从主面延伸该设定的距离为绑定区域，ABAQUS 将区域内的从面节点进行绑定。

✧ Adjust slave surface initial position：该选项用于调整从面节点的初始位置，使被绑定的从面节点移动到与主面接触的位置。该功能仅仅是对模型几何的调整，不产生应力/应变。

（5）Tie rotational DOFs if applicable，该选项用于约束主面和从面间的旋转自由度。

（6）Constraint Ratio，该栏用于设置约束比率（主面和从面间距离的分数）来定位平移约束，当不选择 Tie rotational DOFs if applicable 时被激活。

✧ Use analysis default：此为默认选项，ABAQUS 自动选择约束比率。

✧ Specify value：用户指定一个约束比率。

设置完成，单击 OK 按钮。下面用一个例子来说明绑定约束的定义。

平压头与平板的绑定约束设置，它们之间通过螺钉连接在一起，不能发生相对运动。

1. 创建主面和从面

选择 Tools→Surface→Create 命令，在弹出的 Create Surface 对话框（见图 3-14）中，输入 Surf-base-up 为平板上表面的名称，单击 Continue…按钮，按提示在视图区选择面。

用同样的方法，定义压头的下表面，命名为 Surf-punch-down。

2. 选择绑定的主面和从面

单击工具区中的 Create Constraint（创建约束）工具，弹出 Create Constraint 对话框，如图 3-19 所示，单击 Continue…按钮。

在提示区中单击 Surface 按钮，再单击提示区中右侧的 Surface 按钮，在弹出的 Region Selection（区域选择）对话框中选择 Surf-base-up，单击 Continue…按钮。

在提示区单击 Surface 按钮，在弹出的 Region Selection（区域选择）对话框中选择

Surf-punch-down，单击 Continue…按钮。弹出 Edit Constraint（编辑约束）对话框，如图 3-20 所示。全部采用默认设置，单击 OK 按钮，完成绑定定义。

3.2.2 刚体约束

刚体约束（Rigid body）用于创建一个刚性区域（节点、面或单元），在整个分析过程中，该区域内节点和单元的相对位置保持不变，该区域跟随指定的一个参考点发生刚体位移。将刚度大的区域定义为刚体可以提高计算效率，在多体动力学分析中非常有用。

刚体的运动可以通过施加在参考点上的边界条件被指定；刚体可用于定义面—面接触和通用接触。

注 意

在定义刚体约束之前，必须先创建一个参考点。参考点的定义非常简单。选择主菜单上的 Tools→Reference Point 命令，在视图区选取模型上的一点，单击 Done 按钮，ABAQUS 在与该点重合的位置创建一个参考点；或在提示区输入参考点坐标，按 Enter 键，ABAQUS 在该坐标处创建一个参考点。在视图区，参考点以 $_{\times}$PR-n 表示（n 表示已创建的第 *n* 个参考点）。

在 Create Constraint 对话框的 Type 列表内选择 Rigid body，如图 3-19 所示，单击 Continue…按钮，弹出 Edit Constraint（编辑约束）对话框，如图 3-21 所示。下面对该对话框进行介绍。

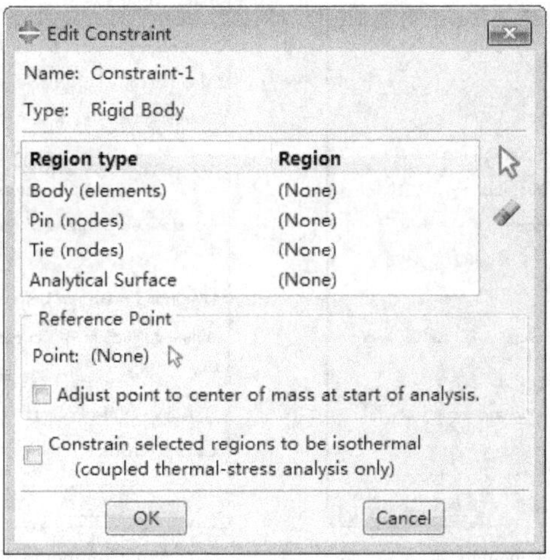

图 3-21　编辑刚体约束

（1）Region type/ Region，该表格用于选择刚体区域的类型，单击 Edit...按钮选择相应的刚体区域（方法与接触面的选择相同），单击 Clear 按钮删除已选择的刚体区域。

✧ Body：选择几何模型或网格模型中的单元为刚体，用户可以选择单元、Cells、壳的面和线模型的边界。

✧ Analytical Surface：选择分析表面为刚体。

✧ Tie：选择点、线、面、Cells 上的节点为刚体，这些节点有平移和旋转自由度。

✧ Pin：选择点、线、面、Cells 上的节点为刚体，这些节点只有平移自由度。

（2）Reference point，该区域用于选择参考点。

Edit 按钮，该按钮用于选择参考点。

✧ Constrain selected regions to be isothermal：该选项用于指定等温的刚体，仅适用于热—力耦合分析（Coupled temp-displacement）。

✧ Adjust point to center of mass at start of analysis：该选项用于将参考点定位到刚体的质心。

设置完成，单击 OK 按钮。

3.2.3 耦合约束

耦合（Coupling）约束用于将一个约束控制点和一个面的运动约束在一起。

在 Create Constraint 对话框的 Type 列表内选择 Coupling，如图 3-19 所示，单击 Continue…按钮，首先选择约束控制点，再在提示区选择约束区域的类型（Surface 或 Node Region），选择约束区域后，单击提示区的 Done 按钮，弹出 Edit Constraint（编辑约束）对话框，如图 3-22 所示，下面对该对话框进行介绍。

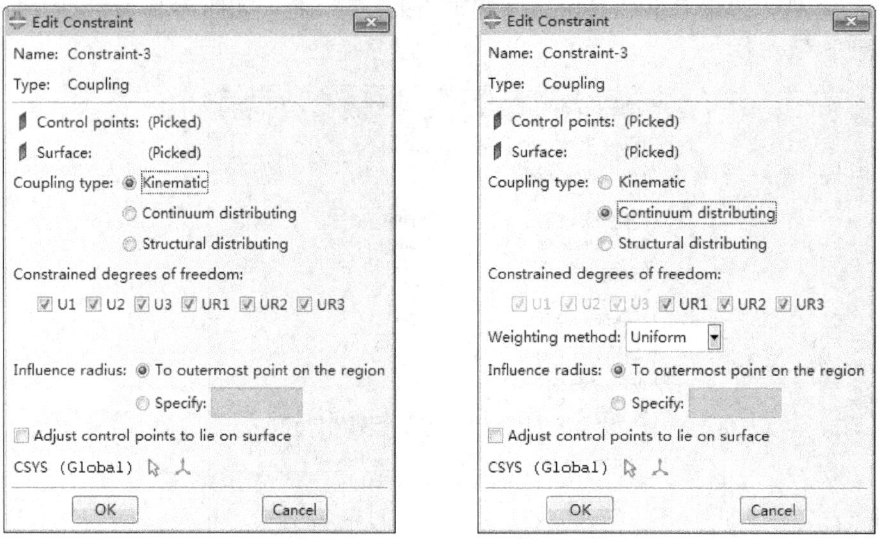

（a）Kinematic 项　　（b）Continuum distribution 项

图 3-22　编辑耦合约束

（1）Coupling type（耦合类型），用于选择耦合的类型。

✧ Kinematic：用于指定运动耦合约束，如图 3-22（a）所示，约束区域内的耦合节点相对于约束控制点发生刚体运动。

◇ Distributing：用于指定分布耦合约束，包括 Continum distributing 和 Structural distribution，约束区域内的耦合节点的合力和合力矩等于约束控制点上的力和力矩。

（2）Constrained degrees of freedom，用于指定被约束的自由度，默认为约束所有的自由度。

提 示

对于运动耦合约束，可以选择是否约束三个平移自由度和三个旋转自由度；对于分布耦合约束，ABAQUS 自动约束三个平移自由度，只能选择是否约束三个旋转自由度，如图 3-22（b）所示。

（3）Weighting method，分布耦合约束（Distributing）对约束区域内各耦合节点的运动进行加权平均，该栏用于选择加权方法，如图 3-22（b）所示。

◇ Uniform：此为默认选项，采用统一的加权因子 1。

◇ Quadratic：约束区域内各耦合节点的加权因子与该节点到约束控制点的距离呈二次关系：$\omega_i = 1-(\frac{r_i}{r_0})^2$。

◇ Linear：约束区域内各耦合节点的加权因子与该节点到约束控制点的距离呈线性关系。$\omega_i = 1-\frac{r_i}{r_0}$，其中，$\omega_i$ 为节点 i 的加权因子，r_i 为节点 i 与约束控制点间的距离，r_0 为约束区域内耦合节点与约束控制点间的最远距离。

◇ Cubic：约束区域内各耦合节点的加权因子与该节点到约束控制点的距离关系为三次多项式，$\omega_i = 1-3(\frac{r_i}{r_0})^2+2(\frac{r_i}{r_0})^3$。

（4）Influence radius（影响半径），用于指定约束区域内的耦合节点。

◇ To outermost point on the region：为默认选项，约束区域内的所有节点都被指定为耦合节点。

◇ Specify：用于输入影响半径来指定约束区域内的耦合节点，以约束控制点为圆心、输入的影响半径值为半径的球体为耦合节点的选择区域。

提 示

若约束区域的类型为 Node Region，在选定的约束区域内，位于该球体内的节点为耦合节点；若约束区域的类型为 Surface，在选定的约束区域内，包含在或部分包含在该球体内的单元面的所有节点为耦合节点。

（5）Csys，该栏用于选择耦合约束的坐标系，默认为整体坐标系。若需改变当前坐标系，单击 Edit...按钮，选择已建立的局部坐标系。

3.2.4 显示体约束

显示体（Display body）是仅用于显示的部件实体，既不参与分析，也不用划分网格。显示体能被固定或跟随指定的节点发生刚体位移。

提 示

与刚体约束不同的是，不能在显示体上指定边界条件、载荷和相互作用等。显示体常被用于机械和多体动力学分析中，将刚体定义为简单形状，其复杂的真实形态用显示体代表，以提高 Visualization 功能模块中的显示质量。

在 Create Constraint 对话框的 Type 列表内选择 Display body，如图 3-19 所示，单击 Continue…按钮，在视图区选择部件实体，随即弹出 Edit Constraint（编辑约束）对话框，如图 3-23 所示。ABAQUS 可以在该对话框的 Motion control 栏中设置对显示体的约束。

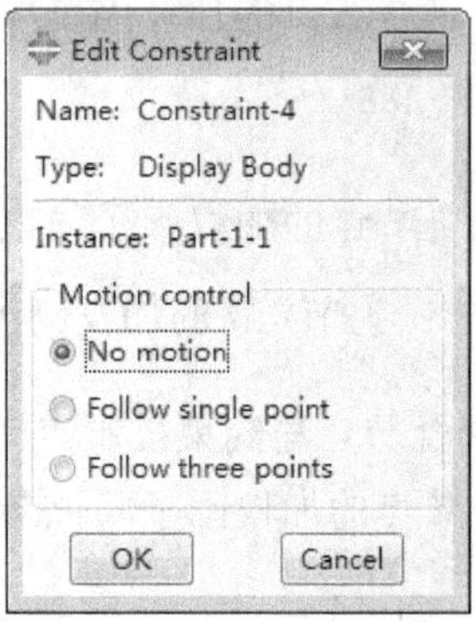

图 3-23 编辑显示体约束

（1）No motion：为默认选项，在整个分析过程中，显示体固定不动。

（2）Follow three points：选择该选项，单击 Edit…按钮，在视图区中选择另外非显示体的部件实体上的三个点，这三个点定义一个坐标系，第一个点代表坐标原点，第二个点是 *X* 轴上的一点，第三个点是 *X-Y* 平面内的一点，在整个分析中这三个点不能共线。

提 示

在整个分析过程中，显示体跟随这三点定义的坐标系而发生平移和旋转。

（3）Follow single point：选择该选项，单击 Edit…按钮，在视图区中选择另一个非显示体的部件实体上的一点。

提 示

在整个分析过程中，显示体与该点的相对位置保持不变。

设置完成后，单击 OK 按钮。最后，再单击 OK 按钮，设置全部完成。

3.3 定义连接器

在 Interaction 功能模块中，ABAQUS 还允许使用主菜单中的 Connector 菜单及工具区中的相应工具进行连接器的定义和编辑。

连接器（Connector）通常用于连接模型装配件中位于两个不同的部件实体上的两个点，或连接模型装配件中的一个点和地面，来建立它们之间的运动约束关系，也可以选择输出变量并在 Visualization 功能模块中进行分析。与 Property 功能模块中截面特性的设置类似。

提 示

在定义连接器之前，需要先创建连接器的截面特性（包括连接器的类型和相关属性）和代表连接器的特征线，再将已定义的连接器的截面特性分配给指定的连接器，同时对该连接器划分相应的连接单元。

3.3.1 定义连接器的截面特性

ABAQUS 中的连接器分为组合（Assembled/Complex）连接器、基础（Basic）连接器和 MPC 连接器，其中，基础连接器又分为平移（Translational）连接器和旋转（Rotational）连接器两类。

组合连接器和 MPC 则是一个平移连接器和一个旋转连接器的组合。平移连接器影响连接器两个端点的平移自由度，还可能影响第一个端点的旋转自由度；旋转连接器仅影响连接器两个端点的旋转自由度。

不同类型的连接器根据对两个端点的局部坐标系的要求不同，可分为三种情况。

✧ Ignored：不需要在该端点定义局部坐标系。

✧ Required：仅适用于连接器的第一个端点，需要在该端点定义局部坐标系。

✧ Optional：可以选择是否在该端点定义局部坐标系。

ABAQUS 支持多种连接器类型，规定了每种连接器两端点之间的相对运动分量（三个方向的平移相对运动分量为 U1、U2、U3，三个方向的旋转相对运动分量为 UR1、UR2、UR3），包括被约束的相对运动分量（在该方向两端点间产生指定的相对平移或相对旋转）和可用的相对运动分量（可以在该方向上定义连接器属性、边界条件、载荷等）。

执行 Connector→Section→Create 命令，或单击工具区中的 Create Connector Section（创建连接器截面）工具弹出 Create Connector Section 对话框，如图 3-24 所示，下面对该对话框进行介绍。

（1）Name，用于输入连接器截面特性的名称，默认为 ConnSect-n（n 表示第 *n* 个创建的连接器截面特性）。

（2）Connection Type，用于选择连接器的类型。读者若想了解各种连接器类型的详细描述，请参阅系统帮助文件 *ABAQUS Analysis User's Manual*。

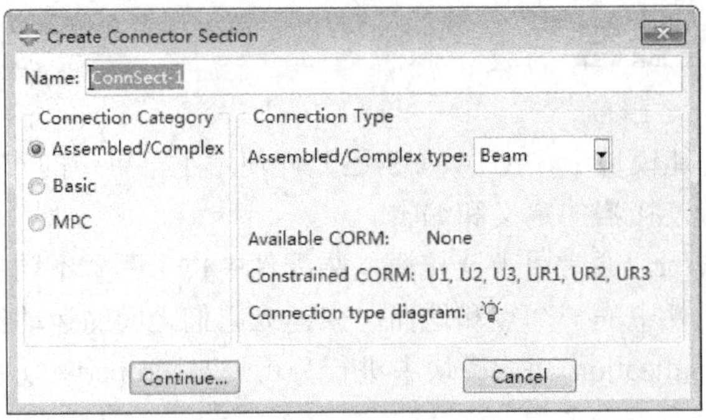

图 3-24　创建连接器截面

① Basic types，用于选择基础连接器的类型，用户可以只选择一种连接器（平移连接器或旋转连接器），也可以选择一种平移连接器和一种旋转连接器。

● Translational type（平移连接器）。

✧ Accelerometer：无相对运动分量；两个端点的局部坐标系要求为 Optional。

✧ Axial：无被约束的相对运动分量，可用的相对运动分量为 U1、U2、U3；两个端点的局部坐标系要求为 Optional。

✧ Join：被约束的相对运动分量为 U1、U2、U3，无可用的相对运动分量；第一个端点的局部坐标系要求为 Optional，第二个端点的局部坐标系要求为 Ignored。

✧ Cartesian：无被约束的相对运动分量，可用的相对运动分量为 U1；第一个端点的局部坐标系要求为 Optional，第二个端点的局部坐标系要求为 Ignored。

✧ Link：分析过程中两点之间的距离保持不变，无可用的相对运动分量；两个端点的局部坐标系要求为 Ignored。

✧ Radial-Thrust：无被约束的相对运动分量，可用的相对运动分量为 U1；第一个端点的局部坐标系要求为 Required，第二个端点的局部坐标系要求为 Ignored。

✧ Proj Cartesian：无被约束的相对运动分量，可用的相对运动分量为 U1、U2、U3；两个端点的局部坐标系要求为 Optional。

✧ Slot：被约束的相对运动分量为 U2、U3，可用的相对运动分量为 U1；第一个端点的局部坐标系要求为 Required，第二个端点的局部坐标系要求为 Ignored。

✧ Slide-Plane：被约束的相对运动分量为 Ul，可用的相对运动分量为 U2、U3；第一个端点的局部坐标系要求为 Required，第二个端点的局部坐标系要求为 Ignored。

● Rotational type（旋转连接器）。

✧ Align：被约束的相对运动分量为 UR1、UR2、UR3，无可用的相对运动分量；两个端点的局部坐标系要求为 Optional。

✧ Cardan：无被约束的相对运动分量，可用的相对运动分量为 UR1、UR2、UR3；第一个端点的局部坐标系要求为 Required，第二个端点的局部坐标系要求为 Optional。

✧ Euler：无被约束的相对运动分量，可用的相对运动分量为UR1、UR2、UR3；第一个端点的局部坐标系要求为 Required，第二个端点的局部坐标系要求为Optional。

✧ Constant Velocity：被约束的相对运动分量为UR2，无可用的相对运动分量；第一个端点的局部坐标系要求为Required，第二个端点的局部坐标系要求为Optional。

✧ Flexion-Torsion：无被约束的相对运动分量，可用的相对运动分量为UR1、UR2、UR3；第一个端点的局部坐标系要求为Required，第二个端点的局部坐标系要求为Optional。

✧ Proj Flex-Tors：无被约束的相对运动分量，可用的相对运动分量为UR1、UR2、UR3；第一个端点的局部坐标系要求为Required，第二个端点的局部坐标系要求为Optional。

✧ Flow-Converter：被约束的相对运动分量为UR3，无可用的相对运动分量；第一个端点的局部坐标系要求为Required，第二个端点的局部坐标系要求为Ignored。

✧ Revolute：被约束的相对运动分量为UR2、UR3，可用的相对运动分量为UR1；第一个端点的局部坐标系要求为 Required，第二个端点的局部坐标系要求为Optional。

✧ Rotation-Accelerometer：无相对运动分量；两个端点的局部坐标系要求为Optional。

✧ Rotation：无被约束的相对运动分量，可用的相对运动分量为UR1、UR2、UR3；两个端点的局部坐标系要求为Optional。

✧ Universal：被约束的相对运动分量为UR2，可用的相对运动分量为UR1、UR3；第一个端点的局部坐标系要求为 Required，第二个端点的局部坐标系要求为Optional。

② Assembled/Complex types：此为默认选项，用于选择组合连接器的类型。

✧ Beam：相当于 Join+Align，被约束的相对运动分量为U1、U2、U3、UR1、UR2、UR3，无可用的相对运动分量；两个端点的局部坐标系要求为Optional。

✧ CV Joint：相当于 Join+Constant Velocity，被约束的相对运动分量为U1、U2、U3、UR2，无可用的相对运动分量；第一个端点的局部坐标系要求为Required，第二个端点的局部坐标系要求为Optional。

✧ Bushing：相当于 Proj Cartesian+Proj Flex-Tors，无被约束的相对运动分量，可用的相对运动分量为 Ul、U2、U3、UR1、UR2、UR3；第一个端点的局部坐标系要求为Required，第二个端点的局部坐标系要求为Optional。

✧ Cylindrical：相当于 Slot+Revolute，被约束的相对运动分量为U2、U3、UR2、UR3，可用的相对运动分量为Ul、URl；第一个端点的局部坐标系要求为Required，第二个端点的局部坐标系要求为Optional。

✧ Hinge：相当于 Join+Revolute，被约束的相对运动分量为 U1、U2、U3、UR2、UR3，可用的相对运动分量为UR1；第一个端点的局部坐标系要求为Required，第二个端点的局部坐标系要求为Optional。

✧ Retractor：相当于 Join+Flow-Converter，被约束的相对运动分量为U1、U2、U3、

UR3，无可用的相对运动分量；第一个端点的局部坐标系要求为Required，第二个端点的局部坐标系要求为Ignored。

✧ Planar：相当于Slide-Plane+Revolute，被约束的相对运动分量为U1、UR2、UR3，可用的相对运动分量为U2、U3、UR1；第一个端点的局部坐标系要求为Required，第二个端点的局部坐标系要求为Optional。

✧ U Joint：相当于Join+Universal，被约束的相对运动分量为U1、U2、U3、UR2，可用的相对运动分量为UR1、UR3；第一个端点的局部坐标系要求为Required，第二个端点的局部坐标系要求为Optional。

✧ Translator：相当于Slot+Align，被约束的相对运动分量为U2、U3、UR1、UR2、UR3，可用的相对运动分量为U1；第一个端点的局部坐标系要求为Required，第二个端点的局部坐标系要求为Optional。

✧ Weld：相当于Join+Align，被约束的相对运动分量为U1、U2、U3、UR1、UR2、UR3，无可用的相对运动分量；两个端点的局部坐标系要求为Optional。

③ Connection type diagram：单击Show按钮用于显示已选择连接器的图例。

选择连接器类型后，单击Continue...按钮，弹出Edit Connector Section（编辑连接器截面特性）对话框，如图3-25所示。与Edit Contact Property（编辑接触属性）对话框类似，可以根据需要在该对话框内指定连接器属性。单击Add...按钮添加连接属性，单击Delete按钮可删除已添加的连接器属性。本节简单介绍10种连接器属性，具体设置请参阅*ABAQUS/CAE User's Manual*和*ABAQUS Analysis User's Manual*。

✧ Elasticity：用于定义类似于弹簧的弹性属性。

✧ Damping：用于定义阻尼属性。

✧ Damage：用于定义损伤初始化和演化准则。

✧ Stop：用于定义运动限制属性。

✧ Friction：用于定义与摩擦相关的属性。

✧ Plasticity：用于定义塑性属性。

✧ Lock：用于定义相对运动的锁定准则。

✧ Integration：用于定义弹性属性、阻尼属性和摩擦属性的时间积分（隐式或显式），仅适用于ABAQUS/Explicit。

✧ Failure：用于定义失效准则。

✧ Reference Length：用于定义参考长度/角度。

单击OK按钮，完成设置。

提 示

只有存在可用的相对运动分量的连接器类型才能设置连接器属性，对于无可用的相对运动分量的连接器类型，需要直接单击OK按钮，完成连接器属性的创建。

3.3.2 创建连接器的特征线

连接器的特征线可以是装配件中的两个点的连线，也可以是装配件中的一个点和地面的连线。执行 Connector→Geometry→Point-to-Point Wire 命令，或单击工具区中的 Create Point-to-point Wires（创建点对点的线）工具，弹出 Create Wires Feature 对话框，如图 3-26 所示，下面对该对话框进行介绍。

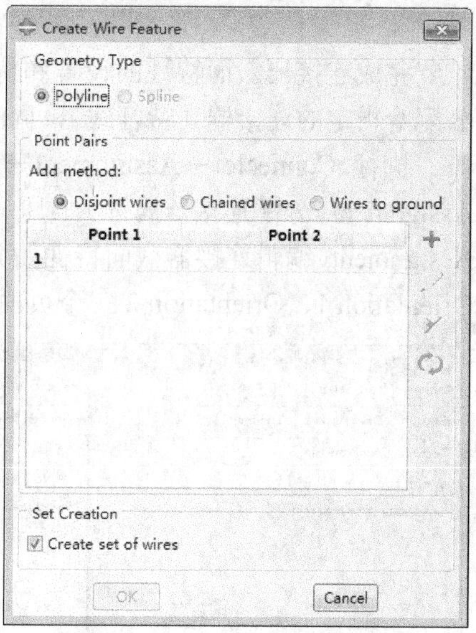

图 3-26 “创建特征线”对话框

（1）Point Pairs，该栏用于选择特征线的类型并创建该类型下的特征线，以及已创建特征线的修改。

✧ Disjoint wires：两个点（模型的顶点、节点或参考点）构成一条特征线，分别为特征线的第一个端点和第二个端点。

✧ Chained wires：所有选择的点（n 个）首尾相连，构成 n（存在封闭区域）或 n-1（不存在封闭区域）条特征线，选择的第一个点为第一条特征线的第一个端点，第 n 个点为最后一条特征线的第二个端点，其他各点分别为前一条特征线的第二个端点和后一条特征线的第一个端点。

✧ Wires to ground：模型中的一个点与地面构成一条特征线，选择的点为特征线的第二个端点。

✧ Add（添加）：单击 Add...按钮，按指定的特征线类型，在视图区选择点创建特征线，已建立的特征线被列在表格中。

✧ Edit（编辑）：选择表格中要修改的特征线端点，Edit...按钮被激活，单击该按钮，在视图区重新选择点替换原来的端点，特征线也发生相应的变化。

✧ Swap（交换）：如同 Delete 按钮，单击表格中要交换端点的特征线的标号，Swap 按钮被激活，可以单击该按钮交换特征线的两个端点。

✧ Delete（删除）：单击表格中要删除的特征线的标号，Delete 按钮被激活，可以单击该按钮删除选择的特征线。

（2）Create set of wires，用于选择是否创建包含该组特征线的 Set（集合），默认为选择此选项，集合名称为 Wire-n-Set-1。

单击 OK 按钮，完成设置，完成该组特征线的创建。当特征线创建完成后，可以单击 Modify Wire Feature 按钮对其进行修改，也可以删除该特征线（执行 Connector→Geometry→Remove Wires From Feature 命令，再重新创建特征线。

提 示

连接器截面特性的设置和特征线的创建没有先后顺序，但在定义连接单元之前必须完成这两部分的操作。

3.3.3 定义连接单元

完成连接器截面特性的设置和特征线的创建后，可以将已定义的连接器的截面特性分配给指定的连接器（特征线），同时对该连接器划分相应的连接单元。

执行 Connector→Assignment→Create 命令，或单击工具区中的 Create Connector Assignment（分配连接器属性）工具，根据提示选择特征线，弹出 Edit Connector Section Assignment（编辑连接器截面特性的分配）对话框，如图 3-27 所示。该对话框包含 Section、Orientation 1、Orientation 2 三个页面。

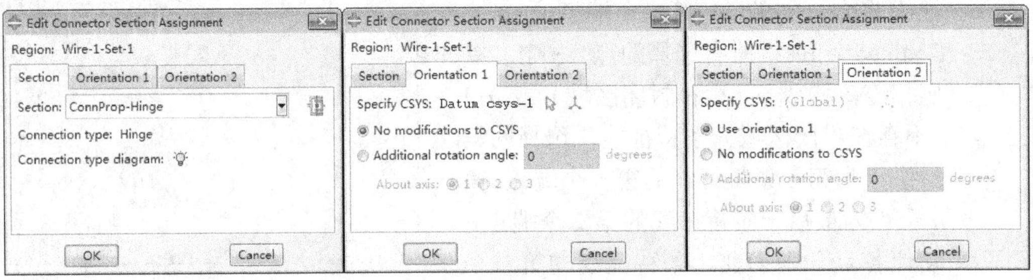

（a）Section 项　　（b）Orientation1 设置　　（c）Orientation2 设置

图 3-27　分配连接器的截面

（1）Section，用于选择连接器的截面特性，如图 3-27（a）所示。Create...按钮用于创建连接器的截面特性，Show 按钮用于显示已选择连接器的图例，如图 3-28 所示。

（2）Orientation 1，该页面用于指定连接器第一个端点的坐标系，如图 3-27（b）所示。当该端点的局部坐标系要求为 Ignored 时，页面不可用。

✧ Specify CSYS：当想为连接器的第一个端点指定局部坐标系时，单击 Edit...按钮，选择已定义的局部坐标系。默认为选择整体坐标系。当该端点的局部坐标系要求为 Required 时，必须指定局部坐标系，否则 ABAQUS/CAE 将显示错误信息。

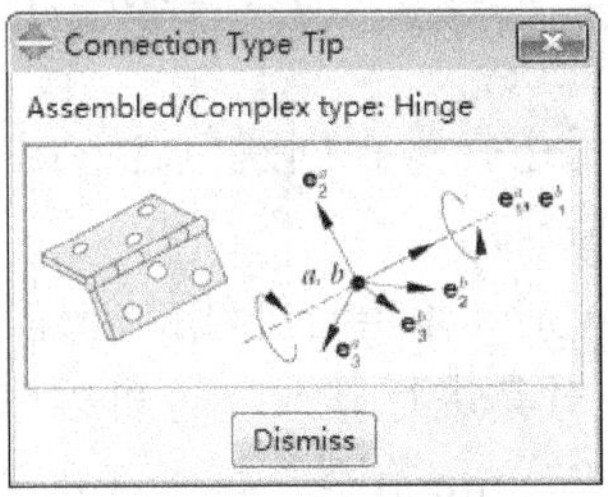

图 3-28　显示图例

✧ No modifications to CSYS：不修改已选择的局部坐标系。当用户选择了局部坐标系时，该选项被激活。

✧ Additional rotation angle：该选项用于旋转局部坐标系。用户需要在后面的空格内输入旋转角度，并在下方的 About axis 栏中选择旋转轴。当用户选择了局部坐标系时，该选项被激活。

（3）Orientation 2，该页面用于指定连接器第二个端点的坐标系，如图 3-27（c）所示。当该端点的局部坐标系要求为 Ignored 时，该页面不可用。

✧ Use orientation 1：此为默认选项，使用连接器第一个端点的坐标系。

✧ Additional rotation angle：如同 Orientation 1 页面，当用户选择了局部坐标系时，该选项被激活，用于旋转局部坐标系。

✧ No modifications to CSYS：该选项用于选择连接器第二个端点的坐标系，默认为整体坐标系。选择该选项，Specify CSYS 栏的 Edit...按钮被激活，可以单击该按钮指定局部坐标系，并且不修改已选择的局部坐标系。

单击 OK 按钮，完成设置，完成连接器截面特性的分配操作。同时 ABAQUS 自动对该连接器划分单元。

提 示

对于三维模型，ABAQUS 采用三维二节点连接单元（CONN3D2）进行划分；对于二维或轴对称模型，ABAQUS 采用二维二节点连接单元（CONN2D2）进行划分。

本章小结

类似于 Property 功能模块，在 Module 列表中选择 Interaction，ABAQUS 进入 Interaction（相互作用）功能模块。Interaction 模块主要用于定义装配件各部分之间的相互作用、约束和连接器。

ABAQUS 可以通过主菜单中的 Interaction 菜单或工具区内相应的工具定义接触、热传导、弹性基础、入射波、热辐射、声阻，通过 Constraint 菜单或工具区内相应的工具定义绑定约束、显示体约束、刚体约束、耦合约束、嵌入区域约束、壳—实体耦合约束和方程约束，通过 Connector 菜单或工具区内相应的工具定义各种连接器。

本章内容详见系统帮助文件 *ABAQUS/CAE User's Manual*。掌握好该部分的知识对于理解接触和多体问题的分析十分重要。

第4章

划分网格

选择工具区的Module（模块）列表中的Mesh（网格），进入Mesh功能模块。Mesh模块主要用于几何模型的网格划分，是决定分析精度的重要环节。在创建部件（适用于非独立实体）或装配件（适用于独立实体）后，无论是否进行了Property、Interaction、Load等功能模块的设置工作，都可以在Mesh模块中进行网格划分，而无须按模块的排列顺序一一处理。

教学目标

（1）掌握撒种子定义网格密度。
（2）掌握网格控制和设置单元类型。
（3）掌握网格划分和检查网格。
（4）了解提高网格质量的方法。

4.1 定义网格密度

种子是单元的边节点在区域边界上的标记，它决定了网格的密度。主菜单中的Seed菜单及工具区中第一行的展开工具箱用于模型的撒种子操作。

对于非独立实体，在创建了部件后就可以在Mesh功能模块中对该部件进行网格划分。进入Mesh模块后，首先将环境栏的Object（对象）选择为Part，并在Part列表中选择要操作的部件。

按住工具区中的Seed Part工具，在展开工具条中选择设置种子的工具；或在主菜单的Seed菜单中进行选择。该展开工具条从左到右分别为以下几项。

（1）Seed Part：对整个部件撒种子，显示为立法黑色。也可以执行Seed→Part命令实现该操作。

（2）Delete Part Seeds：删除使用Seed Part工具设置的种子，而不会删除使用Seed Edges工具设置的种子。也可以执行Seed→Delete Part Seeds命令实现该操作。

ABAQUS中也可以通过设置边上的种子对部件进行设置，按住工具区中的Seed Part工具，在展开工具条中选择设置种子的工具；或在主菜单的Seed菜单中进行选择。该展开工具条从左到右分别为以下几项。

（1）Seed Edges：对整个部件撒种子，显示为白色。也可以执行 Seed→Edges 命令实现该操作。

（2）Delete Edge Seeds：删除使用 Seed Edges 工具设置的种子，而不会删除使用 Seed Part 工具设置的种子。也可以执行 Seed→Delete Edge Seeds 命令实现该操作。

对于独立实体，在创建了装配件后，就可以在 Mesh 功能模块中对各部件实体进行网格划分。进入 Mesh 模块后，首先将环境栏的 Object（对象）选择为 Assembly。

如同非独立实体，按住工具区中的 Seed Part Instance 工具和 Seed Edges 工具，在展开工具条中选择设置种子的工具；或在主菜单的 Seed 菜单中进行选择。这些工具的使用与非独立实体时基本相同，不再赘述。下面举例详细说明上述工具的使用。

对模型进行种子的设置与删除

本例以非独立实体为例，如图 4-1 所示的模型。

1. 设置部件种子

单击工具区中的 Seed Part 工具，弹出 Global Seeds 对话框，如图 4-2 所示。若为独立实体，需要先在视图区选择部件实体。

图 4-1　矩形平板设置种子模型

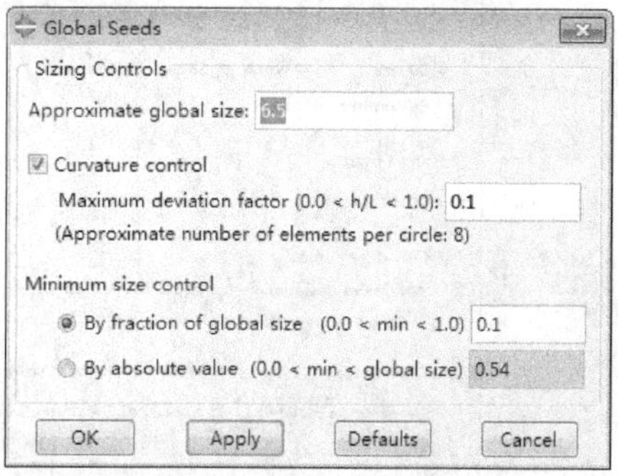

图 4-2　对整个部件或者实体撒种子

（1）Approximate global size，该栏用于输入大致的单元尺寸，将该尺寸运用于整个部件。ABAQUS/CAE 会自动调整单元尺寸，让该部件中每条边上的种子均匀分布。本例中输入 6.5。

（2）Curvature control（曲率控制），用于控制曲边的种子设置。本例采用默认设置。

✧ Maximum deviation factor（最大偏差系数）：该系数为单元的边或曲边的最大偏差和单元边长的比值，表示单元的偏差程度。偏差系数越小，曲边上的种子越多。该系数的取值范围为 0.0～1.0，默认值为 0.1，相当于对一个圆周大约划分 8 个单元。

✧ Minimum size factor：选择该系数为整体单元尺寸（Approximate global size）的分数，用于控制最小的单元尺寸，避免在不关心的高曲率区域划分过多的单元。该系数的取值范围为 0.0～1.0，默认值为 0.1，即最小的单元尺寸为整体单元尺寸的 0.1。

设置完成后，单击 OK 按钮，视图区显示设置的部件种子，如图 4-3 所示。

图 4-3　部件种子设置

2. 设置边种子

按住工具区中的按钮，根据提示选择边、面、模型区域。本例在视图区选取模型的边，如图 4-5 所示，单击鼠标中键，在弹出的 Local Seeds 对话框中进行设置，该对话框包括 Basic 和 Constraint 两个页面，如图 4-4 所示，分别用于设置种子数目和选择边种子的约束方式。

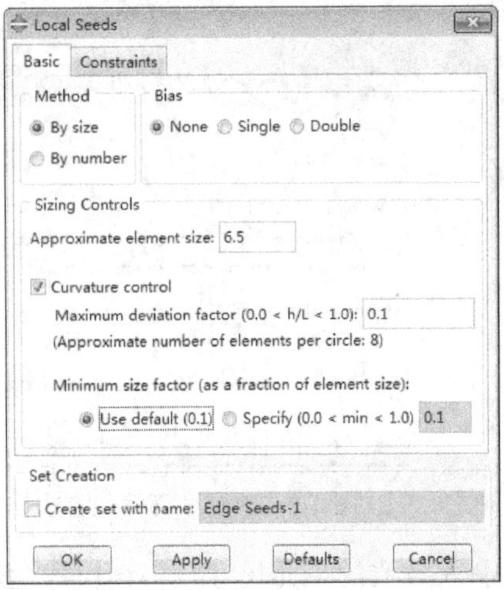

（a）Basic 标签栏

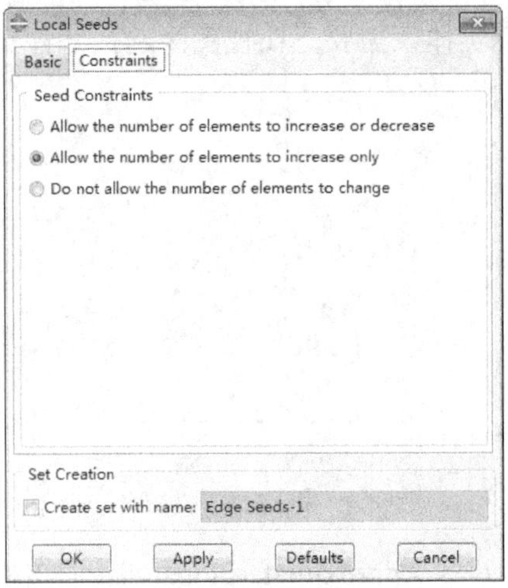

（b）Constraint 标签栏

图 4-4　Local Seeds 对话框

1）Basic 页面

（1）Method，用于选择 By Size 和 By number，即设定种子的数目或者种子间距大小。

（2）Bias，可以选择 None、Single 或者 Double。默认选项是 None。在选取的边上，以指定的最大单元与最小单元的比值非均匀地设置种子，显示为紫红色。读者也可以执行 Seed→Edge Biased 命令实现该操作。

（3）Sizing Controls，用于控制的种子设置。本例采用默认设置。

✧ Maximum deviation factor（最大偏差系数）：该系数为单元的边或曲边的最大偏差和单元边长的比值，表示单元的偏差程度。偏差系数越小，曲边上的种子越多。

该系数的取值范围为 0.0～1.0，默认值为 0.1，相当于对一个圆周大约划分 8 个单元。

✧ Minimum size factor：该系数为整体单元尺寸（Approximate global size）的分数，用于控制最小的单元尺寸，避免在不关心的高曲率区域划分过多的单元。该系数的取值范围为 0.0～1.0，默认值为 0.1，即最小的单元尺寸为整体单元尺寸的 0.1。

（4）Set Creation，勾选上左边的 Create set with name 后就可以设置 Seeds 的名字。

2）Constraint 页面

（1）Allow the number of elements to increase or decrease，此为默认设置，完全不约束边种子（用圆圈表示），最终边上的单元数可以多于或少于边种子数。

（2）Allow the number of elements to increase only，部分约束边种子（用三角形表示），允许边的单元数多于或等于边种子数。本例采用该选项。

（3）Do not allow the number of elements to change，完全约束边种子（用正方形表示），最终边上的单元只能等于边种子数，而节点可能与边种子的位置不重合。ABAQUS/CAE 自动在几何顶点上设置完全约束的种子，如图 4-5 所示。

图 4-5　Seed Edge: By number 设置后的边种子

提 示

一般情况下，对于自由划分的三角形或四面体单元，ABAQUS/CAE 通常能精确地匹配节点与种子，无须对边种子进行约束。

单击 OK 按钮，完成边种子的设置。视图区显示设置的边种子，如图 4-5 所示，可见此时的部件种子已被边种子（用紫红色表示）替代。

提 示

边种子总是优先于部件种子或实体种子。如果仅设置了边种子而没有设置部件种子或实体种子，ABAQUS/CAE 根据设置的边种子自动添加未撒种子区域的网格密度。

注 意

对边种子的约束可能导致网格划分的失败，请读者慎用。

按住工具区中的按钮，在弹出的对话框的 Basic 栏中选择 By Size。在视图区选取模型的四条平行边，如图 4-6 所示，单击鼠标中键，在提示区输入边上的大致单元尺寸 6.5，按 Enter 键，完成边种子的设置。视图区显示设置的边种子，如图 4-6 所示。

图 4-6　Seed Edge: By Size 设置后的边种子

按住工具区中的按钮，在弹出的对话框的 Basic 栏中选择 Single 或者 Double，此处选择 Double 选项。在视图区选取模型的两条平行边，如图 4-7 所示。单击鼠标中键，在提示区输入最大单元与最小单元的值：5 和 1（单元往两边趋向密集），按 Enter 键，单击 OK 按钮，完成边种子的设置。视图区显示设置的边种子，如图 4-7 所示。

由图 4-7 可以看出，由 Seed Part、Seed Edge：By Number、Seed Edge：By Size 所设置的种子为均匀分布，由 Seed Edge: Biased 所设置的种子为非均匀分布。

图 4-7　Seed Edge: Biased 设置后的边种子

3. 部件种子和边种子的删除

按住工具区中的按钮，在展开工具条中单击按钮，在视图区选取所有设置了种子的边，单击鼠标中键，删除边种子。此时，部件种子仍然存在，视图区显示出被边种子覆盖的部件种子，

独立实体使用方法与非独立实体相同。

按住工具区中的按钮，在展开工具条中单击按钮，单击提示区中的 Yes 按钮，删除部件种子。若为独立实体，则在单击按钮后需要在视图区选取部件实体，单击鼠标中键，删除实体种子。此时，模型已不包含种子。

注 意

若删除已划分了网格的部件或实体的种子，则网格也被清除。类似地，若对已划分了网格的部件或实体重新设置种子，则网格同样会被清除。

4.2 设置网格控制

对于二维或三维结构，ABAQUS 可以进行网格控制，而梁、桁架等一维结构则无法进行网格控制。执行 Mesh→Controls 命令，或单击工具区中的 Assign Mesh Controls 工具，弹出 Mesh Controls 对话框，如图 4-8 所示。该对话框用于选择网格划分技术（Technique）、单元形状（Element Shape）和对应的算法（Algorithm）。

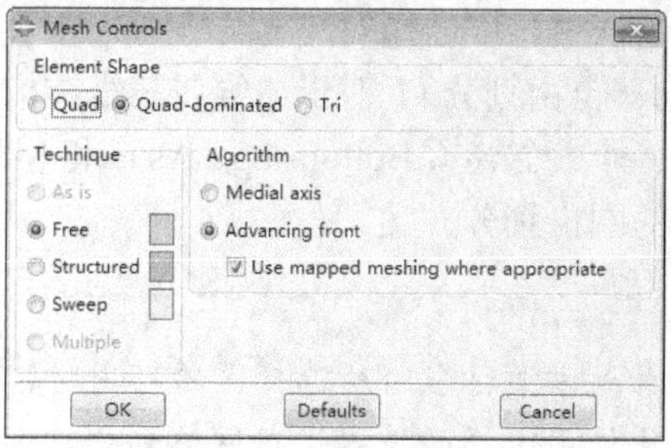

图 4-8　Mesh Controls 对话框

4.2.1　选择单元形状

对于二维模型，可以选择 Quad（四边形）、Quad-dominated（四边形占优）、Tri（三角形）三种单元形状，如图 4-8 所示。

✧ Quad（四边形）：模型的网格仅包含四边形单元。

✧ Quad-dominated（四边形占优）：模型的网格主要使用四边形单元，允许过渡区域出现三角形单元。

✧ Tri（三角形）：模型的网格仅包含三角形单元。

对于三维模型，可以选择 Hex（六面体）、Hex-dominated（六面体占优）、Tet（四面体）、Wedge（楔形）四种单元形状，如图 4-9 所示。

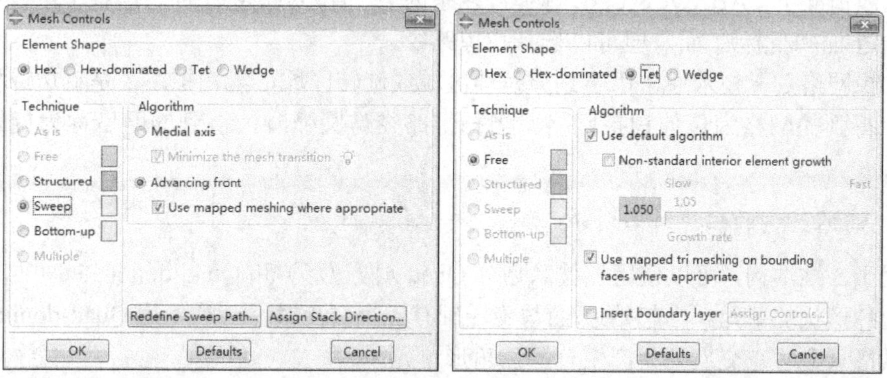

（a）Hex 形状　　（b）Tet 形状

图 4-9　三维模型的网格控制

✧ Hex（六面体）：模型的网格仅包含六面体单元。

✧ Hex-dominated（六面体占优）：模型的网格主要使用六面体，允许过渡区域出现楔形（三棱柱）单元。

✧ Tet（四面体）：模型的网格只包含四面体单元。

✧ Wedge（楔形）：模型的网格只包含楔形单元。

4.2.2 选择网格划分技术设置

在 Mesh Controls 对话框中，可选择的基本网格划分技术有三种：Structured（结构化）、Sweep（扫掠）、Free（自由划分）。对于二维或三维结构，这三种网格划分技术拥有各自的网格划分算法。另外三个选项 Bottom-up、As is 和 Multiple 不是网格划分技术，而是对应于某些复杂结构的网格划分方案。

提 示

只有当网格划分技术或方案对当前所选择区域可用时，它们才显示为可选择项。如果 ABAQUS/CAE 无法使用选择的技术进行网格划分，则模型在视图区中显示为橙色。

下面对各种网格划分技术及其算法进行介绍。

1. Sweep（扫掠网格划分技术）

ABAQUS/CAE 首先在起始边/面上生成网格，然后沿扫掠路径复制起始边/面网格内的节点，一次前进一个单元，直到目标边 / 面，得到该模型区域的网格。选用扫掠网格划分技术的区域显示为黄色。

提 示

为了确定一个区域是否可以使用扫掠网格划分技术，ABAQUS/CAE 要检测该区域是否能沿着从起始边/面到目标边/面的扫掠路径进行复制。

一般情况下，ABAQUS/CAE 选择最复杂的边/面作为起始边/面，读者不可以自己选择起始边/面和目标边/面，但可以选择扫掠路径。

扫掠网格划分技术通常用于划分拉伸区域或旋转区域，当扫掠路径是直边或样条曲线时，得到的网格为拉伸扫掠网格；当扫掠路径是圆弧时，得到的网格称为旋转扫掠网格。

1）二维结构的扫掠网格划分

对于二维结构，可以使用该技术划分 Quad（四边形）和 Quad-dominated（四边形占优）两种形状的单元。当起始边/面与旋转轴有一个交点时，必须使用 Quad-dominated，因为网格划分时在交点处会产生一层三角形单元。

Technique（网格划分技术）栏右侧仅包含 Redefine Sweep Path（重新定义扫掠路径）按钮。若该区域包含多个有效的扫掠路径，单击该按钮，提示区出现三个按钮，如图 4-10

所示。

图 4-10　选择扫掠路径

- ✧ Flip：单击该按钮，扫掠路径反向，提示区出现如图 4-11 所示的两个按钮，单击 Flip 按钮改变扫掠路径的方向，单击 Yes 按钮确定该扫掠路径并回到 Mesh Controls 对话框。
- ✧ Accept Highlighted：该按钮用于接受加亮显示的角点。
- ✧ Select New：该按钮用于选择新的扫掠路径。单击该按钮在视图区选取边作为扫掠路径，提示区如图 4-11 所示。

若该区域仅包含一个有效的扫掠路径，单击 Redefine Sweep Path 按钮，提示区如图 4-11 所示。

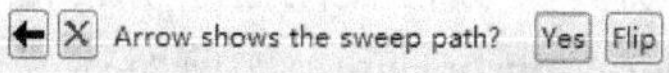

图 4-11　提示是否改变扫掠路径的方向

2）三维结构的扫掠网格划分

读者可以使用扫掠网格划分技术划分 Hex（六面体）、Hex-dominated（六面体占优）和 Wedge（楔形）单元。

ABAQUS/CAE 首先在起始面上采用自由网格划分技术分别划分 Quad（四边形）、Quad-dominated（四边形占优）、Tri（三角形）三种形状的单元，然后沿扫掠路径复制起始面内的节点，直到目标面，分别得到三种形状的网格。

对于三种形状的单元，Technique（网格划分技术）栏右侧包含的内容不尽相同，下面分别进行介绍。

（1）Hex（六面体）单元如图 4-9（a）所示。

① Algorithm（算法），该栏用于选择网格划分算法。

- ● Medial axis（中轴算法），此为默认算法。ABAQUS/CAE 首先将要进行网格划分的区域分解为一系列简单的区域，然后使用结构化网格划分技术对这些区域进行划分。使用该算法，生成的网格往往会偏离种子，但单元形状较为规则。如果区域的形状较简单且包含较多的单元，则使用该算法划分网格比使用 Advancing front（进阶算法）更快。
- ● Advancing front（进阶算法），先在区域边界上生成六面体单元，接着逐步在区域内部生成六面体单元，最终完成网格划分。使用该算法，生成的网格与种子吻合得较好，产生较为均匀的网格，但在狭窄的区域可能导致网格的歪斜。

当模型包含多个相连的区域时，使用进阶算法可以减少由于各区域内节点分布的不同而导致的分界面网格的不规则。若模型区域包含虚拟拓扑或不精确的部分，则只能使用进阶算法进行网格划分。

- ✧ Use mapped meshing where appropriate：映射网格划分是结构化网格划分的子集，是结构化网格应用于二维四边形区域的特殊情况。选择该选项，ABAQUS/CAE 首先判断映射网格划分能否提高该四边形区域的网格质量。若能，ABAQUS/CAE

略微调整种子，使该区域中对边具有相同数量的种子，进而运用映射网格划分（Mapped meshing）。若复杂的结构包含简单几何形状的面，特别是狭长的四边形面，选择该选项通常能提高网格质量。

② Redefine Sweep Path，该按钮用于重新定义扫掠路径，其用法不再介绍。

（2）Hex-dominated（六面体占优）单元。

① Algorithm（算法），该栏用于选择网格划分算法。

- Medial axis，如前所述。使用该算法，生成的网格往往会偏离种子，但单元形状较为规则。如果区域的形状较简单且包含较多的单元，则使用该算法划分网格比使用 Advancing front（进阶算法）更快。
- Advancing front，如前所述。当模型包含多个相连的区域时，使用进阶算法可以减少由于各区域内节点分布的不同而导致的分界面网格的不规则。若模型区域包含虚拟拓扑或不精确的部分，则只能使用进阶算法进行网格划分。

✧ Use mapped meshing where appropriate：如前所述。若复杂的结构包含简单几何形状的面，特别是狭长的四边形面，选择该选项通常能提高网格质量。

② Redefine Sweep Path，该按钮用于重新定义扫掠路径，其用法与二维结构的扫掠网格划分相同，不再介绍。

（3）Wedge（楔形）单元，仅包含 Redefine Sweep Path 按钮。

注 意

对于三维结构，只有模型区域满足以下条件，才能被划分为扫掠网格。

✧ 连接起始面和目标面的的每个面（称为连接面）只能包含一个小面，且不能含有孤立的边或点；

✧ 目标面必须仅包含一个小面，且没有孤立的边或点；

✧ 若起始面包含两个及两个以上的小面，则这些小面间的角度应该接近 180°；

✧ 每个连接面应由四条边组成，边之间的角度应接近 90°：

✧ 每个连接面与起始面、目标面之间的角度应接近 90°；

✧ 如果旋转体区域与旋转轴相交，就不能使用扫掠网格划分技术；

✧ 如果划分区域的一条或多条边位于旋转轴上，ABAQUS/CAE 不能用六面体或楔形单元对该区域进行扫掠网格划分，而必须选择 Hex-dominated 形状的单元；

✧ 当扫掠路径是一条封闭的样条曲线时，该样条曲线必须被分割为两段或更多。

2. Structured（结构化网格划分技术）

将简单的、预先定义的规则形状的网格（如正方形或立方体）转变到将要被划分网格的几何区域上。该技术适用于简单的二维区域及用六面体单元划分的简单的三维区域。

提 示

一般情况下，该技术能够很好地控制 ABAQUS/CAE 产生的网格，但生成的网格往往会偏离种子。选用结构化网格划分技术的区域显示为绿色。

1）二维结构的结构化网格划分

对于二维结构，只有当模型区域内没有孔洞、孤立的边、孤立的点，且该区域包含 3～5 条逻辑边（如果包含虚拟拓扑，必须仅包含 4 条边）时，该区域才能被划分为结构化网格。该技术可以对二维结构划分 Quad（四边形）、Quad-dominated（四边形占优）、Tri（三角形）三种形状的单元。

Technique（网格划分技术）栏右侧包含以下两个选项。

① Minimize the mesh transition（最小化网格过渡）：该选项用于减少从粗网格到细网格的过渡。默认为选择该项，在大多数情况下能够减少网格扭曲，提高网格质量，但生成的网格会更加偏离种子。该选项仅适用于 Quad（四边形）单元。

② Redefine Region Corners：该按钮用于重新定义该区域的角点，ABAQUS/CAE 将为选择角点侧的边合并为逻辑边，可以改变结构化网格的模式。首次单击该按钮，提示区出现 Accept Highlighted（接受加亮显示的角点）和 Select New（重新选择角点）两个按钮。若再次单击 Redefine Region Corners 按钮，则提示区出现两个按钮，如图 4-12 所示。

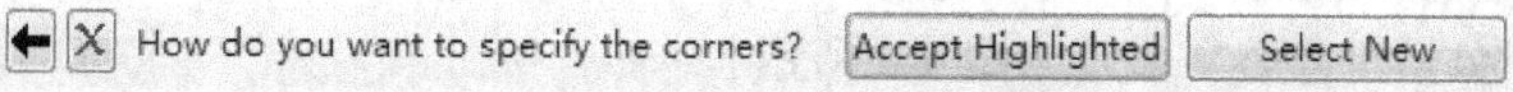

图 4-12　提示选择角点

2）三维结构的结构化网格划分

结构化网格划分技术可以对三维结构划分 Hex（六面体）和 Hex-dominated（六面体占优）单元。当选择 Hex-dominated 时，ABAQUS/CAE 提示将得到一个完全由六面体组成的网格。

注 意

采用结构化网格划分技术时，可能出现网格的内部节点位于模型的几何区域之外，特别是模型区域中包含凹入的边界。

如果生成这种网格，读者必须重新进行网格划分，划分方法如下：

✧ 密种子重新划分网格；
✧ 将模型分割成更小的且更规则的区域；
✧ 使用 Redefine Region Corners...按钮重新定义该区域的角点；
✧ 选择另外的网格划分技术。

提 示

对于三维结构，只有模型区域满足以下条件，才能被划分为结构化网格。

✧ 没有孔洞、孤立的面、孤立的边、孤立的点；
✧ 三维区域内的所有面必须要保证可以运用二维结构化网格划分方法；
✧ 面和边上的角度值应该小于 90°；
✧ 保证区域内的每个顶点属于三条边；
✧ 必须保证至少有四个面（如果包含虚拟拓扑，必须仅包含 6 条边）；

> ✧ 各面之间夹角要尽可能地接近 90°，如果面之间的角度大于 150°，就应该对它进行分割；
>
> ✧ 若三维区域不是立方体，每个面只能包含一个小面；若三维区域是立方体，每个面可以包含多个小面，但每个小面仅有四条边，且面被划分为规则的网格形状。

3. Free（自由网格划分技术）

自由网格划分技术具有很强的灵活性，适用于划分形态非常复杂的模型区域。在网格生成之前，不能对所划分的网格模式进行预测。选用自由网格划分技术的区域显示为粉红色。

1）二维结构的自由网格划分

对于二维结构，可以使用该技术对平面或曲面划分 Quad（四边形）、Quad-dominated（四边形占优）、Tri（三角形）三种形状的单元。对于三种形状的单元，Algorithm（算法）栏包含的内容不尽相同，下面分别进行介绍。

（1）Quad（四边形）单元如图 4-8 所示。

✧ Medial axis（中轴算法）：如同扫掠网格划分 Hex（六面体），此为默认算法。

✧ Advancing front（进阶算法）：如同扫掠网格划分 Hex（六面体），该栏用于选择进阶算法划分网格，仍包含 Use mapped meshing where appropriate 项。

（2）Quad-dominated（四边形占优）单元。

✧ Medial axis（中轴算法）：如同扫掠网格划分 Hex-dominated（六面体占优），该栏用于选择中轴算法划分网格。

✧ Advancing front（进阶算法）：如同扫掠网格划分 Hex-dominated（六面体占优），此为默认算法，仍包含 Use mapped meshing where appropriate 项。

（3）Tri（三角形）单元：仅包含 Use mapped meshing where appropriate 项。

2）三维结构的自由网格划分

对于三维结构，仅能使用该技术划分 Tet（四面体）单元。ABAQUS/CAE 首先在模型区域的外部表面划分三角形网格，再用这些三角形网格生成内部的四面体单元。Mesh Controls 对话框中的算法设置不同于二维结构的自由网格划分，如图 4-9（b）所示。

（1）Use default algorithm，该栏用于选择默认的网格划分算法。此默认算法适用于绝大多数模型，特别是具有复杂形状或狭窄的区域。若不选择该项，ABAQUS/CAE 使用 ABAQUS 6.4 及更早版本中的算法进行网格划分。

● Increase size of interior elements：如果模型的网格密度足够且重点分析区域位于边界，可以选择该选项来增加内部单元的尺寸，提高计算效率。

✧ Maximum growth，该选项用于最大程度地增加内部单元的尺寸。

✧ Moderate growth，该选项用于适当增加内部单元的尺寸。

（2）Use mapped tri meshing on bounding faces where appropriate，类似于之前介绍的 Use mapped meshing where appropriate 项，选择该选项，ABAQUS/CAE 首先判断映射网格划分能否提高边界面的网格质量，若能，对这些边界面运用映射网格划分代替自由网

格划分，进而得到四面体单元。

4. Multiple 和 Asis

单击工具区中的 Assign Mesh Controls 按钮，选择模型的几个区域，并在 Mesh Controls 对话框中改变单元形状（Element Shape），如果这几个区域能用不同的技术进行网格划分，Technique 栏的 Multiple 被激活，且 ABAQUS/CAE 会自动选择该选项，将各区域的网格划分技术改变为合适的类型。

提 示

若对模型进行了分割，且分割后的区域可以用不同的技术进行网格划分，则 ABAQUS/CAE 会自动采用适合各区域的网格划分技术，即采用 Multiple 网格划分方案。

单击工具区中的 Assign Mesh Controls 工具，选择模型的几个区域，而之前已在这些区域设定了多重网格划分技术（Multiple），打开的 Mesh Controls 对话框中 Technique 栏的 Asis 被激活，且 ABAQUS/CAE 会自动选择该选项。

5. 总结

（1）对于不能采用结构化技术（Structured）和扫掠技术（Sweep）进行网格划分的复杂结构，读者可以运用 Partition 工具将其分割成形状较为简单的区域，并对这些区域进行结构化或扫掠网格划分。如果模型不容易分割或分割过程过于繁杂，读者可以选用自由网格划分技术（Free）。

（2）采用映射网格划分（Mapped meshing）能得到高质量的网格，但 ABAQUS/CAE 不能直接采用映射网格划分技术，只能通过 Use mapped meshing where appropriate 选项让程序选择映射网格划分的区域。在以下几种情况下，读者可以选择该项进行映射网格划分：2D + Quad/Quad-dominated + Free + Advancing front（采用自由网格划分技术和进阶算法，对二维结构划分四边形或四边形占优的单元）、3D + Hex/Hex-dominated + Sweep+ Advancing front、2D + Tri + Free、3D + Tet + Free。

（3）中轴算法（Medial axis）和进阶算法（Advancing front）是主要的 ABAQUS 网格划分算法，有四种单元形状（Element Shape）和网格划分技术（Technique）的组合能选用这两种算法：2D + Quad + Free 和 3D + Hex + Sweep 默认选择中轴算法，2D + Quad-dominated + Free 和 3D + Hex-dominated + Sweep 默认选择进阶算法。

提 示

对于不同的模型，应该比较这两种算法，得到合适的网格。

注 意

若重新设置已划分了网格的区域的网格控制选项，则该区域内的网格会被清除。

4.3 设置单元类型

ABAQUS 的单元库非常丰富，可以根据模型的情况和分析需要选择合适的单元类型。在设置了网格控制（Mesh Controls）后，执行 Mesh→Element Type 命令，或单击工具区中的 Assign Element Type 工具，在视图区选取要设置单元类型的模型区域，弹出 Element Type 对话框，如图 4-13 所示。

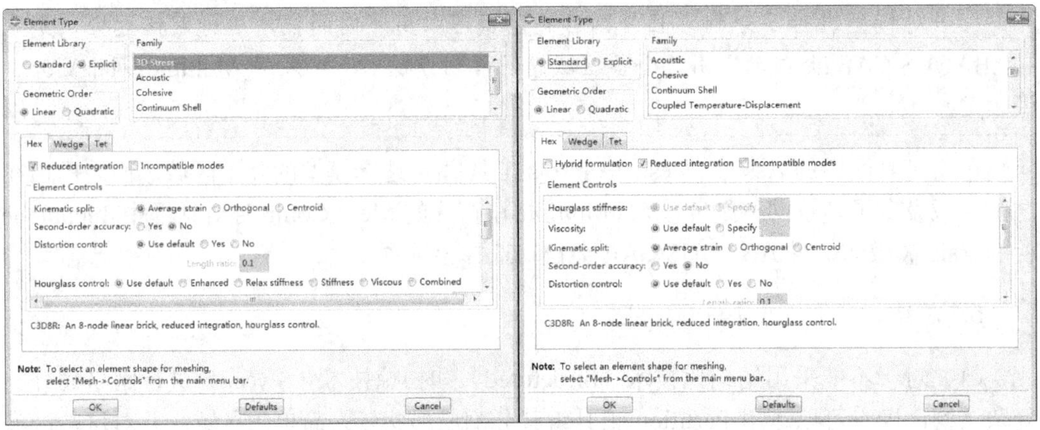

（a）Explicit 项　　（b）Standard 项

图 4-13　单元类型的选择

1）Element Library

该栏用于选择适用于隐式或显式分析的单元库。

✧ Standard：此为默认选项，用于选择适用于 ABAQUS/Standard 分析的单元库。

✧ Explicit：用于选择适用于 ABAQUS/Explicit 分析的单元库，是 ABAQUS/Standard 单元库的子集。

2）Geometric Order

该栏用于选择一次单元或二次单元。

✧ Linear：此为默认选项，用于选择线性（一次）单元。线性单元节点仅包含在单元的顶角处，采用线性插值，如线性线（Line）单元包含 2 个节点、线性三角形（Tri）单元包含 3 个节点、线性六面体（Hex）单元包含 8 个节点。

✧ Quadratic：用于选择二次单元，在单元每条边上布置中间节点，采用二次插值，如二次线（Line）单元包含 3 个节点、二次三角形（Tri）单元包含 6 个节点、二次六面体（Hex）单元包含 20 个节点。

3）Family

该列表用于选择适用于当前分析类型的单元。表内列出的单元族与该模型区域的维数（三维、二维、轴对称）、类型（可变形的、离散刚体、解析刚体）、形状（体、壳、线）相对应，单元名称的首字母或前几个字母往往代表该单元的种类，

下面介绍各种模型区域的单元族。

- ✧ 二维变形壳包括 Plane Stress（平面应力单元，以 CPS 开头）、Plane Strain（平面应变单元，以 CPE 开头）等 12 种单元。
- ✧ 三维变形体（Modeling Space 为 3D，Type 为 Deformable，Shape 为 Solid）和三维离散刚体包括 3D Stress（三维应力单元，以字母 C 开头）等 10 种单元。
- ✧ 三维变形壳包括 Shell（壳单元，以字母 S 开头）、Membrane（膜单元，以 M 开头）、Surface（表面单元，以 SFM 开头）等 7 种单元。
- ✧ 三维变形线包括 Beam（梁单元，以 B 开头）、Truss（桁架单元，以 T 开头）等 10 种单元，二维变形线和二维解析刚体线包括 Beam（梁单元，以 B 开头）、Truss（桁架单元，以 T 开头）等 9 种单元。
- ✧ 轴对称变形壳包括 Axisymmetric Stress（轴对称应力单元，以 CAX 开头）等 9 种单元，轴对称变形线和轴对称解析刚体线包括 Axisymmetric Stress（轴对称应力单元，以 SAX 开头）等 6 种单元。

注 意

单元族（Family）也会随着单元库（Element Library）的选择而发生变化，Explicit 单元库是 Standard 单元库的子集。

4）Element Shape

该页面用于选择单元形状并设置单元控制参数（Element Controls）。该对话框默认显示与 Mesh Controls 对话框中设置的单元形状（Element Shape）一致的页面（线模型为 Line，壳模型为 Quad 或 Tri，体模型为 Hex、Wedge 或 Tet）。

例如，在 Mesh Controls 对话框的 Element Shape 栏内选择了 Wedge（楔形单元），则打开 Element Type 对话框，默认显示 Wedge 页面，如图 4-14 所示。

Element Controls（单元控制）：该栏用于设置单元控制选项。每个 Element Shape（单元形状）页面内都列出了各自的单元控制选项，这些选项随着 Geometric Order（几何阶次）、Element Library（单元库）、Family（单元族）的选择而发生变化，可以根据需要进行设置。

下面介绍 Element Controls 栏内用于选择单元类型（减缩积分单元、非协调模式单元、修正单元和杂交单元）的选项，这些单元类型可以通过该栏上端的复选框进行选择。

（1）Reduced integration（减缩积分单元）：仅适用于划分壳的四边形单元和划分实体的六面体单元，它比完全积分单元在每个方向上少用一个积分点，线性减缩积分单元仅在单元中心包含一个积分点，而二次减缩积分单元的积分点数量与线性完全积分单元相同。

对于四边形单元和六面体单元，ABAQUS/CAE 默认选择 Reduced integration（减缩积分单元），如图 4-13（a）所示，可以取消该选择而采用完全积分单元。

提 示

减缩积分单元名称以字母 R 结尾。

（2）Incompatible modes（非协调模式单元）：仅适用于线性四边形单元和线性六面体单元，它把增强单元位移梯度的附加自由度引入线性单元，能克服剪切自锁问题，具有较高的计算精度。

建议在单元扭曲较小时选用非协调模式单元，可以用线性单元的计算时间得到与二次单元相当的计算精度。非协调模式单元与减缩积分单元不能同时被选中，可以选择 Incompatible modes 项来选用非协调模式单元，如图 4-13（a）所示。

提 示

非协调模式单元名称以字母 I 结尾。

（3）Modified formulation（修正单元）：仅适用于二次三角形和四面体单元，它在单元的每条边上采用修正的二次插值。对于三角形和四面体单元，ABAQUS/CAE 默认选择 Modified formulation，如图 4-13（b）所示，可以取消对修正二次单元的选择。

提 示

修正单元名称以字母 M 结尾。

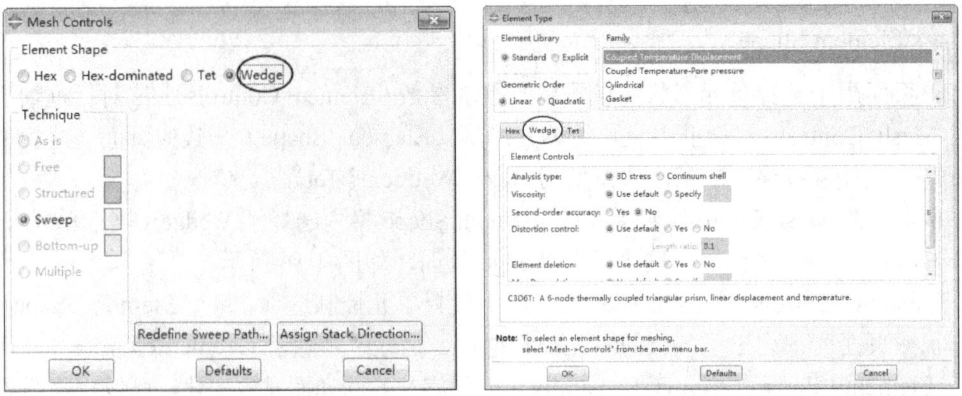

（a）Mesh Controls 对话框　　　　（b）Element Type 对话框

图 4-14　Element Type 对话框沿用 Mesh Controls 中的单元形状

设置完成，Element Controls 栏下端显示出读者设置的单元的名称和简单描述，单击 OK 按钮。

注 意

在选择单元类型时应特别注意，因为 ABAQUS 不会对单元类型的选择进行检查，即使是错误的选择也可以继续操作。在选择了单元类型后，若对模型进行了分割，则分割后的模型区域沿用之前的单元类型。重新设置已划分了网格的模型区域的单元类型，该区域内的网格不被清除。

4.4 划分网格

完成设置种子、网格控制和单元类型的选择后，就可以对模型进行网格划分了。如同种子的设置一样，网格划分仍然有非独立实体和独立实体的区别，下面主要介绍非独立实体的网格划分。

提 示

独立实体只需要将环境栏的 Object（对象）选择为 Assembly，就可以进行类似的操作。

按住工具区中的 Mesh Part 工具，在展开工具箱条中选择网格划分的工具；或在主菜单的 Mesh 菜单中进行选择。该展开工具条从左到右分别为以下几项。

（1）Mesh Part：对整个部件划分网格，单击提示区的 Yes 按钮则开始划分，如图 4-15 所示。

提 示

也可以执行 Mesh→Part 命令实现该操作。

图 4-15　提示区是否对模型部件划分网格

注 意

若模型较为复杂，则生成网格比较耗时，可以先查看边界面上的单元。如果可以接受，就继续对区域内部进行划分；如果不能接受，则可以改变种子和网格控制参数的设置。

（2）Mesh Region：对选取的模型区域（cells）划分网格。若模型包含多个模型区域，单击该工具，在视图区选择要划分网格的模型区域，单击鼠标中键，完成该模型区域的网格划分；若模型仅包含一个模型区域，该工具的操作类似于对整个部件的网格划分。

提 示

也可以执行 Seed→Region 命令实现该操作。

（3）Delete Part Mesh：删除整个部件的网格，单击提示区的 Yes 按钮进行部件网格的删除，也可以执行 Mesh→Delete Part Mesh 命令实现该操作。

（4）Delete Region Mesh：删除模型区域的网格，其操作类似于 Mesh Region 工具，也可以执行 Mesh→Delete Region Mesh 命令实现该操作。

注 意

若删除或重新设置种子，以及重新设置网格控制参数（包括网格划分技术、单元形状网格划分算法、重新定义扫掠路径或角点、最小化网格过渡等），ABAQUS/CAE 会弹出对话框，如图 4-16 所示，单击 Delete Meshes 删除已划分的网格，之后才能继续操作。勾选 Automatically delete meshes invalidated by seed changes 项，再单击 Delete Meshes 按钮，以后遇到同样的问题，不再弹出对话框询问，而直接删除网格。另外，单元类型的重新设置不需要重新划分网格。

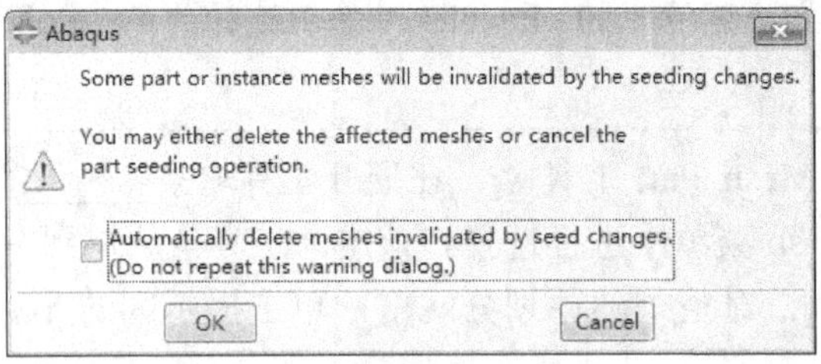

图 4-16　询问是否删除网格

下面通过一个例子说明复杂模型网格划分的两种方式。

例 1　复杂模型的网格划分

本例将介绍一个三维模型的网格划分方法，该模型仅包含一个模型区域，如图 4-17 所示。在 Mesh Controls 对话框中选择 Hex（六面体）、Hex-dominated（六面体占优）或 Wedge（楔形），Technique 栏显示无法对该模型划分网格，如图 4-18（a）所示。若单击 OK 按钮，视图区显示模型为橙色。如前所述，可以采用四面体单元进行划分，或将模型进行分割并用六面体单元进行划分。

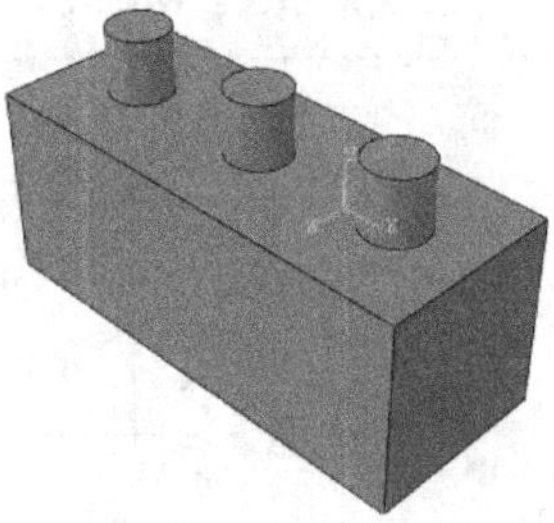

图 4-17　实体模型图

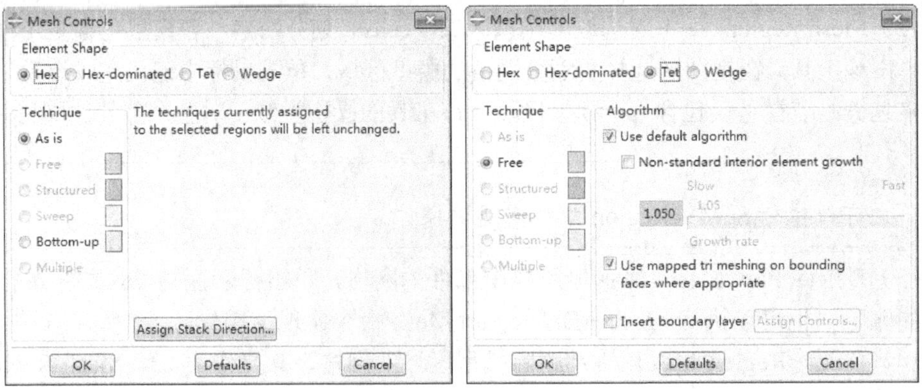

（a）Hex 形状　　（b）Tet 形状

图 4-18　设置该模型的网格控制参数

1. 采用四面体单元进行网格划分

在实际运用中，由于形状的不规则，许多模型无法直接采用结构化或扫掠网格划分技术，需要先对模型加以分割。如果模型过于复杂，为了避免大量的分割操作而导致的工作量的增加和人工操作可能导致的误差，可以考虑采用二次四面体单元进行网格划分。

该模型可以直接采用四面体单元进行网格划分。单击工具区中的 Assign Mesh Controls 工具，弹出 Mesh controls 对话框，在 Element Shape（单元形状）栏选择 Tet（四面体），该对话框如图 4-18（b）所示，单击 OK 按钮，视图区的模型显示为粉红色。

单击工具区中的 Seed Part 工具，弹出 Global Seeds 对话框，如图 4-2 所示。在 Approximate global size 栏输入 3，单击 OK 按钮。单击工具区中的 Assign Element Type 工具，弹出 Element Type 对话框，在 Geometric Order 栏内选择 Quadratic（二次单元），单击 OK 按钮。单击工具区中的 Mesh Part 工具，再单击提示区的 Yes 按钮完成网格划分，生成 60687 个单元，如图 4-19 所示。

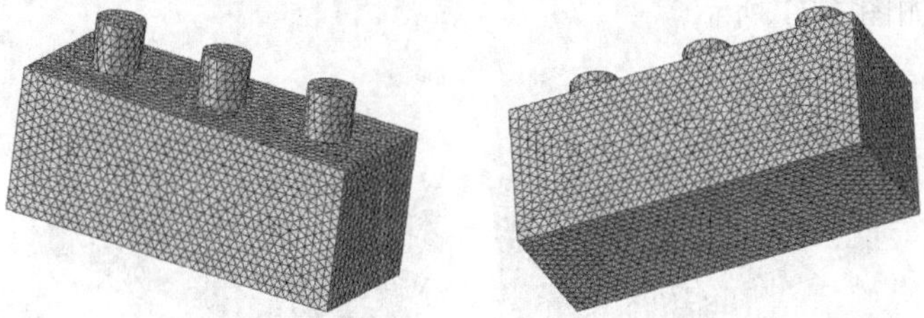

（a）实体上方　　（b）实体下方

图 4-19　采用默认的网格控制参数划分的四面体网格

模型外表面的网格分布不是很规则，可以考虑在 Mesh Controls 对话框中选择 Use mapped tri meshing on bounding faces where appropriate 项，如图 4-18（b）所示，在可以采用映射网格的边界区域运用映射网格划分代替自由网格划分，如图 4-20 所示。可见，选用该选项进行网格划分，模型的长方体的底面、侧面和圆柱面的网格分布都比较规则。

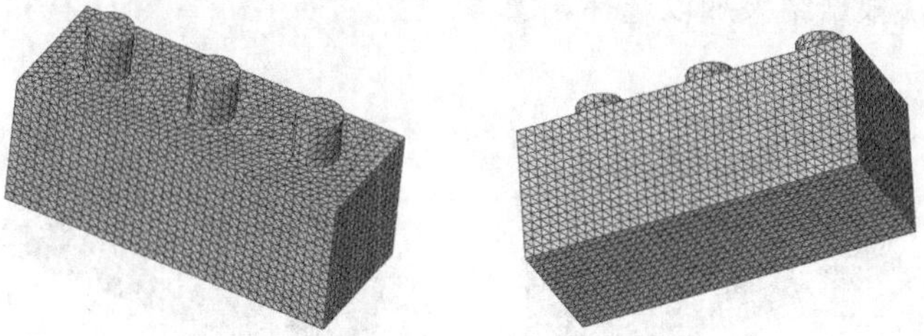

（a）实体上方　　（b）实体下方

图 4-20　采用映射的网格控制划分的四面体网格

2. 采用六面体单元进行网格划分

二次六面体单元具有较高的计算精度和效率，因此对于不是特别复杂的模型可以考虑先分割，再选用二次六面体单元进行结构化或扫掠网格划分。

单击工具区中的 Partition Cell: Define Cutting Plane（分割模型区域）工具，单击提示区中的 3 Points 按钮，在视图区中选择长方体上表面的三个点，单击鼠标中键，将该部件分割为四个模型区域。此时四个模型区域仍然继承分割前的种子和网格控制的设置，需要重新设置网格控制和单元类型。

单击工具区中的按钮，在视图区选取分割后的两个模型区域，单击鼠标中键，弹出 Mesh Controls 对话框，在 Element Shape（单元形状）栏选择 Hex（六面体），只能选择 Sweep（扫掠网格划分），采用默认的 Medial axis（中轴算法）和 Minimize the mesh transition（最小化网格过渡），如图 4-9（a）所示，单击 OK 按钮，视图区的模型显示为黄色。

单击工具区中的按钮，在视图区选取分割后的两个模型区域，单击鼠标中键，弹出 Element Type 对话框，如图 4-13（a）所示，在 Geometric Order 栏内选择 Quadratic，Element Controls 栏下端显示 C3D20R（二次减缩积分六面体单元），单击 OK 按钮。

单击工具区中的 Mesh Part按钮，再单击提示区的 Yes 按钮完成网格划分，生成 10040 个单元，如图 4-21 所示。

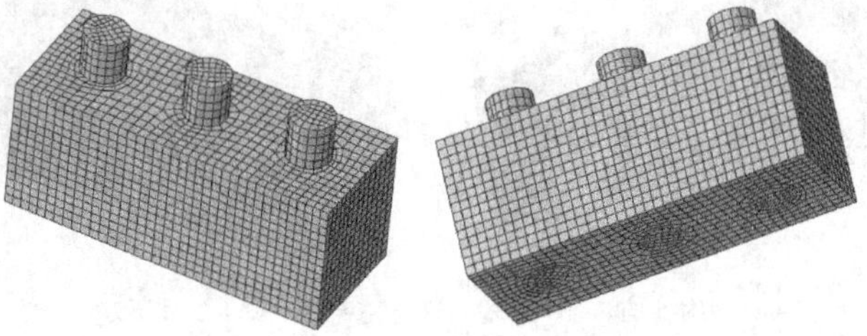

（a）实体上方　　（b）实体下方

图 4-21　中轴算法划分的六面体网格

也可以在 Mesh Controls 对话框中选择 Advancing front（进阶算法）和 Use mapped meshing where appropriate（在合适的区域使用映射网格），最终生成 11770 个单元，如图 4-22 所示。在网格划分完成之前，往往无法预测哪种算法更为合适。通常需要把两种算法都进行尝试，根据结果加以选择。

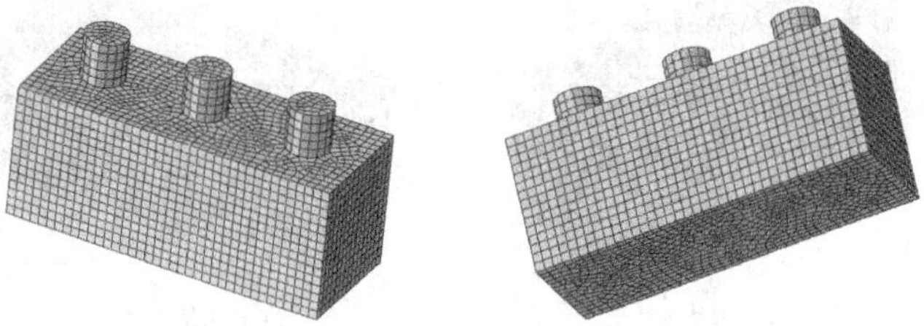

（a）实体上方　　（b）实体下方

图 4-22　进阶算法划分的六面体网格

3. 协调性

当对三维模型进行网格划分时，ABAQUS 会首先判断使用设置的网格划分和单元形状方法是否会在整个模型中生成一个协调的网格。如果能生成一个协调的网格，ABAQUS 继续网格划分；如果不能生成，视图区高亮度显示不协调的界面，并弹出一个对话框询问读者是否继续划分网格，如图 4-23 所示。若继续，单击 OK 按钮，ABAQUS 自动在不协调的界面上产生绑定约束。

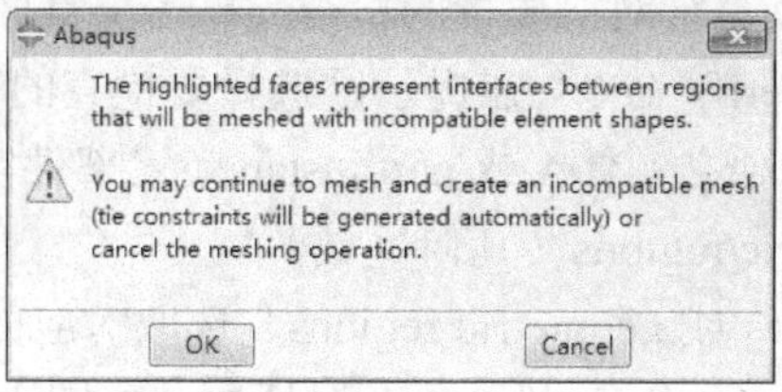

图 4-23　警告生成不协调单元

对于分割后的模型，单击工具区中的按钮，在视图区选取圆柱，单击鼠标中键，弹出 Mesh Controls 对话框。在 Element Shape（单元形状）栏选择 Tet（四面体），并选择 Use mapped tri meshing on bounding faces where appropriate 项，单击 OK 按钮；继续在视图区选取长方体，单击鼠标中键，弹出 Mesh Controls 对话框，在 Element Shape（单元形状）栏选择 Hex（六面体），单击 OK 按钮。

（1）单击工具区中的按钮，在视图区选取圆柱，单击鼠标中键，弹出 Element Type 对话框，在 Geometric Order 栏内选择 Quadratic，Element Controls 栏下端显示 C3D10（修正的二次四面体单元），单击 OK 按钮；继续在视图区选取长方体，单击鼠标中键，弹出 Element Type 对话框，在 Geometric Order 栏内选择 Quadratic，Element Controls 栏下端显示 C3D20R（二次减缩积分六面体单元），单击 OK 按钮。

（2）单击工具区中的 Mesh Part按钮，视图区高亮度显示圆柱与长方体的交界面，如图 4-24 所示，表明此处为不协调的界面，并弹出警告对话框，如图 4-23 所示。单击 OK 按钮继续进行网格划分，最终生成 13465 个单元，如图 4-25 所示，ABAQUS 自动在四面体单元和六面体单元的分界面设置绑定约束。

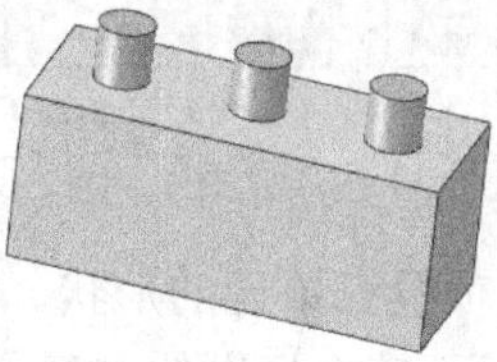

图 4-24　高亮度显示不协调的界面

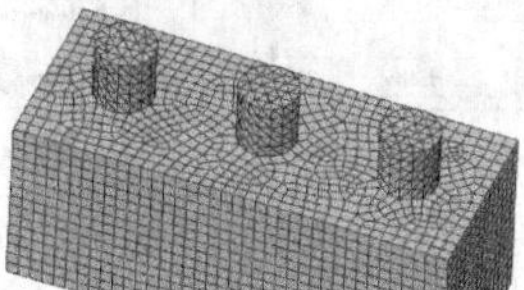

图 4-25　存在不协调界面的网格

注 意

ABAQUS 自动在不协调的界面上设置绑定约束，可以完成对该模型的分析，但这并不代表模型的网格被处理得协调了，这样的计算结果精度较低，特别是在绑定约束的界面区域。因此，应该尽量将所有模型创建到一个部件中，并对模型划分协调的网格。壳模型的交界区域总是协调的。

4.5 检查网格

网格划分完成后，可以进行网格质量的检查。单击工具区中的 Verify Mesh（检查网格）工具，或执行 Mesh→Verify 命令，在提示区选择要检查的模型区域，如图 4-26 所示，包括 part（部件，适用于非独立实体）或 part instances（部件实体，适用于独立实体）及 element（单元）和 geometric regions（几何区域）。

选择 part、part instances 或 geometric regions，选取对应的部件实体、部件或模型区域（cells），单击鼠标中键，弹出 Verify Mesh 对话框，如图 4-27 所示。下面对该对话框进行介绍。

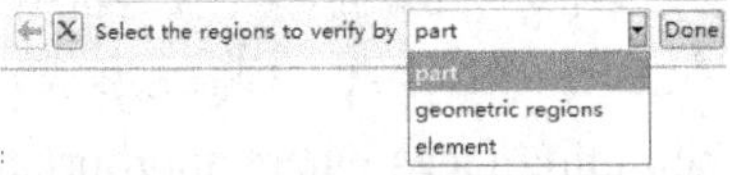

图 4-26　选择网格检查的区域

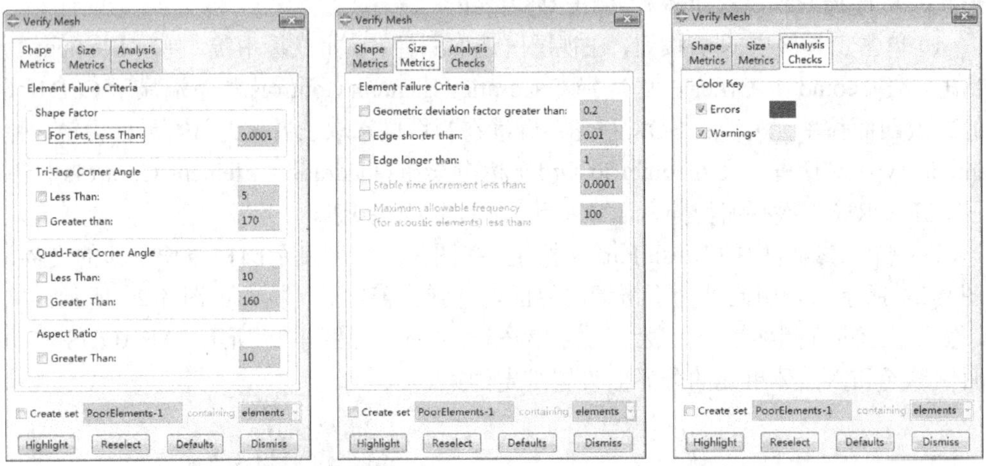

（a）Shape Metrics 栏　　（b）Size Metrics 栏　　（c）Analysis Checks 栏

图 4-27　网格检查

（1）Shape metrics（形态指标），该选项用于逐项检查单元的形状。单击 Highlight 按钮，开始网格检查。检查完毕，视图区高亮度显示不符合标准的单元，信息区显示单元总数、不符合标准的单元数量和百分比、该标准量的平均值和最危险值。单击 Reselect 按钮，重新选择网格检查的区域；单击 Defaults 按钮，使各统计检查项恢复到默认值。

✧ Shape Factor--Less than：该栏用于设置单元的形状因子的下限，仅适用于三角形单元或四面体单元。

✧ Face Comer Angle-- Less than：该栏用于设置单元中面的边角的下限。

✧ Face Comer Angle-- Greater than：该栏用于设置单元中面的边角的上限。

✧ Aspect Ratio-- Greater than：该栏用于设置单元纵横比（单元最长边与最短边的比）的上限。

提 示

单元的形状因子表示为单元的面积/体积与该单元具有相同的外接圆半径的等边三角形/四面体的面积/体积之比，形状因子的取值范围为 0 ~ 1，值越大表明该单元的形状越好。

（2）Size Metrics（尺寸指标）栏包括以下 5 种标准。该选项用于逐项检查单元的尺寸大小是否符合指标。

✧ Geometric deviation factor greater than：该栏用于设置单元几何偏移因子上限。

✧ Edge shorter than：该栏用于设置单元边长下限。

✧ Edge longer than：该栏用于设置单元边长上限。

✧ Stable time increment less than：该栏用于设置稳定时间增量下限。

✧ Maximum allowable frequency less than：该栏用于设置最大容许频率下限。

（3）Analysis checks（分析检查），该选项用于检查分析过程中会导致错误或警告信息的单元，错误单元用紫红色高亮度显示，警告单元以黄色高亮度显示。单击 Highlight 按钮，开始网格检查。检查完毕，视图区高亮度显示错误和警告单元，信息区显示单元总数、错误和警告单元的数量和百分比。梁（beam）单元、垫圈（gasket）单元和黏合层（cohesive）单元不能使用分析检查。

在如图 4-26 所示的提示区中选择 element（单元），选取要检查的单元，信息区显示该单元对应的各标准的值及是否通过分析检查。

4.6 提高网格质量

网格质量是决定计算效率和计算精度的重要因素，可是却没有判断网格质量好坏的统一标准。为了提高网格质量，有时需要对网格和几何模型等进行调整。本节将介绍提高三维实体模型网格质量的常用方法。

4.6.1 划分网格前的参数设置

如前所述，在划分网格前，需要设置种子、网格控制参数和单元类型，这些参数的选择直接决定三维实体模型的网格质量。下面总结一些获得高质量网格的参数设置。

（1）若复杂模型的分割过程过于耗时，可以选用二次四面体单元划分网格。建议选择 Use mapped tri meshing on bounding faces where appropriate 项。如前所述，ABAQUS/CAE 会对形状简单的面选用映射网格划分，通常可以提高网格质量。

另外，若模型的网格密度足够且重点分析区域位于边界，可以选择 Increase size of interior elements 项来增加内部单元的尺寸，提高计算效率。

（2）若采用扫掠技术划分网格，中轴（Medial axis）算法和进阶（Advancing front）算法的选择没有统一的标准，需要针对实际模型进行尝试。

提 示

一般情况下，选择中轴算法包含的 Minimize the mesh transition 项或进阶算法包含的 Use mapped meshing where appropriate 项，可以提高网格质量。

（3）网格密度是协调计算精度和计算效率的重要参数，但合适的网格密度往往需要根据具体模型而定。一般情况下，可以在重点分析区域和应力集中区域加密种子，其他区域可以设置相对较稀疏的种子；如果需要控制一些边界区域的节点位置，可以在设置边种子时进行约束。

（4）尽量采用结构化（Structured）或扫掠（Sweep）网格划分技术对三维实体模型划分六面体单元。如果单元扭曲较小，建议选用计算精度和效率都高的非协调模式单元；否则选用二次六面体单元。

4.6.2 编辑几何模型

有时需要修改或调整几何模型来获得高质量的网格。

1. 分割模型

若不能直接用六面体单元对模型划分网格，读者可以运用 Partition（分割）工具将其分割成形状较为简单的区域，并对分割后的区域划分六面体单元。

Partition 工具可以通过工具区或主菜单的 Tools→Partition 命令进行调用，如图 4-28 所示，包括 4 个分割线的工具、8 个分割面的工具和 6 个分割体（cell）的工具，具体用法不再赘述。

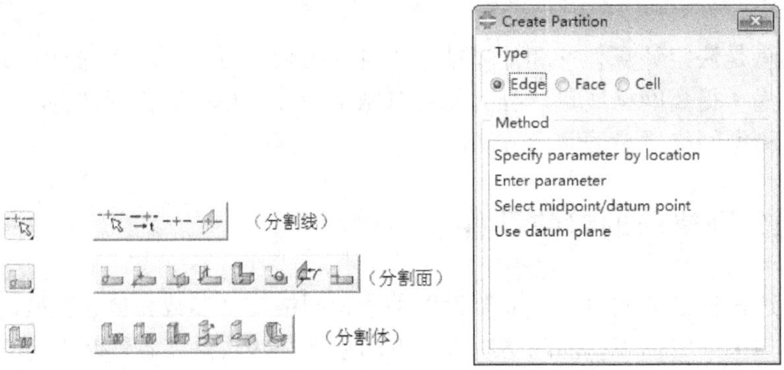

（a）工具箱　　（b）Create Partition 对话框

图 4-28　分割工具

2. 编辑问题模型

网格的质量不高或网格划分的失败有时是由几何模型自身的问题（如不精确区域、无效区域、小面、短边等）引起的。为了获得高质量的网格，需要对有问题的模型进行处理，常用工具包括 Geometry diagnostics（几何诊断）和 Geometry Repair Tools（几何修复工具)，以及 Virtual Topology（虚拟拓扑)。下面将介绍这三种工具。

1）几何诊断

首先需要对模型进行几何诊断。单击工具栏中的 Query information（询问信息）工具，或执行 Tools→Query 命令，在弹出的 Query 对话框中选择 Geometry diagnostics（几何诊断)，如图 4-29 所示，单击 OK 按钮，弹出 Geometry Diagnostics 对话框，如图 4-30 所示。该对话框可用于诊断模型的无效区域、不精确区域、小尺寸区域等，下面分别进行介绍。

① Invalid entities，该选项用于显示无效区域。ABAQUS 不能分析无效的模型，无效的部件仅能被用做显示体约束。如果部件包含无效区域，必须使用 Repair（几何修复）工具使之转变为有效模型；若几何修复无效，则必须在 CAD 软件中重新建立几何模型，再导入 ABAQUS/CAE。

② Imprecise entities，该选项用于显示不精确的区域。在导入模型时，若 ABAQUS/CAE 必须降低精度才能生成实体部件，则这个部件是不精确的。

提 示

一个有效的（valid）模型可能是精确的或不精确的，ABAQUS 通常能够对不精确的部件划分四面体单元而完成分析。可以使用 Repair（几何修复）工具使之转变为精确模型。

③ Topology，该栏用于显示指定的拓扑结构，包括 Free edges（自由边)、Solid cells（实体模型区域)、Shell faces（壳模型的面)、Wire edges（线模型的边)。

④ Small Geometry，该栏用于显示小尺寸区域。

✧ Edges shorter than：该选项用于显示小于指定长度的短边。指定的长度必须大于 1×10^{-10}，默认长度为 0.1。

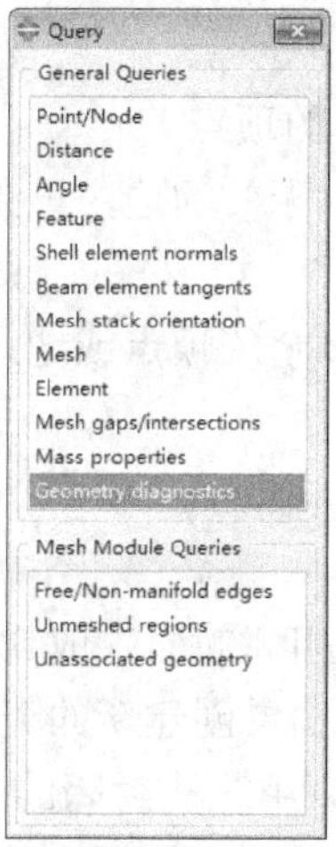

图 4-29　选择几何诊断

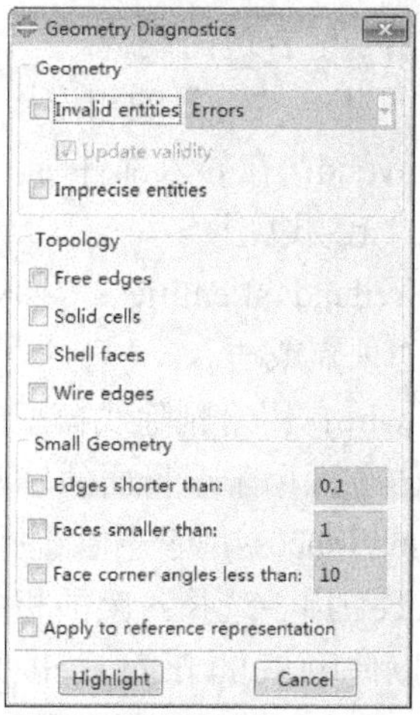

图 4-30　几何诊断

✧ Face corner angles less than：该选项用于显示小于指定角度的尖角。指定的角度必须小于 90°，默认角度为 10°。

✧ Faces smaller than：该选项用于显示小于指定面积的小面。指定的面积必须大于 1×10^{-12}，默认面积为 1。

单击 Highlight 按钮，将在视图区高亮度显示与已选择的选项对应的区域，信息区显示此次几何诊断的结果。若视图区有高亮度显示，单击提示区右侧的 Create Set 按钮创建包含这些区域的集合（Set）。

2）几何修复

通过几何诊断确定模型中的无效区域、小尺寸区域或不精确区域后，可以在 Part（部件）功能模块中选用合适的 Repair（几何修复）工具对模型进行编辑，最终在编辑后的模型上生成高质量的网格。几何修复工具可以通过工具区或主菜单的 Tools→Geometry Edit 命令进行调用，如图 4-31 所示。下面简单介绍这些工具的功能。

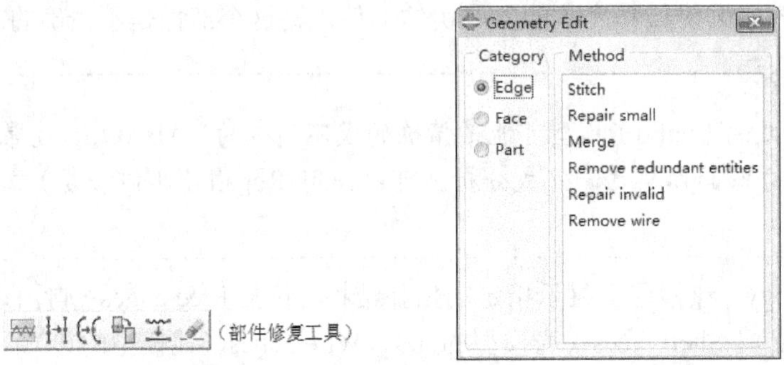

（a）修复工具　　（b）Geometry Edit 对话框

图 4-31　几何修复工具

① Edge，该页面用于选择边的修复工具。

✧ Stitch：用于缝合边的裂缝。

✧ Merge：用于合并选择的相连接边，同时删除多余的顶点。

✧ Repair invalid：在导入部件时，少数情况下会产生无效的边，该工具用于修复读者选择的无效边。

✧ Remove redundant entities：导入的部件可能包含多余的顶点或边，该工具用于删除多余的顶点或边。

✧ Remove wire：用于删除线模型的边。

② Face，该页面用于选择面的修复工具。

✧ Repair small faces：用于删除选择的小面，同时修复相邻的面生成封闭的几何模型。

✧ Create face：用于选择封闭的相邻边创建面（壳）。如果创建新的壳后使模型封闭，读者可以使用 Solid from shell 工具（下面会介绍）用这些封闭的壳生成体。

✧ Replace faces：用于合并选择的相连接面，生成的面通常比原来的面更光滑。

✧ Repair sliver：用于修复含有狭长区域的面。

✧ Remove faces：用于删除面。如果删除体模型的面，则它转变为壳模型。

③ Part，该页面用于选择部件的修复工具。

✧ Stitch：用于缝合整个部件的裂缝。

✧ Solid from shell：用于选择封闭的三维壳来生成体模型。

✧ Repair face normals：用于修复实体模型或壳模型的面法向。在导入实体模型时，少数情况下会产生负体积，选择该工具改变体的表面法向，使之具有正体积。在导入壳模型时，有时一些面的法向与壳的法向相反，选择该工具改变这些面的法向；若所有面的法向与壳的法向一致，选择该工具改变壳及所有面的法向。

✧ Convert to analytical：选择该工具使模型的形状变得更简单，通常会改进几何形状。

✧ Convert to precise：选择该工具使不精确的模型转变为精确的模型，通常会使模型更复杂。

3）虚拟拓扑

模型有时会包含一些小尺寸区域（如小面或短边），这些小尺寸区域往往会增加网格密度或降低网格质量，甚至导致网格划分失败。如果这些小面或短边不是重点分析区域，可以在 Mesh（网格）功能模块中选用虚拟拓扑（Virtual Topology）工具对它们进行编辑（也可以选用之前介绍的几何修复工具），使网格划分顺利进行。可以通过工具箱的工具或 Tools→Virtual Topology 菜单命令调用虚拟拓扑工具。下面简单介绍这些工具的功能。

✧ Combine Faces：用于合并选择的面。

✧ Combine Edges：用于合并选择的线。

✧ Ignore Entities：用于删除选择的线或顶点。删除线相当于合并面，删除顶点相当于合并线。

4.6.3 编辑网格模型

对于已划分了网格的模型，可以通过 Mesh→Create Mesh Part 菜单命令创建仅包含网格的部件。另外，仅包含网格的部件还可以通过 File→Import→Part 命令导入输出数据库文件（*.odb）得到。

可以通过 Edit Mesh（编辑网格）工具来获得高质量的网格，另外，ABAQUS/CAE 还提供自适应网格重划分来提高实体模型的网格质量。

1. 编辑网格

执行 Mesh→Edit 命令，或单击 Edit Mesh（编辑网格）工具，弹出 Edit Mesh 对话框，如图 4-32 所示。该对话框中的 Undo 和 Redo 按钮可用于撤销和恢复操作，Settings...按钮用于选择是否允许撤销操作，以及设置最多能编辑的单元数量。对于划分了网格的模型，会有如图 4-32 所示的界面，对于仅为网格部件的子集，会有稍微的变化。下面简单介绍这些工具的功能。

（1）Node，在 Category 栏选择 Node 用于编辑节点，Method 栏出现相应的操作。

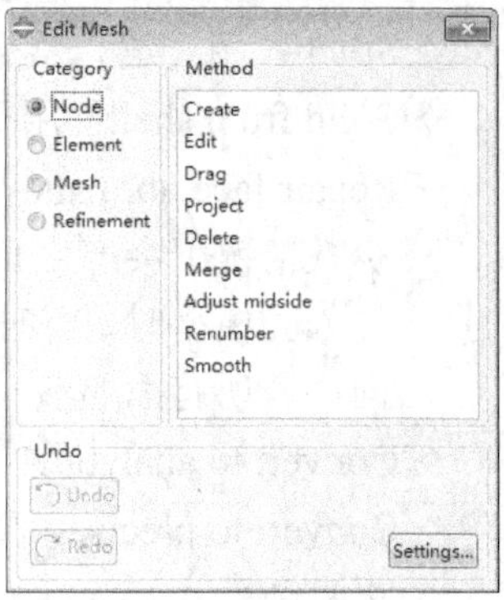

图 4-32　编辑网格

✧ Create：用于在整体坐标系或已创建的局部坐标系中创建节点，仅适用于网格部件。
✧ Edit：选择节点，指定它们的坐标偏移，或输入它们在整体坐标系或已创建的局部坐标系中的新坐标。
✧ Drag：选择节点，拖拉它们至指定的新位置。
✧ Project：选择节点，指定它们投影到指定的位置。
✧ Delete：用于删除节点，与该节点相连的单元也同时被删除，仅适用于网格部件。
✧ Merge：用于合并选择的节点，仅适用于网格部件。
✧ Adjust midside：选择二次单元的边节点，调整与该节点相连的中节点的位置，仅适用于网格部件。
✧ Renumber：选择节点，重新对其进行编号。
✧ Smooth：选择节点，调整节点，使其光顺。

（2）Element，在 Category 栏选择 Element 用于编辑单元，Method 栏出现相应的操作。

✧ Create：用于创建单元，仅适用于网格部件。需要先在提示区选择单元形状，然后在视图区按顺序选择节点来创建单元。
✧ Delete：用于删除单元，可以选择是否删除不属于任何单元的节点，仅适用于网格部件。
✧ Flip Normal：用于改变壳单元的法向，仅适用于网格部件。
✧ Orient stack direction：用于指定四边形、六面体和楔形单元的堆叠方向，仅适用于网格部件。
✧ Collapse edge（tri/quad）：选择三角形或四边形单元的一条边，使边上的两个节点合并为一个节点，单元沿着指定的方向倒塌。
✧ Split edge（tri/quad）：择三角形或四边形单元的一条边，在边上指定的位置创建节点，该节点分割该边并与周围节点连接生成新的单元。
✧ Swap diagonal（tri）：选择两个相邻三角形单元的公共边，该工具用于交换两个三角形单元组成的四边形的对角线，原来的两个三角形单元也随之改变。
✧ Split（quad to tri）：用于将选择的四边形单元分割成两个三角形单元。
✧ Combine（tri to quad）：用于将选择的两个三角形单元合并成一个四边形单元。

（3）Mesh，在 Category 栏选择 Mesh 用于编辑整个网格，仅适用于网格部件，Method 栏出现相应的操作。

✧ Offset（create solid layers）：选择三维实体单元或三维壳单元的表面，沿该面的法线方向生成一层指定厚度的三维实体单元。
✧ Offset（create shell layers）：选择三维实体单元或三维壳单元的表面，生成一个与该面形状相同的壳单元，并沿该面的法线方向偏移指定的距离。

✧ Collapse short edges：用于合并边长小于指定长度的边上的两个节点，适用于只包含线性三角形单元的网格。

✧ Convert tri to tet：用于将仅包含线性三角形单元的封闭网格转换成包含四面体单元的网格。

✧ Wrap a mesh：将位于 *X*–*Y* 面内的平面网格按指定半径绕整体坐标 *Z* 轴卷曲，该功能只能通过 Pathon 脚本语言实现。

（4）Refinement，在 Category 栏选择 Refinement 用于编辑整个网格，仅适用于平面三角形网格部件，Method 栏出现相应的操作。

✧ Set size：用于指定网格重划分的单元尺寸。

✧ Remove size：用于移除已指定的网格重划分的单元尺寸。

✧ Remesh：用于平面三角形网格部件的重划分。

2. 自适应网格重划分

若对模型划分了三角形、四面体自由网格或进阶算法的四边形占优的自由网格，则可以使用 Mesh 模块中的 Adaptivity 菜单定义自适应网格重划分规则，进而在 Job 功能模块中运行网格自适应过程。下面简单介绍自适应网格重划分规则的创建。

执行 Adaptivity→Remeshing Rule→Create 命令，或单击工具区中的 Create Remeshing Rule 工具，选择模型区域，弹出 Create Remeshing Rule 对话框，如图 4-33 所示。该对话框包括如下选项。

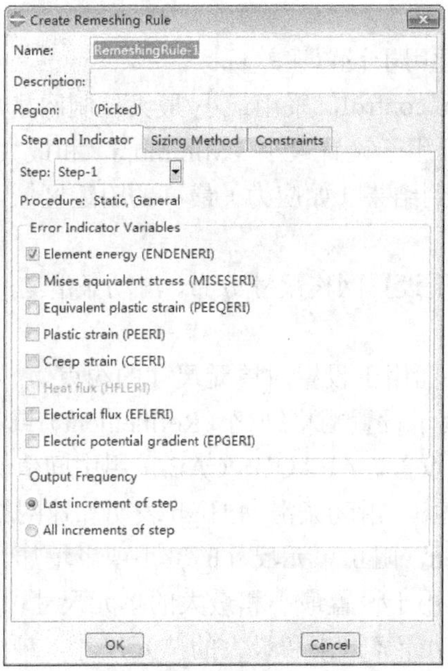

图 4-33　创建自适应网格的重新划分

（1）Name，该栏用于输入自适应网格重划分规则的名称。

（2）Description，该栏用于输入对该自适应网格重划分规则的简单描述。

（3）Step and Indicator，该页面用于选择分析步和误差指示变量。

① Error Indicator Variables，该栏用于选择误差指示变量。

② Step，该栏用于选择该自适应网格重划分规则的分析步，适用于 ABAQUS/Standard 分析中的静态分析（通用分析部或线性摄动分析步）、准静态分析、热—力耦合分析、热—电耦合分析、传热分析等。

③ Output Frequency，该栏用于选择误差指示变量写入输出数据库的频率。

✧ All increments of step：在该分析步的每个增量步结束后都写入误差指示变量。若分析不收敛，读者可以使用最近输出的误差指示变量进行手工网格重划分。

✧ Last increment of step：此为默认选项，在该分析步的最后一个增量步结束后写入误差指示变量。ABAQUS/CAE 根据最后一个增量步的误差指示变量对模型进行网格重划分。

（4）Sizing Method，该页面用于选择计算单元尺寸的方法。

① Default method and parameters，采用默认方法进行计算，即 Element energy（单元能量）和 Heat flux（热通量）采用 Uniform error distribution 算法，其他误差指示变量采用 Minimum/maximum control 算法。

② Uniform error distribution，采用统一误差分布网格尺寸算法，使模型区域内的每个单元都满足误差目标。

✧ Automatic target reduction：此为默认选项，ABAQUS 自动设置误差目标。

✧ Automatic target reduction：此为默认选项，ABAQUS 自动设置最小和最大的误差目标。

✧ Fixed target：该选项用于设置误差目标。

③ Minimum/maximum control，采用最小/最大控制网格尺寸算法。

✧ Fixed target：该选项用于设置最小（Minimum）和最大（Maximum）的误差目标。最大误差目标被用到结果（如应力）最高的附近区域，最小误差目标被用到结果最低的附近区域。

✧ Mesh Bias：该栏用于设置网格尺寸分布，滑动条滑向 Strong 表明细化高结果值附近更大区域的网格。

（5）Constraints，该页面用于设置对单元尺寸的约束。

✧ Rate Limits：该栏用于设置网格细化（Refinement）或粗化（Coarsening）的速率。Use default 为默认设置，ABAQUS/CAE 采用中间值 5。选择 Specify，读者指定网格细化/粗化的速率，滑动条滑向 High 表明加速网格的细化/粗化。选择 Do not refine/Do not coarsen，阻止单元尺寸的减小或者增加。

✧ Element Size：该栏用于设置最小和最大的单元尺寸。Auto-compute 为默认设置，ABAQUS/CAE 自动计算最小和最大的单元尺寸，最小单元尺寸为计算前的边界种子的 1%，最大单元尺寸为计算前的边界种子的 10 倍。选择 Specify，读者指定最小和最大的单元尺寸。

注 意

如果在同一分析步中对模型同一区域创建多个自适应网格重划分规则，ABAQUS/CAE 采用产生最密网格的规则。如果对非独立实体运行网格自适应过程，则选择的部件和用该部件创建的所有实体都被重新划分网格。

本章小结

Mesh 模块主要用于几何模型的网格划分，是决定分析精度的重要环节。在创建部件（适用于非独立实体）或装配件（适用于独立实体）后，无论是否进行了 Property、Interaction、Load 等功能模块的设置工作，都可以在 Mesh 模块中进行网格划分，而无须按模块的排列顺序一一处理。

本章介绍了撒种子定义网格密度、网格控制和设置单元类型、网格划分和检查网格和提高网格质量的方法。

好的网格划分能起到事半功倍的效果，读者可以在以后的学习中慢慢摸索，在保证结果的精确性的同时，最大程度地减小网格密度，从而减少计算时间。

第 5 章

分析和后处理

在工具区的 Module（模块）列表中选择 Job，ABAQUS 进入 Job 功能模块。Job 模块主要用于分析作业和网格自适应过程的管理和创建，是完成模型建立和提交任务进行计算的环节。计算完成后，就可以进入 Visualization 模块进行结果的分析和处理了。本章将重点介绍这两个功能模块的内容，通过这个模块的学习，熟练 ABAQUS/CAE 进行有限元分析的步骤，掌握 Job 模块和 Visualization 模块的主要功能，意识到 ABAQUS 分模块化处理有限元问题的优势。

教学目标

（1）熟悉分析作业模块（Job）。
（2）掌握 ABAQUS 可视化模块（Visualization）。
（3）了解该解模块的基本功能和操作。

5.1 分析作业模块（Job）

ABAQUS 完成前面介绍的功能模块的设置后，就可以进入 Job 功能模块对模型进行分析，然后在 Visualization 模块中进行结果后处理。其中，功能模块的操作顺序则可以有多种选择。

一般来说，首先在 Part 模块中创建部件（有时需要与 Assembly 模块配合使用），之后在 Assembly 模块中进行部件的装配。ABAQUS 可以在装配件和分析步的基础上，在 Interaction 模块中定义相互作用、约束或连接器，以及在 Load 模块中定义载荷、边界条件、预定义场等，这两个模块通常没有先后顺序的要求。

在进入 Interaction 模块和 Load 模块之前的任何时候，在 Step 模块中定义分析步和变量输出要求。在部件创建后（Part 模块），Job 模块之前的任何时候，都可以进入 Property 模块进行材料和截面属性的设置。

如果在 Assembly 模块中创建的是非独立实体，则用户可以在创建部件后（Part 模块），Job 模块之前的任何时候，在 Mesh 模块中对部件进行网格划分；如果在 Assembly 模块中创建的是独立实体，则可以在创建装配件后（Assembly 模块），Job 模块之前的任何时候，在 Mesh 模块中对装配件进行网格划分。

如图 5-1 所示，列出了非独立实体和独立实体两种情况下的功能模块使用顺序。

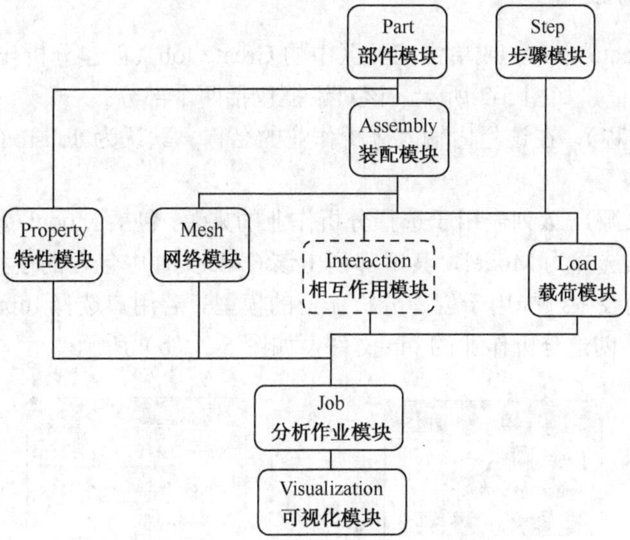

（a）独立实体

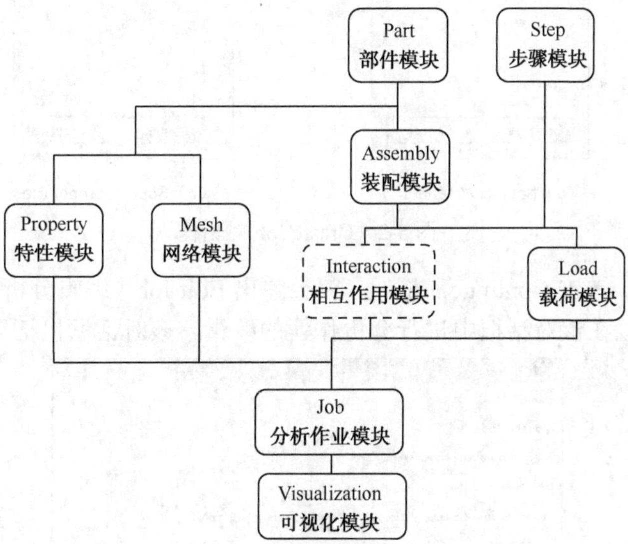

（b）非独立实体

图 5-1　功能模块的使用顺序

在工具区的 Module（模块）列表中的选择 Job，进入 Job（分析作业）功能模块。该模块主要用于分析作业和网格自适应过程的创建和管理。

5.1.1　创建和管理分析作业

进入 Job 功能模块后，主菜单中的 Job 菜单及工具区中第一行的 Create Job（创建分析作业）工具和 Job Manager（分析作业管理器）工具，用于分析作业的创建和管理。

1．创建分析作业

执行 Job→Create 命令，或单击工具区中的 Create Job（创建分析作业）工具，弹出 Create Job 对话框，如图 5-2 所示。该对话框包括两个部分。

① Name（名称），在该栏内输入分析作业的名称，默认为 Job-n（n 表示第 *n* 个创建的分析作业）。

② Source（来源），该列表用于选择分析作业的来源，包括 Model（模型）和 Input file（输入文件）。默认选择为 Model，其下部列出该 CAE 文件中包含的模型，如图 5-2（a）所示，需要从该列表中选择用于创建分析作业的模型。若用户选择 Input file，则可以单击按钮选择用于创建分析作业的 inp 文件，如图 5-2（b）所示。

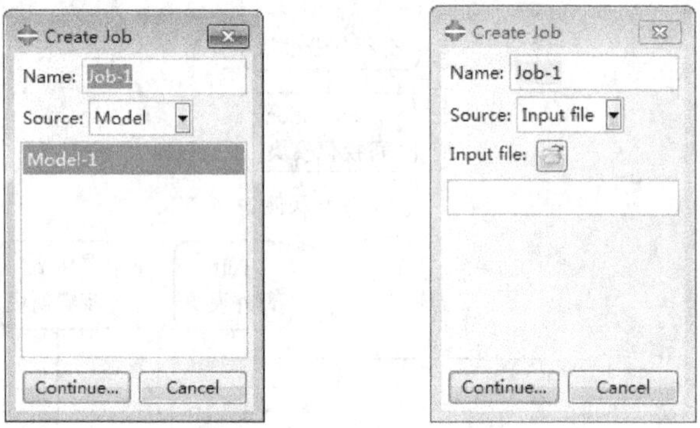

（a）Sourece：Model　　　（b）Source：Input file

图 5-2　Create Job 对话框

完成设置后，单击 Continue...按钮，就会弹出 Edit Job（编辑分析作业）对话框，如图 5-3 所示，可以在该对话框中进行分析作业的编辑。该对话框包括以下几项。

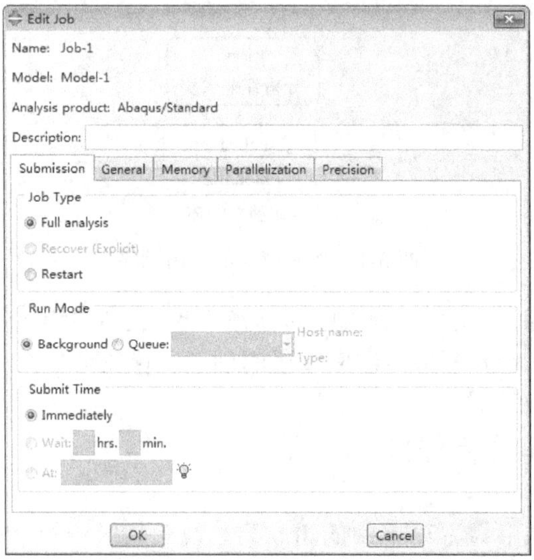

图 5-3　Edit Job 对话框

（1）Description（描述），用于输入对该分析作业的简单描述，并保存在结果数据库中，进入 Visualization 模块后显示在标题区。该栏非必选项，可以不对分析作业进行描述。

（2）Submission（提交），该页面用于设置分析作业的提交参数。

① Job Type（作业类型），用于选择分析作业的类型。

✧ Full analysis（完全分析）：此为默认选项，对模型执行一个完整的分析，将分析结果写入到输出数据库。

✧ Recover （Explicit）：完成一个 ABAQUS/Explicit 意外停止的分析，仅适用于 ABAQUS/Explicit。

✧ Restart（重启动）：该选项用于完成一个重启动分析。

重启动分析需要的文件包括输出数据库文件（job_name.odb）、模型文件（job_name.mdl）、重启动文件（job_name.res）、部件信息文件（job_name.prt）、状态外文件（job_name.stt），ABAQUS/Explicit 分析还需要打包文件（job_name.pac）、状态文件（job_name.abq）和结果选择文件（job_name.sel）。

可以在 Step 模块设置重启动信息的写入频率，默认情况下，对于 ABAQUS/Standard 分析，无重启动信息的写入；对于 ABAQUS/Explicit 分析，仅在分析步的开始和结束时写入重启动信息，不能对来自 inp 文件的分析作业进行重启动分析。

② Run Mode（运行模式），该栏用于选择运行模式。

✧ Background：此为默认选项，ABAQUS 在后台运行分析。

✧ Queue：该栏用于选择已定义的批处理队列提交分析作业。

③ Submit Time（提交时间），该栏用于选择运行分析的时间。

✧ Immediately：此为默认选项，分析作业立即在后台被执行或立即被提交到批处理队列。

✧ Wait：该选项仅在 UNIX 操作系统下可用，且仅适用于后台运行模式（Background），在指定的等待时间后运行分析。

✧ At：在指定的时间运行分析。对于后台运行模式（Background），该选项仅在 UNIX 操作系统下可用。

（3）General，该页面用于指定一些分析作业设置。

✧ Preprocessor Printout（预处理打印输出）：该栏用于选择预处理打印输出。ABAQUS 会将选择的项输出到数据文件（job_name.dat）中。对于来自 inp 文件的分析作业，需要在 inp 文件中指定预处理打印输出。

✧ Scratch directory（临时文件夹）：选择用于保存分析过程中临时文件的文件夹。

✧ User subroutine file（用户子程序）：该栏用于选择包含用户子程序的文件。

（4）Memory（内存），该页面用于指定分配到分析中的内存。

（5）Parallelization（并行），该页面用于并行运算的设置。

✧ Use multiple processors：选择用于分析的处理器数目，默认值为 2，使用并行运算。

✧ ABAQUS/Explicit：该栏用于选择 ABAQUS/Explicit 分析的设置。其中，Number of domains 栏用于输入域的数目；Parallelization method 栏用于选择并行方法，包括

Domain（拓扑域并行）和 Loop（循环级并行）。

✧ Multiprocessing mode：该列表用于选择多处理模式，包括 Default（基于执行分析的平台）、Threads（多线程方式）和 MPI（消息传输平台），其中，后两种模式仅适用于拓扑域并行（Domain）。

（6）Precision（精度），该页面用于精度的控制。

✧ ABAQUS/Explicit precision：该列表用于选择 ABAQUS/Explicit 分析的精度，包括 Single（单精度）和 Double（双精度）。

✧ Nodal output precision：该列表用于选择节点输出的精度，包括 Single（单精度）和 Full（全精度）。设置完成，单击 OK 按钮。

2. 分析作业管理器

单击 Job Manager（分析作业管理器）工具，已创建的分析作业出现在分析作业管理器中，如图 5-4 所示。该管理器中下部的工具与其他管理器类似，不再赘述，下面介绍其右侧的工具。

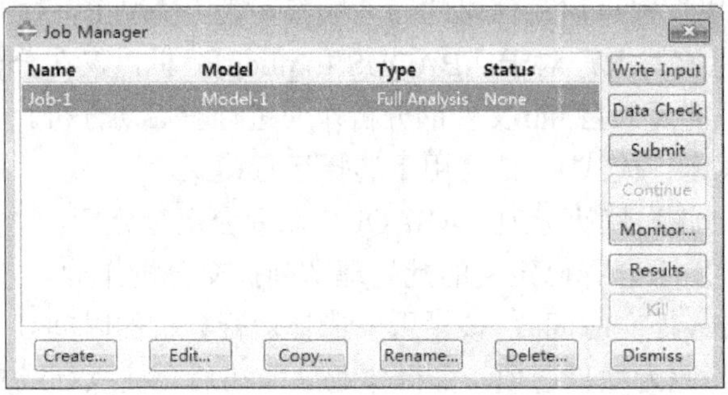

图 5-4 Job Manager 对话框

（1）Write Input 按钮，在工作目录中生成该模型的 inp 文件，等同于在主菜单中的执行 Job→Write Input 命令。

（2）Submit 按钮，用于提交分析作业，等同于在主菜单中执行 Job→Submit 命令。读者提交分析作业后，管理器中的 Status（状态）栏会相应地改变。

✧ None 表示没有提交分析作业。

✧ Submitted 表示已生成 inp 文件，分析作业正在被提交。

✧ Running 表示分析作业已经被提交，ABAQUS 正在运行分析作业。

✧ Completed 表示完成分析，结果已按要求写入输出数据库。

✧ Aborted 表示由于 inp 文件或分析中的错误而导致分析失败，可以在信息区或监控器中查看错误。

✧ Terminated 表示分析被用户终止。

注 意

若希望通过编辑 inp 文件来修改模型，除了直接对 inp 文件进行编写外，还可以使用以下两种方式。

① 单击 Write Input 按钮生成 inp 文件，在 ABAQUS/CAE 外使用文字编辑器对该 inp 文件进行编辑后，再重新创建分析作业，在 Create Job 对话框的 Source 中选择 Input file，如图 5-2 所示。

② 在 ABAQUS/CAE 中使用 Model→Edit Keywords 命令进行关键词的编辑，再提交分析作业。

（3）Monitor 按钮，用于打开分析作业监控器，如图 5-5 所示，等同于主菜单中的 Job→Monitor 命令。该对话框中的上部表格显示分析过程的信息，这部分信息也可以通过状态文件（job_name.sta）进行查阅。其下部包括以下几个页面，主要介绍如下。

- ✧ Log 页面用于显示分析各阶段的时间，这部分信息也可以通过日志文件（job_name.log）进行查阅。
- ✧ Errors 页面用于显示分析过程中的错误信息，这部分信息也可以通过数据文件（job_name.dat）、信息文件（job_name.msg）或状态文件（job_name.sta）进行查阅。
- ✧ Warnings 页面类似于 Errors 页面，用于显示分析过程中的警告信息。
- ✧ Output 页面用于记录输出数据的录入。

（4）Results 按钮，用于运行完成的分析作业的后处理，单击该按钮进入 Visualization 功能模块。该按钮等同于主菜单中的 Job→Results 命令。

（5）Kill 按钮，用于终止正在运行的分析作业，等同于主菜单中的 Job→Kill 命令，或分析作业监控器中的 Kill 按钮，如图 5-5 所示。

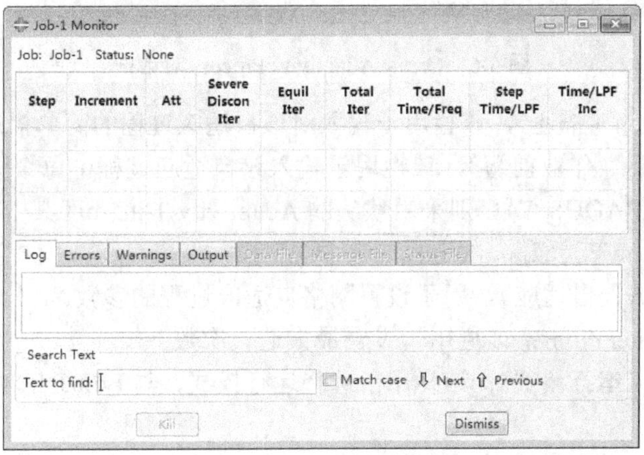

图 5-5　作业监控器

5.1.2　创建和管理网格自适应过程

若在 Mesh 功能模块定义了自适应网格重划分规则，则可以对该模型运行网格自适应过程。ABAQUS/CAE 根据自适应网格重划分规则对模型重新划分网格，进而完成一系列连续的分析作业，直到结果满足自适应网格重划分规则，或已完成指定的最大迭代数，抑或分析中遇到错误。

单击工具区中的 Create Adaptivity Process（创建网格自适应过程）工具，或执行 Adaptivity→Create 命令，弹出 Create Adaptivity Process 对话框，如图 5-6 所示。该对话框与 Edit Job 对话框类似，如图 5-3 所示，下面重点介绍与 Edit Job 对话框不同之处。

（1）Name（名称），在该栏输入自适应过程的名称，默认为 Adaptivity-1（1 表示第一个创建的自适应过程）。

（2）Model（模型），该列表用于选择创建自适应过程的模型。

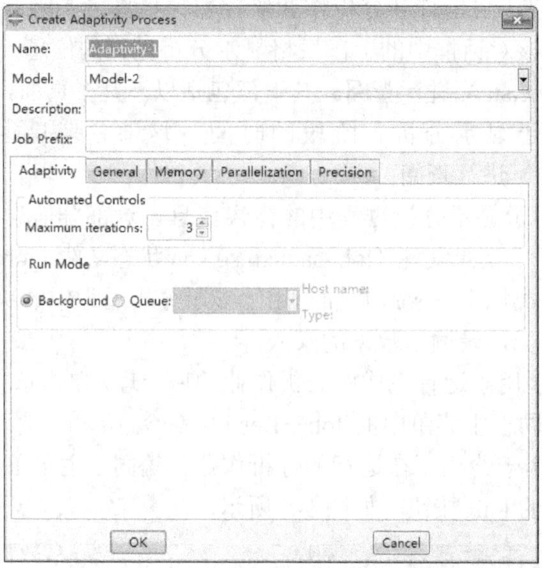

图 5-6　Create Adaptivity Process 对话框

（3）Description（描述），该栏用于输入对该自适应过程的简单描述。

（4）Job Prefix（作业前缀），该栏用于输入该自适应过程中每个分析作业名称的前缀。若不输入，ABAQUS/CAE 则采用默认的 Adaptivity-1-iterm（其中，1 表示第一个创建的自适应过程，m 表示第 *m* 次迭代）。

（5）Adaptivity（自适应），用于设置网格自适应过程的参数。

✧ Maximum iterations：该栏用于设置最大迭代次数。

✧ Run Mode（运行模式）：该栏用于选择运行模式，与 Edit Job 对话框的设置相同，不再赘述。

（6）General，该页面用于设置预处理打印输出、临时文件夹和用户子程序，与 Edit Job 对话框的设置相同。

（7）Memory（内存），该页面用于指定分配到分析中的内存，与 Edit Job 对话框的设置相同。

提 示

随着网格的细化，分析需要的内存会相应地增加。用户在设置最大内存分配时，应该考虑到最后一次迭代所需要的内存大小。

（8）Parallelization（并行），该页面用于并行运算的设置，包含 Use multiple processors 和 Multiprocessing mode 两项，均与 Edit Job 对话框的设置相同。

（9）Precision（精度），该页面用于精度的控制，仅包含 Nodal output precision，与 Edit Job 对话框的设置相同。

设置完成，单击 OK 按钮。

单击 Adaptivity Process Manager（自适应过程管理器）工具，已创建的自适应过程出现在管理器中，如图 5-7 所示。可以单击该管理器右侧的 Submit 按钮提交该自适应过程。然而，需要在分析作业管理器中进行自适应过程的监控、终止和每个迭代的结果后处理操作。

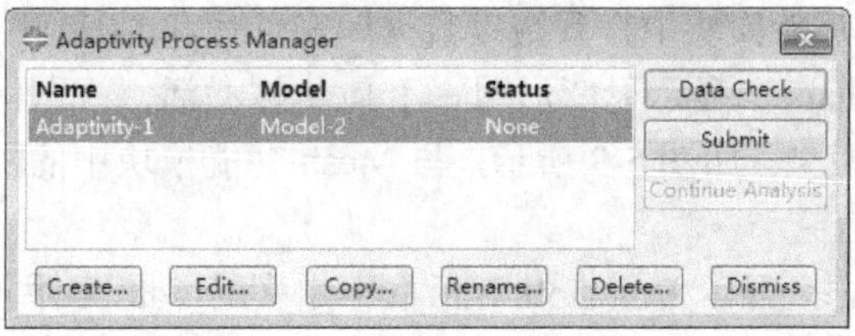

图 5-7 Adaptivity Process Manager 对话框

提 示

在运行自适应过程之前，建议打开分析作业管理器。如同分析作业的管理，可以单击 Monitor 按钮打开监控器，单击 Kill 按钮终止正在运行的迭代，单击 Results 按钮进入 Visualization 功能模块对该迭代的结果进行后处理示。

5.2 可视化模块（Visualization）

可以通过两种方式进入可视化模块并打开结果数据库文件。

（1）分析完成后，Job 功能模块的分析作业管理器的 Status 栏显示 Completed，在管理器中选择要进行后处理的分析作业，单击 Results 按钮，或在主菜单中选择 Job→Results 命令，即进入 Visualization（可视化）功能模块，视图区显示该模型的无变形图。

（2）选择 Module（模块）列表中的 Visualization，进入 Visualization 功能模块，单击工具栏中的 Open 按钮或执行 File→Open 命令，也可以双击结果树中的 Output Databases，在弹出的 Open Database 对话框中，选择要打开的 odb 文件，单击 OK 按钮，视图区将显示该模型的无变形图。

ABAQUS 的可视化模块用于模型的结果后处理，可以显示 odb 文件中的计算分析结果，包括变形前/后的模型图、矢量/张量符号图、材料方向图、各种变量的分布云图、变量的 *X-Y* 图表、动画等，以及以文本形式选择性输出的各种变量的具体数值。

这些功能及其控制选项都包含在 Result、Plot、Animate、Report、Options 和 Tools 菜单中，其中，大部分功能还可以通过工具区中的工具进行调用，如图 5-8 所示。

下面以一个平面接触的odb文件为例，对可视化模块中的常用功能进行介绍。

5.2.1 显示无变形图和变形图

打开odb文件，视图区随即显示该模型的无变形图。可以选择显示模型的变形图，还可以同时显示无变形图和变形图。

1. 分别显示无变形图和变形图

在Visualization功能模块中打开结果数据库文件后，工具区中的Plot Undeformed Shape（显示无变形图）工具被激活，视图区显示出变形前的网格模型，如图5-9所示，与Mesh功能模块中的网格图相同。

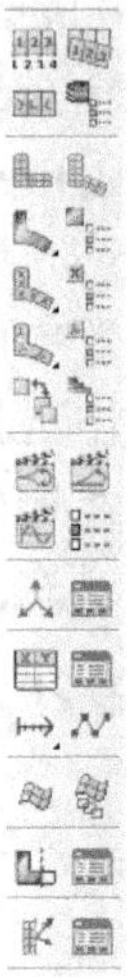

图5-8 可视化模块的工具区

视图区下端的标题区显示Edit Job对话框中定义的odb文件名称、ABAQUS版本及生成该结果数据库的时间；状态区显示当前分析步及其描述static analysis、当前的增量步、该分析步的时间。

单击工具区中的Plot Deformed Shape（显示变形图）工具或执行Plot→Deformed Shape命令，视图区显示出变形后的网格模型，如图5-10所示。此时，状态区显示出变形放大系数为1.0。

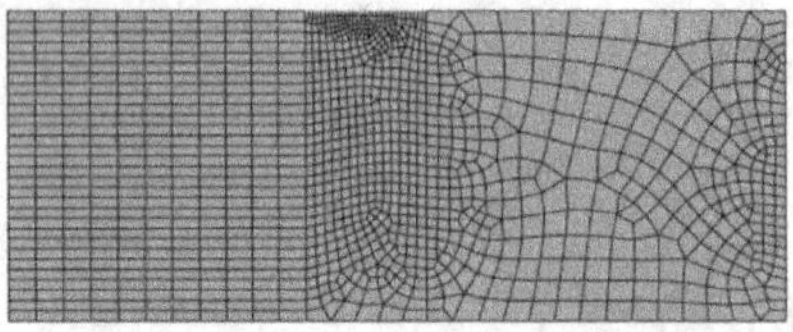

图5-9 变形前的网格图

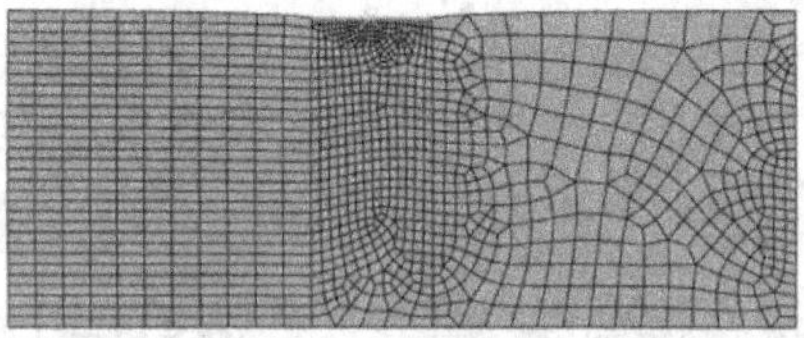

图5-10 变形后的网格图

提 示

如果用户直接对模型显示进行截图，则图的背景为黑色。用户可以通过修改背景颜色和打印输出两种方式得到白色背景。

（1）修改背景颜色。执行View→Graphics Options命令，弹出Graphics Options对话框，如图5-11所示，单击Viewport Background栏内Solid后的色标，在弹出的Select Color对话框中选择白色，单击OK按钮，返回Graphics Options对话框，单击Apply按钮，视图区的背景变为白色。用户也可选择Gradient，编辑渐变的背景。

（2）打印输出。执行File→Print命令，弹出Print对话框，如图5-12所示，在Destination栏内选择File，在File name栏内输入文件名，单击Select按钮选择保存图片的文件夹，在Format栏内选择文件格式，单击Apply按钮，保存背景为白色的图片。另外，在Rendition栏内可选择输出彩图、灰度图或黑白图，Print viewport backgrounds选项用于输出背景（如视图区背景为黑色，则选择该项后生成的图片为黑色背景）。

图5-9和图5-10显示的是默认选项下的模型，可以根据需要进行模型显示的设置。

单击工具区中的 Common Options 工具，或执行 Options→Common 命令，弹出 Common Plot Options 对话框，如图 5-13 所示。该对话框包括 5 个页面。

1）Basic

该页面包括三个单选区，分别用于着色方式、边的显示方式的选择和变形比例系数的设置。

（1）Render Style，该栏用于选择着色方式。

✧ Wireframe（框架）：仅显示线条框架，此功能可以通过选择工具栏中的 Render Model：Wireframe 工具实现。

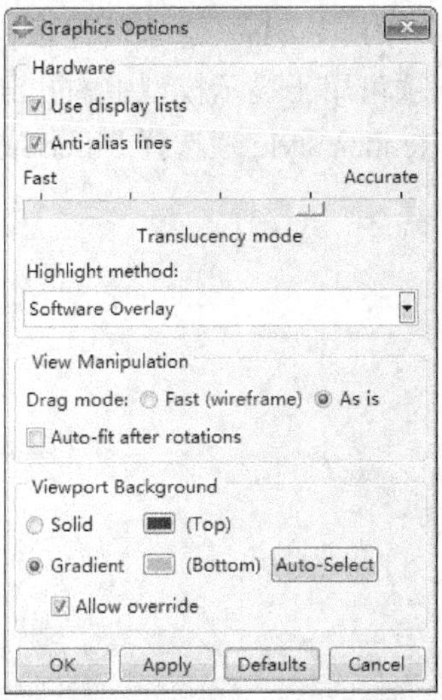

图 5-11　编辑视图区的背景

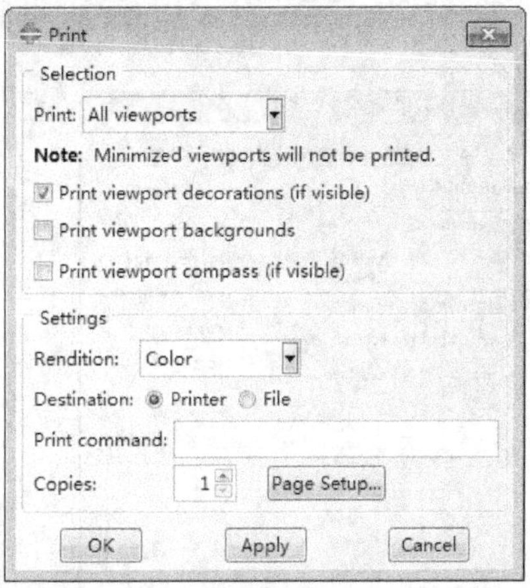

图 5-12　打印输出

✧ Hidden（隐藏）：隐藏内部线条和该视角下不可见的外部线条，仅显示可见的外部结构框架，此功能可以通过选择工具栏中的 Render Model：Hidden 工具实现。

✧ Filled（填充）：将外部表面按一致的颜色（默认为绿色）进行着色，显示实体，此功能可以通过选择工具栏中的 Render Model: Filled 工具实现。

✧ Shaded（阴影）：此为默认选项，在 Filled（填充）的基础上考虑光照和阴影效果，显示更加真实的三维视觉效果，此功能可以通过选择工具栏中的 Render Model：Shaded 工具实现。

（2）Deformation Scale Factor，该栏用于设置变形比例系数。

✧ Auto-compute：此为默认选项，ABAQUS/CAE 自动选择一个合适的比例系数进行显示，如图 5-13（a）所示。

✧ Uniform：该选项用于设置一个统一的变形比例系数。选择此选项，可以在其下方出现的 Value 栏内输入一个比例系数，如图 5-13（b）所示。

✧ Nonuniform：该选项用于分别设置三个方向的变形比例系数。选择此选项，可以在其下方出现的 X、Y、Z 栏内分别输入与该方向对应的比例系数，如图 5-14（c）所示。

（3）Visible Edges，该栏用于选择边的显示方式，该栏的选项需要和 Render Style 栏的选项配合使用。

✧ All edges：显示所有边。只有在 Render Style 栏选择 Wireframe 时，视图区才能显示模型内部的边。

✧ Exterior edges：此为默认选项，只显示模型外部的边。

✧ Feature edges：只显示模型外部的特征边。当模型的外部单元外表面法线间的角度大于指定的特征角度时，这些单元外部的边显示出来。

特征角度可以通过单击 View→ODB Display Options 命令打开 ODB Display Options 对话框，在 General 页面的 Feature Angle 栏进行设置。当特征角度设置为 0° 时，与 Exterior edges 选项的显示相同；当特征角度设置为 90° 时，与 Free edges 选项的显示相同。

✧ Free edges：显示仅属于一个单元的边。该选项可用于显示模型中的孔洞和裂缝。

✧ No edges：不显示单元的所有边，仅适用于 Render Style 栏选择 Filled 或 Shaded。

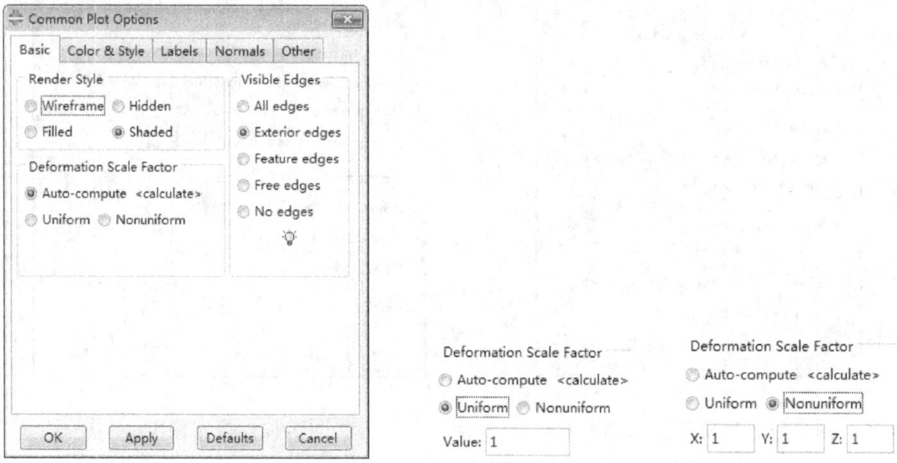

（a）对话框总图　　（b）Uniform　　（c）Nonuniform

图 5-13　Common Plot Options 对话框

2）Color & style

该页面用于设置模型颜色和边的线型，如图 5-14 所示。

（1）Edges in wireframe/hidden plots，在 Basic 页面的 Render Style 栏选择 Wireframe 或 Hidden 时，该栏用于选择线的颜色，默认为绿色。

（2）Edges in filled/shaded plots，在 Basic 页面的 Render Style 栏选择 Filled 或 Shaded 时，该栏用于选择线的颜色，默认为黑色。

（3）Fill color in filled/shaded plots，该栏用于选择实体的填充颜色，默认为绿色，适用于在 Basic 页面的 Render Style 栏选择 Filled 或 Shaded 的情况。

（4）Allow color code selections to override options in this dialog，默认为选择该项，允许色码（Color Code）的选择优先于该对话框的选择。色码通过工具栏中的工具进行编辑和选择。

（5）Style，该列表用于选择边的线型。

（6）Thickness，该列表用于选择边线的粗细程度。

3）Labels

该页面用于设置单元、节点的编号和标记，如图 5-15 所示。

（1）Set Font for All Model Labels...，该按钮用于设置模型编号的字体。

（2）Show element labels，该栏用于显示单元编号，其后的 Color 用于选择字体颜色。

（3）Show face labels，该栏用于显示单元面的编号，其后的 Color 用于选择字体颜色。

（4）Show node labels，该栏用于显示节点编号，其后的 Color 用于选择字体颜色。

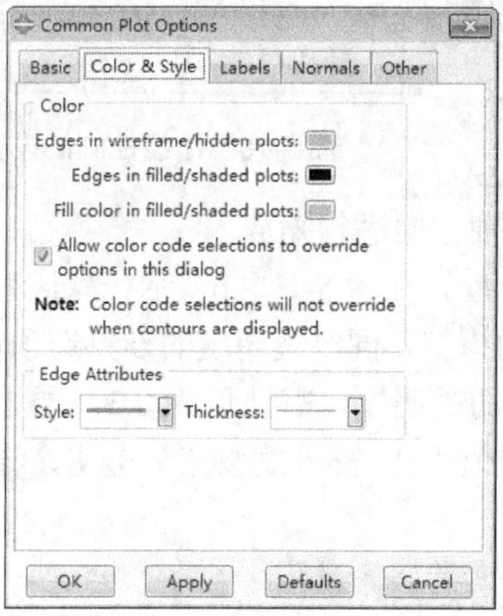

图 5-14 编辑颜色和线型

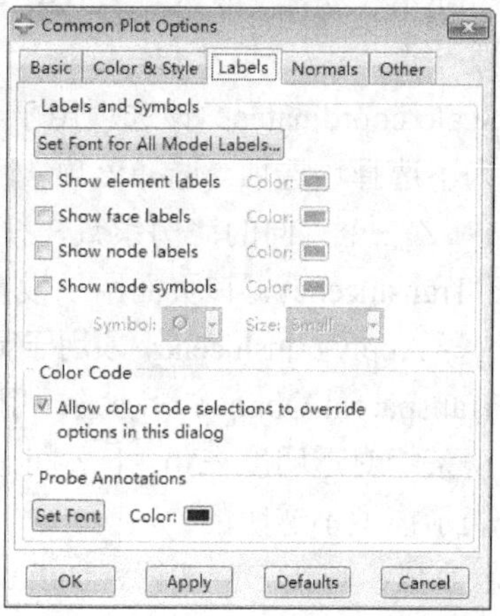

图 5-15 编辑单元和节点的编号和标记

（5）Show node symbols，该栏用于显示节点标记。选中此选项后，Color、Symbol、Size 栏被激活，分别用于选择标记的颜色、形状和大小。

（6）Allow color code selections to override options in this dialog，默认为选择该项，允许色码（Color Code）的选择优先于该对话框的选择。

4）Normals

该页面用于控制法线的显示和设置，如图 5-16 所示。默认为不显示法线，选择 Show normals 项用于显示法线，激活法线的设置选项。

（1）Show normals，On elements/On surfaces：该栏用于选择显示模型中单元/表面的法线。

（2）Colors，该栏用于选择 Face normal（面法线）、Beam tangent（梁的切向方向）、Beam nl（梁截面局部坐标轴 1 方向）和 Beam n2（梁截面局部坐标轴 2 方向）的标记的颜色。

（3）Style，该栏用于选择表示法线的标记的 Length（长度）、Line thickness（线的粗细）和 Arrowhead（箭头形状）。

5）Other

该页面用于设置单元的缩放和模型的透明度，如图 5-17 所示。

（1）Scaling，页面包括两个复选项，如图 5-17（a）所示。

- ✧ Shrink elements：该选项用于收缩每个单元，默认为不选择该选项。通过调节滑动条能对收缩系数在 0～0.9 之间进行选择，收缩系数为 0，单元不收缩；收缩系数为 0.9，所有单元都收缩成一点。
- ✧ Scale coordinates：该选项用于缩放网格，默认为不选择该选项。选择该项，读者分别输入 *X*、*Y*、*Z* 三个方向的比例系数，模型在各坐标轴方向进行缩放。

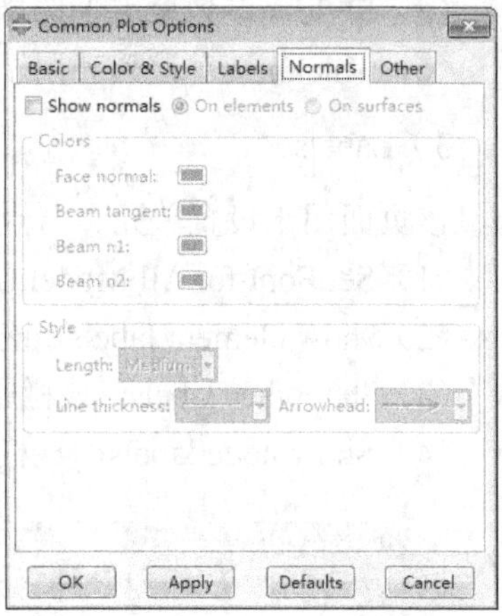

图 5-16　法线控制的设置

（2）Translucency，该页面用于设置模型的透明度，如图 5-17（b）示。默认为模型不透明，选择 Apply translucency 项用于显示半透明的模型，同时透明度的设置选项被激活。

- ✧ Transparent-Opaque 滑动条：用于设置模型的透明度，默认值为 0.3。通过调节滑动条能对透明度在 0～1 之间进行选择，该值为 0 表示模型完全透明，该值为 1 表示模型不透明的。

设置完成，单击 OK 按钮，Defaults 按钮用于恢复默认设置。

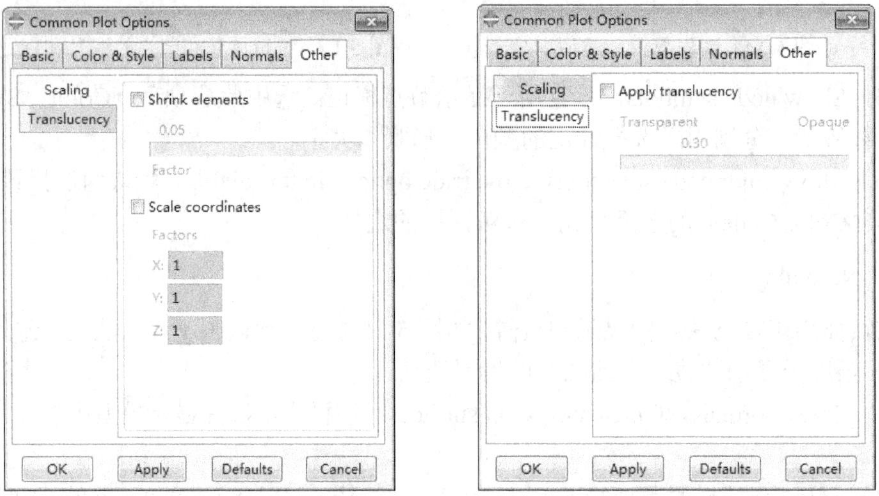

（a）Scaling 标签栏　　　　（b）Translucency 标签栏

图 5-17　对话框中的 Other 页面

2．同时显示无变形图和变形图

ABAQUS/CAE 还支持同时显示变形前、后的网格模型。单击工具区中的 Allow Multiple Plot States 工具，可以同时选择和工具，视图区显示变形后、前的网格模型，变形后的模型默认为绿色，如图 5-18 所示。

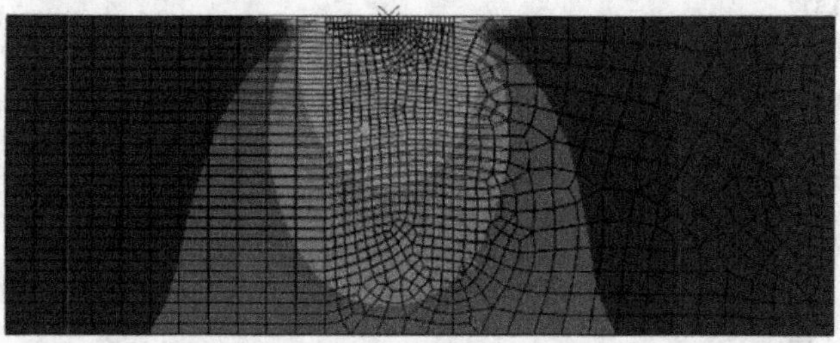

图 5-18　同时显示变形前、后的网格图

提 示

当视图区单独显示变形前或变形后的模型时，工具区中的 Common Options 工具用于设置模型显示；当视图区同时显示变形前、后的模型时，工具区中的 Common Options 工具用于设置变形后的模型显示，Superimpose Options 工具用于设置变形前的模型显示。

执行 Options→Superimpose 命令，或单击左侧工具区中的按钮，弹出 Superimpose Plot Options 对话框，如图 5-19 所示，该对话框用于设置变形前的模型显示。

（1）Basic 页面只包括 Render Style（着色方式）和 Visible Edges（边的显示方式）两个单选区，如图 5-19（a）所示。

（2）Other 页面包括 Scaling（缩放）、Offset（偏移）和 Translucency（半透明）三个页面，如图 5-19（b）所示，前两个页面的选项与 Common Plot Options 对话框相同。Translucency 页面中默认选择 Apply translucency 项，透明度设置为 0.3。Offset 页面用于设置变形后的模型相对于变形前的模型的偏移距离，默认为不偏移（No offset）。

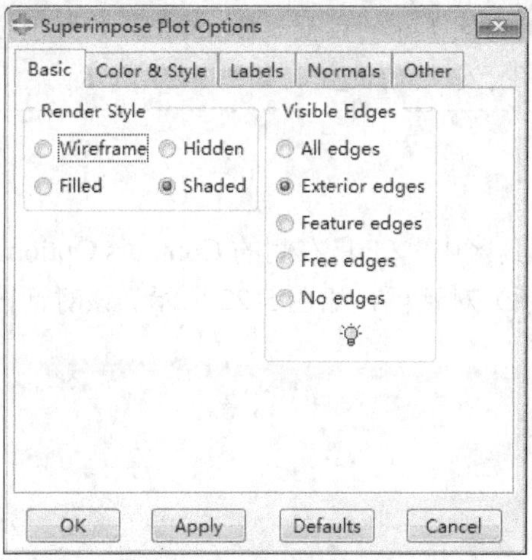

（a）Basic 标签栏

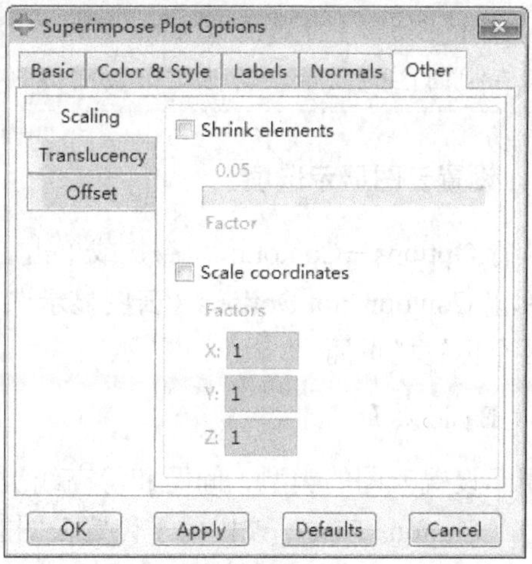

（b）Other 标签栏

图 5-19　Superimpose Plot Options 对话框

5.2.2 显示云图

云图用于在模型上用颜色显示分析变量。执行 Plot→Contours→On Deformed Shape 命令，或单击左侧工具区中的 Plot Contours On Deformed Shape 工具，视图区显示模型变形后的 Mises 应力云图，如图 5-20 所示。

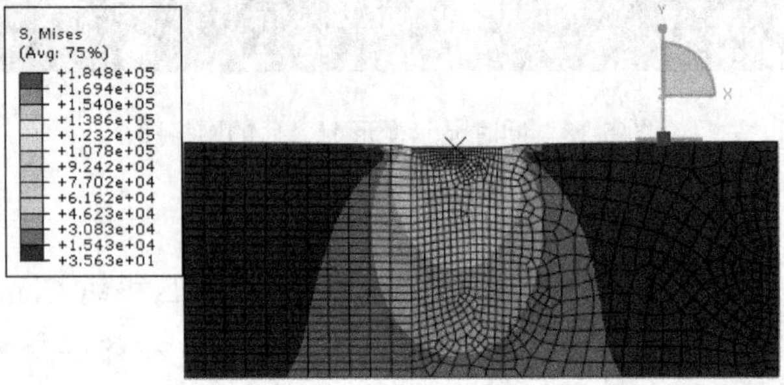

图 5-20 模型变形后的 Mises 应力云图

按住工具区中的工具，在展开工具条中可以选择云图的显示方式，后两项分别为显示在变形前模型上的云图和显示在变形前、后模型上的云图。

提 示

该功能也可以在主菜单的 Plot→Contours 菜单命令中选择。

注 意

可以选择主菜单中的 Viewport→Viewport Annotation Options 命令，在弹出的 Viewport Annotation Options 对话框中进行 Triad（三维视图方向的标示）、Legend（图例）、Title Block（标题区）、State Block（状态区）等的设置，General 页面用于控制它们在视图区的显示，其他四个页面分别用于它们的设置，如图 5-21 所示。

1. 设置云图显示选项

执行 Options→Contours 命令，或单击工具区中工具右侧的 Contours Options 工具，弹出 Contour Plot Options（云图显示选项）对话框，如图 5-22 所示。该对话框包括以下四个标签栏页面。

1）Basic 页面

用于设置云图的类型、间距和等高线法。

（1）Contour Type，该栏用于设置云图的类型。

✧ Line：云图以轮廓线的形式显示基于单元和节点的场变量。

✧ Banded：此为默认选项，云图以带状形式显示基于单元和节点的场变量。

✧ Quilt：在每个单元面上仅显示一种颜色，仅适用于基于节点的场变量。

✧ Show tick marks for line elements：线单元的云图中的变量值往往不容易观察，选择该选项，在线单元的每个节点处，垂直于该单元的方向设置图例刻度。

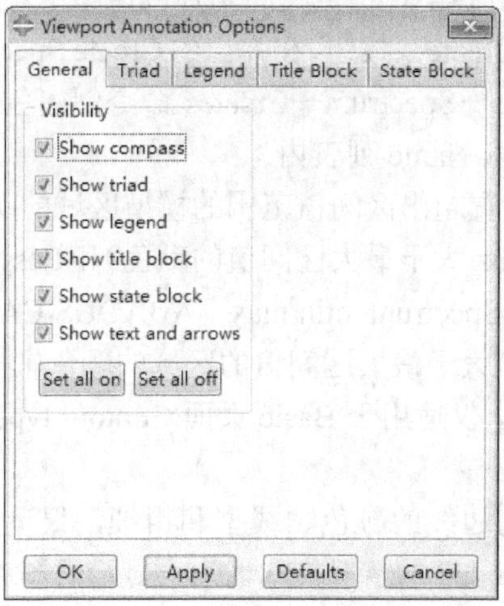

图 5-21　视图区的注释选项

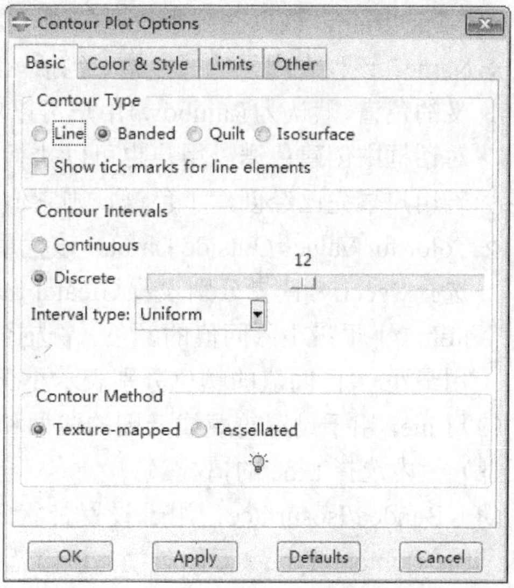

图 5-22　Contour Plot Options 对话框

（2）Contour Intervals，该栏用于设置等高间距。

① Continuous，该选项用于选择连续的间距，云图的色谱是光滑过渡的，仅适用于带状形式的云图。

② Discrete，此为默认选项，用于选择离散的间距，云图的色谱是分段显示的。可以通过滑动条调节分段数，默认为 12。

③ Interval type，该栏用于选择间距类型，仅适用于离散间距（Discrete）。

✧ Uniform：此为默认选项，区间值以等差级数的方式均匀排列。

✧ User-defined：用户自定义区间值，单击下方的 Edit Intervals 按钮，在弹出的 Edit Intervals 对话框中可以进行区间值的修改。

✧ Log：区间值以对数数列的方式出现。

（3）Contour Method，用于选择等高线法。

✧ Texture-mapped：此为默认选项，以纹理映射的方式绘制云图，能得到高性能的图形效果。该方法不适用于云图类型为收缩单元、Line 的情况等。

✧ Tessellated：以棋盘状的方式逐个单元面绘制云图，对于大型模型比较耗时，且图形效果比 Texture-mapped 略差些。

2）Color & Style 页面

包含 4 个子页面，如图 5-23 所示。

（1）Model Edges，用于设置单元的边线颜色。

✧ In banded/quilt plots：当 Basic 页面 Contour Type（云图类型）栏内选择 Banded 或 Quilt 时，用于设置单元的边线颜色。

✧ In line plots：当 Basic 页面 Contour Type（云图类型）栏内选择 Line 时，用于设置单元的边线颜色。

（2）Spectrum，该页面用于设置色谱，如图 5-23 所示。

✧ Name：该列表用于选择色谱，包括 ABAQUS/CAE 预定义的 7 种色谱和用户自定义的色谱，默认为 Rainbow。用户可以单击 Create…按钮，在弹出的 Create Spectrum 对话框中创建色谱。用户也可以执行 Tools→Spectrum→Create...命令创建色谱。若用户事先已经创建了色谱，则它们被列入 Name 列表内。

✧ Color for Values Outside Limits：该栏用于设置超出区间值范围的模型区域的颜色。选择 Specify，读者分别设置 Greater than max（大于最大区间值的颜色）和 Less than min（小于最小区间值的颜色）；选择 Use Spectrum min/max，ABAQUS/CAE 使用最小/大区间值的颜色分别表示小于最小/大于最大区间值的区域的颜色。

（3）Line，用于设置轮廓线云图的线型和粗细，仅适用于 Basic 页面 Contour type（云图类型）栏内选择 Line 的情况。

（4）Banded/Isosurface，用于设置带状云图的边线的颜色、线型和粗细，仅适用于 Basic 页面 Contour Type（云图类型）栏内选择 Banded 的情况。默认为不显示云图边线，用户可以单击 Show contour edges 显示云图边线，并可以设置云图边线的颜色、线型和粗细。

3）Limits 页面

用于设置云图区间值的上下限，如图 5-24 所示。最大值/最小值的设置不适用于用户自定义的区间值。

（1）Min/max，该栏用于设置云图区间值的最大值和最小值。

✧ Auto-compute：此为默认选项，ABAQUS/CAE 自动计算最大值/最小值，其后的括号内显示最大值/最小值的大小，如图 5-24 所示。

✧ Show location：该选项用于在云图上标记出最大值/最小值出现的位置和数值。

✧ Specify：该选项用于设置最大值/最小值。

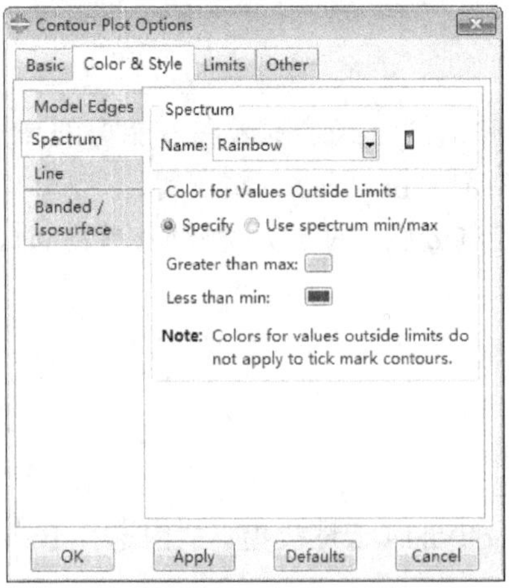

图 5-23　设置色谱

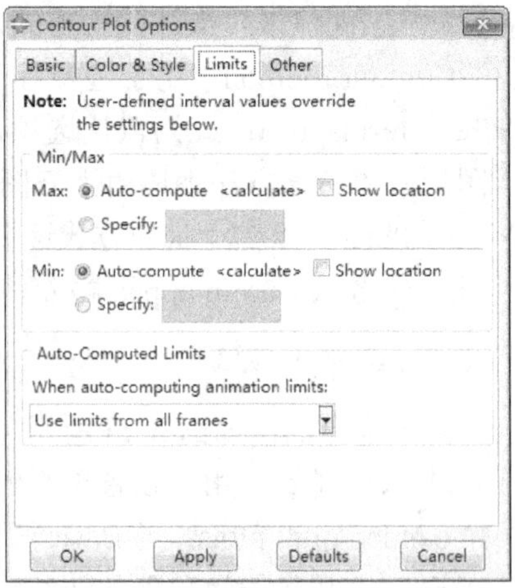

图 5-24　设置区间上下限

（2）Auto-Computed Limits，该列表用于选择自动计算最大值/最小值的方式。

4）Other 页面

用于设置线单元的图例标号的方向、长度、颜色等。

设置完成，单击 OK 或 Apply 按钮，Defaults 按钮用于恢复默认设置。

注意

当视图区同时显示矢量/张量符号图和材料方向图变形前、后的模型的云图时，工具区中的 Common Options 工具仍然用于设置变形后的模型显示，Superimpose Options 工具仍然用于设置变形前的模型显示。

注意

可以通过 Contour Options 工具、Symbol Options 工具、Material Orientation Options 工具分别设置云图、矢量/张量符号图和材料方向图的显示选项，且这些选项优先于通用的 Common Options 工具和 Superimpose Options 工具。

可以看到，云图图例中的变量名下面显示了一行（Avg: 75%），如图 5-20 所示，表示 ABAQUS/CAE 平均了属于两个或多个单元的节点的变量值（仅适用于基于单元的场变量）。

执行 Result→Options 命令，或单击工具区中的 Result Options 工具，弹出 Result Options 对话框，用户可以在 Computation 页面进行结果平均的设置，如图 5-25 所示。其中，Average element output at nodes 项用于选择是否进行变量值的平均，默认为选择该选项。

变量平均不适用于 Quilt 云图类型（在 Contour Plot Options 对话框的 Basic 页面的 Contour Type 栏内选择）、基于节点的场变量和在该对话框 Quantity to Plot 栏内选择 Discontinuities（云图显示属于两个或多个单元的节点变量值的最大差值）项的情况。

（1）Use region boundaries，默认为选择该选项，设置用于结果平均的区域。不选择该项，对整个模型进行结果的平均，云图变得更加光滑、连续。

✧ Element sets：结果平均的区域为指定的单元集合。

✧ ODB regions：此为默认选项，结果平均的区域为保存在结果数据库中的参与截面分配的区域（在 Property 功能模块中进行）。

✧ Display groups：结果平均的区域为指定的显示组。

（2）Average only displayed elements，该选项用于仅对当前显示的单元进行结果平均，默认为不选择该选项。

（3）Averaging Threshold（%），该滑动条用于控制结果平均的范围，仅适用于在平均前计算不变量（Compute scalars before averaging）。只有当相对节点变量小于该值时，该节点的结果才被平均。该值越大，参与平均的节点越多，云图则越光滑、连续，默认值为 75。

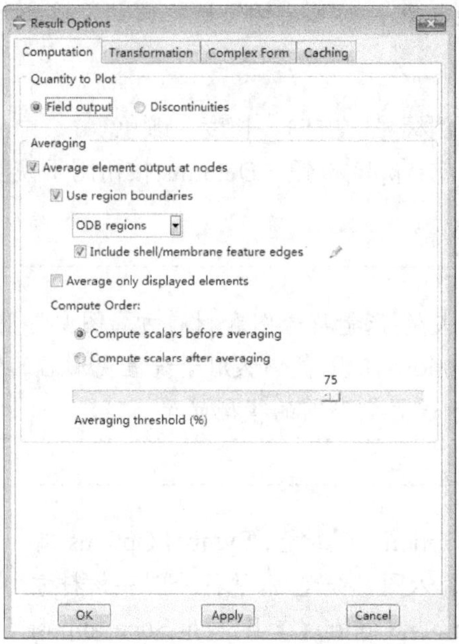

图 5-25　Result Options 对话框

注 意

相对节点变量=（节点变量的最大值-节点变量的最小值）/（区域内的最大变量值-区域内的最小变量值）。

可以选择主菜单中的 File→Save Options 命令保存已经设置的所有选项，方便以后进行调用。

2．选择云图的场变量

ABAQUS/CAE 默认显示的是 Mises 应力的分布云图，可以编辑云图对应的变量。执行 Result→Field Output 命令，弹出 Field Output 对话框，如图 5-26 所示。

（1）Step/Frame...，执行 Result→Step/Frame 命令，或单击该按钮弹出 Step/Frame 对话框，如图 5-27 所示，用于分析步和增量步的选择。该对话框下端的 Field Output 按钮用于打开 Field Output 对话框。另外，用户可以通过环境栏右方的工具 ⏮ ◀ ▶ ⏭ 实现分析步和增量步的选择。

（2）Primary Variable，该页面用于选择场变量。选择 List only variables with results 项，变量列表仅显示节点变量（at integration nodes）或积分点变量（at integration points）。

- ✧ Name/Description 列表：列出变量及其描述，如 S（应力）、E（应变）、U（节点位移）等。
- ✧ Invariant 列表：列出不变量，如应力中的 Mises（Mises 应力）、Max. Principal（最大主应力）、Mid. Principal（第二主应力）、Min. Principal（最小主应力）等。
- ✧ Component 列表：列出变量的分量，如应力中的 S11（X 方向的正应力）、S12（X-Y 平面内的剪应力）等。

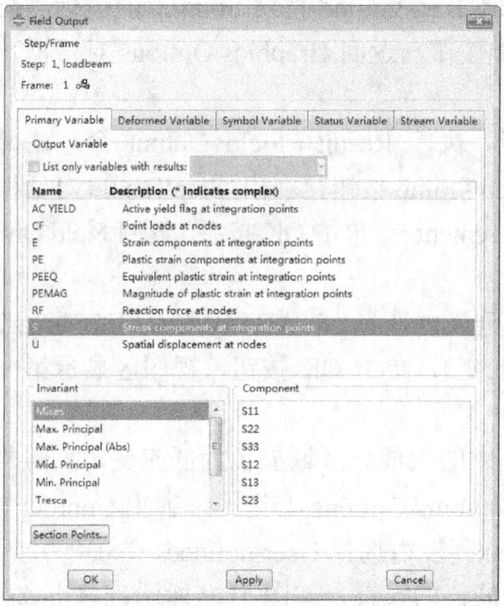

图 5-26　Field Output 对话框

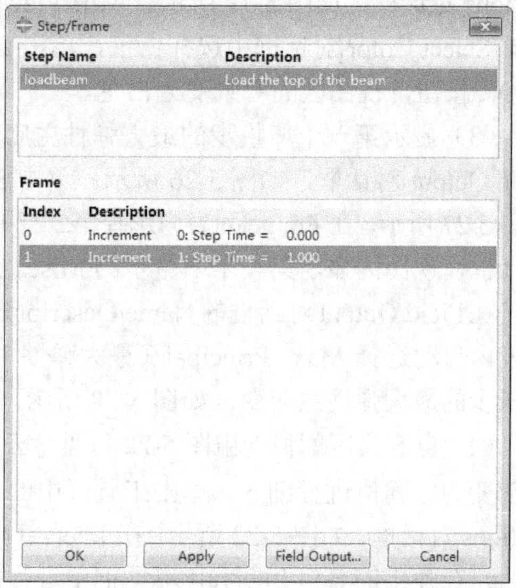

图 5-27　Step/Frame 对话框

（3）Deformed Variable，该页面用于选择变形后的模型的显示变量。默认为 U（节点位移），即变形后的模型用相对于变形前模型的节点位移来显示。用户还可以选择 RF（节点反力）和 CF（节点上的点载荷）。设置完成，单击 OK 按钮，则在视图区显示该变量的云图。

根据需要可以使用存在的场变量创建新的场。该功能可以通过工具区中的 Create Field Output From Fields 工具和 Create Field Output From Frames 工具实现，也可以选择主菜单中的 Tools→Create Field Output 命令。

提 示

场变量的选择和创建适用于云图、矢量/张量符号图、分析结果的查询（选择 Query 对话框中的 Probe values）及通过路径显示的 *X-Y* 图表。以后讲到相关部分时，不再详细介绍场变量的选择和创建。

3. 云图显示实例

在如图 5-20 所示的平面接触云图的基础上，采用用户自定义区间值显示任一个增量步的最大弹性主应变的灰度云图，变形比例系数为 1，不显示单元的边线，视图区仅显示模型和图例，背景为白色。

（1）取消视图区的标题区、状态区和三维视图方向的标示。执行 Viewport→Viewport Annotation Options 命令，弹出 Viewport Annotation Options 对话框，如图 5-21 所示，取消 General 页面内对 Show triad（显示三维视图方向的标示）、Show title block（显示标题区）、Show text and arrows（显示文本和箭头）和 Show state block（状态区）的选择，单击 OK 按钮。

（2）将视图区背景调整为白色。执行 View→Graphics Options 命令，弹出 Graphics

Options 对话框，如图 5-11 所示。单击 Viewport Background 栏内 Solid 后的色标，在弹出的 Select Color 对话框中选择白色，单击 OK 按钮，返回 Graphics Options 对话框，单击 OK 按钮，视图区的背景变为白色。

（3）显示第一个增量步的最大弹性主应变。执行 Result→Field Output 命令，弹出 Field Output 对话框，如图 5-26 所示。单击 Step/Frame 按钮，弹出 Step/Frame 对话框，如图 5-27 所示。在 Frame 列表内选择第二行 Increment 5，单击 OK 按钮，返回 Field Output 对话框，视图区显示第一个增量步的 Mises 应力。

在 Field Output 对话框的 Name/Description 列表内选择 LE，ABAQUS/CAE 在 Invariant 列表内自动选择 Max. Principal（最大弹性主应变），单击 OK 按钮，视图区显示第一个增量步的最大弹性主应变，如图 5-28 所示。

（4）自定义区间值。由图 5-28 可见，云图中的大部分区域显示为低应变，故需要将低应变的区间值进行细分。单击工具区中的 Contours Options 工具，弹出 Contour Plot Options 对话框，如图 5-22 所示。在 Interval type 列表内选择 User-defined，单击下方的按钮，在弹出的 Edit Intervals 对话框中进行区间值的设置，如图 5-29 所示，单击 Apply 按钮，视图区按自定义的区间值显示彩色云图。

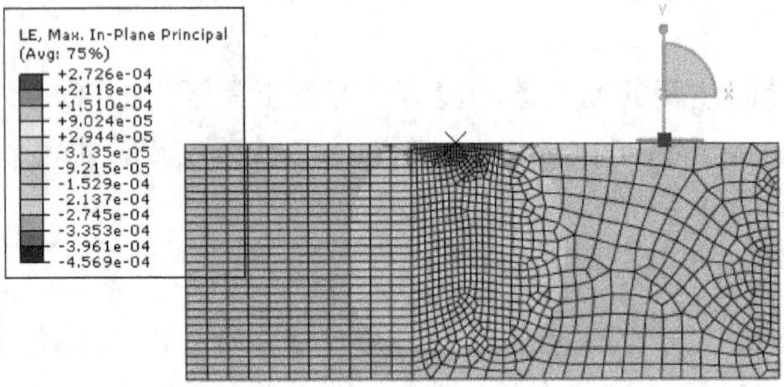

图 5-28　第 5 个增量步的弹性主应变云图

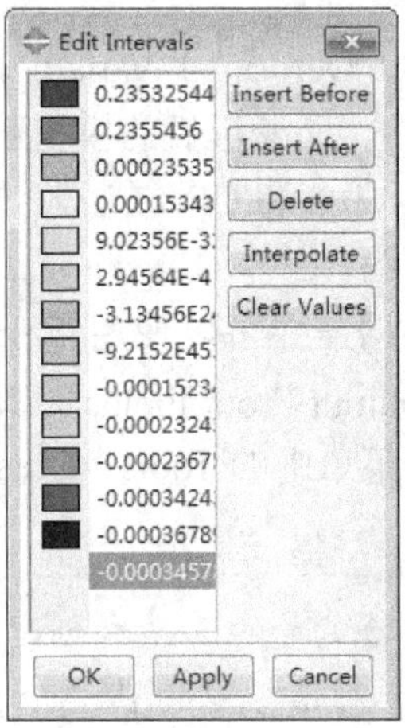

图 5-29　Edit Intervals 对话框

（5）选择云图的灰度色谱。在 Contour Plot Options 对话框中，选择 Color＆Style 页面中的 Spectrum 页面，如图 5-23 所示。在 Name 列表内选择 Black to white（从黑到白），在 Color for Values Outside Limits 栏内选择 Use Spectrum min/max，单击 OK 按钮，视图区将会显示从黑到白的灰度云图。

（6）设置变形比例系数，隐藏所有的单元边线。单击工具区中的 Common Options 工具，弹出 Common Plot Options 对话框。在 Basic 页面的 Deformation Scale Factor 栏内选择 Uniform，在 Value 栏内输入 1，如图 5-13（b）所示。在 Visible Edges 栏内选择 No edges，单击 OK 按钮，视图区显示变形比例系数为 1 且无单元边线的灰度云图，如图 5-30 所示。

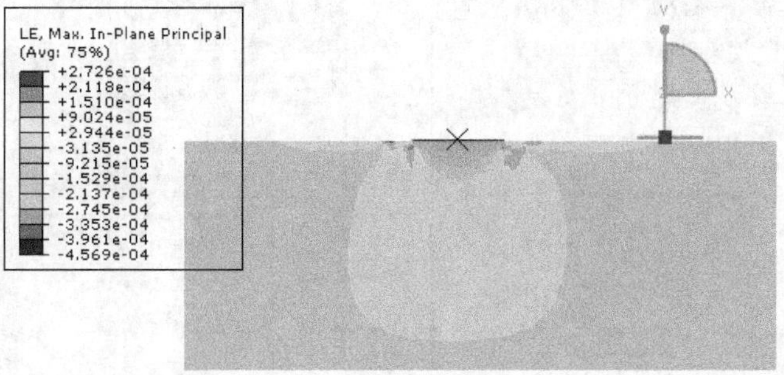

图 5-30　最终的灰度云图

5.2.3　显示矢量/张量符号图和材料方向图

在 Plot 菜单中，除变形图、无变形图和云图的显示外，还包括显示矢量/张量符号图和材料方向图的选项，这些选项也同样出现在工具区的模型显示栏内，如图 5-8 所示。

矢量/张量符号图和材料方向图也可以仅显示在变形前/变形后的模型上或同时显示在变形前、后的模型上。下面对这两种模型的显示进行介绍（仅显示在变形后的模型上）。

1．显示矢量/张量符号图

矢量/张量符号图以符号（如箭头）显示矢量或张量的结果，箭头的方向代表矢量/张量的方向，符号的长度代表矢量/张量的大小。

单击工具区中的 Plot Symbols On Deformed Shape 工具，或执行 Plot→Symbols→On Deformed Shape 命令，视图区显示模型变形后的主应力的张量符号图，如图 5-31 所示。

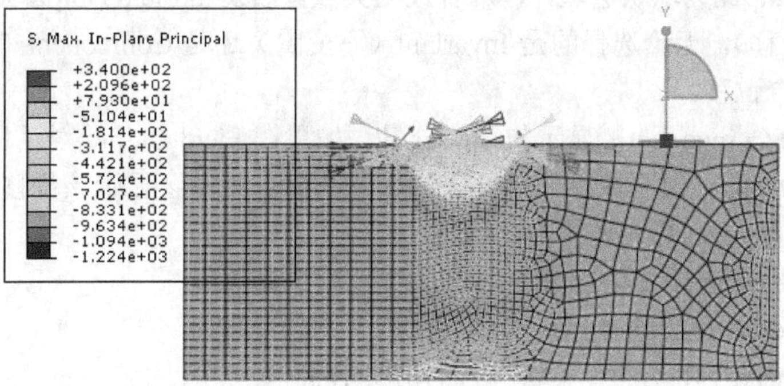

图 5-31　显示应力的张量图

单击工具区中的 Symbol Options 工具，或执行 Options→Symbols 命令，弹出 Symbol Plot Options 对话框，如图 5-32 所示。该对话框包括两个页面。

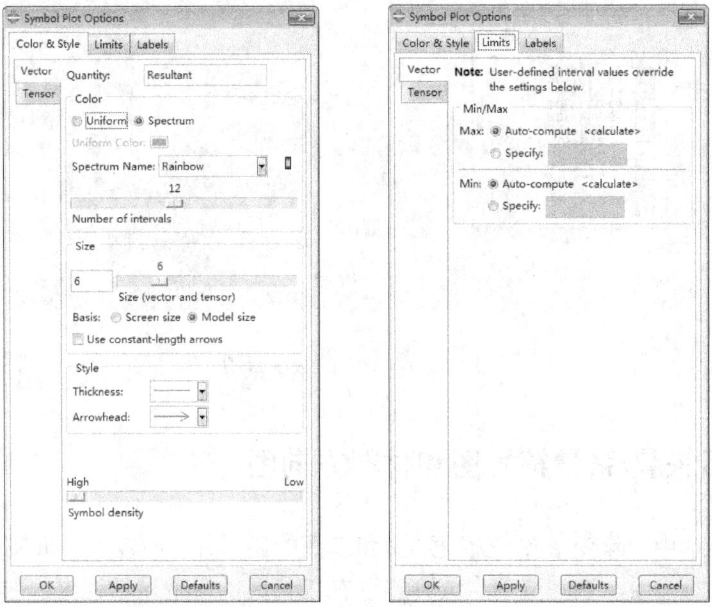

（a）设置色谱　　（b）设置上下限

图 5-32　Symbol Plot Options 对话框

1）Color & Style 页面

用于设置表示 Vector（矢量）和 Tensor（张量）的符号的颜色、长短、粗细、箭头形状等。

（1）Vector，该页面用于设置 Vector（矢量）符号的颜色、长短、粗细、箭头形状等。

① Quantity，该列表用于选择矢量类型。

✧ Resultant：此为默认选项，显示合成的矢量。如果在 Field Output 对话框中选择 U（节点位移），无论选择的是 Invariant（不变量）还是 Component（分量），视图区都显示合位移。

✧ Selected Component：显示矢量的分量。如果在 Field Output 对话框中选择 U（节点位移），则必须选择一个 Component（分量），视图区显示该位移分量的符号图。

② Color，用于选择矢量符号的颜色。

③ Size，用于选择矢量/张量符号的长短，默认为 6。

④ Thickness，用于选择矢量符号的粗细。

⑤ Arrowhead，用于选择矢量符号的箭头形状。

（2）Tensor，该页面用于设置 Tensor（张量）符号的颜色、长短、粗细、箭头形状等。其中，Quantity 列表用于选择张量类型。它包括以下几项。

✧ Selected Principal Component：显示选择的主应力/主应变的符号。如果在 Field Output 对话框中选择 S（应力），则必须在 Invariant（不变量）栏内选择一个主应力，视图区显示该主应力的符号图。

- ✧ All Principal Components：此为默认选项，显示主应力/主应变的张量符号。如果在 Field Output 对话框中选择 S（应力），无论选择的是 Invariant（不变量）还是 Component（分量），视图区都显示三个主应力的符号。
- ✧ All Direct Components：类似于 All Principal Components，显示正应力/主应变的张量符号。如果在 Field Output 对话框中选择 S（应力），无论选择的是 Invariant（不变量）还是 Component（分量），视图区都显示三个正应力的符号。
- ✧ Tensor（张量）符号的颜色、长短、粗细、箭头形状的设置与 Vector（矢量）的设置相同，不再赘述。
- ✧ Selected Direct Component：类似于 Selected Direct Component，显示选择的正应力/正应变的符号。如果在 Field Output 对话框中选择 S（应力），则必须在 Component（分量）栏内选择一个正应力分量，视图区显示该正应力的符号图。

2）Limits 页面

用于设置显示的矢量/张量的范围，其操作类似于云图区间值的上下限的设置，如图 5-25 所示，这里不再赘述。

设置完成，单击 OK 按钮，Defaults 按钮用于恢复默认设置。

2. 显示材料方向图

材料方向图显示壳单元或定义了材料方向的实体单元的材料方向。执行 Plot→Material Orientations→On Deformed Shape 命令，或单击工具区中的 Plot Material Orientations On Deformed Shape 工具，弹出警告对话框，表示模型的单元不支持材料方向图的显示，如图 5-33 所示，这是因为该模型的实体单元没有定义材料方向。

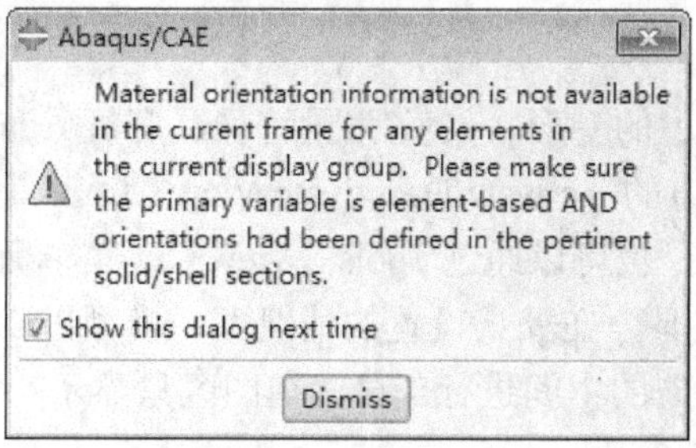

图 5-33 警告信息

注 意

如果将此模型建立为三维壳模型（其他条件均不变），则可以显示材料方向图。材料方向图除了与分析步和增量步的选择相关外，还可以选择用于显示的截面点（执行 Result→Section point 命令进行选择）。

提 示

单击工具区中 Material Orientations Options 工具，或执行 Options→Material Orientations 命令，弹出 Material Orientations Plot Options 对话框，如图 5-34 所示。该对话框用于选择显示的材料方向及其颜色、长度、粗细和箭头形状，其操作与矢量/张量符号的设置类似，这里不再赘述。

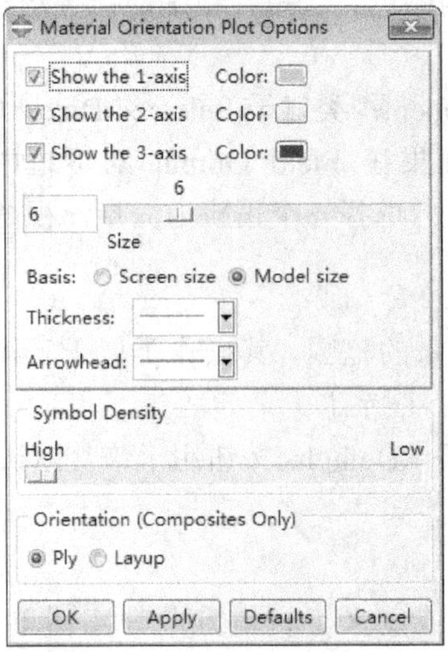

图 5-34 设置材料方向图

5.2.4 显示剖面图

如果想显示某个剖面上的变形、矢量/张量符号、变量分布等，则需要对模型进行剖分。可以通过工具区最下方的 Activate/Deactivate View Cut 工具和 View Cut Manager 工具来编辑和管理剖面图，也可以通过 Tools→View Cut 菜单命令来实现该功能。

单击工具区中的工具，在默认设置的情况下，模型以 X-Plane（与 X 方向垂直的平面）为剖面在模型 X 方向的中间进行剖分，视图区只显示小于该剖面 X 坐标值的模型区域（包含剖面），如图 5-35 所示。

可以对之前介绍的各种模型显示进行剖分，并能对剖面进行编辑。执行 Tools→View Cut→Manager 命令，或单击右侧的工具，弹出 View Cut Manager（剖面图管理器）对话框，如图 5-36 所示。在该管理器中，除了能进行剖面的创建、复制、重命名、编辑、删除等操作外，还可以进行剖面的选择和位置控制。

ABAQUS/CAE 预定义了三个剖面，即 X-Plane、Y-Plane、Z-Plane（分别为与 X、Y、Z 轴垂直的平面），可以单击 Create...按钮创建新的剖面，创建的剖面显示在列表中。还可以通过 Show 列进行剖面的选择，并能通过 Model 栏进行模型显示区域的选择。Model 栏从左到右分别为 Below cut（显示小于该剖面坐标值的模型区域）、On cut（显示剖面）、Above cut（显示大于该剖面坐标值的模型区域）。

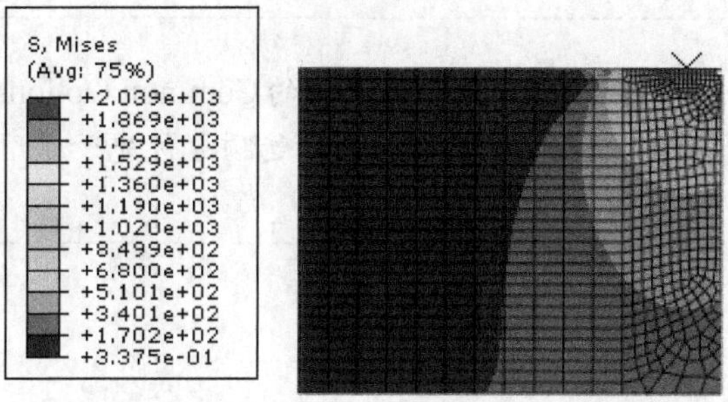

图 5-35　变形后的 Mises 应力云图的剖面图

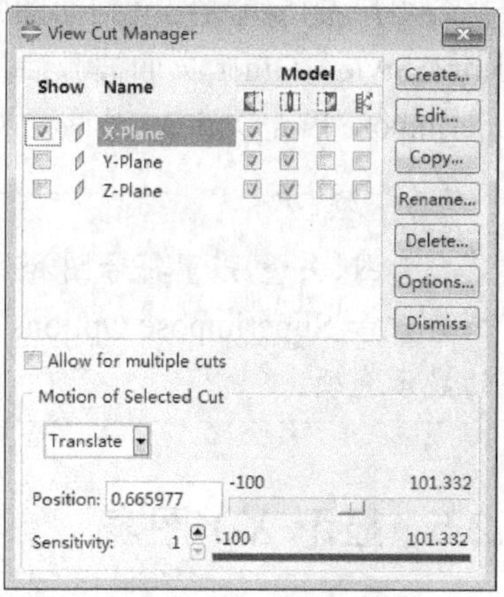

图 5-36　剖面图管理器

剖面图管理器中的 Motion of Selected Cut 栏用于剖面移动方式、位置和敏感度的设置。

（1）Translate/Rotate 列表，用于选择剖面移动方式。

✧ Translate：此为默认选项，剖面通过平移的方式进行位置的变化。

✧ Rotate：剖面通过旋转进行位置的变化，首先需要选择旋转轴。

（2）Position/Angle，该栏用于指定剖面的位置或旋转角度。

（3）Sensitivity，用于指定剖面的平移敏感度，仅适用于 Translate 移动方式。敏感度默认为 1，即 Position 栏的滑动条长度代表整个模型在该方向的长度；可以以 10 为倍数增大敏感度，若设为 20，则 Position 栏的滑动条长度代表整个模型在该方向的长度的 1/20，Sensitivity 区域的红色条码代表 Position 栏的滑动条的控制范围。

（4）Options，单击该按钮，弹出 View Cut Options（剖面图选项）对话框，如图 5-37 所示，该对话框也可以通过执行 Options→View Cut 命令弹出。该对话框用于编辑剖面图的选项，默认选择 Use current plot options 项，即采用通过 Common Options 工具或 Superimpose Options 工具打开的对话框中的设置。

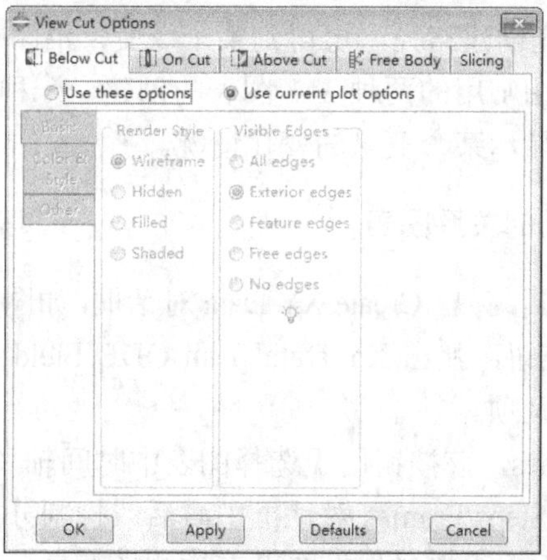

图 5-37　View Cut Options 对话框

若用户希望重新定义剖面图的显示选项，可以选择 Use these options 项，此时 Basic、Color&Style、Other 页面被激活，这三个页面的设置与 Common Plot Options 对话框和 Superimpose Plot Options 对话框类似。

提 示

云图、矢量/张量符号图和材料方向图的显示选项优先于通用的 Common Options 工具和 Superimpose Options 工具。与之相同，剖面图的显示选项也优先于通用的显示选项。

5.2.5 显示 *X-Y* 图表

ABAQUS/CAE 能显示两个变量间的关系图表，并能将其以表格形式输出到文件。

执行 Tools→XY Data→Create 命令，或单击工具区中的 Create XY Data 工具，弹出 Create XY Data 对话框，如图 5-38 所示。该对话框用于选择数据来源。

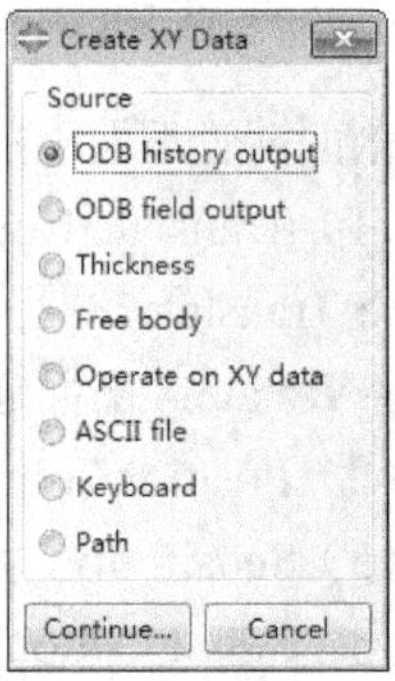

图 5-38 Create XY Data

（1）ODB history output：*X-Y* 曲线的数据来源于输出数据库的历史变量，得到选择的历史变量与时间的关系图表。

（2）ODB field output：*X-Y* 曲线的数据来源于输出数据库的场变量，得到选择的场变量与时间的关系图表。

（3）Operate on XY data：*X-Y* 曲线的数据来源于已经保存的 *X-Y* 曲线的数据，通过指定新的 *X-Y* 数据与保存的 *X-Y* 数据的数学关系来得到新的 *X-Y* 图表。

（4）ASCII file：*X-Y* 曲线的数据来源于文本文件。该文件至少包含两列数据，用户需要指定 *X*、*Y* 轴数据对应的列数及读入数据的间隔行数。

（5）Keyboard：*X-Y* 曲线的数据来源于 ABAQUS/CAE 环境中手工输入的表格。

（6）Path：用户需要先创建路径，再得到某个场变量沿路径的变化图表。

下面以例题的方式介绍常用的两种 *X-Y* 图表的创建，一种是某个场变量与时间的关系曲线；另一种是沿路径显示某个变量的变化情况。

1. 显示场变量与时间的关系图表

单击工具区中的工具，弹出 Create XY Data 对话框，如图 5-38 所示。选择 ODB field output，单击 Continue...按钮，弹出 XY Data from ODB Field Output 对话框，如图 5-39 所示。该对话框包括以下几项。

（1）Active Steps/Frames，该按钮用于选择图表中时间轴（*X* 轴）的坐标范围。单击该按钮，在弹出的 Active Steps/Frames 对话框中激活或抑制分析步和增量步。

（2）Variables，该页面用于选择位于图表 *Y* 轴的场变量。

✧ Position：用于选择场变量的位置，默认为 Integration Point（积分点）。

✧ Variables 列表：该列表显示出保存在输出数据库中的场变量，并随着 Position 的选择而自动更新，用于场变量的选择。

✧ Edit：用户在该栏内输入场变量的名称，按 Enter 键选中该变量。

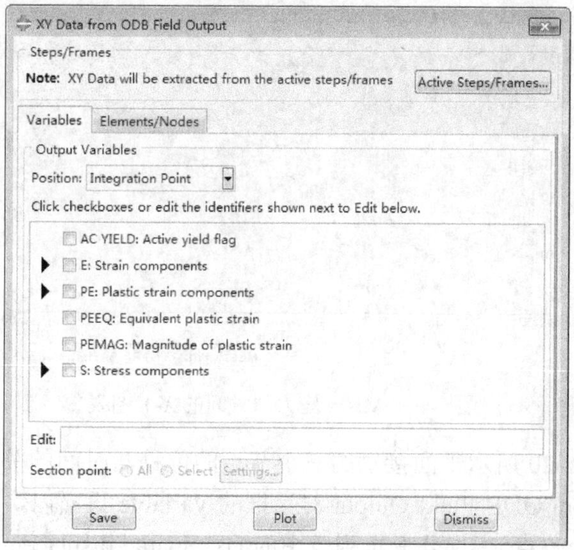

图 5-39　编辑 XY 图表的场变量数据

（3）Elements/Nodes，用于选择单元、节点。

其中的 Method 用于选择单元、节点的选取方式。它包括以下几项。

① Pick from viewport，在视图区内选取一个或多个单元/节点，右侧的表格内列出已选取的单元/节点。

✧ Add Selection：添加单元/节点。

✧ Edit Selection：编辑已选取的单元/节点。

✧ Delete Selection：删除已选取的单元/节点。

② Element/Node labels，指定单元/节点的标号。在右侧表格内的 Part instance 列选择部件实体，在其后的 Labels 栏内输入用于 *X-Y* 图表的单元/节点的标号，用逗号或冒号隔开。Add Row 和 Delete Row 按钮分别用于添加和删除行。

③ Internal sets，选取 ABAQUS/CAE 产生的内部集合中的单元/节点。用户仍然可以通过 Name filter 栏进行内部集合名称的过滤。

④ Element/Node sets，选取集合内包含的单元/节点。右侧表格内列出了单元/节点集合，若模型包含较多的集合，用户可以通过 Name filter 栏进行集合名称的过滤。

设置完成，单击 Save 按钮用于保存数据表，单击 Plot 按钮用于显示图表。

下面显示如图 5-20 所示平面接触接触区内一个节点的 Mises 应力与时间的关系图表。

在 XY Data from ODB Field Output 对话框的 Variables 选项卡页面内，选择 Position 栏内的 Unique Nodal（单个节点），展开变量列表中的 S：Stress components，选中 Mises（Mises 应力）（也可以在 Edit 栏内输入 S.Mises，按 Enter 键）。

在 Elements/Nodes 选项卡页面内，单击 Edit Selection 按钮，在视图区中选取接触边界处的一个节点，单击鼠标中键，返回 XY Data from ODB Field Output 对话框，单击 Plot 按钮，视图区显示该节点的 Mises 应力与时间的关系图表，如图 5-40 所示。

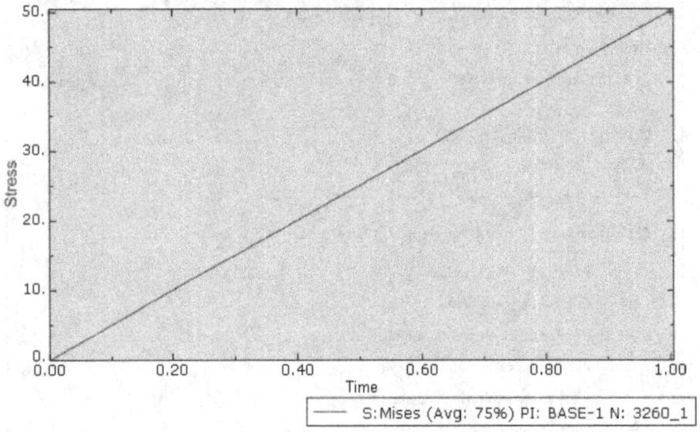

图 5-40　Mises 应力与时间的 *X-Y* 图表

下面显示如图 5-20 所示平面接触的三个节点的位移与时间的关系图表。

在 XY Data from ODB Field Output 对话框的 Variable 页面内，选择 Position 栏内的 Unique Nodal（单个节点），展开变量列表中的 U：Spatial displacement，选中 Magnitude（也可以在 Edit 栏内输入 U.Magnitude，按 Enter 键）。

在 Elements/Nodes 选项卡页面内，单击 Edit Selection 按钮，按住键盘的 Shift 键，在视图区中选取平板中的三个节点，单击鼠标中键，返回 XY Data from ODB Field Output 对话框，单击 Save 按钮，在弹出的 Save XY Data 对话框中，单击 OK 按钮，保存 *X-Y* 数据。

执行 Tools→XY Data→Manager 命令，或单击工具区中的工具右侧的 XY Data Manager 工具，弹出 XY Data Manager（*X-Y* 数据管理器）对话框。选择列表中的三行，如图 5-41 所示。单击右侧的 Plot 按钮，视图区显示三个节点的位移与时间的关系图表，如图 5-42 所示。

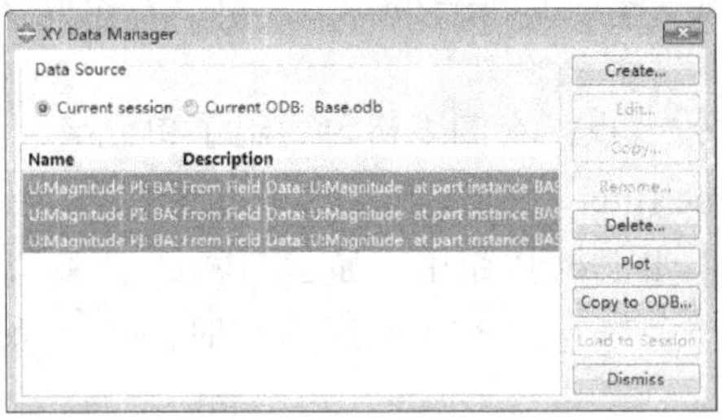

图 5-41　*X-Y* 数据管理器

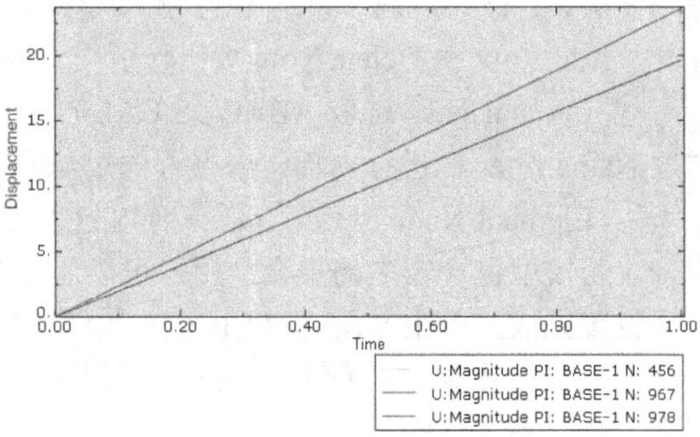

图 5-42　三个节点的位移与时间的关系图表

用户在查看 *X-Y* 图表时，可以单击工具栏中的 Query information 工具，在弹出的 Query 对话框（见图 5-43）中选择 Probe values，单击 OK 按钮，弹出 Probe Values 对话框。将鼠标在曲线上移动，Probe Values 对话框上部区域就会显示鼠标所指到的点的数据值。

单击鼠标左键，这些数据显示在对话框下部列表内，如图 5-44 所示，单击 Write to File…按钮，可将这些数据保存到指定的文件中。

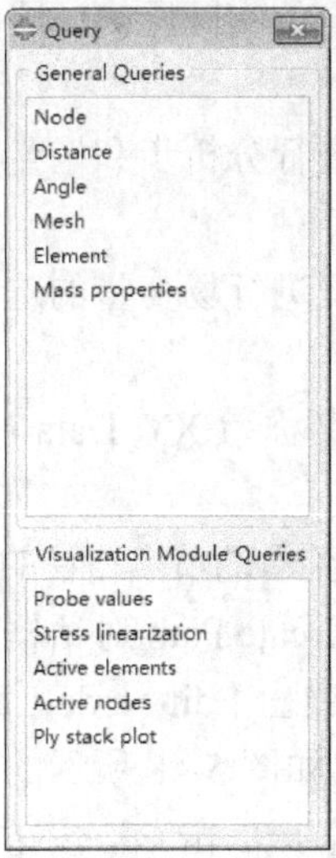

图 5-43　Query 对话框

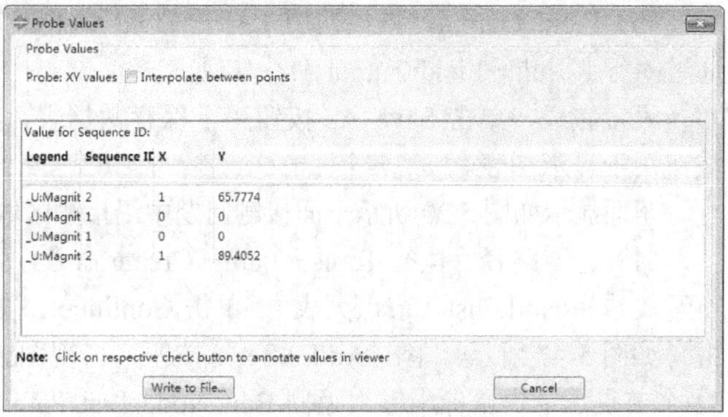

图 5-44　查看 *X-Y* 列表上的数据

2. 显示场变量沿路径变化的图表

先执行 Tools→Path→Create 命令创建 Path（路径），然后单击工具区中的工具，弹出 Create XY Data 对话框，选择 Path，单击 Continue…按钮，弹出 XY Data from Path 对话框，如图 5-45 所示。

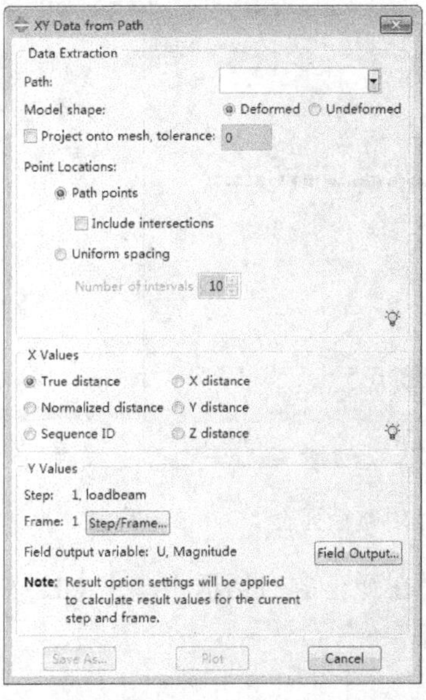

图 5-45　XY Data from Path 对话框

（1）Path，用于选择路径。

（2）Model shape，用于选择路径上的点是位于变形后的模型（Deformed）还是变形前的模型（Undeformed）上，默认为 Deformed。

（3）Include intersections，除了用户选取的点，ABAQUS/CAE 还选择路径与单元的面或单元的边相交的点。默认为不选择该项。

（4）X Values，该栏用于选择 *X* 轴的坐标。

✧ True distance：*X* 轴的坐标为路径上的点的实际距离，原点处的 *X* 坐标为 0。

✧ Sequence ID：*X* 轴的坐标为选取点的顺序，范围为 1～*n*（*n* 为路径上点的数目），原点处的 *X* 坐标为 1。

✧ Normalized distance：*X* 轴的坐标为该点到起始点的实际距离与路径总长度之比，范围为 0～1，原点处的 *X* 坐标为 0。

✧ X distance：X 轴的坐标为路径上的点在坐标轴 X 方向的实际距离，原点处的 X 坐标为 0。

✧ Y distance：X 轴的坐标为路径上的点在坐标轴 Y 方向的实际距离，原点处的 X 坐标为 0。

✧ Z distance：X 轴的坐标为路径上的点在坐标轴 Z 方向的实际距离，原点处的 X 坐标为 0。

（5）Step/Frame，该按钮用于打开 Step/Frame 对话框进行分析步和增量步的选择，也可以通过执行 Result→Step/Frame 命令实现。

（6）Field Output，该按钮用于打开 Field Output 对话框进行场变量的选择，也可以通过执行 Result→Field Output 命令实现。

设置完成，单击 Save As 按钮用于保存数据表，默认名称为 XY Data-n；单击 Plot 按钮用于显示图表。

下面显示如图 5-20 所示平面接触问题中沿接触区域从左到右的节点路径的变化图表。

（1）选取路径。执行 Tools→Path→Create 命令，弹出 Create Path 对话框，如图 5-46 所示。选择 Node list（节点列表），单击 Continue...按钮，弹出 Edit Node List Path 对话框，如图 5-47 所示。单击 Add After...按钮，在视图区选取如图 5-48 所示的从左到右的 31 个节点，单击鼠标中键，返回 Edit Node List Path 对话框，单击 OK 按钮，完成名为 Path-1 的路径的创建。

（2）创建模型沿该路径的应力变化图表。单击工具区中的工具，在弹出的 Create XY Data 对话框中选择 Path，单击 Continue...按钮，弹出 XY Data from Path 对话框，如图 5-45 所示。

单击 Field Output 按钮，在 Field Output 对话框中采用默认的 S（应力），在 Invariant 列表中选择 Mises，单击 OK 按钮。

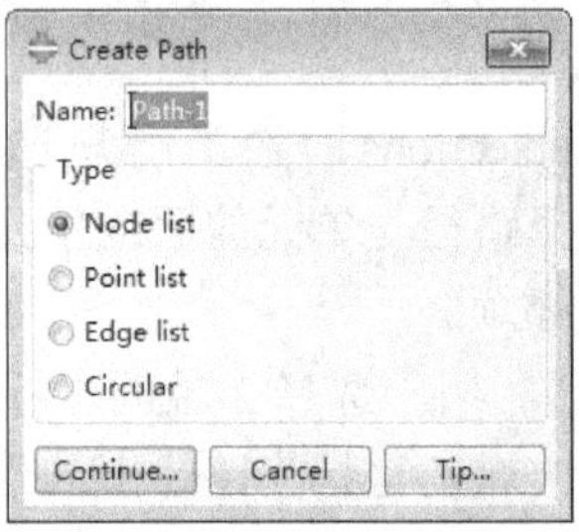

图 5-46　Create Path 对话框

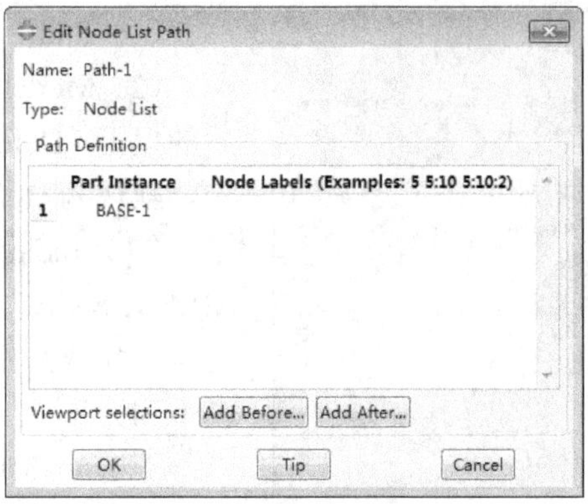

图 5-47　编辑路径列表

返回 XY Data from Path 对话框，单击 Save As 按钮，在弹出的对话框中单击 OK 按钮，按默认的名称保存 X-Y 数据。

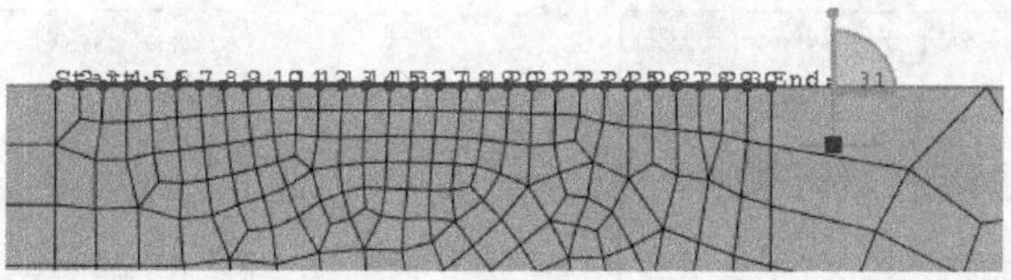

图 5-48　路径选择示意图

单击工具区中工具右侧的 XY Data Manager 工具，弹出 XY Data Manager（*X-Y* 数据管理器）对话框，单击右侧的 Plot 按钮，视图区显示模型的最大主应力沿该路径的变化图表，如图 5-49 所示。

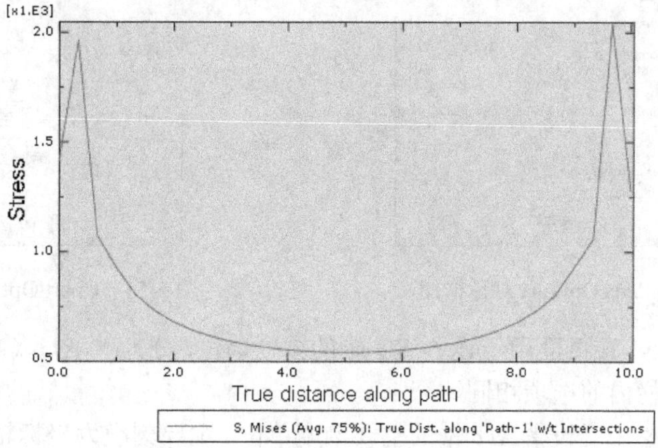

图 5-49　Mises 应力沿着接触表面的变化趋势

3．设置 *X-Y* 图表的选项

ABAQUS 可以对 *X-Y* 图表进行编辑，得到希望的图表形式。对图表选项和数据线参数的编辑非常简单，类似于 Microsoft Excel 或 Microsoft Word 中对图表的编辑。先在视图区显示要编辑的 *X-Y* 图表，然后就可以对图表选项和数据线格式进行编辑。

（1）编辑图表选项。执行 Options→XY Plot 命令，分别单击工具区中的 XY Plot Options 工具和，弹出 Axis Options 和 Chart Options 对话框，如图 5-50 和图 5-51 所示。下面主要介绍其中常用的一些设置选择。

① Scale，该页面用于设置 *X*/*Y* 轴的刻度类型和最大、最小刻度值，分为 X-Axis（*X* 轴）栏和 Y-Axis（*Y* 轴）栏，这两栏内的选项相同。

- ✧ Linear/Log：该栏用于选择 *X*/*Y* 轴的刻度类型，包括 Linear（线性刻度）和 Logarithmic（对数刻度），*X*/*Y* 轴的刻度类型都默认为 Linear。
- ✧ Max：该栏用于设置 *X*/*Y* 轴的最大刻度值，默认为 Auto-compute，ABAQUS/CAE 自动计算出最大刻度值。用户也可以在 Specify 栏内输入最大刻度值。
- ✧ Min：该栏用于设置 *X*/*Y* 轴的最小刻度值，设置方法同最大刻度值（Max）。

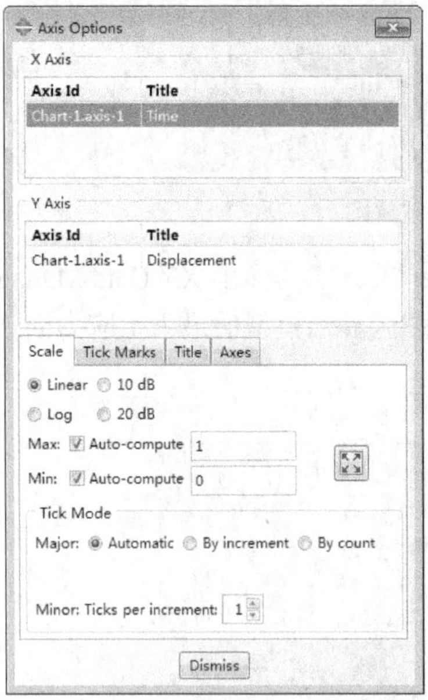

图 5-50　Axis Options 对话框图

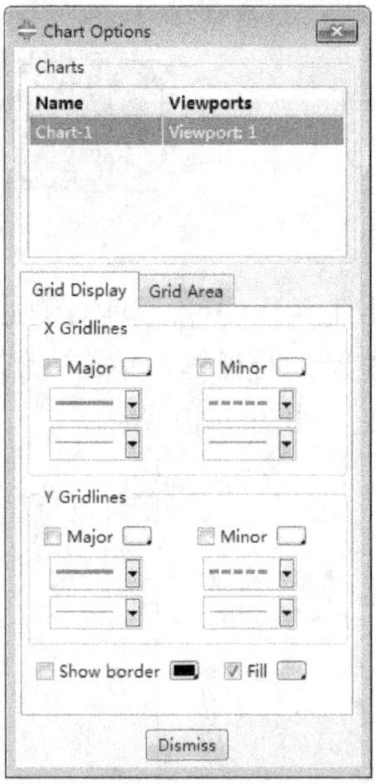

图 5-51　Chart Options 对话框

② Tick Marks，该页面用于设置 *X*/*Y* 轴的刻度单位，分为 X-Axis（*X* 轴）栏和 Y-Axis（*Y* 轴）栏，这两栏内的选项相同。

✧ Major：该栏用于设置 *X*/*Y* 轴的主要刻度单位（主要刻度为坐标轴上较长的刻度），默认为 Auto-compute，ABAQUS/CAE 自动计算出主要刻度单位。用户也可以在 Increment 栏内输入主要刻度单位，或在 Total number 栏内设置主要刻度的数量。

✧ Minor：Ticks per interval：该栏用于设置 *X*/*Y* 轴的主要刻度间的次要刻度的数量（次要刻度为坐标轴上较短的刻度），默认值为 1。

③ Titles，该页面用于编辑图表的标题和 *X*/*Y* 轴的标题。

✧ Font：该栏用于编辑 *X*-*Y* 图表的标题，默认为无图表标题。用户可以在 Title text 栏内输入图表的标题，在 Color 栏选择标题的颜色，单击 Set Font 按钮选择字体。

✧ X-Axis：该栏用于编辑 *X* 轴的标题。Title source 栏用于选择标题的来源，默认为 Default, ABAQUS/CAE 自动添加 *X* 轴的标题；在 Title text 栏内输入 *X* 轴的标题，也可以进行颜色和字体的设置。Y-Axis：该栏用于编辑 *Y* 轴的标题，设置方法同 *X* 轴（X-Axis）。

④ Axes，该页面用于设置坐标轴的格式。

● Style，该栏用于设置坐标轴的颜色（Color）和粗细（Thickness）。

● Labels，该栏用于设置 *X*/*Y* 轴的刻度标签，刻度标签仅出现在主要刻度处。

✧ Format：该栏用于选择 *X*/*Y* 轴的刻度标签的格式，默认为 Automatic（自动），根据 *X* 轴的刻度值，ABAQUS/CAE 自动选择十进制或指数格式的刻度标签。也可以选择 Decimal（十进制）或 Exponential（指数）的刻度标签。

✧ Precision：该栏用于设置小数位，默认为 2。

✧ Frequency：该栏用于设置刻度标签出现的频率，默认为 1，即每个主要刻度处都出现刻度标签。

✧ Font：该按钮用于选择刻度标签的字体。

⑤ Grid，该页面用于设置主要网格线（由主要刻度延伸的直线）和次要网格线（由次要刻度延伸的直线）的颜色、线型、粗细，默认为不显示网格线。该页面分为 Major Grid Lines（主要网格线）栏和 Minor Grid Lines（次要网格线）栏，这两栏内的选项相同。

设置完成，单击 OK 按钮，视图区的 *X-Y* 图表发生相应的变化。

（2）编辑数据线参数。执行 Options→XY Curve 命令，或单击工具区中的 XY Curve Options 工具，弹出 XY Curve Options 对话框，如图 5-52 所示。该对话框上部的表格内列出了 *X-Y* 图表中显示的数据线，在该表内选择数据线，就可以在其下的 Attributes 栏内编辑该数据线的参数。

✧ Legend text：该栏用于选择图例的来源，默认为 Default，由 ABAQUS/CAE 自动设置数据线的图例。用户可以选择 User-specified，并在的 Legend text 栏内输入该数据线图例的文本。

✧ Show：用于选择是否显示数据线，默认为选择该项，用户还可以设置该数据线的 Color（颜色）、Style（线型）和 Thickness（粗细）。

✧ Show symbol：用于选择是否在该数据线上显示刻度标志，默认为不选择该项。若选择该项，用户可以设置刻度标志的 Color（颜色）、Symbol（符号）、Size（大小）和 Frequency（频率）。

设置完成，单击 OK 按钮，视图区 *X-Y* 图表中的数据线和图例发生相应的变化。Defaults 按钮用于恢复默认设置。

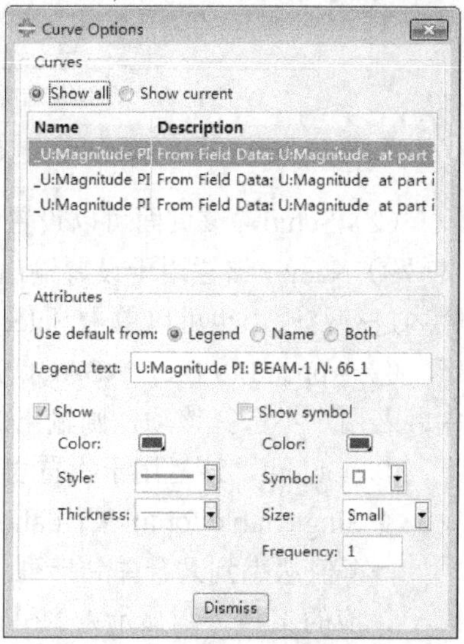

图 5-52　Curve Options 对话框

5.2.6　输出数据表格

ABAQUS/CAE 支持将 *X-Y* 图表的数据、场变量和通过 Probe Values 对话框查看的数据以列表的形式输出。下面讲解如何输出 *X-Y* 图表的数据、场变量的表格文件。

1. 输出 *X-Y* 数据表格

若事先已保存了 *X-Y* 数据或正在显示 *X-Y* 图表，执行 Report→XY 命令，弹出 Report XY Data 对话框，如图 5-53 所示。该对话框包括两个页面。

（1）XY Data，该页面用于选择需要输出的 *X-Y* 数据，如图 5-53（a）所示。默认为选择 All XY data，表格内列出已保存的所有 *X-Y* 数据；在该窗口中可以选择 XY plot in current viewport，表格更新为当前视窗内显示的 *X-Y* 图表；也可以通过 Name filter 栏进

行 *X-Y* 数据名称的过滤。

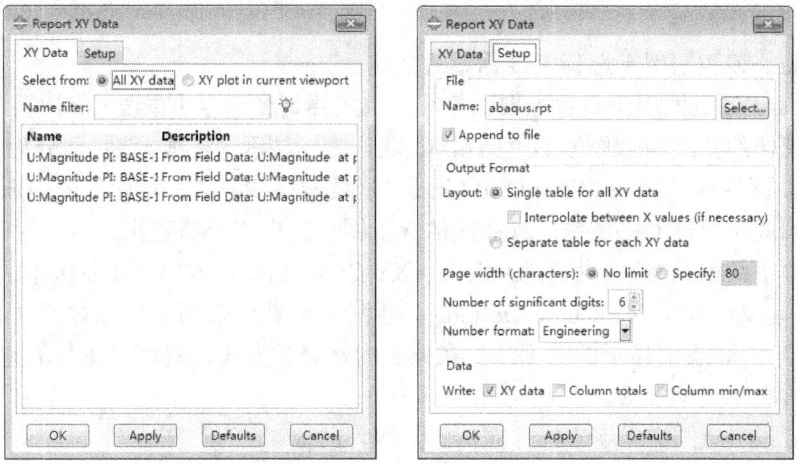

（a）XY Data 选项　　　　（b）Setup 选项

图 5-53　输出 *X-Y* 数据列表

（2）Setup，该页面可以设置表格输出的相关参数，如图 5-53（b）所示。

① Name，该栏用于设置输出文件名，默认为工作目录下的 abaqus. rpt，可以在 Name 栏内进行修改，也可以单击 Select 按钮进行目录和文件名的选择。

② Append to file，ABAQUS/CAE 默认选择该项，将输出的表格添加到选择的文件中：若用户不选择该项，则输出的表格覆盖文件中的内容。

③ Layout，该栏用于设置表格的数量。

✧ Single table for all XY data：此为默认选项，将所有的 *X-Y* 数据合并到一个表格中，*X* 值从小到大合并到一列，每组 *X-Y* 数据的 *Y* 值单独成一列，若某个 *X* 值没有对应的 *Y* 值，则显示为 NoValue。

> **注 意**
>
> 用户可以选择 Interpolate between X values （if necessary）项，ABAQUS/CAE 用插值或外推的方法计算出缺少的 *Y* 值。

✧ Separate table for each XY data：每组 *X-Y* 数据单独成一个表格。

④ Page width（characters），该栏用于设置表格的宽度。

✧ No limit：此为默认选项，对表格宽度没有限制。

✧ Specify：该栏用于设置表格最多可容纳的字符数。

⑤ Number of significant digits，用于设置有效数字的位数，默认为 6 位。

⑥ Number Format，该栏用于选择数据格式。默认为 Engineering（工程计数法）：1～1000 表示为具体数值；≥1000 或<1 表示为 1～999 的数乘以 10 的整数幂。

> **注 意**
>
> 用户也可以选择 Automatic（自动，特别大或特别小的数用科学计数法表示，其他数均表示为具体数值）和 Scientific（科学计数法，1～10 的数乘以 10 的整数幂）。

⑦ Data，该栏用于选择表格中是否列出已选择的每列的总数（Column totals）、*X-Y* 数据（XY data）、每列的最小值和最大值（Column min/max）。默认选择为 XY-data。

当设置完成，单击 OK 或 Apply 按钮，将 *X-Y* 数据输出到指定的文件。

5.2.7 显示动画

ABAQUS/CAE 的可视化模块提供云图、变形图、矢量/张量符号图、材料方向图的动画显示，通过 Animate 菜单或工具区内的工具实现。

Animate：Scale Factor 工具：按顺序显示从分析开始到选择的增量步为止的变形动画，适用于变形图、显示在变形后模型上的云图或矢量/张量符号图（对于显示在变形后模型上的云图或矢量/张量符号图，同时显示变形和场变量）。

提 示

该功能也可以通过执行 Animate→Scale Factor 命令实现。

Animate：Time History 工具：以增量步的顺序显示整个分析过程的变形图、云图、矢量/张量符号图或材料方向图的动画。如果云图或矢量/张量符号图显示在变形前的模型上，则视图区仅显示场变量的变化过程。另外，时间历程动画也适用于与时间相关的 *X-Y* 图表。

提 示

选择该功能也可以通过执行 Animate→Time History 命令实现。

Animate：Harmonic 工具：显示从分析开始到选择的增量步为止的真实变形及其对称的模拟变形的简谐动画，适用于变形图及显示在变形后模型上的云图或矢量/张量符号图（对于显示在变形后模型上的云图或矢量/张量符号图，同时显示变形和场变量）。这种动画适用于特征值分析中振型的计算。

提 示

该功能也可以通过执行 Animate→Harmonic 命令实现。

提 示

先选择合适的模型显示（如云图、变形图），再单击以上介绍的动画工具，视图区显示相应的动画，再次单击该工具即可停止动画，视图区重新出现之前选择的模型显示。

环境栏右方的工具箱可以用来控制动画的显示，如图 5-54 所示。

从左起第 1～4 个工具用于选择动画中的图像，选择了图像后，动画暂停。

单击 Frame Selector 工具，在弹出的 Frame Selector 对话框中选择图像，此时动画暂停。

工具箱中的后两个工具用于选择观察点（在变形动画显示中不动的点）。单击 Set View Camera to Move with a Node 工具，在视图区选择一个节点作为观察点，则动画在显示模型的变形过程中该节点保持不动。若用户想恢复初始的动画显示，单击 Set View Camera to the Global CSYS 工具。

图 5-54　动画控制箱

注 意

若用户使用 Set View Camera to Move with a Node 工具在视图区选取了一个节点作为观察点，则使用 Rotate View 工具时模型以该节点为旋转中心。

执行 Options→Animation 命令，或单击工具区中动画显示工具栏内的 Animation Options 工具栏，弹出 Animation Options 对话框，如图 5-55 所示。该对话框包含 5 个页面。

（1）Player，该页面用于设置动画的播放选项，如图 5-55 所示。

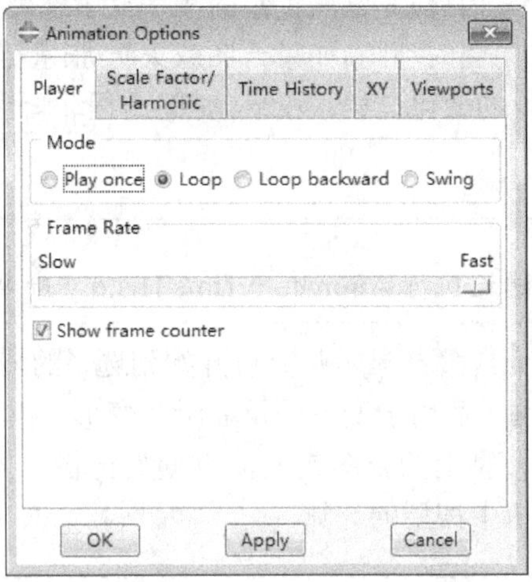

图 5-55　Animation Options 对话框

① Mode，该栏用于设置动画的播放模式。

✧ Play once：按第一个画面到最后一个画面的顺序播放一次动画。

✧ Loop：此为默认选项，按第一个画面到最后一个画面的顺序循环播放，显示完最后一个画面后跳到第一个画面。

✧ Loop backward：按最后一个画面到第一个画面的顺序反向循环播放，显示完第一个画面后跳到最后一个画面。

✧ Swing：先按第一个画面到最后一个画面的顺序播放，再按最后一个画面到第一个画面的顺序播放，并重复播放此动画。

② Show frame counter，用于选择是否在视图区右上角显示画面计数器，默认为选择该选项。若选择播放时间历程（Time History）动画，则状态区也会显示增量步和分析步时间的变化情况。

③ Frame Rate，拖动滑动条控制动画播放的速度，默认为最快的速度（Fast）。

（2）Scale Factor/Harmonic，该页面用于设置 Scale Factor 和 Harmonic 动画的参数。

① Relative Scaling，该栏用于选择变形范围。

✧ Half cycle：对于 Scale Factor 动画，仅产生真实变形，即比例系数的变化范围为 0～1；对于 Harmonic 动画，产生半周期的简谐振动（0°～180°）。

✧ Full cycle：对于 Scale Factor 动画，产生反向变形，即比例系数的变化范围为-1～1；对于 Harmonic 动画．产生全周期的简谐振动（0°～360°）。

② Frames，该栏用于选择动画中的图像数量，默认值为 7。

（3）Time History，该页面用于设置 Time History（时间历程）动画的播放参数。

① Time-based，基于时间显示动画。

② Frame-based，此为默认选项，基于增量步显示动画，画面数为增量步的数量。

✧ Time increment（时间增量）：该栏用于设置动画的时间增量，默认为整个分析的时间，即动画仅包含分析开始时和分析结束时的两个画面。

✧ Max time：该栏用于设置动画的结束时间。默认为 Auto-compute，即分析结束的时间；用户可以在 Specify 栏内进行设置。

✧ Min time：该栏用于设置动画的起始时间。默认为 Auto-compute，即分析开始的时间；用户可以在 Specify 栏内进行设置。

（4）*XY*，该页面用于设置与时间相关的 *X-Y* 图表动画的播放参数。当显示 *X-Y* 图表的动画时，ABAQUS/CAE 产生一条垂直于 *X* 轴的直线，并沿 *X* 轴从左到右移动（基于增量步），在该直线与 *X-Y* 曲线的相交处出现一个符号。

① Draw using highlight method，该选项用于高亮度显示直线和符号，默认为选择该项。

② Show symbol，该选项用于显示直线与 *X-Y* 曲线相交处的符号，默认为选择该项，此时用户需要设置符号的颜色、形状和大小。

✧ Color：用于选择符号的颜色，在不选择 Draw using highlight method 项时被激活，默认为 ABAQUS/CAE 自动选择各符号的颜色。

✧ Symbol：用于选择符号的形状，默认为 Default，ABAQUS/CAE 自动选择各符号的形状。

✧ Size：用于选择符号的大小。

③ Show line，该选项用于显示垂直于 *X* 轴的直线，默认为选择该项，此时用户需要设置直线的颜色、线型和粗细。

✧ Color：用于选择直线的颜色，在不选择 Draw using highlight method 项时被激活。

✧ Style：用于选择直线的线型。

✧ Thickness：用于选择直线的粗细。

（5）Viewports，该页面用于设置动画显示的视窗。

① Animated Viewports，该列表用于选择显示动画的视窗。

② Animation type，该栏用于选择动画的类型。

设置完成，单击 OK 按钮。

在播放动画的状态下，ABAQUS 可以将动画以文件形式保存下来，具体方法：执行

Animate→Save As 命令，在弹出的 Save Image Animation 对话框中进行相关的设置后保存动画。

注 意

在用外部播放器播放保存的文件时，如果发现画面静止，原因是在保存文件的时候，没有处在动画正在播放的状态下。

本章小结

Job 模块主要用于分析作业和网格自适应过程的管理和创建，是完成模型建立和提交任务进行计算的环节。计算完成后，就可以进入 Visualization 模块进行结果的分析和处理了。

本章重点介绍了这两个功能模块的内容，通过这个模块的学习，熟练 ABAQUS/CAE 进行有限元分析的步骤，掌握 Job 模块和 Visualization 模块的主要功能，意识到 ABAQUS 分模块化处理有限元问题的优势。

（1）分析作业模块（Job）。在 Job 模块可以实现以下功能：创建和编辑作业；提交分析作业；生成 INP 文件；监视分析作业的运行状态；中止分析作业的运行。

（2）ABAQUS 可视化模块（Visualization）。该模块可以显示 ODB 文件中的分析结果，是计算结果处理的模块。

第二部分 应用案例分析

第6章 结构静力学分析

结构分析是有限元分析方法最常用的一个应用领域。结构是一个广义的概念，包括土木工程结构，如建筑物；航空结构，如飞机机身；汽车结构，如车身骨架；海洋结构，如船舶结构等：还包括各种机械零部件，如活塞、传动轴等。本章将介绍 ABAQUS 用于结构静力学分析的方法和步骤，通过本章的学习，进一步熟悉前面章节介绍的各模块功能，了解 ABAQUS 的强大功能。

教学目标

（1）了解结构静力学分析简介。
（2）熟悉 ABAQUS 进行桁架结构静力分析。
（3）掌握 ABAQUS 进行轴对称结构静力分析。
（4）了解弹性体的基本假设。
（5）掌握 INP 文件的格式和内容。

6.1 结构静力学分析简介

结构线性静力分析计算是结构在不变的静载荷作用下的受力分析。它不考虑惯性和阻尼的影响。静力分析的载荷可以是不变的惯性载荷（如离心力和重力），以及通常在许多建筑规范值所定义的等价静力风载和地震载荷等（可近似等价于静力作用随时间变化的载荷）的作用。

6.1.1 静力学分析的特点

静力分析的结果包括位移、应力、应变和力等。静力分析所施加的载荷包括以下几个方面。

✧ 外部施加的作用力和压力。

✧ 稳态的惯性力（如重力和离心力）。

✧ 温度载荷（对于温度应变）。

✧ 强制位移。

✧ 能流（对于核能膨胀）。

静力分析既可以是线性的也可以是非线性的。非线性静力分析包括所有类型的非线性，如大变形、塑性、蠕变、应力刚化、接触（间隙）单元、超单元等。本章主要讨论线性静力分析，对于非线性分析详见后续相关章节。

6.1.2 静力学分析的步骤

静力学分析的基本步骤：

（1）建立几何模型。

（2）定义材料属性。

（3）进行模型装配。

（4）定义分析步。

（5）施加边界条件和载荷。

（6）定义作业，求解。

（7）结果分析。

静力学分析的主要要求如下：

（1）采用线性结构单元。

（2）对于网格密度需要注意：应力和应变急剧变化的局域，通常也是用户感兴趣的区域，需要有比较密的网格。当考虑非线性效应的时候，要用足够的网格来得到非线性效应。在静力学分析中，分析步必须为一般静力学分析步，即 General：Static。

（3）材料可以是线性或者非线性的，各向异性或者正交各项同性的，常数或者跟温度相关的。

注 意

定义材料时，必须按某种形式定义刚度。对于温度载荷，必须定义热膨胀系数；对于惯性载荷，必须定义质量计算所需的密度等数据。

6.2 桁架结构静力分析

本节将通过一个四根桁架结构的求解过程来介绍使用 ABAQUS 进行桁架结构的静力学分析过程，通过分析可以看出 ABAQUS 在基本分析过程中的优越性。

6.2.1 问题的描述

如图 6-1 所示的桁架结构，各个杆的长度和约束如图 6-1 所示，材料为钢，弹性模量为 2.96e6 GPa，横截面积为 100 mm^2，求该结构的节点位移、单元位移和支反力。

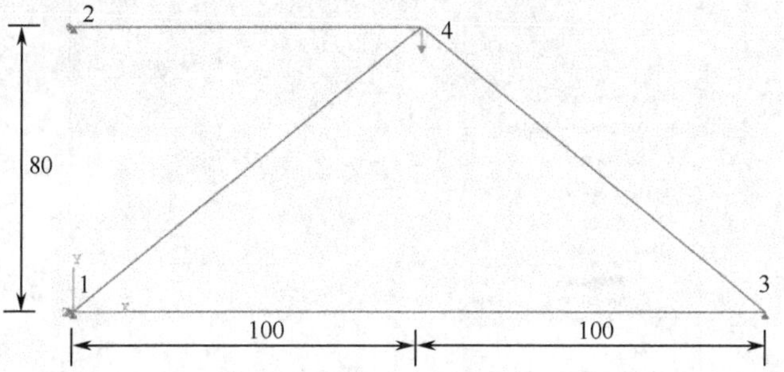

图 6-1 四根桁架结构

6.2.2 问题的分析

1. 创建部件

启动 ABAQUS/CAE，创建一个新的模型，重命名为 Truss，保存模型为 Truss.cae。

单击工具箱中的（Create Part）按钮，在 Name 后面输入 Link，将 Modeling Space 设为 2D Planar，Type 改为 Deformable，Shape 为 Solid，Base Feature 为 Wire，Approximate Size 输入 800，单击 Continue…按钮，进入草图环境。

单击工具箱中的（Create Lines：Connected）按钮，用鼠标选取或者输入坐标值，通过点（0,0）、（200,0）、（100,80）、（0,80）画直线，单击按钮连接（0,0）和（100,80）两点。单击提示区的 Done 按钮，形成四桁架结构。

注 意

ABAQUS 中，单击鼠标中键（滚轮鼠标中的滚轮）和单击提示区的 Done 按钮作用相同。

2．创建材料和截面属性

（1）创建材料：进入 Property 模块，单击工具箱中的 （Create Material）按钮，弹出 Edit Material 对话框，输入材料名称 link，选择 Mechanical→Elasticity→Elastic，输入弹性模量值为 2.96e6；单击 OK 按钮，完成材料属性定义，如图 6-2 所示。

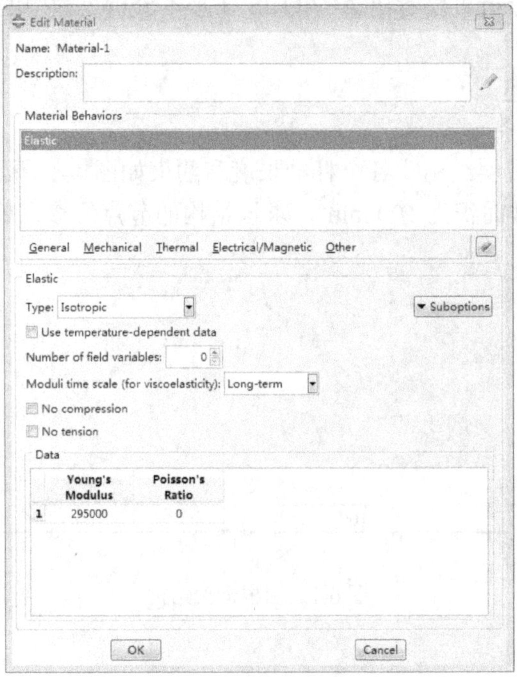

图 6-2　定义材料属性

注 意

可以先在环境栏中选择 Property 进入材料属性模块，再执行 Material→Create 命令，也可以单击工具箱中的 （Create Material）按钮。在 ABAQUS 中同一个命令可以有多种操作方法，执行菜单中的命令、模型树中的命令、工具栏中的命令、工具箱中的命令作用是相同的，以后涉及到这样的问题，一般情况下本书只给出一种。

（2）创建截面属性：单击工具箱中的 （Create Section）按钮，在 Create Section 对话框中选择 Catagory: Beam，Type 选择 Truss，单击 Continue...按钮，进入 Edit Section 对话框。

进入 Edit Section 对话框，Material 选择 link，单击 OK 按钮，完成截面的定义。

（3）赋予截面属性：单击工具箱中的 （Assign Section）按钮，选择部件 Link，单击提示区中的 Done 按钮，在弹出的 Edit Section Assignment 对话框中选择 Section: Section-1，单击 OK 按钮，把截面属性赋予部件 Link。

注 意

ABAQUS 的材料属性不能直接赋予几何模型和有限元模型，必须通过创建截面属性，把材料属性赋予截面属性，然后把截面属性赋予几何模型，间接地把材料属性赋予几何模型。

3. 定义装配件

进入 Assembly 模块，单击工具箱中的（Instance Part）按钮，在弹出的如图 6-3 所示的 Create Instance 对话框中选择 Link，单击 OK 按钮，创建部件的实例。

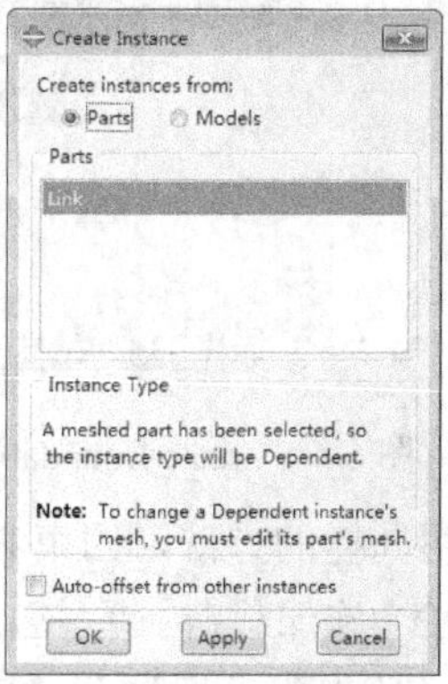

图 6-3 Create Instance 对话框

4. 设置分析步和输出变量

（1）定义分析步。在环境栏 Module 后面选择 Step，进入 Step 分析步模块，单击工具箱中的（Create Step）按钮，在弹出的 Create Step 对话框中，选择 Procedure Type 为 General：Static，单击 Continue…按钮。

在弹出的 Edit Step 对话框中接受默认设置，单击 OK 按钮，完成分析步的定义。

注 意

在静态分析中，分析步时间（Time Period）一般没有实际意义，可以接受默认值，对于初学者，时间增量步（Incrementation）的设置相对比较困难，一般可以先使用默认值进行分析，如果结果不收敛再进行调整。

（2）设置变量输出。单击工具箱中的（Field Output Manager）按钮，在弹出的 Field Output Requests Manager 对话框中，可以看到 ABAQUS/CAE 已经自动生成了一个名为 F-Output-1 的历史输出变量。

单击 Edit…按钮，在弹出的 Edit Field Output Request 对话框中，可以增加或者减少某些量的输出，返回 Field Output Requests Manager，然后单击 OK 按钮，完成输出变量的定义。用同样的方法，也可以对历史变量进行设置。

5. 定义载荷和边界条件

本例不涉及接触问题，所以可以直接跳过 Interaction 模块。

（1）定义边界条件。在环境栏 Module 后面选择 Load，进入 Load 功能模块，单击工具箱中的（Boundary Conditions Manager）按钮（或者单击 Boundary Condition Manager 对话框中的 Create…按钮），弹出如图 6-4 所示的 Create Boundary Condition 对话框，在弹出的对话框中，分析步选择系统定义的初始分析步 Initial，类型选择 Mechanical：Displacement/Rotation，单击 Continue…按钮，用鼠标在图形区选择模型中的点 1 和点 2（选择多个对象时按下 Shift 键），单击鼠标中键，弹出如图 6-5 所示的 Edit Boundary

Condition 对话框，选择 U1，U2（表示约束这两个自由度，而 UR3 不约束），完成点 1 和点 2 边界条件的施加。

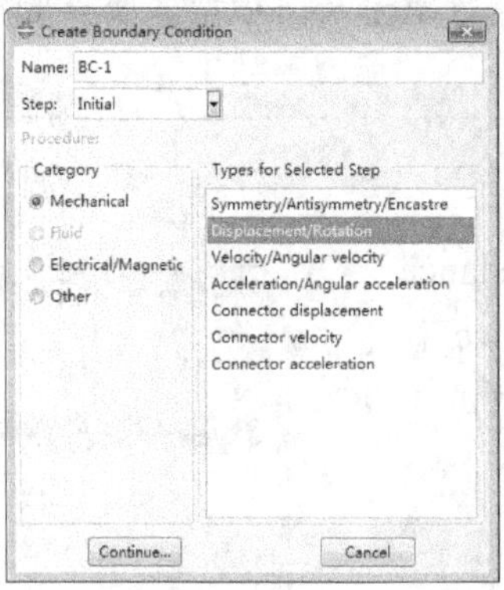

图 6-4　Create Boundary Condition 对话框

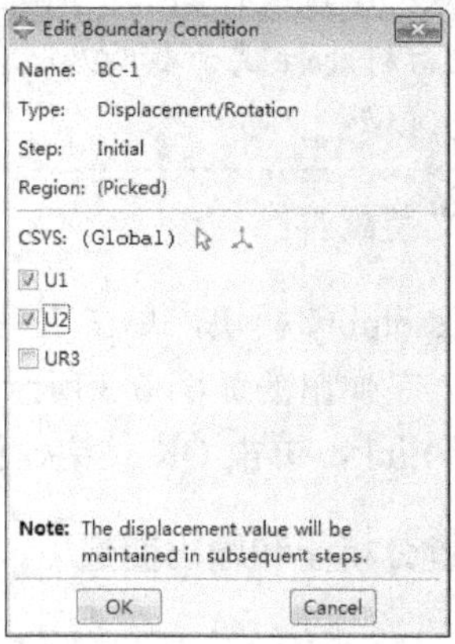

图 6-5　Edit Boundary Condition 对话框

用同样的方法，约束右下角点（点 3）U2 方向的自由度。

（2）施加载荷。单击工具箱中的（Create Load）按钮，在弹出的 Create Load 对话框中定义载荷名称为 Load-1，选择载荷类型 Mechanical：Concentrated force（集中力），如图 6-6 所示，单击 Continue...按钮，用鼠标在图形区选择右上角点（点 4），单击鼠标中键，在弹出的 Edit Load 对话框中，如图 6-7 所示，输入 CF1：0，CF2：-100（力的方向竖直向下，与坐标轴 2 的正方向相反），单击 OK 按钮，完成载荷的施加，在点 4 上施加了一个方向向下的大小为 100N 的集中力。

注 意

该集中力的大小和方向在分析过程中保持不变，如果选择 Follow nodal rotation 选项，则力的方向在分析过程中随着节点的旋转而变化；使用幅值曲线可以改变力的变化规律。

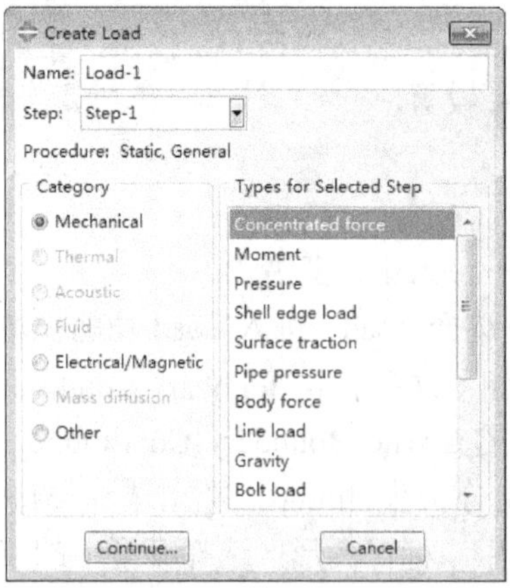

图 6-6　Create Load 对话框

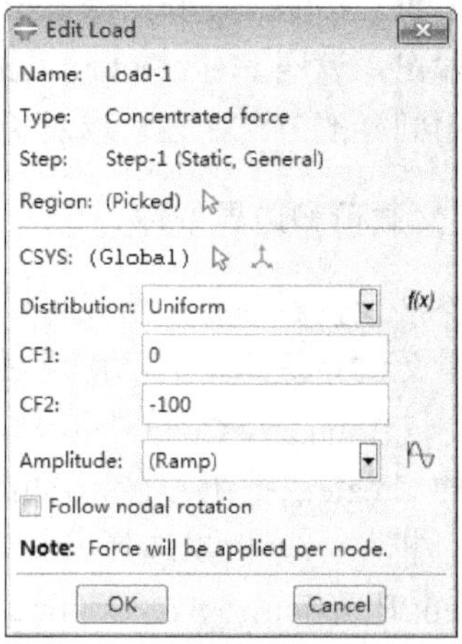

图 6-7　Edit Load 对话框

6. 划分网格

在环境栏 Module 后面选择 Mesh，进入 Mesh 功能模块，在窗口顶部的环境栏 Object 选项设为 Part 选项。

（1）设置网格密度。单击（Seed Edges）按钮，在图形区框选中整个模型，单击鼠标中键，在弹出的如图 6-8 所示的 Local Seeds 对话框中，单击 Basic 标签栏选中 By number，在 Number of elements 后面输入 1，然后单击 OK 按钮。

（2）选择单元类型。单击工具区中的 Assign Element Type（分配单元类型）工具，在视图区选择模型，单击 Done 按钮，弹出 Element Type 对话框，选择默认的单元为 T2D2，单击 OK 按钮，完成单元类型的选择。

（3）划分网格。单击工具区中的 Mesh Part（划分部件）按钮，单击提示区的 Done 按钮，完成网格划分。

7. 提交作业

在环境栏 Module 后面选择 Job，进入 Job 模块。执行 Job→Manager 命令，单击 Job Manager 对话框中的 Create...按钮，定义作业名称为 Link，单击 Continue...按钮，单击 OK 按钮完成作业定义。单击 Submit 按钮，提交作业。

单击 Monitor 按钮，弹出 link Monitor 对话框，可以查看到分析过程中出现的警告信息，如图 6-9 所示。

等分析结束后，单击 Results 进入 Visualization 模块。

8. 后处理

（1）打开结果输出文件 link.odb，有以下几种方法。

在 Job Manager 对话框中单击 Results 按钮。

单击 Visualization 模块中的（Open）按钮，弹出 Open Database 对话框，选择 link.odb 文件，单击 OK 按钮。

在模型树中把 Model 切换到 Results 选项，双击 Output Databases，弹出 Open Database 对话框，选择 link.odb 文件，单击 OK 按钮。

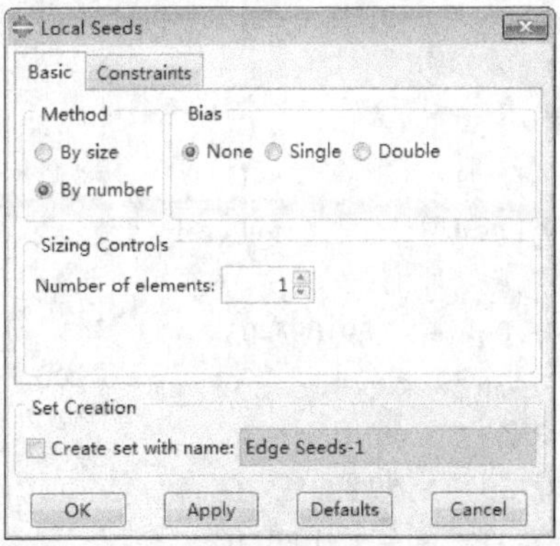

图 6-8　Local Seeds 对话框

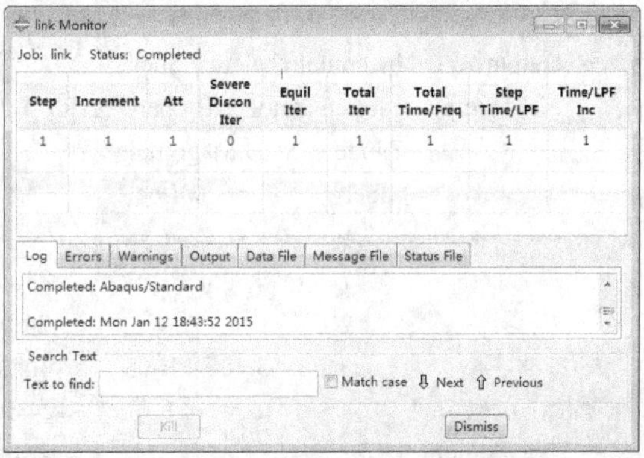

图 6-9　link Monitor 对话框

注 意

在后两种打开数据库的方法中，默认的打开方式是 Read Only（只读方式），不能对数据库进行操作，如定义结果坐标系等，需要对结果数据库进行操作，必须在 Open Databases 对话框中取消 Read Only 选项。

（2）显示节点和单元编号。执行 Options→Common 命令，弹出 Common Plot Options 对话框，切换到 Labels 选项卡，选择 Show element labels 和 Show node label 选项，并选择字体颜色，单击 OK 按钮，显示出节点和单元编号，如图 6-10 所示。

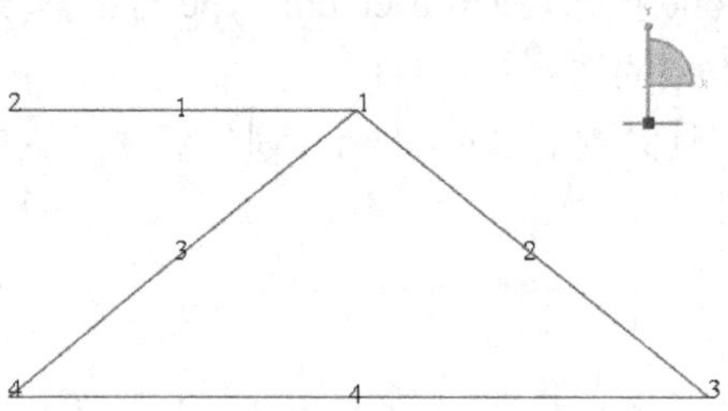

图 6-10　节点和单元编号

（3）生成各个节点位移的结果报告。执行 Report→Field output 命令，弹出 Report Field Output 对话框，输出位置 Position 后面选择 Unique Nodal（输出节点处的值），输出选项中取消默认的 S：Stress components 的选项，选择 U：Spatial displacement 下面的 U1、U2（输出坐标轴 1、2 方向的位移值），切换到 Setup 选项卡，设定输出文件的名称 link，取消下部 Column totals 选项，单击 OK 按钮。在 ABAQUS 工作目录下生成报告文件 link.rpt，内容如下：

```
********************************************************************************
Field Output Report, written Mon Jan 12 20:13:33 2015
Source 1
---------
   ODB: D:/Program Files/Dassault/SIMULIA/ABAQUS 6.14-1/Temp/link.odb
   Step: Step-1
   Frame: Increment       1: Step Time =     1.000
Loc 1 : Nodal values from source 1
Output sorted by column "Node Label".
Field Output reported at nodes for part: PART-1-1
            Node     U.Magnitude          U.U1           U.U2
           Label          @Loc 1        @Loc 1         @Loc 1
-----------------------------------------------------------------
               1     7.73583E-03   830.804E-06   -7.69109E-03
               2              0.   24.5087E-36             0.
               3     3.40648E-03   3.40648E-03   -40.1965E-36
               4              0.  -24.5087E-36   -59.8035E-36
  Minimum                     0.  -24.5087E-36   -7.69109E-03
       At Node                4             4              1
```

Maximum	7.73583E-03	3.40648E-03	0.
At Node	1	3	2

****

类似于上述生成单元应力的数据报告，输出位置 Position 后面选择 Integration Point（积分点），输出选项选择 S：Stress components 中的 S11，报告文件为 link-element-S，得到的各单元应力值如下：

Element Label	Int Pt	S.S11 @Loc 1
1	1	2.45087
2	1	-6.43458
3	1	-9.57323
4	1	5.02456

同样可以生成各个节点支反力的数据报告，输出位置 Position 后面选择 Unique Nodal，输出选项选择 RF：Reaction force 中选择 RF1、RF2，报告文件名为 link-nodal-RF，得到各节点的支反力如下：

Node Label	RF.RF1 @Loc 1	RF.RF2 @Loc 1
1	0.	0.
2	-24.5087	-0.
3	0.	40.1965
4	24.5087	59.8035

读者可以用这些结果跟理论计算的结果进行对比，可以发现 ABAQUS 的计算结果和理论结果完全相符。对于复杂模型，使用 ABAQUS 有限元软件进行模拟计算有着不可比拟的优势。

（4）执行 Plot→Contours→On Both Shapes 命令，即可显示变形前和变形后的结果云图，如图 6-11 所示。

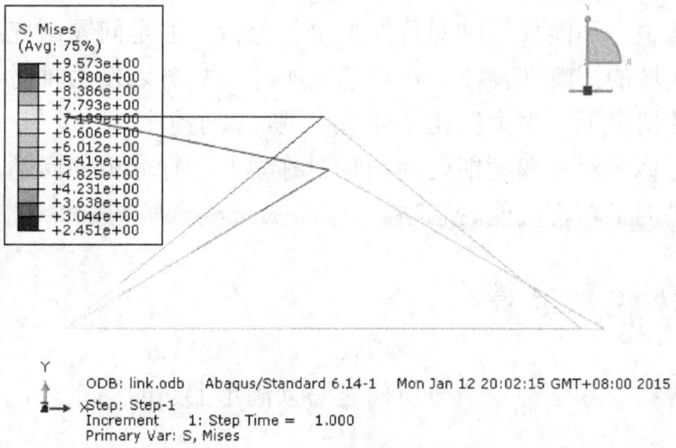

图 6-11 模型变形云图

退出 ABAQUS/CAE，有三种方法：

① 执行 File→Exit 命令。

② 按 Ctrl+Q 组合键。

③ 单击图形窗口右上角的关闭按钮。

6.2.3 INP 文件

该案例中的 INP 文件解释请查阅光盘中的相关文件，限于篇幅，在此不做详解。

6.3 轴对称结构静力分析

工程结构中经常遇到边界约束条件、几何形状，以及作用载荷都对称于同一固定轴（即对称轴）的问题，在载荷作用下结构产生的位移、应力和应变也对称于此轴，这样的问题称为轴对称问题。

6.3.1 轴对称结构的特点

轴对称问题的主要特点如下：

（1）几何形状必须轴对称。

（2）边界约束条件必须轴对称。

（3）载荷必须轴对称。

要在分析中使用轴对称单元，进行分析的模型必须同时满足上述的三个条件，缺一不可。然而在实际工程应用中，完全满足上述条件的模型很少，大部分模型只是近似满足上述条件。如果非对称部分对于所研究的问题影响不大，也可以近似按照轴对称模型处理。

例如，后面分析的压力容器实例中，封头上的某些结构，如开孔接管等实际上不是轴对称的，严格来说，不能使用轴对称模型进行分析，但是问题研究不是封头的应力情况，接管对过渡区域的影响非常小，可以忽略不计，故可以使用轴对称模型进行分析。在保证分析精度的情况下，大大简化了分析模型，减小了计算量。

可见，对于近似轴对称模型能否使用轴对称模型进行分析的问题，重点考虑的是非对称性对分析结果的影响程度能否忽略。

6.3.2 对称结构分析要素

对于轴对称分析，除了注意所分析问题必须满足上述的三点外，在分析过程中还需要注意以下几点。

（1）轴对称模型的简化原则：三维轴对称模型简化为平面模型；二维轴对称平面模

型简化为线模型；二维轴对称线模型简化为点模型。

（2）建模时，模型必须位于对称轴的右侧（默认为 Y 轴右侧），否则无法创建轴对称模型。

（3）在轴对称问题中应尽量施加分布载荷，不应施加集中载荷，否则会引起结果的不对称。

（4）单元需要选择轴对称边界条件。

（5）必须在对称轴处的分割边界（如果存在）上施加对称边界条件/反对称边界条件。

6.3.3 压力容器应力分析实例

长期处于高压下工作的压力容器的安全问题是十分关键的，所以，对该类结构进行应力应变分析是设计时必须考虑的问题。

1．问题的描述

高压容器的设计压力 P=16 MPa，材料的弹性模量为 2e6 MPa，泊松比为 0.3，筒体的内径 $R1$=776 mm，壁厚 $t1$=100 mm，封头内径为 $R2$=800 mm，厚度 $t1$=48 mm，筒体削边长度 L=96 mm，如图 6-12 所示。试对该高压容器筒体进行应力分析。

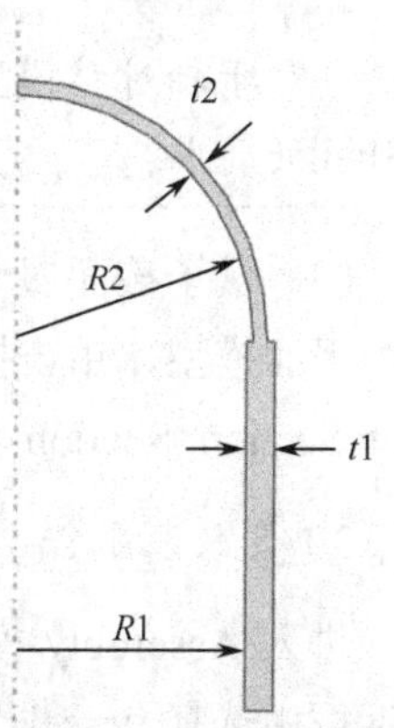

图 6-12 压力容器模型

2．问题的分析和求解

本例的关键在于讨论封头和筒体之间的连接区域的应力情况，所以可以忽略封头上的其他结构，如开口管等，把几何模型视为轴对称的，边界条件和约束也可以认为是轴对称的，故而使用轴对称模型进行分析，这样就可以节省大量的计算时间。下面将具体介绍 ABAQUS/CAE 的操作过程。

1）创建模型

（1）运行 ABAQUS/CAE，修改模型名称 Model-1 为 vessel，保存模型为 vessel.cae。

（2）单击工具箱中的 (Create Part）按钮，在 Name 后面输入 vessel，将 Modeling Space 设为 Axisymmetric，Type 改为 Deformable，Shape 为 Shell，Approximate size 设为 4，单击 Continue…按钮，进入草图环境。

（3）单击工具区中的按钮 (Create Lines：Connected)，在提示区依次输入坐标值（0.776,1.2）、（0.776,0.0）、（0.876,0.0）和（0.876,1.2），每次输入一个点的坐标后，按 Enter 键，单击提示区中的 Done 按钮。

（4）单击工具区中的 (Create Isolated Point）按钮，在提示区依次输入下列坐标值：（0.8,1.2）、（0.848,1.2）、（0.0,2.0）、（0.0,2.048）、（0.0,1.2），创建 5 个点。

（5）单击工具区的 (Create Arc：Center and 2 Endpoints）按钮，选择（0.0,1.2）为圆心，以点（0.8,1.2）为起点，点（0.0,2.0）为终点作一条圆弧。

（6）单击工具区的 （Delete）按钮，选择前面创建的 6 个点（选择多个点的时候按住 Shift 键），单击鼠标中键，删除这 6 个点。

（7）单击工具区中的按钮 ，连接两条圆弧左上部的端点。

（8）再次单击工具区中的按钮 ，连接成如图 6-12 所示的结构。

（9）单击提示区的 Done 按钮，形成轴对称模型。保存模型。

2）定义材料和截面属性

（1）创建材料。进入 Property 模块，单击工具箱中的 （Create Material）按钮，弹出 Edit Material 对话框，输入材料名称 steel，选择 Mechanical→Elasticity→Elastic，输入弹性模量值为 2.0e11，泊松比为 0.3；单击 OK 按钮，完成材料属性定义。

（2）创建截面属性。单击工具箱中的 （Create Section）按钮，在 Create Section 对话框中选择 Solid：Homogeneous，单击 Continue...按钮，进入 Edit Section 对话框。

进入 Edit Section 对话框，Material 选择 steel，单击 OK 按钮，完成截面 Section-1 的定义。

注 意

对于轴对称模型平面问题，其截面属性（Section）应该是 Solid（实体）而不是 Shell（壳）。

（3）赋予截面属性。单击工具箱中的 （Assign Section）按钮，在图形窗口中选择整个平面模型，单击提示区中的 Done 按钮，在弹出的 Edit Section Assignment 对话框中选择 Section: Section-1，单击 OK 按钮，把截面属性 Section-1 赋予部件 vessel。

3）定义装配件

进入 Assembly 模块．单击工具箱中的 （Instance Part）按钮，在 Create Instance 对话框中选择 vessel，单击 OK 按钮，创建部件 vessel 的实例。

4）设置分析步和历史输出变量

（1）定义分析步。进入 Step 模块，单击工具箱中的 （Create Step）按钮，在弹出的 Create Step 对话框中，选择 General：Static，单击 Continue...按钮。

在弹出的 Edit Step 对话框中接受默认设置，单击 OK 按钮，完成分析步的定义。

（2）根据需要修改场变量及历史输出变量的输出要求。

5）定义载荷和边界条件

（1）定义边界条件。进入 Load 功能模块，单击工具箱中的 （Create Boundary Condition）按钮，创建名称为 BC-bottom 的边界条件，或单击 Boundary Condition Manager 对话框中的 Create...按钮，在弹出的对话框中，分析步选择 Step-1，类型选择 Mechanical：Displacement/Rotation，单击 Continue...按钮，选择 Y 坐标为 0 的边，即筒体的横边，单击提示区的 Done 按钮，进入 Edit Boundary Condition 对话框，选中 U2 前面的复选框，并接受默认值 0，其他值接受默认设置，单击 OK 按钮，完成筒体底部边界条件的施加。

单击工具箱中的（Create Boundary Condition）按钮，在弹出的对话框中，创建名称为 BC-Xsymm 的边界条件，分析步选择 Step-1，类型选择 Mechanical：Symmetry/Antisymmetry/Encastre，单击 Continue…按钮，选择 X 坐标为 0 的竖直边，单击提示区的 Done 按钮进入 Edit Boundary Condition，选中 XSYMM（U1=UR1=UR3=0）前面的单选按钮，单击 OK 按钮，完成筒体竖直边的边界条件施加。

（2）施加载荷。单击工具区的（Create Load）按钮，在弹出的 Create Load 对话框，如图 6-13 所示。输入载荷名称 Load-Pressure，分析步选择 Step-1，载荷类型选择 Mechanical：Pressure，单击 Continue…按钮，选择如图 6-14 所示的内部三条边，单击提示区的 Done 按钮，弹出 Edit Load 对话框，如图 6-15 所示，输入 Magnitude：16e6，单击 OK 按钮，完成内压的施加，完成后的模型如图 6-16 所示。

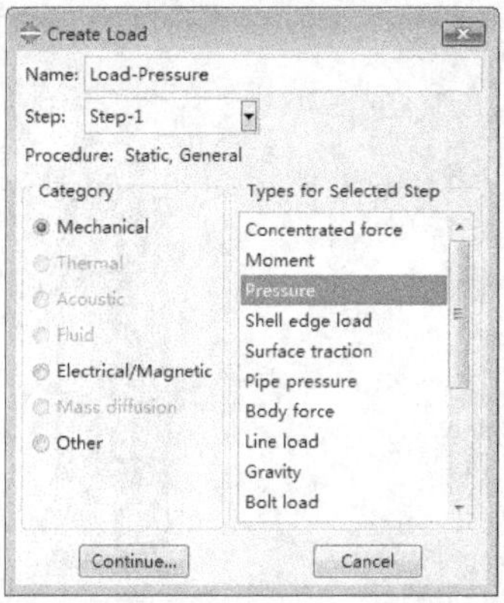

图 6-13 Create Load 对话框

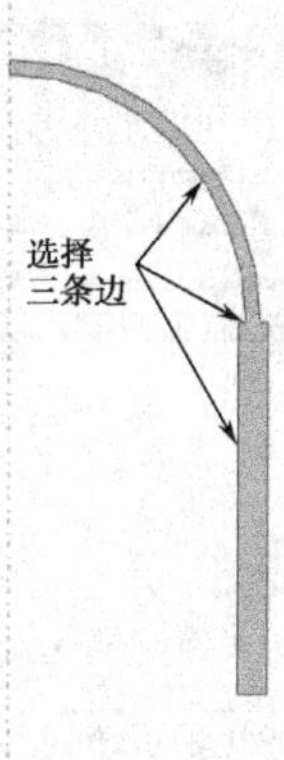

图 6-14 施加压力的三条边

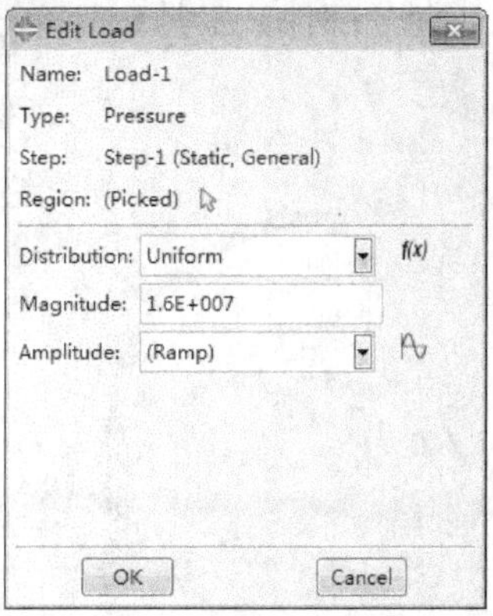

图 6-15 Edit Load 对话框

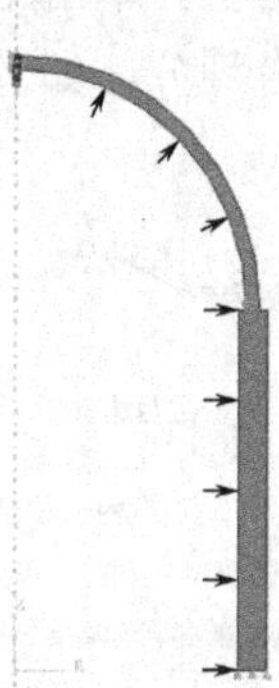

图 6-16 施加压力载荷和边界后的模型

6）划分网格

进入 Mesh 功能模块，在窗口顶部的环境栏 Object 选项设为 Part：vessel。

（1）设置网格密度。单击按钮，在图形窗口中选择底部横边和 X 坐标为 0 处的竖直边，单击提示区的 Done 按钮，弹出 Local Seeds 对话框。在对话框选择 Method：By number，在 Sizing Control：Number of Elements 后边输入种子数目 6，单击 Constraints 标签栏，选中 Seed Constraints：Do not allow the number of elements to change，即不允许单元数目改变，如图 6-17 所示，单击 OK 按钮，单击鼠标中键。在这条边上出现 6 个方格形的种子标记，如图 6-18 所示。

用同样的方法，按照图 6-19 所示的种子数目给其他边布置种子。

（2）控制网格划分。单击工具区中的 Assign Mesh Controls（网格控制）工具，弹出 Mesh Controls 对话框，将 Algorithm 设为 Advancing front，单击 OK 按钮，完成控制网格划分选项的设置。

（3）选择单元类型。单击工具区中的 Assign Element Type（分配单元类型）工具，在视图区选择模型，单击 Done 按钮，弹出 Element Type 对话框，选择默认的单元类型 CAX4R，单击 OK 按钮。

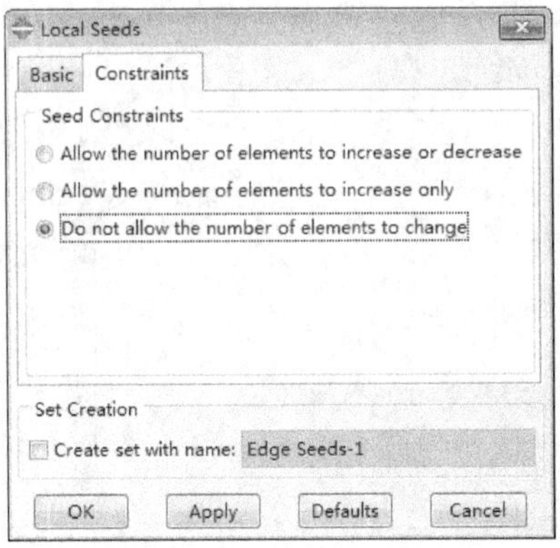

图 6-17　Local Seeds 对话框

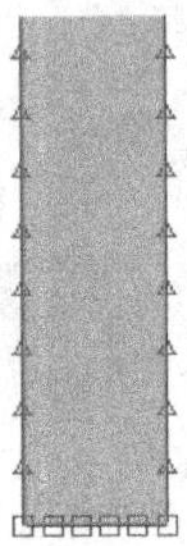

图 6-18　厚度方向的约束的种子

（4）划分网格。单击工具区中的 Mesh Part（划分部件）工具，单击提示区的 Yes 按钮，完成网格划分。如图 6-20 所示。

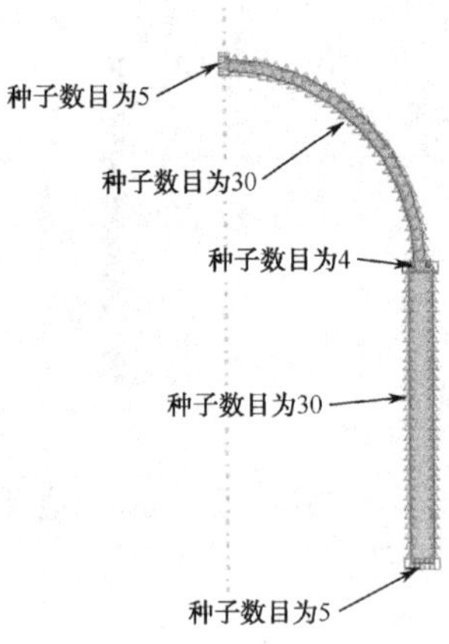

图 6-19　各边上的种子数目

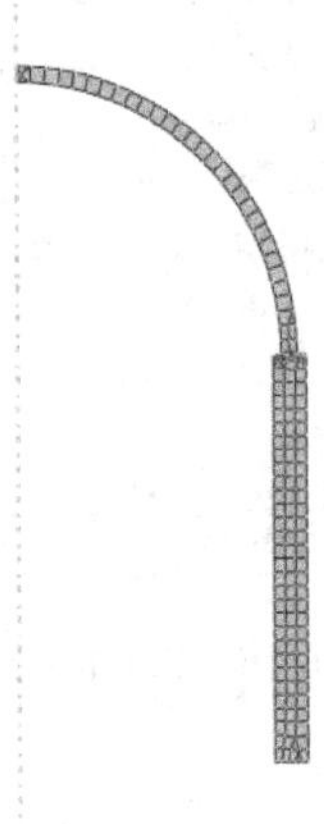

图 6-20　有限元网格模型

7）结果分析

保存前面的模型。

（1）进入 Job 模块。执行 Job→Manager 命令，单击 Job Manager 对话框中的 Create…按钮，定义作业名称为 pressure-vessel，单击 Continue…按钮，单击 OK 按钮。进入 Edit Job 对话框，接受默认值，单击 OK 按钮，完成作业 pressure-vessel 的定义。

（2）单击工具区中的 Job Manager 按钮，单击右部的 Write Input 按钮，在工作目录下面创建一个与作业名称相同的输入文件 pressure-vessel.inp 文件，单击 Monitor 按钮，打开作业监视器，单击 Submit 按钮，提交作业。在作业监视器中查看作业的运行状态，如果出现错误则按照提示进行更改，并注意警告信息的内容。

（3）作业完成之后，单击 Job Monitor 对话框中的 Results 按钮，进入 Visualization 模块。

8）后处理

进入 Visualization 模块后，执行 Plot→Contours→On Both Shapes 命令，显示模型变形前、后的云图，如图 6-21 与图 6-22 所示。

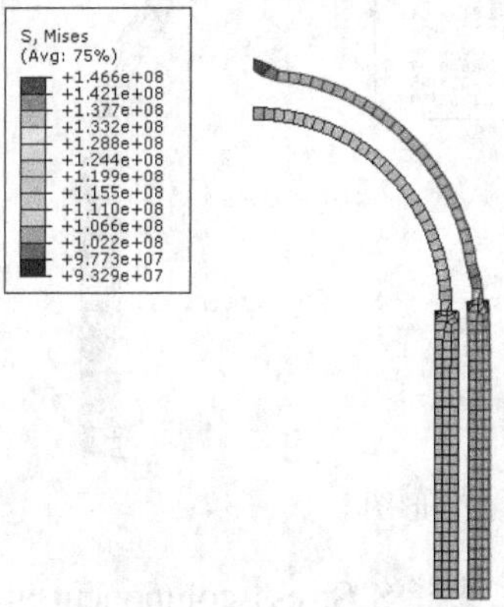

图 6-21　变形系数为 313.796 时的显示结果

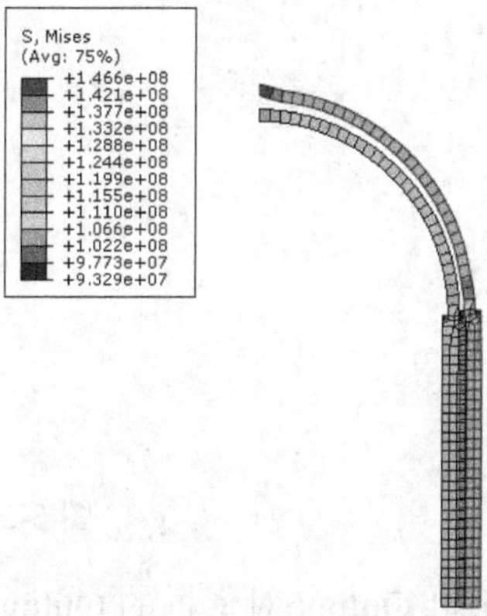

图 6-22　变形系数为 160 时的显示结果

提 示

显示的变形图是放大的若干倍的结果，并非实际的变形大小。

执行 Options→Common 命令，弹出如图 6-23 所示的 Common Plot Options 对话框。切换到 Basic 选项卡的 Deformation Scale Factor 栏，默认的选择是 Auto-compute，也就是自动选择放大变形系数，选择 Uniform 前面的单选按钮，在出现的 Value 项后面自定义均匀放大倍数为 160，单击 Apply 按钮，显示结果如图 6-24 所示。选择 Nonuniform 可以分别定义 *X*、*Y*、*Z* 三个方向上的放大系数，如图 6-24 所示。

执行 Result→Field Output 命令，弹出 Field Output 对话框。在输出变量 Output Variable 栏中选择 U Spatial displacement at nodes，Component 栏中选择 U1，单击 Apply 按钮显示 *X* 方向的变形图，Component 栏中选择 U2，单击 Apply 按钮显示 *Y* 方向的变形图，如图 6-25 所示。

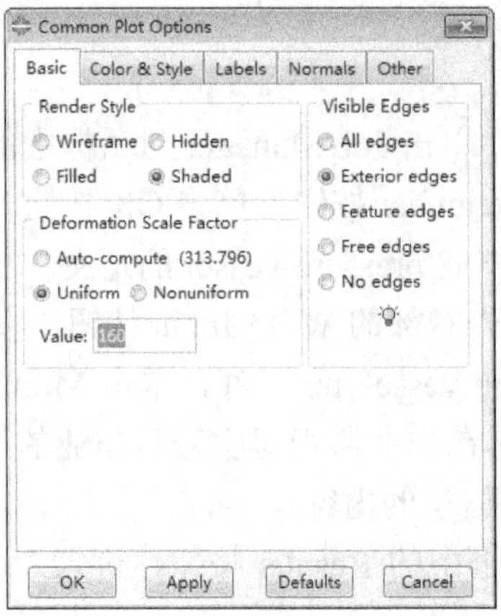

图 6-23　Common Plot Options 对话框

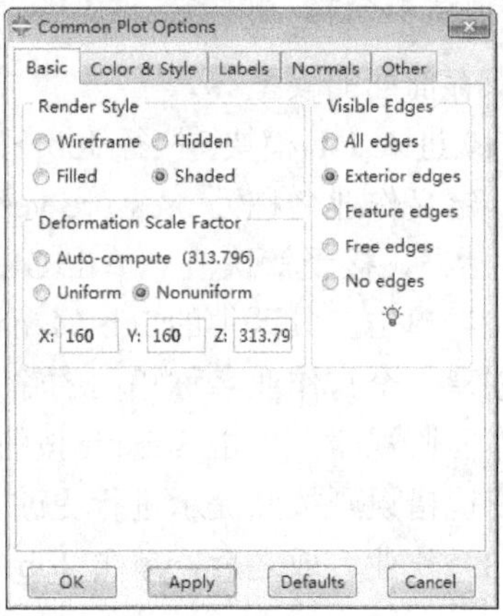

图 6-24　非均匀放大系数

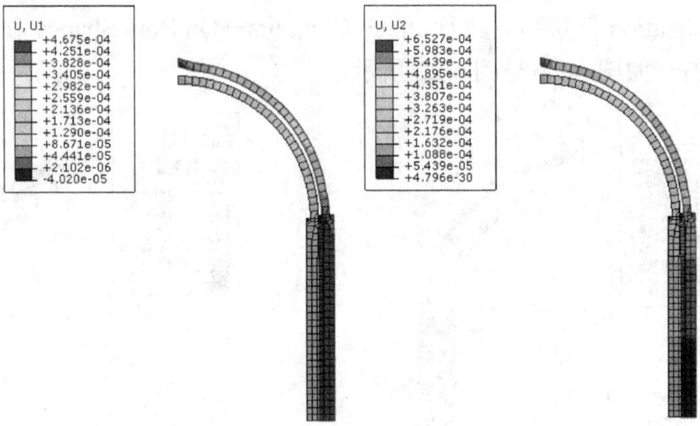

图 6-25　*X*、*Y* 方向上的变形图

在 Field Output 对话框的 Output Variable 栏中选择 S Stress component at integration points（积分点处的应力分量），Invariant（不变量）栏中分别选择 Max. In-Plane Principal、Min. In-Plane Principal、Out-of-Plane Principal、Max. Principal、Min. Principal，显示结果如图 6-26 所示。

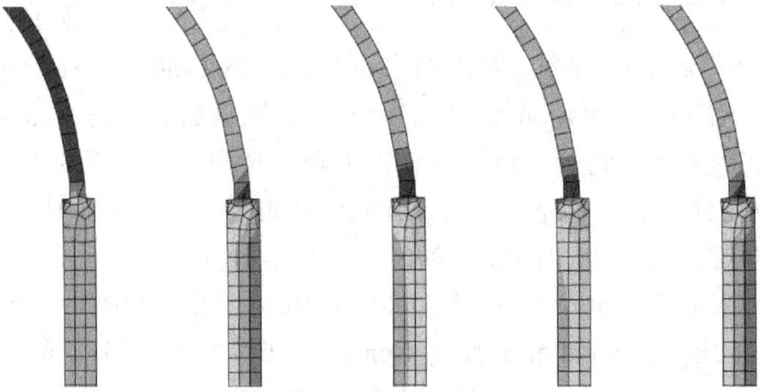

图 6-26　过渡区域的各种应力分布

执行 Tools→Path→Create 命令，弹出如图 6-27 所示的对话框，输入路径名 Path-Circular，路径选择 Circular，单击 Continue…按钮，弹出 Edit Circular Path 对话框，如图 6-28 所示。

Path Type 接受默认的 Circumferential path，Circle Definition 栏中选择 3 Points on arc，调整 Number of segments 为 60，Start angle 输入 0.0，End angle 输入 80.0，然后单击对话框中的 Select from Viewport 按钮，在图形窗口中选择圆弧的下部端点、中间一点及上部端点，定义的路径如图 6-29 所示。单击 OK 按钮，完成一个圆弧路径的定义。

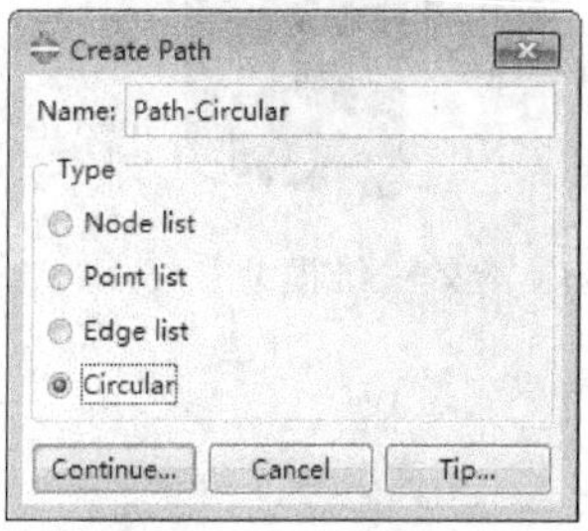

图 6-27　Create Path 对话框

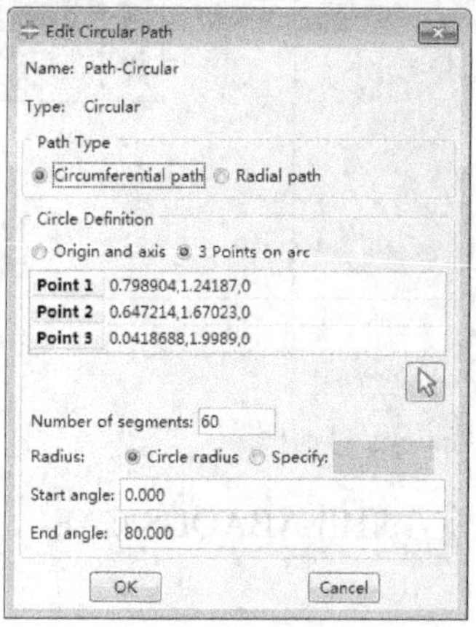

图 6-28　Edit Circular Path 对话框

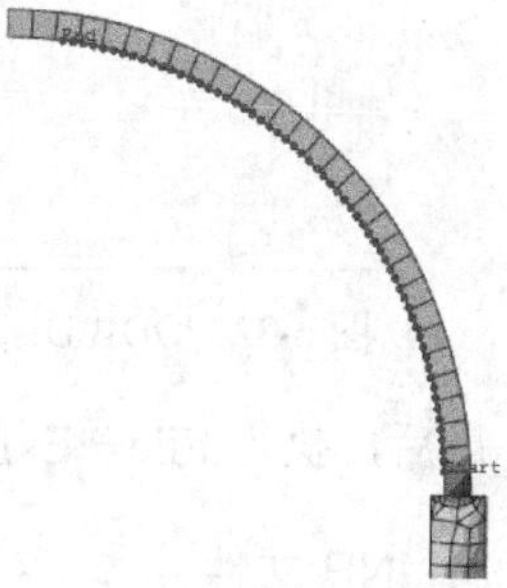

图 6-29　圆弧路径

执行 Tools→XY Data→Create 命令，弹出如图 6-30 所示的对话框。在 Source 选择 Path，单击 Continue…按钮，弹出 XY Data from Path 对话框如图 6-31 所示，接受默认设置，即路径为 Path-Circular，模型为变形后的模型，X 表示实际的距离。显示 Frame=1 时，表示 Step-1 结束时的 Mises 应力，单击 Plot 按钮，显示出路径 Path-Circular 上的 Mises 应力曲线。

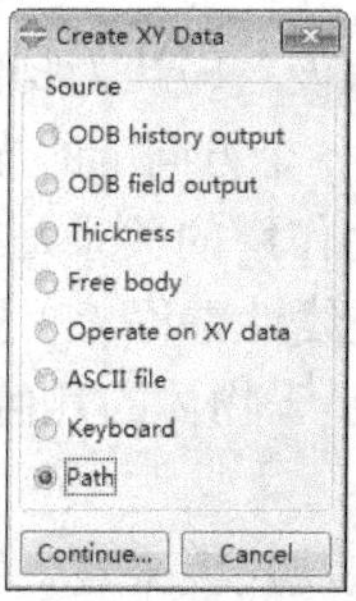

图 6-30　Create XY Data 对话框

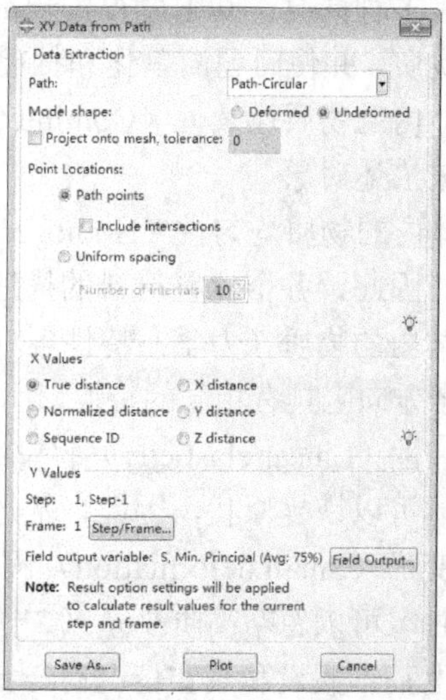

图 6-31　XY Data from Path 对话框

操作显示 Mises 应力的云图，执行 View→ODB Display Options，在弹出的如图 6-32 所示的对话框中，选择 Sweep/Extrude 标签页，勾选 Sweep Elements 前面的复选框，选择默认的旋转角度，单击 Apply 按钮，显示结果如图 6-33 所示。

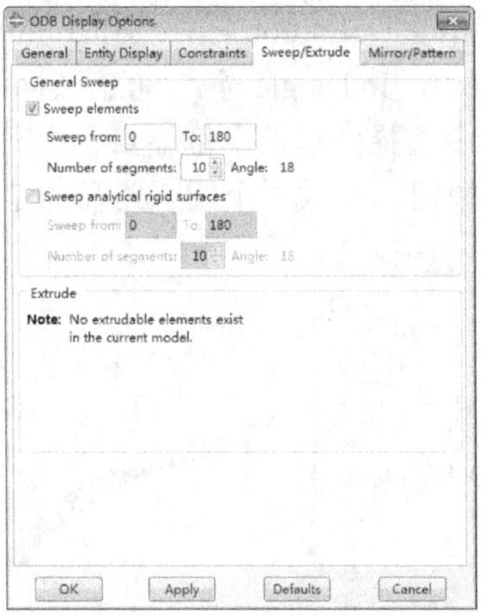

图 6-32　ODB Display Options 对话框

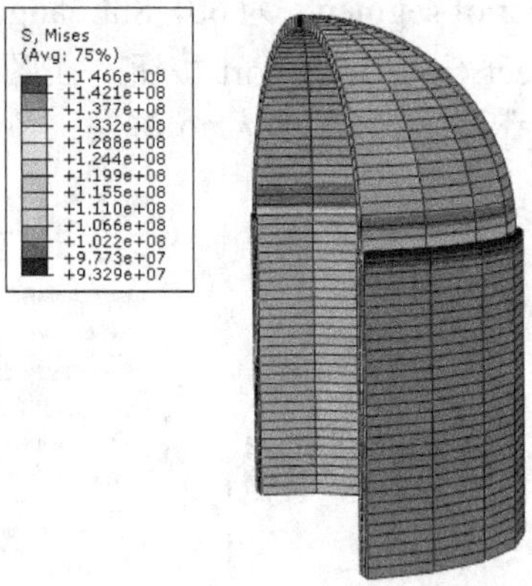

图 6-33　等效三维模型

最后，执行 File→Exit 命令，退出 ABAQUS/CAE。

3．INP 文件

该案例中的 INP 文件解释请查阅光盘中的相关文件，限于篇幅，在此不做详解。

6.4　弹性体的五个基本假设

实际问题中的物体，在力的作用下会发生很复杂的变形，包括弹性变形、塑性变形、弹塑性变形等多种情况。其中，很大一部分问题基本上属于弹性变形为主的情况，为了突出问题的实质，并使问题简单化和抽象化，在弹性力学中，提出了以下 5 个基本假设。

（1）物体内的物质连续性（Continuity）假设：即认为物质中没有空隙，因此可以采用连接函数来描述对象。

（2）物体内的物质均匀性（Homogeneity）假设：即认为物体内各个位置的物质具有相同的特性，因此，各个位置材料的描述是相同的。

（3）物体内的物质（力学）特性各项同性（Isotropy）假设：即认为物体内同一位置的物质在各个方向上具有相同的特性，因此，同一位置材料在各个方向上的描述是相同的。

（4）线弹性（Linear elasticity）假设：即物体变形与外力作用的关系是线性的，外力去除后，物体可以恢复原状，因此，描述材料性质的方程是线性方程。

（5）小变形（Small deformation）假设：即物体变形远小于物体的几何尺寸，因此，在建立方程时，可以忽略高阶小量（二阶以上）。

虽然以上基本假设和真实情况有一定的差别，但是从宏观尺度来看，特别是对于工程问题，大多数情况下还是比较接近实际的。以上 5 个基本假设的最大作用就是可以对复杂的对象进行简化处理，以抓住问题的实质。

6.5 如何书写 INP 文件

输入文件是 ABAQUS 文件系统中最为关键的一个文件，在 ABAQUS/CAE 出现以前，ABAQUS 的分析模型都是由输入文件定义的。而且目前的有些高级功能在 ABAQUS/CAE 中是无法实现的，必须应用关键字文件进行分析。所以，掌握 INP 文件的书写方法，对于提高 ABAQUS 软件的使用水平有着很重要的意义。

下面的章节将向读者详细介绍输入文件的结构及常用的关键字用法。

6.5.1 输入文件的组成和结构

1. 一个输入文件由模型数据和历史数据两部分组成

模型数据的作用：定义一个有限元模型，包括单元、节点、单元性质、材料等有关说明模型自身的数据。模型数据可被组织到部件中（部件可以被组装成一个有意义的模型）。

历史数据定义的是模型发生了什么——事情的进展，模型响应的载荷，历史被分成一系列的时间步。每一步就是一个响应（静态加载、动态响应等），时间步的定义包括过程类型（如静态应力分析、瞬时传热分析等），对于时间积分的控制参数或者非线性解过程、加载和输出要求。

一个最小的有限元模型至少由以下信息组成：几何模型、单元特性、材料数据、载荷、边界条件、分析类型及输出要求。一个典型的输入文件的结构如图 6-34 所示。

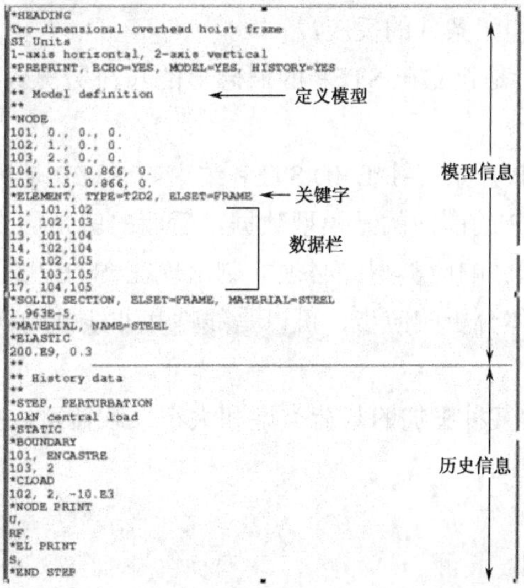

图 6-34 输入文件结构

2．ABAQUS 输入文件的结构形式

（1）必须有一个*HEADING 开头。

（2）模型数据：定义节点、单元、材料、初始条件等。模型数据的层次为部件，组装，模型。

（3）必须的模型数据。

✧ 几何数据：模型的几何形状是用单元和节点来定义的，结构性单元的截面是必须定义的，如梁单元。特殊的特征也可以用特殊的单元来定义，如弹簧单元、阻尼器、点式群体等。
✧ 材料的定义：材料是必须定义的，如使用的是钢、岩石、土等材料。

（4）可选的模型数据。

✧ 部件和组合：一个模型可以用几个部件来定义也可以把几个零件组合成一个集来定义。
✧ 初始条件：如初始应力、温度，或者速度等。
✧ 边界条件。
✧ 运动约束。
✧ 相互作用。
✧ 振幅定义。
✧ 输出控制。
✧ 环境特性。
✧ 用户子程序。
✧ 分析附属部分。

（5）历史数据：定义分析的类型、载荷、输出要求等。分析的目的就是预测模型对某些外部载荷或者某些初始条件的反应。

一个 ABAQUS 分析是建立在 STEP 的概念上的（在历史数据中描述），在分析中可以定义多个 STEP。

每个 STEP 用*STEP 开始，用*END STEP 结束。*STEP 是历史数据和模型数据的分界点，第一次出现*STEP 的前面的是模型数据，后面的就是历史数据。

① 必须的历史数据。响应类型：必须立刻出现在*STEP 选项后面。ABAQUS 中有两种响应步，一种是总体分析响应步，可以是线性和非线性的；另一种是线性扰动步。

② 可选历史数据。

✧ 载荷：通常定义某种施加的载荷类型和大小。载荷可以描述成时间的函数。
✧ 边界条件输出控制。
✧ 辅助控制。
✧ 再生单元和曲面。

6.5.2 书写 input 文件的语法和规则

1. 关键词行

✧ 必须以*开始，后面接的是选项的名字，然后定义选项的内容。例如：

```
* MATERIAL    NAME=STEEL
```

> **注 意**
>
> 注释行是以**开始的。

✧ 如果有参数，则参数和关键词之间必须用“,”隔开。
✧ 在参数之间必须用“,”隔开。
✧ 关键词行中的空格可以忽略。
✧ 每行的长度不能超过 266 个字符。
✧ 关键词和参数对大小写是不区分的。
✧ 参数值通常对大小写也是不区分的，但是唯一的例外是文件名区分大小写。
✧ 关键词和参数，以及大多数情况下的参数值是不需要全拼写出来的，只要它们之间可以相互区分就可以了。
✧ 假设参数有响应的值，则赋值号是“=”。
✧ 关键词行可以延续，如参数的名字很长，要在下一行继续这个关键词行的话就可以用“,”来连接。例如：

```
*ELASTIC, TYPE=ISOTROPIC,
DEPENDENCIES=1
```

✧ 有些选项允许 INPUT 和 FILE 的参数作为一个输入文件名，这样的文件名必须包括一个完整的路径名或者是一个相对路径名。

2. 数据行（数据行如果和关键词相联系必须紧跟关键词行）

✧ 一个数据行包括空格在内不能超过 266 个字符。
✧ 所有的数据条目之间必须用“,”隔开。
✧ 一行中必须包括指定说明的数据条目的数字。
✧ 每行结尾的空数据域可以省略。
✧ 浮点数最多可以占用 20 个字符。
✧ 整数可以是 10 个。
✧ 字符串可以是 80 个。
✧ 延续行可以被用到特定的情况。

3. 标签

标签（如曲面名、集名）是区分大小写的，长度可以有 80 个字符长。标签中的空格是可以省略的，除非用引号来标示，那就不能省略了。没有用引号来标示的标签必须用字母来开头。如果一个标签用引号来定义那么引号也是标签的一部分。标签的开始和结束不能用双重“__”。

下面给出一个使用了引号和没有使用引号的例子：

```
*ELEMENT, TYPE=SPRINGA, ELSET="One element"
1,1,2
*SPRING, ELSET="One element"
1.0E-6,
*NSET, ELSET="One element", NSET=NODESET
*BOUNDARY
nodeset,1,2
```

4．数据行重复

数据行可以重复，即每行数据可以有一行响应的变量，也可以有几行。同样也可以有多行数据行，对应各自的变量行。例如：

```
*ELASTIC, TYPE=ISOTROPIC
 200.E3, 0.3, 20.
 160.E3, 0.36, 400.
 80.E3, 0.42, 700.
```

定义了一个部件的材料性质、均质、线弹性，在不同应力下的弹性模量和泊松比。

6.5.3 从外存储器中引入模型或者历史数据

关键字*INCLUDE 可以用来导入外部 ABAQUS 输入文件（完整的输入文件或者输入文件的某一段），这个文件可以包含模型数据、历史数据、其他的*INCLUDE 信息及注释行等。*INCLUDE 可以嵌套使用，最大嵌套层为 6 层。

ABAQUS 运行中，若遇到*INCLUDE 命令，则会立即执行该命令，导入该命令所指向输入文件中的数据。执行完毕后，继续执行原来的文件。用法如下：

```
*INCLUDE, INPUT=file_name
```

6.5.4 举例

下面介绍两个简单的例子。

例 1 悬臂梁

输入文件的开始就是文件头，以 HEADING 开始，随后是模型的名字，例如：

```
*HEADING
 CANTILEVER BEAM
```

然后是网格的定义，网格包括单元和节点。假设悬臂梁有 5 个单元，6 个节点，下面首先详细说明节点：

```
*NODE, NSET=ENDS
 1, 0.
```

```
6, 100.
*NGEN
1, 6
```

节点组集，NSET 其值（名字）为 ENDS。下面的就是这样理解的，第一个节点是从 0 开始的，第六个节点是在 100 处结束。

用同样的方法来定义单元：

```
*ELEMENT, TYPE=B21（单元类型）
1, 1, 2 （单元类型的参数）
*ELGEN, ELSET=BEAM （产生单元集及其名称）
1, 6 （一个单元集,包括 6 个单元）
```

现在定义单元的性质：

```
*BEAM SECTION, SECTION=RECTANGULAR, ELSET=BEAM, MATERIAL=STEEL
1., 2.
```

上述梁截面的形状是矩形，单元集的名称是梁单元，材料是钢。截面的尺寸是 1×2。

下面定义材料的性质：

```
*MATERIAL, NAME=STEEL
*ELASTIC
2.E9,
```

材料是钢，弹性模量是 2E9。

下面定义边界：

```
*BOUNDARY
6, ENCASTRE
```

边界是在 6 节点，通过 ENCASTRE 来描述。

边界也可以用下面的形式来定义：

```
*BOUNDARY
6, 1, 6
```

ABAQUS 对结构单元的中的节点的自由度使用常规的编号方式。1，2，3 代表的是位移分量；4，5，6 代表的是旋转分量。

以上是模型数据的定义，下面开始历史数据的定义（加载的次序，事件的发生，还有变量的响应）。

时步（步骤）的定义如下：

```
*STEP, PERTURBATION（步骤的开始，扰动是其名称）
*STATIC（静态分析）
*CLOAD（集中载荷）
1, 2, -20000.（在节点 1，Y[2 代表的是 Y 方向，假设是 1 则代表的是 X 方向，3 代表的是 Z 方向]方向施加载荷，载荷的大小是-20000。也就是向下施加载荷）
*END STEP（步骤的结束）
```

下面来解释输出要求：

```
*EL PRINT, POSITION=AVERAGED AT NODES, （节点的平均值）SUMMARY=YES 在表的下部求和）
S11, （积分点的应力分量在 X 方向）E11（在积分点的应变分量在 X 方向）
```

```
 SF,（在积分点的截面力）
*NODE FILE, NSET=ENDS
 U,（节点的空间位移）CF,（节点的点载荷）RF,（节点的反作用力）
*OUTPUT, FIELD, VARIABLE=PRESELECT
*ELEMENT OUTPUT
 SF,
*OUTPUT, HISTORY
*NODE OUTPUT, NSET=ENDS
 U, CF, RF
------------------------------
```

例 2　孔平板分析

一个材料是 10cm×10cm 的钢板，在中心处有一个半径为 1cm 的圆孔。假设材料是理想的弹塑性硬化本构模型，弹性模量是 210 GPa，泊松比是 0.3，如图 6-35 所示。它的单轴应力—应变曲线理想化为一系列直线段，如图 6-36 所示。

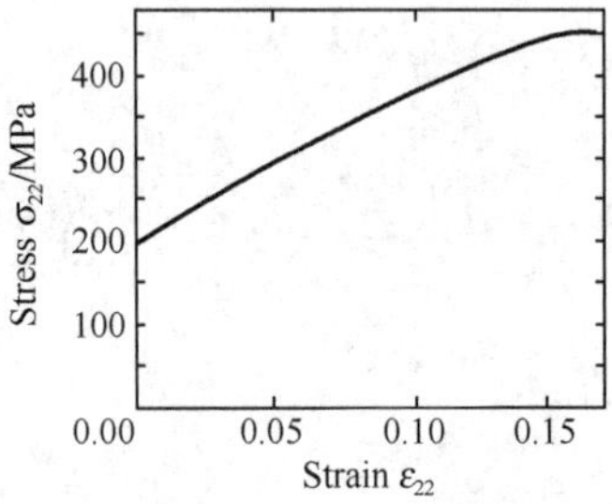

图 6-35　材料应力—应变曲线

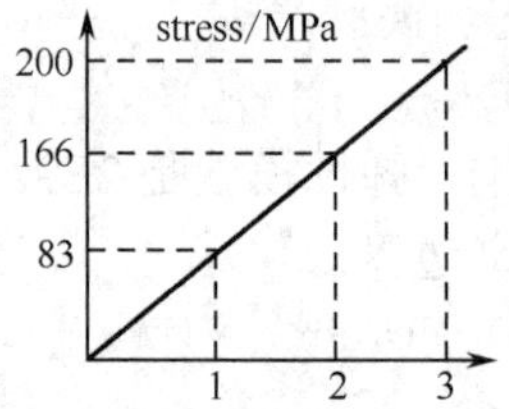

图 6-36　载荷变化曲线

由于板内圆孔的应力集中因子约为 3，所以在时间 $t=1$ 时，A 点将达到屈服（板的初始屈服应力为 200MPa）；在时间 $t=3$ 时，平板都将达到屈服。下面利用 ABAQUS 分析并输出时间 $t=1$、$t=2$ 和 $t=3$ 时板的塑性变化情况。

注 意

板及载荷具有对称性，只需要考虑板的 1/4，并在底部和边缘施加对称边界条件。采用 4 节点二次平面应力单元。对称边界条件的施加及载荷的分布如图 6-37 所示。特征节点的编号如图 6-38 所示。

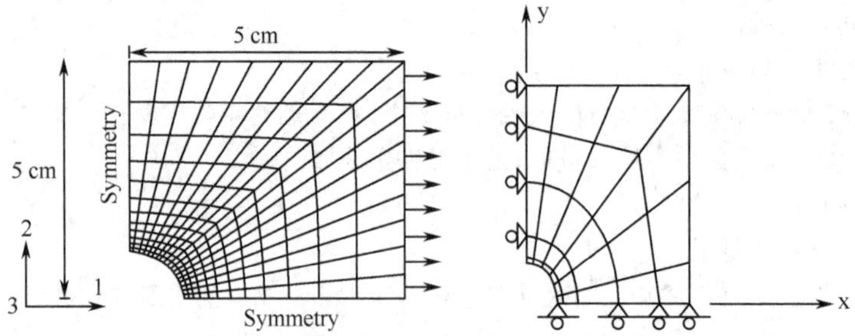

图 6-37　对称边界条件的施加和载荷分布

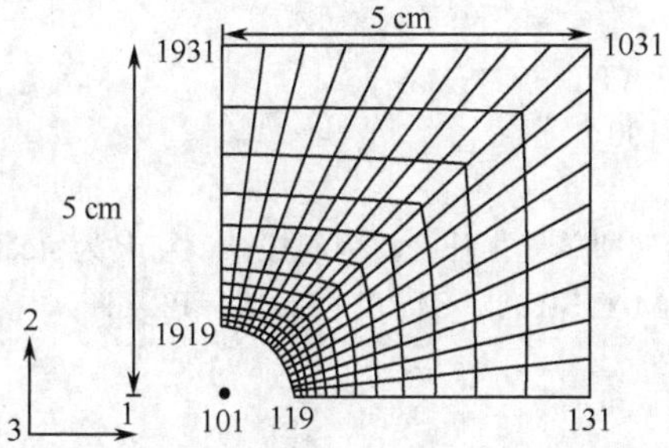

图 6-38　特征节点编号示意图

INP 文件详解：

```
*HEADING
STRESS ANALYSIS FOR A PLATE WITH A HOLE   **文件名
*PREPRINT, ECHO=YES, HISTORY=YES, MODEL=YES **指定什么输出到*.dat 文件中
*RESTART, WRITE, FREQ=1 **每一个载荷步的结果都输出到.res 文件中，提供给后处理
*FILE FORMAT, ZERO INCREMENT ** 将数据输出到.fil 文件中，后处理用，这里要求输出分析前的数据（即载荷施加前）
**下面产生网格（节点、单元）
**节点的产生
*NODE
101, 0.0, 0.0
119, 1.0E-02, 0.0
1919, 0.0, 1.E-02
131, 6.E-02, 0.0
1031, 6.E-02, 6.E-02
1931, 0.0, 6.E-02
**
*NGEN, LINE=C, NSET=HOLE
119, 1919, 100, 101
**
*NGEN, NSET=OUTER
131, 1031, 100
**
** 将节点加到节点集 outer 中
*NGEN, NSET=OUTER
1031, 1931, 100
**
** 沿着径向线填充
*NFILL, NSET=PLATE
HOLE, OUTER, 12, 1
**
** 单元的产生
*ELEMENT, TYPE=CPS4
19, 119, 120, 220, 219
```

```
**
*ELGEN, ELSET=PLATE
19, 12, 1, 1, 18, 100, 100
**
** 给单元赋予属性（即单元由什么材料组成），将名为 steel 的材料赋给单元集 plate
*SOLID SECTION, MATERIAL=STEEL, ELSET=PLATE
**
**定义材料性质
*MATERIAL, NAME=STEEL
*ELASTIC
210.E09, 0.31
*PLASTIC
200.2E06, 0.0
246.0E06, 0.0236
294.0E06, 0.0474
374.0E06, 0.0936
437.0E06, 0.1377
480.0E06, 0.18
**
**指定与时间无关的边界条件（任何与时间无关的边界条件都必须在分析步前指定）
*NSET, NSET=BOTTOM, GENERATE
119, 131, 1
*NSET, NSET=LEFT, GENERATE
1919, 1931, 1
**
*BOUNDARY
BOTTOM, YSYMM
LEFT, XSYMM
**
**定义载荷施加的位置和随时间的变化
**defining loads
*ELSET, ELSET=EDGE, GENERATE
30, 830, 100
**
*AMPLITUDE, NAME=HIST, TIME=TOTAL TIME
0.0,0.0, 1.0,1.0, 2.0,2.0, 3.0,3.0
**这里的关键词 AMPLITUDE 为整个分析中的加载历史定义载荷步
**Load Step Definition
**First Load Step
*STEP,AMPLITUDE=RAMP
**关键词 step 表示开始分析，这里的关键词 AMPLITUDE 表示在这步中如何施加载荷，AMPLITUDE=RAMP 为平滑加载，AMPLITUDE=STEP 为立即加载
*STATIC  **表示为准静态分析
1.0,1.0  **前面的数表示估计在这步中计算变形的初始时间增量，由于可以预计在这步变形
```

为弹性变形，ABAQUS 可以在这步结束时直接得到结果，不必更小的时间增量步，所以设定时间增量等于步长。后面的数指定这个载荷步的时间间隔，这里分析开始时 t=0,结束时 t=1,故间隔为 1

```
*DLOAD, AMPLITUDE=HIST   ** 关键词 DLOAD 表示压力，其值为正，当为拉力时为负
EDGE, P2, -82.E06   ** 施加 82 MPA 的拉力在单元集 EDGE 的面 2 上
** 为后处理输出过程数据文件
*EL FILE, POSITION=AVERAGED AT NODES **其中 POSITION=AVERAGED AT NODES 目的是光滑曲线
S,E
*END STEP
**
**Second Load Step
*STEP,AMPLITUDE=RAMP
*STATIC
1.0,1.0
*DLOAD, AMPLITUDE=HIST
EDGE, P2, -82.E06
*EL FILE, POSITION=AVERAGED AT NODES
S,E
*END STEP
**
**Third load step
*STEP,AMPLITUDE=RAMP
*STATIC
1.0,1.0
*DLOAD, AMPLITUDE=HIST
EDGE, P2, -82.E06
*EL FILE, POSITION=AVERAGED AT NODES
S,E
*END STEP
```

6.5.5 文件的执行

1. 数据的检查

```
* abaqus job=tutorial datacheck interactive
* abaqus datacheck job=frame interactive
```

2. 运行

```
* abaqus job=tutorial interactive
* abaqus job=tutorial continue interactive
* abaqus continue job=tutorial interactive
```

6.5.6 文件的类型介绍和常用指令

ABAQUS 产生几类文件：有些是在 ABAQUS 运行时产生，运行后自动删除；其他一些用于分析、重启、后处理、结果转换或其他软件的文件则被保留。

详细说明如下。

1．model_database_name.cae

模型信息、分析任务等。

2．model_database_name.jnl

日志文件：包含用于复制已存储模型数据库的 ABAQUS/CAE 命令。

*.cae 和 *.jnl 构成支持 CAE 的两个重要文件，要保证在 CAE 下打开一个项目，这两个文件必须同时存在。

3．job_name.inp

输入文件：由 abaqus Command 支持计算起始文件，它也可由 CAE 打开。

4．job_name.dat

数据文件：文本输出信息，记录分析、数据检查、参数检查等信息。ABAQUS/Explicit 的分析结果不会写入这个文件。

5．job_name.sta

状态文件：包含分析过程信息。

6．job_name.msg

此文件是计算过程的详细记录，分析计算中的平衡迭代次数、计算时间、警告信息等，可由此文件获得。用 STEP 模块定义。

7．job_name.res

重启动文件用 STEP 模块定义。

8．job_name.odb

输出数据库文件即结果文件，需要由 Visuliazation 打开。

9．job_name.fil

此文件也为结果文件，可被其他应用程序读入的分析结果表示格式，ABAQUS/Standard 记录分析结果。ABAQUS/Explicit. 的分析结果要写入此文件中则需要转换，convert=select 或 convert=all。

10．abaqus.rpy

记录一次操作中几乎所有的 ABAQUS/CAE 命令。

11．job_name.lck

阻止并写入输出数据库，关闭输出数据库则自行删除。

12．model_database_name.rec

此文件包含用于恢复内存中模型数据库的 ABAQUS/CAE 命令。

13．job_name.ods

场输出变量的临时操作运算结果，自动删除。

14．job_name.ipm

内部过程信息文件：启动 ABAQUS/CAE 分析时开始写入，记录了从 ABAQUS/Standard 或 ABAQUS/Explicit 到 ABAQUS/CAE 的过程日志。

15．job_name.log

日志文件：包含了 ABAQUS 执行过程的起止时间等。

16．job_name.abq

ABAQUS/Explicit 模块才有的状态文件，记录分析、继续和恢复命令。为 restart 所需的文件。

17．job_name.mdl

模型文件：在 ABAQUS/Standard 和 ABAQUS/Explicit 中运行数据检查后产生的文件，在 analysis 和 continue 指令下被读入并重写，为 restart 所需的文件。

18．job_name.pac

打包文件：包含了模型信息，仅用于 ABAQUS/Explicit，该文件在执行 analysis、datacheck 命令时写入，执行 analysis、continue、recover 指令时读入，为 restart 时需要的文件。

19．job_name.prt

零件信息文件：包含了零件与装配信息，restart 时需要。

20．job_name.sel

结果选择文件：用于 ABAQUS/Explicit，执行 analysis、continue、recover 指令时写

入并由 convert=select 指令时读入，为 restart 所需的文件。

21．job_name.stt

状态外文件：数据检查时写入的文件，在 ABAQUS/Standard 中可在 analysis 、continue 指令下读入并写入，在 ABAQUS/Explicit 中可在 analysis 、continue 指令下读入。为 restart 所需的文件。

22．job_name.psf

脚本文件：用户定义 parametric study 时需要创建的文件。

23．job_name.psr

参数化分析要求的输出结果，为文本格式。

24．job_name.par

参数更改后重写的参数形式表示的 inp 文件。

25．job_name.pes

参数更改后重写的 inp 文件。

在 ABAQUS/CAE 出现之前，ABAQUS 分析模型都是通过输入文件定义的，凡是 ABAQUS/CAE 可以实现的任务，使用 INP 文件同样可以完成，有些 ABAQUS/CAE 中不能完成的高级操作，则必须使用输入文件来完成。与用户交互界面相比，使用关键字定义分析模型直观，而且有些高级操作具有不可替代的作用。

ABAQUS 中的关键字包括几何模型的创建、模型的装配、分析步的定义、边界条件和载荷的施加、单元类型的选择等几乎所有操作，如表 6-1 和表 6-2 所示，列出来一些常使用的关键词和用途。

表 6-1　ABAQUS 输入文件指令介绍

指　　令	说　　明
一般	
*HEADING	定义分析的标题
节点定义	
*NCOPY	使用平移，旋转，镜射的方法来产生新的节点集
*NFILL	在两组节点集中产生完整的节点。节点距离可以是相等，或是成等比级数
*NGEN	在一条直线或是曲线中产生节点集
*NODE	定义节点的坐标
*NSET	将某些节点集聚一起并给予命名，之后在应用时便可直接使用这节点集来定义其性质
单元定义	

续表

指　令	说　明
*ELCOPY	产生新的单元
*ELEMENT	定义单元
*ELGEN	当以*ELEMENT 定义完一个单元时，便可依此来产生新的单元
*ELSET	给予一单元或一单元集名称
元素性质定义	
*RIGID SURFACE	在接触问题中定义刚性面
*BEAM SECTION	定义梁断面元素
*SHELL SECTION	定义壳元素断面
*SOLID SECTION	定义固体元素
接触问题	
*CONTACT PAIR	定义可能互相接触的一对面
*FRICTION	定义摩擦模型
材料性质	
*MATERIAL	定义材料性质
*DAMPING	在动态问题中，用来定义阻尼系数
*DENSITY	在模态分析或瞬时分析时，定义材料比重
*ELASTIC	定义线性弹性性质，对于等向性材料与非等向性材料均可
*PLASTIC	使用 Miaes 或是 Hill 降服曲面来定义弹塑性材料，要先定义*ELASTIC
*EXPANSION	定义热膨胀系数，可以是等向性与非等向性
约束条件	
*BOUNDARY	用来描述某些节点固定位移（不能移动）与固定角度（不能转动）
*EQUATION	用来约束多个点线性的关系（移动或转动）
*MPC	定义多点的约束
历程输入	
*STEP	定义一分析步骤的起始
*END STEP	定义一分析步骤的结束
*INITIAL CONDITION	用来定义分析的初始条件，可以是初始应力，应变，速度等
*RESTART	用来控制分析结果（restart file *.res）的存取
*USER SUBROUTINE	使用者子程序
过程定义	
*DYNAMIC	使用直接积分法来做动态应力应变分析
*FREQENCY	计算自然频率及模态形状
*MODAL DYNAMIC	使用模态叠加来做时间历时的动态分析
*STATIC	静态分析

续表

指　令	说　明
*STEADY STATE DYNAMICS	动态反应的稳态解
加载定义	
力控制	
*CLOAD	施加集中力或集中力矩 OP=NEW：去除原本施力状态 OP=MOD：在原本施力上状态下多加上其他的力或是修正原有的力（要加在节点上）
*DLOAD	施加分布力（加在面上，各面定义依不同元素型态而异）
位移控制	
*BOUNDARY	施加位移、角度等
*MODAL DAMPING	在模态分析中定义阻尼系数
输出 *.dat	
*EL PRINT	定义哪些单元的应力，应变等变量要输出
*ENERGY PRINT	输出弹性应变能、动能或塑性能等
*MODAL PRINT	输出模态分析中的大小
*MONITOR	观察某点某一自由度，可用于初步判断分析正确否，输出至 *.sta
*NODE PRINT	输出节点位移反力等
*PRINT	输出 CONTACT：用于复杂接触问题中，可用来观察接触或分离 FREQUENCY：输出的频率
输出*.fil	
*EL FILE	输出至.FIL 中，可以在 post 中观看
*ENERGY FILE	似*ENERGY PRINT
*NODE FILE	似*NODE PRINT

表 6-2　ABAQUS 后处理指令整理

指　令	说　明
*ANIMATE	用来产生动画
*SET,BC DISPLAY= ON	在执行*DRAW 时，显示边界条件
*SET,HARD COPY=ON	将屏幕所见输出成其他格式
*CONTOUR	定义一轮廓线形式的输出，面上以不同颜色表示 *SET,FILL：以不同颜色显示 *SET,CLABEL：以曲线显示
*DETAIL	将模型仅就某部分输出，如某些节点或单元
*DRAW	将变形前后的图形输出 *DR,DI：同时显示变形前后图
*ELSET	在后处理中，将某些单元加入或搬移特定单元集
*END	结束后处理

续表

指　　令	说　　明
*HELP	在线说明，使用（?）来辅助
*HISTORY	输出变量（如某点应力）对时间曲线
*SET LOAD DISPLAY= ON	在执行*DRAW 时，显示施力
*NSET	在后处理中，将某些节点加入或搬移特定节点集
*RESTART	指定所要观察的.RES 文档、步骤或 INC 等
*SET	设定某些值的开启与关闭
*SHOW	显示某些值
*VECTOR PLOT	
*VIEW	设定观看角度，也可直接由鼠标点选
*WINDOW	增加、移除或修改窗口
*ZOOM	放大或缩小窗口
SET /SHOW PARAMETER	

本章小结

结构分析是有限元分析方法最常用的一个应用领域，包括土木工程结构，如建筑物；航空结构，如飞机机身；汽车结构，如车身骨架；海洋结构，如船舶结构等；还包括各种机械零部件，如活塞、传动轴等。

本章介绍了 ABAQUS 用于结构静力学分析的方法和步骤，通过本章的学习，读者可以进一步熟悉前面章节介绍的各模块功能，了解 ABAQUS 的强大功能。主要内容包括以下几项。

（1）ABAQUS 进行桁架结构静力分析。该实例是 ABAQUS 处理桁架问题的典型实例，熟悉该实例的操作和方法，掌握使用 ABAQUS 进行桁架结构的静力学分析过程。

（2）ABAQUS 进行轴对称结构静力分析。该实例是处理轴对称问题的例子，主要掌握轴对称单元的选择和使用。

（3）弹性体的基本假设和 INP 文件的格式。对于该知识点的理解有助于加深对有限元分析基本知识和 ABAQUS 的主要文件的了解。

第7章 接触问题分析

前面各章介绍的实例分析均是线性分析（Linear analysis），在这些实例中，外载荷与系统的响应之间为线性关系。当然这种线性关系是一种理论上的理想近似。在真实的物理结构中，结构的刚度会随变形而发生改变，即“非线性分析”（Nonlinear analysis）。称为“国际上最先进的大型通用非线性有限元分析软件”的ABAQUS拥有世界最大的非线性力学用户群，并且非线性分析正是ABAQUS最具优势的领域。

接触分析就是一种典型的非线性问题，它涉及较复杂的概念和综合技巧。本章主要介绍如何使用ABAQUS/Standard分析接触问题。

教学目标

（1）熟悉圆球与平板接触分析实例。
（2）熟悉接触分析的一些关键问题。
（3）了解一个较复杂的过盈装配过程模拟实例。

7.1 非线性问题分类

非线性问题可以分成以下几种类型。

（1）几何非线性（Geometric nonlinearity）。即位移的大小对结构的响应发生影响，包括大转动、大位移、几何刚性化、初始应力和突然翻转（Snap through）等问题。本章的过盈配合装配实例，以及本书中涉及的弹塑性分析实例和多体分析都将涉及这一问题。

（2）材料非线性（Material nonlinearity）。即材料的应力应变关系为非线性。在本书中将介绍如何使用ABAQUS进行弹塑性分析。

（3）边界条件非线性（Boundary nonlinearity）。即边界条件在分析过程中发生变化。接触问题就是一种典型的边界条件非线性问题，它的特点是边界条件不能在计算的开始就可以全部给出，而是在计算过程中确定的，接触物体之间的接触面积和压力分布随外载荷变化，此外，还可能需要考虑接触面间的摩擦行为和接触传热。本章将重点讨论接触问题的分析模拟。

ABAQUS/Standard是使用Newton-Raphson算法来求解非线性问题的，它把分析过程划分为一系列的载荷增量步，在每个增量步内进行多次的迭代（iteration），得到合理的解后，再求解下一个增量步，所有增量响应的总和就是非线性分析的近似解。

ABAQUS/Explicit 在求解非线性问题时不需要进行迭代，而是显式地从上一个增量步的静力学状态来推出动力学平衡方程的解。ABAQUS/Explicit 的求解过程需要大量的增量步，但由于不进行迭代，不需要求解全体方程组，并且它的每个增量步的计算成本很小，可以很高效地求解复杂的非线性问题。

7.2 圆压头与平板的接触分析

读者可以从下面的这个简单实例中学习 ABAQUS 的以下功能：

（1）定义刚体部件和参考点。

（2）定义默认的接触属性。

（3）定义接触关系。

（4）定义接触面。

7.2.1 问题的描述

下面将分析二维平板的接触实例，模型的几何尺寸和边界条件关于中心线轴对称，模型顶部有一个刚硬的（无弹性和塑性性变形）圆形薄片，圆片的底部与平板上沿部分相接接触（见图 7-1），在圆片上沿着 Y 轴方向施加 6kN 的力。接触面润滑良好，无摩擦。除了圆片的接触力之外，平板不承受其他载荷。要求分折模型的受力状态。

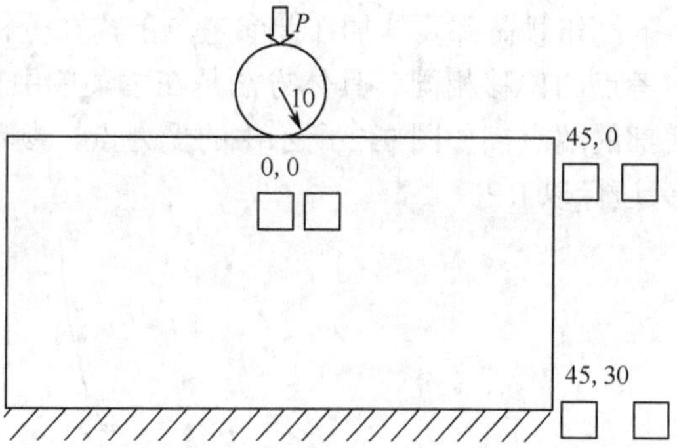

图 7-1　接触分析的示意图

提示

为了简单起见，本实例将取模型的 1/2 进行研究，并且给轴对称边界处施加相应的约束。

注意

(1) 此问题研究的是结构的静态响应，所以分析步类型应为 Static. Generral (使用 ABAQUS/Standard 作为求解器)。

（2）在接触分析中，如果接触属性为默认的“硬接触”（hard contact），则应尽可能使用一阶单元，本实例中选用 CPS4I 单元（平面应力 4 节点四边形双线性非协调单元）。

（3）圆片很刚硬，且几何形状简单，可以用解析刚体（analytical rigid part）来模拟。

提 示

如果一个部件很硬，并且不重点关心它的应力和变形，就可以把它作为刚体部件来建模，从而减小建模的规模。

7.2.2 创建部件

（1）创建刚性圆片：进入 Part 功能模块，单击（Create Part）按钮。在 Name 后面输入 Cylinder，将 Modeling Space 设为 2D Planar（二维平面），将 Type 设为 Analytical rigid（解析刚体），单击 Continue…按钮，完成操作。

单击左侧工具区中的按钮，输入圆心坐标（0,10），按 Enter 键。再输入圆弧的起点坐标（0,0），按 Enter 键，最后输入圆弧的终点坐标（10,10）。按 Enter 键．就绘制了圆片截面的 1/4 圆弧。

（2）指定刚体部件的参考点（Reference point）：用户必须为刚体部件指定一个参考点，刚体部件上的边界条件和载荷都要施加在此参考点上，在分析过程中，整个刚体部件各处的位移都和此参考点的位移相同。具体方法是在主菜单中选择 Tools→Reference Point，然后单击圆形底部的端点，如图 7-2 所示中的受力点。参考点在视图区中显示为一个黄色的“叉子”，旁边标以 RP。

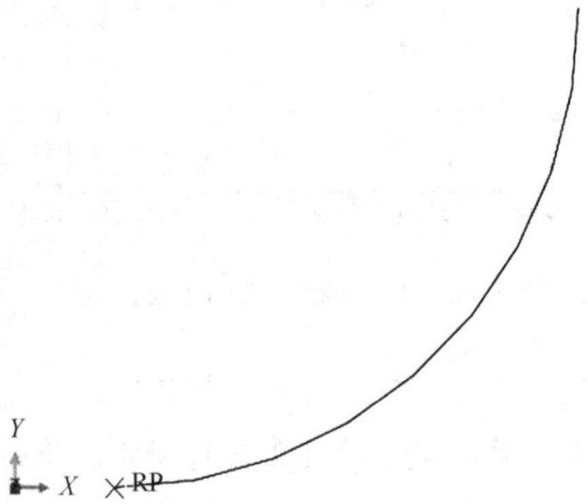

图 7-2　绘制的 1/4 圆弧

（3）创建平板（二维柔性体）再次进入 Part 功能模块，单击（Create Part）按钮，在 Name 后面输入 Plane，将 Modeling Space 设为 2D Planar（二维平面），保持默认的参数 Type：Deformable（柔性体）；Base Feature：Shell（壳体），然后单击 Continue…按钮。

进入 Sketch 模块后，单击□（绘制矩形）按钮，输入第一个点的坐标（0,0），然后再输入（45,-30），连续单击鼠标中键，即完成该部分的操作。

7.2.3 创建材料和截面属性

（1）创建材料进入 Property 功能模块，单击（Create Material）按钮，设置 Young's Modulus 为 210000，Poisson's Ratio 为 0.3，单击 OK 按钮，结束创建材料的操作。

（2）创建截面属性单击（Create Section）按钮，单击 Continue…按钮，然后单击 OK 按钮，结束该操作。

（3）赋予截面属性：使用窗口顶部环境栏中的 Part 下拉列表，切换至柔性体部件 Plane。单击（Assign Section）按钮，为部件 Plane 赋予截面属性。

7.2.4 定义装配件

进入 Assembly 功能模块。单击（Instance Part）按钮，在弹出的 Create Instance 对话框中拖动鼠标来选中两个部件，接受默认参数 Instance Type：Dependent（mesh on part），即类型为非独立实体，单击 OK 按钮，完成定义装配件的操作。两个部件的位置都已经是正确的，不需要再重新定位。

7.2.5 划分网格

平板划分网格：进入 Mesh 功能模块。在窗口顶部的环境栏中把 Object 选项设为 Part：Plane。单击按钮，把 Approximate global size 设为 1.5。单击按钮，选中 Incompatible modes（非协调模式），即单元类型为 CPS4I（4 节点四边形双线性非协调轴对称单元）。单击按钮，得到如图 7-3 所示的网格。

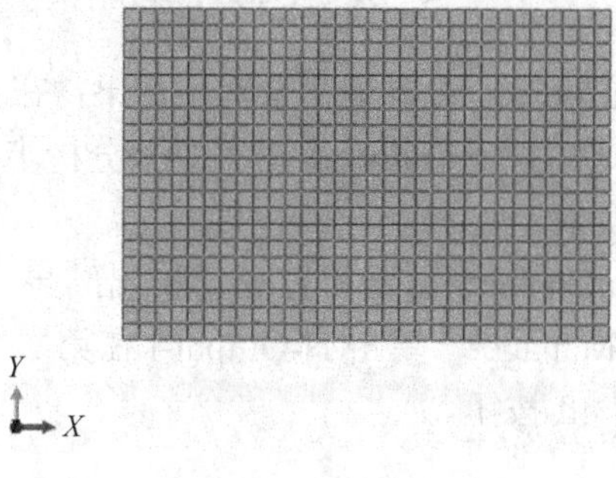

图 7-3 平板的网格

7.2.6 设置分析步

本模型的分析步包含以下几个部分。

（1）初始分析步 initial：定义边界条件。

（2）第一个分析步 InContant：在圆片上施加一个很小的力（10N），使各个接触部件平稳地建立起来。

（3）第二个分析步 Apply Load：将圆片上的作用力改为 6000N。

提 示

在接触分析中，如果在第一个分析步中就把所有载荷施加到模型上，有可能分析无法收敛。建议读者像上面那样，先定义一个只有很小载荷的分析步，让接触关系平稳的建立起来，然后在下一步分析步中再施加真实的载荷。这样虽然分析步的数目增加了，但是减小了收敛的困难，计算时间可能反而会减少。

具体操作步骤如下。

进入 Step 功能模块，然后按照以下操作来创建分析步。

（1）创建第一个分析步 InContact：单击（Create Step）按钮，在 Name 后面输入 InContact，类型为默认的 Static，General，单击 Continue…按钮，在弹出的 Edit Step 对话框中，把 Nlgeom（几何非线性）设为 On，再单击 OK 按钮，完成该操作。

（2）创建第二个分析步 Apply Load：再次单击按钮，在弹出的 Create Step 对话框的 Name 后面输入 Apply Load，其余参数保持默认值（Procedure type：General；选中 Static， General)，单击 Continue…按钮。单击 OK 按钮。

在主菜单中选择 Step→Manager，弹出 Edit Manager 对话框，可以看到已有的各个分析步，如图 7-4 所示。

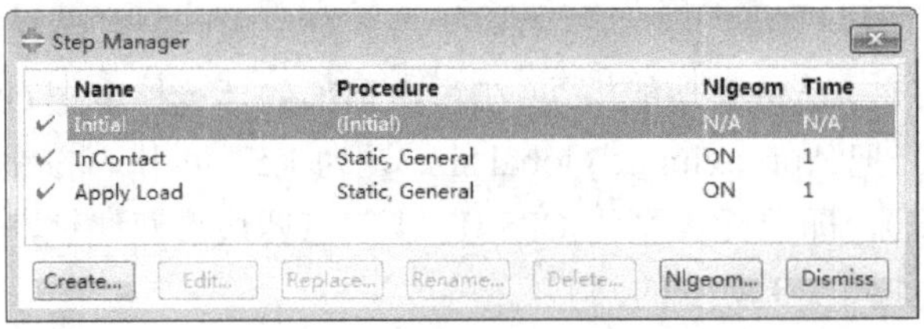

图 7-4　各个分析步

（3）为新的分析步 InContact 设置场变量输出结果：在主菜单中选择 Output→Field Output Requests→Manager，单击 F-Output-1 在第二个分析步 Apply Load 下面的 Created，然后单击 Move Left 按钮。

（4）为新的分析步 InContact 设置历史变量输出结果：在主菜单中选择 Output→History Output Requests→Manager，单击 H-Output-1 在第二个分析步 Apply Load 下面的 Created，然后单击 Move Left 按钮。

7.2.7　定义接触

下面将定义在圆片和平板之间的接触。

（1）定义各个接触面：进入 Interaction 功能模块，在主菜单中选择 Tools→Surface→Manager，单击 Create…按钮，在 Name 后面输入 Surf-Plane，类型为 Geometry，单击

Continue…按钮。单击平板与圆片相接触的圆弧（见图7-5），然后在视图区中单击鼠标中键确认。

用类似的方法来定义圆片的面 Surf-Cylinder，由于圆片是解析刚体部件，在创建面时 ABAQUS/CAE 会在窗口底部提示 Choose a side for the edges：Magenta，Yellow（选择刚体的哪一侧的面，紫色，黄色），这时应该选择刚体的外侧对应的颜色。

（2）定义无摩擦的接触属性：单击（Create Interaction Property）按钮，在 Nature 后面输入 IntProp-NoFriction，各项参数都保持默认值，单击 OK 按钮，完成接触属性的定义。

（3）定义接触：单击（Create Interaction）按钮，然后单击 Continue…按钮。此时要求选择主面（master surface），单击窗口底部提示区右侧的 Surface 按钮，在弹出的 Region Selection 对话框中，选择 Surf-Cylinder，再单击 Continue…按钮，完成该操作。

此时要求选择从面（Slave surface），单击窗口底部提示区的 Surface 按钮，在再次弹出的 Region Selection 对话框中，选中 Surf-Plane，单击 Continue…按钮。

在弹出的 Edit Interaction 对话框中（见图 7-6），不改变默认的参数 Sliding formulation：Finite sliding（有限滑移），直接单击 OK 按钮。

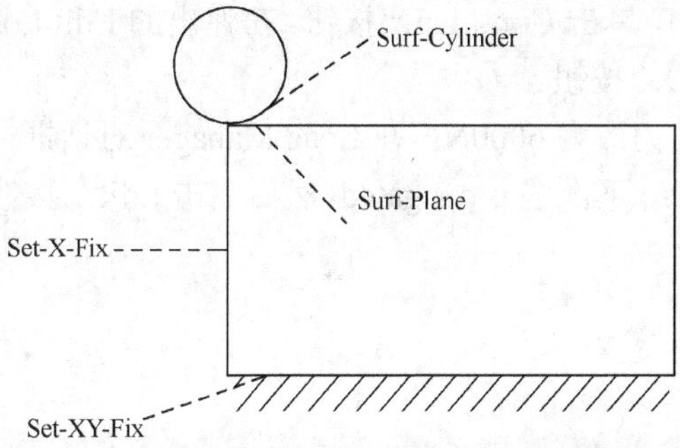

图 7-5　定义各个面

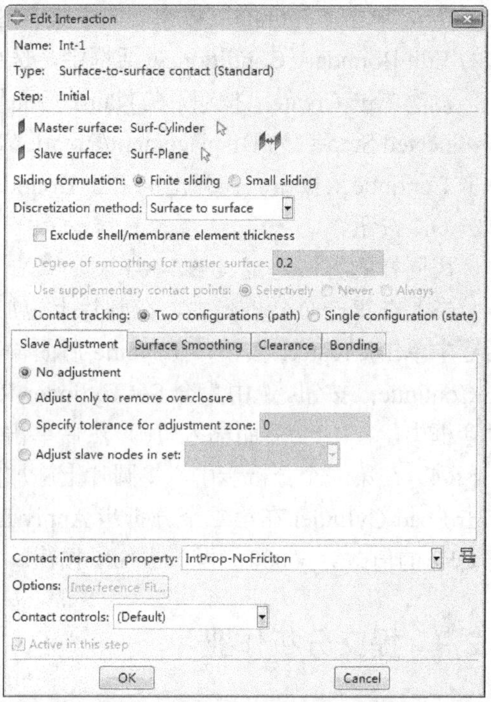

图 7-6　Edit Interaction 对话框

在主菜单中选择 Interaction→Manager，在弹出的 Interaction Manager 对话框中选中已经定义好的接触 Int-1 后面的 Created，再单击 Edit…按钮，可以查看接触面的位置是否正确。

7.2.8　定义边界条件和载荷

约束圆片在 *X* 方向的位移 U1 和面内的转动 UR3，并施加 *Y* 方向的载荷；在平板的底边上施加边界条件 U1= U2=0。

（1）创建集合。进入 Load 功能模块，在主菜单中选择 Tools→Set→Manager，单击 Create...按钮来分别创建以下集合。

① 圆片的参考点 Set-Cylinder-Ref：单击 Create...按钮，在 Name 后面输入 Set-Cylinder-Ref，单击 Continue...按钮。单击选择圆片的参考点 RP，在视图中单击鼠标中键确认。

② 集合 Set-XY-Fix：单击 Create...按钮，在 Name 后面输入 Set-XY-Fix，单击 Continue...按钮。单击选择平板的底面，在视图中单击鼠标中键确认。

③ 集合 Set-X-Fix：单击 Create...按钮，在 Name 后面输入 Set-X-Fix，单击 Continue...按钮。单击选择平板的左侧面，在视图中单击鼠标中键确认。

（2）定义边界条件。在主菜单中选择 BC→Manager。单击 Create...按钮，在 Name 后面输入 BC-Cylinder，将 Step 设为 Initial。将 Type for Selected Step 设为 Displacement/Rotation，单击 Continue...按钮。选中集合 Set-Cylinder-Ref，单击 Continue...按钮。在弹出的 Edit Boundary Condition 对话框中，选中 U1 和 UR3，然后单击 OK 按钮。

再次单击 Create...按钮，在 Name 后面输入 BC-XY-Fix，将 Step 设为 Initial。将 Type for Selected Step 设为 Displacement/Rotation，单击 Continue...按钮。选中集合 Set-XY-Fix，单击 Continue...按钮。在弹出的 Edit Boundary Condition 对话框中，选中 U1、U2，然后单击 OK 按钮。

用同样的方法，定义 BC-X-Fix。

（3）在第一个分析步中，在圆片上施加一个很小的力（10N）。在 Load Manager 对话框中单击 Create...按钮，在 Name 后面输入 Load-Cylinder，将 Step 设为 InContact，单击 Continue...按钮。选中集合 Set-Cylinder-Ref，单击 Continue...按钮。在弹出的 Edit Load 对话框中，在 CF2 后面输入-10，然后单击 OK 按钮。

（4）在第二个分析步中，将圆片上施加的力改为 6000N。在 Load Manager 对话框中，单击 Load-Cylinder 在第二个分折步 Apply Load 下面的 propagated，然后单击 Edit...按钮，把 CF2 的值改为-6000，再单击 OK 按钮。

7.2.9　提交分析作业

进入 Job 功能模块，在主菜单中选择 Job-Manager，创建名为 Plane-contact 的分析作业，单击窗口顶部工具栏中的按钮来保存所建的模型。单击 Job Manager 对话框中的 Submit 来提交分析，等待分析完成后，单击 Results 按钮，进入 Visualization 功能模块。

7.2.10 后处理

（1）显示 Mises 应力的云纹图：在 Visualization 功能模块中，单击按钮显示 Mises 应力的云纹图，如图 7-7 所示，单击按钮显示动画，查看分析结果是否正常。

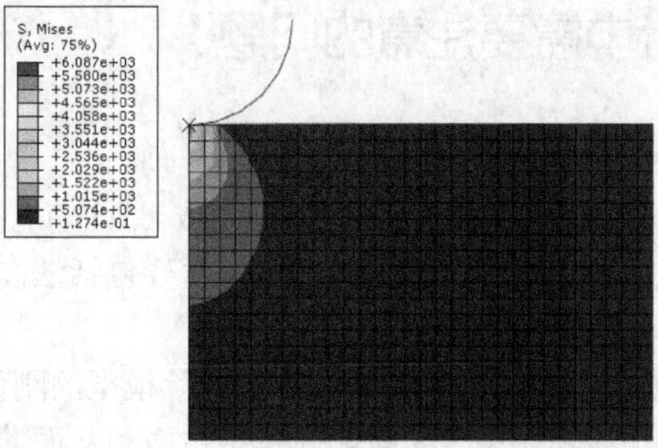

图 7-7　分析步 Apply Load 结束时，Mises 应力云纹图的分布

（2）显示接触压强 CPRESS 和接触状态 COPEN：节点上因接触而产生的单位面积上的压力称为“接触压强”。单击主菜单 Results→Field Output，选择输出变量为 CPRESS，单击 Apply 按钮，可以看到内圈上的接触压强。单击窗口顶部工具栏中的按钮，可以查询各个节点上的 CPRESS。

窗口上部的按钮和按钮来逐格显示 CPRESS 随时间的变化，可以看到，内圈与基座相接触的节点 CPRESS>O，而没有接触的节点 CPRESS=0。在整个装配过程中，CPRESS>O 的区域不断扩大。

类似地，在 Field Output 对话框中选择输出变量为 COPEN（从面节点与主面的距离），单击 Apply 按钮，就可以显示各节点的接触状态。如果 COPEN>0，表示此节点与主面没有接触；如果 COPEN 为 0 或者非常接近于 0，表示此点与主面相接触。

注 意

CPRESS 和 COPEN 都显示在从面上。

（3）显示各个面的法线方向：单击按钮来显示未变形图，单击窗口底部提示区右侧的 Undeformed Shape Options，在 Normals 标签栏中选择 Show Normals：On surfaces（面的法线方向），并把 Length（箭头长度）设置为 Short，单击 OK 按钮。

注 意

如果法线方向错误，接触分析无法得到正确的结果。因而当接触分析出现收敛问题时，可以用上述方法看接触面的法线方向是否正确。

至此，就完成了这个简单的接触案例操作，可以看出接触分析中最关键的问题是定义接触属性、接触面和接触关系。

7.2.11 INP 文件

该案例中的 INP 文件解释请查阅光盘中的相关文件，限于篇幅，在此不做详解。

7.3 接触分析中需要注意的问题

ABAQUS/CAE 中的接触分析主要包括以下建模步骤。

（1）在 Assembly 功能模块、Interaction 功能模块或 Load 功能模块中定义各个接触面。

（2）在 Interaction 功能模块中定义接触属性（主要包括法向接触属性和切向的摩擦属性）。

（3）在 Load 功能模块中定义边界条件，保证消除模型的刚体位移。

（4）在 Interaction 功能模块中定义接触（包括主面和从面的位置调整、滑动公式、接触面距离、接触属性和接触控制等）。

下面将详细讨论 ABAQUS 接触分析中的一些需要注意的问题，以及解决收敛问题的常用方法。

7.3.1 ABAQUS/Standard、ABAQUS/Explicit 中的接触分析

ABAQUS/Standard 中可通过定义接触面（Surface）或接触单元（Contact element）来模拟接触问题。接触面可以分为以下三种类型。

- ✧ 由单元构成的柔体接触面或刚体接触面。
- ✧ 解析刚体接触面。
- ✧ 由节点构成的接触面。

当两个物体 A 和 B 相互接触时，如果称物体 A 为接触体，那么就称物体 B 为目标体或靶体，并称物体 A 的接触面为从接触面，物体 B 的接触面为主接触面，同时为了进行接触理论力学的分析还引入了“接触对”（Contact pair）的概念。一对相互接触的面称为“接触对”，一个接触对中最多只能有一个由节点构成的接触面。如果只有一个接触面，则称为“自接触”（Self-contact）。

ABAQUS/Explicit 提供两种算法来模拟接触问题。

- ✧ 接触对算法：定义接触的过程较复杂，对接触面的类型有较多限制，但可以解决通用接触算法所不适用的某些问题。使用接触对算法时，需要指定相互接触的面。
- ✧ 通用接触算法：可以很简单地定义接触，对接触面的类型限制很少。采用通用接触算法时，常用的方法是让 ABAQUS/Explicit 自动生成包含所有实体的面，在这个面上定义自接触。如果希望细化接触区域，可以选定特定的接触面。

在下面的讨论中，如果没有特别说明，都指的是 ABAQUS/Standard 中的接触分析。

7.3.2 定义接触对

ABAQUS/Standard 的接触对由从面（Slave surface）和主面（Master surface）构成。在模拟过程中，接触方向总是主面的法线方向，从面上的节点不会穿越主面，但主面上的节点可以穿越从面。定义主面和从面时要注意以下问题。

（1）解析面（Analytical surface）或由刚性单元构成的面必须作为主面，从面则必须是柔性体上的面（可以是施加了刚体约束的柔体）。

（2）两个面的节点位置不要求是一一对应的，但如果能够令其一一对应，可以得到更精确的结果。

（3）如果接触面在发生接触的部位有很大的尖角或凹角，应该将其分别定义为两个面。

（4）主面不能是由节点构成的面，并且必须是连续的。如果是有限滑移（Finite sliding），主面在发生接触的部位必须是光滑的。

（5）如果是有限滑移（Finite sliding），则在整个分析过程中，都尽量不要让从面节点落到主面之外，特别是不要落到主面的背面，否则容易出现不收敛问题。

（6）一对接触面的法线方向应该相反，如果主面和从面在几何位置上没有发生重叠，则一个面的法线应指向另一个面所在的那一侧（对于三维实体，法线应该指向实体的外侧）。如果法线方向错误，ABAQUS 往往会将其理解为存在很大过盈量的过盈接触，因而使得结果无法达到收敛。

对于柔性的三维实体，ABAQUS 会自动选择正确的法线方向，而在使用壳单元、梁单元、膜单元或刚体单元来定义接触面时，往往需要自己指定法线方向，就容易出现错误。

提 示

如果法线方向定义错误，则有可能在 MSG 文件中看到以下信息：CONTACT PAIR （ASSEMBLY_SURF-1，ASSEMBLY_SURF-2） NODE SPECIMEN-1.148 IS OVERCLOSED BY 1.60194 WHICH IS SEVERE。

ABAQUS/CAE 操作：Interaction 模块，主菜单 Interaction→Create。

注 意

定义接触对的关键词如下：

*CONTACT PAIR，INTERACTION = <接触属性名称>

<从面的名称>，<主面的名称>

7.3.3 有限滑移和小滑移

在 ABAQUS/Standard 中，有两种接触公式来描述两个接触面的相对滑动。

（1）小滑移（Small sliding），两个接触面之间只有很小的相对滑动，滑动量的大小只是单元尺寸的一小部分。

ABAQUS/CAE 操作：在 Interaction 模块，在主菜单中选择 Interaction→Create，在 Edit Interaction 对话框中将参数 Sliding formulation 改为 Small sliding。

注 意

可以使用以下关键词定义小滑动的接触对：
*CONTACT PAIR，INTERACTION = <接触属性的名称>，SMALL SLIDING
<从面名称>，<主面名称>

对于小滑移的接触对，ABAQUS/Standard 在分析的开始就确定了从面节点和主面的哪一部分发生接触，在整个分析过程中这种接触关系不会再发生变化。因此，小滑移的计算代价小于有限滑移。

小滑移也可以用于几何非线性问题（使用*STEP，NLGEOM 定义的分析步）。并考虑主面的大转动和大变形，更新接触力的传递路径。如果在模型中没有几何非线性，则忽略主面的转动和变形，载荷的路径保持不变。

小滑移有两种算法：点对面（Node to surface）和面对面（Surface to surface）。面对面算法的应力结果精度较高，并且可以考虑板壳和膜的初始厚度，但在有些情况下计算代价较大。

小滑移问题的接触压强总是根据变形时的接触面积来计算的；有限滑移问题的接触压强则是根据变化的接触面积来计算。

（2）有限滑动（Finite sliding），两个接触面之间可以有任意的相对滑动，这是定义接触时的默认特性。

ABAQUS/CAE 操作：在 Interaction 模块，在主菜单中选择 Interaction→Create，在 Edit Interaction 对话框中不改变默认参数 Sliding formulation：Finite sliding。

可以使用以下关键词定义小滑移的接触对：

```
*CONTACT PAIR,INTERACTION = <接触属性的名称>
<从面名称>,<主面名称>
```

在有限滑移的分析过程中，ABAQUS/Standard 需要不断地判定从面节点和主面的哪一部分发生接触，因此计算代价较大。有限滑移要求主面是光滑的（每个点都有唯一的法线方向），否则会出现收敛问题。如果主面在发生接触的部位存在尖锐的凹凸角，应该在此尖角处把主面分为两部分来分别定义。对于由单元构成的主面，ABAQUS 会自动进行平滑处理。

7.3.4 定义接触属性

接触属性（Contact property）包括接触面之间的法向作用和切向作用。对于法向作用，ABAQUS 中接触压力和间隙的默认的关系是“硬接触”（Hard contact），即接触面之间能够传递的接触压力的大小不受限制；当接触压力变为负值或零时，两个接触面就发生分离，并且相应节点上的接触约束就会失效。

当然 ABAQUS 还提供了多种“软接触”（Softened contact），包括指数模型、线性模型、表格模型等情况。

ABAQUS 中常用的摩擦模型为库伦摩擦，即使用摩擦系数来表示接触面之间的摩擦特性。默认的摩擦系数为零，即无摩擦。库伦摩擦的计算公式为

$$\tau_{crit} = \mu \cdot p \tag{7-1}$$

式中，τ_{crit} 是临界切应力；p 是接触的法向压强（即 CPRESS）；μ是摩擦系数。

在切向力达到临界切应力之前，摩擦面之间不会发生相对滑动。

此外，ABAQUS 还提供了其他类型的摩擦模型，如 ABAQUS/Standard 中的 Lagrange 摩擦和粗糙（rough）摩擦、ABAQUS/Explicit 中的动力学摩擦等。

ABAQUS/CAE 操作：在 Interaction 模块，在主菜单中选择 Interaction→Property→Create，在 Edit Interaction Property 对话框选择 Mechanical→Tangential Behavior 来设定摩擦，选择 Mechanical→Normal Behavior 来设定法向作用的类型。

还可以使用以下关键词来定义接触属性：

```
*SURFACE,INTERACTION,NAME = <接触属性的名称>
*FRICTION
<摩擦系数>
```

7.3.5 设定接触面之间的距离或过盈量

下面将介绍定义两个接触面的距离或过盈量的几种方法。

1. 根据模型的几何尺寸位置和 ADJUST 参数定义

在默认情况下，ABAQUS 会直接根据模型的尺寸位置来判断从面和主面的距离从而确定二者的接触状态，这就要求在建模时精确地定义接触面的坐标。模型的尺寸往往会存在数值误差，所以一般应在定义接触设置一个位置误差限度，用来调整从面节点的初始坐标。

ABAQUS/CAE 操作：在 Interaction 模块，在主菜单中选择 Interaction→Create，在 Edit Interaction 对话框中选中 Specify tolerance for adjustment zone，在其后输入位置误差限度的值。

其关键词如下：

```
*CONTACT PAIR,INTERACTION = <接触属性的名称>,ADJUST = <位置误差限度>
<从面名称>,<主面名称>
```

<位置误差限度>的含义：如果从面节点与主面的距离小于此限度，ABAQUS 将调整这些节点的初始坐标，使其与主面的距离为 0。

注 意

在定义接触和绑定约束时，需要适当地调整从面节点的初始坐标，以保证从面和主面之间建立正确的接触关系。

2. *CONTACT INTERFERENCE

读者可以使用*CONTACT INTERFERENCE 来定义过盈接触。ABAQUS/CAE 操作：在 Interaction 模块，在主菜单中选择 Interaction→Create，单击 Edit Interaction 对话框底部的 Interference fit。使用*CONTACT INTERFERENCE 类似于施加载荷，不能在 initial 分析步中对其进行定义，而只能在后续分析步中定义。

关键词的使用方法如下：

```
*CONTACT PAIR,INTERACTION = <接触属性的名称>,ADJUST = <位置误差限度>
<从面名称>,<主面名称>
…
*AMPLITIDE,NAME = <幅值曲线的名称>
…
*STEP
…
*CONTACT INTERFERENCE,AMPLITUDE = <幅值曲线的名称>
<从面名称>,<主面名称>,<过盈量或间隙量>
…
*END STEP
```

其中，参数<过盈量或间隙量>为负值表示过盈量，正值表示间隙量。

注 意

如果在分析结果中看到，使用 *CONTACT INTERFERENCE 所定义的过盈接触没有在模型中起作用，则有可能是以下原因引起的。

（1）参数<过盈量或间隙量>为负值时才表示过盈接触，正值时表示两个面之间存在间隙。

（2）*CONTACT INTERFERENCE 不能使用 ABAQUS 默认的幅值曲线 Ramp（从 1 降至 0），而要使用自定义的复制曲线，使在整个分析步中过盈量的幅值从 0～1 逐渐增大。

（3）如果在 ABAQUS/CAE 模型中两个接触面之间有宽度为 h 的缝隙，而事实上它们之间应该存在接触关系，则关键词 *CONTACT PAIR 中的参数 ADJUST = <位置误差限度>必须略大于此缝隙的宽度 h，否则*CONTACT INTERFERENCE 中的参数<过盈量或间隙量>不会起作用，因为 ABAQUS 会认为这两个接触面没有接触。

3. *CLEARANCE

使用关键词 *CLEARANCE 可以定义两个接触面之间的初始过盈量或间隙量，它只适用于小滑移（Small sliding）。ABAQUS/CAE 不支持关键词 *CLEARANCE，只能手工修改 INP 文件来添加此关键词，它的使用方法如下：

```
*CONTACT PAIR,INTERACTION = <接触属性的名称>,SMALL SLIDING
<从面名称>,<主面名称>
```

```
...
*CLEARANCE,SLAVE = <从面名称>,MASTER =<主面名称>,VALUE = <过盈量或间隙量>
```

如果过盈接触是通过*CLEARANCE 来定义，则在分析的开始全部过盈量就被施加在模型上，而且无法在分析过程中改变过盈量的大小。如果此过盈量太大，ABAQUS 就可能无法达到收敛，而且即使减小时间增量步也无法解决该问题。

注 意

如果使用*CONTACT INTERFERENCE，并且采用从 0～1 幅值曲线，当过盈量很大时可以通过减小时间增量步来达到收敛。另外使用*CONTACT INTERFERENCE 可以像施加载荷那样，在分析中改变大小、激活后被去除。

7.3.6 将接触信息输出至 DAT 文件

在对分析步的定义中可以使用以下关键词来将接触信息输出至 DAT 文件，而 ABAQUS/CAE 不支持此项操作。

```
*CONTACT PRINT
<结果变量名称>
```

常用的 <结果变量名称>包括以下几项。

- ✧ CFN 接触压力的合力。
- ✧ CFS 摩擦应力的合力。
- ✧ CMN 接触压力相对于原点的合力矩。
- ✧ CMS 摩擦应力相对于原点的合力矩。
- ✧ CAREA 接触面积。
- ✧ CFT 接触压力和摩擦应力的合力。
- ✧ CMT 接触应力和摩擦应力相对于原点的合力矩。

如果没有给出<结果变量名称>，ABAQUS 会把从面节点的以下变量结果写入 DAT 文件中。

- ✧ STATUS 接触状态。
- ✧ CPRESS 接触压强。
- ✧ COPEN 从面节点与主面的距离。
- ✧ CSLIPI 在局部坐标轴 1 方向上的相对切向滑移（各增量步中滑移的总和）。
- ✧ CSHEAR1 在局部坐标轴 1 方向上的摩擦切应力。

注 意

CPRESS 和 CFN 的区别：CPRESS 是从面各个节点上各自的接触压强，而 CFN 代表接触面所有节点接触力的合力，CFN 有四个变量，即 CFNM、CFN1、CFN2 和 CFN3。接触面所有节点在垂直于接触面方向上接触力的合力分量称为法向接触力。

假设接触面是曲面，就无法由 CFN 直接得到法向接触力，这时候可以通过各个从面节点的 CPRESS 来计算接触力。

由法向接触力可以计算库伦摩擦的摩擦力：

摩擦力=法向接触力×摩擦系数

下列语句将输出从面 surf2 在节点集合 node-set-1 上的接触信息：

```
*CONTACT PRINT,SLAVE = surf2,MASTER =surf1,NSET= node-set-1
```

7.3.7 迭代过程和 MSG 文件中的信息

如果当前的时间增量步无法在规定的迭代次数内达到收敛，ABAQUS 会自动减小时间增量步，重新开始迭代。如果这样仍不能收敛，则会继续减小时间增量步。如果达到了规定的 Cutback 最大次数（默认值为 5 次），或时间增量步长减小到所规定的最小限度（默认值为 5 次），ABAQUS 就会中止分析，并在 MSG 文件的结尾处显示以下错误信息：

```
* * * ERROR:  TOO MANY ATTEMPTS MADE FOR TTHIS INCREMENT: ANALYSIS TERMINATED
或  * * * ERROR: TIME INCREMENT REQUIRED IS LESS THAN THE MINIMUM SPECIFIED
```

在 Visualization 功能模块的主菜单中选择 Tools→Job Diagnostics，可以查看收敛过程的诊断信息，当然利用 MSG 文件也可以查看分析迭代的详细过程。下面列出的 MSG 文件是一个达到收敛的例子：

```
（时间增量步长 1）
INCREMENT 1 STARTS.   ATT'EMPT NUMBER 1 , TIME INCREMENT 1.00

（严重不连续迭代 1）
SEVERE DISCONTINUITY ITERATION 1 ENDS
（接触状态的变化：1 个节点闭合，10 个节点开放）
CONTACT CHANGE SUMMARY: 1 CLOSURES 10 OPENINGS.

SEVERE DISCONTINUITY ITERATION 2 ENDS
CONTACT CHANGE SUMMARY: 0 CLOSURES 4 OPENINGS
（平衡迭代 1）
EQUILIBRIUM ITERATION 1

AVERAGE FORCE              16. 89            TIME AVG. FORCE      16. 89
LARGEST RESIDUAL FORCE                 17.14     AT NODE          2820 DOF 1
INSTANCE: BASE-1-1
LARGEST INCREMENT OF DISP.             0. 86     AT NODE            16 DOF 2
INSTANCE: PLATE-1
LARGEST CORRECTION TO DISP.            9. 057E-03     AT NODE       15 DOF 2
INSTANCE: PLATE-1
FORCE EQUILIBRIUM NOT ACHIEVED WITHIN TOLERANCE.

（平衡迭代 2）
```

```
EQUILIBRIUM ITERATION 2
...
（平衡迭代 3）
EQUILIBRIUM ITERATION 3
...
TIME INCREMENT COMPLETED 1.00, FRACTION OF STEP COMPLETED 1.00
STEP TIME COMPLETED        1. 00, TOTAL TIME COMPLETED          5. 00

（分析顺利完成了）
THE ANALYSIS HAS BEEN COMPLETED
```

从面的节点有闭合和开放（CLOSURES 和 OPENINGS）两种接触状态。如果在一次迭代中节点的接触状态发生了变化，则称为“严重不连续迭代”（severe discontinuity iteration）。在 MSG 文件中显示了接触状态发生变化的节点数口（例如，上面的 0 CLOSURES、10 OPENINGS）。

如果分析能够收敛，每次严重不连续迭代中 CLOSURES 和 OPENINGS 的数目会逐渐减少。当所有从面节点的接触状态都不再发生变化，就进入平衡迭代，最终达到收敛。如果无法达到收敛，MSG 文件中显示的迭代信息有以下几种常见的情况。

（1）CLOSURES 和 OPENINGS 的数目时而减小，时而增大。例如：

```
SEVERE DISCONTINUITY ITERATION 1 ENDS
CONTACT CHANGE SUMMARY: 0 CLOSURES 45 OPENINGS

SEVERE DISCONTINUITY ITERATION 2 ENDS
CONTACT CHANGE SUMMARY: 1 CLOSURES 25 OPENINGS
...

SEVERE DISCONTINUITY ITERATION 10 ENDS
CONTACT CHANGE SUMMARY: 0 CLOSURES 1 OPENINGS

SEVERE DISCONTINUITY ITERATION 11 ENDS
CONTACT CHANGE SUMMARY: 13 CLOSURES 0 OPENINGS
```

出现这种问题时，可以观察一下，减小时间增量步后是否能够达到收敛。

（2）CLOSURES 和 OPENINGS 的数目逐渐减小，但最终不断重复出现 0 CLOSURES，1 OPENINGS 和 1 CLOSURES，0 OPENINGS。例如：

```
SEVERE DISCONTINUITY ITERATION 1 ENDS
CONTACT CHANGE SUMMARY: 5 CLOSURES 19 OPENINGS.
...
SEVERE DISCONTINUITY ITERATION 9 ENDS
CONTACT CHANGE SUMMARY: 0 CLOSURES 1 OPENINGS.

SEVERE DISCONTINUITY ITERATION 10 ENDS
CONTACT CHANGE SUMMARY: 1 CLOSURES 0 OPENINGS.
```

```
SEVERE DISCONTINUITY ITERATION 14 ENDS
CONTACT CHANGE SUMMARY: 0 CLOSURES 1 OPENINGS.

SEVERE DISCONTINUITY ITERATION 15 ENDS
CONTACT CHANCE SUMMARY:   1 CLOSURES 0 OPENINGS.
```

该迭代信息意味着有一个从面节点的接触状态不断在 CLOSURE 和 OPENING 之间变换，即所谓的“振颤”（chattering）。出现这种问题时，往往无法通过减小时间增量步来达到收敛。

（3）CLOSURES 和 OPENINGS 的数目逐渐减小，但减小的速度很慢，达到第 12 次严重不连续迭代后，ABAQUS 就自动减小增量步长，重新开始迭代。例如：

```
SEVERE DISCONTINUITY ITERATION 1 ENDS
CONTACT CHANGE SUMMARY: 0 CLOSURES 95 OPENINGS.

SEVERE DISCONTINUITY ITERATION 2 ENDS
CONTACT CHANGE SUMMARY: 3 CLOSURES 55 OPENINGS
...
SEVERE DISCONTINUITY ITERATION 14 ENDS
CONTACT CHANGE SUMMARY: 0 CLOSURES 9 OPENINGS

SEVERE DISCONTINUITY ITERATION 15 ENDS
CONTACT CHANGE SUMMARY: 0 CLOSURES 6 OPENINGS
```

若出现这种情况时，可能并不是真的无法达到收敛，因为 ABAQUS 默认的严重不连续迭代的最大次数只有 15 次。如果允许 ABAQUS 多进行几次迭代，就有可能达到收敛。在分析步中使用关键词 CONTROLS 可以改变迭代参教的设置，例如：

```
*STATIC
1,1,1E-5,1
*CONTROLS，PARAMETERS = TIME INCREMENTATION
, , , , , , 45, , , ,
```

其中，逗号之间省略的参数表示保持 ABAQUS 的默认值不变。45 表示将严重不连续迭代的最大次数变为 45 次，也就意味着，只有当严重不连续迭代达到 45 次时，ABAQUS 才会减小时间增量步，重新开始迭代。

注 意

ABAQUS/CAE 操作：Step 模块，主菜单 Other→General Solution Controls→Edit，选择相应的分析步，单击 Continue...按钮，选中 Specify，单击 Time Incrementation 标签页，单击第一个 More，把 I_s 由默认的 15 改为适当的值（如 45），然后单击 OK 按钮，完成该操作。

可以在 ABAQUS/CAE 的 Step 功能模块中选择菜单 Output→Diagnostic Print，然后选中 Contact，从而在 MSG 文件中看到更详细的接触分析信息。相应的关键词如下：

```
*PRINT,CONTACT= YES
```

7.3.8 解决接触分析中的收敛问题

分析无法达到收敛，可能是因为模型中有问题，例如，存在过约束、刚体位移、接触定义不当等，这时应查看 MSG 文件中是否有本书所介绍的警告信息，然后采取相应措施。

在接触分析中出现收敛问题时，应考虑以下解决方法。

1. 检查接触关系、边界条件和约束

首先应检查所定义的接触面、接触参数和边界条件是否正确。具体方法：打开模型数据库（.cae）文件，在 Interaction 功能模块中单击主菜单 Interaction→Manager，在 Interaction Manager 对话框中依次选择已定义的接触，再单击 Edit...按钮，查看接触面的位置是否设置正确。同样地，可以在 Load 功能模块中查看载荷和边界条件的设置。

此外，可以在 Visualization 功能模块中单击主菜单 View→OBD Display Options，在 Entity Display 模块中选择 Show boundary conditions 和 Show coupling constraints，从而显示出模型的边界条件和约束，查看其作用区域是否正确。

2. 消除刚体位移

在静力分析中，必须对模型中所有实体都定义足够的约束条件，以保证它们在各个平移和转动自由度上都不会出现不确定的刚体位移。

提 示

在动态分析中不要求约束刚体位移。上面提到的"静态分析需要约束刚体位移"，意思是不能因为缺少约束而出现不确定的或无限大的刚体位移，而不是不可以让实体发生大的位移或转动（如在位移边界条件中给定一个位移值）。

如果在静力分析中没有对刚体位移定义足够的约束条件，得到的分析结果会有两种可能情况。

（1）分析过程无法达到收敛。

（2）虽然能够达到收敛，但是 Visualization 模块中变形图或云纹图时，由于刚体位移量远远大于模型的尺寸，会看到视图区中所显示的默认缩放系数非常小（如 10^{-7}），或出现如下的错误信息：

```
Deformation and/or analytical surface extent is too large as compared with the model
```

出现刚体位移时，在 MSG 文件中会显示 Numerical Singularity（数值奇异）警告信息。例如：

```
        * * * WARNING: SOLVER PROBLEM. NUMERICAL SINGULARITY WHEN PROCESSING
NODE    MERGED-1. 880 D.O.F.2 RATIO = 1.066576E+012
```

上述警告信息中提到的实体 MERGED-1 就是出现刚体位移的实体。D.O.F.2 表明在第二个自由度上出现了刚体位移。

有些情况 ABAQUS 还会显示 Negative Eig4envalue（负特征值）警告信息，例如：

*** WARNING: THE SYSTEM MATRIX HAS 1 NEGATIVE EIGENVALUE

查看 ODB 文件的诊断信息会有助于找出问题的原因。具体操作方法是，在 Visualization 功能模块的主菜单中选择 Tools→Job Diagnostics。

出现了刚体位移时，应仔细检查已有的边界条件、约束和接触关系是否足以约束每个部件的刚体平移和转动。如果需要利用接触或摩擦来约束刚体位移，可以在接触对上设置微小的过盈量，以保证在分析的一开始就已经建立起接触关系。另外还可以施加临时边界条件，以保证在接触关系建立之前，模型也不会出现不确定的刚体位移。

还可以在实体上的任意一点和地面之间定义一个很软的弹簧，来约束刚体位移。

操作方法：在 Interaction 模块中，单击菜单 Special→Springs/Dashpots→Create，设置弹簧类型为 Connect points to ground。选择一个节点，将 Degree of freedom 设为出现了刚体位移的自由度，将 Spring stiffness 设置为一个合适的值（太小则不足以约束刚体位移，太大则会影响变形）。

注 意

使用弹簧来约束刚体位移时，在开始的几次迭代中可能会看到 Numerical Singularity 警告信息，但是只要在后面的分析过程中不再出现 Numerical Singularity，就没有问题。

3. 使用绑定约束

如果某一对接触面的接触状态对整个模型的影响不大，或者这一对接触面在整个分析过程中都是始终紧密接触的，可以考虑将它们之间的接触关系改为绑定约束（tie）。这样会有助于消除刚体位移，并且大大减少计算接触状态所需要的迭代。

ABAQUS/CAE 操作：在 Interaction 模块，在主菜单中选择 Interaction→Constraint→Create，Type 为默认的 Tie。

注 意

如果定义了绑定约束，或使用了*CONTACT INTERFERENCE 来定义过盈接触，必须让位置误差限度（关键词*CONTACT PAIR 中的参数 ADJUST）略大于主面和从面在模型中的距离，否则这两个面之间不会建立过盈接触或绑定约束。

当使用*CONTACT INTERFERENCE 来定义过盈接触时，还要注意以下几点。

- 过盈量为负值才表示过盈接触，正值表示两个面之间存在间隙。
- 不能使用 ABAQUS 默认的幅值曲线 Ramp（从 1 降至 0），而要使用自定义的幅值曲线，使过盈接触的幅值在整个分折步中从 0 至 1 逐渐增大。

4. 平稳地建立接触关系

如果在第一个分析步中就把全部载荷施加到模型上，通常会使接触状态的发生剧烈改变，会有造成收敛的困难。因此一般应首先定义一个只有很小载荷的分析步，让接触关系平稳地建立起来，然后在下一个分析步中再施加真实的载荷。尽管这样可能需受更多的分析步，但这减小了收敛的困难，而且会提高求解的效率。

5．细化网格

细化从面和主面的网格是解决收敛问题的一个重要的方法，粗糙的网格有时会使 ABAQUS 难以确定接触状态。例如，在接触面的宽度方向上只有一个单元，则常常会出现收敛问题。一般来说，如果从面上有 90°的圆角，建议在此圆角处至少划分 10 个单元。

6．正确地定义主面和从面

对主面和从面的定义应满足以下事项。

✧ 选择刚度较大、网格较粗的面作为主面。

✧ 主面在发生接触的部位不要有大的尖角或凹角。

✧ 如果主面和从面在几何位置上没有发生重叠，则一个面的法线应指向另一个面所在的那一侧（对于三维实体，法线应该指向外侧）。

✧ 如果是有限滑移，则在整个分析过程中，则尽量不要让从面节点落到主面之外。

7．使用一阶单元

如果接触属性为默认的“硬”接触，则不能使用六面体二次单元（C3D20 和 C3D20R），以及四面体二次单元（C3D10），而应尽可能使用六面体一阶单元。如果无法划分六面体单元网格，可以使用修正的四面体二次单元（ C3DI1M）。

8．避免过约束

如果在节点的某个自由度上同时定义了两个或者两个以上的约束条件，就会发生所谓“过约束”（overconstraint）。造成过约束有以下主要因素。

✧ 接触：从面前点会受到滑主面法线方向的约束。

✧ 连接单元（connector）。

✧ 边界条件。

✧ 子模型边界（*SUBMODEL）。

✧ 各种约束：例如，刚体约束（*RIGID BODY）、耦合约束（*COUPLING）、旋转周期对称约束（*TIE，CYCLIC SYMMETRY）、绑定约束（*TIE）等。

例如，如果在节点上同时定义了绑定约束和边界条件，或者既约束了沿切向的位移，又定义了使用 Lagrange 摩擦或粗糙摩擦的接触关系，都会造成过约束。

在对 INP 文件进行预处理时，ABAQUS 会检查模型中是否存在过约束，如果有过约束，会在 DAT 文件中显示以下警告信息：

```
* * * WARNING：OVERCONSTRAINT CHECKS.
```

在接下来的分析过程中会有两种可能。

对于一些常见的过约束，ABAQUS 会自动去除不需要的约束条件，在 MSG 文件中不会看到 Zero Pivot（零主元）和 Overconstraint Checks 警告信息，可以得到正确的分析结果。

对于某些过约束，ABAQUS 无法自动找出好的解决方法，就会在 MSG 文件中显示以下警告信息：

```
* * * WARING: SOLVER PROBLEM. ZERO PIVOT …
OVERCONSTRAINT CHECKS: An overconstraint was detected …
```

这时分析往往会反复迭代而达不到收敛，即使达到了收敛，其分析结果也往往是错误的。对于这种问题，需要在建模时就避免出现过约束。

如果 ABAQUS 在分析过程中发现了过约束，将会自动为这些节点创建一个集合（如名称为 WarmNodeOverconTieContact），保存在 ODB 文件中。在 Visualization 模块中打开 OBD 文件，单击窗口顶部工具栏中的按钮。利用显示组来高亮度显示此节点集合，从而发现哪里出现了过约束。

9．审慎地定义摩擦

摩擦系数越大，就越不容易达到收敛，对摩擦的计算会增大收敛的难度。因此如果摩擦对分析结果影响不大（如接触面之间没有大的滑动），可以尝试令摩擦系数为 0。

提 示

如果需要摩擦来消除刚体位移，则不能随意把摩擦系数设置为 0。

注 意

摩擦总是会对分析结果有一定的影响，因此只要不出现收敛困难，就应尽可能根据真实情况来定义摩擦。

10．减小初始时间增量步

如果模型有塑性变形，或分析过程中会发生很大的位移或局部变形，或施加载荷后会使接触状态发生很大的变化，则应在关键词 *STATIC 中设置较小的初始时间增量步。

ABAQUS/CAE 操作：Step 模块，主菜单 Step→Create，单击 Continue...按钮，在 Edit Step 对话框中，单击 Incrementation 标签页，设置 Initial 的值。

11．解决振颤问题

振颤是一种常见的收敛问题，解决方法可以考虑以下方面。

（1）主面必须足够大，保证从面节点不会滑出主面或落到主面的背面。如果无法在模型中直接定义足够大的主面，可以在关键词*CONTACT PAIR 中使用参数 EXTENSION ZONE 来扩大主面的尺寸。

```
*CONTACT PAIR, SMALL SLIDING, EXTENSION ZONE = <扩展尺寸>
```

（2）使用自动过盈接触限度（Automatic overclosure tolerance）会有助于解决振颤问题。

ABAQUS/CAE 操作：在 Interaction 模块，在主菜单中选择 Interaction→Contact Controls→Create，单击 Continue...按钮，选中 Automatic overclosure tolerance，再单击 OK 按钮。在图 7-6 所示的 Edit Interaction 对话框中，将 Contact Controls 设置为已定义

的接触控制名称。

其相应关键词如下：

*CONTACT CONTROLS,MASTER=<从面>,SLAVE = <主面>,AUTOMATIC TOLERANCES

（3）主面应足够平滑，尽量使用解析刚性面，而不要用由单元构成的刚性面。对于解析刚性面，可使用以下关键词来使其平滑：

*SURFACE,FILLET RADIUS

对于由单元构成的刚性面，可以使用以下关键词来使其平滑：

*CONTACT PAIR,SMOOTH

（4）如果模型有较长的柔性部件，并且接触压力较小，则应将接触属性设置为“软接触”；如果只有很少的从面节点和主面接触，则应细化接触面的网络，或将接触属性设置为“硬接触”。

7.4 过盈装配过程模拟

下面介绍一个接触分析的实例——圆柱套筒的过盈装配过程的模拟。在此实例中将了解 ABAQUS/CAE 的以下功能。

✧ Mesh 功能模块：使用轴对称单元。

✧ 使用显示组（Display group）：显示或隐藏模型的局部。

✧ Interaction 功能模块：设置摩擦系数。

✧ Load 功能模块：使用位移边界条件定义实体的运动。

✧ Step 功能模块：设置历史输出变量，输出接触力 CFN。

✧ Visualization 功能模块：查看接触力 CFN 随时间的变化，延展轴对称单元来构造等效的三维视图，查看反作用力 RF。

7.4.1 问题的描述

本案例简化后的接触模型如图 7-8 所示，压头将内圈缓慢地压入基座中，内圈和基座之间在径向有 0.07 mm 的过盈适配。假设基座的底部固定，压头和内圈之间无摩擦作用，而内圈和基座之间的摩擦系数为 0.2。内圈和基座的材料特性是：压头可看做刚性体。其他部件的性质如表 7-1 所示。

表 7-1 过盈接触中分析有限元整体模型属性表

部件	材料	弹性模量/MPa	泊松比
内圈	钢	210000	0.3
基座			

7.4.2 问题的分析

在该问题中，要求模拟装配过程中内圈所受压力随时间的变化。建模中需要注意以下几点。

（1）尽管装配是一个动态过程，但该问题关心的不是瞬时的冲击响应，而是当内圈运动到基座不同位置时的静态响应，所以仍设置分析类型为 Static、General（即使用 ABAQUS/Standard 作为求解器）。

（2）基于结构和载荷的特点，按照轴对称问题来建模。

（3）这是一个大位移问题，应在 Step 功能模块中把参散 Nlgeom（几何非线性）设为 On，其等效的关键词是*STEP，NLGEOM= Yes。

（4）内圈和基座是柔性体，选用 CAX4I 单元（4 节点四边形双线性非协调轴对称单元）；压头使用解析刚体（Analytical rigid）来模拟。

（5）为了利于达到收敛，要让各接触对在分析的一开始就互相接触。因此可以将模型的初始状态设置为内圈已经被压入了基座 3 mm，如图 7-8 所示。

（6）分析过程中出现很大的滑动，因此选用有限滑移。

（7）过盈配合通过内圈和基座的节点坐标来模拟。

（8）接触属性设置为“硬接触”，库伦摩擦。

建模过程中单位采用，长度：mm，质量：kg，时间：s，其他单位以此类推，各模型的尺寸如图 7-8 所示。

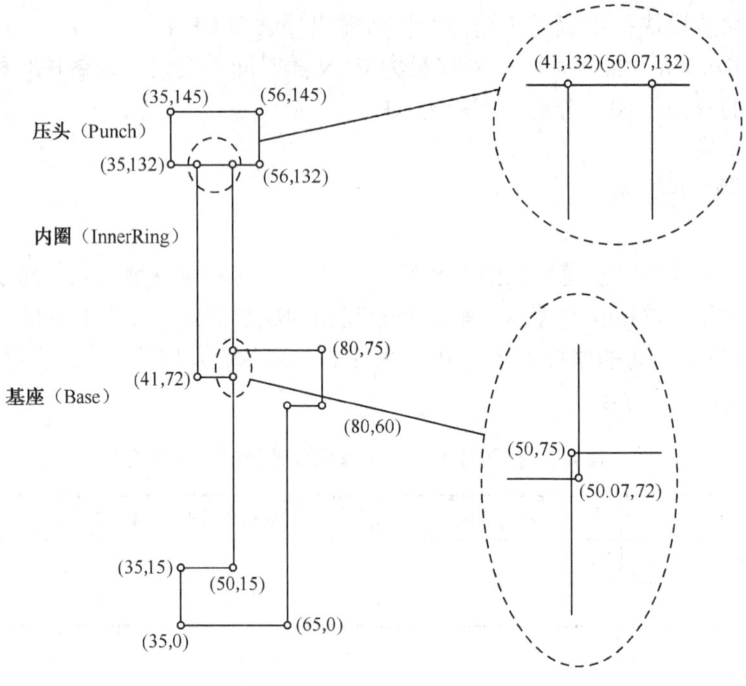

图 7-8　过盈接触的示意模型图

7.4.3 绘制平面图

下面首先绘制整个模型的二维平面图。具体操作步骤：启动 ABAQUS/CAE，单击 Create Model Database 按钮。进入 Sketch 功能模块，单击 （Create Sktech）按钮，保持默认的平面图名称 Sketch-l 不变，单击 Continue...按钮，完成该操作。

绘制如图 7-9 所示的二维平面图（三个部件绘制在同一张平面图内），然后在左侧工具区中的 按钮上面接住鼠标不放，单击 按钮（Create Construction：Vertical Line Thru Point），绘制经过原点（0,0）的竖直辅助线，它将是轴对称部件的旋转轴。在视图区中连续单击鼠标中键，完成绘图操作，退出绘图环境。

注 意

在 Sketch 功能模块中将整个模型的二维平面图绘制在一起，能够保证各部件正确的相对位置。从而使得在 Part 功能模块中导入此平面图来逐个生成各个部件，接下来在 Assembly 模块中就不必再调整部件的相对位置了。

提 示

创建轴对称部件时，ABAQUS/CAE 要求旋转轴必须是竖直方向的辅助线，而且轴对称部件的整个平面图都要位于旋转轴的右侧区域。

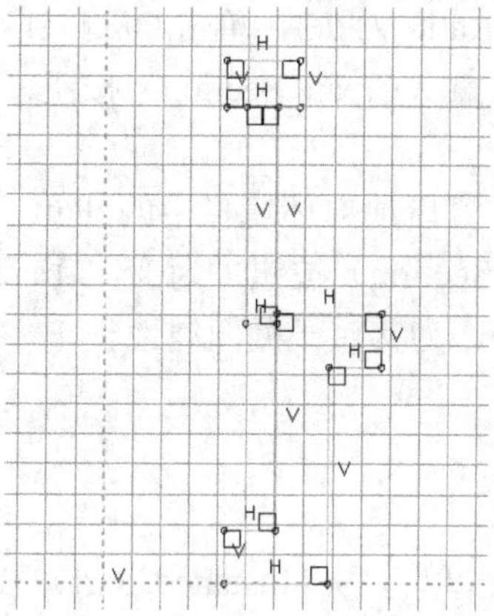

图 7-9　Sketch 模块下绘制的结构图

7.4.4 创建部件

下面依次创建内圈、基座和压头，具体操作步骤如下。

（1）创建内圈（轴对称柔性体）：进入 Part 功能模块，单击 （Create Part）按钮，在 Name 后面输入 InnerRing，将 Modeling Space 设为 Axisymmetric（轴对称），保持默认的参数 Type：Deformable（柔性体）；Base Feature：Shell（壳体），然后单击 Continue...按钮。

单击左侧工具区中的（Add Sketch）按钮，在弹出的 Select Sketch 对话框中单击 OK 按钮。使用按钮来删除压头和基座所对应的线段，只保留构成内圈的矩型（见图 7-10）和作为旋转的竖直辅助线。在视图区中连续单击鼠标中键完成该部分操作。视图区中将显示出所创建的二维内圈部件。

（2）创建压头（轴对称解析刚体）：再次单击按钮，在 Name 后面输入 Punch，将 Type 改为 Analytical rigid（解析刚体），单击 Continue...按钮。再次导入平面图 Sketch-1，删除基座和内圈所对应的线段，只保留构成压头的矩形（见图 7-9）和竖直辅助线，在视图区中连续单击鼠标中键来完成操作。

（3）指定刚体部件的参考点：在主菜单中选择 Tools→Reference Point，单击压头顶边的中点。参考点在视图区中显示为一个黄色的“叉子”，旁边标以 RP。

（4）创建基座（轴对称柔性体）：再次单击按钮，在 Name 后面输入 Base，单击 Continue...按钮。再次单击按钮来导入平面图 Sketch-1，删除压头和内圈所对应的线段，只保留构成基座的线段（见图 7-10）和作为旋转轴的竖直辅助线，在视图区中连续单击鼠标中键完成该操作。单击窗口顶部环境栏中的 Part 下拉列表，依次选择三个部件 InnerRing、Base 和 Punch，确认它们都已顺利完成创建。

7.4.5 创建材料和截面属性

（1）创建材料：进入 Property 功能模块，单击（Create Material）按钮，设置 Young's Modulus 为 210000，Poisson's Ratio 为 0.3，单击 OK 按钮，结束创建材料的操作。

（2）创建截面属性：单击（Create Section）按钮，单击 Continue...按钮，然后单击 OK 按钮，结束该操作。

（3）赋予截面属性：使用窗口顶部环境栏中的 Part 下拉列表，切换至柔性体部件 InnerRing。单击（Assign Section）按钮，为部件 InnerRing 赋予截面属性。再使用 Part 下拉列表切换至部件 Base，为其赋予截面属性。

7.4.6 定义装配件

进入 Assembly 功能模块。单击（Instance Part）按钮，在弹出的 Create Instance 对话框中拖动鼠标来选中三个部件，接受默认参数 Instance Type：Dependent（mesh on part），即类型为非独立实体，单击 OK 按钮，完成定义装配件的操作。三个部件的位置都已经是正确的，不需要再重新定位。

7.4.7 划分网格

（1）为内圈划分网格进入 Mesh 功能模块。在窗口顶部的环境栏中把 Object 选项设为 Part：InnerRing。单击按钮，把 Approximate global size 设为 3。单击按钮，选中 Incompatible modes（非协调模式），即单元类型为 CAX4I（4 节点四边形双线性非协调轴对称单元)。单击按钮，得到如图 7-10 所示的网格。

(2) 为基座划分网格在窗口顶部的环境栏中把 Object 选项设为 Part：Base。与上面的操作类似，将全局单元大小设为 3，将单元类型设为 CAX41，得到如图 7-11 所示的网格。

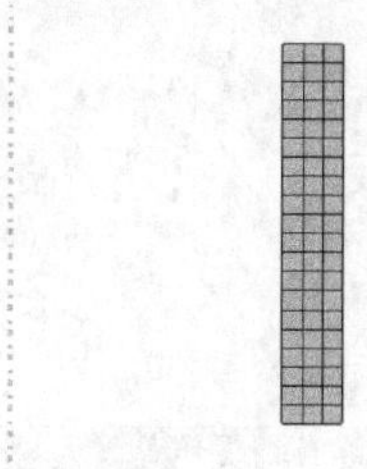

图 7-10　内圈的网格划分

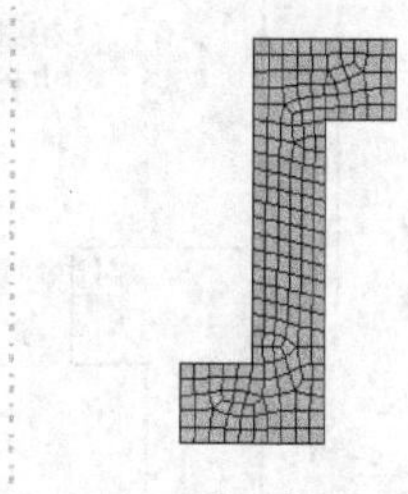

图 7-11　基座的网格划分

7.4.8　设量分析步

1．本模型的分析步

(1) 初始分析步 initial：定义基座和压头上的边界条件。

(2) 第一个分析步 InContant：让压头向下运动 0.001mm，使各个接触部件平稳地建立起来。

(3) 第二个分析步 Press：让压头向下运动 57mm，将内圈完全压入基座。在每个增量步中让压头向下运动一个单元的长度 (3mm)，因此这个分析步需要 57/3=19 个时间增量步，每个增量步长为 1/19。

2．进入 Step 功能模块创建分析步

(1) 创建第一个分析步 InContact：单击 (Create Step) 按钮，在 Name 后面输入 InContact，类型为默认的 Static，General，单击 Continue…按钮，在弹出的 Edit Step 对话框中，把 Nlgeom (几何非线性) 设为 On，再单击 OK 按钮，完成该操作。

(2) 创建第二个分析步 Press：再次单击按钮，在 Name 后面输入 Press，单击 Continue…按钮。在 Edit Step 对话框中，单击 Incrementation 标签页，把 Initial (初始增量步大小) 和 Maximum (最大增量步大小) 都改为 1/19，单击 OK 按钮。

7.4.9　定义接触

下面将定义在压头和内圈之间，以及内圈和基座之间的接触。

(1) 定义各个接触面：进入 Interaction 功能模块，在主菜单中选择 Tools→Surface →Manager，单击 Create…按钮，在 Name 后面输入 Surf-Base-Radial，单击 Continue…按钮，单击基座与内圈相接触的面，如图 7-12 所示。然后在视图区中单击鼠标中键来确认。

用类似的方法来定义以下接触面 (见图 7-13)。

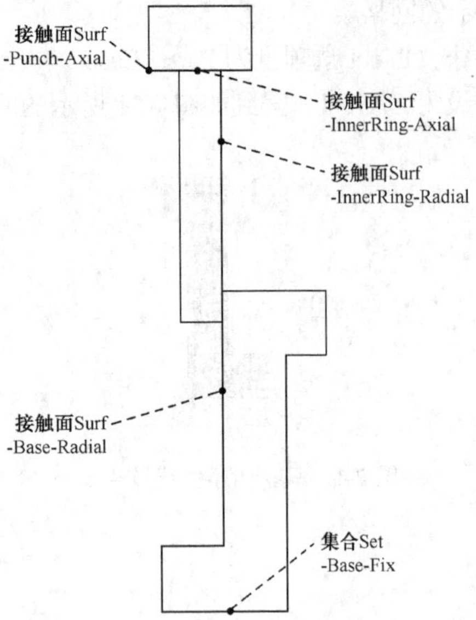

图 7-12　各个面和集合的定义

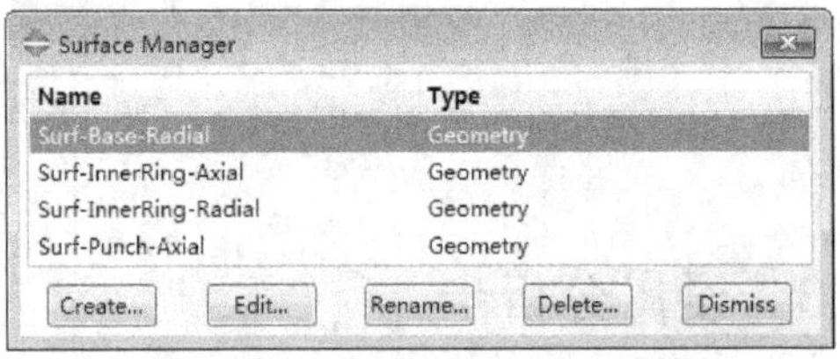

图 7-13　Surface Manager 对话框

① 内圈与基座相接触的面 Surf-InnerRing-Radial。

② 压头与内圈相接触的面 Surf-Punch-Axial。

③ 内圈与压头相接触的面 Surf-InnerRing-Axial。这需要首先利用显示组（Display group）来单独显示内圈，具体操作方法如下。

单击窗口顶部工具栏中的（Create Display Group）按钮，在弹出的 Create Display Group 对话框中。选择 Part Instances: InnerRing，然后单击此对话框左下角的 Replace（替换），视图区中就只显示出内圈，如图 7-14 所示，而隐藏了模型的其他部分。

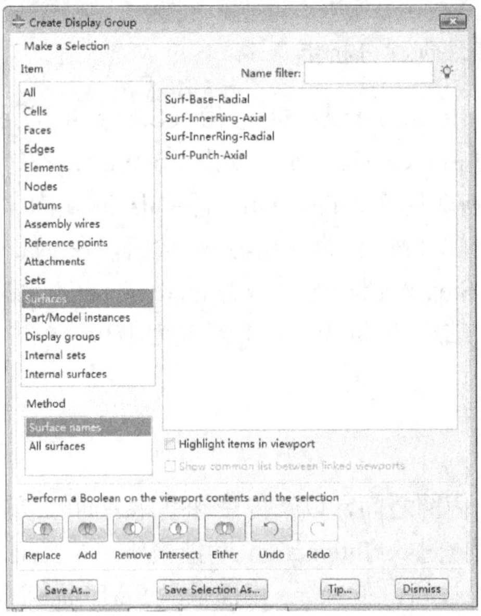

图 7-14　Create Display Group 对话框

完成对上述各个面的定义后，在 Create Display Group 对话框中选择 All，然后单击 Replace 按钮，视图区中就显示出模型中的所有实体。

（2）定义接触属性：首先定义无摩擦的接触属性。单击（Create Interaction Property）按钮，在 Nature 后面输入 IntProp-NoFriction，单击 Continue…按钮，再单击 OK 按钮，完成接触属性的定义。

再定义带库伦摩擦的接触属性（摩擦系数为 0.2），如图 7-15 所示。再次单击按钮，在 Name 后面输入 IntProp-Friction02，单击 Continue…按钮。单击 Mechanical→Tangential Behavior，把 Friction formulation（摩擦公式）改为 Penalty（库伦摩擦），在 Friction Coeff（摩擦系数）下面输入 0.2，然后单击 OK 按钮，完成该部分的操作。单击（Interaction Property Manager）按钮就可以看到定义好的接触属性，如图 7-16 所示。

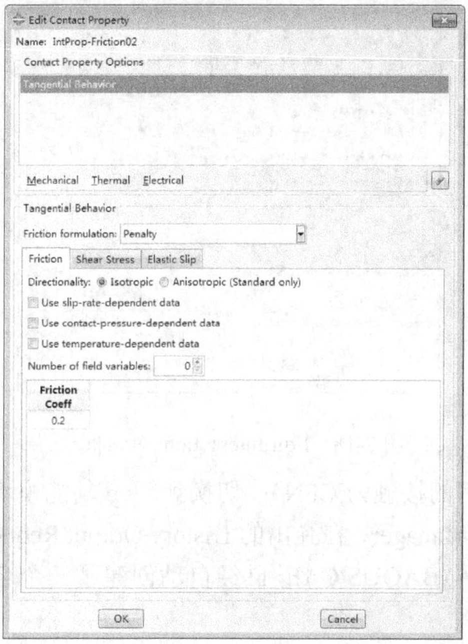

图 7-15　Edit Contact Property 对话框

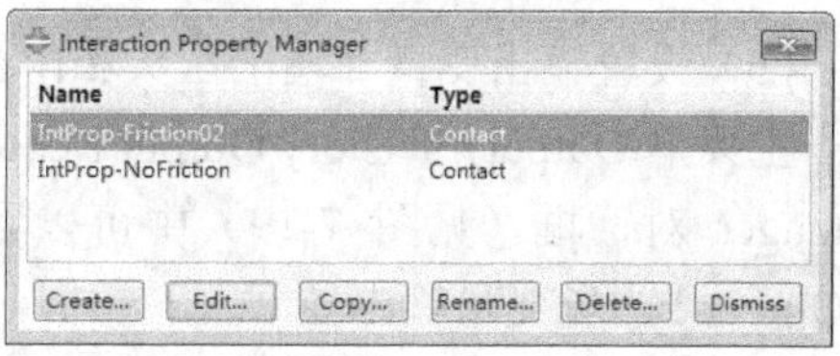

图 7-16　Interaction Property Manager 对话框

（3）定义基座和内圈之间的接触：在主菜单中选择 Interaction→Manager，在弹出的如图 7-17 所示的 Interaction Manager 对话框中单击 Create…按钮，在 Name 后面输入 Int-Base-InnerRing，设置 Step 为 initial，然后单击 Continue…按钮，完成基座和内圈间的定义。

单击窗口底部提示区右侧的 Surface 按钮，在弹出的 Region Selection 对话框中，选择 Surf-Base-Radial 作为主面，单击 Continue…按钮。单击窗口底部提示区中的 Surface 按钮，在再次弹出的 Region Selection 对话框中，选择 Surf-InnerRing-Radial 作为从面，单击 Continue…按钮。

在弹出的 Edit Interaction 对话框（见图 7-18）中，不改变默认的参数 Sliding formulation: Finte sliding，将 Contact interaction property（接触属性）设为 IntProp-Friction02，单击 OK 按钮。

（4）定义压头和内圈之间的接触：使用类似的方法，定义名为 Int-Punch-InnerRing 的接触，选择 Surf-Punch-Axial 作为主面，Surf-InnerRing-Axial 作为从面，把接触属性设为 intPro-NoFriction。

在 Interaction Manager 对话框中依次选择已定义的接触，再单击 Edit...按钮，查看接触面的位置是否正确。

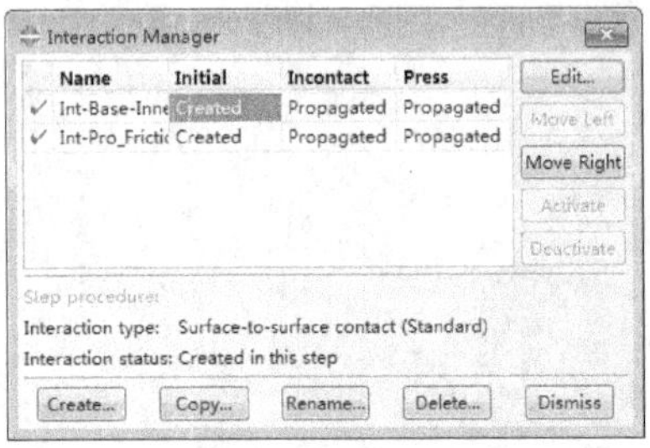

图 7-17 Interaction Manager 对话框

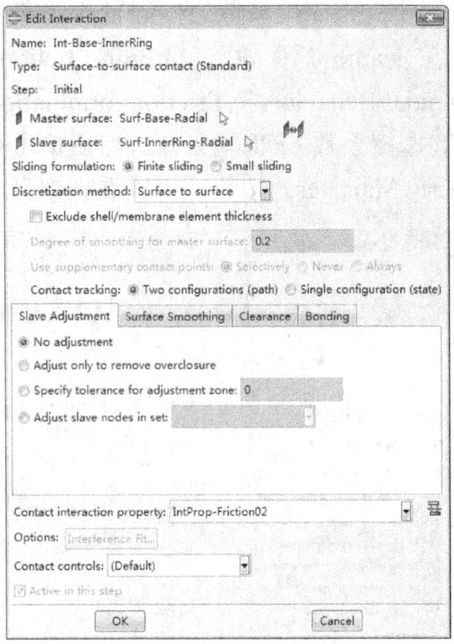

图 7-18 Edit Interaction 对话框

（5）设置输出变量（输出压头和内圈之间的接触力 CFN）：切换到 Step 功能模块，单击主菜单 Output→History Output Request→Manager，在弹出的 History Output Requests Manager 对话框（见图 7-19）中可以看到，ABAQUS/CAE 已经自动创建了一个名为 H-Output-1 的场变量输出控制。

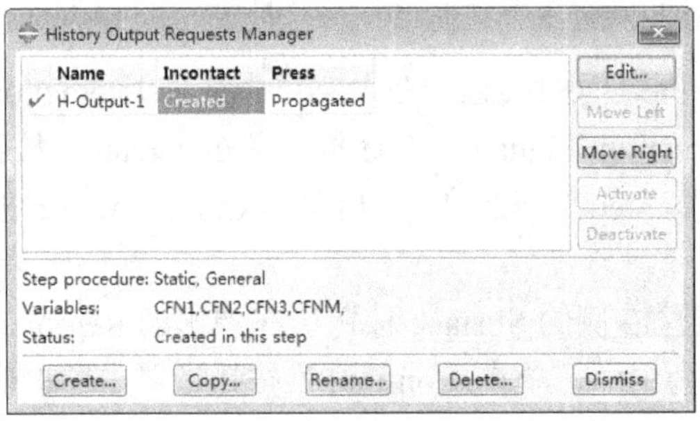

图 7-19 History Output Requests Manager 对话框

单击 Edit...按钮，在弹出的 Edit History Output Request 对话框（见图 7-20）中，把 Domain 设为 Interaction：Int-Punch-InnerRing（压头和内圈之间的接触），单击 Contact 前面的黑色三角。在下拉的选项中选择 CFN。然后单击 OK 按钮，完成该部分的操作。

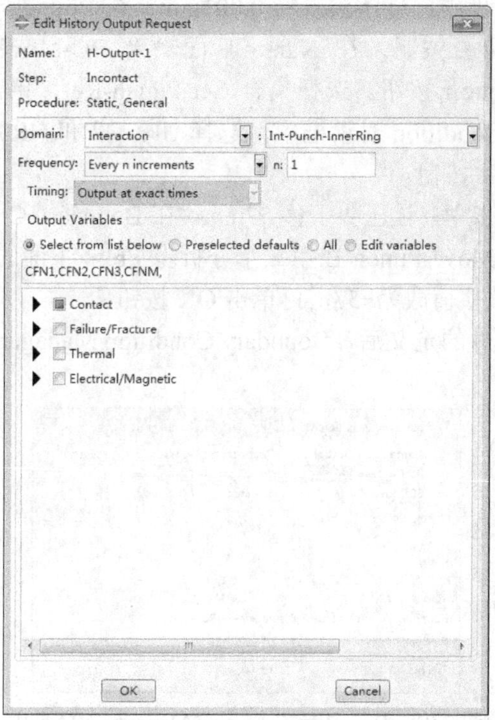

图 7-20　Edit History Output Request 对话框

7.4.10　定义边界条件

内圈和基座是轴对称柔性体，唯一可能出现的刚体位移是轴向位移 U2。在基座的底边上施加边界条件 U2=0；内圈的轴向刚体位移通过摩擦力来消除，因此，不需要在内圈上定义额外的边界条件。

压头是轴对称刚体，它的运动完全由参考点来决定。需要通过边界条件来消除其各个方向上的刚体位移和转动。施加在压头参考点上的边界条件如下。

第一个分析步 InContact：使压头向下移动 0.001mm（U1 =0，U2 = −0.001，UR3=0）。

第二个分析步 Press：使压头向下移动 57mm（U1 =0，U2=−57，UR3 =0）。

定义边界条件的具体操作如下。

（1）为基座的底边创建集合：进入 Load 功能模块，在主菜单中选择 Tools→Set→Manager，单击 Create…按钮来分别创建以下集合。

✧ 集合 Set-Base-Fix：基座的底边（见图 7-12）。

✧ 集合 Set-Punch-Ref：压头的参考点。

（2）在基座的底边上定义边界条件：在主菜单中选择 BC→Manager。单击 Create…按钮，在 Name 后面输入 BC-Fix-Base，将 Step 设为 Initial。将 Type for Selected Step 设为 Displacement/Rotation，单击 Continue…按钮。选择集合 Set-Base-Fix，单击 Continue…按钮。在弹出的 Edit Boundary Condition 对话框中，选择 U2，然后单击 OK 按钮。

（3）在第一个分析步中，让压头下移 0.001mm：在 Boundary Condition Manager 对话框中再次单击 Create….按钮，在 Name 后面输入 BC-Move-Punch，将 Step 设为 InContact，单击 Continue…按钮。选择集合 Set-Punch-Ref，单击 Continue…按钮。在弹出的 Edit Boundary Condition 对话框中，选择 Ul、U2 和 UR3，并将 U2 的位移值改为-0.001，然后单击 OK 按钮。

（4）在第二个分析步中，让压头下移 57mm，在 Boundary Condition Manager 对话框中，单击边界条件 BC-Move-Punch 在第二个分折步 Press 下面的 propagated，然后单击 Edit…按钮，把 U2 的位移值改为-57，再单击 OK 按钮。

完成上述对边界条件的定义后，Boundary Condition Manager 对话框中显示的信息，如图 7-21 所示。

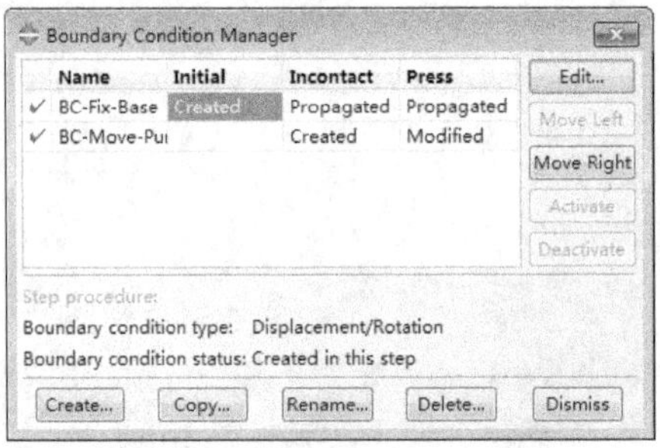

图 7-21　Boundary Condition Manager 对话框中

7.4.11　提交分析作业

进入 Job 功能模块，在主菜单中选择 Job-Manager，创建名为 Assem 的分析作业，单击窗口顶部工具栏中的按钮来保存所建的模型。单击 Job Manager 对话框中的 Submit 来提交分析，等待分析完成后，单击 Results 按钮，进入 Visualization 功能模块，如图 7-22 所示。

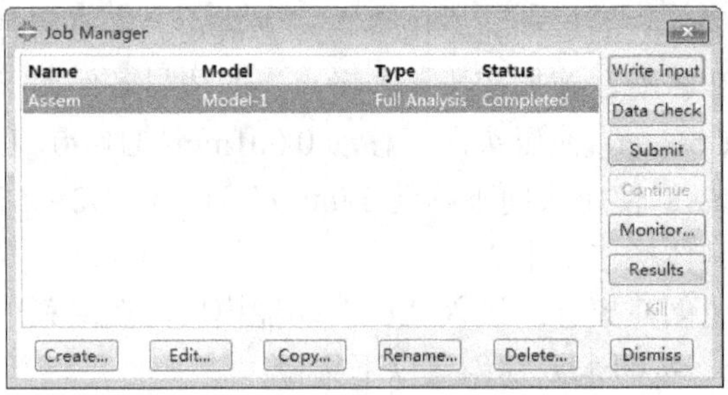

图 7-22　完成提交任务的 Job Manager 对话框中

7.4.12　后处理

（1）延展轴对称单元来构造等效的三维视图：在 Visualization 功能模块中，单击显示 Mises 应力的云纹图。单击主菜单 View→ODB Display Options，选择 Sweep & Extrude

标签页（见图 7-23）。选择 Sweep elements，然后单击 OK 按钮。视图区中显示出等效的三维模型（见图 7-25）。

（2）显示动画：单击按钮显示动画，查看分析结果是否正常。

（3）显示接触压强 CPRESS：单击窗口顶部工具栏中的（Create Display Group）按钮，利用显示组来隐藏基座和压头，只显示内圈。单击主菜单的 Results→Field Output 命令，选择输出变量为 CPRESS，如图 7-24 所示，单击 OK 按钮。旋转模型，可以看到内圈上的接触压强。单击窗口顶部工具栏中的按钮，可以查询各个节点上的 CPRESS。

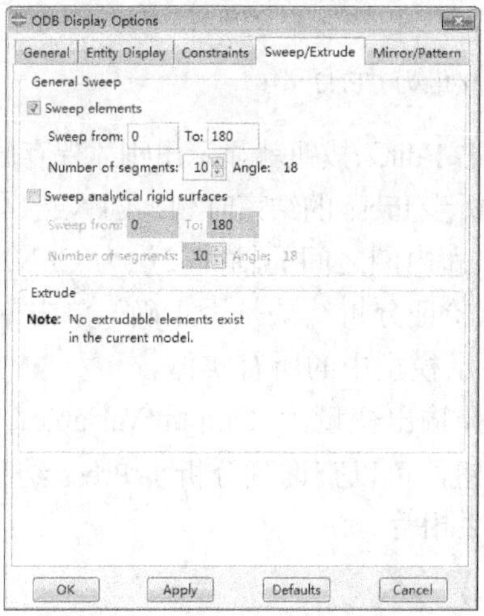

图 7-23　ODB Display Options 对话框

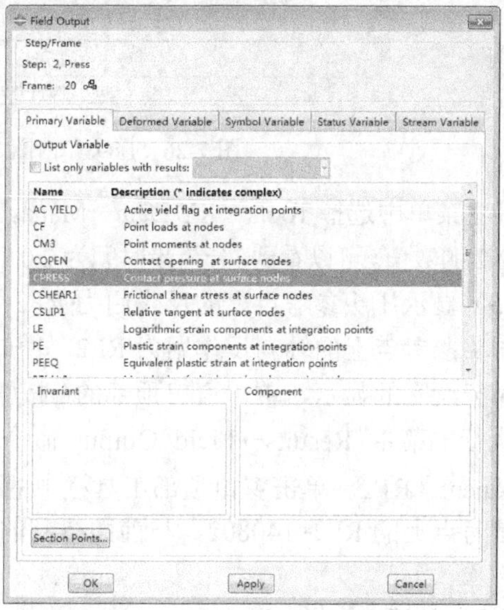

图 7-24　Field Output 对话框

单击窗口上部的按钮和按钮来逐格显示 CPRESS 随时间的变化，可以看到，内圈与基座相接触的节点 CPRESS>0，而没有接触的节点 CPRESS=0。在整个装配过程中，CPRESS>0 的区域不断扩大，如图 7-25 所示。

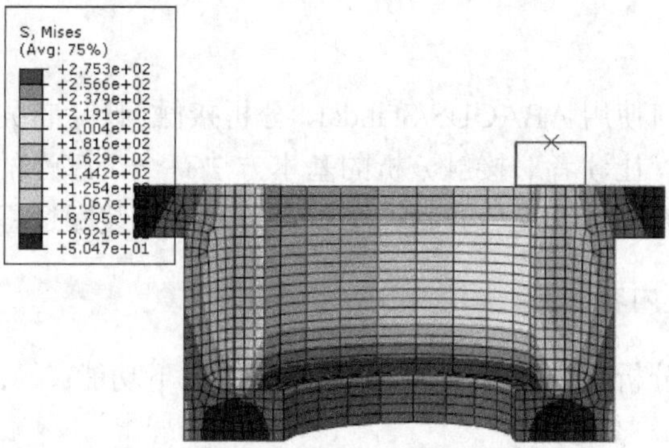

图 7-25　分析步 Press 结束时，Mises 应力的云纹图

（4）查看压头和内圈之间的接触力 CFN：单击主菜单 Results→History Output，选择轴向接触力 CFN2，单击 Plot 按钮，视图区中显示出如图 7-26 所示的曲线，其中时间 0.0～

1.0 是第一个分析步，1.0～2.0 是第二个分析步。在 History Output 对话框中单击 Save As，然后单击 OK 按钮。

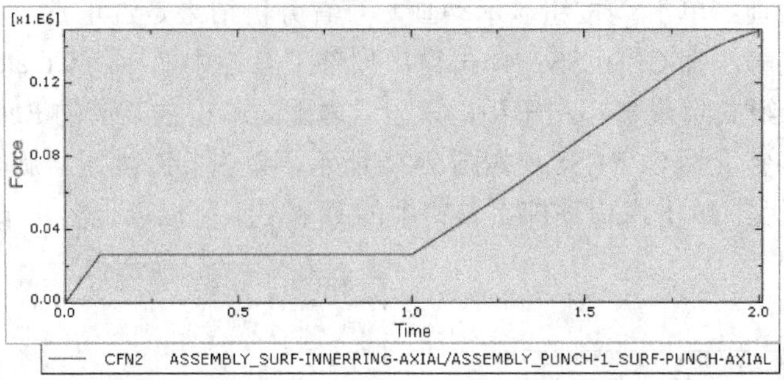

图 7-26 压头和内圈之间的接触力 CFN2

在主菜单中选择 Tools→XY Data→Manager，单击 Edit…按钮就显示出刚才保存的接触力 CFN2 的数值。可以看到，分析步时间为 2.0 时（分析步 Press 的结束时刻），CFN2=140802。

（5）显示压头参考点上的反作用力 RF2：压头和内圈之间的轴向接触力 CFN2 应该等于压头参考点上的轴向反作用力 RF2，由此可以验证分析结果是否正确。单击按钮恢复对云纹圈的显示，单击窗口顶部的按钮，显示模型中的所有实体。

执行主菜单 Results→Field Output 命令，选择输出变量为 Output Variable：RF；Component：RF2。单击窗口顶部工具栏中的按钮，可以查询到分析步 Press 结束时，压头参考点上的 RF2=140802，与前面得到的 CFN2 相等。

7.4.13 INP 文件

该案例中的 INP 文件解释请查阅光盘中的相关文件，限于篇幅，在此不做详解。

本章小结

本章主要介绍如何使用 ABAQUS/Standard 分析接触问题，首先介绍一个简单的圆球与平板接触分析实例，让读者对接触分析的基本方法有一个感性的认识，然后再详细讨论接触分析的一些关键问题，最后介绍一个较复杂的过盈装配过程模拟实例。

1. 实例分析涉及内容包括

（1）平板的接触分析中主要练习了 ABAQUS 的以下功能。

✧ 定义刚体部件和参考点。
✧ 定义默认的接触属性。
✧ 定义接触面。
✧ 定义接触关系。

✧ 在 Visualization 功能模块中，通过延展平面应力单元来构造等效的三维视图，查看接触压强（CPRESS）和接触状态（COPEN），绘制接触面的法线。

（2）过盈装配过程模拟中主要练习了 ABAQUS/CAE 的以下功能。

✧ Mesh 功能模块：使用轴对称单元。

✧ Interaction 功能模块：设置摩擦系数。

✧ 使用显示组来显示或隐藏模型的局部。

✧ Load 功能模块：定义位移边界条件。

✧ Step 功能模块：设置历史输出变量，输出接触力 CFN。

✧ Visualization 功能模块：延展轴对称单元来构造等效的三维视图，查看接触力 CFN 随时间的变化，查看反作用力 RF。

2．接触分析中的关键问题

非线性问题可以分为三种类型：材料非线性、边界条件非线性和几何非线性。接触分析是一种典型的边界条件非线性问题。

在 ABAQUS/CAE 中，接触分析的建模主要包括以下步骤。

（1）定义接触面。

（2）定义接触属性和接触。

（3）定义边界条件，保证消除模型的刚体位移。

对主面和从面的定义应满足以下要求。

✧ 主面在发生接触的部位不要有尖角或大的凹角。

✧ 选择刚度较大、网格较粗的面作为主面。

✧ 法线方向要正确。

✧ 在 ABAQUS/Standard 中有两种接触公式有限滑移和小滑移。如果是有限滑移，不要让从面节点落到主面之外。

定义两个接触面的距离或过盈量主要的方法如下。

✧ 直接根据模型的尺寸位置和 ADJUST 参数来判断。

✧ 使用关键词*CONTACT INTERFERENCE。

✧ 使用关键词*CLEARANCE。

接触属性包括两部分：接触面之间的法向作用和切向作用。对于法向作用，ABAQUS 中的默认关系是“硬接触”；对于切向作用，ABAQUS 中常用的摩擦模型为库伦摩擦。

最后，读者要学会在 MSG 文件中可以查看分析迭代的详细过程。

3．解决接触分析中的收敛问题

在接触分析中出现收敛问题时，可以考虑以下问题。

✧ 在静力分析中，必须定义足够的约束条件，以保证它们在各个平移和转动自由度上都不会出现不确定的刚体位移。

✧ 检查所定义的接触面、边界条件和接触参数是否合理。

✧ 定义接触面、接触参数和过盈配合是否正确。

- ✧ 在接触对上设置微小的过盈量，以保证在分析的一开始就已经建立起接触关系。
- ✧ 避免过约束。
- ✧ 将分析过程分解为多个分析步来完成，让各个载荷分别在不同的分析步中逐步施加到模型上，避免使接触状态发生剧烈的改变。
- ✧ 施加临时边界条件，以保证在接触关系建立之前，模型也不会出现刚体位移。

第 8 章

材料非线性分析

非线性的应力-应变关系是结构非线性的常见原因。许多因素影响材料的应力-应变性质，包括加载历史（如在弹-塑性响应状况下）、加载的时间总量（如在蠕变响应状况下）和环境状况（如温度，相对湿度）。进行材料非线性分析是 ABAQUS 的一个重要优势。本章将重点介绍使用 ABAQUS 进行材料非线性分析的步骤和方法，使读者了解 ABAQUS 进行非线性分析的巨大优势。此外，ABAQUS 材料库中包含强大的材料非线性库，其中包括延性金属的塑性、橡胶的超弹性、黏弹性等。

教学目标

（1）了解材料非线性分析中的常见问题。

（2）熟悉 ABAQUS 进行矩形截面简支梁的弹塑性分析。

（3）掌握 ABAQUS 进行单向压缩试验过程模拟。

（4）熟悉橡胶垫圈的受压分析。

8.1 材料非线性分析中的常见问题

ABAQUS 材料库中包含强大的材料非线性库，其中包括延性金属的塑性、橡胶的超弹性、黏弹性等。本节将对这几类材料非线性的理论基础进行简要的介绍。

8.1.1 塑性

塑性是在某种给定载荷下材料产生永久变形的一种材料属性。对大多数的工程材料加载时，当其应力低于比例极限时，应力-应变关系是线性的。而且，大多数材料在其应力低于屈服点时，表现为弹性行为，即撤去载荷时，应变也完全消失。

这种材料非线性也许是人们最熟悉的，大多数金属在小应变时都具有良好的线性应力-应变关系，但在应变较大时材料会发生屈服特性，此时材料的响应变成了非线性和不可逆的，如图 8-1 所示。

关于应力和应变需要说明如下问题。

金属的工程应力（利用未变形平面计算得到的单位面积上的力）称为名义应力，即 F/A_0；与之相对应的为名义应变（每单位未变形长度的伸长），即 $\Delta l/l_0$。在单向拉伸/

压缩试验中得到的数据通常都是以名义应力和名义应变给定的。

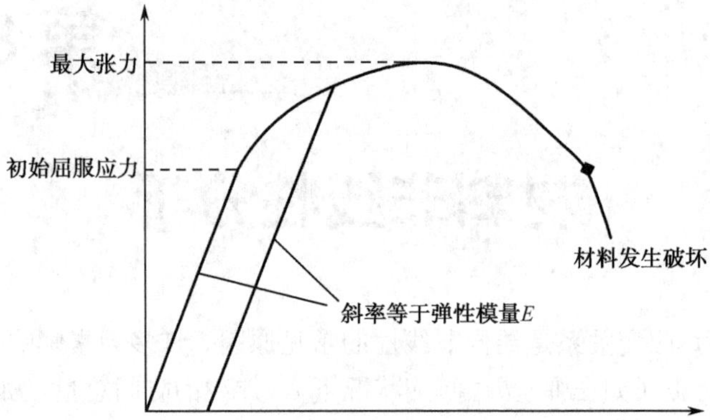

图 8-1　弹塑性材料轴向拉伸的应力-应变曲线

在仅考虑 $\Delta l \to \mathrm{d}l \to 0$ 的情况下，拉伸和压缩应变是相同的，即

$$\mathrm{d}\varepsilon = \frac{\mathrm{d}l}{l} \tag{8-1}$$

$$\varepsilon = \int_0^l \frac{\mathrm{d}l}{l} = \ln\left(\frac{l}{l_0}\right) \tag{8-2}$$

式中，l_0 是原始长度；l 是当前长度；ε是真实应变。与真实应变对应的真实应力为 $\sigma = \dfrac{F}{A}$（其中 F 为材料受力，A 是当前面积）。

注 意

在 ABAQUS 中必须用真实应力和真实应变定义塑性。ABAQUS 需要这些值并对应地在输入文件中解释这些数据。然而，大多数试验数据常常是用名义应力和名义应变值给出的。这时，必须应用公式将塑性材料的名义应力、应变转换为真实值。

由于塑性变形的不可压缩性，真实应力与名义应力之间的关系为

$$l_0 A_0 = lA \tag{8-3}$$

可以看出当前面积与原始面积的关系为

$$A = \frac{l_0 A_0}{l} \tag{8-4}$$

将 A 的表达式代入真实应力的定义式中，得到

$$\sigma = \frac{F}{A} = \frac{F}{A_0}\frac{l}{l_0} = \sigma_{\mathrm{nom}}\left(\frac{l}{l_0}\right) \tag{8-5}$$

其中，$\dfrac{l}{l_0}$ 也可以写为$1+\varepsilon_{\mathrm{nom}}$。

注 意

对于拉伸试验，ε_{nom} 是正值；对于压缩试验，ε_{nom} 为负值。

这样就得到了应力的真实值和名义值之间的关系为

$$\sigma = \sigma_{nom}(1+\varepsilon_{nom}) \tag{8-6}$$

此外，名义应变的推导为

$$\varepsilon_{nom} = \frac{l-l_0}{l_0} = \frac{l}{l_0} - 1 \tag{8-7}$$

式（8-7）中等号左右各加 1，然后求自然对数，就得到了二者的关系为

$$\varepsilon = \ln(1+\varepsilon_{nom}) \tag{8-8}$$

在 ABAQUS 中，读者可以使用*PLASTIC 选项来定义大部分金属的后屈服属性。ABAQUS 用连接给定数据点的一系列直线来逼近材料光滑的应力-应变曲线。可以用任意多的数据点来逼近实际的材料性质。所以，有可能非常逼真地模拟材料的真实性质。*PLASTIC 选项中的数据将材料的真实屈服应力定义为真实塑性应变的函数。选项的第一个数据定义材料的初始屈服应力，因此塑性应变值应该为 0。

提 示

关键词*PLASTIC 下面的第一行中的第二项数据必须为 0，其含义为在屈服点处的塑性应变为 0。如果此处的值不为 0，在运行中会出现下面的错误信息："***ERROR: THE PLASTIC STRAIN AT FIRST YIELD MUST BE ZERO"。

在用来定义塑性性能的材料试验数据中，提供的应变不仅包含材料的塑性应变，而且包括材料的弹性应变，二者之和是材料的总体应变。所以必须将总体应变分解为弹性和塑性应变分量。弹性应变等于真实应力与弹性模量的比值，从总体应变中减去弹性应变就得到了塑性应变，其关系表达式为

$$\varepsilon^{pl} = \varepsilon^{t} - \varepsilon^{el} = \varepsilon^{t} - \frac{\sigma}{E} \tag{8-9}$$

式中，ε^{pl} 是真实塑性应变；ε^{t} 是总体真实应变；ε^{el} 是真实弹性应变。

下面举一个试验数据转换为 ABAQUS 输入数据的示例。

表 8-1 中的应力-应变数据就可以作为一个例子，用来示范如何将定义材料塑性特性的试验特性的试验数据转换为 ABAQUS 适用的输入格式。真正应力-应变的 6 对数据将成为*PLASTIC 选项中的数据。

首先，用公式将名义应力和名义应变转化为真实应力和真实应变。得到这些值后，就可以用公式确定与屈服应力相关联的塑性应变。转换后的数据如表 8-1 所示，可以看出：在小应变时，真实应变和名义应变间的差别很小，而在大应变时，二者间会有明显的差别。因此，如果模拟的应变比较大，就一定要向 ABAQUS 提供正确的应力-应变数据。

表 8-1　应力和应变名义值与真实值的转化

名义应力/MPa	名 义 应 变	真实应力/MPa	真 实 应 变	塑 性 应 变
200	0.00095	200.2	0.00095	0.0
240	0.025	246	0.0247	0.0235
280	0.050	294	0.0488	0.0474
340	0.100	374	0.0953	0.0935
380	0.150	437	0.1398	0.1377
400	0.200	480	0.1823	0.1800

对应 ABAQUS 中的语句如下：

```
*Material,name=Material-1
*Elastic
210000.,0.3
*Plastic
200.2,0.00095
246,0.0247
294,0.0488
374,0.0953
437,0.1398
480,0.1823
```

ABAQUS 在提供的材料相应数据点之间进行线性插值，并假设在输入数据范围之外的响应为常数。因此，这种材料的应力不会超过 480MPa，如果材料的应力达到 480MPa，材料将持续变形直至应力降至此值以下。

8.1.2　超弹性

材料的非线性也可能与应变以外的其他因素有关。应变率相关材料的材料参数和材料失效都是材料非线性的表现形式。当然，材料性质也可以是温度和其他预先设定的场变量的函数。超弹性的性质包括应力和应变的关系，如图 8-2 所示不是直线，并且还有大应变，卸载时沿着加载路径的反向返回，载荷回到 0，则应变（变形）也为 0。从变形返回原来的样子来说是弹性的，而超弹性模量所依赖的应变在这一点上却是非线性的。具有这种性质的材料的分析用超弹性分析，多数场合下伴随着大变形或大应变。

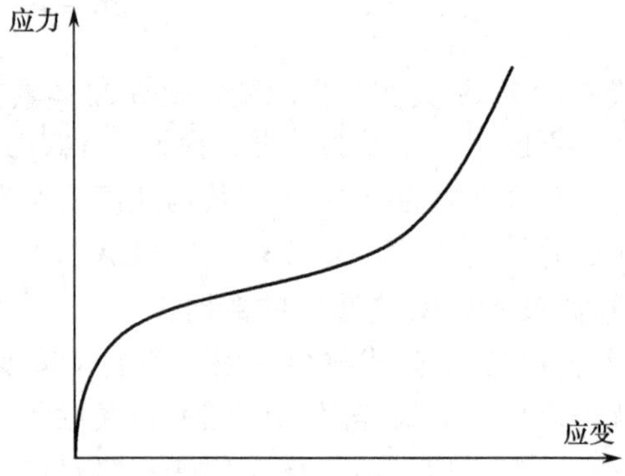

图 8-2　橡胶类材料的应力-应变曲线

橡胶可以近似认为是具有非线性的、可逆的（弹性）响应的材料，如图 8-2 所示，属于超弹性材料中的一种，这种场合中泊松比为 0.5（非压缩材料）或者在其附近。橡胶材料制成的 O 形环、垫圈、衬套、密封垫、轮胎等，在大变形场合，都利用的是 ABAQUS 的大变形、大应变性能。

8.1.3 黏弹性

蠕变是在恒定应力作用下，材料的应变随时间增加而逐渐增大的材料特性。ABAQUS 提供了三种标准的黏弹性材料模型，即时间硬化模型、应变硬化模型、双曲正弦模型。

时间硬化模型：

$$\dot{\bar{\varepsilon}}_{\mathrm{cr}} = A\bar{q}^{n}t^{m} \tag{8-10}$$

式中，$\dot{\bar{\varepsilon}}_{\mathrm{cr}}$ 是单轴等效蠕变应变速率，$\bar{q}$ 是等效单轴偏应力；t 是总时间；A、n 和 m 是材料常数；$\bar{q}$ 是 Mises 等效应力 Hill's 各向异性等效偏应力。

应变硬化模型为

$$\dot{\bar{\varepsilon}}_{\mathrm{cr}} = \left(A\bar{q}^{n}\left[(m+1)\bar{\varepsilon}^{\mathrm{cr}}\right]^{m}\right)^{\frac{1}{m+1}} \tag{8-11}$$

双曲正弦模型为

$$\dot{\bar{\varepsilon}}_{\mathrm{cr}} = A\left(\sinh B\bar{q}\right)^{n}\exp\left(-\frac{\Delta H}{R\left(\theta-\theta^{Z}\right)}\right) \tag{8-12}$$

式中，θ是温度；θ^{Z} 是用户定义温标的绝对零度；ΔH 是激活能；R 是普适气体常数；A、B 和 n 是材料常数。

提 示

ABAQUS 还提供了描述几种不锈钢黏弹性的橡岭国家实验室本构模型和用户子程序来定义黏弹性材料模型。

8.2 矩形截面简支梁的弹塑性分析

本节将以矩形截面梁为例，介绍弹塑性材料性质的设定。

8.2.1 问题的描述

跨度 L=2m，高 H=0.2m，上面受均布载荷 q，如图 8-3 所示。材料为理想塑性材料，应力—应变关系如图 8-4 所示，弹性模量 E=200GPa，泊松比为$\nu=0.3$，屈服应力 $\sigma_{\mathrm{s}}=380\mathrm{MPa}$。

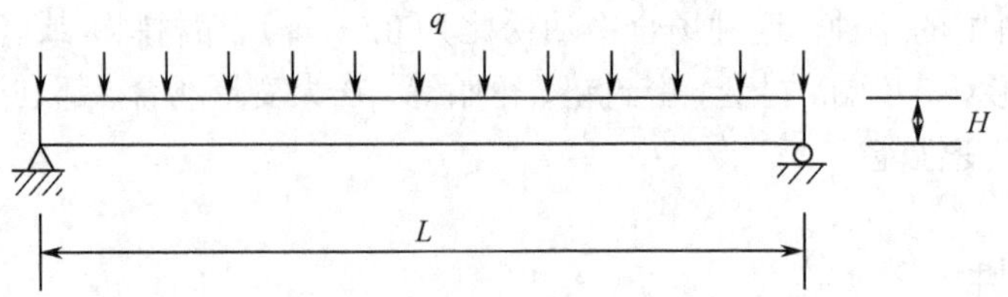

图 8-3　简支梁受均布载荷作用

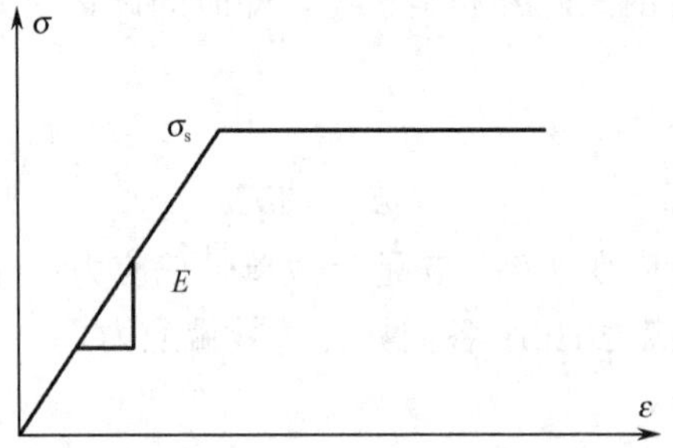

图 8-4　材料应力-应变曲线

8.2.2　问题分析和求解

1．生成部件

进入 ABAQUS/CAE，在主窗口上的模块（Module）进入 Part 模块，执行 Part→Create 命令，进入 Create Part 对话框，选择 2D Planar，Deformable，Shell 部件设置，再用鼠标在工具箱（Toolbox）中选择矩形，画出梁的形状，如图 8-5 所示。

2．定义材料属性

在主窗口上的模块（Module）选择 Property，进入 Property 模块。

（1）输入材料常数，在主菜单中选择 Material→Create 命令，在弹出的 Edit Material 对话框中进行设置，如图 8-6 所示。

弹性常数：执行 Mechanical→Elasticity 命令，输入弹性模量和泊松比分别为 200e9 和 0.3。

塑性常数：执行 Mechanical→Plasticity 命令，输入屈服应力为 380e6，0（0 表示刚屈服时塑性应变为 0）。

单击 Continue...按钮，完成该步骤的设置。

（2）定义截面性质，在主菜单中执行 Section→Create 命令，在弹出的对话框中选择 Solid，Homogeneous，接受 Plane Stress/Strain Thickness 的默认值 1。

图 8-5　生成的简支梁部件

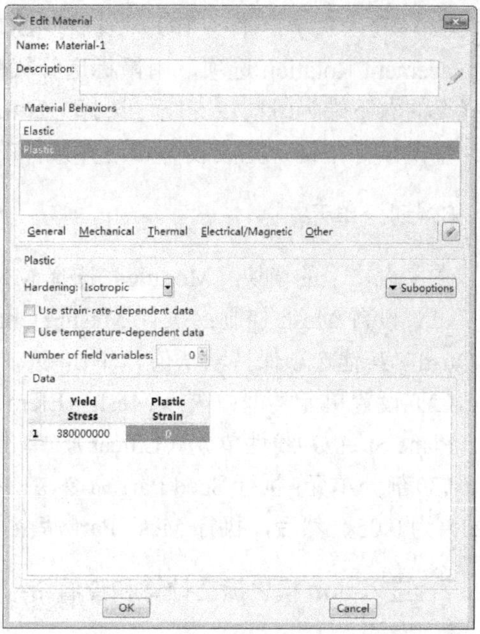

图 8-6　简支梁的塑性材料参数

（3）创建截面，在主菜单中执行 Assign→Section 命令，单击选择完成的模型，使之变色，这就将材料特性赋予了模型。

3．生成装配件

在主窗口上的模块（Module）选择 Assembly，进入 Assembly 模块。

在主菜单中执行 Instance→Create 命令，在弹出的对话框中选择默认选项，单击 OK 按钮，完成 Assembly 模块的设置。

4．创建分析步

在主窗口上的模块（Module）选择 Step，进入 Step 模块。

在主菜单中执行 Step→Create 命令，在弹出的 Create Step 对话框中，选中 Static、General 类型，单击 OK 按钮，完成该模块的操作。

5．定义载荷和边界条件

在主窗口上的模块（Module）选择 Load，进入 Load 模块。

（1）输入载荷：执行 Load→Create 命令，在弹出的对话框中选择 Pressure 载荷类型，单击选择梁的上表面，在出现的对话框中设置载荷大小为 8e6。

注 意

对弹塑性这类非线性问题，用小牛顿法迭代求解。

（2）输入边界条件（BC）：执行 BC→Create 命令，在弹出的对话框中，选中 Displacement/Rotation 选项，用鼠标选择梁的左下端为固定铰支座，选择 U1=0，U2=0，选择梁的右下端为滑动铰支座，选择 U2=0。

单击鼠标中键，完成载荷和边界条件的设置。

6. 划分单元

在主窗口上的模块（Module）选择 Mesh，进入 Mesh 模块。

（1）设置 Mesh 控制：执行 Mesh→Controls 命令，在弹出的对话框中选择四边形单元 Quad，其他选项保持默认值，单击 OK 按钮，完成操作。

（2）设置单元类型：选择 Mesh→Element Type 命令，在弹出的对话框中选择平面应力（Plane Stress）线性单元（Linear），单击 OK 按钮，完成操作。

（3）剖分单元：执行 Seed Part 命令，在弹出的对话框中选择单元尺寸（Global Element Size）为 0.05，然后，执行 Mesh Part 命令，完成网格划分。

7. 进入 Job 模块提交计算和查看结果

进入 Job 模块，执行 Job→Create 命令，选择默认选项，进入 Edit Job 对话框，默认已有输入值。接着执行 Job→Manager 命令，在弹出的对话框中单击 Submit 进行计算。

当计算结束，单击 Results 看结果（这时进入了 Visualization 模块），单击按钮或在主菜单上选择 Plot→Contours 就可看到 Mises 应力分布云图，如图 8-7 所示。

单击主菜单 Results→Field Output，选择输出变量为 PEEQ（等效塑性应变），得到的云图如图 8-8 所示。可以看到应力集中部位的 PEEQ>0，说明材料发生了屈服。

提 示

由上面的实例说明，在 ABAQUS 中进行弹塑性分析的方法非常简单，只需要定义塑性材料数据，并选择适当的单元类型即可。

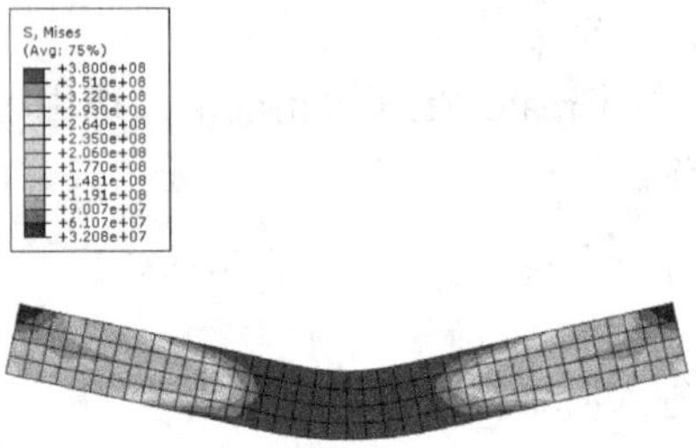

图 8-7　Mises 应力分布的云图

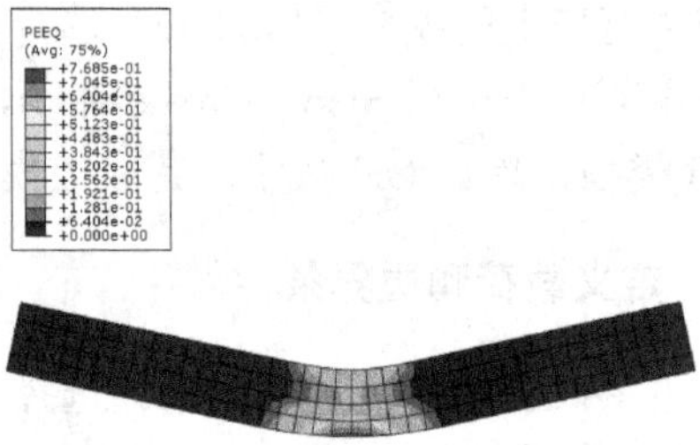

图 8-8　等效塑性应变的云图

8.2.3　INP 文件

该案例中的 INP 文件解释请查阅光盘中的相关文件，限于篇幅，在此不做详解。

8.3 单向压缩试验过程模拟

一般由单向拉伸或者单向压缩试验来得到塑性材料的数据，在应用这些数据分析实际的工程问题之前，应该首先用这些数据使用 ABAQUS 模拟一下相应的压缩试验或单向拉伸的过程，对比分析结果和试验结果，进而验证 ABAQUS 模型中的各项参数设置是否正确，以便以后再对复杂模型进行分析。

本节将模拟单向压缩试验的塑性变形过程，帮助读者进一步学习弹塑性分析的方法，并练习 ABAQUS 的以下功能。

（1）学习接触问题和弹塑性问题的结合分析。

（2）查询模型中的节点或顶点坐标，以及两点之间的距离。

（3）利用 DAT 文件查看反作用力 RF。

8.3.1 问题的描述

如图 8-9 所示，圆柱形试样高 50 mm，直径为 30 mm，压缩后高度变为 30 mm，试样的上下底面保持良好润滑。压头可看做刚体，试样的弹性模量 $E = 210000$ MPa，泊松比 $\nu = 0.3$。单向压缩试验得到试样的名义应力和名义应变数据，将其转换为真实应力和塑性应变，如表 8-2 所示，作为本模型中的塑性材料数据。

下面将进行试样压缩过程的模拟，查看和分析结果中的应力应变是否和表 8-2 中的塑性材料数据相吻合，来验证建模过程的正确性。

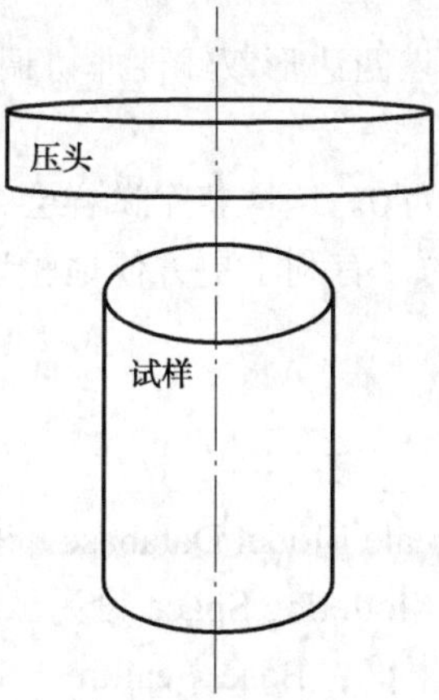

（a）模型示意图

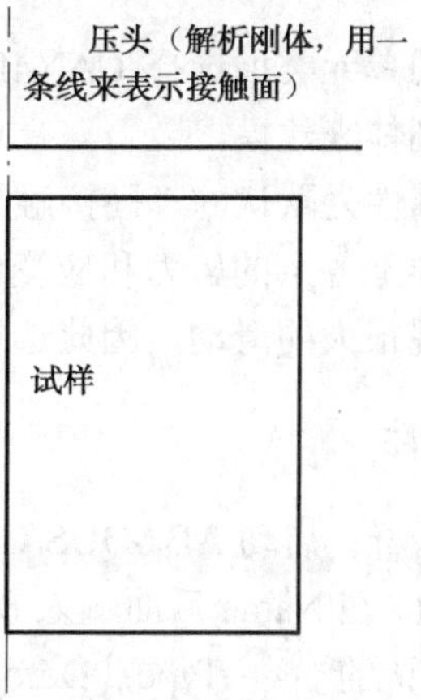

（b）轴对称模型

图 8-9 单向压缩过程的分析模型

表 8-2　真实应力和真实应变的值

真实应变/MPa	塑 性 应 变
418	0.0
500	0.01581
605	0.02983
695	0.0056
780	0.0095
829	0.15
882	0.25
908	0.35
921	0.45
932	0.55
955	0.65
988	0.75
1040	0.85

8.3.2　问题分析和求解

（1）该问题研究的是结构的静态响应，所以分析类型设置为 Static、General（使用 ABAQUS/Standard 作为求解器）。

（2）根据结构和载荷的特点，将按照轴对称问题来建模。

（3）这是一个大位移问题，应在 Step 功能模块中把参数 Nlgeom（几何非线性）设为 On。

（4）试样的单元类型选择 CAX4I 单元（4 节点四边形双线性非协调轴对称单元），压头使用解析刚体来建模。

（5）接触属性为默认的“硬接触”，摩擦系数为 0。这样整个试样会被均匀压缩，不出现鼓形，试样上各点的应力和应变值都是相同的，有利于更方便地验证分析结果。分析过程中会出现很大的滑动，因此选用有限滑移。

1．创建部件

（1）创建试样：启动 ABAQUS/CAE，单击 Create Model Database。进入 Part 功能模块，单击按钮，在 Name 后面输入 Specimen，将 Modeling Space 设为 Axisymmetric（轴对称），保持默认的参数 Type：Deformable（柔性体）；Base Feature：Shell，然后单击 Continue…按钮，完成该部分操作。

单击左侧工具区中的按钮来绘制顶点坐标为（0,50）和（15,0）的矩形。ABAQUS 已经自动生成了一条经过原点的竖直辅助线，它将作为轴对称部件的旋转轴。在视图区中连续单击鼠标中键完成操作。

（2）创建压头：再次单击按钮，在 Name 后面输入 Head，参数 Modeling Space 仍为 Axisymmetric，将 Type 改为 Analytical rigid（解析刚体），单击 Continue...按钮。单击左侧工具区中的按钮绘制一条顶点为（0,55）和（30,55）的直线，来代表压头的底面。在视图区中连续单击鼠标中键完成操作。

注 意

如果将压头绘制为矩形，其接触部位的尖角会造成错误的分析结果。此外，代表压头底面的直线必须绘制得足够长，因为在压缩过程中截面的尺寸会增大。

提 示

如果增大后的试样直径超出了压头底面的直径，也就是说（试样）落在了主面（压头）之外，这会造成接触分析的收敛问题，在 MSG 文件中会显示如下错误信息："CONTACT PAIR(ASSEMBLY_SURF-SPECIlIEN, ASSEMBLY_HEAD-1 SURF-HEAD) NODE SPECIMEN-1.148 IS OVER-CLOSED BY 1.60194 WHICH IS TOO SEVERE"。

（3）指定刚体部件的参考点：在主菜单中选择 Tools→Rerference Point，单击压头的中点，参考点在视图区中显示为一个黄色的叉子，旁边标以 RP，如图 8-10 所示。

2．创建材料和截面属性

（1）创建材料：进入 Property 功能模块，单击按钮，设置弹性模量为 210000Mpa，泊松比为 0.3。

再选择对话框中的 Mechanical→Plasticity→Plastic，将如表 8-2 所示的真实应力和塑性应变输入数据表中，如图 8-11 所示，然后单击 OK 按钮，完成操作。

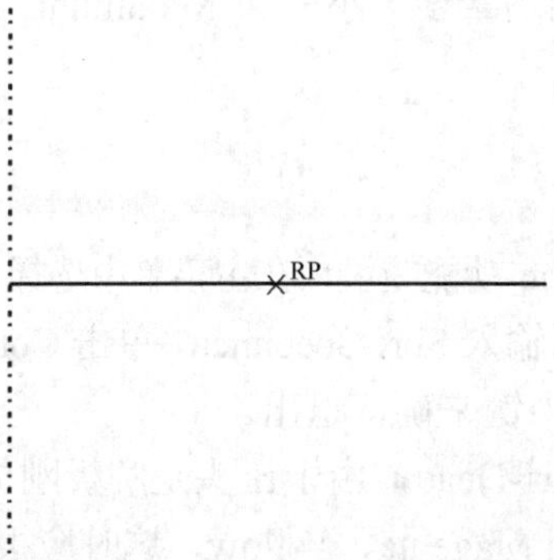

图 8-10 定义刚性部件的参考点

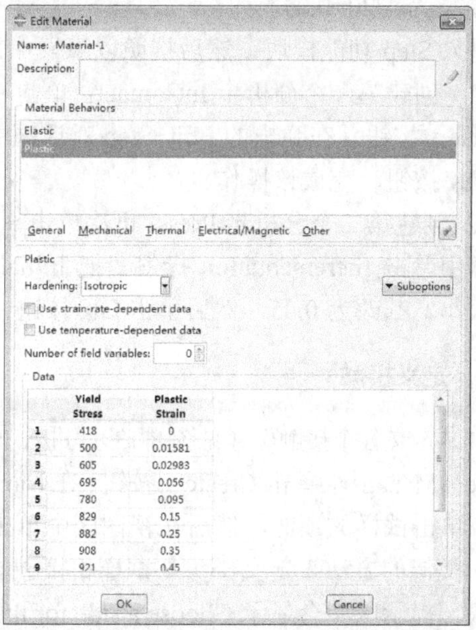

图 8-11 输入材料的塑性数据

（2）创建截面属性：单击按钮，并单击 Continue…按钮，然后单击 OK 按钮，完成创建截面属性的操作。

（3）赋予截面属性：单击按钮，为柔体部件 Specimen 赋予截面属性。

3．定义装配件

进入 Assembly 功能模块，单击按钮，在弹出的 Create Instance 对话框中拖动鼠标来选中全部部件，然后单击 OK 按钮。由于试样和压头的位置都已经是正确的，不需要再重新定位。

4．划分网格

进入 Mesh 功能模块。在窗口顶部的环境栏中把 Object 选项设为 Part: Specimen。单击按钮，把 Approximate global size 设为 1.5。

单击按钮，选中 Incompatible modes（非协调模式），即单元类型为 CAX4I（4 节点四边形双线性非协调轴对称单元）。

单击按钮得到如图 8-12 所示的网格。

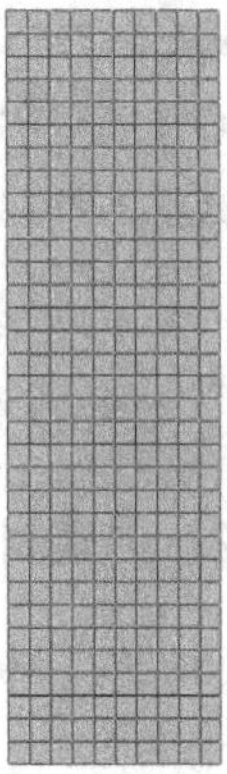

图 8-12　网格划分

5．设置分析步

本模型中将包含以下分析步：

（1）第一个分析步 InContact：设定压头在 Y 方向的位移为−5.001 mm，建立平稳地接触关系。

（2）第二个分析步 Press：设定压头在 Y 方向的位移为−25mm（试样被压缩了 20 mm）。此分析步分为 20 个时间增量步，每个增量步长为 1/20=0.05。

进入 Step 功能模块，然后按照以下操作来创建分析步：

（1）创建第一个分析步 InContact：单击按钮，在 Name 后面输入 InContact，单击 Continue…按钮，在弹出的 Edit Step 对话框中，把 Nlgeom（几何非线性）设为 On，再单击 OK 按钮，完成该操作。

（2）创建第二个分析步 Press：再次单击按钮，在 Name 后面输入 Press，在 Edit Step 对话框中单击 Incrementation 标签，把 Initial（初始增量步大小）和 Maximum（最大增量步大小）都改为 0.05，然后单击 OK 按钮。

6．定义接触

（1）定义各个接触面（见图 8-13）：进入 Interaction 功能模块，在主菜单中选择 Tools→Surface→Manager，单击 Create…按钮，在 Name 后面输入 Surf-Specimen，单击 Continue…按钮。单击试样的顶面，然后在视图区中单击鼠标中键来确认退出。

用类似的方法来定义压头与试样相接触的面 Surf-Head，由于压头是解析刚体部件，窗口底部提示区中会显示 Choose a side for the edges: Magenta、Yellow，这时应根据视图区中所显示的颜色来选择刚体的外侧。

（2）定义无摩擦的接触属性：单击（Create Interaction Property）按钮，单击 Continue…按钮，再单击 OK 按钮，完成操作。

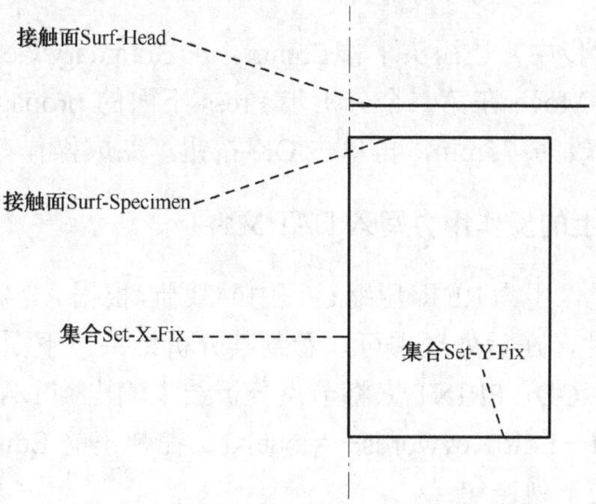

图 8-13 各个面和集合的定义

（3）定义试样和压头之间的接触：在主菜单中选择 Interaction→Manager，单击 Create…按钮，设置 Step 为 initial，然后单击 Continue…按钮。选择 Surf-Head 作为主面，Surf-Specimen 作为从面，在弹出的 Edit Interaction 对话框中，保持各项默认参数不变（Sliding formulation: Finite sliding），单击 OK 按钮，完成操作。

7. 定义边界条件

由于试样是轴对称柔性体，需要施加的边界条件是固定对称轴上的径向位移 U1 和底边的轴向位移 U2。压头是轴对称刚体，需要施加在压头参考点上的边界条件如下：

（1）第一个分析步 InContact：使压头向下移动 5.001mm（U1=0，U2=−5.001，UR3=0）。

（2）第二个分析步 Press：使压头向下移动 25mm（U1=0，U2=−25，UR3=0）。

定义边界条件的具体操作如下：

（1）创建各个集合进入 Load 功能模块，在主菜单中选择 Tools→Set→Manager，单击 Create…按钮，依次定义以下集合（见图 8-13）：

① 集合 Set-Y-Fix：基座的底边。

② 集合 Set-X-Fix：试样位于对称轴上的边。

③ 集合 Set-Head-Ref：压头的参考点。

（2）约束试样底边的轴向位移 U2：在主菜单中选择 BC→Manager，单击 Create…按钮，在 Name 后面输入 BC-Fix-Y，将 Step 设为 Initial，将 Types for Selected Step 设为 Displacement/Rotation，单击 Continue…按钮。选中集合 Set-Y-Fix，单击 Continue…按钮，选中轴向位移 U2，然后单击 OK 按钮，完成操作。

（3）约束试样对称轴上的径向位移 U1 与上面的操作类似，创建名为 BC-Fix-X 的边界条件，选中集合 Set-X-Fix，然后约束径向位移 U1。

（4）在第一个分析步中，让压头下移 5.001mm，在 Boundary Condition Manager 对话框中再次单击 Create…按钮，在 Name 后面输入 BC-Move，将 Step 设为 InContact，将 Types for

Selected Step 设为 Displacement/Rotation，单击 Continue…按钮。选中集合 Set-Head-Ref，单击 Continue…按钮，选中 U1、U2 和 UR3，并将 U2 的位移值改为-5. 001，然后单击 OK 按钮。

（5）在第二个分析步中，让压头下移 25mm。在 Boundary Condition Manager 对话框中，单击边界条件 BC-Move 在第二个分析步 Press 下面的 propagated，然后单击 Edit…按钮，把 U2 的位移值改为-25mm，再单击 OK 按钮，完成操作。

8．将压头参考点上的反作用力写入 DAT 文件

压头参考点上的反作用力 RF 即压缩过程中的载荷，根据 ABAQUS 默认的输出设置，RF 会被写入 ODB 文件，在后处理中可以看到其分析结果。下面介绍查看 RF 的另外一种方法，使用关键词*NODE PRINT 来将节点分析结果输出到 DAT 文件。

单击主菜单 Model→Edit Keywords→Model-1，在弹出的 Edit Keywords 对话框中，找到第一个分析步中的下列语句：

```
*Output,field,variable= PRESELECT
```

在它的后面添加以下语句：

```
*NODE PRINT,NSET= Set-Head-Ref
RF.
```

其中，Set-Head-Ref 为压头的参考点创建的集合。

9．提交分析作业

进入 Job 功能模块，创建名为 Specimen 的分析作业，单击窗口顶部工具栏中的按钮来保存所建的模型，然后提交分析。分析完成后，单击 Results 按钮，进入 Visualization 功能模块。

10．后处理

（1）显示 Mises 应力和等效塑性应变

在 Visualization 功能模块中，单击按钮显示 Mises 应力的云图，可以看到，在分析步 Press 结束时，试样上各点的 Mises 应力均为 927.2Mpa，如图 8-14 所示。

单击主菜单 Results→Field Output，选择输出变量为 PEEQ，可以看到，此时试样上各点的等效塑性应变 PEEQ 均为 0.5063，如图 8-15 所示。

在如表 8-2 所示的塑性材料参数中，与上述结果接近的两个数据点是 $\sigma_{\text{true}} = 921\ \text{MPa}$，$\varepsilon_{\text{pl}} = 0.45$ 和 $\sigma_{\text{true}} = 932\ \text{MPa}$，$\varepsilon_{\text{pl}} = 0.55$。由这两个数据点线性插值得到的结果与上述 ABAQUS 的分析结果完全吻合，这样就初步验证了本模型中的各项参数设置是正确无误的。

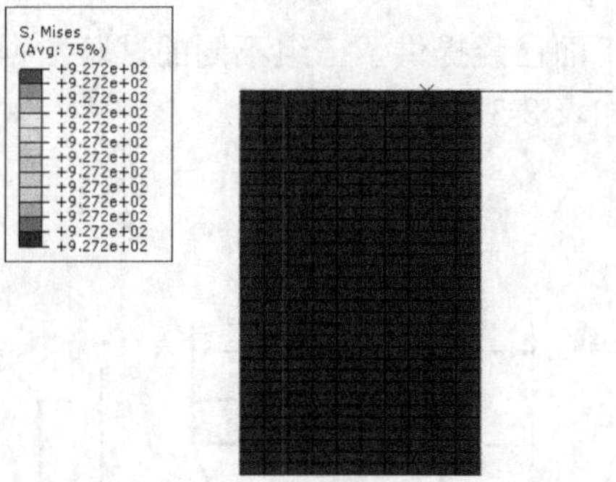

图 8-14　Mises 应力云图

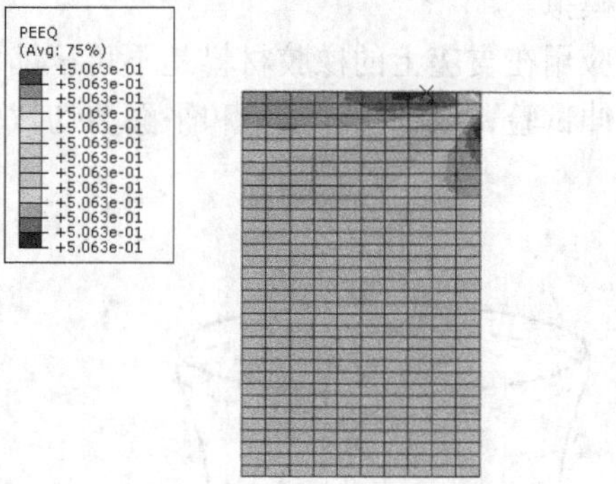

图 8-15　PEEQ 的分布云图

（2）查看 DAT 文件中的反作用力 RF：

使用文本编辑软件打开结果文件 Specimen.dat，由于使用了关键词*NODE PRINT，因此，每个增量步中顶头参考点上的反作用力 RF 都写入了 Specimen.dat，其中 *Y* 方向上的反作用力即为下压过程中的载荷。例如，在 Specimen.dat 的结尾处可以看到，最后一个增量步中的反作用力 RF2=−1.0903E+06，具体数据如下：

```
                                INCREMENT    20 SUMMARY
     …
                                   N O D E    O U T P U T
          THE FOLLOWING TABLE IS PRINTED FOR NODES BELONGING TO NODE SET
ASSEMBLY_SET-HEAD-REF
          NODE FOOT-    RF1            RF2            RM3
                NOTE
        1          7.4542E-03    -1.0903E+06    2.2917E+06
```

8.3.3　INP 文件

该案例中的 INP 文件解释请查阅光盘中的相关文件，限于篇幅，在此不做详解。

8.4　橡胶垫圈的受压分析

本节将学习材料非线性——橡胶的超弹性。与弹塑性问题的分析一样，ABAQUS 模拟重点在于定义橡胶的超弹性性质及进行数据评估。

8.4.1　问题的描述

图 8-16 所示的橡胶支座，支座的两端固定在厚度为 5 mm 的钢板上，通过钢板把载荷均匀传给橡胶垫。该例中模型和载荷都是轴对称的，故在模拟中应用轴对称单元。在构件中取一个通过对称轴的平面，如图 8-17 所示，然后再根据该平面的对称性，取半平

面来模拟。

应用在支座上的橡胶材料是不可压缩的，下面已经提供了三组不同的试验数据：单轴拉伸试验、双轴拉伸试验和平面剪切试验，如表 8-3～表 8-5 所示。

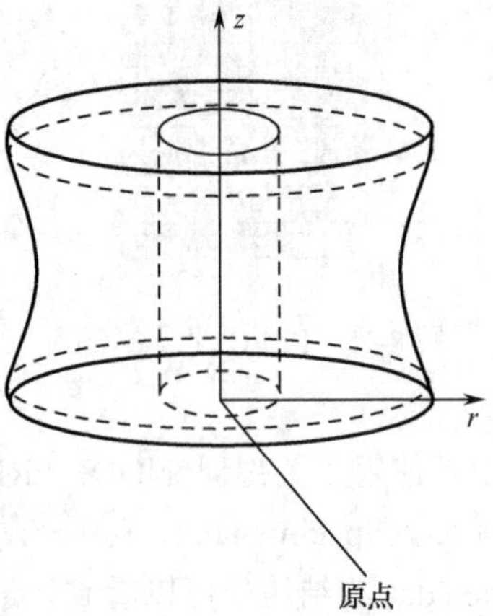

图 8-16　橡胶支座

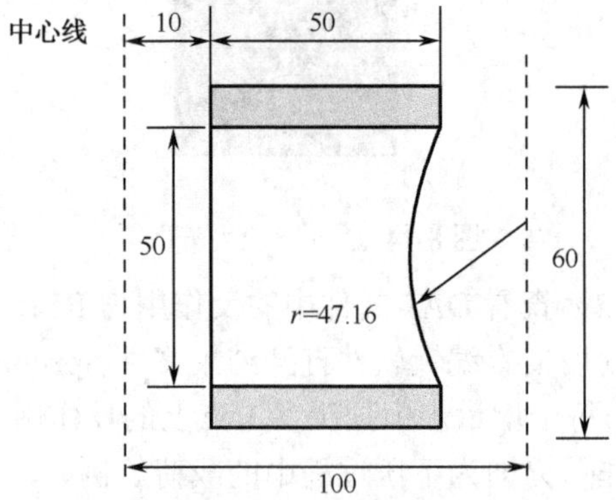

图 8 17　平面视图

表 8-3　单轴拉伸试验数据

应力/MPa	应变/×10^{-6}
0.054	38000
0.152	133800
0.254	221000
0.362	345000
0.459	460000
0.583	624200
0.656	851000
0.730	1426800

表 8-4　双轴拉伸试验数据

应力/Mpa	应变/×10^{-6}
0.089	20000
0.255	140000
0.503	420000
0.958	1490000
1.703	2750000
2.413	3450000

表 8-5 平面剪切试验数据

应力/Mpa	应变/×10^{-6}
0.055	69000
0.342	282800
0.758	1386200
1.269	3034500
1.779	3034500

8.4.2 问题分析和求解

1. 创建部件

首先，打开 ABAQUS/CAE 的启动界面，单击 Create Model Database 按钮，创建一个 ABAQUS/CAE 的模型数据库，随即进入 Part（部件）功能模块。进入模块后，用户可在该模块中创建支座模型。

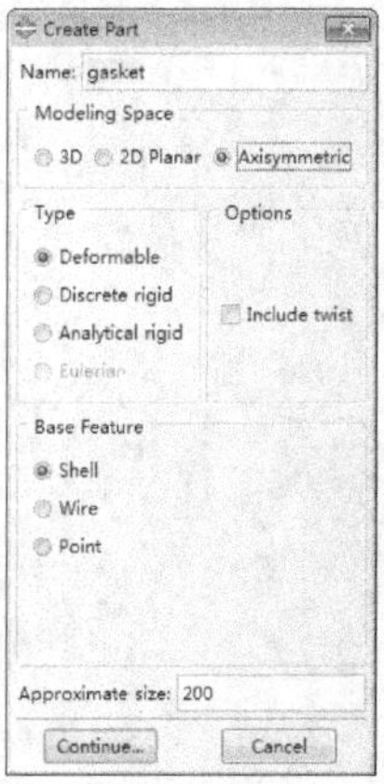

图 8-18 Create Part 对话框

单击工具区中的 Create Part（创建部件）工具，弹出 Create Part 对话框，如图 8-18 所示，在部件名栏输入 gasket，Modeling Space 栏中选择 Axisymmetric，Base Feature（基本特征）栏下形状为 Shell，模型空间大约尺寸设置成 200，单击 Continue…按钮，进入草图绘制界面。

单击工具区中的 Create Lines 工具，依次输入坐标（100,30），（10,30），（10,0），（60,0），（60,5），按 Enter 键完成操作。单击 Create Circle 中的 Center and Perimeter（创建圆）工具，在提示区输入圆心坐标（100,30），按 Enter 键，输入圆周上的一点坐标（60,5），按 Enter 键；再单击鼠标右键，选择 Cancel Procedure 命令；单击工具，显示全屏视图；单击工具，删除多余的部分，即选择圆内部的线段和圆的右部分；单击 Done 按钮，完成创建部件。

注 意

单位制的选取，如长度单位用 mm，对应力的单位为 N，质量单位为 t，应力单位为 MPa；如长度单位用 m，对应力的单位 N，质量单位为 kg，应力单位为 Pa。

2. 定义材料属性

在环境栏的 Module（模块）列表中选择 Property（特性）功能模块，设置圆盘的材料性质与厚度。

单击工具区中的Create Material（创建材料）工具，弹出Edit Material（编辑材料）对话框。在Name栏输入STEEL为材料名称；在Material Behaviors（材料性质）栏内执行Mechanical→Elasticity→Elastic命令；在Material Behaviors下方的Data数据表内输入Young's modulus（弹性模量）为2.06E5和Poisson's ratio（泊松比）为0.3，单击OK按钮。

单击工具区中的Create Material（创建材料）工具，弹出Edit Material（编辑材料）对话框。在Name栏输入RUBBER为材料名称，在Material Behaviors（材料性质）栏内执行Mechanical→Elasticity→Hyperelastic命令，如图8-19所示，在超弹性应变势能Hyperelastic energy potential栏选择Polynominal（多项式），单击 ▼ Test Data 按钮，选择Uniaxial Test Data命令。

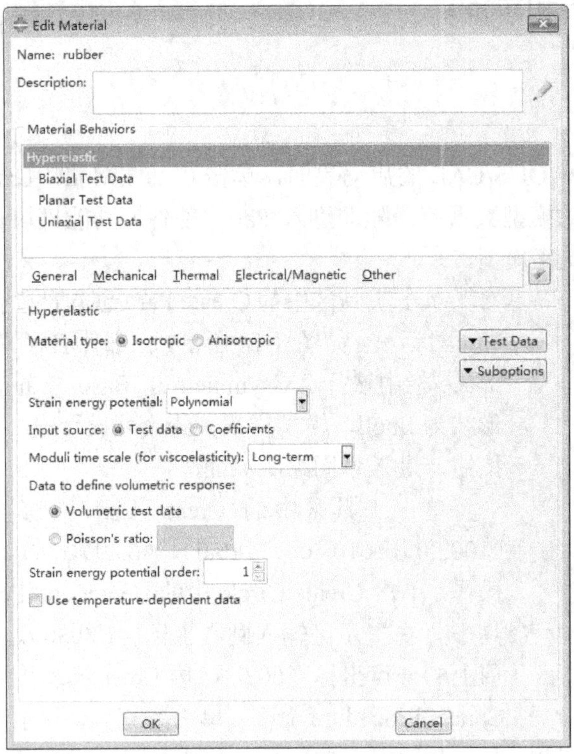

图8-19　橡胶材料的性质定义

如图8-20（a）所示，输入单轴拉伸数据，单击OK按钮，完成操作；选择Biaxial Test Data命令，如图8-20（b）所示，输入双轴拉伸试验数据，单击OK按钮。选择Planar Test Data命令，如图8-20（c）所示，输入平面剪切数据，单击OK按钮，返回如图8-19所示的对话框，单击OK按钮，完成材料的创建操作。

在工具区单击工具，进入材料属性管理对话框，选择RUBBER，单击 Evaluate... 按钮，弹出对材料评估的对话框，单击OK按钮。弹出“材料参数和稳定性限制信息”对话框，如图8-21所示。在主窗口中可看到三组试验的拟合结果和输入结果的对比，如图8-22所示。

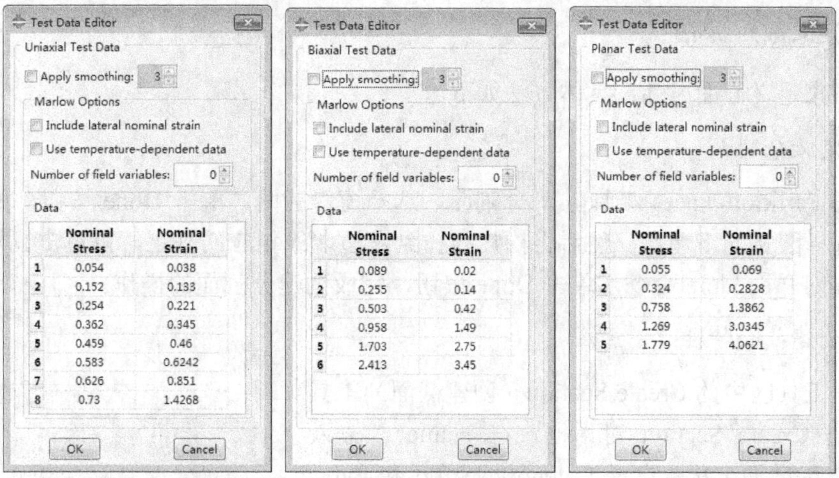

（a）单轴拉伸的数据　　（b）双轴拉伸的数据　　（c）平面剪切的数据

图 8-20　超弹性材料数据

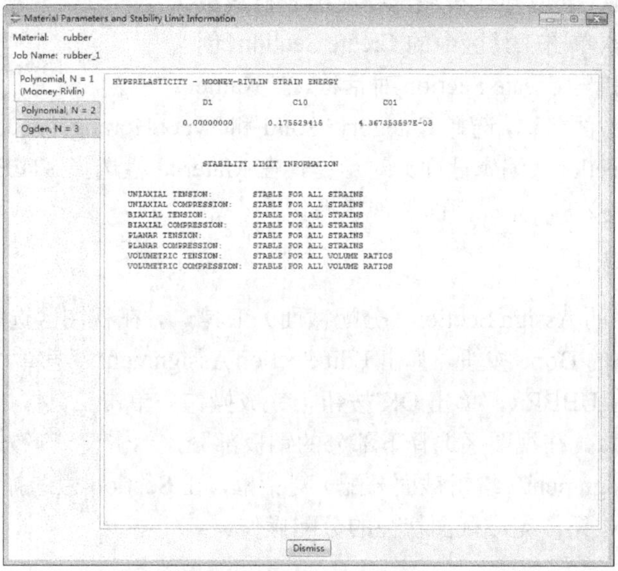

图 8-21　“材料参数和稳定性限制信息”对话框

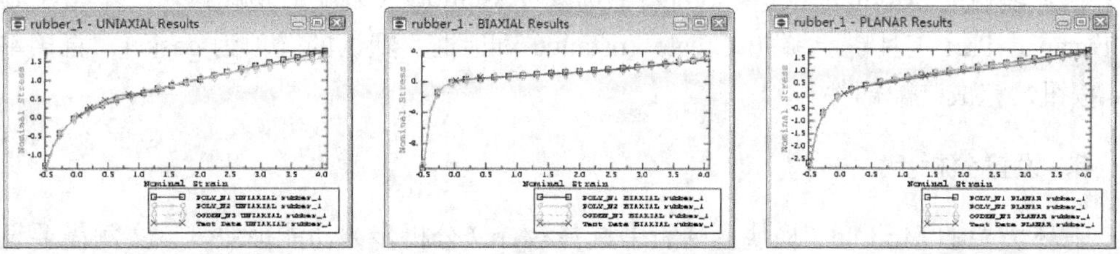

（a）单轴拉伸　　（b）双轴拉伸　　（c）平面剪切

图 8-22　材料参数的拟合结果与输入数据比较

3．定义截面属性

接下来定义截面属性，具体方法如下。

1）定义分割面

单击 Partition Faces 工具，分割面，选择窗口的面，单击 Done 按钮，如图 8-23 所示，选择圆弧的下端点，然后将橡皮线拉到左边端线相应的垂足，再单击鼠标右键，选择 Cancel Procedure 命令，单击 Done 按钮，完成创建分割面的操作。

2）创建截面特性

图 8-23　分割面

单击工具区中的 Create Section（创建截面）工具，弹出 Create Section 对话框，在 Name 栏输入 RUBBER 为截面名称，选择 Category: Solid 和 Type: Homogeneous，单击 Continue…按钮，弹出 Edit Section（编辑截面）对话框，在 Material 栏选择 RUBBER，其余选项采用默认值，单击 OK 按钮，完成橡胶材料截面的属性创建；再次单击工具区中的 Create Section（创建截面）工具，弹出 Create Section 对话框，在 Name 栏输入 STEEL 为截面名称，选择 Category: Solid 和 Type: Homogeneous，单击 Continue…按钮，弹出 Edit Section（编辑截面）对话框，在 Material 栏选择 STEEL，其余选项采用默认值，单击 OK 按钮，完成截面的创建操作。

3）分配截面特性

单击工具区中的 Assign Section（分配截面）工具，在视图区选择上部分的橡胶部分，单击窗口下方的 Done 按钮，弹出 Edit Section Assignment（编辑截面分配）对话框，在 Section 栏选择 RUBBER，单击 OK 按钮，完成操作；单击工具区中的 Assign Section（分配截面）工具，在视图区选择下部分的钢板部分，单击窗口下方的 Done 按钮，弹出 Edit Section Assignment（编辑截面分配）对话框，在 Section 栏选择 STEEL，单击 OK 按钮，单击 Done 按钮，完成截面特性的分配操作。

4．装配部件

在环境栏的 Module（模块）列表中选择 Assembly（装配）功能模块，单击工具栏的 Instance Part 工具，弹出 Create Instance 对话框，默认的选项为 gasket，直接单击 OK 按钮，完成装配部件。

5．设置分析步

在环境栏的 Module（模块）列表中选择 Step（分析步）功能模块。该实例需要设置分析步和场变量输出要求。

1）设置分析步

单击工具区中的 Create Step（创建分析步）工具，弹出 Create Step 对话框，采用默认设置，即选择 Static，General（静态通用分析步），单击 Continue...按钮，弹出 Edit Step（编辑分析步）对话框，单击 Basic 选项卡，在分析步描述栏输入 Hyperelastic material analysis，打开几何非线性开关，即选择 Nlgeom 为 On；单击 Incrementation 选项卡，如图 8-24 所示，把 Initial Increment Size 调成 0.01，其余各项采用默认值，单击 OK 按钮，完成分析步的设置操作。

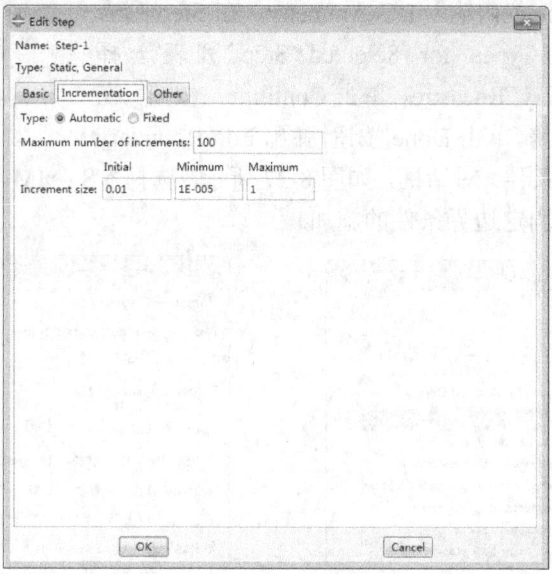

图 8-24　分析步设置

2）设置变量输出变量

单击工具区中的 Field Output Manager（场变量输出管理器）工具，弹出场变量输出要求管理器，单击面板上的 Edit...按钮，弹出 Edit Field Output Requests 时话框。单击 Output Variables 列表内 Stresses 前的▶，在展开的列表中选择 S 和 MISESMAX；单击列表中 Strains 前的▶，在展开的列表中选择 E 和 EE；单击列表内 Displacement/Velocity/Acceleration 前的▶，在展开的列表中选择 U；单击列表内 Forces/Reactions 前的▶，在展开的列表中选择 RF；单击 Contact 前的▶，取消对接触变量的输出。单击 OK 按钮，完成场变量输出要求的设置。

6. 定义载荷和边界条件

在环境栏的 Module（模块）列表中选择 Load（载荷）功能模块。

1）定义载荷

单击工具区的 Create Load（创建载荷）工具，弹出 Create Load 对话框。在 Name 栏内输入 Pressure，在 Step 列表内选择 Step-1，在 Types for Selected Step 栏内选择 Pressure

（压力），单击 Continue…按钮，在窗口选择钢板的下边缘，再单击窗口下方的 Done 按钮，弹出 Edit Load 对话框，如图 8-25 所示，在 Magnitude 栏输入 0.5，单击 OK 按钮，完成载荷的定义。

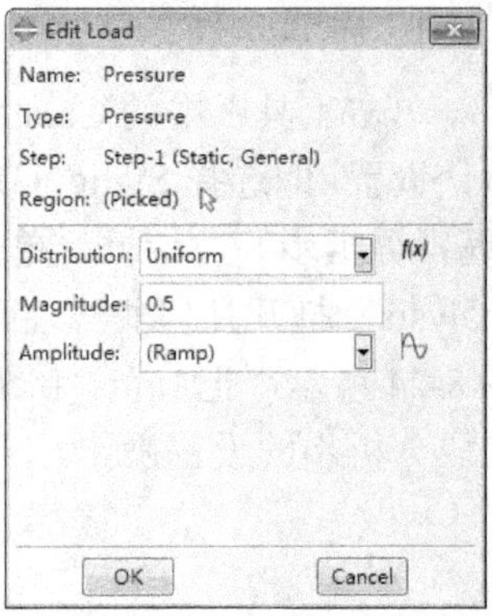

图 8-25　编辑载荷

2）定义边界条件

单击工具区中的 Create Boundary Condition（创建边界条件）工具，弹出 Create Boundary Condition 对话框，如图 8-26 所示。在 Name 栏内输入 BC-symmetry，在 Step 列表内选择 Initial，在 Types for 8elected Step 列表选择 Symmetry/Antisymmetry/ Encastre，单击 Continue…按钮。在窗口选择橡胶的上边缘，单击 Done 按钮，弹出 Edit Boundary Condition（编辑边界条件）对话框，如图 8-27 所示，选择 YSYMM （U2=URl=UR3=0），单击 OK 按钮，完成固定边界条件的施加。

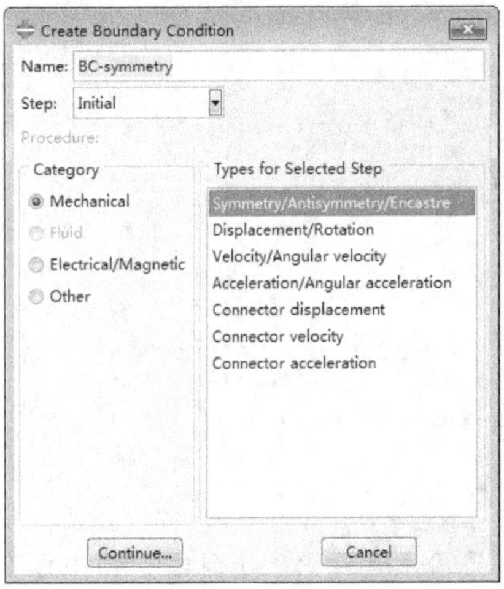

图 8-26　边界条件的定义

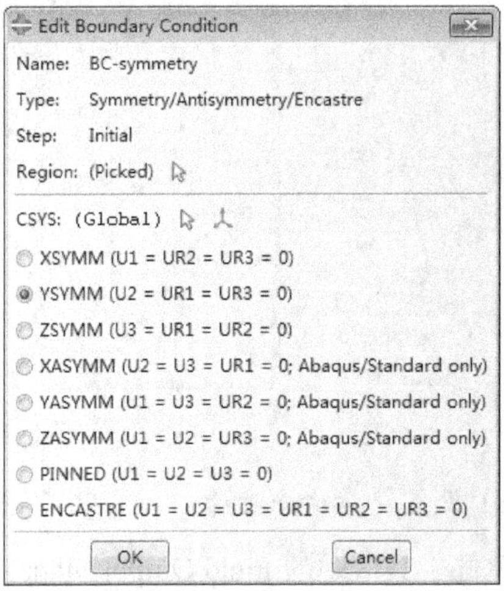

图 8-27　边界条件的编辑

7. 划分网格

在环境栏的 Module（模块）列表中选择 Mesh（网格）功能模块。

1）设置网格密度

在模型树下执行 Model-l→Assembly→Instance→gasket-l 命令，单击鼠标右键，选择 Make Independent 命令，如图 8-28 所示。在主菜单选择 Seed→Edge By Number 命令，按住 Shift 键，用鼠标点选 3 条水平线，单击 Done 按钮，输入 30，即沿着水平方向划分 30 个单元，按 Enter 键。同理将支座的内外表面在竖向划分 15 个单元，把钢板沿竖向划分 3 个单元。种子密度分布如图 8-29 所示。

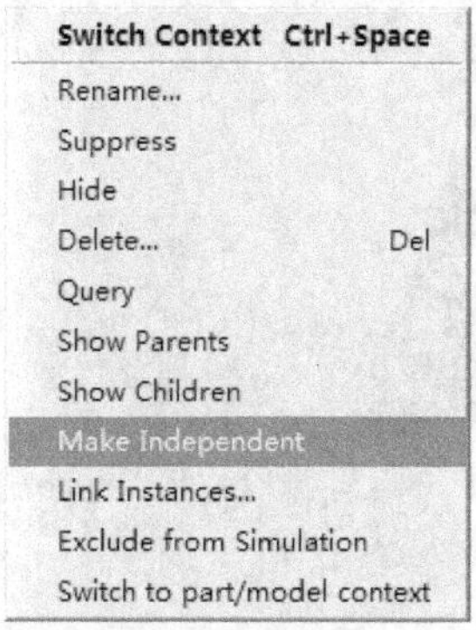

图 8-28 Make Independent 命令

图 8-29 种子密度分布

2）控制网格划分

单击工具区中的 Assign Mesh Controls（网格控制）工具，弹出 Mesh Controls 对话框，如图 8-30 所示，在 Element Shape 中选择 Quad，采用 Structured 结构网格技术，单击 OK 按钮，完成控制网格划分选项的设置。

3）选择单元类型

单击工具区中的 Assign Element Type（分配单元类型）工具，在视图区选择模型，单击 Done 按钮，弹出 Element Type 对话框，如图 8-31 所示。选择四边形杂交轴对称单元 CAX8H，单击 OK 按钮。

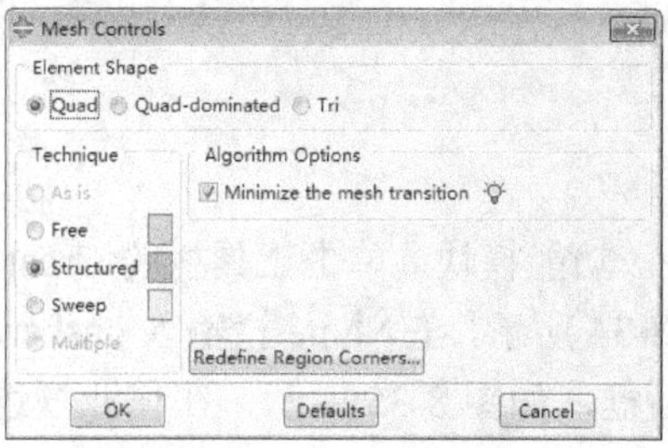

图 8-30 网格划分控制技术

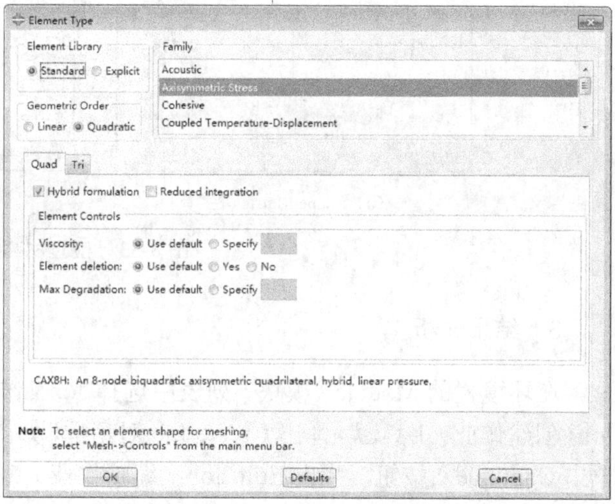

图 8-31 Element Type 对话框

4）划分网格

单击工具区中的 Mesh Part（划分部件）按钮，单击提示区的 Yes 按钮，完成网格划分，如图 8-32 所示。

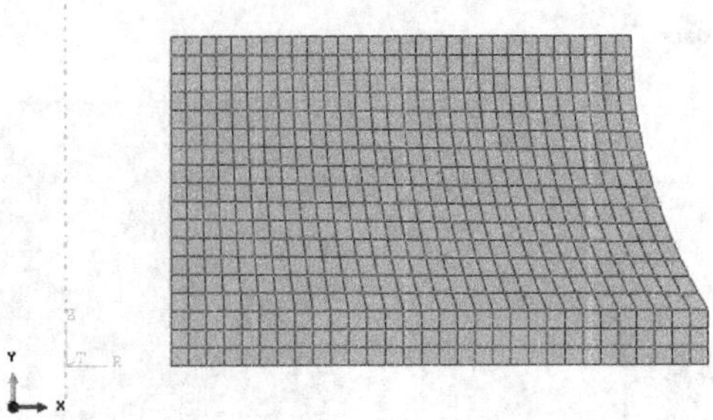

图 8-32　划分网格后的模型图

5）检查网格

单击工具区中的 Verify Mesh（检查模型）工具，在视图区选择圆盘部件，单击 Done 按钮，弹出 Verify Mesh 对话框，如图 8-33 所示。在 Type 栏内选择 Shape Metrics（形状检查），单击 Highlight 按钮，在消息栏提示检查信息，如图 8-33（a）所示；状态栏内选择 Analysis Checks（分析检查），单击 Highlight 按钮，没有显示任何错误或警告信息，如图 8-33（b）所示。

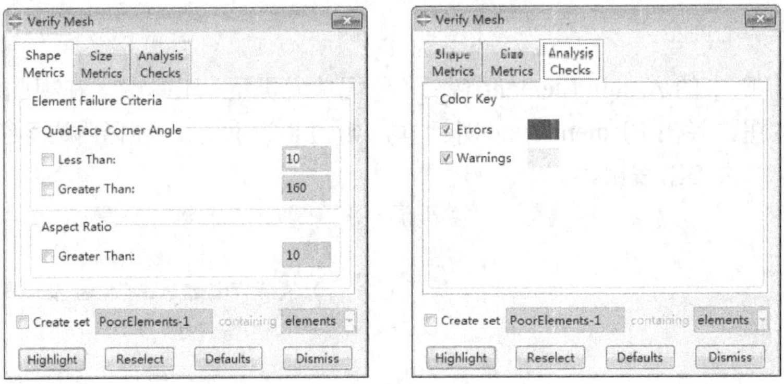

（a）Shape Metrics 栏　　（b）Analysis Checks 标签栏

图 8-33　检查网格

8．结果分析

在环境栏的 Module（模块）列表中选择 Job（作业）功能模块。单击工具栏的 Create Job（创建作业）工具，弹出 Create Job 对话框，如图 8-34 所示，在 Name 栏输入 gasket，单击 Continue...按钮，弹出 Edit Job（编辑作业）对话框，如图 8-35 所示，在作业描述栏输入 Hyperelastic material analysis，单击 OK 按钮。

单击工具栏中的 Job Manager（分析作业管理器）工具，弹出 Job Manager 对话框，如图 8-36 所示。单击 Submit 按钮提交作业，再单击 Monitor... 按钮，弹出 gasket Monitor 对话框，运行完毕。在消息栏显示 Completed，运行期间的数据检测如图 8-37 所示。最后单击 Write Input 按钮，提交作业，至此，作业分析完毕。

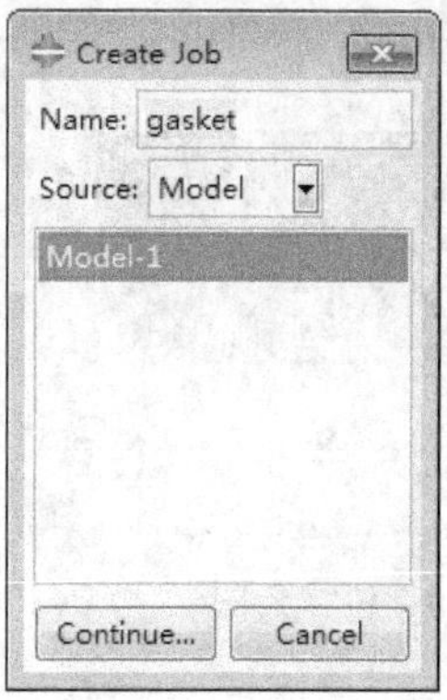

图 8-34 Greate Job 对话框

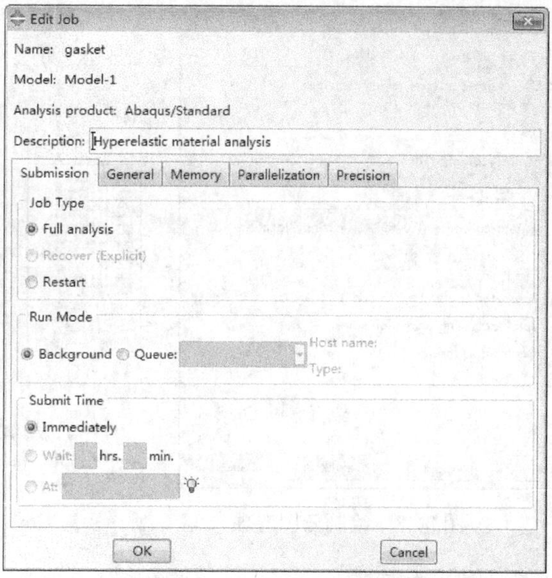

图 8-35 Edit Job 对话框

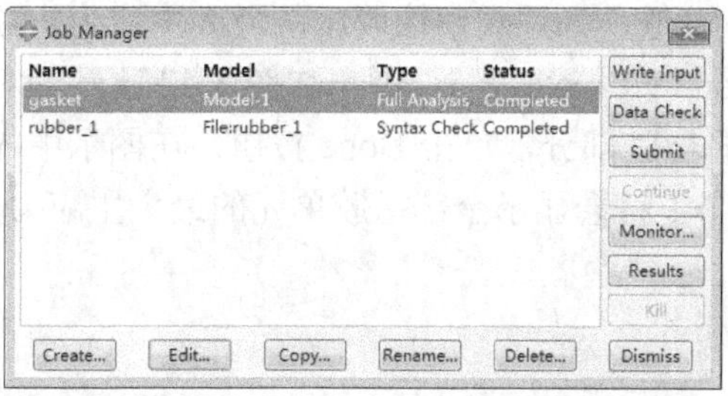

图 8-36 Job Manager 对话框

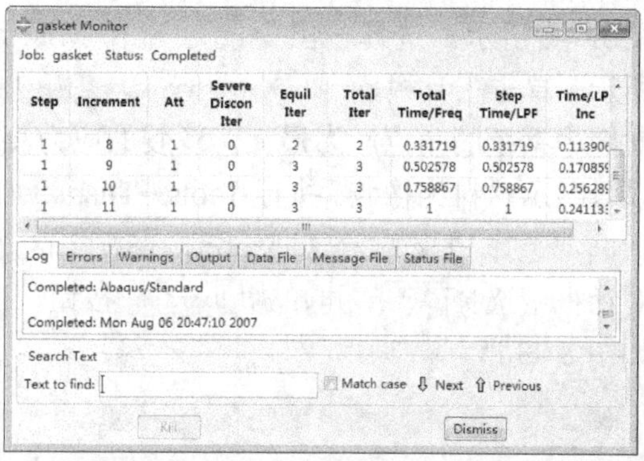

图 8-37 作业分析监测

9．后处理

当分析完毕后，单击 Results 按钮，ABAQUS/CAE 进入 Visualization（可视化）模块。

1）显示橡胶的变形

单击主菜单 Results→Field Output，弹出 Field Output（场变量输出）对话框，选择输出变量为 U：Spatial displacement at nodes，默认选项为合位移 Magnitude，也可以选择坐标轴 1、2、3 方向的 U1、U2、U3；设置显示最大、最小值的位置，执行 Options→Contour 命令，弹出 Contour Plot Options（云图选项）对话框，如图 8-38 所示，选择 Limits 选项卡，在 Min/Max 中选择 Show location 选项，单击按钮，位移云图如图 8-39 所示。

图 8-38　绘制云图选项

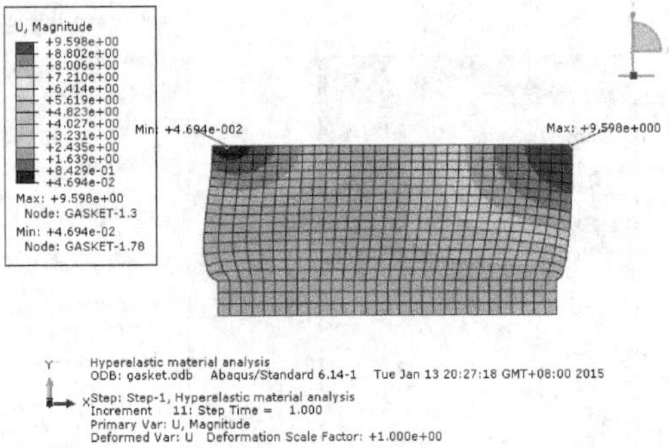

图 8-39　位移云图

2）显示橡胶的应力

单击主菜单 Results→Field Output，弹出 Field Output（场变量输出）对话框，如图 8-40 所示。选择输出变量为 S 和 Mises 选项，单击 OK 按钮，应力云图如图 8-41 所示。单击工具栏中的◀、▶可观察不同增量步下的应力云图。此图中钢板的角点应力最大，橡胶的应力相对较低，为了观察橡胶中的最大主应力，可以只显示材料为橡胶。执行 Tools→Display Group→Create 命令，弹出如图 8-42 所示的对话框，选择 Pick from viewport，在视图区选择橡胶部分，单击 Done 按钮，在图示中的对话框中选择，再单击 Dismiss 按钮，视图中将会显示全部橡胶单元的最大主应力，如图 8-43 所示。

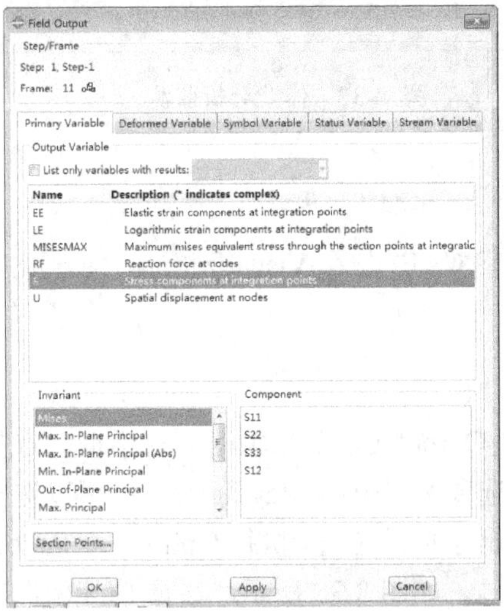

图 8-40　场变量输出对话框

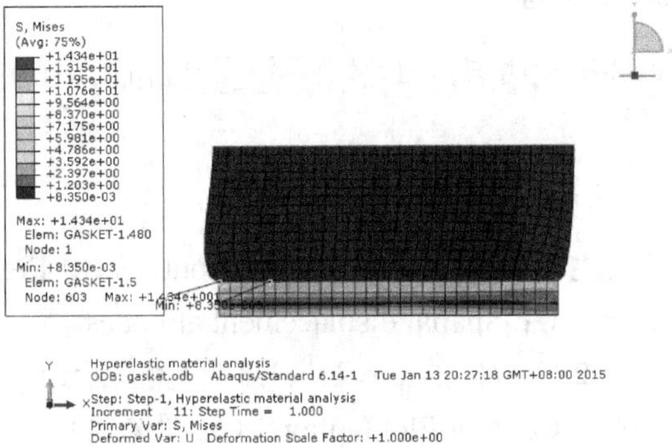

图 8-41　整体结构的最大主应力云图

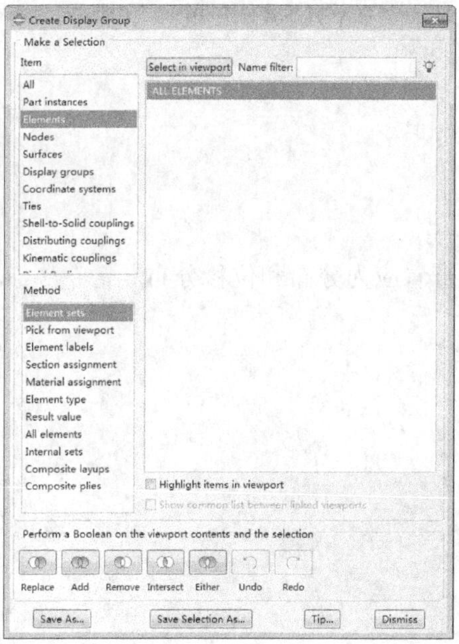

图 8-42　选择演示组

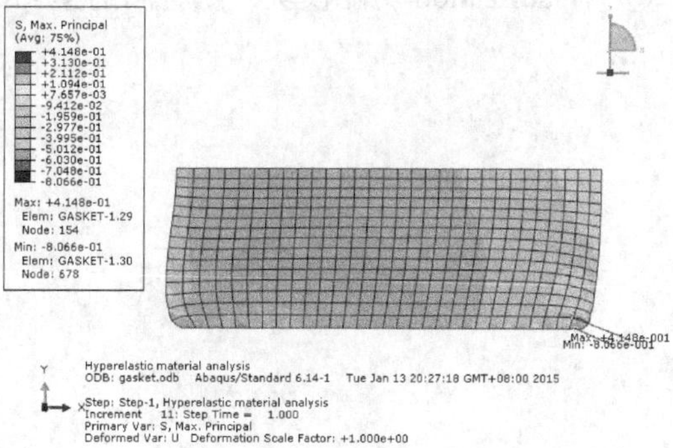

图 8-43　橡胶单元的最大主应力云图

8.4.3　INP 文件

该案例中的 INP 文件解释请查阅光盘中的相关文件，限于篇幅，在此不做详解。

本章小结

本章介绍了使用 ABAQUS 进行材料非线性分析的步骤和方法，使读者了解了 ABAQUS 进行非线性分析的巨大优势。ABAQUS 材料库中包含强大的材料非线性库，包括延性金属的塑性、橡胶的超弹性、黏弹性等。

在本章中，通过实例分析应当掌握以下 ABAQUS 的功能：

（1）在矩形截面简支梁的弹塑性分析中，主要练习了 ABAQUS 的功能：定义塑性材料数据。

（2）在单向压缩试验过程模拟中，主要练习了 ABAQUS/CAE 的以下功能：

① Mesh 功能模块：使用轴对称单元。

② 定义刚体部件和参考点。

③ Load 功能模块：定义位移边界条件。

④ Step 功能模块：设置历史输出变量。

⑤ 将压头参考点的反作用力写入 DAT 文件。

⑥ Visualization 功能模块：随时间的变化，查看应力分布和位移分布。

（3）在橡胶垫圈的受压分析模拟中，主要练习了 ABAQUS/CAE 的以下功能：

① 使用轴对称单元。

② 使用显示组来显示或隐藏模型的局部。

③ 定义橡胶材料的材料属性。

④ Load 功能模块：定义位移边界条件。

⑤ Step 功能模块：设置历史输出变量。

⑥ Visualization 功能模块：随时间的变化，查看应力分布和位移分布。

第9章

结构动力学分析

静力学分析用于确保一个结构能够承受稳定载荷的条件，如果只对结构加载荷后的长期响应感兴趣，可以使用静力分析。然而，如果加载时间很短，如冲击、碰撞、地震等，或者载荷性质为动态，如加工过程、来自旋转机械的载荷等，这时就必须采用动力分析。

动力学分析在现实的生产和生活中很常见，进行动态分析是 ABAQUS 的一个重要优势。本章将重点介绍使用 ABAQUS 进行动力学分析的步骤和方法，使读者了解 ABAQUS 进行动力学分析的巨大优势。

教学目标

（1）了解动力学分析简介。

（2）熟悉 ABAQUS 进行结构模态分析。

（3）掌握 ABAQUS 进行简单瞬态动力学分析。

9.1 动力学分析简介

动力学分析是用来确定惯量（质量 / 转动惯量）和阻尼起重要作用时，结构或构件的动力学行为，常见的动力学行为包括以下几种。

（1）载荷随时间变化的效应：如对结构的位移和应力的影响。

（2）振动特性：结构如何振动及其振动频率。

（3）周期载荷激励：如振荡和随机载荷。

9.1.1 动力学有限元法的基本原理

动力学分析是将惯性力包含在动力学平衡方程中，方程式为

$$M\ddot{u}+I-F=0 \tag{9-1}$$

式中，M 是结构的质量；$\ddot{u}$ 是结构的加速度；I 是结构中的内力；F 是所施加的外力。

公式（9-1）的表述其实就是牛顿第二运动定律（$F=ma$）的变化形式。

动力学分析和静力学分析最主要的不同在于平衡方程中包含惯性力项（$M\ddot{u}$），另一个不同之处在于内力 I 的定义。在静力学分析中，内力仅由结构的变形引起；而动力学分析中的内力包括结构变形和运动（如阻尼）的共同影响。

1．固有频率和模态

以弹簧-质量振动这个最简单的动力问题为例，给读者进行讲解，如图 9-1 所示。

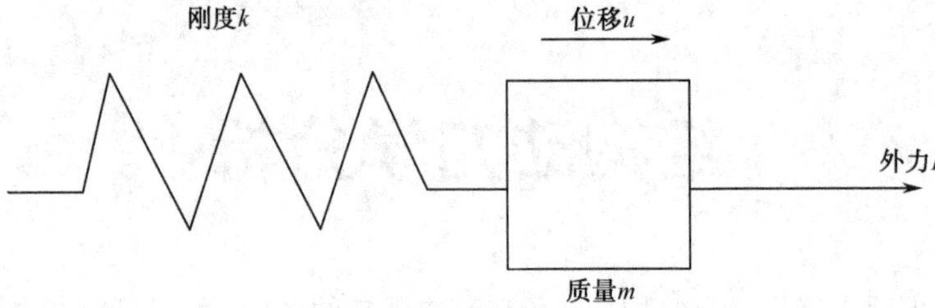

图 9-1　弹簧-质量系统

弹簧的内力为 ku，所以运动方程为

$$m\ddot{u}+ku-F=0 \tag{9-2}$$

这个弹簧质量系统的固有频率（单位是弧度 / 秒）为

$$\omega=\sqrt{\frac{k}{m}} \tag{9-3}$$

如果质量块被移动后再释放，它将以这个频率振动。若按照此频率施加一个动态外力，位移的幅度将剧烈增加，即共振现象。

实际的结构和系统都具有多个固有频率。所以，在设计结构时避免使各固有频率与可能的载荷频率过分接近就很关键。固有频率可以通过分析结构在无载荷（动力平衡方程中的 $F=0$）时的动态响应而得到。此时，运动方程变为

$$M\ddot{u}+I=0 \tag{9-4}$$

对于无阻尼系统，$I=Ku$，则上式变为

$$M\ddot{u}+Ku=0 \tag{9-5}$$

这个方程解的形式为

$$u=\phi\exp\left(i\varpi t\right) \tag{9-6}$$

将上式代入运动方程中就会得到特征值问题方程

$$K\phi=\lambda M\phi \tag{9-7}$$

式中，$\lambda=\varpi^2$。

该系统具有 n 个特征值，此处 n 是有限元模型的自由度数。记 λ_i 为第 i 个特征值。它的平方根 ϖ_i 是结构的第 i 阶固有频率，ϕ_i 是相应的第 i 阶特征向量。特征向量也就是模态（又称振型），它是结构在第 i 阶振型下的变形状态。在 ABAQUS 中，频率提取程序用来求解结构的振型和频率。这个程序使用起来十分简单，只要给出所需振型的数目和所关心的最高频率即可。

2．振型叠加

在线性问题中，结构在载荷作用下的动力响应可以用固有频率和振型来表示，即可

以采用振型叠加技术由各振型的组合得到结构的变形，每一阶模态都要乘以一个标量因子。模型中位移矢量 u 定义为

$$u=\sum_{j=0}^{\infty}\beta_j\phi_j \tag{9-8}$$

式中，β_j 是振型 ϕ_j 的标量因子。该方法只可以模拟小变形、线弹性材料、无接触条件的情况下的动力学分析，即必须是线性问题。

在结构动力学分析中，结构的响应往往取决于相对较少的几阶振型，这使得振型叠加方法在计算这类系统的响应时特别有效。考虑一个含有 1000 个自由度的模型，则对运动方程的直接积分需要在每个时间点上求解 1000 个联立方程组。但若结构的响应采用 100 阶振型来描述，那么在每个时间步上只需求解 100 个方程。更重要的是，振型方程是解耦的，而原来的运动方程则是耦合的。虽然在计算振型和频率时需要花费一些时间，但在计算响应时将节省大量的时间。

如果在模拟中存在非线性，在分析中固有频率会发生明显的变化，因而振型叠加法将不再适用。在这种情况下，需要对动力平衡方程直接积分，这将比振型分析花费更多的时间。具有下列特点的问题才适于进行线性瞬态动力学分析：

（1）系统应该是线性的：线性材料特性，无接触条件，无非线性几何效应。

（2）响应应该只受较少的频率支配。当响应中各频率成分增加时，例如，撞击和冲击问题，振型叠加技术的有效性将大大降低。

（3）系统的阻尼不能过大。

（4）载荷的频率应主要在所提取的频率范围内，以确保对载荷的描述足够精确。

（5）由于任何突然加载所产生的初始加速度应该能用特征模态准确描述。

9.1.2 动力学分析的类型

动力学分析常用于描述下列物理现象。

（1）振动：如由于旋转机械引起的振动。

（2）变化载荷：如一些旋转机械的载荷。

（3）冲击：如冲压、汽车的碰撞等。

（4）地震载荷：如地震、冲击波等。

（5）随机振动：如汽车的颠簸、火箭发射等。

每一种物理现象都要按照一定类型的动力学分析来解决，在工程应用中，经常使用的动力学分析类型包括以下几项：

（1）模态分析，在读者指定频率下的谐波激励下，计算结构响应的振幅和相位，得到的结果在频域上其典型的分析对象包括发动机的零部件和建筑中的旋转机械等。

（2）瞬态动力学分析，用于分析结构对随时间变化的载荷的响应。如下问题可以使用瞬态动力学分析来解决：设计汽车保险杠可以承受低速撞击；设计网球拍框架保证其承受网球的冲击并且允许发生轻微的弯曲。

（3）谐响应分析，用于确定结构对稳态简谐载荷的响应。例如，对旋转机械的轴承和支撑结构施加稳定的交变载荷，这些作用力随着转速的不同引起不同的偏转和应力。

（4）频谱分析，用于分析结构对地震等频谱载荷的响应。例如，在地震多发区的房屋框架和桥梁设计中应使其能够承受地震载荷。

（5）随机振动分析，用来分析部件结构对随机振动的相应。例如，太空飞船和飞行器部件必须能够承受持续一段时间的变频载荷。

9.2 结构模态分析

模态分析是各种动力学分析类型中基础的内容，结构和系统的振动特性决定了结构和系统对于其他各种动力载荷的响应情况，所以，一般情况下，在进行其他动力学分析之前首先要进行模态分析。

9.2.1 进行模态分析的功能

使用模态分析：

（1）可以使结构设计避免共振或按照特定的频率进行振动。

（2）可以认识到对于不同类型的动力载荷结构是如何响应的。

（3）有助于在其他动力学分析中估算求解控制参数（如时间步长）。

9.2.2 模态分析的步骤

模态分析中的四个主要步骤是建模；选择分析步类型并设置相应选项；施加边界条件、载荷并求解；结果处理。

1. 建模

（1）必须定义密度。

（2）只能使用线性单元和线性材料，非线性性质将被忽略。

2. 定义分析步类型并设置相应选项

（1）定义一个线性摄动步（Linear Perturbation）的频率提取分析步（Frequency Extraction）。

（2）模态提取选项和其他选项。

3. 施加边界条件、载荷并求解

（1）施加边界条件。

（2）施加外部载荷。因为振动被假设为自由振动，所以忽略外部载荷。然而，程序形成的载荷向量可以在随后的模态叠加分析中使用位移约束。

注 意

不允许有非零位移约束；对称边界条件只产生对称的振型，所以将会丢失一些振型；施加必需的约束来模拟实际的固定情况；在没有施加约束的方向上将计算刚体振型。

（3）求解。

通常采用一个载荷步。

为了研究不同位移约束的效果，可以采用多载荷步（例如，对称边界条件采用一个载荷步，反对称边界条件采用另一个载荷步）。

4．结果处理

提取所需要的分析结果，并且对结果进行相关的评价，指导实际的工程、科研应用。

9.2.3 固定机床的振动模态分析

模态分析用于确定机床结构的固有频率，可以使设计师在设计时避开这些频率或者最大限度地减少对这些频率上的激励，从而消除过度振动和噪声，本例提供模态分析的基本步骤与方法，分析结果可以为机床的设计提供重要的参数。

1．问题描述

如图 9-2 所示的机床模型，机床下端受固定约束，材料为钢，密度为 7800 kg/m^3，弹性模量为 206 GPa，泊松比为 0.3，其上端三个圆面也受到固定的约束，具体尺寸如图 9-3 和图 9-4 所示，求该机床的前 30 阶频率和振型。

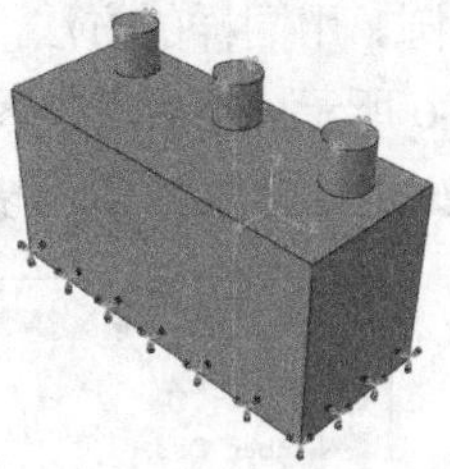

图 9-2　机床模型

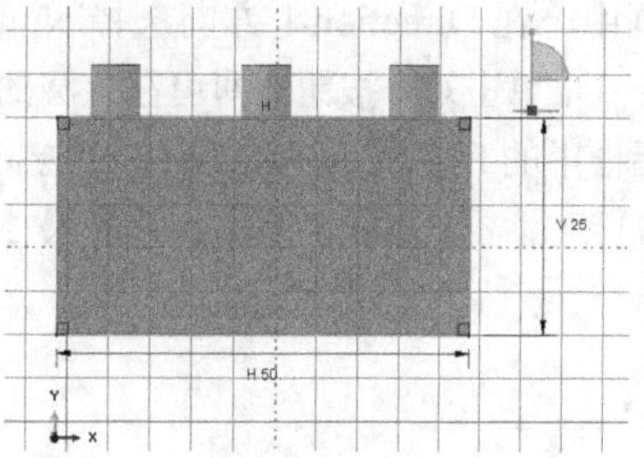

图 9-3　尺寸图

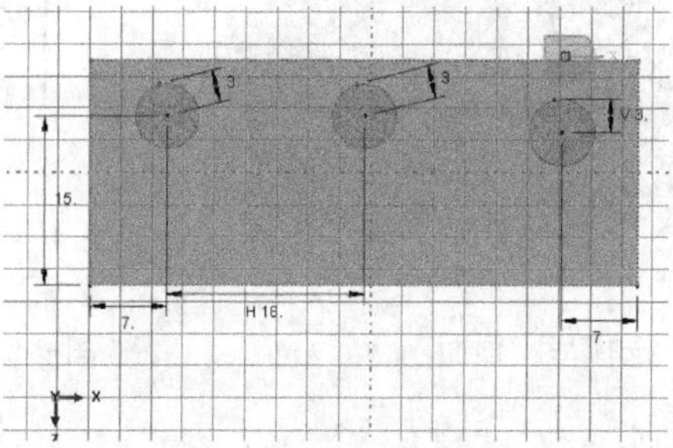

图 9-4　机床尺寸图

2．问题分析

本例的模型为对称模型，对于静力力分析可以取其1/2模型进行分析。但此处是分析其频率和振型，取对称模型不能很好地观察模型的振型，所以取整个三维模型进行分析。

对于模态分析，在ABAQUS中必须使用线性摄动分析步（Linear perturbation），由于几何拓扑不适合直接进行六面体单元划分，可以采用四面体单元，选择单元类型为C3D4。

3．ABAQUS/CAE求解过程

1）创建部件

（1）启动ABAQUS/CAE，创建一个新的模型，重命名为coupling，保存模型为frenquency.cae。

（2）单击工具箱中的（Create Part）按钮，在Name后面输入Machine，将Modeling Space设为3D，Type改为Deformable，Shape为Solid，Type为Extrusion，单击Continue…按钮，进入草图环境。

（3）绘制一个矩形，矩形的中心为（0,0），长度和宽度分别为50和20，单击提示区中的Done按钮，ABAQUS即弹出编辑基本拉伸对话框。在该窗口中输入拉伸尺寸25。然后选择OK键，这样就得到了长方体部件。

（4）单击工具区中的（Create Solid:Extrude）按钮，在视图区中选择长方体的顶面，再选择右边线，如图9-5所示，进入绘制草图界面。单击工具区中的按钮，输入圆心坐标（0,5），半径为3，单击Done按钮，完成圆的定义；单击工具区的（Linear Pattern）按钮，选择刚刚定义好的圆，单击鼠标中键，弹出Linear Pattern对话框。在弹出的对话框中，在Direction 1方向选择Number：2，Spacing：18，Direction 2方向上选择Number：1，单击OK按钮，即可在该圆的右侧复制一个圆。用同样的方法，单击Linear Pattern对话框中的Flip按钮，定义另一个方向的圆，如图9-6所示。然后单击鼠标中键，即弹出基本拉伸对话框，在框口中输入拉伸尺寸6，单击OK按钮，这样就完成了部件的定义。

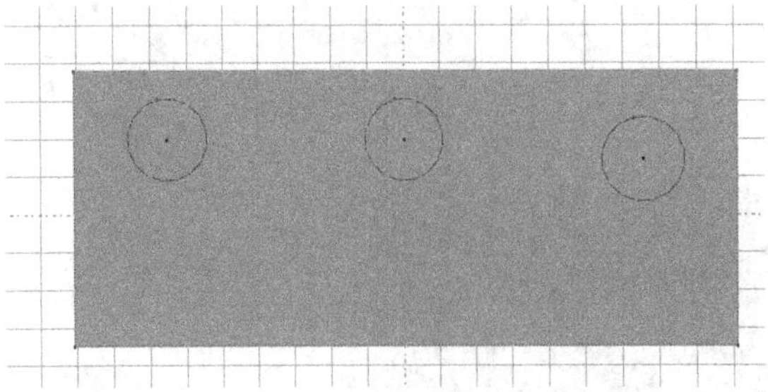

图9-5　选择基座顶面

图9-6　Linear Pattern对话框

2）创建材料和截面属性

（1）创建材料：进入Property模块，单击工具箱中的（Create Material）按钮，弹

出 Edit Material 对话框，输入材料名称 steel，选择 General→Density，输入密度值为 7800，选择 Mechanical→Elasticity→Elastic，输入弹性模量值为 2.06ell，泊松比为 0.3，Z 单击 OK 按钮，完成材料属性定义。

（2）创建截面属性：单击工具箱中的（Create Section）按钮，在 Create Section 对话框中选择 Catagory: Solid，单击 Continue…按钮，进入 Edit Section 对话框。

进入 Edit Section 对话框，Material 选择 steel，单击 OK 按钮，完成截面的定义。

（3）赋予截面属性：单击工具箱中的（Assign Section）按钮，选择部件 Machine，单击提示区中的 Done 按钮，在弹出的 Edit Section Assignment 对话框中选择 Section: Section-1，单击 OK 按钮，把截面属性赋予部件 Machine。

3）定义装配件

进入 Assembly 模块，单击工具箱中的（Instance Part）按钮，在 Create Instance 对话框中选择 Machine，单击 OK 按钮，创建部件的实例。

4）设置分析步和历史输出变量

（1）定义分析步。

进入 Step 模块，单击工具箱中的（Create Step）按钮，在弹出的 Create Step 对话框中，选择 Linear Perturbation：Frequency，单击 Continue…按钮。

在弹出的 Edit Step 对话框中选择求解器 Lanczos，在 Number of eigenvalues requested 后面选中 Value 并在其后输入框中输入 30，即需要的特征值数目是 30，其他接受默认设置，单击 OK 按钮完成分析步的定义。

（2）设置连接单元的变量输出。

单击工具箱中的（Field Output Manager）按钮，在弹出的 Field Output Requests Manager 对话框中可以看到 ABAQUS/CAE 已经自动生成了一个名为 F-Output-1 的历史输出变量。

单击 Edit…按钮，在弹出的 Edit Field Output Request 对话框中，确认 Save output at 后面选择的是 All modes，确认输出变量为 Preselected defaults：U，单击 OK 按钮，返回 Field Output Requests Manager，然后单击 OK 按钮，完成输出变量的定义，如图 9-7 所示。

5）定义载荷和边界条件

（1）在机床的底上施加固支定义边界条件。

进入 Load 功能模块，单击工具箱中的（Boundary Conditions Manager）按钮，单击 Boundary Condition Manager 对话框中的 Create…按钮，在弹出的对话框中，分析步选择 Initial，类型选择 Displacement/Rotation，选择部件的底面，选择 U1、U2、U3、UR1、UR2、UR3。

（2）在圆柱顶上施加位移约束。

单击工具箱中的（Boundary Conditions Manager）按钮，单击 Boundary Condition Manager 对话框中的 Create…按钮，在弹出的对话框中，分析步选择 Intial，类型选择 Displacement/Rotation，选择集合约束为 U1、U2、U3。施加位移约束后的结构图如图 9-8 所示。

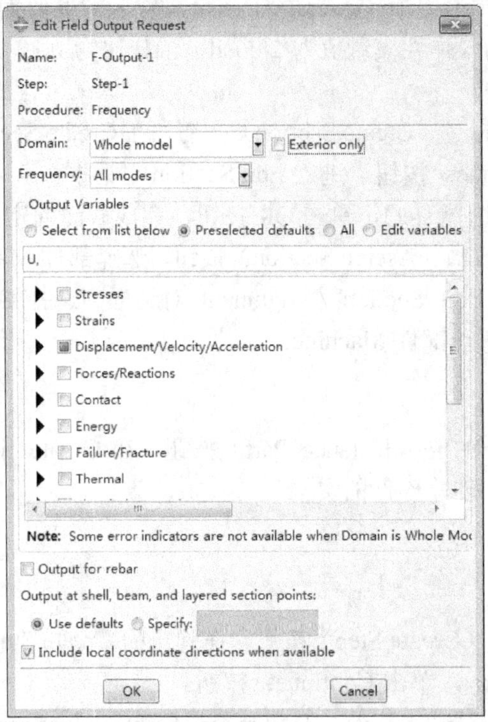

图 9-7　Edit Field Output Request 对话框

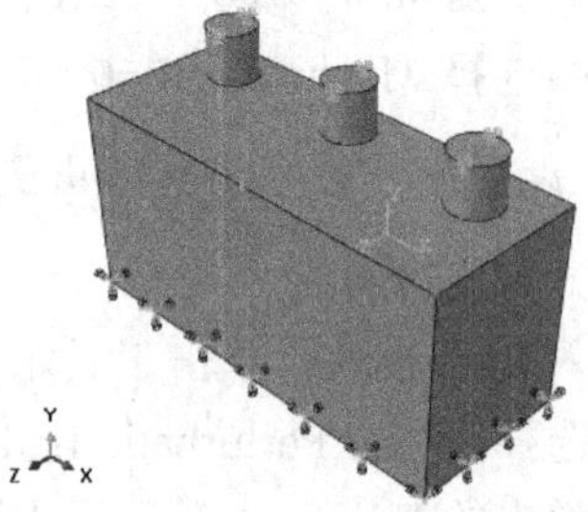

图 9-8　施加位移约束后的部件

提 示

在模态分析中，只有边界条件起作用，其他载荷对模态分析结果没有任何影响，即使施加了载荷，在分析中也不起作用。

6）划分网格

进入 Mesh 功能模块，在窗口顶部的环境栏 Object 选项设为 Part：Machine。

（1）设置网格密度。

单击按钮，在 Approximate global size 后面输入 5，然后单击 OK 按钮。

（2）控制网格划分。

单击工具区中的 Assign Mesh Controls（网格控制）工具，弹出 Mesh Controls 对话框，将 Algorithm 设为 Advancing front，选择 Element Shape：Hex-dominated，单击 OK 按钮，完成控制网格划分选项的设置，如图 9-9 所示。

（3）选择单元类型。

单击工具区中的 Assign Element Type（分配单元类型）工具，在视图区选择模型，单击 Done 按钮，弹出 Element Type 对话框（见图 9-10），选择默认的单元类型 C3D8R，单击 OK 按钮。

（4）划分网格。

单击工具区中的 Mesh Part（划分部件）按钮，单击提示区的 Yes 按钮，完成网格划分。

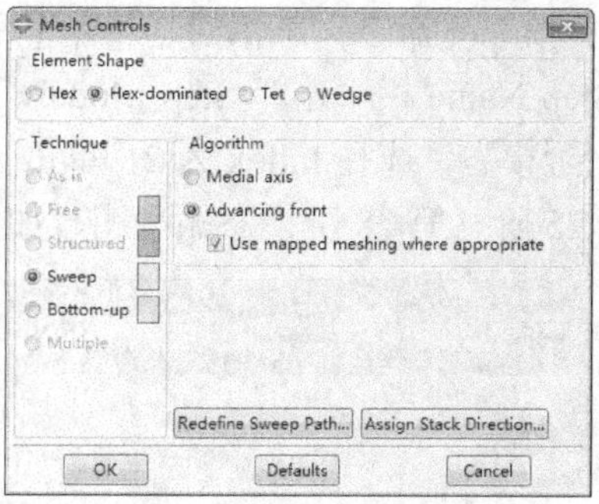

图 9-9　Mesh Controls 对话框

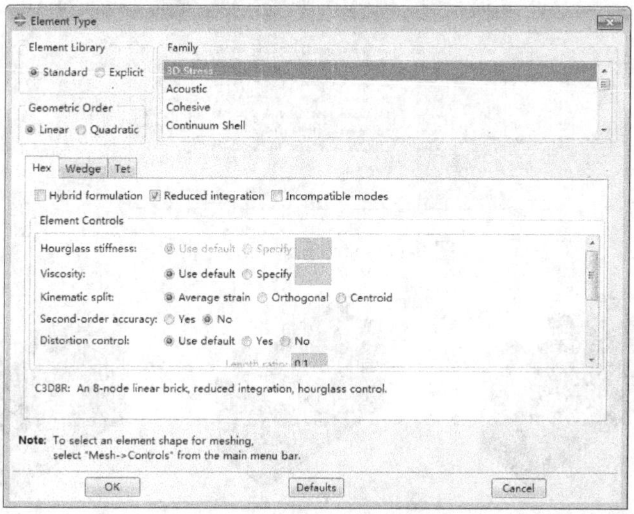

图 9-10　Element Type 对话框

7）结果分析

（1）进入 Job 模块。执行 Job→Manager 命令，单击 Job Manager 对话框中的 Create...按钮，定义作业名称为 Frequency，单击 Continue...按钮，单击 OK 按钮完成作业定义。

（2）单击 Job Manager 对话框中的 Monitor 按钮，可以对求解过程进行监视，单击 Submit 按钮，提交作业。单击 Warning 标签页，看到分析过程中出现以下的警告信息：

"There is zero FORCE everywhere in the model based on the default criterion. please check the value of the average FORCE during the current iteration to verify that the FORCE is small enough to be treated as zero. if not, please use the solution controls to reset the criterion for zero FORCE."

这是因为在模型上没有施加载荷，并不是因为模型存在错误。等分析结束后，单击 Results 按钮进入 Visualization 模块。

8）后处理

（1）当分析完毕后，单击 Results 按钮，ABAQUS/CAE 进入 Visualization（可视化）模块。单击按钮，可以用来显示 Mises 应力云图。单击按钮，可以显示变形过程的动画。

（2）执行 Results→Field Output 命令，单击对话框中的按钮，弹出 Step/Frame 对话框，如图 9-11 所示，在 Step Name 栏中选择 Step-Modal，在 Frame 栏中选择 Index 为 1，单击 Apply 按钮，显示一阶模态，选择 Index 为 2，单击 Apply 按钮，显示二阶模态，显示模态的前 7 阶，以及第 25 阶、第 28 阶模态振型图，如图 9-12 所示。

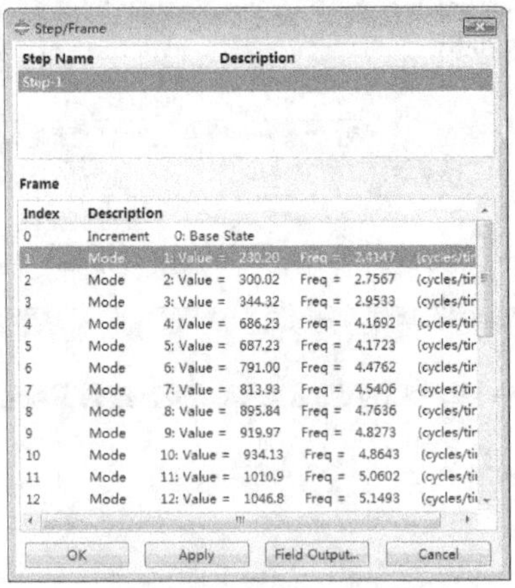

图 9-11　Step/Frame 对话框

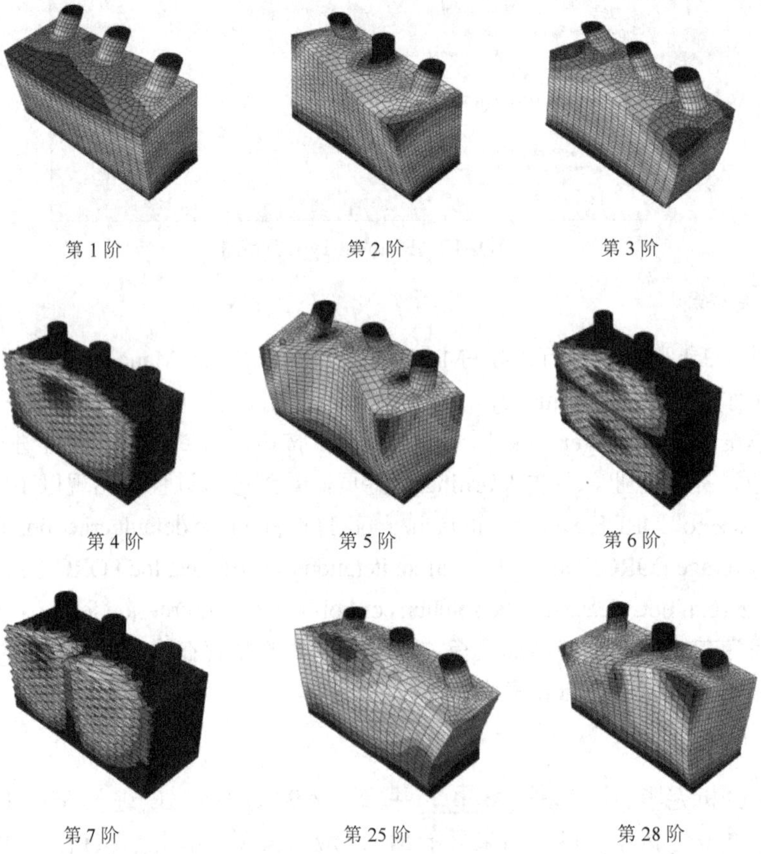

图 9-12　各阶振型图

（3）执行 Animate→Time History 命令，可以动画显示各模型振动情况。

（4）执行 Animate→Save as 命令，弹出 Save Image Animation 对话框，如图 9-13 所示，输入 File name：Frequency，单击 AVI Options 按钮，弹出 AVI Options 对话框，可以对动画选项进行设置，此处接受默认设置，单击 OK 按钮，返回 Save Image Animation 对话框，单击 OK 按钮，保存 AVI 动画到 Frequency 文件中。

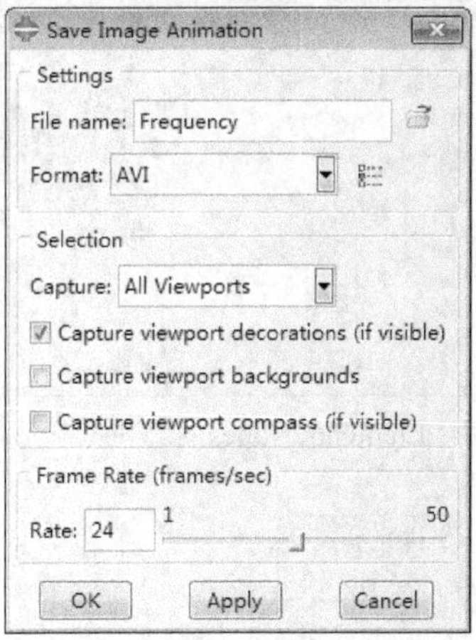

图 9-13　Save Image Animation 对话框

（5）执行 Options→Common 命令，弹出 Common Plot Options 对话框，如图 9-14 所示，切换到 Labels 选项卡，勾选 Show node labels 复选框，单击 Color 后面的颜色按钮，弹出 Select Color 对话框，选择黑色颜色框（读者可以自己调色），单击 OK 按钮，返回 Common Plot Options 对话框，单击 Apply 按钮，显示节点编号。

（6）执行 Tools→XY Data→Create 命令，在 Create XY Data 对话框（见图 9-15）中选择 ODB field output，单击 Continue…按钮，弹出 XY Data from ODB Field Output 对话框，在输出变量栏中选择 Position 后面的下拉列表中选择 Unique Nodal，如图 9-16 所示，输出变量选择 U：Magnitude；切换到 Elements/Nodes 选项卡，如图 9-17 所示，Method 选择 Node labels，在右边的输入框中输入节点号 100，并选择 Highlight items in viewport，单击 Plot 按钮，绘制处节点随着模态变化的位移曲线，如图 9-18 所示。

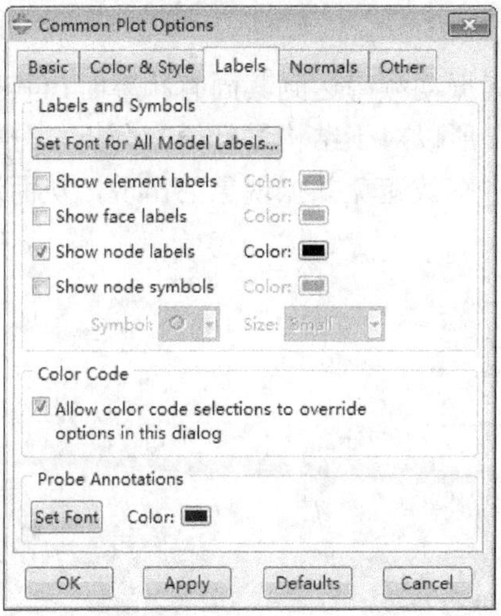

图 9-14　Common Plot Options 对话框

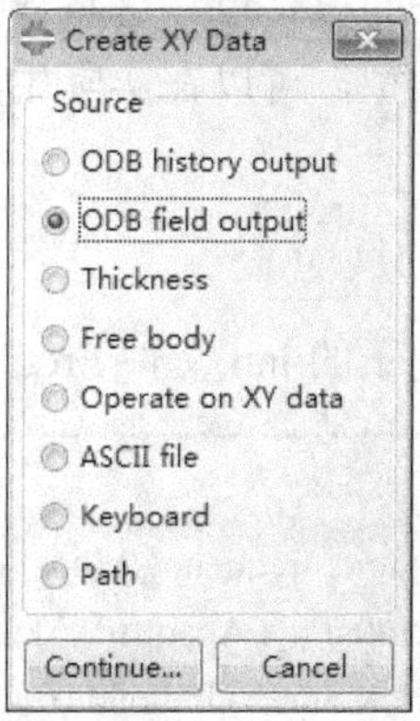

图 9-15　Create XY Data 对话框

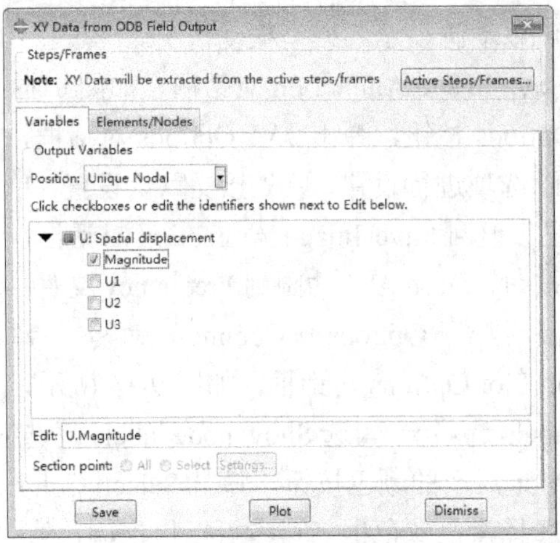

图 9-16　Variable 标签栏图

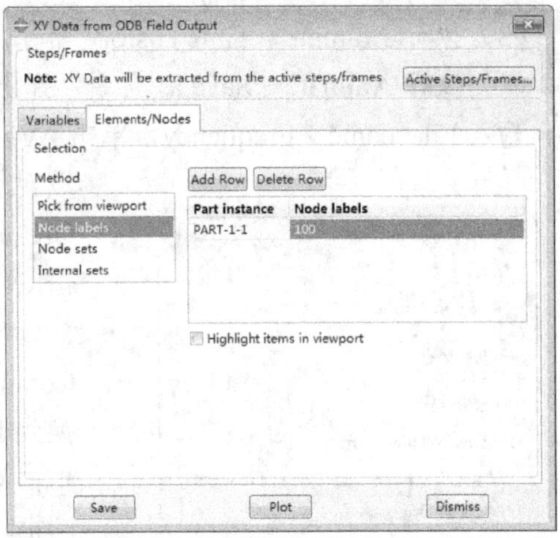

图 9-17　Elements/Nodes 标签栏

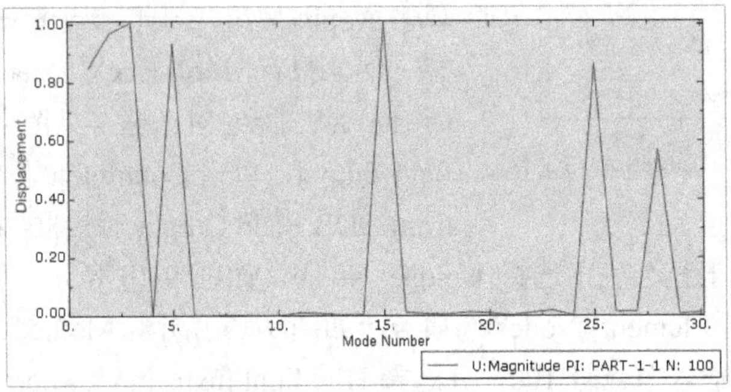

图 9-18　节点 100 随着模态变化的位移曲线

9）结果分析

从模型的振型图可以看出，对于该结构，当其振动频率达到其固有频率时，其振幅远远超过其允许的位移量，这将导致结构的破坏。所以对于结构进行模态分析，分析其各阶的频率和振型，可以在实际生产和生活应用中有效避免共振现象的出现，从而避免破坏。

10）INP 文件

下面是该例子的 inp 文件 Frequency.inp 的解释。

```
**--------------------------------------------------------------
*Heading
** Job name: frequency Model name: Model-1
** Generated by: Abaqus/CAE 6.14-1
*Preprint, echo=NO, model=NO, history=NO, contact=NO
** PARTS
**定义部件
*Part, name=Machine
**定义节点
*Node
```

```
      1,  -19.9776077,            15.,   2.08957243
...
  15451,  -23.7222195,           -8.75,   8.07236385
  16248,   17.4910641,            20.,    7.64398384
**定义单元
*Element, type=C3D8R
    1,   359,    29,    30,   358,  3502,  3457,  3458,  3501
...
14504, 16232, 16245, 16219, 16220,  3323,  3336,  3310,  3311
**内部节点集
*Nset, nset=_PickedSet3, internal, generate
     1,  16248,       1
*Elset, elset=_PickedSet3, internal, generate
     1,  14504,       1
**定义截面属性
** Section: Section-1
*Solid Section, elset=_PickedSet3, material=Material-1,
*End Part
** ASSEMBLY
*Assembly, name=Assembly
*Instance, name=Part-1-1, part=Machine
*End Instance
**
*Nset, nset=_PickedSet5, internal, instance=Part-1-1
   12,... 3339
*Elset, elset=_PickedSet5, internal, instance=Part-1-1
 13916,... 14504
*Nset, nset=_PickedSet6, internal, instance=Part-1-1
    8,... 1588
*Elset, elset=_PickedSet6, internal, instance=Part-1-1, generate
 13016,  13700,       1
*End Assembly
**定义材料
** MATERIALS
*Material, name=Material-1
*Density
7800.,
*Elastic
 2e+09, 0.3
**
**定义边界条件
** BOUNDARY CONDITIONS4
**
** Name: BC-1 Type: Displacement/Rotation
```

```
*Boundary
_PickedSet5, 1, 1
_PickedSet5, 2, 2
_PickedSet5, 3, 3
** Name: BC-2 Type: Displacement/Rotation
*Boundary
_PickedSet6, 1, 1
_PickedSet6, 2, 2
_PickedSet6, 3, 3
_PickedSet6, 4, 4
_PickedSet6, 5, 5
_PickedSet6, 6, 6
** ----------------------------------------------------------------
** STEP: Step-1
*Step, name=Step-1, perturbation
*Frequency, eigensolver=Lanczos, acoustic coupling=on, normalization=displacement
30, , , , ,
**输出要求
** OUTPUT REQUESTS
*Restart, write, frequency=0
** FIELD OUTPUT: F-Output-1
*Output, field, variable=PRESELECT
*End Step
```

9.3 瞬态动力学分析

瞬态动力学分析是确定随时间变化载荷（如冲击）作用下结构响应的技术。其输入数据为随时间变化的载荷，输出数据是随时间变化的位移和其他的输出量，如应力和位移等。瞬态动力分析可以应用在以下设计中：

承受各种随时间变化载荷的结构，如桥梁、地面移动装置等。

承受各种冲击载荷的结构，如汽车中的缓冲器、建筑框架等。

承受撞击和颠簸的家庭和办公设备，如移动电话、吸尘器等。

9.3.1 瞬态动力学分析的原理

瞬态动力学分析中需要求解半离散的方程组（离散是指结构由离散的节点描述，半离散是指在方程的导出过程中，每个时刻都要满足平衡）。在瞬态分析中，连续的时间周期分为许多时间间隔，并且只有在离散的时间上才能得到解。

提 示

与静态分析不同，动态分析中的时间步长是有实际物理意义的。

在线性动力学问题中，动力学行为完全由两个独立的特性决定：线弹性结构动力学性质和施加的动力载荷。所以，可首先对结构进行动力分析（模态分析）来确定特征值；其次基于结构的特征值和特征模态计算给定载荷历程的结构动力响应。这一过程称为模态分析或模态叠加法。需要注意的是，由于高阶模态不准确，因而比较成功的应用大都在于低频范围的激振的结构。

此外，动力学方程可以作为施加载荷的函数而直接积分，积分方法有多种，重要的一点就是稳定性和精度，这些方法可以用于短波长问题，只要有限元网格足够细密，就能够描述这些局部的现象。

用于瞬态动力分析的运动方程与通用运动方程相同，即

$$[M]\{\ddot{u}\}+[C]\{\dot{u}\}+[K]\{u\}=\{F(t)\} \tag{9-9}$$

这是瞬态分析的最一般形式，载荷可为时间的任意函数；对于线性问题矩阵[*M*]、[*C*]和[*K*]均与$\{u\}$及其时间导数无关。

ABAQUS 允许在瞬态动力分析中包括各种类型的非线性——接触、塑性、大变形等。ABAQUS 中常见的求解方法如图 9-19 所示。

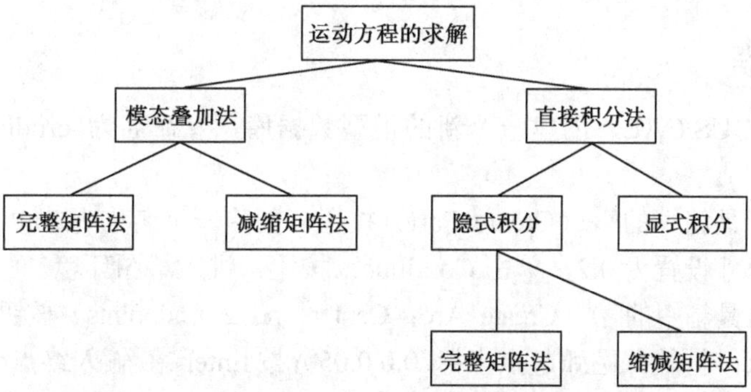

图 9-19　瞬态动力学的求解方法

其中，缩减矩阵和完整矩阵的主要区别如下：

（1）缩减矩阵。

根据主自由度写出[*K*]、[*C*]、[*M*]等矩阵，主自由度是完全自由度的子集。缩减的刚度矩阵[*K*]是精确的，但缩减的阻尼矩阵[C]和质量矩阵[M]则是近似的。此外，还有其他一些缺陷。该方法主要用于快速求解。

（2）完整矩阵。

不进行缩减。采用的是完整的[*K*]、[*C*]和[*M*]矩阵。

9.3.2　钢球对钢板的侵彻模拟分析

在军工行业、机械等领域，冲击碰撞是一种十分常见的现象，如子弹穿甲、叶片脱落、汽车碰撞试验等，本实例将对此类现象发生过程进行模拟，分析结果对于事故预防分析将有重要的意义。

1. 问题的描述

如图 9-20 所示的钢球和方形钢板模型，钢球的半径为 0.05m，钢板的宽度为 0.5m，厚度为 0.06m，模拟中假设钢球以垂直于钢板的速度 300m/s、平行于钢板的速度 800m/s 冲击钢板，冲击时间为 4E-5s，分析钢板对钢球冲击的响应。

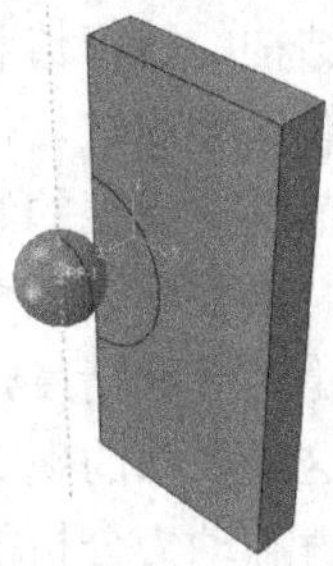

图 9-20　钢球和方形钢板模型

2. 问题分析

由于本例中的模型为轴对称模型，边界条件也是轴对称的，所以可以取模型的一半进行建模分析，此处取整个钢球及钢板的一半进行建模。

本例主要研究钢板受钢球冲击的响应情况，钢球的响应不是重点关注的内容，所以可以把钢球作为刚体处理。

3. ABAQUS/CAE 分析过程

1）创建部件

启动 ABAQUS/CAE，创建一个新的模型数据库，重命名为 eroding，保存模型为 eroding.cae。

（1）单击工具箱中的 （Create Part）按钮，创建一个名称为 Ball 的三维可变形旋转实体，大致尺寸设置为 0.2，单击 Continue...按钮，进入草图环境。

（2）单击工具箱中的 （Create Arc：Center and 2 Endpoints）按钮，输入圆心坐标(0.0,0.0)，按 Enter 键，输入圆弧起点坐标(0.0,0.05)，按 Enter 键，输入终点坐标(0.0,-0.05)，按 Enter 键，单击提示区中的 （Cancel Procedure）按钮取消画圆弧操作。

（3）单击工具箱中的 按钮，连接圆弧的两个端点，单击提示区中的 按钮取消画直线操作。单击提示区中的 Done 按钮，弹出 Edit Revolution 接钮，输入旋转角度 360，单击 OK 按钮，创建部件 Ball。

（4）单击工具箱中的 按钮，创建一个名称为 Plate 的三维可变形拉伸实体，大致尺寸为 2，单击 Continue...按钮，进入草图环境。

（5）单击工具箱中的 （Create Lines：Rectangles（4 Lines））按钮，输入第一个点的坐标（0.0,-0.25），按 Enter 键，输入对角点坐标（0.25,0.25），按 Enter 键，单击提示区中的 （Cancel Procedure）按钮取消画矩形操作。

（6）单击提示区中的 Done 按钮，弹出 Edit Base Extrusion 对话框，输入拉伸长度 Depth 为 0.06，完成部件 Plate 的创建。

2）创建材料和截面属性

（1）单击工具区中的 （Create Materials）按钮，弹出 Edit Material 对话框，输入材料名称 Mat-Ball，执行 General→Density，输入材料密度 7800，执行 Mechanical→Elasticity→

Elastic，输入弹性模量 2.068e11，泊松比 0.3，单击 OK 按钮，完成材料 Mat-Ball 的定义。

（2）单击工具箱中的（Create Material）按钮，输入材料名称 Mat-Plate，执行对话框中的 General→Density 命令，输入材料密度 7800，执行 Mechanical→Elasticity→Elastic 命令，输入弹性模量 2.078e11，泊松比 0.3，执行 Mechanical→Plasticity→Plastic 命令，输入应力应变数据 1.22e+009，0.0；2.44e+009，1.0，如图 9-21 所示，单击 OK 按钮，完成材料 Mat-Plate 的定义。

（3）执行 Model→Edit Keywords→eroding 命令，弹出 Edit keywords，Model：eroding 对话框，如图 9-22 所示，把光标置于*Plastic 后，单击 Block 后面的 Add After 按钮，在*Plastic 块后面添加一个数据块：

```
*Shear Failure
1.0
```

（4）单击 OK 按钮，完成关键字的修改。

（5）单击工具箱中的（Create Section）按钮，输入截面属性名称 Section-Ball，选择截面属性类型 Solid：Homogeneous，单击 Continue…按钮，弹出 Edit Section 按钮，在 Material 后面选择 Mat-Ball，单击 OK 按钮，创建一个截面属性。

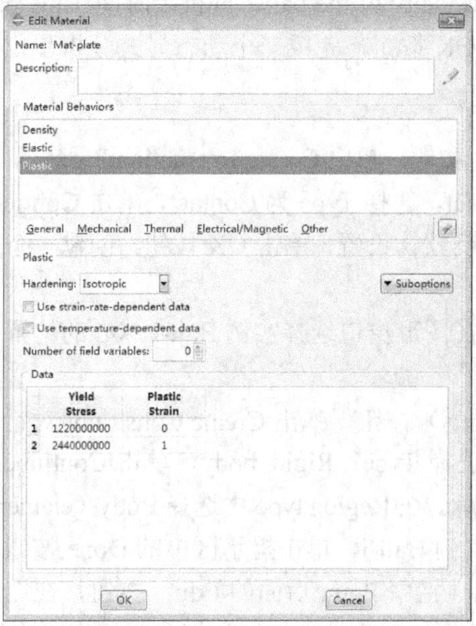

图 9-21　Edit Material 对话框

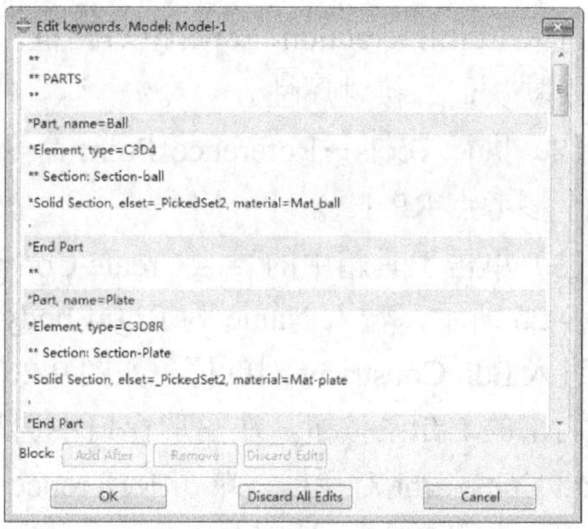

图 9-22　关键字编辑对话框

（6）用同样的方法，创建另一个名称为 Section-Plate 的均匀实体截面属性，材料选择 Mat-Plate。

（7）单击工具箱中的（Assign Section）按钮，在图形窗口中选择部件 Plate，单击提示区中的 Done 按钮，弹出 Edit Section Assignment 对话框，在对话框中选择 Section：Section-Plate，单击 OK 按钮，把截面属性 Section-Plate 赋予部件 Plate。

（8）在环境栏中 Part 后面选择 Ball，参照上述步骤把截面属性 Section-Ball 赋予部件 Ball。

3）定义装配件

（1）在环境栏中 Module 后面的下拉列表中选择 Assembly，进入 Assembly 模块。

（2）单击提示区中的（Instance Part）按钮，在弹出的 Create Instance 对话框中选择部件 Ball 和部件 Plate，单击 OK 按钮，创建部件 Ball 和 Plate 的实例。

（3）单击工具箱中的（Translate Instance）按钮，在图形窗口中选择部件 Ball 的实例，单击提示区中的 Done 按钮，接受默认的平移起点（0.0,0.0,0.0），按 Enter 键，输入平移终点坐标（0.0,0.0,0.11），按 Enter 键，单击提示区中的 OK 按钮，完成实例 Ball-1 的平移，形成的装配模型如图 9-23 所示。

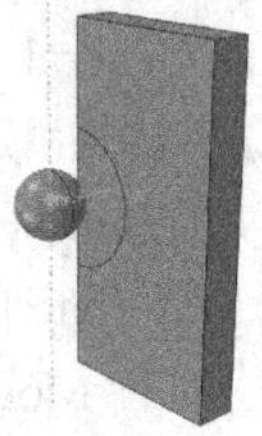

图 9-23　装配模型

4）设置分析步

进入 Step 模块，单击工具箱中的（Create Step）按钮，弹出 Create Step 对话框，选择分析步类型为 General：Dynamic，Explicit，单击 Continue...按钮，进入 Edit Step 对话框，输入分析步描述 Description 为 Apply velocity of the ball，分析步时间 Time period 后面的输入框中输入分析步时间 4E-5，单击 OK 按钮，完成一个动态显式分析步定义。

5）定义接触属性

（1）单击（Create Interaction Property）按钮，弹出 Create Interaction Property 对话框，如图 9-24 所示，输入接触属性名称 Contact，选择 Type 为 Contact，单击 Continue...按钮进入 Edit Interaction Property 对话框，接受默认设置，单击 OK 按钮，创建一个无摩擦的（默认值）接触属性。

（2）执行 Tools→Reference Point 命令，在图形窗口选择实例 Ball-1 球心的位置，创建一个参考点 RP-1。

（3）单击工具箱中的（Create Constraints）按钮，弹出 Create Constraint 对话框，如图 9-25 所示，输入 Name 为 Rigid-body，选择 Type：Rigid body，单击 Continue...按钮，进入 Edit Constraint 对话框，如图 9-26 所示。在 Region type 中选择 Body（elements），单击右部的 Edit...按钮，在图形窗口中选择实例 Ball-1，单击提示区中的 Done 按钮，返回 Edit Constraint 对话框。单击 Reference Point 栏中 Point 后面的 Edit...按钮，在图形窗口选择参考点 RP-1，返回 Edit Constraint 对话框，单击 OK 按钮，把 ball 约束成刚体。

（4）返回 Part 模块，显示部件 Plate，执行 Tools→Partition 命令，弹出 Create Partition 对话框，如图 9-27 所示，选择 Type：Cell，Method：Sketch planar partition，单击 OK 按钮，在图形窗口中选择上平面，再选择图示的边，进入草图环境；使用工具箱中的按钮和按钮，作如图 9-28 所示的半径为 0.02 的半圆弧并用直线连接圆弧的端点，单击提示区的 Done 按钮返回部件模块。

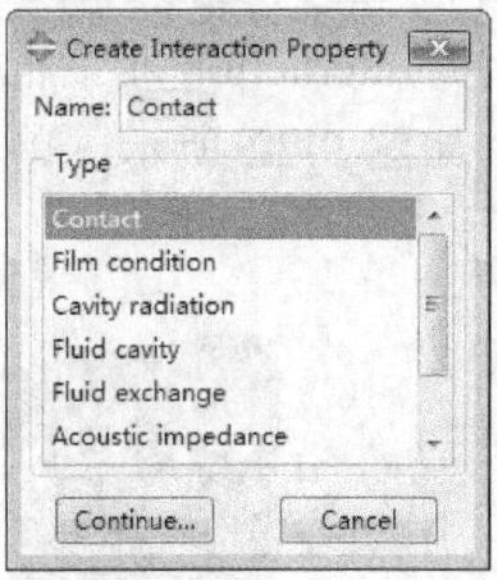

图 9-24　Create Interaction Property 对话框

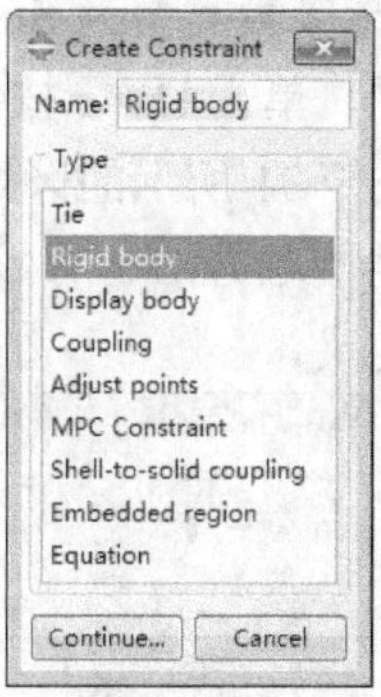

图 9-25　Create Constraint 对话框

（5）执行 Tools→Partition 命令，弹出 Create Partition 对话框，选择 Type: Cell，Method: Extrude/Sweep edges，单击 OK 按钮，在图形窗口选择如图 9-29 所示的封闭曲线，在提示区单击 Done 按钮，单击 Extrude Along Direction 按钮，选择与曲线所在平面垂直的一条边确定拉伸方向，确认箭头方向正确（否则单击 Flip 按钮改变方向）单击 OK 按钮，单击 Create Partition 按钮，完成部件 Plate 的分割。

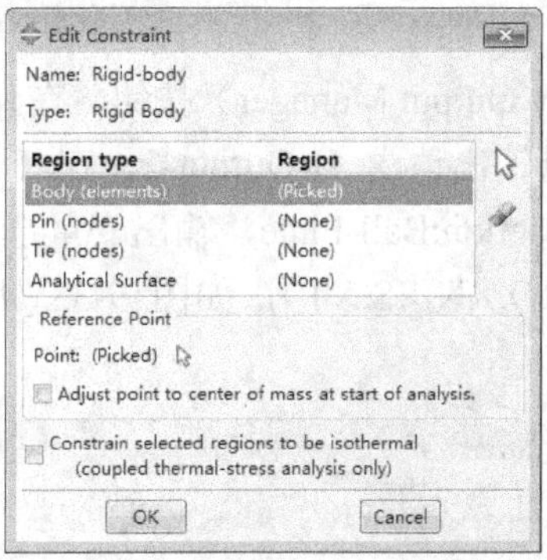

图 9-26　Edit Constraint 对话框

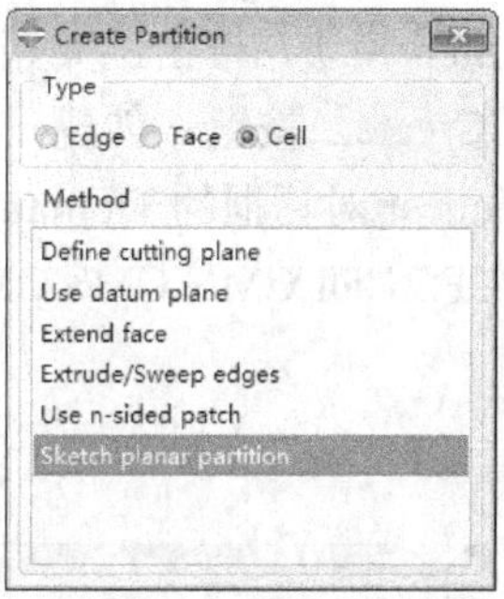

图 9-27　Create Partition 对话框

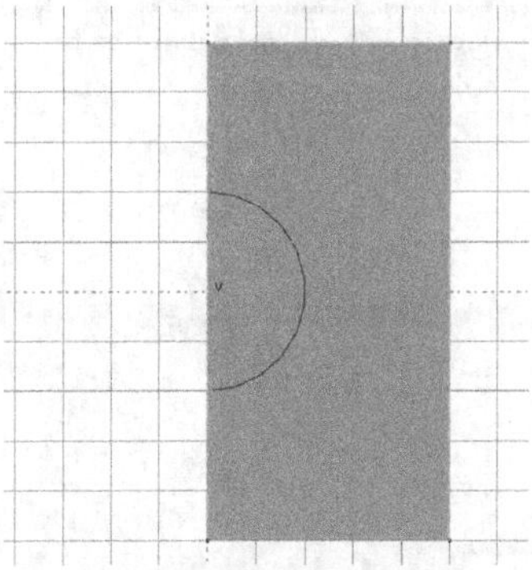

图 9-28　画半径为 0.02 的半圆弧

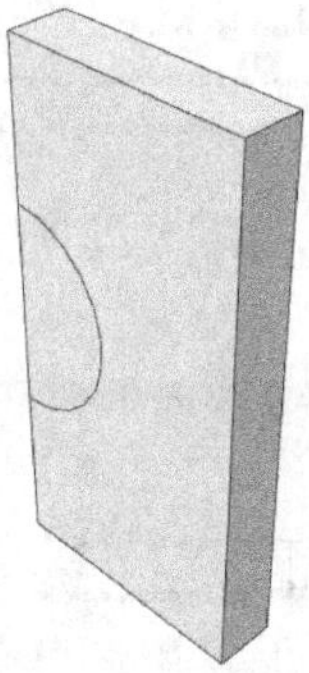

图 9-29　拉伸该封闭曲线

（6）进入 Interaction 模块，单击工具箱中的（Create Interaction）按钮，弹出 Create Interaction 对话框，如图 9-30 所示，输入接触名称 Ball-Plate，分析步选择初始分析步

Initial，选择接触类型为 Surface-to-surface contact（Explicit），单击 Continue…按钮，选择球的表面，单击 Done 按钮，单击 Node Region 按钮（即从面类型为 Node），在图形窗口选择如图 9-31 所示的区域，单击 Done 按钮，进入 Edit Interaction 对话框，确认选择的是动力学接触方法、有限滑移、接触属性为 Contact，如图 9-32 所示，单击 OK 按钮完成接触定义。

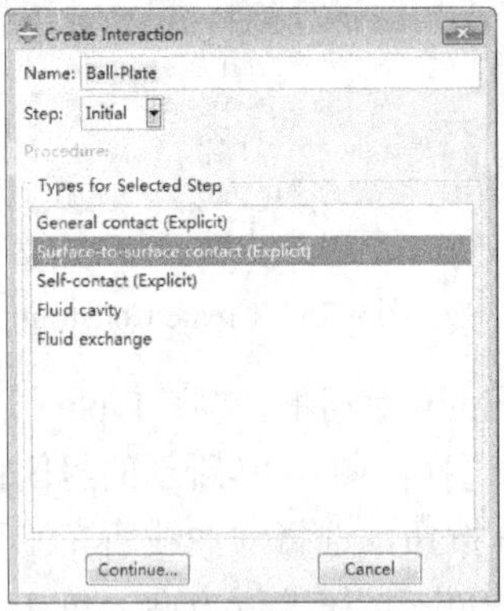

图 9-30　Create Interaction 对话框

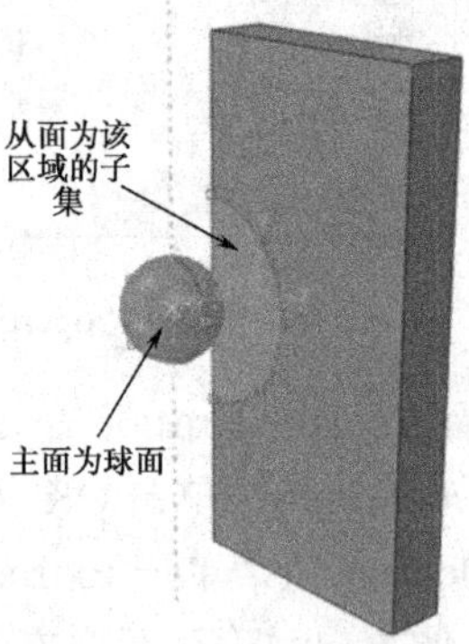

图 9-31　定义接触区的主从面

6）设置分析步和历史输出变量

进入 Step 模块，单击工具箱中的（History Output Manager）按钮，在弹出的对话框中单击 Create…按钮，创建一个新的历史变量输出请求 H-Output-2，在 Edit History Output Request 对话框的 Domain 后面选择 Interaction:Ball-Plate，输出变量选择 Contact（即 CFN,CFS,CFT,CMN,CMS,CMT,CAREA,CTRQ,XN,XS,XT），如图 9-33 所示，单击 OK 按钮。

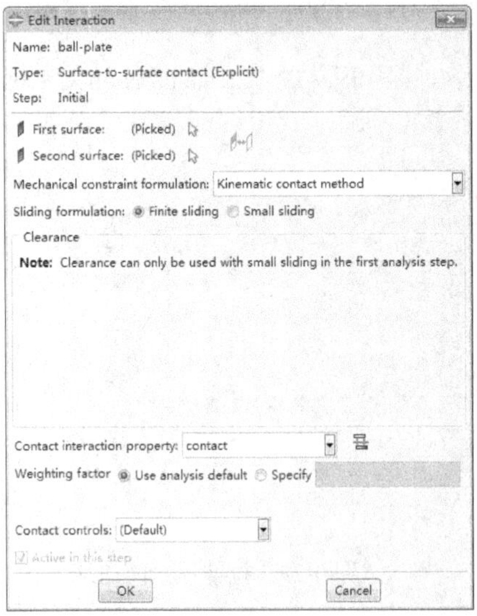

图 9-32　Edit Interaction 对话框

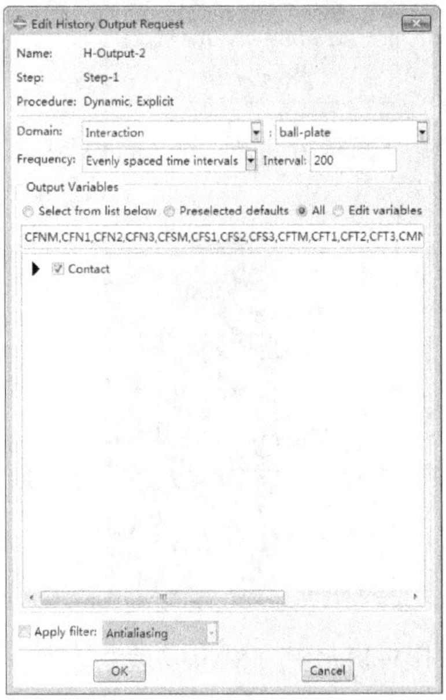

图 9-33　Edit History Output Request 对话框

7）定义载荷和边界条件

进入 Load 模块，单击工具箱中的 （Create Boundary Condition）按钮，在 Create Boundary Condition 对话框中输入边界条件名称 Fixed-Plate，Step 选择 Initial，边界条件类型选择 Displacement/Rotation，单击 Continue…按钮，选择部件 Plate 的除对称面外的三个竖直面，单击提示区的 Done 按钮，在 Edit Boundary Condition 对话框中选中 U1～UR3，单击 OK 按钮，约束所有自由度。

单击工具箱中的按钮，在 Create Boundary Condition 对话框中输入边界条件名称 Symm-Plate，Step 选择 Initial，边界条件类型选择 Symmetry/Antisymmetry/Encastre，单击 Continue…按钮，选择部件 Plate 的对称剖切面（三个面），如图 9-34 所示，单击提示区的 Done 按钮，在 Edit Boundary Condition 对话框中选中 YSYMM（U2=URl=UR3=0），如图 9-35 所示，单击 OK 按钮，施加对称约束。

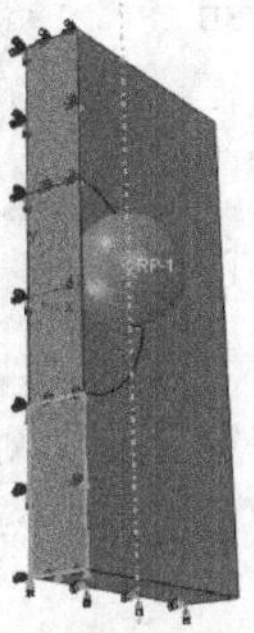

图 9-34　施加对称约束的三个面

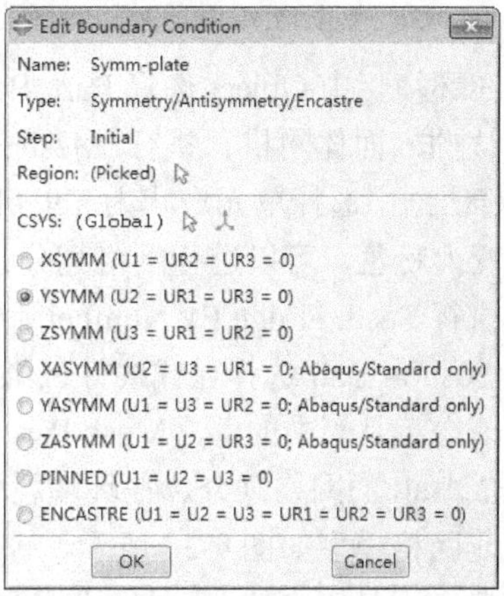

图 9-35　Edit Boundary Condition 对话框

单击工具箱中的 （Create Predefined Field）按钮，在 Create Predefined Field 对话框中输入名称 Velocity，分析步选择 Initial，场类型选择 Mechanical: Velocity，单击 Continue…按钮，在图形窗口选择参考点 RP-1，单击 Done 按钮，进入 Edit Predefined Field 对话框，如图 9-36 所示，选择 Translational only（只有平动），输入 Vl 为 800，V2 为 0，V3 为−300，单击 OK 按钮，完成 Ball 速度场的定义。

8）划分网格

（1）进入 Mesh 模块，在环境栏中 Object 选择 Part：Plate，执行 Seed→Edge By Number 命令，为 Plate 各边布置如图 9-37 所示的种子数目。

（2）执行 Seed→Edge Biased 命令，选择图 9-37 所示的各线，确定种子数目，单击 Done 按钮完成种子布置。

单击工具箱中的（Assign Element Type）按钮，选择整个部件 Plate，单击 Done 按钮，在 Element Type 对话框中选择 Explicit、Linear、3D Stress 缩减积分单元 C3D8R。

（3）单击工具箱中的（Mesh Part）按钮，单击提示区的 Yes 按钮，完成网格划分。

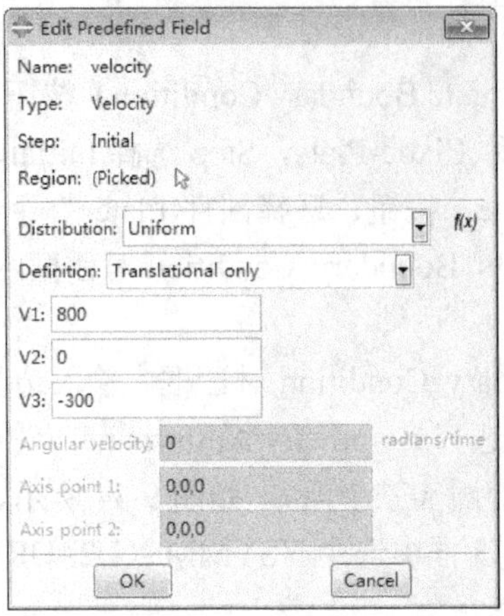

图 9-36　Edit Predefined Field 对话框

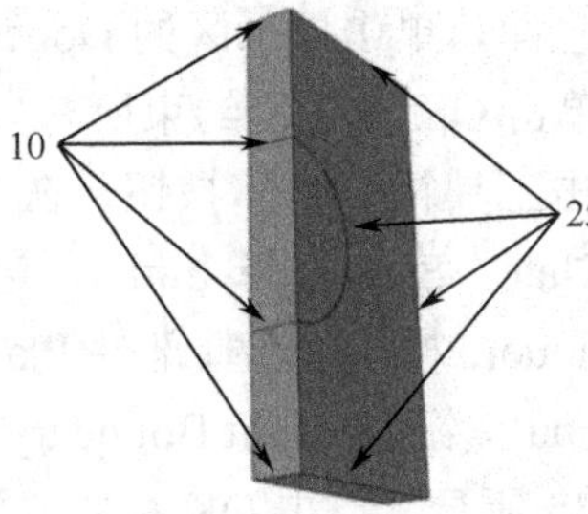

图 9-37　各边种子数目

（4）在环境栏中 Object 选择 Part: Ball, Ball 的颜色为橙色，不能使用默认的六面体网格。执行 Mesh→Controls 命令，在 Mesh Controls 对话框中选择单元形状为 Tet（四面体），单击 OK 按钮，Ball 颜色变为粉色，可以进行网格划分。

（5）执行 Seed→Edge By Number 命令，为 Ball 的母线布置种子数目为 10。为 Ball 选择显式线性三维应力单元 C3D4。

（6）单击工具箱中的 (Mesh Part) 按钮，单击提示区的 Yes 按钮，完成 Ball 的网格划分。在环境栏中 Object 选择 Assembly，显示有限元网格模型如图 9-38 所示。

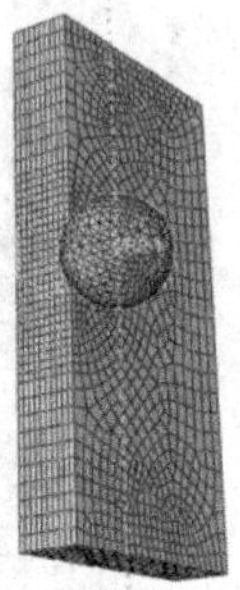

图 9-38　网格模型

（7）单击工具箱中的 (Verify Mesh) 按钮，选择部件 Ball 和 Plate，单击 Done 按钮，弹出 Verify Mesh 对话框，在 Type 栏中选择 Analysis checks，单击 Highlight 按钮，信息区出现提示信息：

```
Part instance: Plate-1
    Elements:  8810,  Geometric deviation factor > 0.2:  0 (0%)
    Average geometric deviation factor:  0.00256,  Worst geometric deviation factor:  0.0157
Part instance: Ball-1
    Number of elements :  4486,  Analysis errors:  0 (0%),  Analysis warnings:  0 (0%)
Part instance: Plate-1
    Number of elements :  8810,  Analysis errors:  0 (0%),  Analysis warnings:  0 (0%)
```

没有产生警告或错误的网格，单击 Dismiss 按钮退出对话框。

9）提交作业

（1）进入 Job 模块，执行 Job→Manager 命令，弹出 Job Manager 对话框，单击对话框中的 Create...按钮，在弹出的 Create Job 对话框中，输入作业名称 eroding，作业来源为 Model: eroding，单击 Continue...按钮进入 Edit Job 对话框，作业类型选择 Full analysis，单击 OK 按钮完成作业定义。

（2）单击 Job Manager 对话框中的 Write Input 按钮输出 inp 文件，单击 Monitor 按钮

打开作业监视对话框，单击 Submit 按钮提交作业。

注 意

在输出 inp 文件的操作中可能出现错误，可以打开 ABAQUS 工作目录中的 eroding.dat 文件查看错误信息，此处有可能出现如下的错误信息。

```
***ERROR: in keyword*SHEAR FAILURE, file "eroding.inp", line xxx:
The keyword is misplaced. It can be suboption for the following
Keyword(s)/level(s): plastic
```

这是因为关键字*SHEAR FAILURE 的位置可能出现错误，执行 Model→Edit Keywords→eroding 命令，查看关键字 SHEAR FAILURE 的位置是否在关键字*Plastic 的后面，如果不是则重新把

```
*Shear Failure
1.0
```

置于*Plastic 数据块之后，然后再提交作业，按照 eroding.dat 文件中的提示信息修改关键字文件直至模型无误。

10）后处理

（1）作业计算完毕后，单击 Job Manager 对话框中的 Results 按钮进入 Visualization（可视化）模块。

（2）单击工具箱中的 （Plot Contours on Deformed Shape）按钮，显示变形后的 Mises 应力分布云图，如图 9-39 所示。

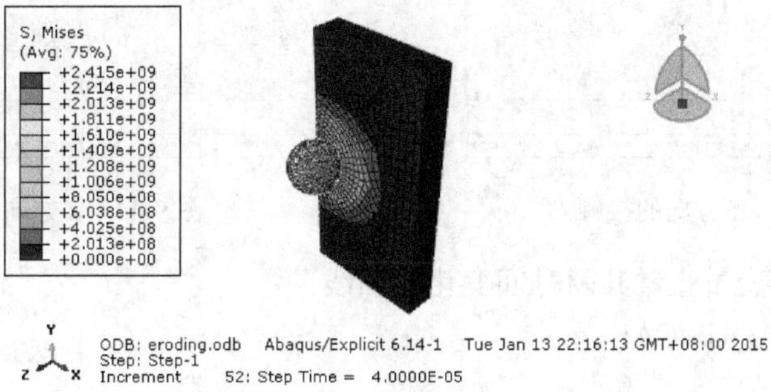

图 9-39 钢板 Mises 应力分布云图

（3）执行 Animate→Time History 命令，可以查看变形过程的动画显示。

（4）执行 Result→History Output 命令，弹出 History Output 对话框，在对话框中选中 ALLIE，单击 Plot 按钮，显示系统内能曲线，如图 9-40 所示；选中 ALLKE，单击 Plot 按钮，显示系统的动能曲线，如图 9-41 所示；同时选中 ALLIE 和 ALLKE，单击 Plot 按钮，同时显示系统的内能和动能曲线，如图 9-42 所示。

（5）选中 CFN1，单击 Plot 按钮显示 *X* 方向的接触力，如图 9-43 所示；选中 CFN3，单击 Plot 按钮显示 *Z* 方向的接触力，如图 9-44 所示。

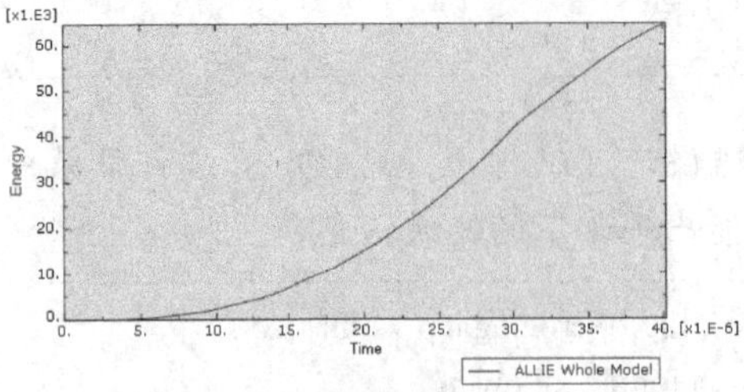

图 9-40　模型的内能曲线

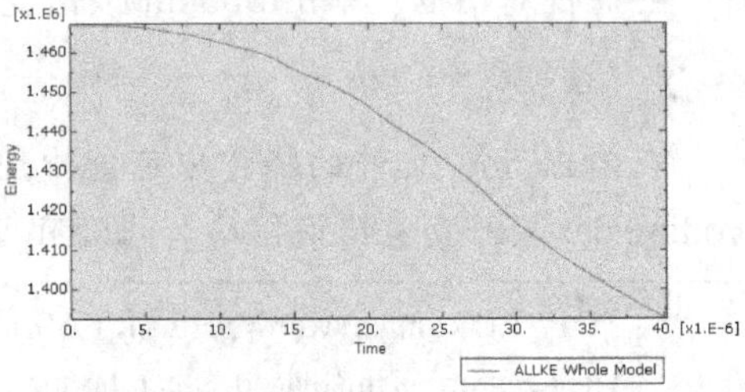

图 9-41　模型的动能曲线

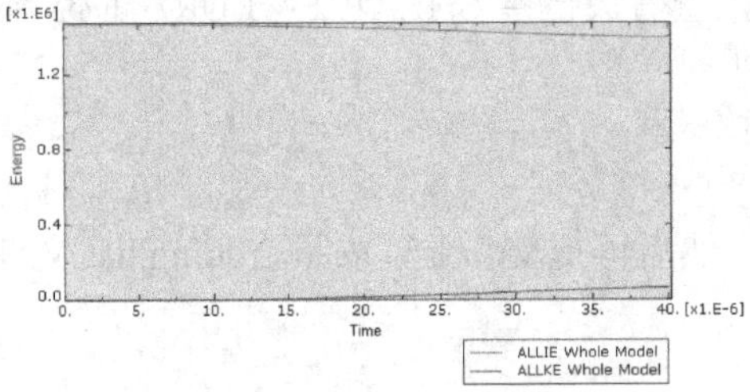

图 9-42　模型的内能曲线和动能曲线

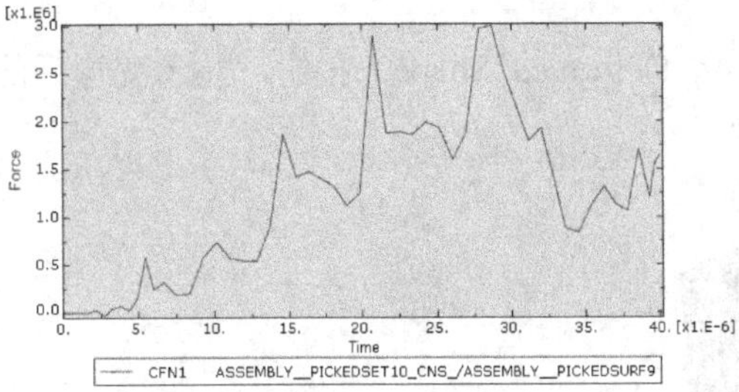

图 9-43　*X* 方向的接触力

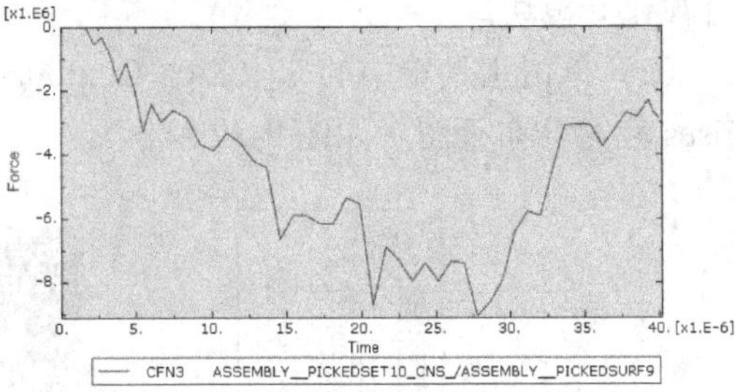

图 9-44　*Z* 方向的接触力

选择其他输出变量查看其随时间变化的曲线。

（6）退出 ABAQUS/CAE。

11）结果分析

从分析结果图 9-37 可以看出，在碰撞过程中模型的动能大部分转化为内能，只有一小部分以其他的形式散发出去。碰撞过程中的接触力的变化范围比较大，对于结构有较大的破坏性。

4. INP 文件

下面是本例对应的 inp 文件 eroding.inp。

```
*Heading
** Job name: eroding Model name: Model-1
** Generated by: Abaqus/CAE 6.14-1
*Preprint, echo=NO, model=NO, history=NO, contact=NO
```

```
**
** PARTS
**
**定义部件 Ball 的节点和单元
*Part, name=Ball
*Node
 ...
972, -0.0377800427, 0.00694584614, 0.0209259093
*Element, type=C3D4
    1, 417, 418, 419, 420
 ...
4486, 676, 759, 747, 823
*Nset, nset=_PickedSet2, internal, generate
    1,   972,     1
*Elset, elset=_PickedSet2, internal, generate
     1,   4486,     1
** Section: Section-ball
*Solid Section, elset=_PickedSet2, material=Mat_ball
,
*End Part
**
**  定义部件 Plate 的节点和单元
*Part, name=Plate
*Node
       1,              0.,   0.100000001,              0.
...
   10362,   0.156989604, 0.0860826299, 0.0540000014
*Element, type=C3D8R
    1,   493,   343,    14,    13, 3331, 3181,   921,   922
...
8810, 10092, 10358, 10230, 10187,   2100,   2366,   2238,   2195
*Nset, nset=_PickedSet2, internal, generate
      1,   10362,       1
*Elset, elset=_PickedSet2, internal, generate
     1,   8810,      1
** Section: Section-Plate
*Solid Section, elset=_PickedSet2, material=Mat-plate
,
*End Part
**
**
** ASSEMBLY
**
*Assembly, name=Assembly
```

```
**
*Instance, name=Ball-1, part=Ball
          0.,           0.,          0.11
*End Instance
**
*Instance, name=Plate-1, part=Plate
*End Instance
**
*Node
      1,           0.,           0.,   0.109999999
*Nset, nset=_PickedSet7, internal
 1,
*Nset, nset=_PickedSet8, internal, instance=Ball-1, generate
   1,  972,     1
*Elset, elset=_PickedSet8, internal, instance=Ball-1, generate
    1,  4486,      1
*Nset, nset=_PickedSet10, internal, instance=Plate-1
   3, ..., 682
*Elset, elset=_PickedSet10, internal, instance=Plate-1, generate
 1747,  1940,      1
*Nset, nset=_PickedSet11, internal, instance=Plate-1
    1,    ..., 1742
*Elset, elset=_PickedSet11, internal, instance=Plate-1
    1, …, 2626
 2627,
*Nset, nset=_PickedSet12, internal, instance=Plate-1
    1, …, 3180
*Elset, elset=_PickedSet12, internal, instance=Plate-1
    2, …, 8313
 8316, 8320
*Nset, nset=_PickedSet13, internal
 1,
*Elset, elset=__PickedSurf9_S3, internal, instance=Ball-1
   19, …, 4254
 4261, 4263, 4264, 4274, 4394
*Elset, elset=__PickedSurf9_S4, internal, instance=Ball-1
   47, …, 4479
*Elset, elset=__PickedSurf9_S1, internal, instance=Ball-1
  351, …
 4470,
*Elset, elset=__PickedSurf9_S2, internal, instance=Ball-1
  521, …, 4114
*Surface, type=ELEMENT, name=_PickedSurf9, internal
__PickedSurf9_S3, S3
```

```
__PickedSurf9_S4, S4
__PickedSurf9_S2, S2
__PickedSurf9_S1, S1
*Surface, type=NODE, name=_PickedSet10_CNS_, internal
_PickedSet10, 1.
**定义刚性约束
** Constraint: Rigid-body
*Rigid Body, ref node=_PickedSet7, elset=_PickedSet8
*End Assembly
**
**定义材料属性
** MATERIALS
**
*Material, name=Mat-plate
*Density
7800.,
*Elastic
 2.078e+11, 0.3
*Plastic
 1.22e+09,0.
 2.44e+09,1.
**定义失效准则
*Shear Failure
1.0
*Material, name=Mat_ball
*Density
7800.,
*Elastic
 2.09e+11, 0.3
**
**定义相互作用
** INTERACTION PROPERTIES
**
*Surface Interaction, name=contact
**
** BOUNDARY CONDITIONS
**
** Name: BC-plate Type: Displacement/Rotation
*Boundary
_PickedSet11, 1, 1
_PickedSet11, 2, 2
_PickedSet11, 3, 3
_PickedSet11, 4, 4
_PickedSet11, 5, 5
```

```
_PickedSet11, 6, 6
** Name: Symm-plate Type: Symmetry/Antisymmetry/Encastre
*Boundary
_PickedSet12, YSYMM
**
** PREDEFINED FIELDS
**
**施加速度场
** Name: velocity      Type: Velocity
*Initial Conditions, type=VELOCITY
_PickedSet13, 1, 800.
_PickedSet13, 2, 0.
_PickedSet13, 3, -300.
** ----------------------------------------------------------------
**
**定义一个显式分析步
** STEP: Step-1
**
*Step, name=Step-1
*Dynamic, Explicit
, 4e-05
*Bulk Viscosity
0.06, 1.2
**
** INTERACTIONS
**
** Interaction: ball-plate
*Contact Pair, interaction=contact, mechanical constraint=KINEMATIC, cpset=ball-plate
_PickedSurf9, _PickedSet10_CNS_
**
** OUTPUT REQUESTS
**
*Restart, write, number interval=1, time marks=NO
**
** FIELD OUTPUT: F-Output-1
**
*Output, field, variable=PRESELECT
**
** HISTORY OUTPUT: H-Output-1
**
*Output, history, variable=PRESELECT
**
**定义一个新的输出请求
** HISTORY OUTPUT: H-Output-2
```

```
**
*Output, history
*Contact Output, cpset=ball-plate, variable=ALL
*End Step
```

本章小结

如果加载时间很短，如冲击、碰撞、地震等，或者载荷性质为动态，例如，加工过程、来自旋转机械的载荷等，这时就必须采用动力分析。动力学分析在现实的生产和生活中很常见，进行动态分析是 ABAQUS 的一个重要优势。本章介绍了使用 ABAQUS 进行动力学分析的步骤和方法，使读者了解 ABAQUS 进行动力学分析的巨大优势。

1．动态分析的主要方法

（1）ABAQUS 中的动态分析包括两类基本方法：振型叠加法和直接积分解法。

（2）振型叠加法用于线性动态分析，使用 ABAQUS/Standard 来完成，其相应的分析步类型为线性摄动分析步，在建模时要先定义一个频率提取分析步。

（3）振型叠加法包括以下几种分析类型：瞬时模态动态分析、基于模态的稳态动态分析、反应谱分析、随机响应分析。

（4）直接积分解法主要用于非线性动态分析，它通过对系统进行直接积分来求解，包括以下分析类型：隐式动态分析、基于子空间的显式动态分析基于直接解法的稳态动态分析、显式动态分析、基于子空间的稳态动态分析。

（5）对于光滑的非线性问题，ABAQUS/Standard 更有效，而 ABAQUS/Explicit 适于求解复杂非线性动力学问题，特别是用于模拟瞬时、短暂的动态事件，如爆炸问题。

（6）有些复杂的接触问题，使用 ABAQUS/Standard 要进行大量的迭代，有时甚至可能难以收敛，而使用 ABAQUS/Explicit 就可以大大缩短计算时间。

2．实例 1：固定机床的振动模态分析

此实例主要练习了 ABAQUS 的以下功能。

✧ Property 功能模块：定义材料的密度。

✧ Step 功能模块：定义频率提取分析步。

✧ Visualization 功能模块：查看各阶固有频率和振型。

3．实例 2：钢球对钢板的侵彻模拟分析

此实例主要练习了 ABAQUS 的以下功能。

✧ Step 功能模块：创建显式动态分析步，并设置场变量输出和历史变量输出。

✧ Load 功能模块：在 Create Predefined Field 对话框中定义初始速度。

✧ Visualization 功能模块：看能量的历史输出，验证能量平衡关系。

第10章

热应力分析

自然界中的热影响无处不在，无时不有。在某种程度上，几乎所有的工程问题都与热有关，如焊接、铸造，以及各种冷热加工过程、高温环境中的热辐射、内燃机、管路系统、电子元件、涡轮机等。本章将进一步介绍利用 ABAQUS 进行热力学分析的步骤和方法，掌握用 ABAQUS 进行热力学分析操作。

教学目标

（1）了解热应力分析简介。

（2）掌握 ABAQUS 进行热应力分析。

（3）熟悉热应力（热-机）分析综合实例。

10.1 热应力分析简介

根据传热问题的类型和边界条件的不同，可以将热分析分成几种类型：与时间无关的稳态热分析和与时间有关的瞬态热分析；材料参数和边界条件不随温度变化的线性传热，材料和边界条件对温度敏感的非线性传热；包含温度影响的多场耦合问题等。

ABAQUS 可以求解以下类型的传热问题。

（1）非耦合传热分析。此类分析中，模型的温度场不受应力应变场或电场的影响。在 ABAQUS/Standard 中可以分析热传导、强制对流、边界辐射等传热问题，其分析类型可以是瞬态或稳态、线性或非线性。

（2）顺序耦合热应力分析。此类分析中的应力应变场取决于温度场，但温度场不受应力应变场的影响。此类问题使用 ABAQUS/Standard 来求解，具体方法是首先分析传热问题，然后将得到的温度场作为已知条件，进行热应力分析，得到应力应变场。分析传热问题所使用的网格和热应力分析的网格可以是不一样的，ABAQUS 会自动进行插值处理。

（3）完全耦合热应力分析。此类分析中的应力应变场和温度场之间有着强烈的相互作用，需要同时求解。可以使用 ABAQUS/Standard 或 ABAQUS/Explicit 来求解此类问题。

（4）绝热分析。在此类分析中，力学变形产生热，而且整个过程的时间极其短暂，不发生热扩散。可以使用 ABAQUS/Standard 或 ABAQLTS/Explicit 来求解。

（5）热电耦合分析。此类分析使用 ABAQUS/Standard 来求解电流产生的温度场。

（6）空腔辐射。用 ABAQUS/Standard 来求解非耦合传热问题时，除了边界辐射外，还可以模拟空腔辐射。

热应力分析及热-机耦合分析是热分析中应用范围非常广泛的分析类型。

10.1.1 热应力分析的基本原理

研究物体的热问题主要包括两个方面的内容。

（1）传热问题的研究：确定温度场。

（2）热应力问题的研究：在已知温度场的情况下确定应力应变。

在此重点讨论热应力问题。

1．热应力问题中的物理方程

设物体内部存在温差的分布 $\Delta T\left(x,y,z\right)$，那么这个温差将引起热膨胀，其膨胀量为 $\alpha_{\mathrm{T}}\Delta T\left(x,y,z\right)$，$\alpha_{\mathrm{T}}$ 为热膨胀系数（Thermal Expansion Coefficient），则该物体的物理方程由于增加了热膨胀量将变为

$$
\begin{cases}
\varepsilon_{xx}=\dfrac{1}{E}\left[\sigma_{xx}-\mu\left(\sigma_{yy}+\sigma_{zz}\right)\right]+\alpha_{T}\Delta T & \text{(10-1)}\\
\varepsilon_{yy}=\dfrac{1}{E}\left[\sigma_{yy}-\mu\left(\sigma_{xx}+\sigma_{zz}\right)\right]+\alpha_{T}\Delta T & \text{(10-2)}\\
\varepsilon_{zz}=\dfrac{1}{E}\left[\sigma_{zz}-\mu\left(\sigma_{yy}+\sigma_{xx}\right)\right]+\alpha_{T}\Delta T & \text{(10-3)}\\
\gamma_{xy}=\dfrac{1}{G}\tau_{xy},\gamma_{yz}=\dfrac{1}{G}\tau_{yz},\gamma_{zx}=\dfrac{1}{G}\tau_{zx} & \text{(10-4)}
\end{cases}
$$

可以将上式写成指标形式

$$\varepsilon_{ij}=D_{ijkl}^{-1}\sigma_{kl}+\varepsilon_{ij}^{0}\text{或者}\sigma_{ij}=D_{ijkl}\left(\varepsilon_{kl}-\varepsilon_{ij}^{0}\right) \tag{10-5}$$

其中

$$\varepsilon_{ij}^{0}=\left[\alpha_{T}\Delta T\quad \alpha_{\mathrm{T}}\Delta T\quad \alpha_{\mathrm{T}}\Delta T\quad 0\quad 0\quad 0\right]^{T} \tag{10-6}$$

2．虚功原理

除上面所述的物理方程外，平衡方程、边界条件、几何方程与普通弹性问题相同，弹性问题的虚功原理的一般表达式为 $\delta U-\delta W=0$，也就是

$$\int_{\Omega}\sigma_{ij}\delta\varepsilon_{ij}\mathrm{d}\Omega-\left(\int_{\Omega}\overline{b}_i\delta u_j\mathrm{d}\Omega+\int_{S_p}\overline{p}_i\delta u_i\mathrm{d}A\right)=0 \tag{10-7}$$

将上面的物理方程带入，可得

$$\int_{\Omega}D_{ijkl}\left(\varepsilon_{kl}-\varepsilon_{ij}^0\right)\delta\varepsilon_{ij}\mathrm{d}\Omega-\left(\int_{\Omega}\overline{b}_i\delta u_j\mathrm{d}\Omega+\int_{S_p}\overline{p}_i\delta u_i\mathrm{d}A\right)=0 \tag{10-8}$$

进一步可以写成

$$\int_{\Omega}D_{ijkl}\varepsilon_{kl}\delta\varepsilon_{ij}\mathrm{d}\Omega-\left(\int_{\Omega}\overline{b}_i\delta u_j\mathrm{d}\Omega+\int_{S_p}\overline{p}_i\delta u_i\mathrm{d}A+\int_{\Omega}D_{ijkl}\varepsilon_{ij}^0\delta\varepsilon_{ij}\mathrm{d}\Omega\right)=0 \tag{10-9}$$

该式即热应力问题的虚功原理。

3．有限元分列式

设单元的节点位移向量为

$$q^e=\begin{bmatrix}u_1 & v_1 & w_1 & \dots & u_n & v_n & w_n\end{bmatrix} \tag{10-10}$$

与一般弹性问题的有限元分析列式一样，将单元内的力学参量都表示为节点位移的函数关系，即

$$u=Nq^e \tag{10-11}$$

$$\varepsilon=Bq^e \tag{10-12}$$

$$\sigma=D\left(\varepsilon-\varepsilon^0\right)=DBq^e-D\varepsilon^0=Sq^e-D\alpha_T\Delta T\begin{bmatrix}1 & 1 & 1 & 0 & 0 & 0\end{bmatrix}^T \tag{10-13}$$

其中，N、D、S、B分别为单元的形状函数、弹性系数矩阵、应力矩阵和几何矩阵，它们与一般弹性问题中所对应的矩阵相同。不同之处在于其中包含了温度应变的影响，可以看出，温度变化对正应力有影响，而对剪应力没有影响。

对单元的位移和应变分别求变分得到

$$\begin{cases}\delta u=N\delta q^e & (10\text{-}14)\\ \delta\varepsilon=B\delta q^e & (10\text{-}15)\end{cases}$$

将单元的位移和应变表达式以及虚应变带入虚功方程中，由于节点位移的变分增量的任意性，消去该项可得

$$K^eq^e=P^e+P_0^e \tag{10-16}$$

其中

$$K^e=\int_{\Omega}B^TDB\mathrm{d}\Omega\text{；} \tag{10-17}$$

$$P^e=\int_{\Omega^e}N^T\overline{b}\mathrm{d}\Omega+\int_{S_p^e}N^T\overline{p}\mathrm{d}A\text{；} \tag{10-18}$$

$$P_0^e = \int_{\Omega^e} B^T D\varepsilon^0 \mathrm{d}\Omega \tag{10-19}$$

此处的 P_0^e 称为温度等效载荷。可以看出，与一般弹性问题相比，有限元方程的载荷端增加了温度等效载荷 P_0^e。

10.1.2 热应力分析中的主要问题

模型的温度场发生变化时，模型会产生变形，其应力应变场也会发生相应的改变。使用 ABAQUS/Standard 进行热应力分析的基本步骤如下。

（1）设定材料的线胀系数，其相应的关键词如下。

```
*MATERIAL,NAME=<材料名称>
*EXPANSION
<线胀系数>
```

（2）设定模型的初始温度场。可以直接给出温度值，也可以读入传热分析的结果文件（扩展名为.odb 或.fil），从而得到初始温度场。其相应的关键词如下。

直接给出温度值：

```
*INITIAL CONDITIONS, TYPE= TEMPERATURE
<节点集合或节点编号>,<温度值>,…
读入传热分析的结果文件:
* INITIAL CONDITIONS,TYPE= TEMPERATURE,FILE=<文件名>,STEP=<分析步编号>,
INC=<时间增量步编号>
```

其中，STEP 和 INC 的含义：读入传热分析结果文件中分析步和时间增量步的温度场。读入传热分析的结果文件时，需要用到传热分析和热应力分析的 PRT 文件（扩展名为.prt）。热应力分析和传热分析模型中的实体名称要相同。

（3）修改在分析步中的温度场。

与上面设定初始温度场的方法类似，可以直接给出温度值，也可以读入传热分析的结果文件（扩展名为.odb 或.fil）。其相应的关键词如下。

直接给出温度值：

```
*TEMPERATURE
<节点集合或节点编号>,<温度值>, …
读入传热分析的结果文件:
* TEMPERATURE,FILE=<文件名>,BSTEP=<分析步编号>,BINC=<时间增量步编号>,
ESTEP=<分析步编号>,EINC=<时间增量步编号>
```

其中，BSTEP 和 BINC 的含义：在传热分析结果文件中，从哪个分析步和时间增量步开始读取温度场；ESTEP 和 EINC 的含义：在传热分析结果文件中，在哪个分析步和时间增量步结束读取温度场（默认值为与 BSTEP 和 BINC 相同）。

10.2 带孔平板的热应力分析

从下面的一个简单实例中，读者可以学习如何在 ABAQUS 中进行热应力分析，掌握 ABAQUS/CAE 的以下功能。

（1）在 Load 功能模块中，使用预定义场（predefined field）来定义温度场。

（2）在 Material 功能模块中，定义线胀系数。

10.2.1 问题的描述

如图 10-1 所示的带孔平板，在孔的顶部受到固支边界条件约束，左右两边受水平方向的约束。整个平板的初始温度为 25°C，当温度升高至 150°C 时，平板会发生热膨胀，而平板的顶部的固支约束会限制模型的变形，模型的应力场会发生相应的改变。材料的热膨胀系数为 1.35×10^{-5} /°C，要求分析模型在 150°C 下的应力场。

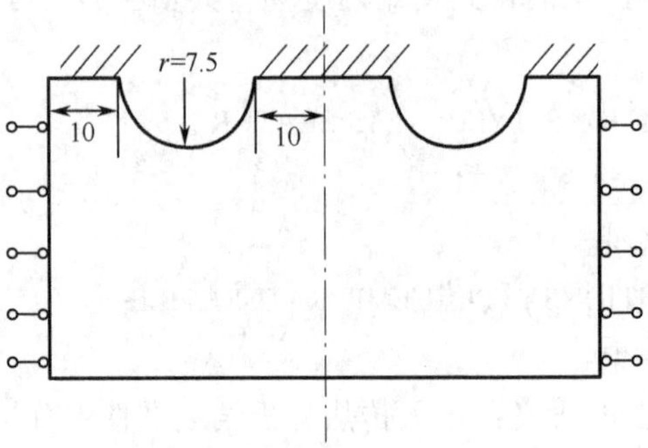

图 10-1 带孔平板热应力分析模型

注 意

由图 10-1 可以看出，该模型关于中心轴对称，所以本例中选择其中一半进行分析。

10.2.2 问题分析和求解

1. 创建部件

（1）首先，打开 ABAQUS/CAE 的启动界面，单击选择 Create Model Database 按钮创建一个 ABAQUS/CAE 的模型数据库，随即进入 Part（部件）功能模块。进入模块后，用户可在该模块中创建带孔平板模型。

（2）单击工具区中的 Create Part（创建部件）工具，弹出 Create Part 对话框，如图 2-2 所示，在部件名栏输入 Plate，Modeling space 栏中选择 2D Planar，模型空间大约尺寸设置成 200，其他参数保持不变，单击 Continue...按钮，进入草图绘制界面。

（3）单击工具区中的 Create Lines 工具，依次输入坐标（-7.5,0），（-17.5,0），（-17.5,-25），（17.5,-25），（17.5,0），（7.5,0），按 Enter 键完成操作。

（4）单击 Create Arc（创建圆弧）工具，在提示区输入圆心坐标（0,0），按 Enter 键，输入圆周上的两点坐标（-7.5,0）和（7.5,0），按 Enter 键，生成如图 10-2 所示的二维几何模型；再单击鼠标右键，选择 Cancel Procedure 命令；单击 Done 按钮，完成创建部件，如图 10-3 所示。

注 意

单位制的选取，如长度单位用 mm，对应着力的单位 N，质量单位为 T，应力单位为 MPa；如长度单位用 m，对应着力的单位 N，质量单位为 kg，应力单位 Pa。

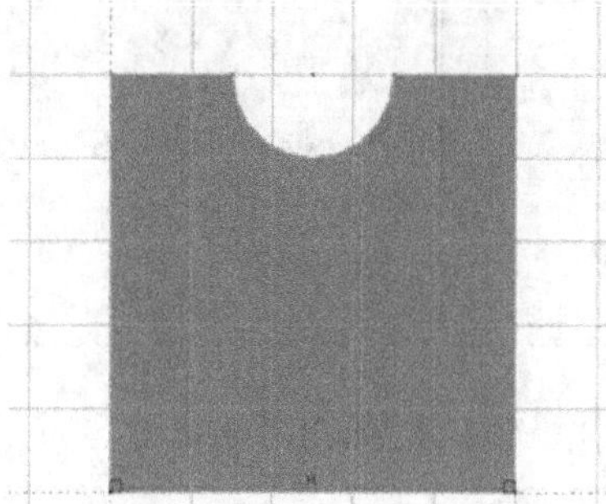

图 10-2　二维几何模型图

图 10-3　生成的模型部件

2．定义材料属性

（1）在环境栏的 Module（模块）列表中选择 Property（特性）功能模块，设置平板的材料性质。

（2）单击工具区中的 Create Material（创建材料）工具，弹出 Edit Material（编辑材料）对话框。在 Name 栏输入 STEEL 为材料名称；在 Material Behaviors（材料性质）栏内执行 Mechanical→Elasticity→Elastic 命令；在 Material Behaviors 下方的 Data 数据表内输入 Young's modulus（弹性模量）为 2.0e9 和 Poisson's ratio（泊松比）为 0.3，其余参数保持不变，单击 OK 按钮，完成该操作。

（3）在 Material Behaviors（材料性质）栏内执行 Mechanical→Expansion 命令；输入线膨胀系数为 1.35e-5，单击 OK 按钮，如图 10-4 所示，完成该操作。

3．定义截面属性

（1）单击工具区中的 Create Section（创建截面）工具，弹出 Create Section 对话框，在 Name 栏输入 steel 为截面名称，选择 Category: Solid 和 Type: Homogeneous，单击 Continue…按钮，弹出 Edit Section（编辑截面）对话框，在 Material 栏选择 STEEL，其余选项采用默认值，单击 OK 按钮，完成截面的创建操作。

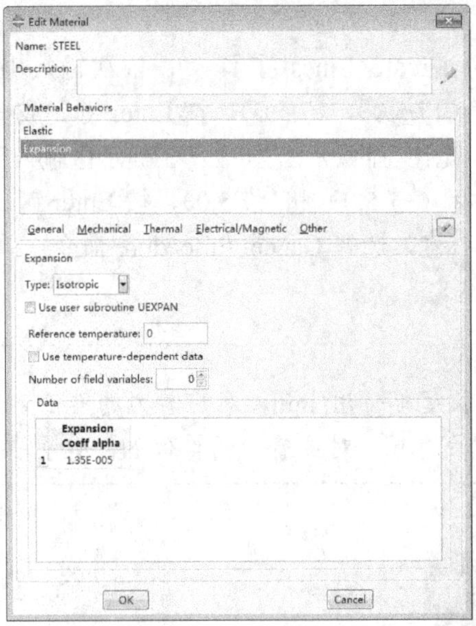

图 10-4　定义线膨胀系数

提　示

平面应力问题的截面属性类型是 Solid（实心体），而不是 Shell（壳体）。

（2）单击工具区中的 Assign Section（分配截面）工具，在视图区选择平板，单击窗口下方的 Done 按钮，弹出 Edit Section Assignment（编辑截面分配）对话框，在 Section 栏选择 STEEL，单击 OK 按钮，单击 Done 按钮，完成截面特性的分配操作。

4．装配部件

在环境栏的 Module（模块）列表中选择 Assembly（装配）功能模块，单击工具栏的 Instance Part 工具，弹出 Create Instance 对话框，默认的选项为 Plate，直接单击 OK 按钮，完成装配部件。

5．设置分析步

（1）在环境栏的 Module（模块）列表中选择 Step（分析步）功能模块。该实例需要设置分析步和场变量输出要求。

（2）单击工具区中的 Create Step（创建分析步）工具，弹出 Create Step 对话框，在 Name 后面输入 HighTemper，采用默认设置，即选择 Static，General（静态通用分析步），单击 Continue...按钮，弹出 Edit Step（编辑分析步）对话框，保持各项采用默认值，单击 OK 按钮，完成分析步的设置操作。

6．定义载荷和边界条件

在环境栏的 Module（模块）列表中选择 Load（载荷）功能模块。

1）使用预定义场（predefined field）来定义初始温度场（25°C）

进入 Load 功能模块，在主菜单选择 Field→Manager，单击 Create...按钮，弹出 Create Field 对话框。在 Step 列表内选择 Initial，Category 选择 Other，在 Types for Selected Step 栏内选择 Temperature，单击 Continue...按钮，在窗口选择整个平板，再单击窗口下方的 Done 按钮，弹出 Edit Predefined Field 对话框，如图 10-5 所示，在 Magnitude 栏输入 25，单击 OK 按钮，完成初始温度的定义。

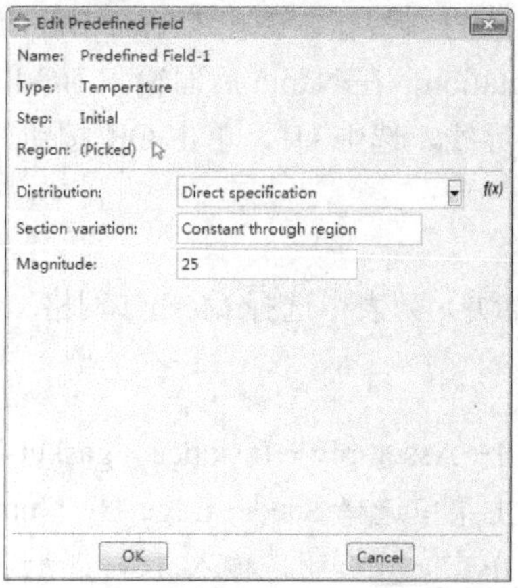

图 10-5　Edit Predefined Field 对话框

提 示

如果读者希望读入传热分析结果文件中的温度场，则应该在 Edit Field 对话框中将参数 Distribution 改为 From results or output database file，然后在 File name 后面输入传热分析结果文件名称，在 Step 后面输入分析步编号，在 Increment 后面输入时间增量步编号。

2）使用预定义场来使模型的温度升高至 150℃

在 Field Manager 对话框中，单击分析步 HighTemper 下面的 propagated，然后单击 Edit...按钮，把 Magnitude 的值改为 150，再单击 OK 按钮，完成温度升高的定义。

注 意

如果在上面第（2）步中读入传热分析结果文件中的温度场，则此处可以在 File name 后面改成传热分析结果文件的名称，在 Begin step 后面输入开始读取温度场的分析步编号，在 Begin increment 后面输入开始读入温度场的时间增量步编号，在 End step 后面输入结束读取温度场的分析步编号，在 End increment 后面输入结束读取温度场的时间增量步编号。

3）在平板的顶部定义边界条件

（1）单击工具区中的 Create Boundary Condition（创建边界条件）工具，弹出 Create Boundary Condition 对话框。在 Name 栏内输入 BC-Fix-top，单击 Continue...按钮。在窗口选择平板的上边缘，单击 Done 按钮，弹出 Edit Boundary Condition（编辑边界条件）对话框，选择 ENCASTRE（U1=U2= U3=URl= UR2 =UR3=0），单击 OK 按钮，完成固定边界条件的施加。

（2）再次单击左侧工具区的按钮，弹出 Create Boundary Condition 对话框，在对话框中选择 Displacement/Rotation，在 Name 后面输入 BC-Fix-X，单击 Continue...按钮。单击选择平板的左右两个边界线，选中 U1，单击 OK 按钮，完成操作。

7．划分网格

在环境栏的 Module（模块）列表中选择 Mesh（网格）功能模块。

1）设置网格密度

在模型树下执行 Model-l→Assembly→Instance→gasket-l 命令，单击鼠标右键，选择 Make Independent 命令。在主菜单选择 Seed→Edge By Number 命令，按住 Shift 键，用鼠标点选左右两条边界线，单击Done按钮，输入 16，即沿着竖直方向划分 16 个单元，按 Enter 键。同理，将平板的其他边设置种子个数。种子密度分布如图 10-6 所示。

2）控制网格划分

单击工具区中的 Assign Mesh Controls（网格控制）工具，弹出 Mesh Controls 对话框，如图 10-7 所示，在 Element Shape 中选择 Quad-dominated，采用 Free 结构网格技术，单击 OK 按钮，完成控制网格划分选项的设置。

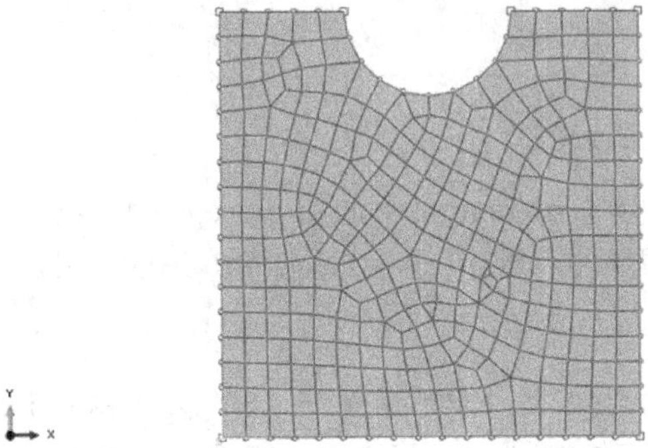

图 10-6　平板的网格设置

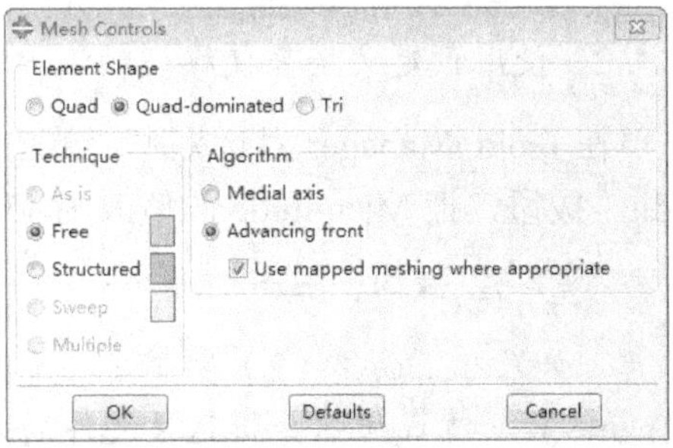

图 10-7　Mesh Controls 对话框

3）选择单元类型

单击工具区中的 Assign Element Type（分配单元类型）工具，在视图区选择模型，单击 Done 按钮，弹出 Element Type 对话框，如图 10-8 所示。选择四边形杂交轴对称单元 CPS4I，单击 OK 按钮。

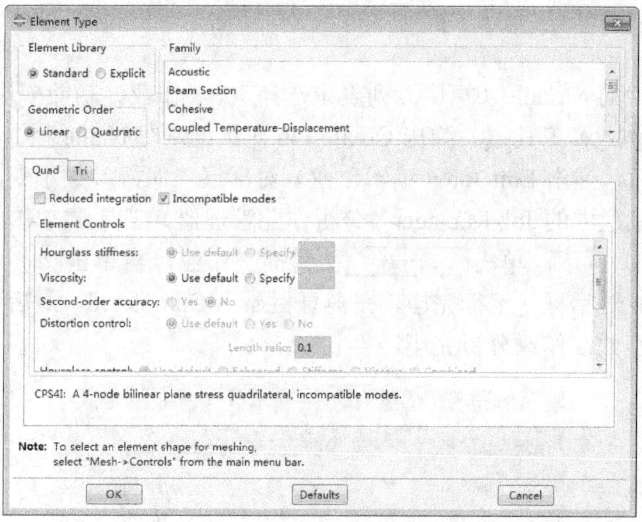

图 10-8　Element Type 对话框

4）划分网格

单击工具区中的 Mesh Part（划分部件）按钮，单击提示区的 Yes 按钮，完成网格划分，如图 10-6 所示。

5）检查网格

单击工具区中的 Verify Mesh（检查模型）工具，在视图区选择圆盘部件，单击 Done 按钮，弹出 Verify Mesh 对话框，如图 10-9 所示。在 Type 栏内选择 Shape Metrics（形状检查），单击 Highlight 按钮，在消息栏提示检查信息；状态栏内选择 Analysis checks（分析检查），单击 Highlight 按钮，没有显示任何错误或警告信息。

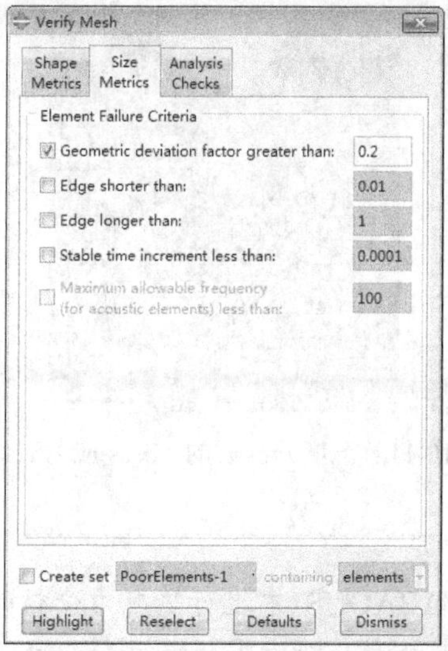

图 10-9　Verify Mesh 对话框

8. 结果分析

（1）在环境栏的 Module（模块）列表中选择 Job（作业）功能模块。单击工具栏的 Create Job（创建作业）工具，弹出 Create Job 对话框，在 Name 栏输入 Heat-Plate，单击 Continue...按钮，弹出 Edit Job（编辑作业）对话框，保持参数不变，单击 OK 按钮。

（2）单击工具栏中的 Job Manager（分析作业管理器）工具，弹出 Job Manager 对话框，如图 10-10 所示，单击 Submit 按钮提交作业，再单击 Monitor... 按钮，弹出 Heat-Plate Monitor 对话框，运行完毕，在消息栏显示 Completed。最后单击 Write Input 按钮，提交作业，至此，作业分析完毕。

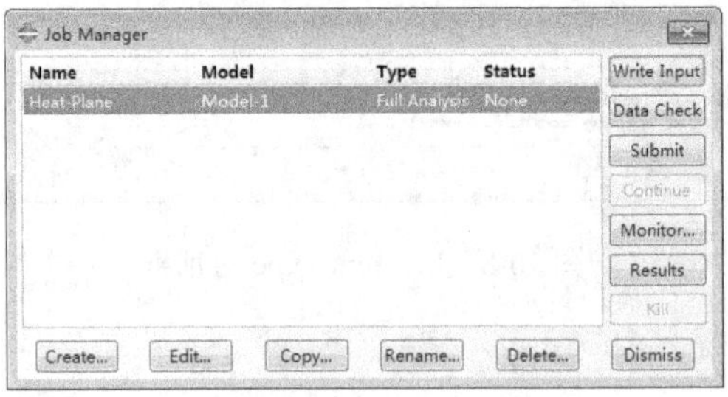

图 10-10　Job Manager 对话框

9. 后处理

（1）当分析完毕后，单击 Results 按钮，ABAQUS/CAE 进入 Visualization（可视化）模块。

（2）单击按钮，Mises 应力云纹图如图 10-11 所示。

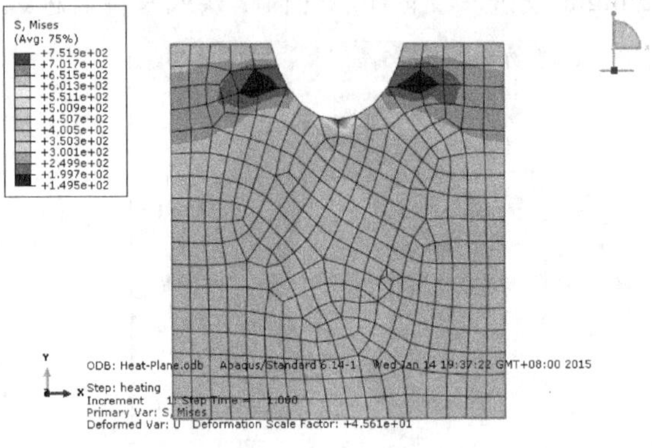

图 10-11　温度升高后的 Mises 应力云纹图

注 意

由上述例子可以看出 ABAQUS 中进行热应力分析的方法非常简单，只需要定义线性膨胀系数、初始温度场和分析步中的温度场即可。

10.2.3 INP 文件

该案例中的INP文件解释请查阅光盘中的相关文件，限于篇幅，在此不做详解。

10.3 刹车盘热应力分析

很多工程问题中涉及的问题并不是简单的结构分析和热分析，而是多种物理场的综合作用。如温度场和应力场的耦合、电磁场和温度场的耦合、流体场和温度场的耦合等，这些多物理场耦合分析中需要同时考虑各个物理场的作用效果及相互之间的影响。本节主要介绍热—机（结构）耦合分析。

机动车的刹车盘在刹车过程中由于刹车片和刹车盘的摩擦会产生大量的热，生成的热会对刹车片的材料性能和刹车性能产生很大的影响，以此为例来分析刹车过程中的热应力，为刹车盘的改进设计及事故预防提供依据。

10.3.1 问题的描述

如图10-12所示的刹车盘，其材料为钢，外径为135 mm，内径为90 mm，厚度为6 mm；刹车盘基座上的圆环外径为135 mm，内径为100 mm，厚度为2 mm，材料同样为钢：刹车片为树脂加强的复合材料，可以用来提高摩擦效果，外径为133 mm，内径为101.5mm，厚度为10 mm，圆心角为30°。摩擦系数和材料性能随温度的变化，如表10-1和表10-2所示。

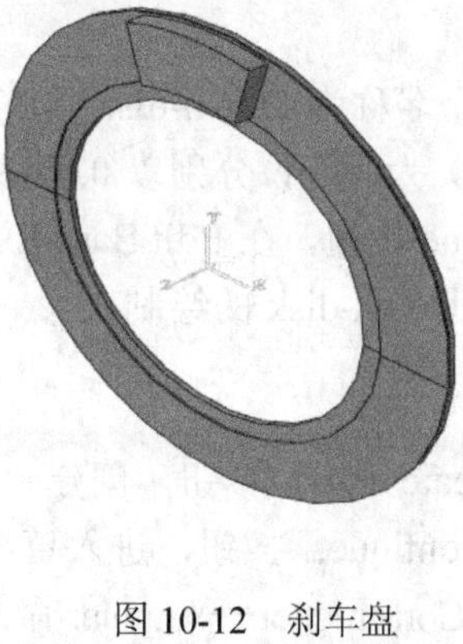

图10-12　刹车盘

表10-1 温度与摩擦系数

温度/℃	20	100	200	300	400
摩擦系数	0.37	0.38	0.41	0.39	0.24

表 10-2　温度与材料性能的影响

温度/℃	20	100	200	300
弹性模量/ N/mm^2	2.2e9	1.3e9	5.3e8	3.2e8
热膨胀系数/ K^{-1}	1e-5		3e-5	

10.3.2　问题分析和求解

本例是热应力分析的经典实例，考虑到刹车盘和刹车片之间的摩擦生热问题及热传导过程，并且分析由于热引起的应力，分析过程中需要考虑刹车盘和刹车片之间的接触摩擦关系，所以需要定义两个分析步：在第一个分析步中对刹车片施加压力，使其建立稳定的接触关系，在第二个分析步中使刹车盘旋转 45°。两个分析步均使用动力学显式热应力耦合分析步。

1. 创建部件

运行 ABAQUS/CAE，创建一个新的模型数据库。

1）创建刹车盘

（1）单击工具箱中的 （Create Part）按钮，在 Name 后面输入 Up-disk，将 Modeling Space 设为 3D，保持默认的参数 Type：Deformable（柔性体）；Base Feature：Extrusion，创建一个名称为 Up-disk 的三维可变形拉伸实体，大概尺寸输入 1，单击 Continue...按钮，进入草图环境。

（2）单击工具箱中的 （Create Circle：Center and Perimeter）按钮，以坐标原点（0,0）为圆心，分别以 0.1 和 0.135 为半径绘制两个圆，单击鼠标中键，单击提示区中的 Done 按钮，在 Edit Base Extrusion 对话框中输入拉伸长度 0.002，单击 OK 按钮，完成部件 Up-disk 的绘制。

（3）用同样的方法，创建一个名称为 Down-disk 的三维可变形拉伸实体：单击工具箱中的 按钮，以坐标原点（0,0）为圆心，分别以 0.09 和 0.135 为半径绘制两个圆，单击鼠标中键，单击提示区中的 Done 按钮，在 Edit Base Extrusion 对话框中输入拉伸长度 0.003，单击 OK 按钮，完成部件 Down-disk 的绘制。

2）创建刹车片

（1）单击工具箱中的 （Create Part）按钮，创建一个名称为 Pad 的三维可变形拉伸实体，大概尺寸输入 1，单击 Continue...按钮，进入草图环境。

（2）绘制辅助线：执行 Add→Construction→Angular 命令，在提示区中输入角度 Angle：75，按下 Enter 键，选择或者在提示区中输入原点坐标（0,0），按 Enter 键。改变角度为 105，创建另一条辅助线。执行 Add→Construction→Radial 命令，提示区中输入圆心坐标（0,0），按 Enter 键，再输入圆周上任意一点的坐标（0,0.1015），按 Enter 键，绘制一个辅助圆。

（3）用同样的方法，以（0,0）为圆心，过圆周上一点（0,0.133）绘制另一个辅助圆，完成后的辅助线如图 10-13 所示。

（4）单击工具箱中的（Create Arc：Center and 2 Endpoints）按钮，选择如图 10-14 所示的 *O* 点为圆心，*A* 为起始点，*B* 为终止点，绘制一段圆弧 *AB*；用同样的方法，以 *O* 点为圆心，*C* 点为起始点，*D* 点为终止点，绘制一段圆弧 *CD*。单击工具箱中的按钮，连接 *A* 点和 *C* 点、*B* 点和 *D* 点，单击鼠标中键，单击提示区中的 Done 按钮，在弹出的 Edit Base Extrusion 对话框中输入拉伸长度 0.01，单击 OK 按钮，完成刹车片的创建。

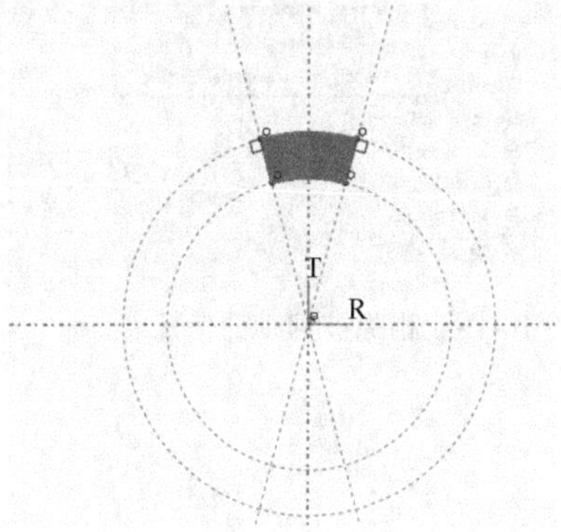

图 10-13　创建的构造线

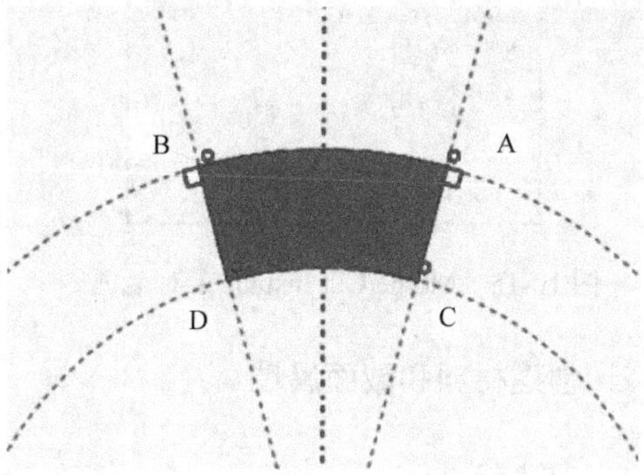

图 10-14　刹车盘截面图

3）合并 Disk 部件

（1）进入 Assembly 模块，单击工具箱中的（Instance Part）按钮，在 Create Instance 对话框中选择 Down-disk 和 Up-disk，单击 OK 按钮，创建部件 Down-disk 和 Up-disk 的实例。

（2）单击工具箱中的（Translate Instance）按钮，单击提示区右部的 Instance List 按钮，选中 Down-disk-1，单击 OK 按钮，接受默认平移起始点（0.0,0.0,0.0），按 Enter 键，输入平移终止点坐标（0,0,−0.002），按 Enter 键，单击提示区中的 OK 按钮，完成平移操作。

（3）执行 Instance→Merge/Cut 命令，弹出如图 10-15 所示的对话框，输入将要生成的部件名称 PartName： Disk，其他接受默认设置，单击 OK 按钮，选中 Down-disk 和 Up-disk，单击提示区中的 Done 按钮，生成一个新的部件 Disk 及该部件的实例。此时进入 Part 模块，可以在部件管理器中查出增加了新的部件 Disk。

（4）此时展开模型树 Brake/Assembly/Instances，可以发现在 Instances 下面出现了一个实例 Disk，且 Down-disk-1 和 Up-disk-1 的前面出现了一个红色的“×”号，这是由于在进行 Merge/Cut 操作时这两个部件实例被抑制。鼠标置于 Down-disk-1 上，单击鼠标右键，选择 Delete 命令，如图 10-16 所示，单击提示框中的 OK 按钮，删除实例 Down-disk-1，用同样的方法删除实例 Up-disk-1。

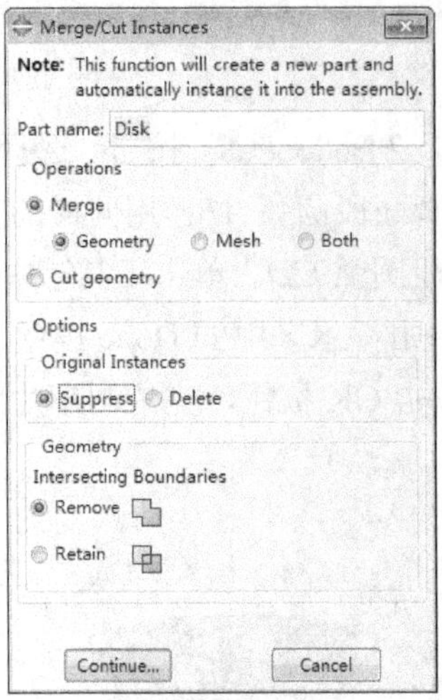

图 10-15　Merge/Cut Instances 对话框

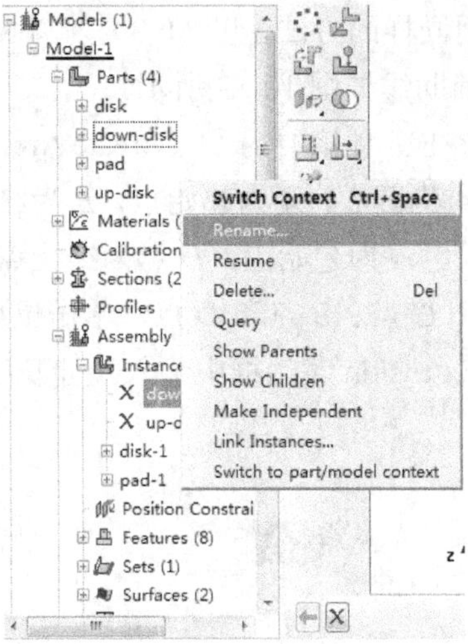

图 10-16　删除被抑制的特征

2．创建材料和截面属性

1）创建材料

（1）进入 Property 模块，单击工具箱中的（Create Material）按钮，弹出 Edit Material 对话框，输入材料名称 steel，选择 General→Density，输入 7800 作为 Mass Density 的值；选择 Mechanical→Elasticity→Elastic，输入弹性模量值为 2.09e11，泊松比为 0.3；选择 Mechanical→Expansion，输入热膨胀系数 1.1e-5；选择 Thermal→Conductivity，输入 48 作为热传导系数：选择 Thermal→Specific Heat，输入比热：452，单击 OK 按钮，完成材料 steel 的弹性属性和热属性的定义。

（2）再次单击工具箱中的按钮，弹出 Edit Material 对话框，输入材料名称 PadMat，选择 General→Density，输入 1550 作为 PadMat 的密度值；选择 Thermal→Conductivity，输入热传导系数 0.9；选择 Thermal→Specific Heat，输入比热：1200，选择 Mechanical→Elasticity→Elastic，并选中 Use temperature dependent data，输入弹性模量值为 2.2e9，泊松比为 0.25，温度值为 20，按下 Enter 键增加一行数据，一次输入如表 10-2 所示的弹性模量值（泊松比不变），输入完成后 Data 栏中的数据如图 10-17 所示；选择 Mechanical→Expansion，并选中 Use temperature dependent data，输入热膨胀系数和温度的对应值，如表 10-2 所示，单击 OK 按钮完成材料的材料属性和热属性的定义。

	Young's Modulus	Poisson's Ratio	Temp
1	2200000000	0.25	20
2	1300000000	0.25	100
3	530000000	0.25	200
4	320000000	0.25	300

图 10-17　随着温度变化的弹性模量

2）创建截面属性

单击工具箱中的（Create Section）按钮，在 Create Section 对话框中输入截面名称 Sec-disk，选择 Solid: Homogeneous，单击 Continue…按钮，进入 Edit Section 对话框，Material 选择 steel，单击 OK 按钮，完成截面 Sec-disk 的定义。

按照同样的步骤，创建另一个实体均匀截面 Sec-pad，赋予材料 PadMat。

3）赋予截面属性

单击工具箱中的（Assign Section）按钮，选择部件 Disk，单击提示区中的 Done 按钮，在弹出的 Edit Section Assignment 对话框中选择 Section: Sec-disk，单击 OK 按钮，把截面属性 Sec-disk 赋予部件 Disk。

用同样的方法，把截面属性 Sec-pad 赋予部件 Pad。

4）定义坐标系

执行 Tools→Datum 命令，在弹出的对话框中选择 CSYS：3 points，单击 OK 按钮，在接着弹出的对话框中，选择坐标系类型为圆柱坐标系，单击 Continue…按钮，由于要创建的坐标系原点和各个坐标轴的方向都与整体坐标系保持一致（R 对应于 1，T 对应于 2，Z 对应于 3），直接单击提示区中的 Create Datum 按钮，完成柱坐标系的创建。

5）定义材料方向

执行 Assign→Material Orientation 命令，选择整个部件 Pad，单击提示区中的 Done 按钮，单击提示区右部的 Datum CSYS List 按钮，选择上一步定义的柱坐标系，单击 OK 按钮，在提示区中单击 Axis-3 按钮，接受默认的设定，单击提示区中的 OK 按钮，完成部件 Pad 材料方向的设定。

用同样的方法，为部件 Disk 设定材料方向。

3. 定义装配件

（1）进入 Assembly 模块，此时部件 Disk 的实例已经存在，只需要再生成部件 Pad 的实例。

（2）单击工具箱中的按钮，把部件 Pad 沿 3 轴正方向移动 0.002。完成装配、定位后的模型如图 10-12 所示。

（3）执行 Tools→Reference Point 命令，接受默认坐标值（0.0,0.0,0.0），按 Enter 键，生成一个参考点 RP-1。

> **提 示**
>
> 此处生成参考点 RP-1 的目的是为了通过控制此参考点来控制刹车盘的转动。下面对部件 Disk 进行分割是为了方便网格划分。

（4）展开模型树 Brake/Assembly，鼠标置于 Disk-1 上右击，在弹出的快捷菜单中选择 Make Independent，把部件 Disk 的实例由非独立实例转化为独立实例，用同样的方法把 Pad-1 转化为独立的实例。

（5）执行 Tools→Partition 命令，弹出如图 10-18 所示的对话框。在 Type 栏中选择 Cell，在 Method 栏中选择 Extend face，单击 OK 按钮，选择部件被分割的部件 Disk，单击提示区中的 Done 按钮，选择如图 10-19 所示的剖分工具面，单击提示区中的 Create Partition 按钮，单击 Done 按钮，完成分割操作。

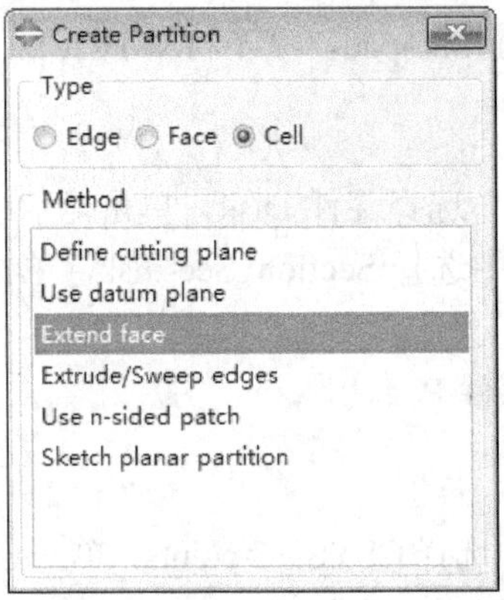

图 10-18 Create Partition 对话框

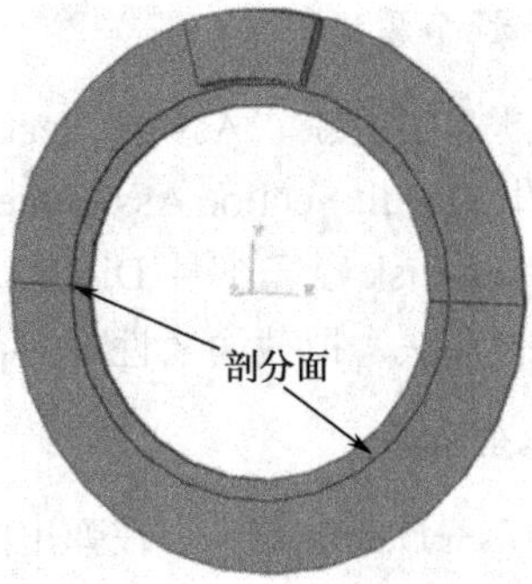

图 10-19 剖分面

（6）再次对 Disk 实例进行 Partition，从视图中消去 Pad 实例，这次利用的技术为 Define cutting plane，选择整个 Disk，并选择三个点进行划分，在 CAE 中出现的点中选择三个不在一条直线的点进行划分。

4．设置分析步

（1）设置分析步。进入 Step 模块，单击工具箱中的 （Create Step）按钮，在弹出的 Create Step 对话框中，选择 General：Dynamic，Temp-disp，Explicit，单击 Continue...按钮，Time period：0.001，其他接受默认设置，单击 OK 按钮完成第一个分析步的定义。

按照同样的步骤，定义另一个 General：Dynamic，Temp-disp，Explicit 分析步，时长为 0.015。

（2）设置变量输出变量。执行 Tools→Set→Create 命令，输入节点集名称 QA，单击 Continue...按钮，选择刹车盘上表面（与刹车片接触的面），单击提示区中的 Done 按钮，建立一个用于输出的节点集。

单击工具箱中的 （Field Output Manager）按钮，在弹出的 Field Output Request Manager 对话框中单击 Continue...按钮。Step 选择 Apply-Pressure，单击 Continue...按钮，弹出如图 10-20 所示的 Edit Field Output Request 对话框，在（输出）区域 Domain 后面下拉列表中选择 Set：QA，修改输出频率，使时间间隔值 Interval 为 1，Times 选择 Output at exact times，在 Output Variable 栏中选择 LE，NT。单击 OK 按钮，完成输出要求的定义。

（3）设置历史输出变量。单击工具箱中的 （History Output Manager）按钮，在弹出的 History Output Request Manager 对话框中单击 Edit...按钮，设置 Frequency：Every n time increments，在 n 后面输入 999，单击 OK 按钮，完成操作。

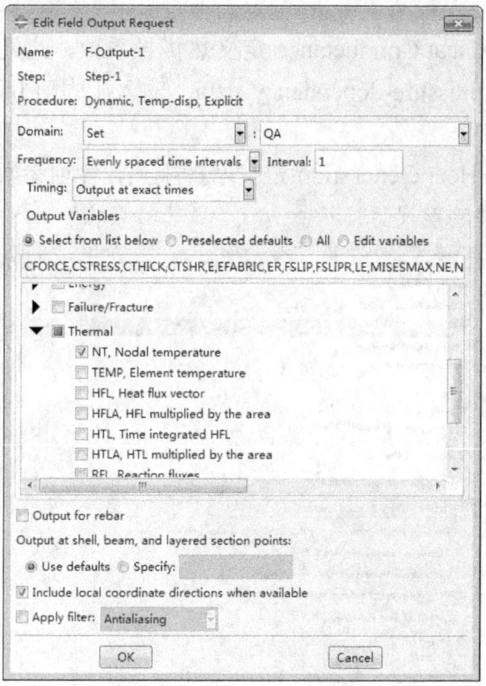

图 10-20 定义输出要求对话框

5. 定义接触

1）定义各个接触面

（1）进入 Interaction 模块，执行 Tools→Surface→Manager 命令，在弹出的对话框中单击 Create...按钮，在 Create Surface 对话框中输入 Name：Disk-up，单击 Continue...按钮，在图形窗口选择部件 Disk 的上表面（与刹车片发生接触的面），单击提示区中的 Done 按钮，创建一个 Surface 集合。

（2）同样，选择刹车片的下表面（和刹车盘发生接触的面）创建一个名称为 Pad-down 的 Surface 集合。

提 示

选择部件 Pad 的下表面时，可以先消去部件 Disk（执行 View→Assembly→Display Options 命令，在 Assembly Display Options 对话框的 Instance 选项卡中取消 Disk-1 的选择）。

2）定义接触属性

（1）单击工具箱中的（Create Interaction Property）按钮，在弹出的对话框中，选择 Type：Contact，弹出 Edit Contact Property 对话框，选择 Mechanical→Tangential Behavior，在 Friction formulation 中选择 Penalty，由于摩擦系数随着温度变化，所以选中 Use temperature-dependent data，输入如表 10-1 所示的数据，如图 10-21 所示，法向接触属性采

用默认值。

（2）选择 Thermal→Heat Conductance 定义热传导系数，此处采用压力相关的热传导系数，故选中 Use only pressure-dependency data，输入压力值 0 和 1000，对应的热传导系数均为 5e7。

（3）选择 Thermal→Heat Generation 定义摩擦生热，各项参数接受系统默认值，单击 OK 按钮，完成接触属性的定义。

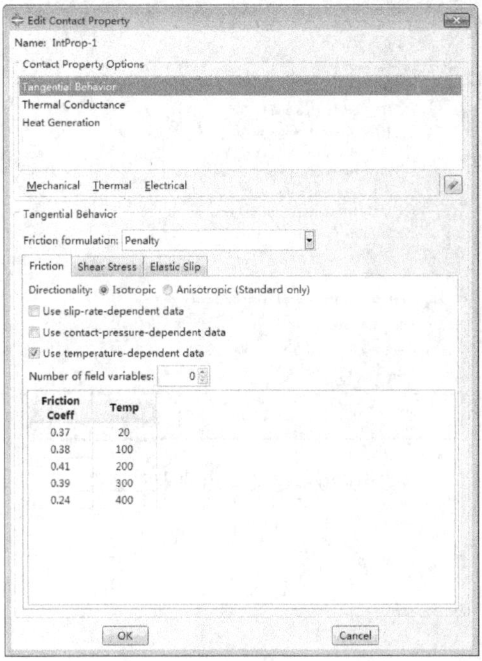

图 10-21　定义摩擦系数

3）定义接触

（1）在主菜单中选择 Interaction→Manager，单击 Create...按钮，在 Create Interaction 对话框中，Step 选择 Step-1，接触类型选择 Surface-to-Surface Contact（Explicit），即面面接触，单击 Continue...按钮，单击提示区中的 Surfaces 按钮，选择 Pad-down 作为第一个面，单击 Continue...按钮，在提示区中单击 Surface 按钮，选择 Disk-up，单击 Continue...按钮，弹出 Edit...对话框，在 Weighting factor 中选择 Specify，输入 0.0 作为 Weighting factor 的值，即设第二个面作为主面，其他接受默认设置，单击 OK 按钮，完成接触定义。

注 意

在这个分析中，需要考虑刹车盘上表面由于温度升高和周围的环境湿度进行热交换的过程，所以还需要进一步设定这一模型。

（2）首先定义一条幅值曲线，执行 Tools→Amplitude→Create 命令，在弹出的 Create Amplitude 对话框中输入名称 RAMP，单击 Continue...按钮，弹出 Edit Amplitude 对话框。输入时间 0 和 0.001，在 Amplitude 项相应地输入 0 和 1，单击 OK 按钮完成幅值曲线的定义。

（3）同样地，在 Interaction 对话框中单击 Create…按钮，选择 Surface film condition，单击 Continue…按钮，选择刹车盘上表面 Disk-down，单击 Continue…按钮，在弹出的对话框中输入 100 作为 Film coefficient 的值，输入 20 作为 Sink temperature 的值，Sink amplitude 中选择上一步创建的幅值曲线 Ramp，如图 10-22 所示，单击 OK 按钮。

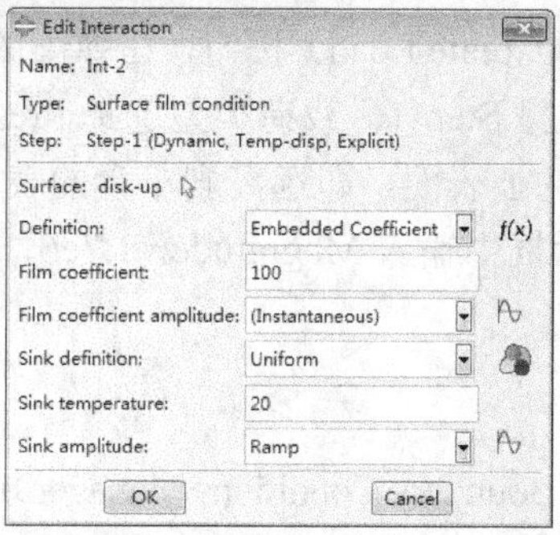

图 10-22　Edit Interaction 对话框

6．定义连接关系

（1）单击工具栏中的（Create Display Group）按钮，在 Item 栏中选择 Cells，单击 Edit Selection 按钮，在图形窗口选择除了刹车盘内的所有部分，如图 10-23 所示，单击提示区中的 Done 按钮，在 Create Display Group 对话框中单击下部的（Remove）按钮，视图中只剩下内圈，如图 10-24 所示。

（2）单击工具箱中的（Create Constraint）按钮，选择约束类型为 Rigid body，单击 Continue…按钮，弹出 Edit Constraint 对话框，在 Region type 中选择 Pin（nodes），单击右部的 Edit…按钮，选择视图中的整个几何体，即刹车盘内圈，单击提示区中的 OK 按钮，然后在 Reference Point 栏中单击 Point 后面的 Edit…按钮，在视图中选择参考点 RP-1，单击 OK 按钮，完成约束定义。这时刹车盘内圈几何体上出现黄色的小圆圈，表示定义了 Pin 约束，如图 10-24 所示。

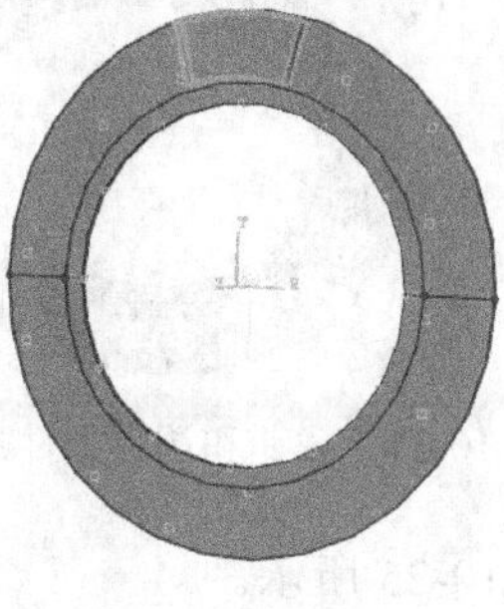

图 10-23　选择除了内圈的部分

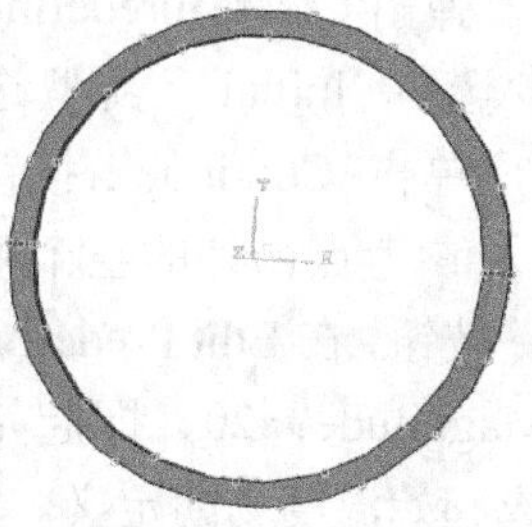

图 10-24　只显示内圈

7．定义载荷和边界条件

单击按钮，在 Item 栏中选择 All，单击对话框下部的 Replace 按钮，显示整个模型。

1）定义载荷

（1）进入 Load 模块，参照前面创建一条名称为 RAMP2 的 Amplitude，Type 为 Smooth step 的幅值曲线，时间输入 0 和 0.015，对应的 Amplitude 值输入 0 和 1，该幅值曲线用来控制参考点 RP-1 的运动。

（2）单击工具箱中的（Create Load）按钮，在弹出的 Create Load 对话框中输入载荷的名称 Pressure，分析步选择 Step-1，载荷类型选择 Pressure，单击 Continue…按钮，在图形窗口选择刹车片 Pad 的上表面，即远离刹车盘的表面，单击提示区中的 Done 按钮，在弹出的 Edit Load 对话框中输入 Magnitude: 1.7e6，Amplitude 选择 RAMP，单击 OK 按钮完成压力的施加。

2）定义边界条件

（1）单击工具箱中的（Boundary Conditions Manager）按钮，单击 Boundary Condition Manager 对话框中的 Create…按钮，在弹出的对话框中，分析步选择 Step-1，类型选择 Mechanical Displacement/Rotation，单击 Continue…按钮，在图形窗口选择刹车盘 Disk 的下表面（不包括内圈部分），单击提示区中的 Done 按钮，在弹出的对话框中选择 U3，即约束 U3=0，其他自由度不约束，单击 OK 按钮完成一个边界条件的定义。

（2）同样地，在分析步 Step-1 中，对刹车片 Pad 的上表面，即施加压力载荷的面，约束其 U1 和 U2 两个方向上的自由度，约束名为 BC-2。

（3）用同样的方法，在分析步 Step-2 中约束参考点 RP-1 的所有自由度，约束名称为 BC-3。然后在 Boundary Condition Manager 对话框中双击 BC-3 在分析步 Step-2 中的 Propagated，弹出 Edit Boundary Condition 对话框，取消 U1～UR2 的选择，只保留选中 UR3，修改 UR3 的数值为 1.04717。选择 Amplitude 为 RAMP2，单击 OK 按钮，完成边界条件 BC-3 在分析步 Step-2 中的修改，此时，BC-3 在分析步 Step-2 中的 Propagated 变为 Modified，表示已经进行了修改，单击 Dismiss 按钮。

3）定义初始的温度场

单击工具箱中的（Create Predefined Field）按钮，弹出 Create predefined Field 对话框，分析步选择 Initial，类型选择 Other：Temperature，单击 Continue…按钮，在图形窗口中选择除了参考点以外的整个模型，单击提示区的 Done 按钮，在 Edit Predefined Field 对话框中输入 Magnitude：20，即起始温度。单击 OK 按钮完成起始温度场的定义。定义好的模型如图 10-25 所示。

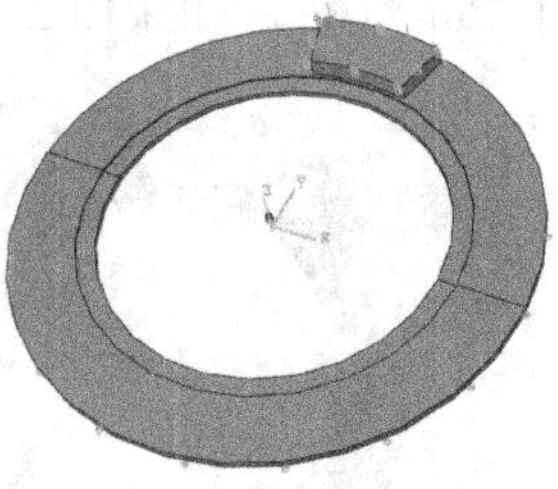

图 10-25　载荷和边界条件定义好的模型

8．划分网格

1）控制网格划分

进入 Mesh 模块，选择单元类型，单击工具箱中的（Assign Element Type）按钮，选择整个模型，单击提示区中的 Done 按钮，弹出 Element Type 对话框，单元库 Element Library 选择 Explicit。单元族 Family 选择 Coupled Temperature-Displacement，选定单元 C3D8RT，其他接受默认设置，再单击提示区中的 Done 按钮完成单元类型的选取。

2）设置网格密度

（1）执行 View→Assembly Display Options 命令，在 Assembly Display Options 对话框的 Instance 选项卡中除去 Disk-l 的选择，单击 Apply 按钮，只显示刹车片 Pad；单击工具栏中的 (Render Model：Wireframe）按钮，显示刹车片的线框模型。

（2）执行 Seed→Edges 命令，选择如图 10-26 所示的边，单击提示区中的 Done 按钮，选择种子数目为 4，按 Enter 键完成操作。

（3）用同样的方法，选择如图 10-27 所示的边，布置种子数目 3，单击 Done 按钮。

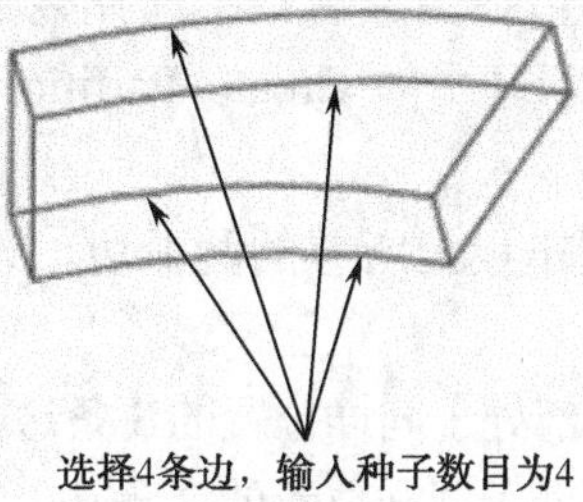

图 10-26　刹车片边上种子的分布

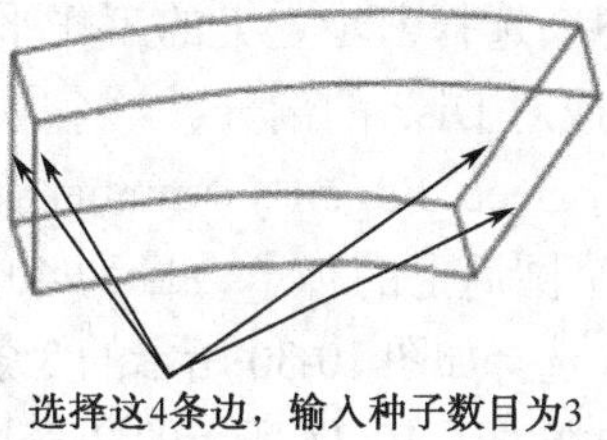

图 10-27　刹车片边上种子的分布

3）剖分刹车片

（1）执行 Tools→Partition 命令，弹出 Create Partition 对话框，Type 栏中选择 Edge，Method 栏中选择 Enter parameter，单击 OK 按钮，在图形窗口选择剩下的没有布置种子的 4 条边，单击 Done 按钮，在 Normalized edge parameter（0<t<l）后输入 0.5，单击 Create Partition 按钮，单击 Done 按钮，把这 4 条边在中点处分开。

（2）类似地，选择剖分后靠近刹车盘的 4 条边，显示箭头向上，则在 Normalized edge parameter（0<t<l）后输入 0.1；反之，如果箭头向下则输入 0.9，单击 Create partition 按钮，单击 Done 按钮，完成剖分。

执行 Seed→Edge By Number 命令，选择割分的边中靠近刹车盘和远离刹车盘的 8 条边，输入 1 作为种子数目。

（3）执行 Seed→Edge Biased 命令，选择剩下的 4 条边（注意选取的时候鼠标尽量靠近刹车盘一些，这样箭头方向向下），单击 Done 按钮，输入 Bias ratio(>=1)：2，按 Enter 键，再输入种子数目 2，按 Enter 键，单击 Done 按钮，完成种子布置，种子分布情况如图 10-28 所示。

4）划分网格

（1）单击工具箱中的 (Mesh Part Instance）按钮，选择刹车片 Pad，单击 Done 按钮，进行网格划分，如图 10-29 所示。

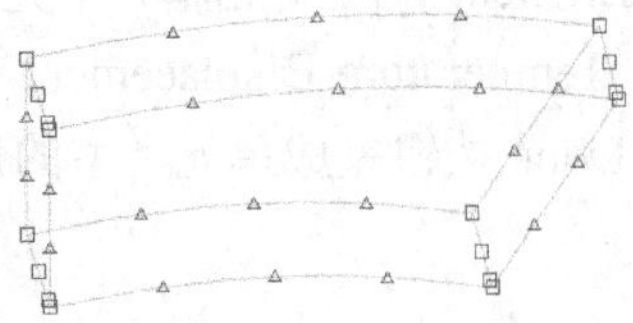

图 10-28　刹车片边上种子分布情况

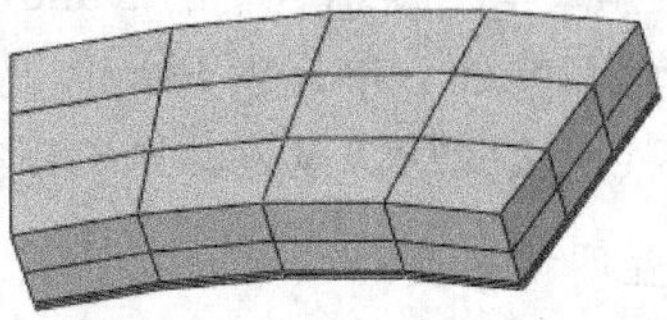

图 10-29　刹车片网格模型

（2）参照上面的步骤，只显示刹车盘 Disk。执行 Tools→Datum 命令，在弹出的对话框中选择 Plane：Offset from principal plane，单击 OK 按钮，在提示区单击 XZ Plane 按钮，接受默认的偏移值 0.0，按 Enter 键，完成创建一个工作平面。

（3）执行 Tools→Partition 命令，弹出 Create Partition 对话框，在 Type 栏中选择 Cell，在 Mthod 栏中选择 Use datum plane，单击 OK 按钮；在图形窗口中选择整个刹车盘，单击 Done 按钮；选择上步定义的工作平面，单击提示区中的 Create Partition 按钮，单击 Done 按钮完成对 Disk 的剖分。

（4）执行 Seed_Edge By Number 命令，选择刹车盘上所有的圆弧边，设置种子数目为 20，即整个圆周上的种子数目为 40。

（5）同样选择如图 10-30 所示的 3 条边，以及右部处于同样位置的 3 条边，输入 3 作为种子数目；选择如图 10-31 所示的 3 条边，以及右部处于同样位置的 3 条边，输入 1 作为种子数目。

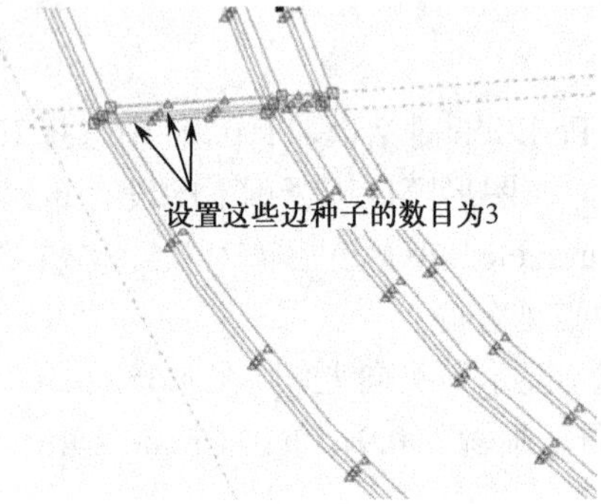

图 10-30　刹车盘种子布置图

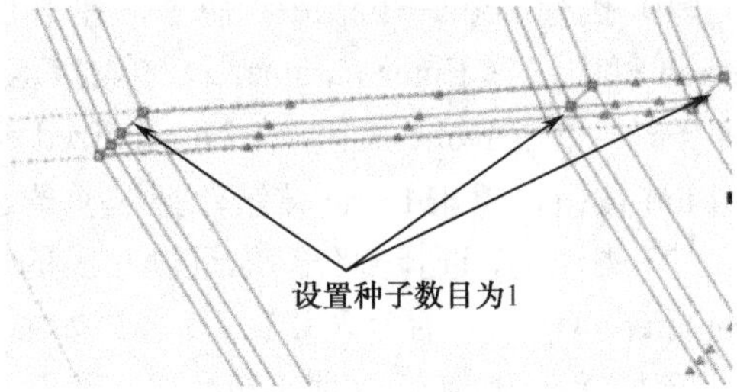

图 10-31　刹车盘种子布置

（6）选择剩下的 4 条边，即刹车盘上部与刹车片靠近部分的 4 条短边，选取时鼠标尽量靠近上部，使得靠近刹车片，使得箭头方向朝上，即朝着刹车片，输入 1 作为偏斜率，输入 1 作为种子数目，单击 Done 按钮完成种子设置。

（7）单击工具箱中的 (Mesh Part instance）按钮，选择刹车盘 Disk，单击 Done 按钮，进行网格划分，如图 10-32 所示。

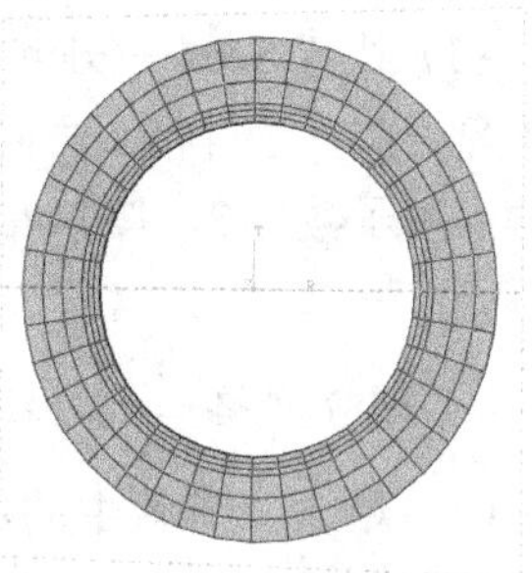

图 10-32　刹车盘网格模型

5）检查网格

（1）显示整个模型，并保存模型。

（2）单击工具箱中的（Verify Mesh）按钮，选择整个模型网格，单击提示区的 Done 按钮，弹出 Verify Mesh 对话框，选择需要验证的项目和标准，单击 Highlight 按钮可以在图形窗口显示符合条件的单元，并在信息区显示统计结果。选择 Analysis checks 可以检查在求解过程中可能出现警告和错误的单元，验证完毕后，关闭对话框。如果出现不合理的单元，则重新进行网格划分。

9．结果分析

（1）进入 Job 模块。执行 Job→Manager 命令，单击 Job Manager 对话框中的 Create…按钮，定义作业名称为 thermal-disk，单击 Continue…按钮，单击 OK 按钮完成作业定义。

（2）单击 Job Manager 对话框中的 Monitor 按钮，打开 Brake Monitor 对话框，可以对求解过程进行监视，单击 Submit 按钮，提交作业。

10．后处理

（1）作业完成后，单击 Job Manager 对话框中的 Results 按钮，进入结果后处理 Visualization 模块。

（2）执行 Results→Field Output 命令，在 Field Output 对话框中选择变量 NT11，单击 OK 按钮，观察节点温度，如图 10-33 所示。可以隐去刹车片，单击工具栏中的图（Create Display Group）按钮，在 Create Display Group 对话框的 Item 栏中选择 Part, instances，在右边的列嵌中选择 Pad-1，单击对话框下部的（Remove）按钮，隐去刹车片，如图 10-34 所示。

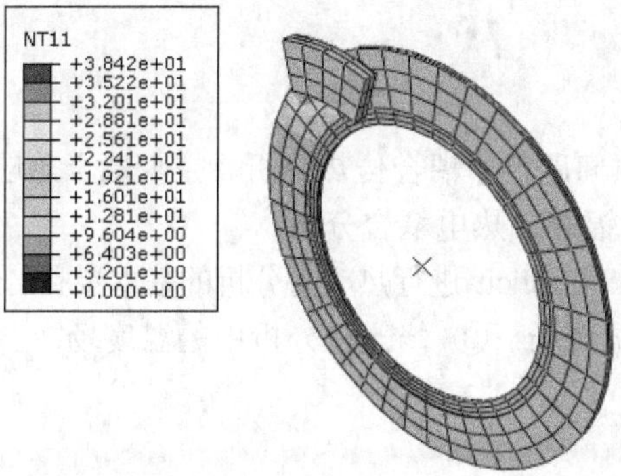

图 10-33　节点温度

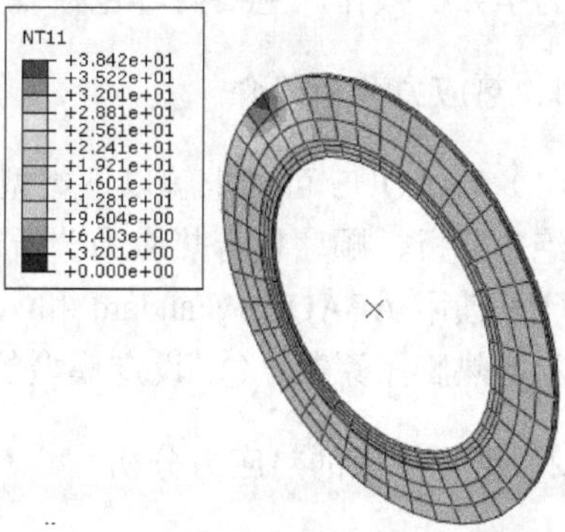

图 10-34　隐去刹车片

（3）执行 Results→Field Output 命令，在 Field Output 对话框中选择变量 S，在 Invariant 栏中选择 Mises，单击 Apply 按钮，显示 Mises 应力分布，如图 10-35 所示。

（4）在 Field Output 对话框中选择变量 CPRESS，单击 Apply 按钮，显示接触压力的分布，如图 10-36 所示。

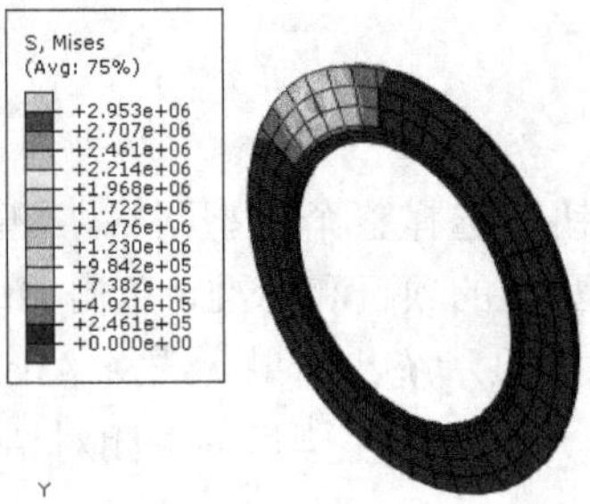

图 10-35　热应力结果

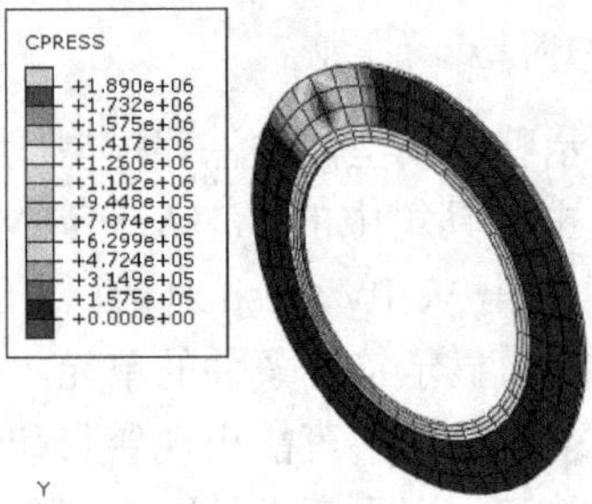

图 10-36　接触压力分布

10.3.3　INP 文件

该案例中的 INP 文件解释请查阅光盘中的相关文件，限于篇幅，在此不做详解。

本章小结

几乎所有的工程问题都与热有关，如焊接、铸造，以及各种冷热加工过程、高温环境中的热辐射、内燃机、管路系统、电子元件、蜗轮机等。

根据传热问题的类型和边界条件的不同，可以将热分析分成几种类型：与时间无关的稳态热分析和与时间有关的瞬态热分析；材料参数和边界条件不随温度变化的线性传热，材料和边界条件对温度敏感的非线性传热；包含温度影响的多场耦合问题等。

本章重点介绍了利用 ABAQUS 进行热力学分析的步骤和方法，掌握用 ABAQUS 进行热力学分析操作。主要内容包括以下几项。

1．热应力分析简介

（1）ABAQUS 可以求解以下类型的传热问题：非耦合传热分析、完全耦合热应力分析、绝热分析、顺序耦合热应力分析、空腔辐射、热电耦合分析。

（2）使用 ABAQUS/Standard 和 ABAQUS/Explicit 进行热应力分析的基本步骤：① 定义材料的热膨胀系数；② 设定模型的初始温度场；③ 修改在分析中的温度场。

2．带孔平板的热应力分析

该实例主要介绍了 ABAQUS 的以下功能：

（1）在 Load 功能模块中，使用预定义场（predefined field）来定义温度场。

（2）在 Material 功能模块中，定义线胀系数。

3．热—机耦合分析综合实例

该实例主要介绍了 ABAQUS 中定义热耦合材料参数对热力耦合问题进行分析。

第 11 章

多体系统分析

绝大部分机构都是由若干个部件组成的，在进行机械设计的时候，一般情况下先对每个构件进行分析，装配后再对整个系统进行多体系统仿真分析，传统的有限元分析大多针对某个部件进行分析，而多体系统的分析则依靠多体系统仿真软件（如 MSC.ADAMS 等来）完成。

ABAQUS 的一个突出的特点就是可以对多体系统进行分析。ABAQUS 提供了多种常见的连接单元和连接属性，使用这些连接单元和连接属性可以对大多教多体系统进行有限元分析。

教学目标

（1）了解多体系统分析。

（2）熟悉 ABAQUS 的连接单元和连接属性。

（3）掌握风扇叶片的旋转过程模拟。

（4）双万向联轴器机构模拟分析。

11.1 ABAQUS 多体系统分析简介

多体系统（Multi-body System）是由多个具有一定的约束关系和相对运动关系的刚体或柔性体构成。ABAQUS 多体系统分析可以模拟系统的运动情况和各个实体之间的相互作用，得到所求部位的力、力矩、位移、速度、加速度等结果。如果模型中包含有柔性体，ABAQUS 还可以得到柔性体部件上的应力、应变等结果。

ABAQUS 进行多体系统分析模拟步骤：在模型各部分之间，使用两节点连接单元（Connector）建立连接关系，然后通过定义连接属性（Connector Property）来描述系统各部分之间的约束关系和相对运动等。

在 ABAQUS/CAE 中进行多体系统分析需要注意的问题如下。

（1）是否考虑几何的非线性，也就是说，模型中是否会出现较大的位移和转动。如果存在几何非线性，则需要将 Step 模块中的几何非线性参数 Nlgeom 设置为 On 状态。

（2）在 Part、Assembly 模块或者 Interaction 模块中定义连接单元和约束所需定义的参考点和基准坐标系。

（3）在 Interaction 模块中定义连接属性、连接单元和约束。

（4）在 Step 模块中，默认的输出变量是不包括连接单元的，需要单独进行连接单元的历史输出变量。

（5）在 Load 模块中定义载荷和边界条件，以及连接单元载荷和连接单元边界条件。

（6）在 Visualization 模块中查看连接单元的历史输出变量，并控制连接单元的显示方式。

注 意

一般的多体系统分析中，无论是柔性体还是刚体都会出现较大的位移和转动，所以说它是典型的几何非线性问题。在分析过程中，如果没有在 Step 模块中将 Nlgeom 设置为 On，会得到异常的分析结果。

11.2 ABAQUS 的连接单元和连接属性

连接单元用来模拟模型中两个点之间（或一个点和地面之间）的力学和运动关系，通常把连接的点称为“连接点”(Connector Point)，两个连接点分别称为“节点 a”和“节点 b”。连接点可以是网格实体的节点、模型中的参考点、几何实体的顶点或地面。节点或参考点选成的连接点可以施加多点约束（*MPC）、耦合约束（*COUPLING）、刚体约束（*RIGID BODY）等各种约束及载荷和边界条件。

ABAQUS 中使用连接单元的步骤如下。

（1）进入 Interaction 模块。

（2）选择 Connector→Geometry→Point-to-Point Wire 命令，创建连接单元施加的位置。

注 意

在 ABAQUS 版本中这一步操作是必须进行的，在 ABAQUS 6.5 及以前的版本中，不需要这一步操作。

（3）选择 Connector→Section→Create 命令创建连接属性。

（4）选择 Connector→Assignment→Create 命令创建连接单元。

11.2.1 连接单元边界条件和载荷

在 Interaction 模块中创建完连接单元以后，可以在 Load 模块中施加连接单元边界条件（Connector Boundary Condition）和连接单元载荷（Connector Load），连接单元边界条件和载荷可以直接施加在连接单元的相对运动分量上，常用的连接单元边界条件和载荷类型有如下几种。

（1）连接单元位移（Connector Displacement）。

（2）连接单元力（Connector Force）。

（3）连接单元力矩（Connector Moment）。

（4）连接单元速度（Connector Velocity）。

（5）连接单元加速度（Connector Acceleration）。

注 意

连接单元边界条件和连接单元载荷的大小和方向都是相对于连接点的局部坐标系，因此，当模型中各个部分之间的相对运动关系比较复杂时，使用连接单元边界条件和连接单元载荷处理更方便。

连接单元边界条件和连接单元载荷的作用和使用方法与普通边界条件和载荷类似，在 ABAQUS/CAE 中，定义连接单元边界条件和连接单元载荷的方法如下。

（1）完成局部坐标系、分析步和连接单元的定义。

（2）进入 Load 模块，选择 BC→Create 和 Load→Create 命令，在弹出的 Create Boundary Condition 对话框和 Create Load 对话框中选择适当的边界条件和载荷类型，如图 11-1 和图 11-2 所示。

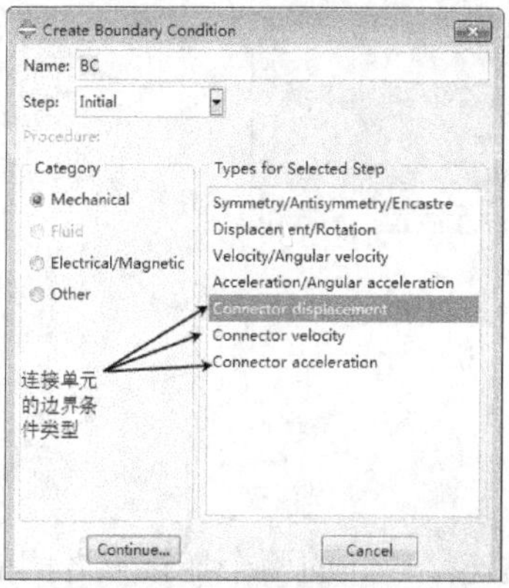

图 11-1　选择连接单元的边界条件

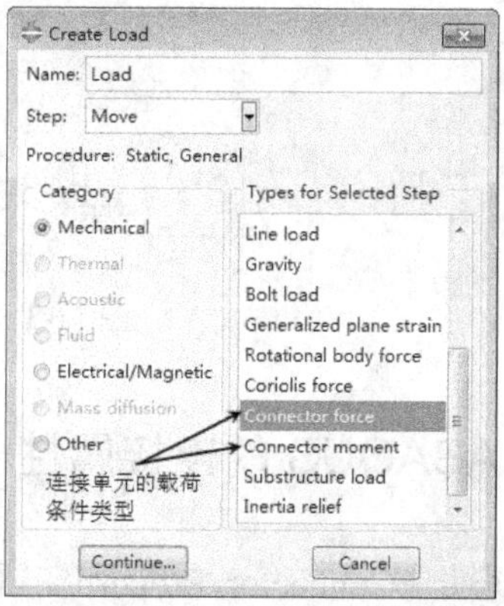

图 11-2　选择连接单元的载荷

11.2.2　连接单元行为

在实际的结构模型中，连接点之间存在着复杂的相互作用关系。这些相互关系可以利用连接单元行为（Connector Behavior）来描述。连接单元行为在定义连接属性时定义，可以在相对运动分量上定义多种连接单元行为，下面将介绍几种常见的连接单元行为。

（1）弹性（Connector Elasticity）。

（2）阻尼（Connector Damping）。

（3）塑性（Connector Plasticity 及 Connector Hardening）。

（4）摩擦（Connector Friction）。

（5）锁定（Connector Lock）。

（6）失效（Connector Failure）：只用于 ABAQUS/Explicit。

（7）损伤（Connector Damage）：只用于 ABAQUS/Explicit。

（8）止动（Connector Stop）。

与运动相关的连接单元行为只能定义在可用的相对运动分量上，定义方式包括以下几种。

（1）非耦合方式（Uncoupled）：连接单元行为定义在单独的可用相对运动分量上。

（2）耦合方式（Coupled）：连接单元行为同时定义在多个可用的相对运动分量上，相互之间发生耦合。

（3）组合方式（Combined）：同时使用非耦合方式和耦合方式定义单元行为。

ABAQUS/CAE 中定义连接单元行为的方法：在 Interaction 模块，执行 Connector→Section Create 命令，在 Create Connector Section 对话框中选择连接单元类型，如铰链（Hinge）连接，单击 Continue...按钮，进入 Edit Connector Section 对话框，如图 11-3 所示，单击 Add 按钮添加连接单元行为。

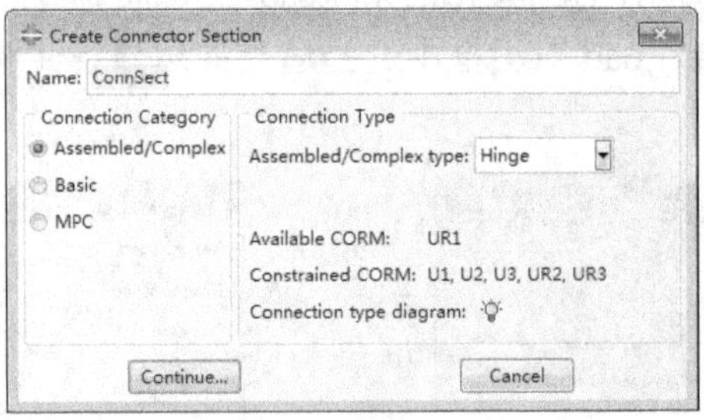

图 11-3　连接单元行为的定义

11.2.3　ABAQUS 的连接属性

连接属性（Connector Property）是用来描述连接单元的两个连接点之间的相对运动约束关系。每个连接单元都具有一定的连接属性，同一个连接属性可以赋给多个不同的连接单元。连接属性分为以下两种类型。

（1）基本连接属性（Basic Type）：基本连接属性又可以细分为平移连接属性（Translational Type）和旋转连接属性（Rotational Type）。平移连接属性影响两个连接点之间的平动自由度及第一个连接点的旋转自由度；旋转连接属性只能影响两个连接点的旋转自由度。

（2）组合连接属性（Assembled Type）：组合连接属性是基本连接属性（平移连接属性和旋转连接属性）的组合。

连接单元定义时可以只使用一个基本的连接属性（平移连接属性或旋转连接属性），也可以使用一个平移连接属性和一个旋转连接属性的组合，或者直接选择组合连接属性。

在两个连接点上可以分别定义各自的局部坐标系，连接点在分析过程中发生转动时，局部坐标系也会随之发生转动。在不同的连接属性中，两个连接点上的局部坐标系有三种情况。

（1）必需的（Required）：必须由用户定义局部坐标系。

（2）忽略的（Ignored）：不需要用户定义局部坐标系。

（3）可选的（Optional）：用户可以定义也可以不定义局部坐标系。如果用户没有定义局部坐标系，第一个连接点的局部坐标系将使用全局坐标系，第二个连接点的局部坐标系将使用第一个连接点上的局部坐标系。

在局部坐标系中，ABAQUS 定义了两个连接点之间的相对运动分量（Component of Relative Motion，CORM），包括相对平移运动分量 U1、U2、U3 和相对旋转运动分量 UR1、UR2、UR3，相对运动分量可以分为如下两种。

（1）受约束的相对运动分量（Constrained CORM）：相对运动分量需要满足一定的约束关系（如保持为零）。

（2）可用的相对运动分量（Available CORM）：相对运动分量不受任何约束，并且被用来定义连接单元载荷、连接单元边界条件、连接单元行为等。

11.2.4 基本连接属性

ABAQUS 中的基本平移连接属性如表 11-1 所示。

表 11-1 基本平移连接属性

平移连接属性	图 例	可用的相对平移运动分量（CORM）	受约束的相对平移运动分量（CORM）	描 述
Axial	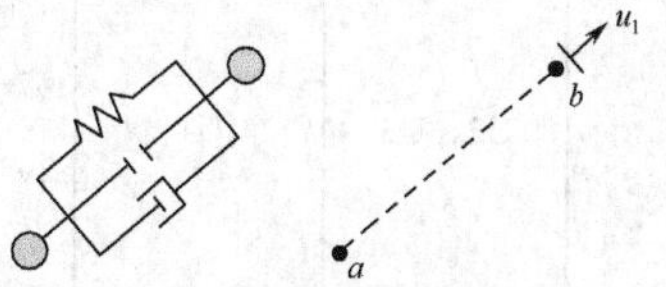	1 个 U1	0 个	不约束任何 CORM，用 U1 度量两点之间的相对距离的改变
Projection Cartesian	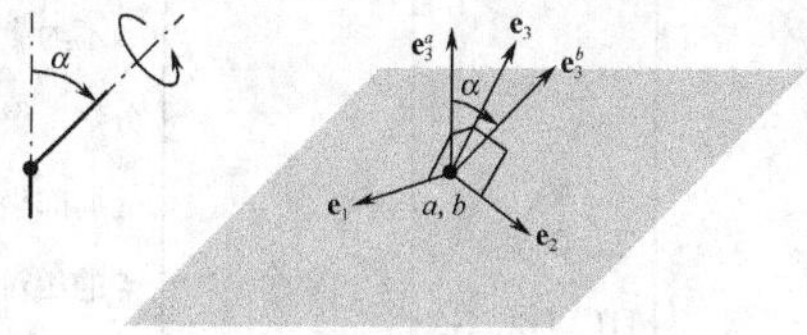	3 个 U1、U2、U3	0 个	不约束任何相对运动分量，根据由两点共同定义的正交坐标系来度量两点的相对平移 U1、U2、U3
Cartesian	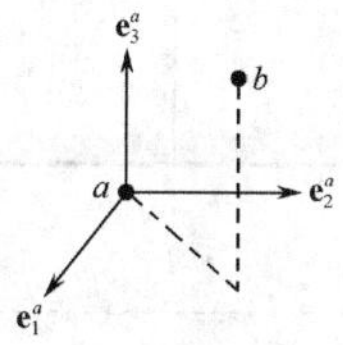	3 个 U1、U2、U3	0 个	不约束任何相对运动分量，根据在第一点上的笛卡儿坐标系来度量两点的相对平移 U1、U2、U3
Join		0 个	3 个 U1、U2、U3	两点之间不允许发生相对平移

续表

平移连接属性	图 例	可用的相对平移运动分量（CORM）	受约束的相对平移运动分量（CORM）	描 述
Link		0个	1个 U1	两点之间可以发生各个方向上的相对平移，但是两点的相对距离总保持不变
Slot	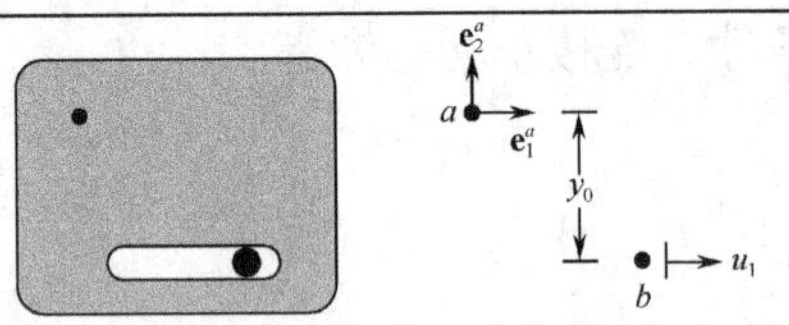	1个	2个 U2、U3	两点之间只能沿着第一个点的局部1方向发生相对平移
Radial-Thrust	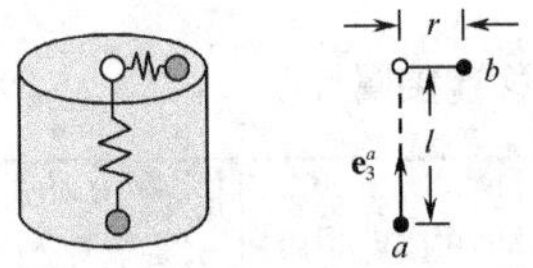	2个 U1、U3	0个	不约束任何相对运动分量，根据第一个点上的柱坐标系来度量两点的相对轴向平移U1和径向平移U3
Slide-Plane	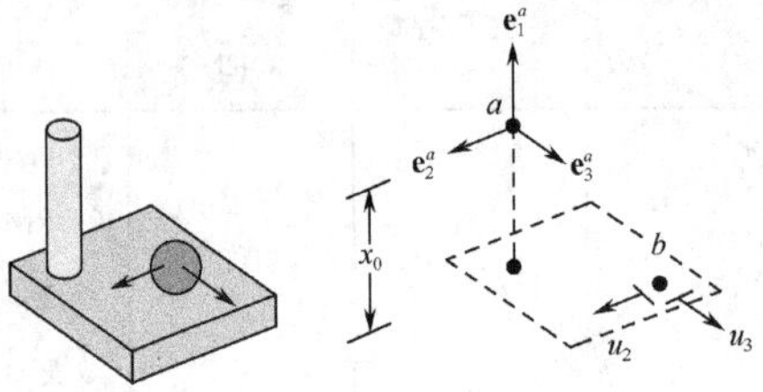	2个 U2、U3	1个 U1	两点之间只能沿着第一个点的局部坐标2、3方向发生相对平移
Accelerometer	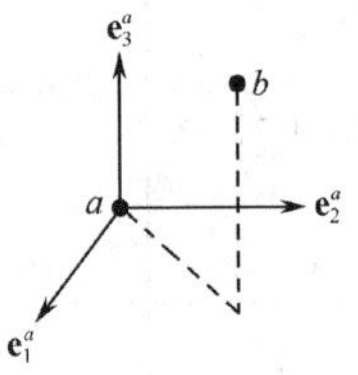	3个 U1、U2、U3	0个	不约束任何相对运动分量，根据第一个点上的局部坐标系来度量两点的相对轴向平移U1、U2、U3，以及相对速度、加速度，只用于ABAQUS/Explicit

提 示

对于基本平移连接属性，两个连接点之间的相对旋转运动分量都不受任何约束；同样，对于基本旋转连接属性，两个约束点之间的相对平移分量都是不受任何约束的。然而，对于组合连接属性，所有的平移和旋转自由度都需要考虑在内。

ABAQUS 中的基本旋转连接属性如表 11-2 所示。

表 11-2　基本旋转连接属性

旋转连接属性	图　例	可用的旋转运动分量（CORM）	受约束的旋转连接分量（CORM）	描　述
Align	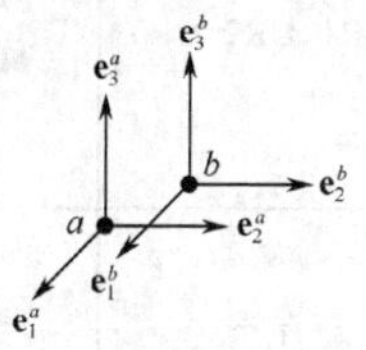	0 个	3 个 UR1、UR2、UR3	两点之间不允许发生相对旋转
Cardan	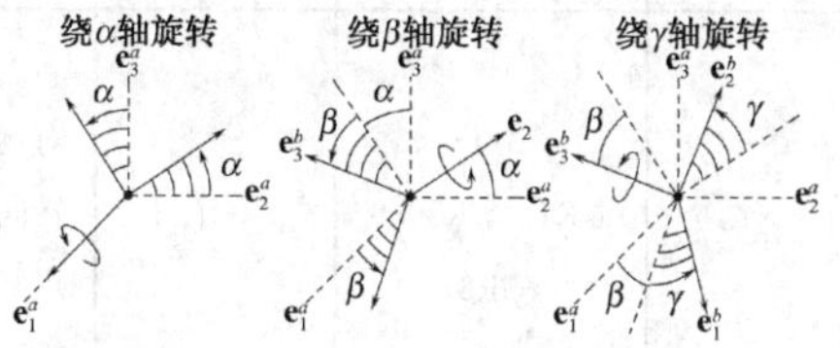	3 个 UR1、UR2、UR3	0 个	不约束任何相对相对运动分量，用 Cardan 角来度量两点之间的相对旋转 UR1、UR2、UR3
Constant Velocity	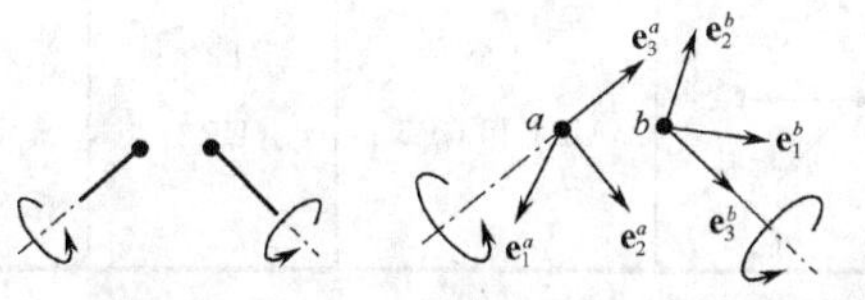	0 个	1 个 UR2	两点之间保持恒定的相对转速
Euler	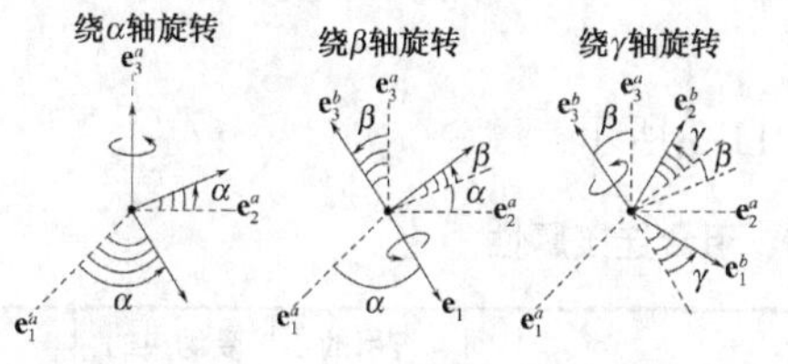	3 个 UR1、UR2、UR3	0 个	不约束任何相对运动分量，用 Euler 角度量两点之间的相对旋转
Flexion-Torsion	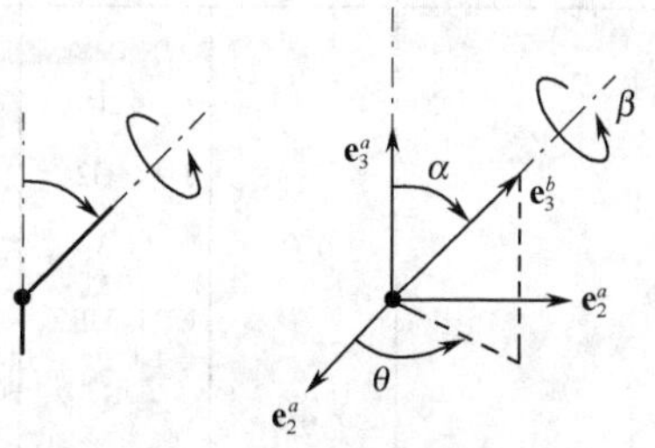	3 个 UR1、UR2、UR3	0 个	不约束任何相对运动分量，可以度量两点之间的相对旋转 UR1、UR2 和扫掠 UR3

续表

旋转连接属性	图 例	可用的旋转运动分量（CORM）	受约束的旋转连接分量（CORM）	描 述
Projection Flexion-Torsion	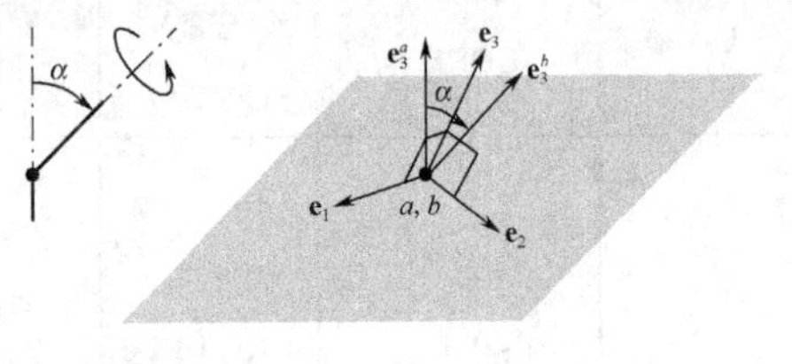	3 个 UR1、UR2、UR3	0 个	不约束任何相对运动分量，可以度量两点之间的相对旋转 UR1、UR2 和扭转 UR3，只用 ABAQUS/Explicit
Revolute	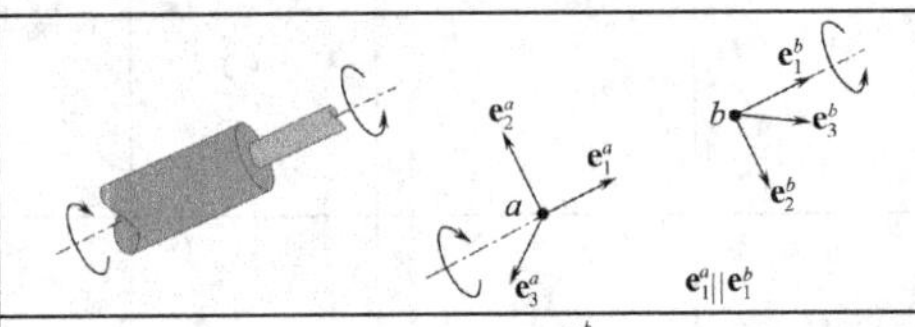	1 个 UR1	2 个 UR2、UR3	两点之间只能沿着第一点的局部 1 方向发生相对旋转
Rotation	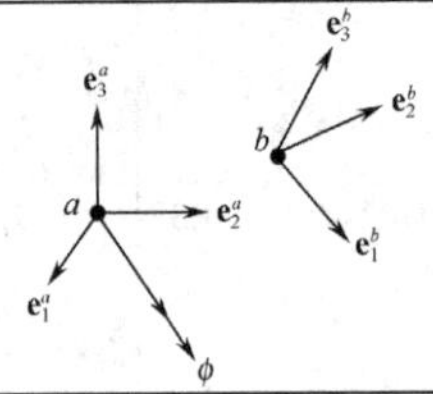	3 个 UR1、UR2 和 UR3	0 个	不约束任何相对运动分量，用旋转向量来度量两点之间的相对旋转 UR1、UR2、UR3
Universal	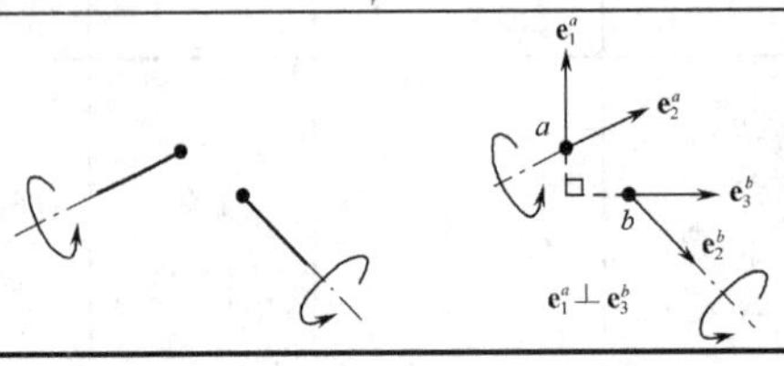	2 个 UR1 和 UR3	1 个 UR2	两点之间只能沿着第一点的局部 1、3 方向发生相对旋转

11.2.5 组合连接属性

ABAQUS 提供的组合连接属性如表 11-3 所示。

表 11-3 组合连接属性

组合属性	图 例	可用的 CORM	受约束的 CORM	描 述
Beam	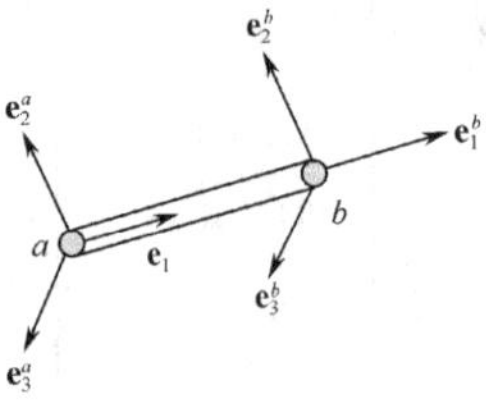	0 个	6 个 U1、U2、U3 UR1、UR2、UR3	在两点之间建立刚性连接，两点之间不允许发生相对平移和旋转

续表

组合属性	图　　例	可用的 CORM	受约束的 CORM	描　　述
Bushing	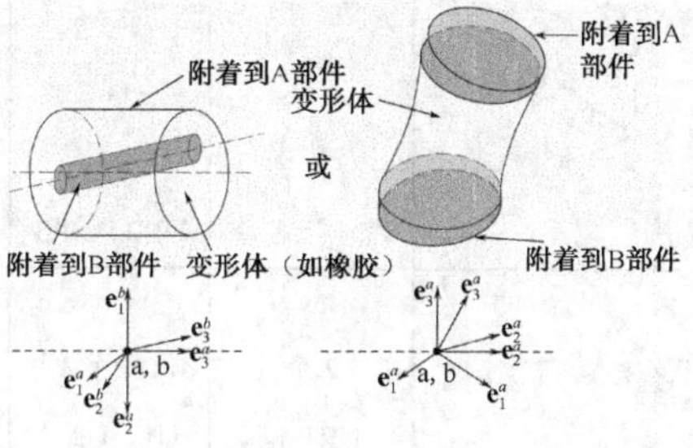	6 个 U1、U2、U3 UR1、UR2、UR3	0 个	不约束任何相对运动分量，在两点之间建立一种类似于衬套的连接关系，只用于 ABAQUS/Explicit
CVJoint	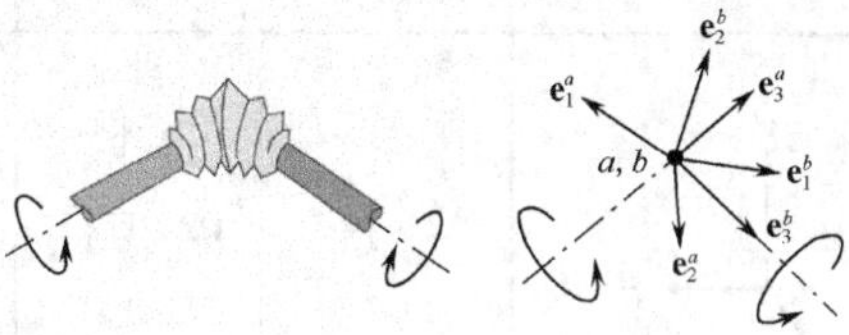	0 个	4 个 U1、U2、U3、UR2	两点之间不允许发生相对平移，且保持恒定的相对转速
CVLindrical	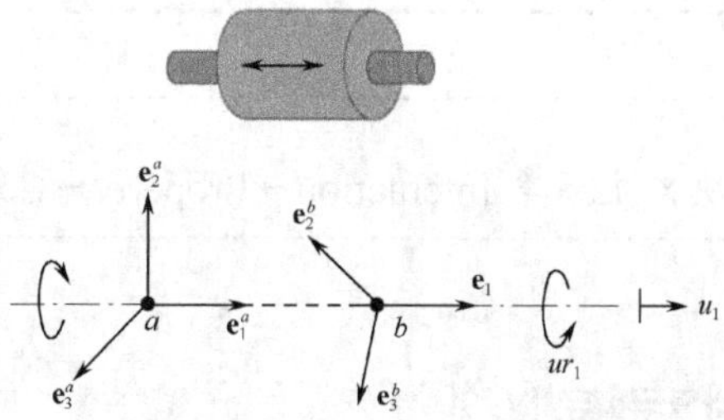	2 个 U1、UR1	4 个 U2、U3、UR2、UR3	两点之间只能沿着第一点的局部 1 方向发生相对平移和旋转
Hinge	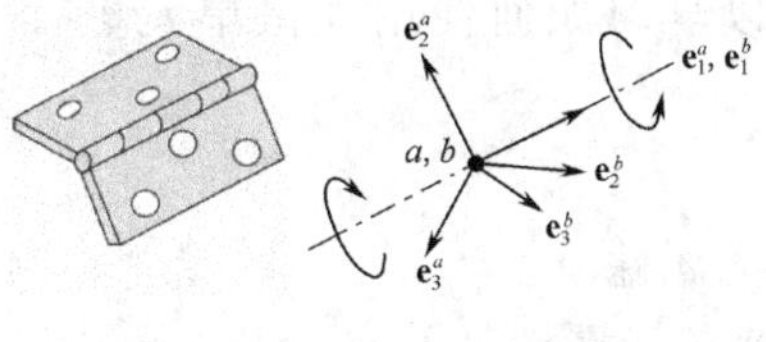	1 个 UR1	5 个 U1、U2、U3、UR2、UR3	两点之间不允许发生相对位移，只能沿着第一点的局部 1 方向发生相对旋转
Planar	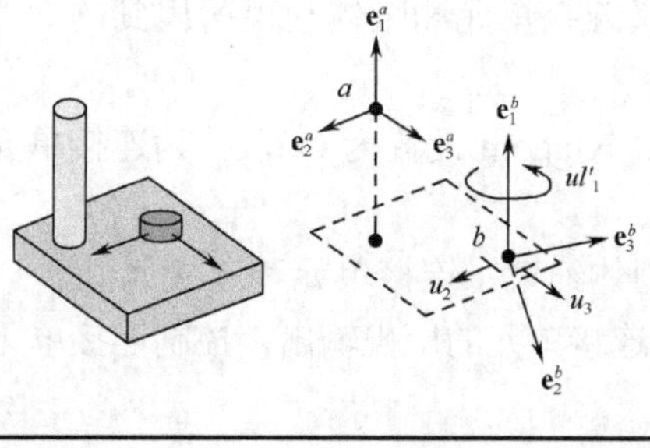	3 个 U2、U3、UR1	3 个 U1、UR2、UR3	相当于建立了一个局部的二维系统，两点之间只能沿着第一点的 2、3 方向发生相对平移，或者沿着第一点的局部 1 方向发生相对旋转

续表

组合属性	图例	可用的 CORM	受约束的 CORM	描述
Wied	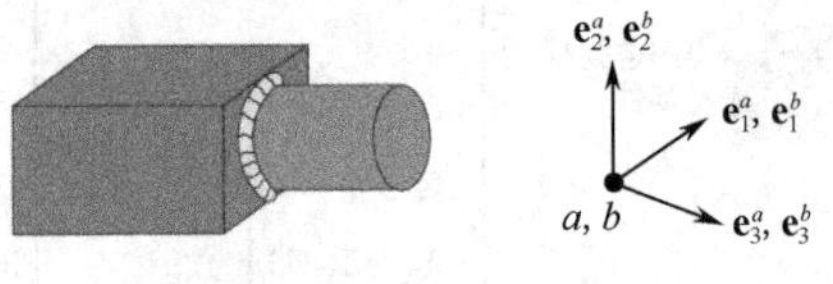	0个	6个 U1、U2、U3、UR1、UR2、UR3	将两点黏结在一起，两点之间不允许发生相对平移和旋转
Ujoint	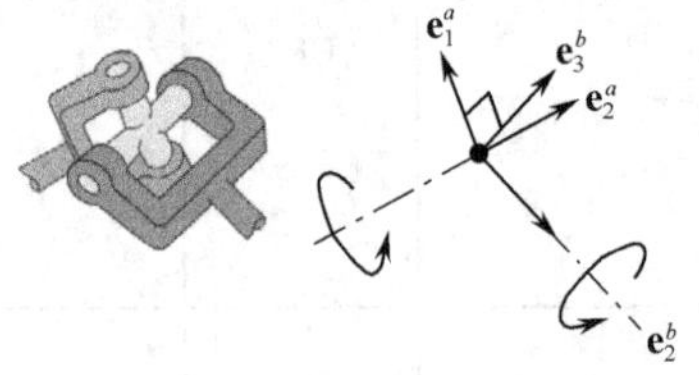	2个 UR1和UR3	4个 U1、U2、U3和UR2	两点之间不允许发生相对平移，只能沿着第一点的局部1、3方向发生相对旋转
Translator	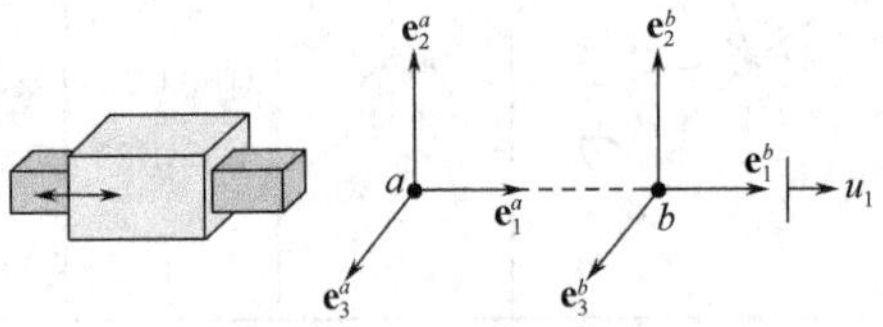	1个 U1	5个 U2、U3、UR1、UR2、UR3	两点之间只能沿着第一点得局部1方向发生相对平移，不允许发生相对旋转

提示

ABAQUS 操作：Interaction 模块，主菜单 Interaction→Property→Create。

11.3 矩形螺旋桨旋转过程模拟

从下面一个简单的实例，读者可以学习如何使用连接单元进行多体分析，掌握ABAQUS的以下功能。

（1）在 Part 模块中，创建壳体。

（2）在 Property 模块中，定义壳体的属性。

（3）在 Mesh 功能模块中，划分网格单元属性。

（4）在 Assembly 功能模块中，定义连接单元和刚体约束所用到的参考点和基准坐标系（datum coordinate system）。

（5）Step 模块中将几何非线性参数 Nlgeom 设置为 On，并为连接单元定义历史输出变量。

（6）在 Interaction 模块中，定义刚体约束、连接单元和连接属性。

（7）在 Visualization 模块中，查看连接单元的历史输出，控制连接单元的显示方式。

11.3.1 问题的描述

如图 11-4 所示，半径为 0.4 mm 的轴，在其一端装一个长度为 50 mm、宽度为 4 mm 的矩形螺旋桨。

轴线方向为全局坐标系的 3 方向，矩形所在的平面与轴线垂直。矩形转动是矩形顶部的点旋转至阴影处（在全局坐标系的 1 方向上移动了 10 mm）。矩形和轴都是刚体，要求模拟矩形螺旋桨的旋转过程。

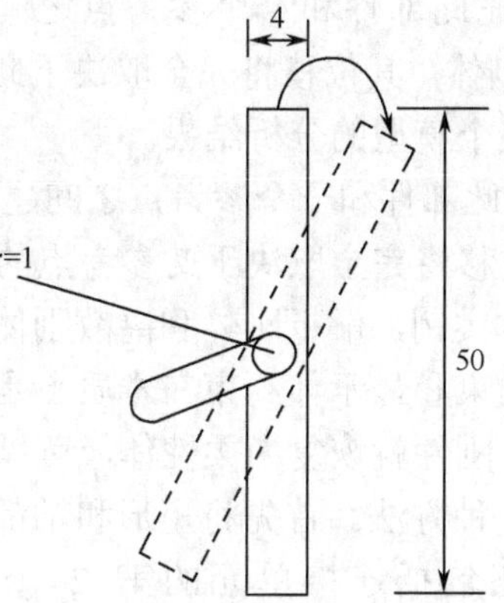

图 11-4 矩形螺旋桨的多体分析模型

11.3.2 问题分析和求解

整个模型中的运动只是矩形绕轴的转动，因此在矩形和轴之间使用 HINGE 类型的连接单元（u1，u2，u3，ur2，ur3 都为 0，只有 url 是可用的相对运动分量），第一个连接点为位于轴一端的参考点（图 11-5 中的 RP-Shaft，位于轴的中心线上）。第二个连接点为位于矩形中心的参考点（图 11-5 中的 RP-Wing-Center），将第一个连接点上的局部一方向定义为轴的中心线方向，即全局坐标系中的 3 个方向。

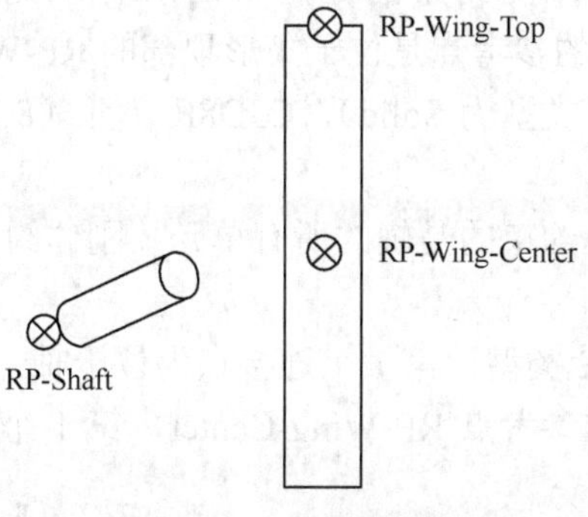

图 11-5 模型分解图

注 意

应尽量选择参考点作为连接单元的连接点，但是不要直接使用 Solid 实体的节点，因为具有旋转属性的连接单元会激活 Solid 实体节点上的旋转自由度，如果这些选择自由度没有得到充分的约束，就会出现收敛问题。

矩形和轴都是刚体，刚体部件的建模方法有以下几种。

（1）创建解析刚体。

（2）创建离散刚体。

（3）创建柔性体，然后在此部件和一个参考点之间建立显示体约束（*DISPLAY BODY）。这样此部件就变为刚体，其位移将完全取决于此参考点的位移，部件本身只起到图形显示的作用，不影响整个模型的分析结果。

（4）创建柔性体，然后在此部件和一个参考点之间建立刚体约束（*RIGID BODY），这样此部件就变为刚体，其位移将完全取决于此参考点的位移。

上述 4 种方法都适用于本实例，解析刚体和离散刚体的优点是建模过程简单，并且可以减小模型的规模。刚体约束和显示体约束在本质上是一样的。其共同的优点：只受去掉刚体约束或显示体约束，刚件就恢复为柔性体，可以进行多柔体分析。

本实例中将练习使用第 4 种方法。首先将矩形和轴都定义为柔性体，然后施加刚体约束。受到此刚体约束的还包括连接单元的第 2 个连接点（矩形中心的参考点 RP-Wing-Center）。

对于施加了刚体约束的部件。位移边界条件只能定义在刚体约束的参考点上，因此在矩形的顶部定义一个参考点，如图 11-5 所示的 RP-Wing-Top，它既被用来施加位移边界条件（在全局坐标系的 1 方向上移动 10 mm），又作为矩形刚体约束的参考点。

类似地，将轴的刚体约束定义在参考点 RP-Shaft 上，并在此参考点上施加固支边界条件，使轴保持固定。

对以上建模要点归纳如下。

（1）矩形部件：柔性体（类型为 Shell），S4R 单元（4 节点四边形有限薄膜应变线性减缩积分壳单元）。

（2）矩形的刚体约束：受约束的是矩形的所有单元和位于矩形中心的参考点 RP-Wing-Center，刚体约束的参考点是位于矩形顶部的 RP-Wing-Top。

（3）轴部件：柔性体（类型为 Solid），C3D8R 单元（8 节点六面体线性减缩积分单元）。

（4）轴的刚体约束：受约束的是轴的所有单元，刚体约束的参考点是位于轴一端的 RP-Shaft。

（5）连接单元：HINGE 类型。第 1 个连接点为位于轴一端的参考点 RP-Shaft，第 2 个连接点为位于矩形中心的参考点 RP-Wing-Center，第 1 个连接点上的局部 1 方向为轴的中心线方向。

（6）矩形的位移边界条件：U1 =10，施加在矩形的刚体约束参考点 RP-Wing-Top 上。

（7）轴的位移边界条件：固支边界条件，施加在轴的刚体约束参考点 RP-Shaft 上。

（8）载荷：没有外载荷。

在建模过程中还需要考虑以下问题。

（1）此问题中不关心结构的动态响应，所以分析步类型设为 Static，General（使用 ABAQUS/Standard 作为求解器）。

（2）分析过程中出现了很大的位移，是典型的几何非线性问题，应在分析步中将几何非线性参数 Nlgeom 设置为 On。

1．创建部件

运行 ABAQUS/CAE，创建一个新的模型数据库。

单击工具箱中的（Create Part）按钮，在 Name 后面输入 Wing，将 Modeling Space 设为 3D，Type 改为 Deformable，Shape 为 Shell，Type 为 Planar，单击 Continue...按钮，进入草图环境。

绘制一个矩形，矩形的中心为（0,0），长度和宽度分别为 50 和 4。单击工具箱中的（Create Circle：Center and Perimeter）按钮，以坐标原点（0,0）为圆心，以 1 为半径绘制两个圆，单击鼠标中键，单击提示区中的 Done 按钮，这样就得到了带孔的矩形部件。

2．创建材料和截面属性

（1）创建材料：进入 Property 模块，单击工具箱中的（Create Material）按钮，弹出 Edit Material 对话框，输入材料名称 steel，选择 Mechanical→Elasticity→Elastic，输入弹性模量值为 2.09e11，泊松比为 0.3；单击 OK 按钮，完成材料属性定义。

（2）创建截面属性：单击工具箱中的（Create Section）按钮，在 Create Section 对话框中输入截面名称 Sec-Wing，选择 Catagory：Shell，单击 Continue...按钮，进入 Edit Section 对话框。

进入 Edit Section 对话框，Material 选择 steel，将 Shell thickness 设为 0.5，单击 OK 按钮，完成截面 Sec-Wing 的定义。

（3）赋予截面属性：单击工具箱中的（Assign Section）按钮，选择部件 Wing，单击提示区中的 Done 按钮，在弹出的 Edit Section Assignment 对话框中选择 Section：Sec-Wing，单击 OK 按钮，把截面属性 Sec-Wing 赋予部件 Wing。

3．定义装配件

进入 Assembly 模块，单击工具箱中的（Instance Part）按钮，在 Create Instance 对话框中选择 Wing，单击 OK 按钮，创建部件 Wing 的实例。

4．划分网格

进入 Mesh 功能模块，在窗口顶部的环境栏 Object 选项设为 Part：Wing。

1）设置网格密度

单击按钮，在 Approximate global size 后面输入 6，然后单击 OK 按钮。

2）控制网格划分

单击工具区中的 Assign Mesh Controls（网格控制）工具，弹出 Mesh Controls 对话框，将 Algorithm 设为 Advancing front，单击 OK 按钮，完成控制网格划分选项的设置。

3）选择单元类型

单击工具区中的 Assign Element Type（分配单元类型）工具，在视图区选择模型，单击 Done 按钮，弹出 Element Type 对话框，选择默认的单元类型 S4R，单击 OK 按钮。

4）划分网格

单击工具区中的 Mesh Part（划分部件）按钮，单击提示区的 Yes 按钮，完成网格划分。

5. 定义参考点和基准坐标系

1）创建参考点

进入 Interaction 功能模块，在主菜单中选择 Tools→Reference Point，窗口底部提示区中显示了默认的坐标（0.0,0.0,0.0），按 Enter 键来确认，视图区中显示出名为 RP-1 的参考点。

使用同样的方法，再创建坐标为（0,25,0）的参考点 RP-2 和坐标为（0,0,25）的参考点 RP-3。

2）参考点名称

在模型树中展开 Assembly / Features，在 RP-1 上单击鼠标右键，选择 Rename，将参考点名称改为 RP-Wing-Center。类似地，将参考点 RP-2 的名称改为 RP-Wing-Top，参考点 RP-3 的名称改为 RP-Shaft。

3）抑制不需要的基准坐标系 Datum csys-1

在模型树中的 Assembly / Features 下面，可以看到一个已有的基准坐标系 Datum csys-1，本模型中不需要它，在它上面单击鼠标右键，选择 Suppress 来抑制它。

注 意

也可以通过选择 Delete 删除它，被删除的特征则无法恢复，而被抑制的特征可以通过 Resume 来恢复。

4）为连接单元施加基准坐标系

连接单元第 1 个连接点上的局部 1 方向应该是轴的中心线方向。单击左侧工具区中的（Create Datum CSYS: 3 Points）按钮，在 Name 后面输入 Csys-Hinge，类型为 Rectangular，然后单击 Continue...按钮。窗口底部的提示区中显示出默认的原点坐标为（0,0,0）（这是全局坐标系下的坐标），按 Enter 键确认，然后输入局部 X 轴上的点坐标（0,0,1），按 Enter 键，再输入局部 X-Y 平面上的点坐标（0,1,0），按 Enter 键，得到的基准坐标系如图 11-6 所示。

图 11-6 模型中的参考点和基准坐标系

6．定义集合

在 Interaction 功能模块中，选择主菜单中 Tools→Set→Manager，单击 Create…按钮，依次定义以下集合。

（1）集合 Set-RP-Wing-Top：单击参考点 RP-Wing-Top。

（2）集合 Set-RP-Wing-Center：单击参考点 RP-Wing-Center。

（3）集合 Set-RP-Shaft：单击参考点 RP-Shaft。

（4）集合 Set-Whole-Wing：单击矩形面来选择整个 Wing。

（5）集合 Set-Whole-Shaft：选中整个轴实体。

注 意

为整个轴定义实体集合时，不要直接单击轴的某个位置，否则会提示错误：The set 'Set-Whole-Shaft'has been created (1 face)，这表明所选中的只是轴的表面，而不是整个实体。正确的操作方法：在窗口底部提示区出现 Select the geometry for the set 时，先单击其后的图标，在弹出来的 Options 对话框中，将 Select from 设为 Cells（只选择三维实体）。

7．定义刚体约束

1）定义矩形的刚体约束

矩形的所有单元和矩形中心的参考点 RP-Wing-Center 都受到刚体约束，此刚体约束的参考点是矩形顶部的 RP-Wing-Top。

在 Interaction 功能模块中，选择主菜单 Constraint→Manager，选中 Region type 下面的 Body（elements），然后单击 Constraint Manager 对话框中的 Create…按钮，在 Name 后面输入 Rigid-Wing，选择约束类型 Rigid body，然后单击 Continue…按钮。

在 Edit Constraint 对话框中，选中 Region type 下面的 Body（elements），然后单击 Constraint Manager 对话框中的 Edit…按钮。单击窗口右下角的 Sets，在弹出的 Region Selection 对话框中，选中 Set-Whole-Wing，然后单击 Continue…按钮。

在 Edit Constraint 对话框中，选中 Region type 下面的 Tie（nodes），单击窗口右下角的 Sets，在弹出的 Region Selection 对话框中，选择 Set-RP-Wing-Center 作为受约束的点。

在 Edit Constraint 对话框中，选择 Reference Point 下面的 Edit。选择集合 Set-RP-Wing-Top 作为受刚体约束的点。

完成上面操作后的 Edit Constraint 对话框如图 11-7 所示，单击 OK 按钮。在 Constraint Manager 对话框中单击 Edit...按钮，视图区中将以高亮度显示该刚体约束，通过此操作可以查看所选区域的正确性，如图 11-8 所示。

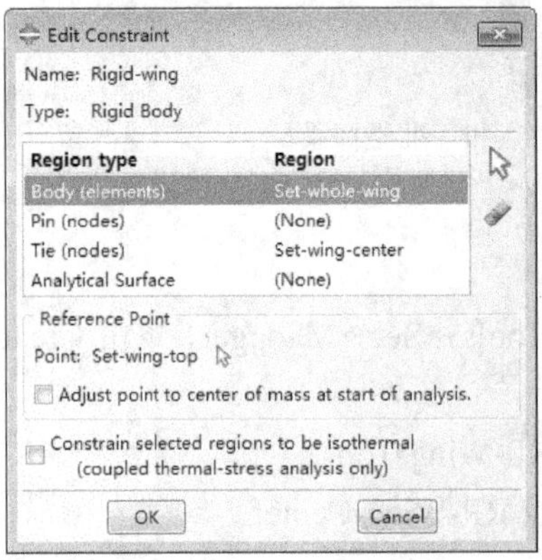

图 11-7　定义矩形的刚体约束

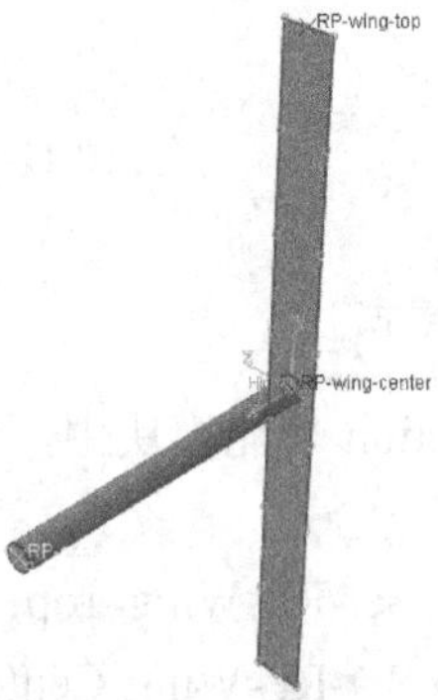

图 11-8　验证所选区域

完成上面操作后的 Edit Constraint 对话框如图 11-7 所示，单击 OK 按钮。在 Constraint Manager 对话框中单击 Edit...按钮，视图区中将以高亮度显示该刚体约束，通过此操作可以查看所选区域的正确性，如图 11-8 所示。

2）定义轴的刚体约束

类似地，定义名为 Rigid-shaft 的刚体约束，如图 11-9 所示，受约束的单元是整个轴的集合 Set-whole-shaft，刚体约束的参考点是 Set-RP-Shaft。

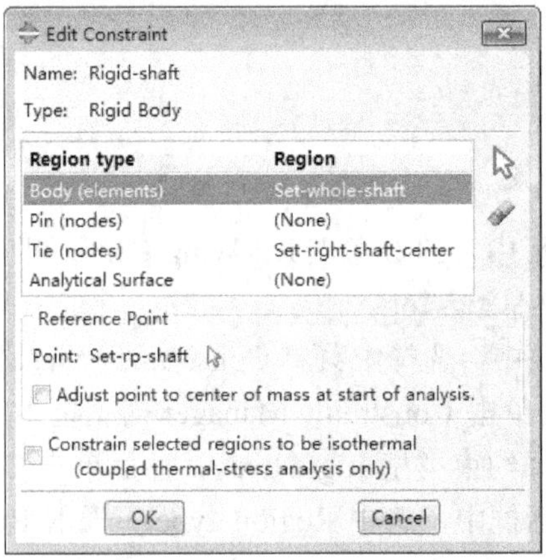

图 11-9　定义轴的刚体约束

8. 定义连接属性和连接单元

（1）定义连接属性。在 Interaction 功能模块中，单击左侧工具区的（Create Connector Section）按钮，弹出 Create Connector Section 对话框，在 Name 后面输入 ConnProp-Hinge，选择 Assembled/Complex：Hinge，如图 11-10 所示，然后单击 Continue...按钮，在弹出的 Edit Connector Section 对话框中保持默认值，如图 11-11 所示，单击 OK 按钮，完成操作。

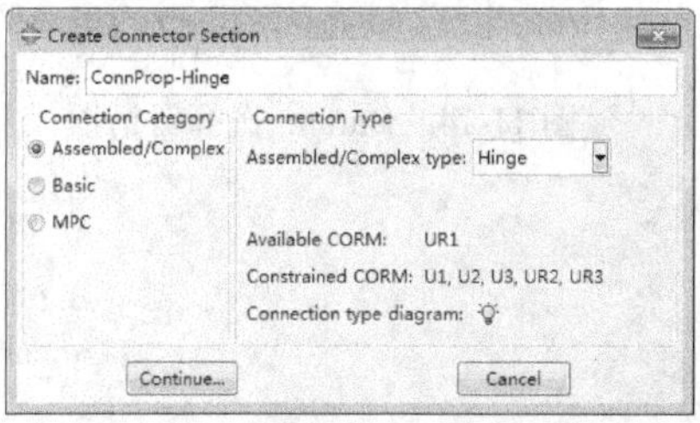

图 11-10　选择组合连接属性 Hinge

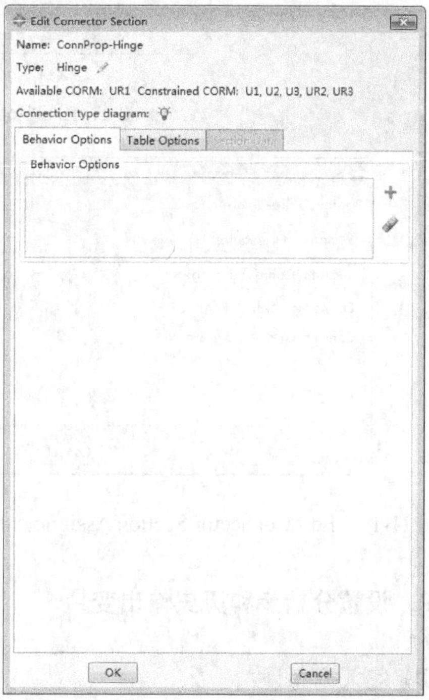

图 11-11　Edit Connector Section 对话框

（2）单击工具箱中的（Create Wire Feature）按钮，弹出 Create Wire Feature 对话框，单击 Add 按钮，在图形窗口中选择轴的端点 Set-RP-Shaft 作为第一（或第二）点，选择矩形中心点 Set-RP-Wing-Center 作为第二（或第一）点，单击 Done 按钮，确认选中 Create set of wires，单击 OK 按钮。

（3）定义连接单元。单击左侧工具区的（Create Connector Assignment）按钮，单击提示区的 Sets 按钮，在弹出的 Region Selection 对话框（见图 11-12）中选择 Wire-1-Set-1，单击 Continue...按钮，弹出 Edit Connector Selection Assignment 对话框，如图 11-13 所示。Selection 选择 ConnProp-Hinge，切换到 Orientation 1 选项卡，单击 Specify CSYS 后面的 Edit...按钮，单击提示区的 Datum CSYS List 按钮，在 Datum CSYS List 对话框中选择已经定义好的基准坐标系 csys-Hinge，如图 11-14 所示，单击 OK 按钮，切换到 Orientation 2 选项卡，保持不变，再单击 OK 按钮，完成连接单元的定义。

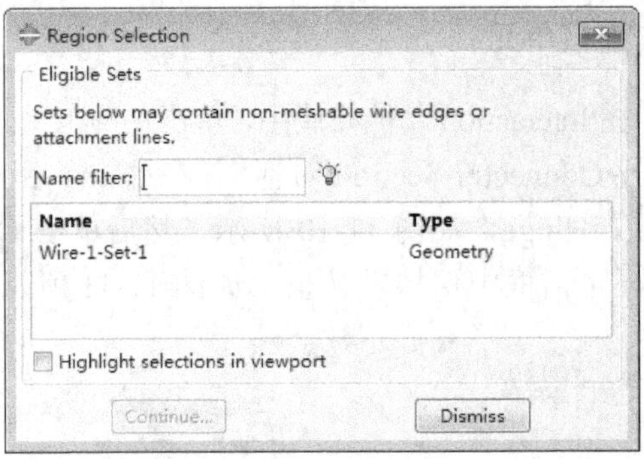

图 11-12　Region Selection 对话框

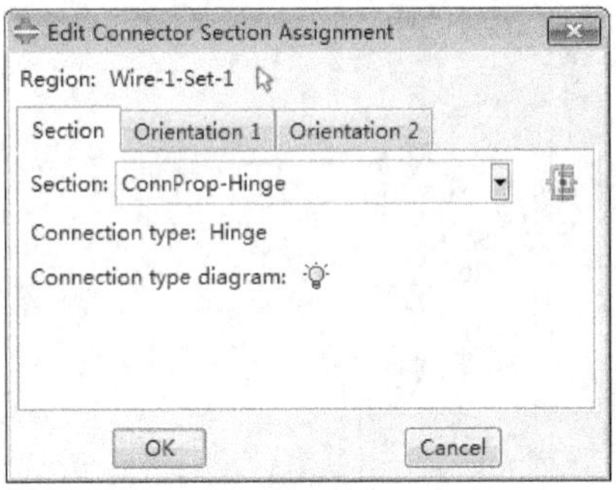

图 11-13　Edit Connector Section Assignment 对话框

图 11-14　Datum 选择对话框

9．设置分析步和历史输出变量

1）定义分析步

进入 Step 模块，单击工具箱中的 （Create Step）按钮，在弹出的 Create Step 对话框中，选择 General：Static，单击 Continue…按钮。

在弹出的 Edit Step 对话框中将 Nlgeom 设为 On，初始增量步设为 0.1，其他接受默认设置，单击 OK 按钮完成分析步的定义。

2）设置连接单元的历史变量输出

单击工具箱中的 （History Output Manager）按钮，在弹出的 History Output Request Manager 对话框中可以看到 ABAQUS/CAE 已经自动生成了一个名为 H-Output-1 的历史输出变量。

单击 Edit…按钮，在弹出的 Edit History Output Request 对话框中，将 Domain 设为 Wire-1-Set-1，如图 11-15 所示，单击 Connector 后面的黑色三角，在下拉的选项中选择 CF（连接单元的作用力和作用力矩）和 CU（连接单元的相对位移和旋转），然后单击 OK 按钮，完成输出变量的定义。

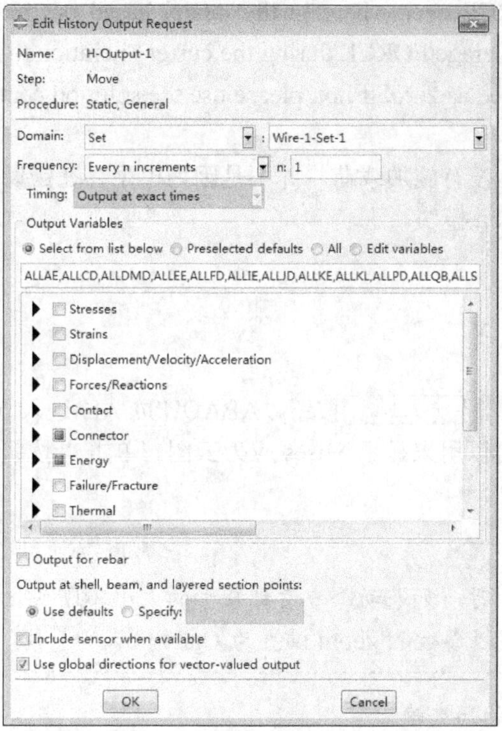

图 11-15　Edit History Output Request 对话框

10．定义载荷和边界条件

1）在轴的刚体约束参考点 RP-Shaft 上施加固支定义边界条件

进入 Load 功能模块，单击工具箱中的（Create Boundary Condition）按钮，创建名称为 BC-Shaft 的边界条件，或单击 Boundary Condition Manager 对话框中的 Create...按钮，在弹出的对话框中，分析步选择 Initial，类型选择 Symmetry/Antisymmetry/Encastre，选择集合 Set-RP-Shaft，约束类型为 ENCASTRE。

2）在矩形螺旋桨的刚体约束参考点 RP-Wing-Top 上施加位移约束

单击工具箱中的（Create Boundary Condition）按钮，或者单击 Boundary Condition Manager 对话框中的 Create...按钮，在弹出的对话框中，创建名称为 BC-Wing 的边界条件，分析步选择 Step-1，类型选择 Displacement/Rotation，选择集合 Set-RP-Wing-Top，约束为 U1=0。

11．结果分析

进入 Job 模块。执行 Job→Manager 命令，单击 Job Manager 对话框中的 Create...按钮，定义作业名称为 wing-shaft，单击 Continue...按钮，单击 OK 按钮。

单击 Job Manager 对话框中的 Monitor 按钮，可以对求解过程进行监视，单击 Submit 按钮，提交作业。单击 Warning 标签页，看到分析过程中出现以下的警告信息：

There is zero FORCE everywhere in the model based on the default criterion. please check the value of the average FORCE during the current iteration to verify that the FORCE is small enough to be treated as zero. if not, please use the solution controls to reset the criterion for zero FORCE.

这是因为在模型上没有施加载荷，并不是因为模型存在错误。等分析结束后，单击 Results 进入 Visualization 模块。

12. 后处理

1）动画显示

当分析完毕后，单击 Results 按钮，ABAQUS/CAE 进入 Visualization（可视化）模块。单击按钮，可以用来显示 Mises 应力云图。单击按钮，可以显示变形过程的动画。

> **注 意**
>
> 当变形系数为 1 时，如果动画中看到矩形的大小不断变化，则有可能是没有在分析步中将几何非线性参数 Nlgeom 设置为 On。

2）查看连接单元的历史输出

执行 Results→History Output 命令，在弹出的对话框中选择 Wire-1-Set-1 的输出变量连接单元上的反作用力 CRF1、CRF2、CRF3 和反作用力矩 CRM1、CRM2、CRM3，然后单击 Plot 按钮，得到曲线如图 11-16 所示。

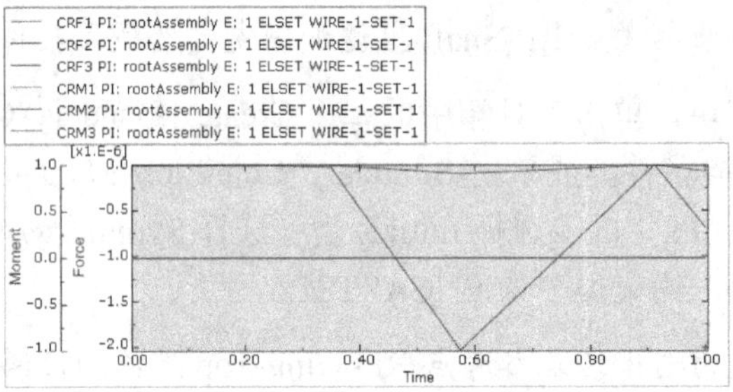

图 11-16　历史输出变量：连接单元上的 CRF1、CRF2、CRF3 和反作用力 CRM1、CRM2、CRM3

> **注 意**
>
> 在模型上没有施加载荷，因此连接单元的反作用力和反作用力矩都应近似为 0，如图 11-16 所示，反作用力和反作用力矩数量级都是10^{-6}，这一结果是合理的。

3）查看矩形顶部的参考点 RP-Wing-Top 的位移

再次单击按钮来停止动画，单击窗口顶部菜单栏的按钮来跳至分析步的停止时刻。单击窗口顶部的按钮，将查询变量设为 U1，可以看到，矩形顶部的参考点

RP-Wing-Top 在全局坐标系的 1 方向上的位移是 10，与位移边界条件相吻合，此时视图区显示的位移变量云图如图 11-17 所示。

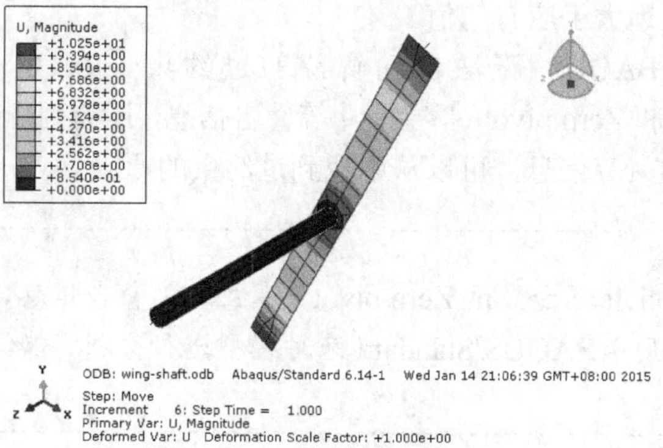

图 11-17 位移变量云图

注 意

在后处理时看不到应力的分析结果，这是因为整个模型中的各个部件都是刚体。

4）显示连接单元

单击按钮来显示未变形的图。单击主菜单 View→ODB Display Options，选择 Entity Display 标签页，选中 Show connector，然后单击 Apply 按钮。可以看到视图区中以棕色实线显示出实体单元。

11.3.3 INP 文件

该案例中的 INP 文件解释请查阅光盘中的相关文件，限于篇幅，在此不做详解。

11.4 多体分析要注意的问题

11.4.1 多体分析中的过约束

本书介绍了过约束的概念。在多体分析中，如果连接属性或边界条件选择得不正确，在节点的某个自由度上定义了两个以上的约束关系，很容易出现过约束的问题。

对于一些常见的过约束，ABAQUS 会自动去除不需要的约束条件，得到正确的分析结果。但对于某些过约束，ABAQUS 无法自动找出好的解决方法。这时可能出现以下几种结果。

（1）分析过程无法达到收敛。

（2）虽然能够达到收敛，但出现远远超过正常数量级的刚体位移，在 Visualization

模块中无法正常显示变形图和云纹图。

（3）能够达到收敛，位移结果也正确，但在历史变量输出中可以看到，某个连接单元反作用力或力矩远远大于应有的值。

如果出现了 ABAQUS 无法自动解决的过约束，在 MSG 文件中就会显示 Overconstraint check 和 Zero pivot（零主元）等警告信息，还会列出过约束所涉及的节点、实体、连接单元、约束等信息，可以从中找到过约束的原因。

注 意

ABAQUS/Explicit 不会显示 Zero pivot（零主元）警告信息，因此在进行显示分析之前，应该首先用 ABAQUS/Standard 来对模型进行分析，以保证模型中不会出现过约束的问题。

提 示

建立复杂的分析模型时，不要一次性定义所有的连接单元和约束关系。可以先完成模型的一小部分，并施加适当的边界条件，进行分析来验证其正确性，然后逐步分析模型的其他部分。

11.4.2 选择连接属性和边界条件

可以使用下面的方法来为模型选择合适的连接属性和边界条件。在三维模型中，每个实体都包括 6 个刚体度（3 个平移自由度和 3 个旋转自由度），因此一个正确的模型应满足下列的关系：

实体总数×6=位移边界条件所约束的自由度总数+连接单元中所约束的相对运动分量总数 （11-1）

例如，在上一节的矩形螺旋桨的旋转实例中，实体总数是 2，参考点 RP-Wing-Top 上的位移边界条件约束了 1 个自由度，参考点 RP-Shaft 上的固支边界条件约束了 6 个自由度，HINGE 类型的连接单元中约束的相对运动变量为 5，满足该公式。

提 示

式（11-1）中提到的约束并非意味着固定不动，例如，在边界条件中给定某个自由度的位移值，也是对该自由度施加了约束。

注 意

需要注意：式（11-1）只是模型正确的必要条件，而不是充分条件，换言之，仅仅满足了式（11-1）并不能保证模型的约束条件肯定是正确的。例如，尽管模型中约束的总数满足式（11-1），但在同一个自由度上施加了重复的约束。就仍然是过约束。

11.5 双万向联轴器机构分析

万向联轴器主要用于两轴之间有较大的偏斜角（最大可达到 35°～45°）或在工作中有较大角位移的地方。在机构的设计中，不仅要关心机构的运动分析，还要关心机构的受力分析。

本例旨在模拟双万向联轴器机构传动过程中各零件的受力状况。

11.5.1 问题的描述

如图 11-18 所示的双万向联轴器传动机构，右端点 F 处受到一个大小为 1000 的转矩作用，分析机构的运动情况及主从轴的运动关系。

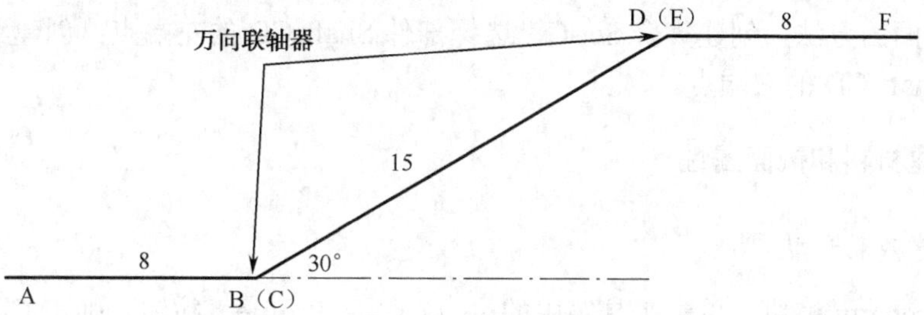

图 11-18 结构示意图

11.5.2 问题的分析

本例涉及到万向联轴器的传动分析，使用通常的静力、动力学分析方法进行分析的过程非常烦琐或者难以实现，必须使用多体系统分析方法，使用 ABAQUS 提供的联轴器单元进行分析。

1．创建部件

运行 ABAQUS/CAE，创建一个新的模型数据库。

1）创建 Shaft-AB 和 Shaft-EF

单击工具箱中的 (Create Part)按钮，在 Name 后面输入 Shaft-AB，将 Modeling Space 设为 3D，Type 改为 Deformable，Shape 为 Wire，Type 为 Planar，Approximate size 设为 20，单击 Continue...按钮，进入草图环境。

单击工具区中的 Create Lines 工具 ，依次输入坐标（-8,0,0）和（0,0,0），以该两点作端点作一条直线，单击提示区中的 Done 按钮，完成部件 Shaft-AB 的创建。

选择主菜单中 Tools→Set→Manager，单击 Create...按钮，在 Create Set 对话框中输入集合名 Set-B，单击 Continue...按钮，在图形窗口中选择部件 Shaft-AB 的右端点，单击 Done 按钮，完成操作。

使用同样的方法，创建另一个部件 Shaft-EF，直线的两个端点坐标分别为（0,0,0）和（0,8,0），并创建集合 Set-E，选择部件 Shaft-EF 的左端点。

2）创建 Shaft-CD

单击工具箱中的(Create Part)按钮，在 Name 后面输入 Shaft-CD，将 Modeling Space 设为 3D，Type 改为 Deformable，Shape 为 Wire，Type 为 Planar，Approximate size 设为 20，单击 Continue…按钮，进入草图环境。

执行 ADD→Construction→Angular 命令，在提示区中输入构造线与 X 轴的夹角 Angle：30，按 Enter 键，单击提示区的（Cancel Procedure）取消构造线操作，单击工具区的按钮，沿着构造线方向以（0,0,0）为一个端点，在第一象限中画一条线段。

单击工具区的按钮，删除构造线，单击工具区的（Add Dimension）按钮，选择上一步所画的线段，拖动鼠标，为线段标注尺寸，单击鼠标，在提示区输入 New Dimension：15，按 Enter 键；单击鼠标中键，单击提示区的 Done 按钮，完成部件 Shaft-CD 的创建。

使用上面的方法，创建集合 Set-C，选择部件 Shaft-CD 的左端点；创建集合 Set-D，选择部件 Shaft-CD 的右端点。

2．创建材料和截面属性

1）创建截面形状

进入 Property 模块，单击工具箱中的（Create Profile）按钮，弹出 Create Profile 对话框，如图 11-19 所示，输入名称 Profile-Circular，选择 Profile 形状 Circular（圆形截面），单击 Continue…按钮，进入如图 11-20 所示的对话框，输入截面圆半径 0.2，单击 OK 按钮，完成梁截面形状的创建。

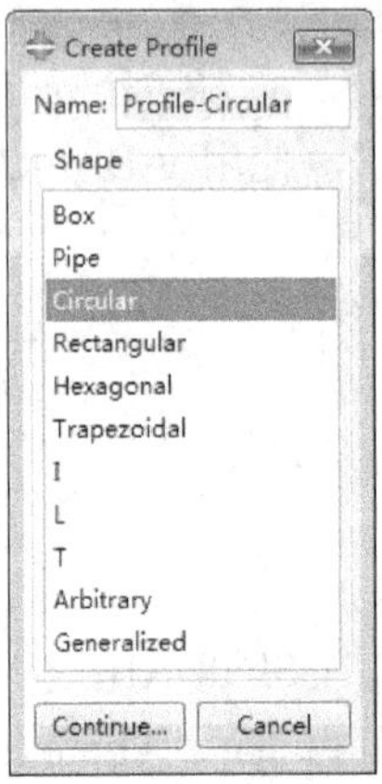

图 11-19　Create Profile 对话框

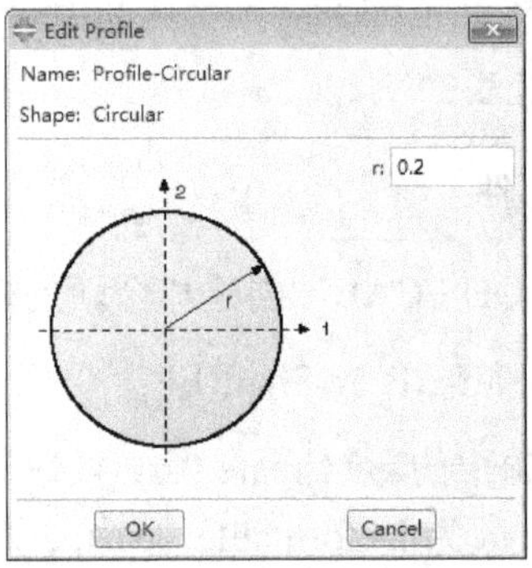

图 11-20　Edit Profile 对话框

2）创建截面属性

单击工具箱中的（Create Section）按钮，在 Create Section 对话框中输入截面名称 Section-Shaft，选择 Beam: Beam，单击 Continue…按钮，进入 Edit Section 对话框。

进入 Edit Section 对话框，如图 11-21 所示，选择 Profile name 为 Profile-Circular，输入弹性模量 2.0E11，剪切模量为 7.6E10，泊松比为 0.3，截面材料密度为 7000，单击 OK 按钮，完成截面 Section-Shaft 的定义。

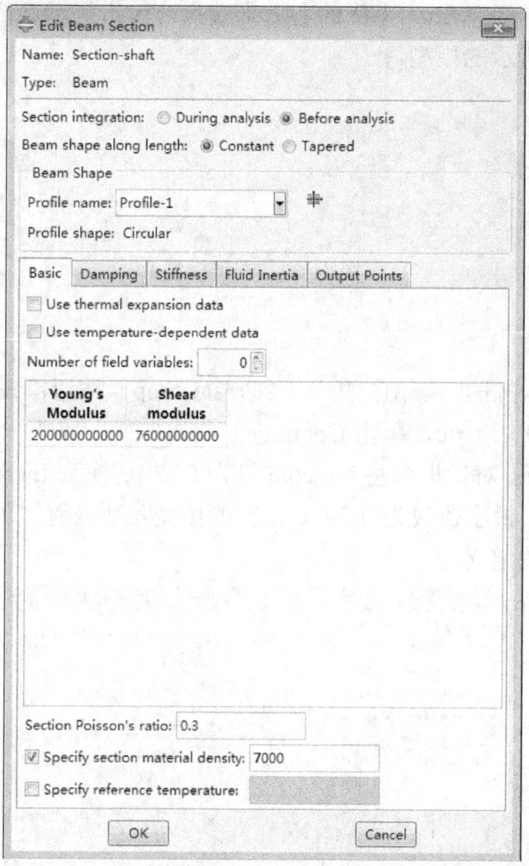

图 11-21　定义梁截面的属性

3）赋予截面属性

单击工具箱中的（Assign Section）按钮，选择部件 Shaft-AB，Shaft-CD 和 Shaft-EF，单击提示区中的 Done 按钮，在弹出的 Edit Section Assignment 对话框中选择 Section: Section-Shaft，单击 OK 按钮，把截面属性 Section-Shaft 赋予部件。

4）为部件设置方向

单击工具箱中的（Assign Beam Orientation）按钮，选择部件 Shaft-AB，单击提示区的 Done 按钮，接受默认的梁方向矢量（0.0,0.0,−1.0），按 Enter 键，单击 OK 按钮，接着单击 Done 按钮，完成操作。

用同样的方法，为部件 Shaft-CD 和 Shaft-EF 设置方向。

3．定义装配件

进入 Assembly 模块，单击工具箱中的 （Instance Part）按钮，在 Create Instance

对话框 Parts 栏中选择三个部件，在 Instance Type 栏中选择 Independent（Mesh on instance），单击 OK 按钮，创建三个部件实例。

单击工具区的（Translate Instance）按钮，在图形区选择部件 Shaft-EF，单击提示区的 Done 按钮，单击部件 Shaft-CD 的右上部端点，单击提示区的 OK 按钮，完成装配件，形成如图 11-22 所示的模型。

图 11-22　装配模型

4．设置分析步

进入 Step 模块，单击工具箱中的（Create Step）按钮，在弹出的 Create Step 对话框中，选择 General：Static，单击 Continue...按钮。

在弹出的 Edit Step 对话框中将 Nlgeom 设为 On，切换到 Incrementation 选项卡，将初始增量步设为 0.1，最小值设为 1E-005，其他接受默认设置，如图 11-23 所示，单击 OK 按钮完成分析步的定义。

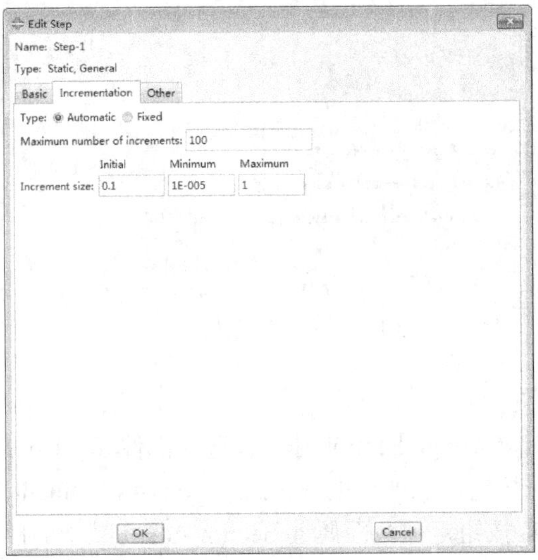

图 11-23　修改增量步

5．定义连接属性和连接单元

（1）定义连接属性。在 Interaction 功能模块中，单击左侧工具区的（Create Connector Section）按钮，弹出 Create Connector Section 对话框，在 Name 后面输入 U-Joint，选择 Assembled/Complex：U Joint，如图 11-24 所示，单击 Create Connector Section 对话框中的 Continue...按钮，进入 Edit Connector Section 对话框，接受默认设置，单击 OK 按钮，完成操作。

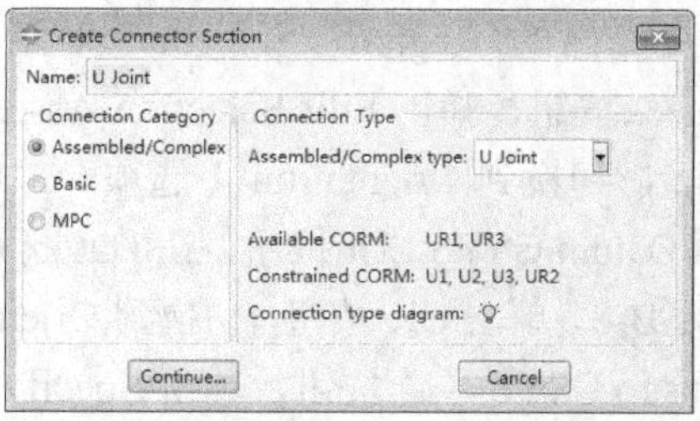

图 11-24　Create Connector Section 对话框

（2）单击工具箱中的（Create Wire Feature）按钮，弹出 Create Wire Feature 对话框，单击 Add 按钮，在图形窗口中选择轴的端点 Shaft-AB 的右端点作为第一（第二）点，选择 Shaft-CD 的左端点作为第二（或第一）点，单击 Done 按钮，确认选中 Create set of wires，单击 OK 按钮。

用同样的方法，选择部件 Shaft-CD 的右端点作为第一（第二）点，选择 Shaft-EF 的左端点作为第二（第一）点创建另一个 Disjoint Wire。

（3）定义参考坐标系。执行 Tools→Datum 命令，在 Create Datum 对话框中选择 CSYS：3 points，单击 OK 按钮，Create Datum CSYS 对话框中输入坐标系名称 CSYS-B-S，单击 Continue…按钮，单击部件 Shaft-AB 的右端点作为坐标原点，输入（0.0,0.0,1.0）确定 *X* 轴方向，输入（1.0,0.0,0.0）确定 *Y* 轴的方向，创建一个参考坐标系。

用同样的方法，创建参考坐标系 CSYS-C-S，坐标原点选择部件 Shaft-CD 的左端点，输入（0.0,0.0,1.0）确定 *X* 轴的方向，选择部件 Shaft-CD 的右端点，以 C-D 方向为 *Y* 方向，单击 Create Datum 按钮，创建一个参考坐标系。

再次执行 Tools→Datum 命令，在 Create Datum 对话框中选择 CSYS：3 points，单击 OK 按钮，Create Datum CSYS 对话框中输入坐标系名称 CSYS-D-S，单击 Continue…按钮，单击部件 Shaft-CD 的右端点作为坐标原点，输入（12.9903810568, 7.5, 1.0）确定 *X* 轴方向，选择部件 Shaft-CD 的左端点，确定 *Y* 轴的方向，创建一个参考坐标系。

用同样的方法，创建参考坐标系 CSYS-E-S，坐标原点选择部件 Shaft-EF 的左端点，输入（12.9903810568, 7.5, 1.0）确定 *X* 轴的方向，选择部件 Shaft-EF 的右端点，以 E-F 方向为 *Y* 方向，单击 Create Datum 按钮，创建一个参考坐标系。创建好的 4 个坐标如图 11-25 所示。

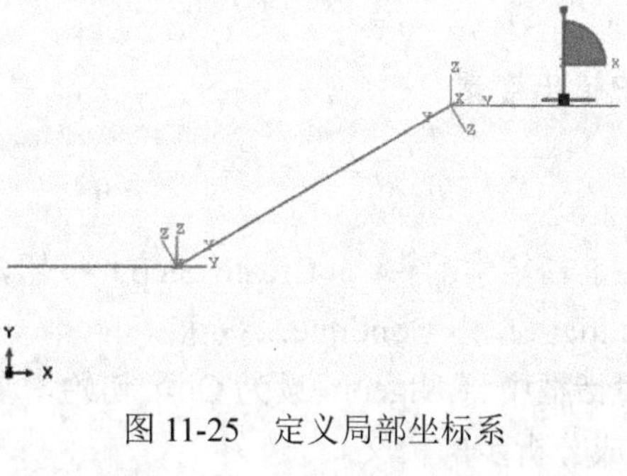

图 11-25　定义局部坐标系

（4）定义连接单元。单击左侧工具区的（Create Connector Assignment）按钮，单击提示区的 Sets 按钮，在弹出的 Region Selection 对话框（见图 11-26）中选择 Wire-1-Set-1，单击 Continue...按钮，弹出 Edit Selection Assignment 对话框，如图 11-27 所示，Selection 选择 U-Joint，切换到 Orientation 1 选项卡，单击 Specify CSYS 后面的 Edit...按钮，单击提示区的 Datum CSYS List 按钮，在 Datum CSYS List 对话框中选择已经定义好的基准坐标系 Csys-B-S，单击 OK 按钮，切换到 Orientation 2 选项卡，如图 11-28 所示，选中 No modifications to CSYS 单选按钮，单击 Specify CSYS 后面的 Edit...按钮，单击提示区的 Datum CSYS List 按钮，在 Datum CSYS List 对话框中选择 CSYS-C-S，单击 OK 按钮，再单击 OK 按钮，完成第一个连接单元的定义。

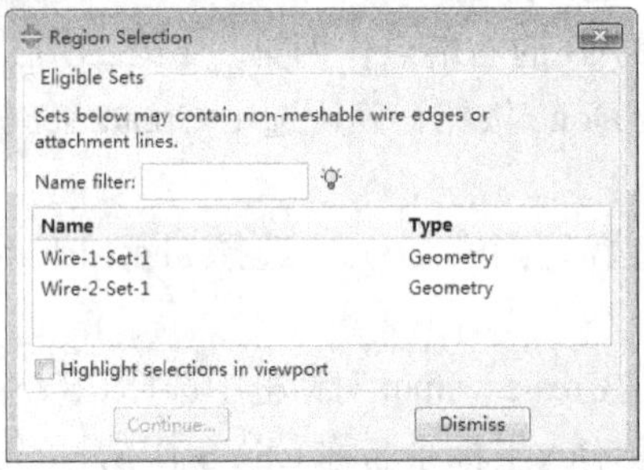

图 11-26 Region Selection 对话框

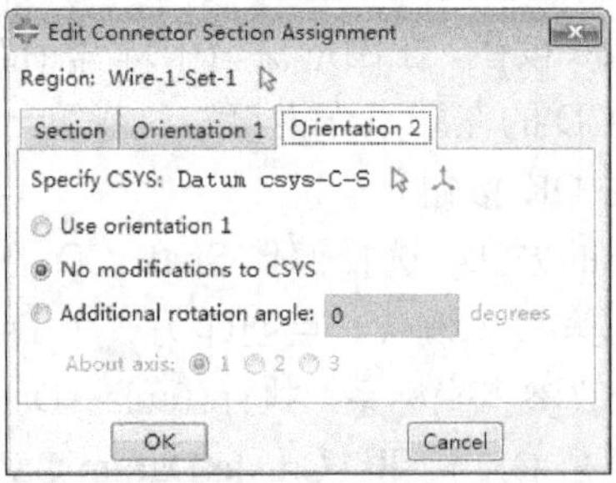

图 11-27 Edit Connector Selection Assignment 对话框

用同样的方法，定义第二个连接单元，Wire 选择 Wire-2-Set-1，Selection 选择 U-Joint，Orientation 1 选择 CSYS-D-S，Orientation 2 选择 CSYS-E-S，如图 11-28 所示。

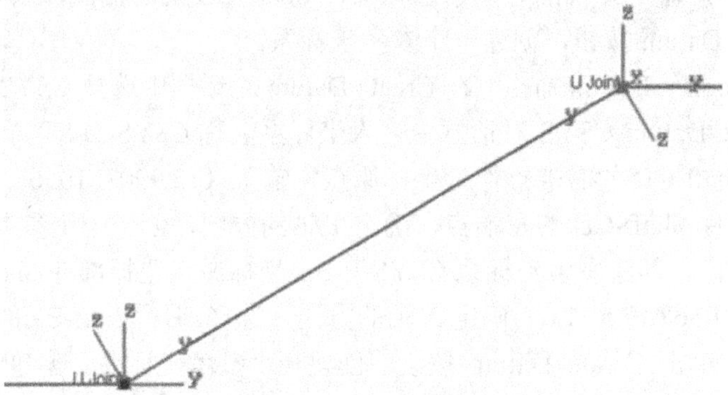

图 11-28 定义连接单元

6. 设置分析步和历史输出变量

1）定义分析步

进入 Step 模块，单击工具箱中的 （Create Step）按钮，在弹出的 Create Step 对话框中，选择 General：Static，单击 Continue...按钮。

在弹出的 Edit Step 对话框中将 Nlgeom 设为 On，初始增量步设为 0.1，其他接受默认设置，单击 OK 按钮完成分析步的定义。

2）设置连接单元的历史变量输出

单击工具箱中的(History Output Manager）按钮，在弹出的 History Output Request Manager 对话框中可以看到 ABAQUS/CAE 已经自动生成了一个名为 H-Output-1 的历史输出变量。

单击 Edit…按钮，在弹出的 Edit History Output Request 对话框中，将 Domain 设为 Wire-1-Set-1，单击 Connector 后面的黑色三角，在下拉的选项中选择 CTF，CRF，CU，然后单击 OK 按钮，完成 Wire-1-Set-1 处连接单元的输出变量的定义。

用同样的方法，创建 Wire-2-Set-1 处连接单元的输出设置。

7．定义载荷和边界条件

1）定义边界条件

进入 Load 功能模块，单击工具箱中的（Boundary Conditions Manager）按钮，单击 Boundary Condition Manager 对话框中的 Create…按钮，在弹出的对话框中，分析步选择 Initial，类型选择 Displacement/Rotation，单击 Continue…按钮，选择部件 Shaft-AB 的左端点，单击提示区的 Done 按钮，进入 Edit Boundary Condition 对话框，选择 U1~U3 前面的复选框，并输入 UR1 为 6.28，单击 OK 按钮，完成轴的边界条件定义。

用同样的方法，定义部件 Shaft-EF 右端点的边界条件，约束 U1、U2、U3、UR2、UR3 的自由度。

2）施加载荷

单击工具箱中的（Create Load）按钮，在 Create Load 对话框中选择载荷类型 Mechanical：Moment，单击 Continue…按钮，在 Edit Load 对话框中输入 CM1：1000，CM2：0，CM3：0，单击 OK 按钮，完成载荷的施加，如图 11-29 所示。

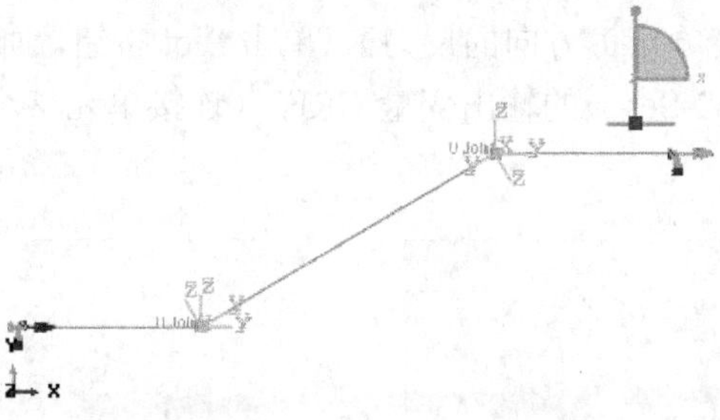

图 11-29　施加连接单元载荷

8．划分网格

进入 Mesh 功能模块，在窗口顶部的环境栏 Object 选项设为 Part：Wing。

1）设置网格密度

单击按钮，在 Approximate global size 后面输入 3，然后单击 OK 按钮。

2）选择单元类型

单击工具区中的 Assign Element Type（分配单元类型）工具，在视图区选择模型，单击 Done 按钮，弹出 Element Type 对话框，选择默认的单元为隐式线性单元 B31，单击 OK 按钮。

3）划分网格

单击工具区中的 Mesh Part（划分部件）按钮，单击提示区的 Done 按钮，完成网格划分。

9. 提交作业

进入 Job 模块。执行 Job→Manager 命令，单击 Job Manager 对话框中的 Create...按钮，定义作业名称为 Universal-Joint，单击 Continue...按钮，单击 OK 按钮完成作业定义。单击 Submit 按钮，提交作业。单击 Monitor 按钮，弹出 link Monitor 对话框，可以查看到分析过程中出现的警告信息。

等分析结束后，单击 Results 按钮进入 Visualization 模块。

10. 后处理

单击主菜单 View→ODB Display Options，选择 Entity Display 标签页，勾选 Show ODB coordinate systems 复选框，显示结果坐标系。

查看连接单元的历史输出：执行 Results→History Output 命令，在弹出的对话框中同时选择 Wire-1-Set-1 和 Wire-2-Set-1 的输出变量连接单元的反作用力 CRF1（连接单元 X 方向的反力），单击 Plot 按钮，如图 11-30 所示；同时选中 Wire-1-Set-1 和 Wire-2-Set-1 的输出变量 CRF2（连接单元 *Y* 方向的反力），单击 Plot 按钮，如图 11-31 所示；同时选中 Wire-1-Set-1 和 Wire-2-Set-1 的输出变量 CRF3（连接单元 *Z* 方向的反力），单击 Plot 按钮，如图 11-32 所示。

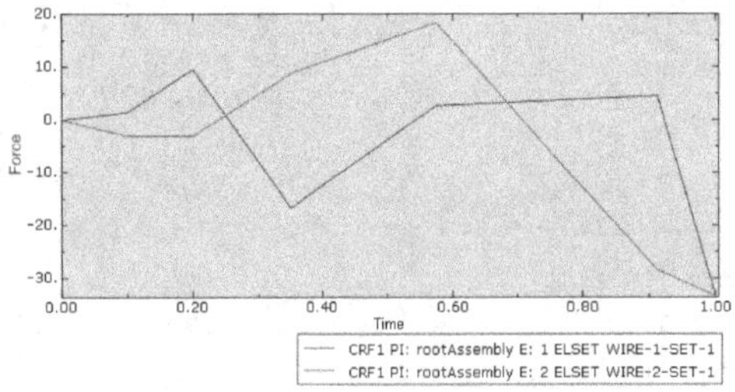

图 11-30　连接单元的输出结果：CRF1

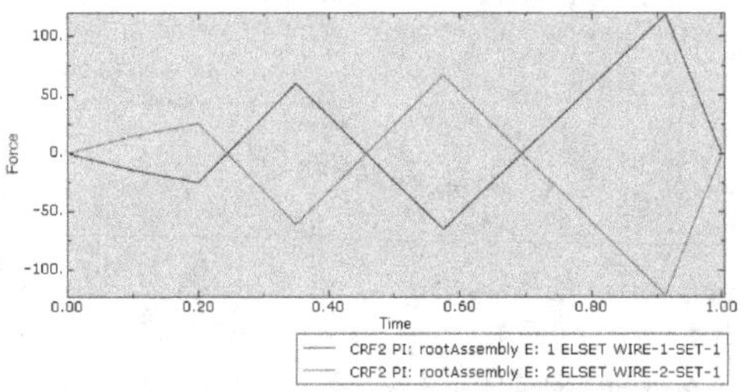

图 11-31　连接单元的输出结果：CRF2

用同样的方法，绘制两个连接单元处的其他输出变量：CRM2（连接单元 *Y* 方向的反转矩）、CU1（连接单元的相对位移）、CU2、CUR1（连接单元 *X* 方向的相对转动）及 CTF1

（连接单元 *X* 方向的合力），然后单击 Plot 按钮，得到的曲线如图 11-33 至图 11-37 所示。

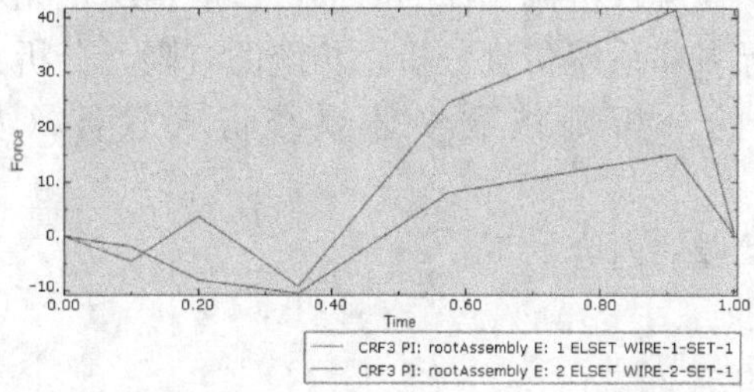

图 11-32　连接单元的输出结果：CRF3

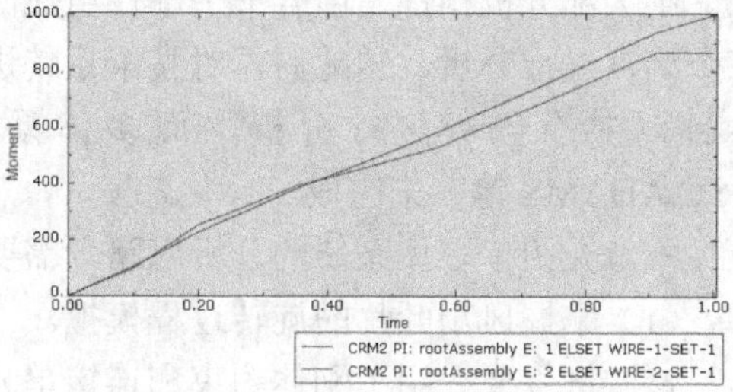

图 11-33　连接单元的输出结果：CRM2

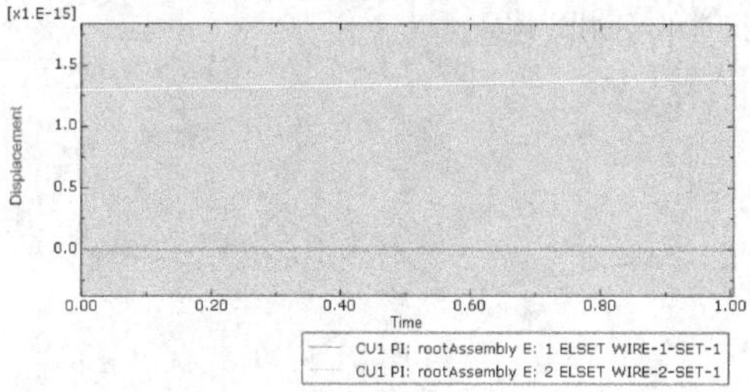

图 11-34　连接单元的输出结果：CU1

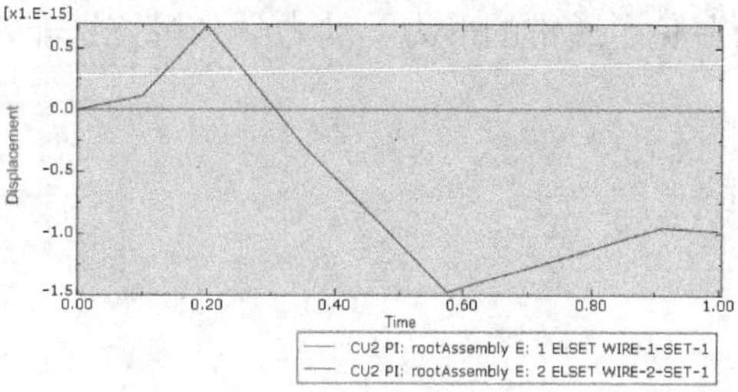

图 11-35　连接单元的输出结果：CU2

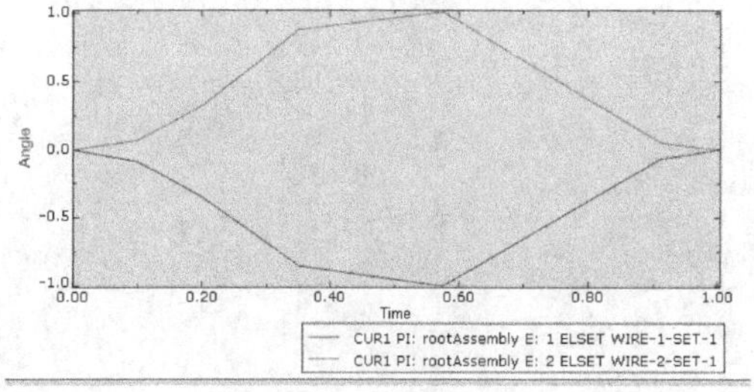

图 11-36　连接单元的输出结果：CUR1

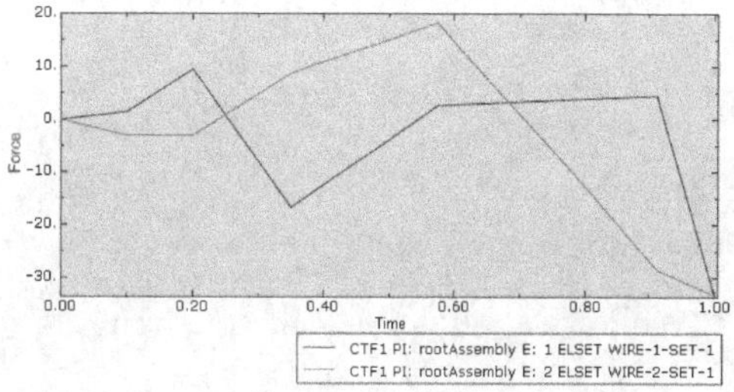

图 11-37　连接单元的输出结果：CTF1

从连接单元的输出结果可以看出两个万向联轴器的相对运动规律，以及连接单元的合力及其力矩等结果的变化情况。

11.5.3　INP 文件

该案例中的 INP 文件解释请查阅光盘中的相关文件，限于篇幅，在此不做详解。

本章小结

ABAQUS 的一个突出的特点就是可以对多体系统进行分析。ABAQUS 提供了多种常见的连接单元和连接属性，使用这些连接单元和连接属性可以对大多数多体系统进行有限元分析。

绝大部分机构都是由若干个部件组成的，在进行机械设计的时候，一般情况下先对每个构件进行分析，装配后再对整个系统进行多体系统仿真分析，传统的有限元分析大多针对某个部件进行分析，而多体系统的分析则依靠多体系统仿真软件（如 MSC.ADAMS 等）来完成。

本章介绍了多体系统的分析思路，需要掌握的内容如下。

（1）掌握风扇叶片的旋转过程模拟。

该实例主要介绍了刚体约束和连接单元的定义。

（2）双万向联轴器机构模拟分析。

该实例利用了多体系统分析方法，使用 ABAQUS 提供的联轴器单元进行分析。从而避免了通常的静力、动力学分析方法非常烦琐的分析过程。

第12章 显式非线性动态分析

ABAQUS 软件中的显式非线性动态求解方法是应工程实际的需要而产生的，它是一种真正的动态求解过程，它在实际工程中，当惯性力非常大且随着时间变化较快时，就变成了动力学问题。ABAQUS/Standard 和 ABAQUS/Explicit 两个分析模块都具有解决各个类型问题的能力，对于一个确定的实际问题，采用哪个分析模块需要综合考虑各种因素。对于采用任何算法都可以求解的问题，求解效率可能起着决定性的作用。

在前面的章节中，已经介绍了显式动态程序的基本内容。显式动态程序对于求解广泛的、各种各样的非线性固体和结构力学问题是一种非常有效的工具，它是对隐式求解器，如 ABAQUS/Standard 的一个补充。

本章将介绍 ABAQUS 进行显式动力学分析的步骤，通过实例的学习，熟悉使用 ABAQUS/Explicit 进行显式动力学分析。

教学目标

（1）了解 ABAQUS/Explicit 适用的问题类型。
（2）了解动力学显式的有限元方法。
（3）熟悉 ABAQUS/Explicit 分析棒中的应力波的传播。
（4）掌握 ABAQUS/Explicit 分析水下爆炸冲击的响应。

12.1 ABAQUS/Explicit 适用的问题类型

了解两个方法的这些特性，能够帮助读者确定哪一种方法更适合自己的问题。在讨论显式动态程序如何工作之前，有必要了解 ABAQUS/Explicit 适合求解哪类问题。

1. 高速动力学事件

最初发展显式动力学方法是为了分析那些用隐式方法（如 ABAQUS/Standard）分析可能极端费时的高速动力学事件。作为此类模拟的例子，如分析一块钢板在短时爆炸载荷下的响应。因为迅速施加的巨大载荷，结构的响应变化得非常快。对于捕获动力响应，精确地跟踪板内的应力波是非常重要的。

提 示

由于应力波与系统的最高阶频率相关，因此，为了得到精确解答需要许多小的时间增量。

2. 复杂的接触问题

应用显式动力学方法去建立接触条件的公式要比应用隐式方法容易得多。ABAQUS/Explicit 能够比较容易地分析包括许多独立物体相互作用的复杂接触问题。ABAQUS/Explicit 特别适合分析受冲击载荷并随后在结构内部发生复杂的相互接触作用的结构的瞬间动态响应问题。如电路板跌落试验：一块插在泡沫封装中的电路板从 1m 的高度跌落到地板上。这个问题包括封装与地板之间的冲击，以及在电路板和封装之间的接触条件的迅速变化。

3. 复杂的后屈曲问题

ABAQUS/Explicit 能够比较容易地解决不稳定的后屈曲（postbuckling）问题。在此类问题中，随着载荷的施加，结构的刚度会发生剧烈变化。在后屈曲响应中常常包括接触相互作用的影响。

4. 材料的退化和实效问题

在隐式分析程序中，材料的退化（degradation）和失效（failure）常常导致严重的收敛困难，但是 ABAQUS/Explicit 能够很好地模拟这类材料。混凝土开裂的模型就是一个材料退化的例子，其拉伸裂纹导致了材料的刚度成为负值。金属的延性实效是一个材料实效的例子，其材料刚度能够退化并且一直降低到零，在这段时间中，模型中的单元被完全除掉。

5. 高度非线性的准静态问题

ABAQUS/Explicit 常常能够有效地解决某些本质上是静态的问题。准静态过程模拟问题（包括复杂的接触，如锻造、滚压和薄板成型等过程）一般属于这类问题。薄板成型问题通常包含非常大的膜变形和复杂的摩擦接触条件。块体成型问题的特征有大扭曲、模具之间的相互接触及瞬间变形。

12.2 动力学显式有限元方法

下面将介绍 ABAQUS/Explicit 求解器的算法，比较了隐式和显式时间积分，并讨论显式方法的优势。

显式与隐式方法的区别在于：

（1）显式方法需要很小的时间增量步，它仅依赖于模型的最高固有频率，而与载荷的类型和持续的时间无关。通常的模拟需要取 10000～1000000 个增量步，每个增量步的计算成本相对较低。

（2）隐式方法对时间增量步的大小没有内在的限制，增量的大小通常取决于精度和收敛情况。典型的隐式模拟所采用的增量步数目要比显式模拟小几个数量级。然而，由于在每个增量步中必须求解一套全域的方程组，所以对于每一增量步的成本，隐式方法远高于显式方法。

12.2.1　显式时间积分

ABAQUS/Explicit 应用中心差分方法对运动方程进行显式的时间积分，应用前一个增量步的动力学条件计算下一个增量步的动力学条件。在增量步开始时，程序求解动力学平衡方程，表示为用节点质量 M 乘以节点加速度 $\ddot{u}$ 等于节点的合力（所施加的外力 P 与单元内力 I 之差），即

$$M\ddot{u} = P - I \tag{12-1}$$

在增量步开始时（t 时刻），计算加速度为

$$\ddot{u}\big|_{(t)} = (M)^{-1}(P - I)\big|_{(t)} \tag{12-2}$$

显式算法总是采用对角的或者集中的质量矩阵，所以求解加速度并不复杂，不必同时求解联立方程。任何节点的加速度完全取决于节点的质量和作用于节点上的合力，使得节点的计算成本非常低。

对于加速度在时间上进行积分，需采用中心差分方法，在计算速度的变化时假设加速度为常数。应用这个速度的变化值加上前一个增量步中点的速度来确定当前增量步中点的速度，即

$$\dot{u}\big|_{\left(t+\frac{\Delta t}{2}\right)} = \dot{u}\big|_{\left(t-\frac{\Delta t}{2}\right)} + \frac{\Delta t\big|_{(t+\Delta t)} + \Delta t\big|_{(t)}}{2}\ddot{u}\big|_{(t)} \tag{12-3}$$

速度对时间的积分加上在增量步开始时的位移来确定增量步结束时的位移，即

$$u\big|_{(t+\Delta t)} = u\big|_{(t)} + \Delta t\big|_{(t+\Delta t)}\,\dot{u}\big|_{\left(t+\frac{\Delta t}{2}\right)} \tag{12-4}$$

至此，在增量步的开始时提供了满足动力学平衡条件的加速度。得到加速度，在时间上“显式地”得到前推速度和位移。“显式”是指在增量步结束时的状态仅依赖于该增量步开始时的位移、速度和加速度。这种方法可以精确地积分常值的加速度。为了使该方法产生精确的结果，要求时间增量要足够小，从而在增量步中的加速度几乎为常数。由于时间增量必须很小，所以一个典型的分析需要成千上万个增量步。

注 意

在显式分析过程中，不必同时求解联立方程组，所以每一个增量步的计算成本很低。

下面是显式动力学计算的流程。

（1）节点计算。

① 动力学平衡方程。

$$\ddot{u}|_{(t)} = (M)^{-1}(P - I)|_{(t)} \tag{12-5}$$

② 对时间显式积分。

$$\dot{u}|_{\left(t+\frac{\Delta t}{2}\right)} = \dot{u}|_{\left(t-\frac{\Delta t}{2}\right)} + \frac{\Delta t|_{(t+\Delta t)} + \Delta t|_{(t)}}{2}\ddot{u}|_{(t)};\quad u|_{(t+\Delta t)} = u|_{(t)} + \Delta t|_{(t+\Delta t)}\dot{u}|_{\left(t+\frac{\Delta t}{2}\right)} \tag{12-6}$$

（2）单元计算。

① 根据应变速率$\dot{\varepsilon}$，计算单元应变增量$\mathrm{d}\varepsilon$。

② 根据本构关系计算应力σ。

$$\sigma|_{(t+\Delta t)} = f\left(\sigma_{(t)}, \mathrm{d}\varepsilon\right) \tag{12-7}$$

③ 集成单元节点内力$I_{(t+\Delta t)}$。

（3）设置时间t为$t+\Delta t$，返回步骤（1）。

12.2.2 隐式和显式的比较

对于隐式和显式积分程序，都是以所施加的外力 P、单元内力I和节点加速度的形式定义平衡，平衡式为

$$M\ddot{u} = P - I \tag{12-8}$$

其中，M是质量矩阵。两个程序求解节点加速度，并应用同样的单元计算获得单元内力。两方法之间最大的不同在于求解节点加速度的方式上。在隐式程序中，通过直接求解的方法求解一组线性方程组，与应用显式方法进行节点计算的成本相比较，求解这组方程组的计算成本要高得多。

在完全 Newton 迭代求解方法的基础上，ABAQUS/Standard 使用自动增量步。在时刻$t+\Delta t$增量步结束时，Newton 方法寻求满足动力学平衡方程的条件，并且计算出同一时刻的位移。由于隐式算法是无条件的，所以时间增量Δt比应用于显式方法的时间增量相对大一些。

提 示

对于非线性问题，每一个典型的增量步都需要经过多次迭代才能满足给定允许误差的解答。对于较大的模型，这是一个昂贵的计算过程。在隐式分析中，每一次迭代都需要求解大型的线性方程组，这一过程占用相当数量的计算资源、空间和内存。对于大型问题，对这些求解器的需求优于对材料和单元的计算需求。

显式方法则特别适用于求解高速动力学事件，它需要许多小的时间增量来获得高精度的解答。如果事件持续时间非常短，则可能得到高效率的解答。

在显式分析中，可以很容易地模拟接触条件和其他一些极度不连续的情况，并且能够一个节点一个节点地求解而不必迭代。为了平衡在接触时的外力和内力，可以调节节点的加速度。

此外，显式方法最显著的特点是没有在隐式方法中所需要的整体切向刚度矩阵。由于是显式地前推模型的状态，所以不需要迭代和收敛准则。

12.3 应力波在棒中传播分析

爆炸载荷的响应分析是一个典型的短时间内结构承受冲击载荷的问题。因为载荷的迅速施加，结构的响应变化很快。因为很多工程和军事中涉及到结构受爆炸载荷影响的分析和评估，所以精确地跟踪结构内应力波的传播是非常重要的。本例就以应力波在棒中的传播问题为例，介绍 ABAQUS/Explicit 进行显式动力学分析的过程和优势。

12.3.1 问题的描述

如图 12-1 所示，棒的四个侧面均由滚轴支撑，因而使得该问题成为一个一维的应变问题。棒的材料是钢，弹性模量和泊松比分别为 2E11 和 0.3。棒的自由端承受一个量级为1.0×10^5 Pa 的爆炸载荷，如图 12-2 所示，爆炸持续时间为3.88×10^{-5} s。

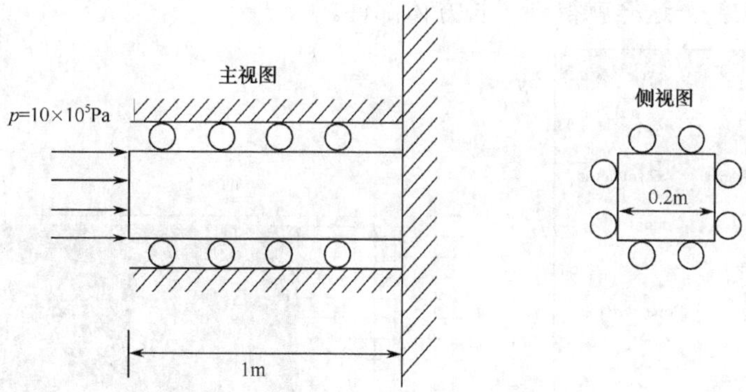

图 12-1　棒中应力波传播的问题描述

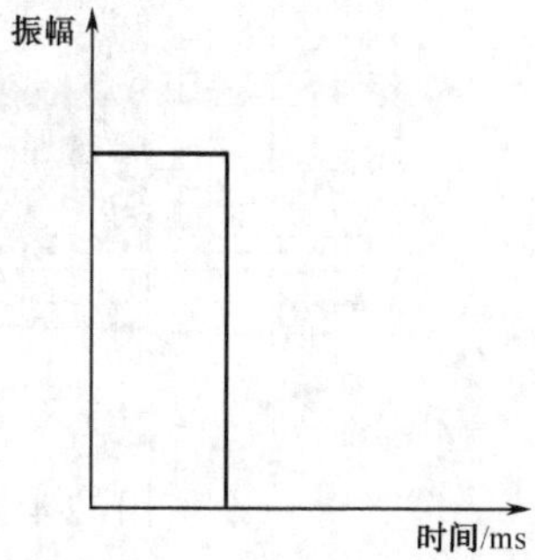

图 12-2　爆炸载荷的振幅-时间曲线

12.3.2　问题的分析

在这个例子中，虽然可以是一个一维应变问题，但是应用可拉伸实体的基本特征来创建一个三维的可变形物体。

分析模型量纲系统采用 SI 标准，即长度：m，质量：kg，时间：s，其他量纲由此可以推出。本例采用动态、显式分析步，选择 C3D8R 单元来划分网格。

12.3.3　ABAQUS/CAE 求解过程

1．创建部件

（1）启动 ABAQUS/CAE，创建一个新的模型，重命名为 Bar-wave，保存模型为 Bar-wave.cae。

（2）单击工具箱中的 （Create Part）按钮，在 Name 后面输入 Bar，将 Modeling Space 设为 3D；Type 改为 Deformable；Shape 为 Solid；Type 为 Extrusion；Approximate Size 为 0.5；如图 12-3 所示。单击 Continue…按钮，进入草图环境。

（3）绘制一个矩形，长度和宽度分别为 0.2 和 0.2，单击提示区中的 Done 按钮，如图 12-4 所示，ABAQUS 即弹出“编辑基本拉伸”对话框。在该窗口中输入拉伸尺寸 1。然后单击 OK 按钮，这样就得到了长方体部件。

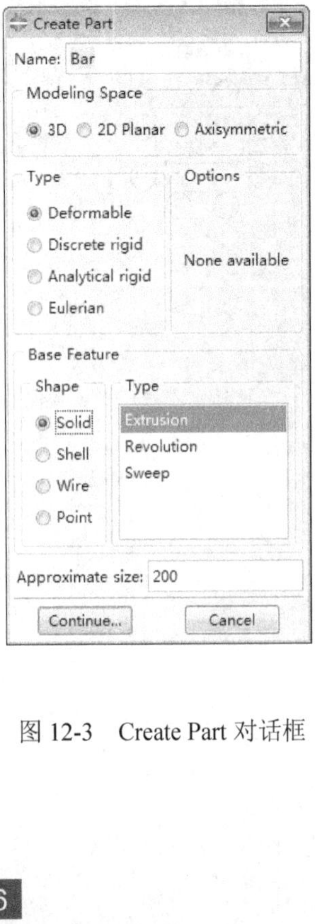

图 12-3　Create Part 对话框

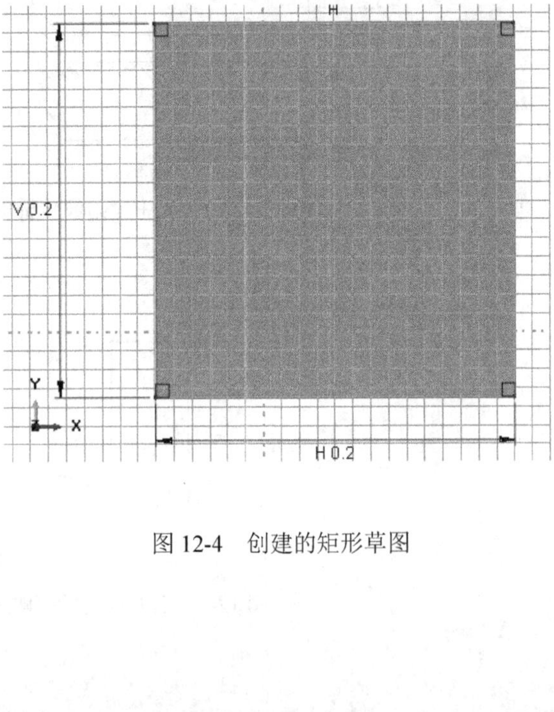

图 12-4　创建的矩形草图

2. 创建材料和截面属性

（1）创建材料：进入 Property 模块，单击工具箱中的（Create Material）按钮，弹出 Edit Material 对话框，输入材料名称 steel，选择 General→Density，输入密度值为 7800，选择 Mechanical→Elasticity→Elastic，输入弹性模量值为 2.0Ell，泊松比为 0.3；如图 12-6 所示，单击 OK 按钮，完成材料属性定义。

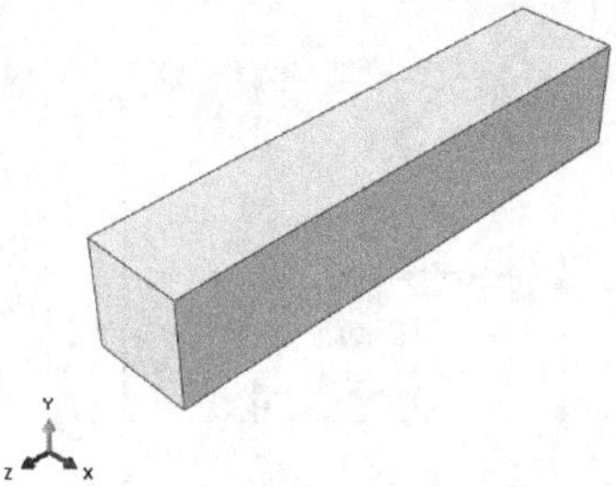

图 12-5 创建后的部件

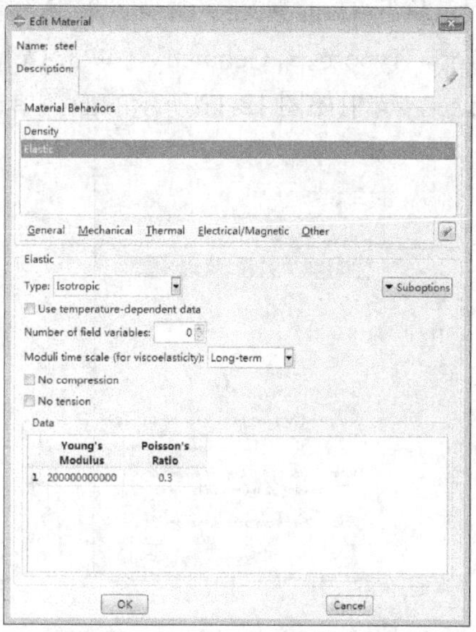

图 12-6 Edit Material 对话框

（2）创建截面属性：单击工具箱中的（Create Section）按钮，在 Create Section 对话框中，命名为 BarSection，选择 Catagory: Solid，单击 Continue...按钮，进入 Edit Section 对话框，如图 12-7 所示。

进入 Edit Section 对话框，Material 选择 steel，接受 Plane stress/strain thickness 为 1，单击 OK 按钮，完成截面的定义。

（3）赋予截面属性：单击工具箱中的（Assign Section）按钮，弹出如图 12-8 所示的 Edit Section Assignment 对话框，选择部件 Bar，单击提示区中的 Done 按钮，在弹出的 Edit Section Assignment 对话框中选择 Section: BarSection，单击 OK 按钮，把截面属性赋予部件 Bar。

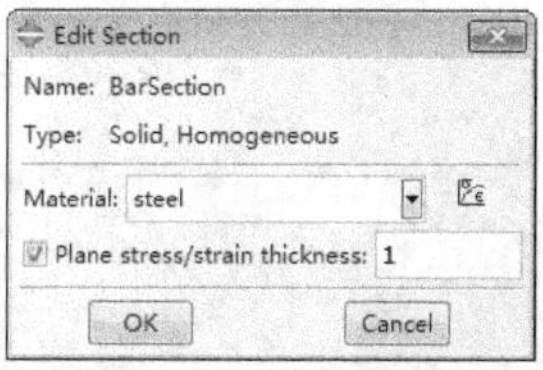

图 12-7 Edit Section 对话框

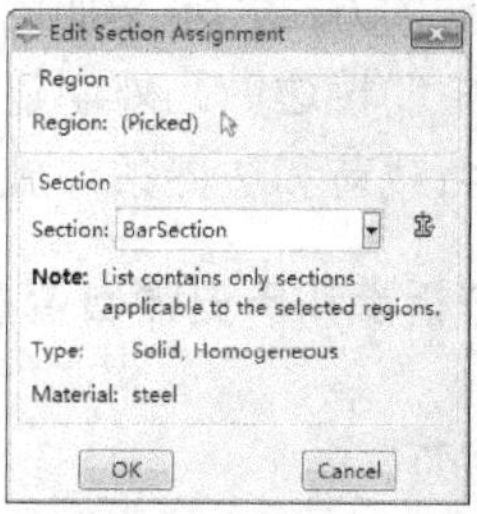

图 12-8 Edit Section Assignment 对话框

3．定义装配件

进入 Assembly 模块，单击工具箱中的 (Instance Part）按钮，在弹出的如图 12-9 所示的 Create Instance 对话框中选择 Bar，单击 OK 按钮，创建部件的实例。

4．创建几何集合和面

（1）执行 Tools→Set→Create 命令，弹出 Create Set 对话框，如图 12-10 所示，Name 改为 Top，Type 选择 Geometry，单击 Continue...按钮，提示区提示：Select the geometry for the set，选中如图 12-11 所示的面，单击鼠标中键，完成 Top 集合的创建。

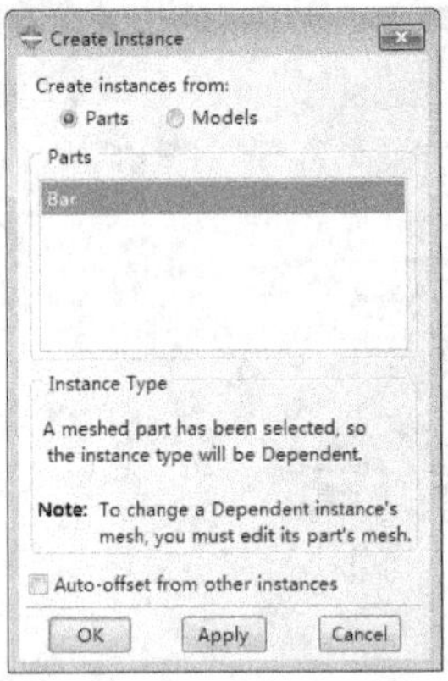

图 12-9　Create Instance 对话框

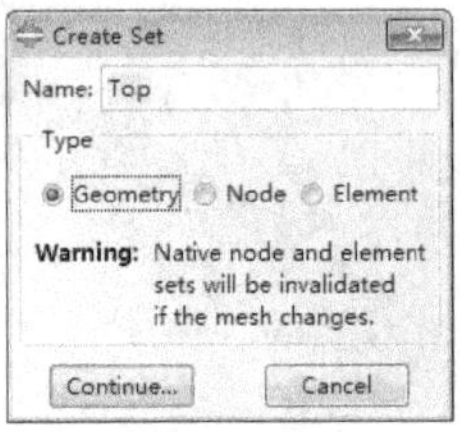

图 12-10　Create Set 对话框

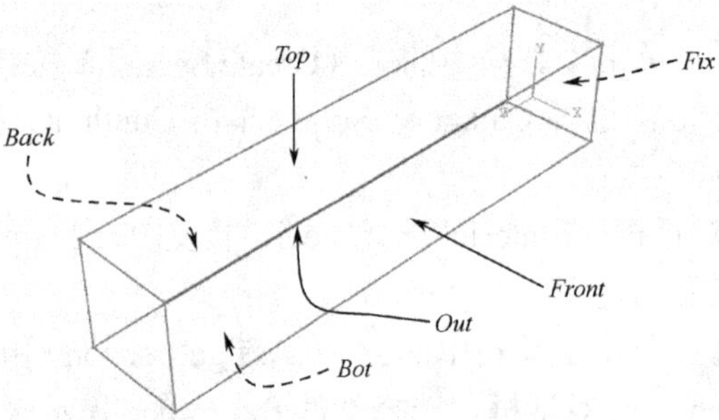

图 12-11　各个集合

（2）用同样的方法，定义如图 12-11 所示的集合 Bot，Front，Back，Fix 和 Out，集合 Out 包含图中的棱边。此外创建面的集合 Load，如图 12-12 所示。这些区域定义好了以后，就可以将载荷和边界条件施加在上面了。

5．设置分析步和历史输出变量

1）定义分析步

（1）进入 Step 模块，单击工具箱中的 (Create Step）按钮，在弹出的 Create Step 对话框中，选择 Dynamic，Explicit，单击 Continue...按钮。

（2）在弹出的如图 12-13 所示的 Edit Step 对话框中设置 Time Period 为 2e-4，单击 Other 标签页，将 Quadratic bulk viscosity parameter（二次黏性参数）设置为 0，其他接受默认设置，单击 OK 按钮完成分析步的定义。

2）设置场变量输出

（1）单击工具箱中的▦（Field Output Manager）按钮，在弹出的 Field Output Requests Manager 对话框中可以看到 ABAQUS/CAE 已经自动生成了一个名为 F-Output-1 的历史输出变量。

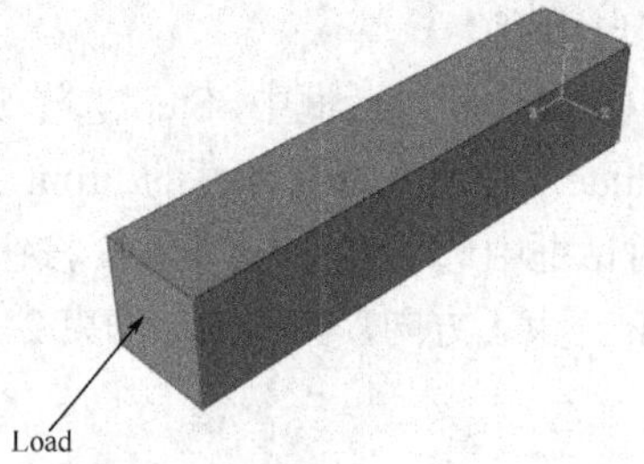

图 12-12 定义 Load 面集合

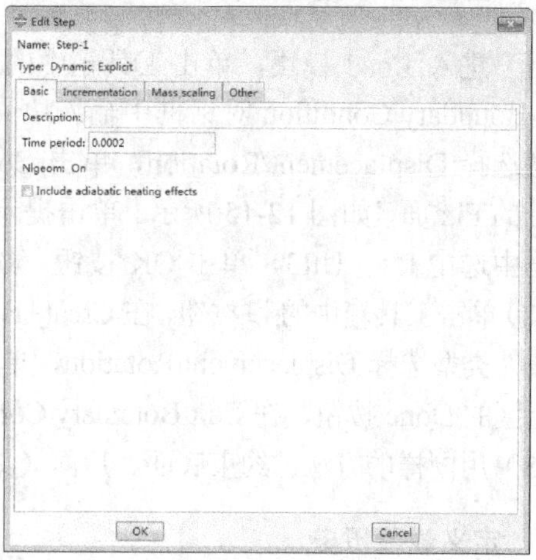

图 12-13 Edit step 对话框

（2）单击 Edit…按钮，在弹出的 Edit Field Output Request 对话框中，设置时间间隔 Interval：20，其他参数保持默认值不变，然后单击 OK 按钮，完成输出变量的定义，如图 12-14 所示。

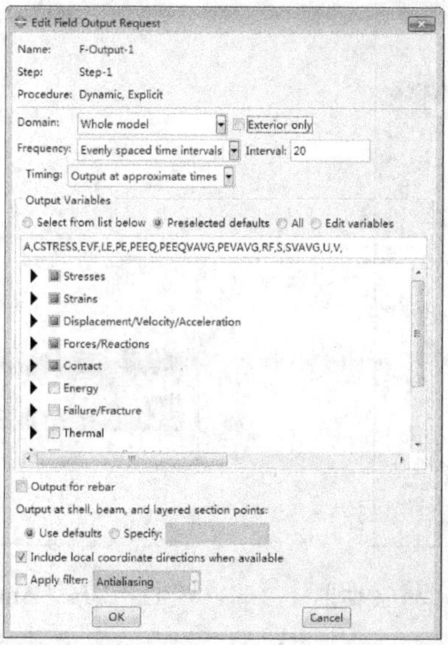

图 12-14 Edit Field Output Request 对话框

3）设置历史变量输出

单击工具箱中的 （History Output Manager）按钮，在弹出的对话框中删除已经存在的历史变量输出请求；单击 Create...按钮，创建一个新的历史变量输出请求 H-Output-1，选择分析步 Step-1；在 Edit History Output Request 对话框的 Domain 后面选择 Set，然后选择 Out；在输出变量中选择 S，即 Stress components and variants 左边的三角形，并选中 S33 变量，即在棒的轴向方向的应力分量；指定在每 1.0e-6 保存一次输出，即设置时间间隔 Interval：20。

6．定义载荷和边界条件

（1）进入 Load 模块，单击工具箱中的 （Create Boundary Condition）按钮，在 Create Boundary Condition 对话框中输入边界条件名称 Bc-Fix，Step 选择 Step-1，边界条件类型选择 Displacement/Rotation，单击 Continue...按钮，在提示区单击 Set，选择已经定义好的 Fix 面，如图 12-15 所示。单击提示区的 Done 按钮，在 Edit Boundary Condition 对话框中选中 U1～UR3，单击 OK 按钮，约束所有自由度。

（2）单击工具箱中的 按钮，在 Create Boundary Condition 对话框中，Step 选择 Step-1，边界条件类型选择 Displacement/Rotation，单击 Continue...按钮，选择部件的 Front 面，单击提示区的 Done 按钮，在 Edit Boundary Condition 对话框中选中 U1，单击 OK 按钮。

（3）用同样的方法，约束底面、后面（集合 Back 约束 1 方向，集合 Bot 约束 2 方向）。

7．定义载荷历史

（1）执行 Tools→Amplitude→Manager 命令，弹出如图 12-16 所示的 Amplitude Manager 对话框，单击对话框中的 Create...按钮，在弹出的 Create Amplitude 对话框（见图 12-17）中定义作业名称为 Amp-1，Type 选择 Tabular，单击 Continue...按钮。

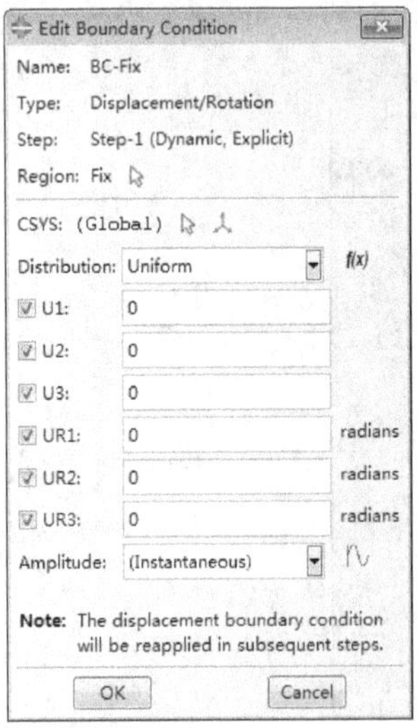

图 12-15　Edit Boundary Condition 对话框

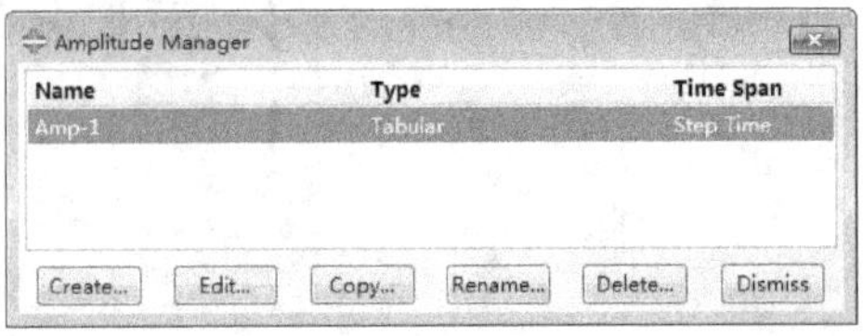

图 12-16　Amplitude Manager 对话框

（2）在随后弹出的 Edit Amplitude 对话框中，输入如图 12-18 所示的载荷施加的分析步，单击 OK 按钮完成操作。

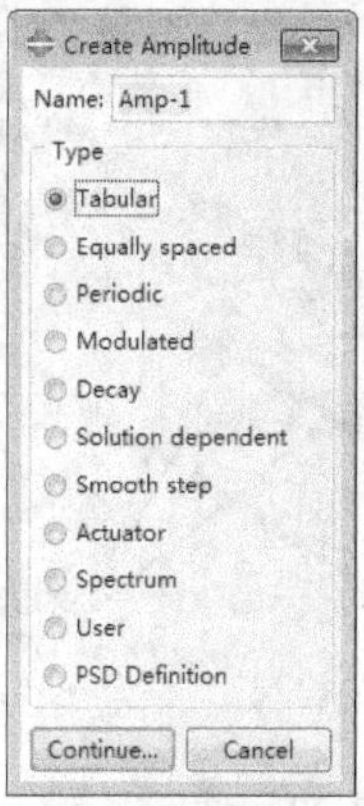

图 12-17　Create Amplitude 对话框

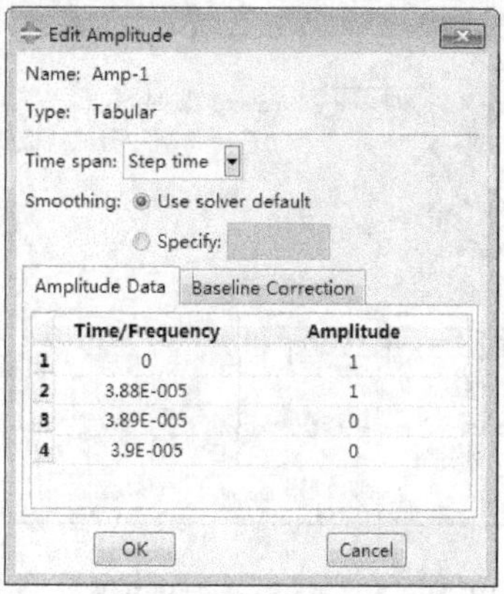

图 12-18　Edit Amplitude 对话框

（3）单击工具箱中的（Create Load）按钮，在弹出的如图 12-19 所示的 Create Load 对话框中输入载荷的名称 Pressure；分析步选择 Step-1，载荷类型选择 Pressure，单击 Continue…按钮；在图形窗口选择 Load 面，即图 12-12 所示定义好的面集合，单击提示区中的 Done 按钮，在弹出的 Edit Load 对话框（见图 12-20）中输入 Magnitude: 1.0e5，Amplitude 选择 Amp-1，单击 OK 按钮完成压力的施加。

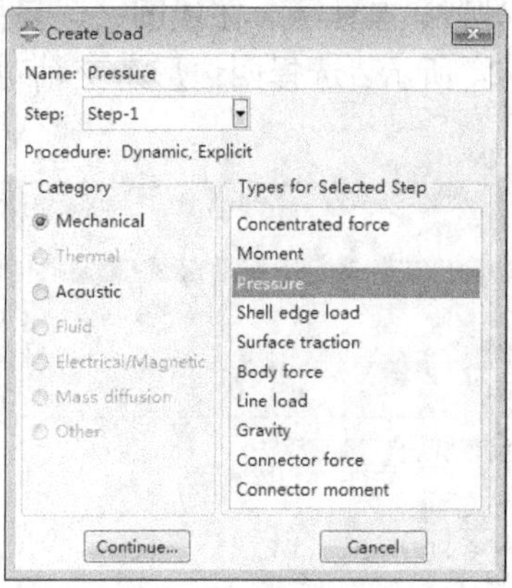

图 12-19　Create Load 对话框

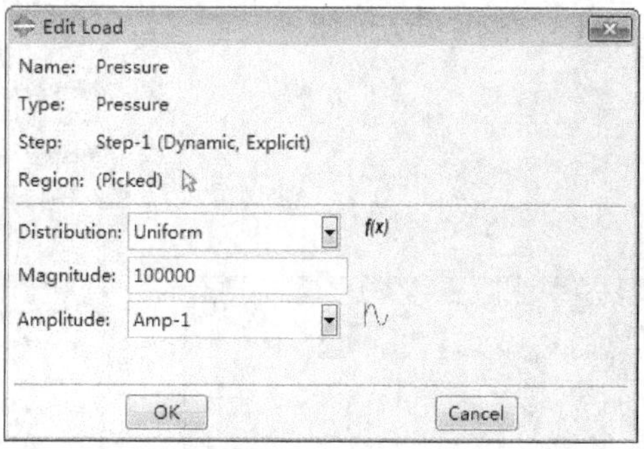

图 12-20　Edit Load 对话框

8. 划分网格

在环境栏的 Module（模块）列表中选择 Mesh（网格）功能模块。

1）设置网格密度

在模型树下执行 Bar-wave→Assembly→Instance→Bar-1 命令，单击鼠标右键，选择 Make Independent 命令。在主菜单选择 Seed→Edge By Number 命令，按住 Shift 键，用鼠标点选长度方向的 4 条边界线，单击 Done 按钮，在弹出的 Local Seeds 对话框（见图 12-21）中输入 50，即沿着竖直方向划分 50 个单元，按 Enter 键。同理，将棒的其他边设置种子个数。种子密度分布如图 12-22 所示。

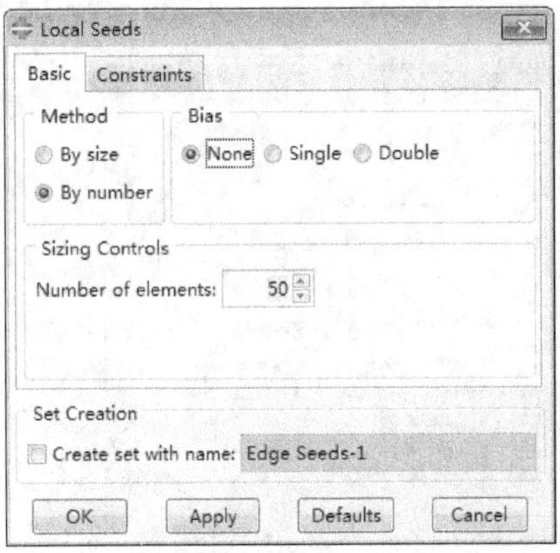

图 12-21　Local Seeds 对话框图

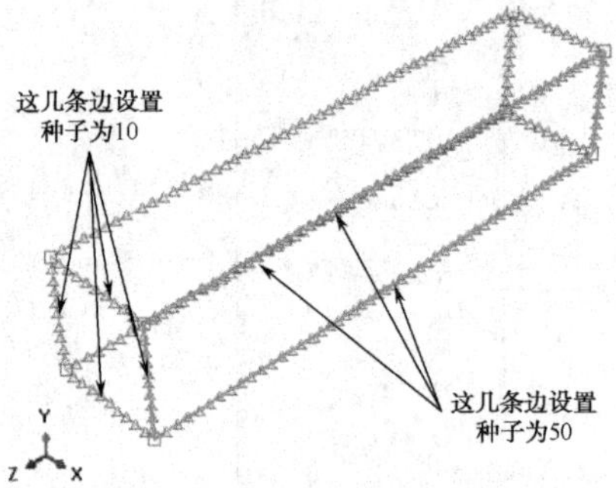

图 12-22　种子密度分布

2）控制网格划分

单击工具区中的 Assign Mesh Controls（网格控制）工具，弹出 Mesh Controls 对话框，如图 12-23 所示。在 Element Shape 中选择 Hex，采用 Structured 结构网格技术，单击 OK 按钮，完成控制网格划分选项的设置。

3）选择单元类型

单击工具区中的 Assign Element Type（分配单元类型）工具，在视图区选择模型，单击 Done 按钮，弹出 Element Type 对话框，如图 12-24 所示。选择四边形杂交轴对称单元 C3D8R，单击 OK 按钮。

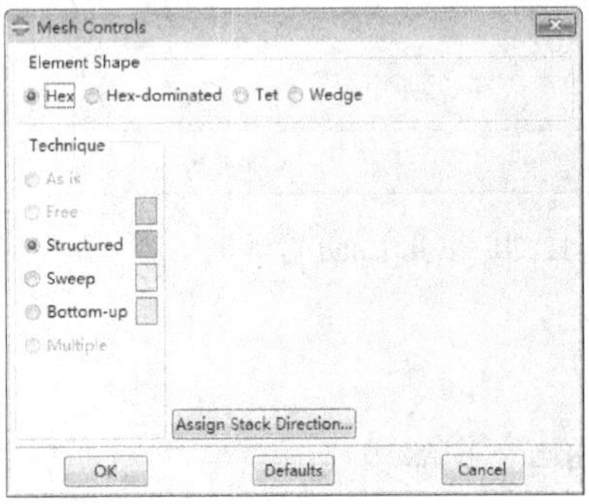

图 12-23　Mesh Controls 对话框

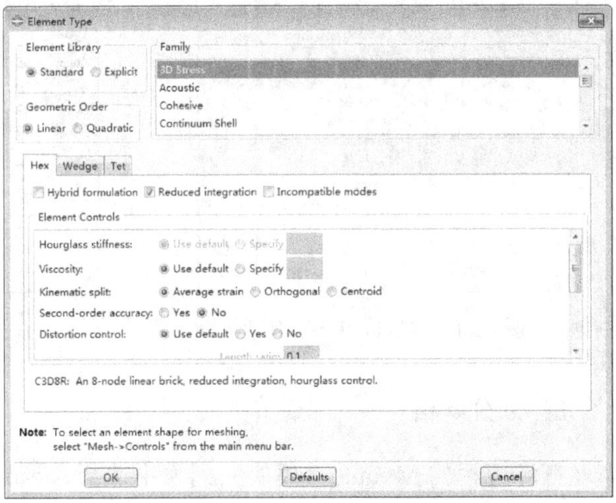

图 12-24　Element Type 对话框

4）划分网格

单击工具区中的 Mesh Part（划分部件）按钮，单击提示区的 Yes 按钮，完成网格划分，如图 12-25 所示。

5）检查网格

单击工具区中的 Verify Mesh（检查模型）工具，在视图区选择圆盘部件，单击 Done 按钮，弹出 Verify Mesh 对话框，如图 12-26 所示。在 Type 栏内选择 Shape Metrics（形状检查），单击 Highlight 按钮，在消息栏提示检查信息；在状态栏内选择 Analysis checks（分析检查），单击 Highlight 按钮，没有显示任何错误或警告信息。

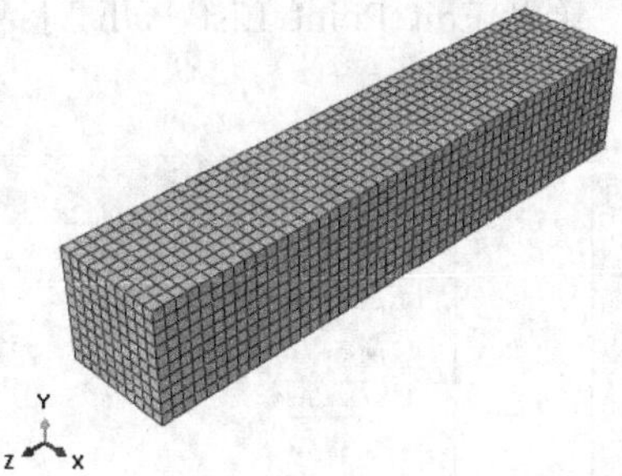

图 12-25　划分网格后的结构图

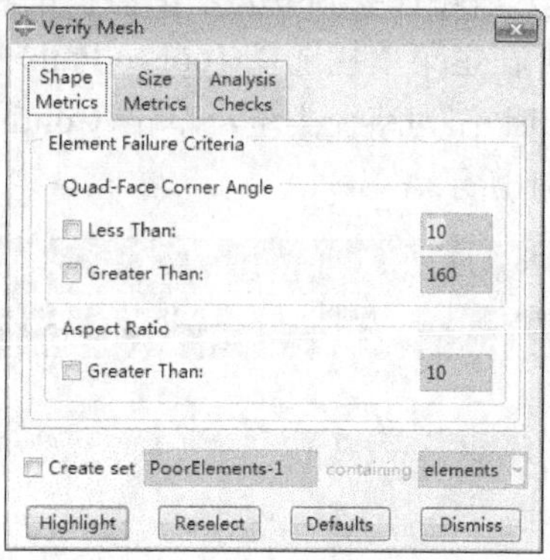

图 12-26　Verify Mesh 对话框

9．结果分析

（1）在环境栏的 Module（模块）列表中选择 Job（作业）功能模块。单击工具栏的 Create Job（创建作业）工具，弹出 Create Job 对话框，如图 12-27 所示。在 Name 栏输入 Bar-wave，单击 Continue...按钮，弹出 Edit Job（见图 12-28）对话框，保持参数不变，单击 OK 按钮。

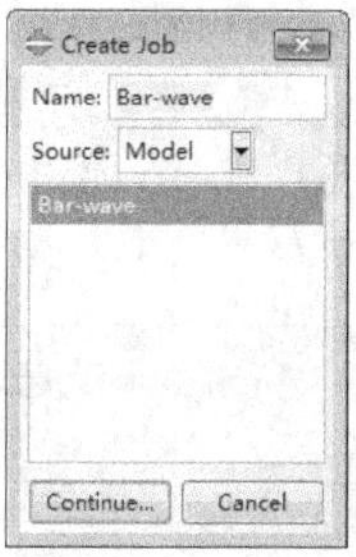

图 12-27　Create Job 对话框

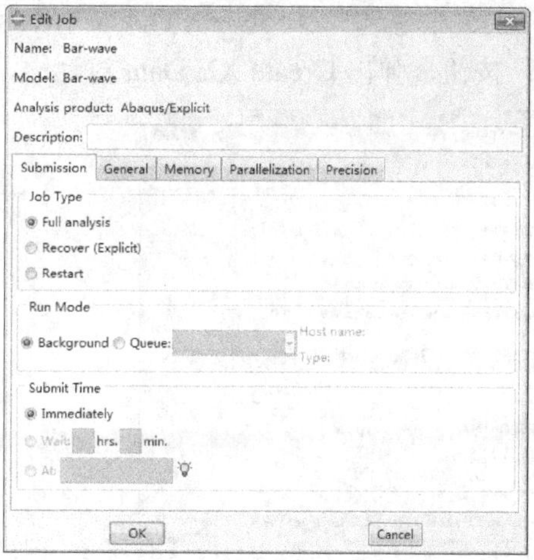

图 12-28　Edit Job 对话框

（2）单击工具栏中的 Job Manager（分析作业管理器）工具，弹出 Job Manager 对话框，如图 12-29 所示。单击 Submit 按钮提交作业，再单击 Monitor... 按钮，弹出 Bar-wave Monitor 对话框，运行完毕，在消息栏显示 Completed。最后单击 Write Input 按钮，提交作业，至此，作业分析完毕。

10. 后处理

（1）当分析完毕后，单击 Results 按钮，ABAQUS/CAE 进入 Visualization（可视化）模块。

（2）沿路径绘制应力。沿着棒的轴线方向创建一条由点构成的路径。

① 在主菜单栏选择 Tools→Path→Create，弹出如图 12-30 所示的对话框，选择 Type：Point List 作为路径类型，单击 Continue…按钮，弹出 Edit Point List Path 对话框，如图 12-31 所示。

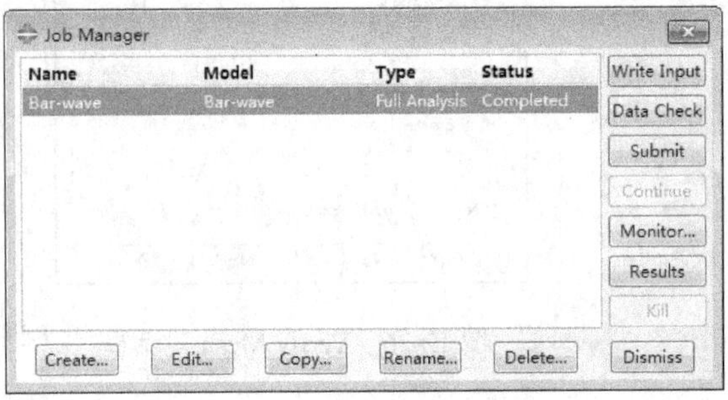

图 12-29 Job Manager 对话框

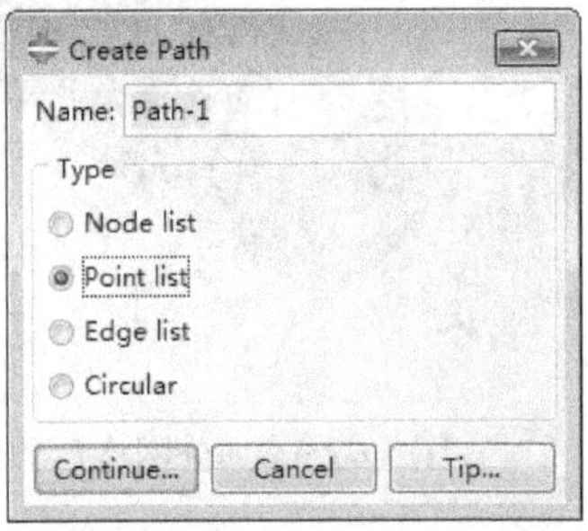

图 12-30 Create Path 对话框

② 在 Point Coordinates 列表中输入棒的两端端面上的坐标（0.0,0.0,0.0）和（0.0,0.0,1.0），如图 12-31 所示。

③ 单击 OK 按钮，关闭 Edit Point List Path 对话框。

下面将保存 3 个不同时刻沿着此路径的应力 *X-Y* 曲线图。

① 在主菜单栏选择 Tools→XYData→Manager，弹出如图 12-32 所示的对话框，单击 Create…按钮，弹出 Create XY Data 对话框，如图 12-33 所示。

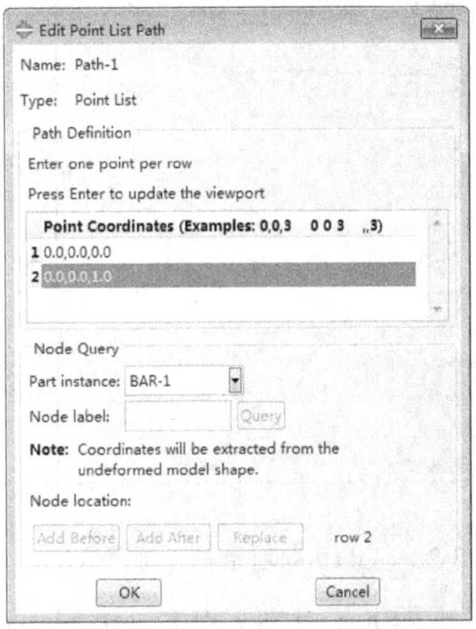

图 12-31 Edit Point List Path 对话框

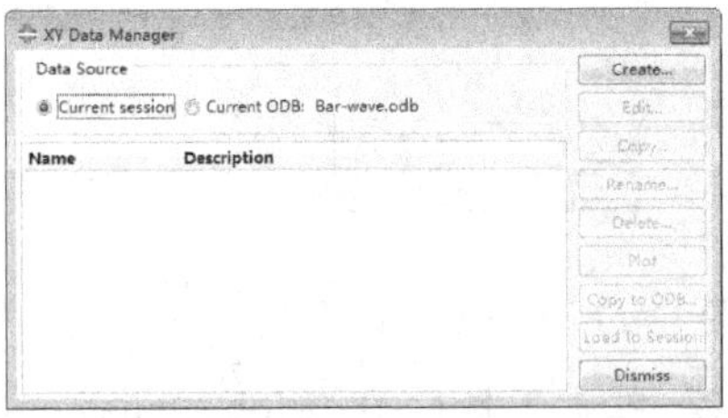

图 12-32 XY Data Manager 对话框

② 在 Create XY Data 对话框中选择 Path 作为 *X-Y* 数据的来源，单击 Continue…按钮，显示 XY Data from Path 对话框，如图 12-34 所示。

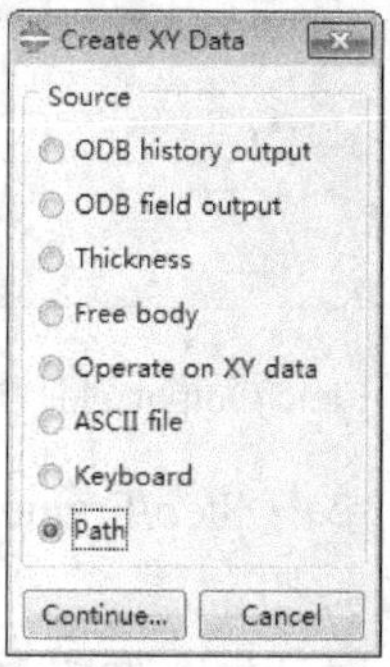

图 12-33　Create XY Data 对话框

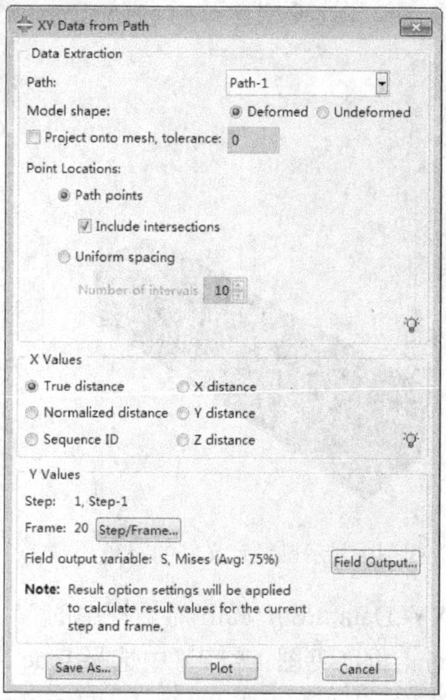

图 12-34　XY Data from Path 对话框

提 示

此时已经创建好的路径在路径列表中就可以找到。如果当前显示的是未变形的模型形状，那么在视图区中会高亮度显示所选的路径。本例显示的路径如图 12-35 所示。

③ 在 Point location 中选中 Include interaction（包括交叉点）。在对话框的 X Value 部分，接受 True distance（真实距离）；在 Y Value 部分，单击 Field Output（场变量输出）以打开 Field Output 对话框，如图 12-36 所示。在 Field Output 对话框中选择 S33 作为输出应力分量，单击 OK 按钮。

提 示

XY Data from Path 对话框中的场输出变量的变化，表示将创建在 3 方向的应力数据。

注 意

ABAQUS/CAE 可能警告读者：场变量不会影响当前的图像，保存绘图模式 As is，并单击 OK 按钮。

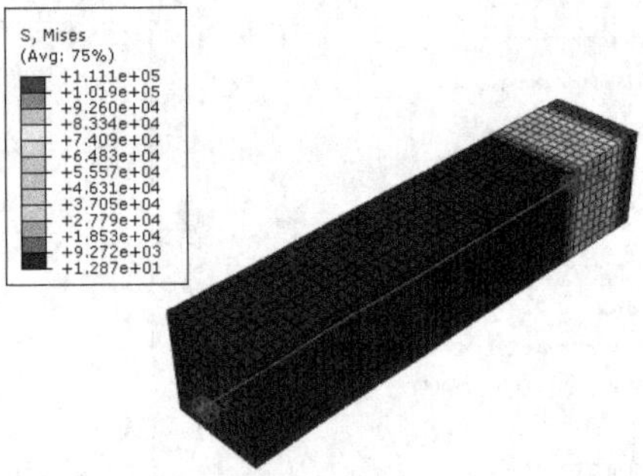

图 12-35　视图区显示已经定义好的路径

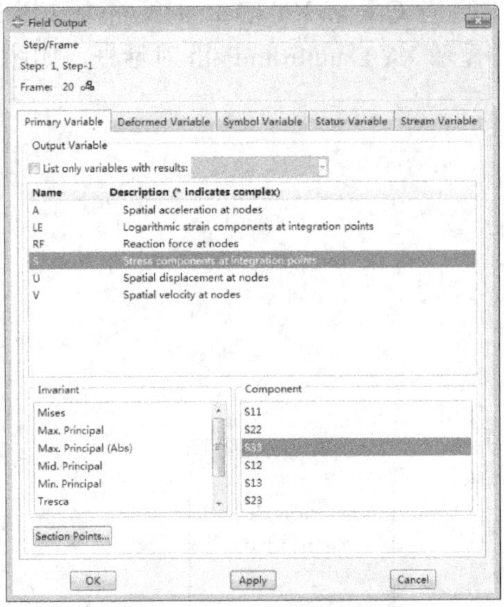

图 12-36　Field Output 对话框

④ 在 XY Data from Path 对话框中的 Y Values 部分，单击 Step/Frame。在弹出的 Step/Frame 对话框（见图 12-37）中选择 Index：5，单击 OK 按钮。

⑤ 保存 XY Data，单击 Save as，显示 Save XY Data as 对话框，如图 12-38 所示，在对话框中命名为 S33_5，单击 OK 按钮。在 XY Data Manager 对话框中显示 S33_5。

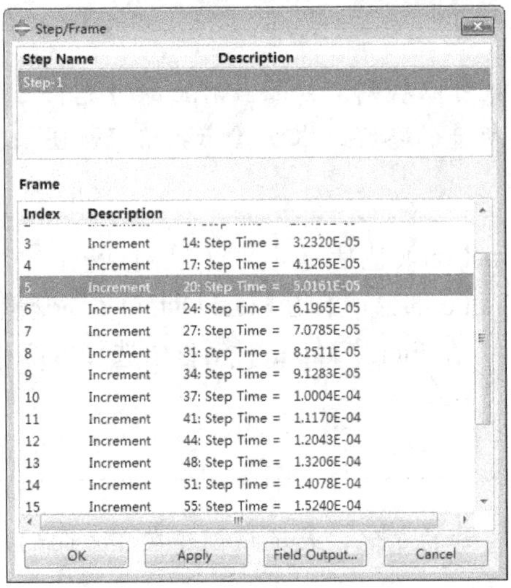

图 12-37　Step/Frame 对话框

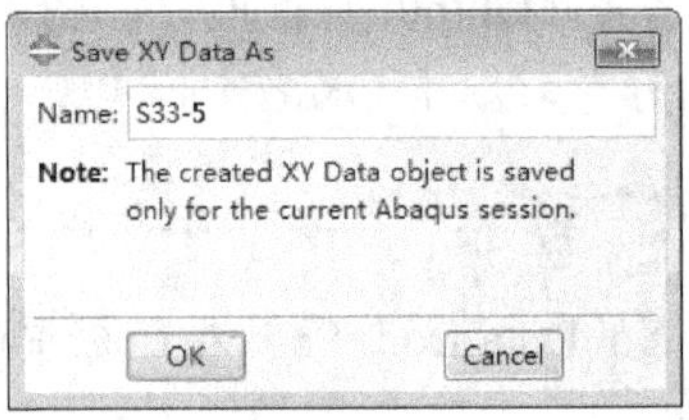

图 12-38　Save XY Data As 对话框

⑥ 用同样的方法，创建 Index：10，Index：20 的数据，并分别命名为 S33_10 和 S33_20，最后单击 Cancel 按钮，关闭 XY Data from Path 对话框。

下面绘制应力曲线。在 XY Data Manager 对话框中，单击 Plot 按钮，则绘制出棒的轴向路径上的应力分布，分别模拟应力波传播的几个时刻的分布图，如图 12-39 所示。

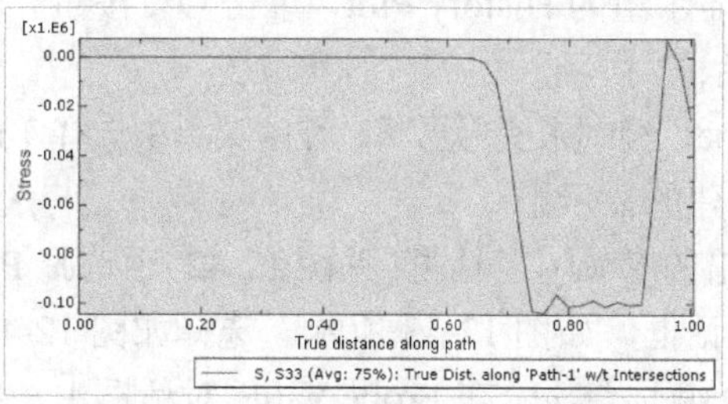

（a）Index：5

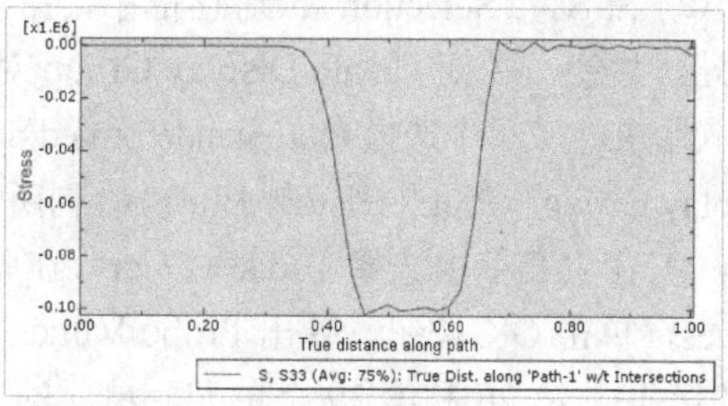

（b）Index：10

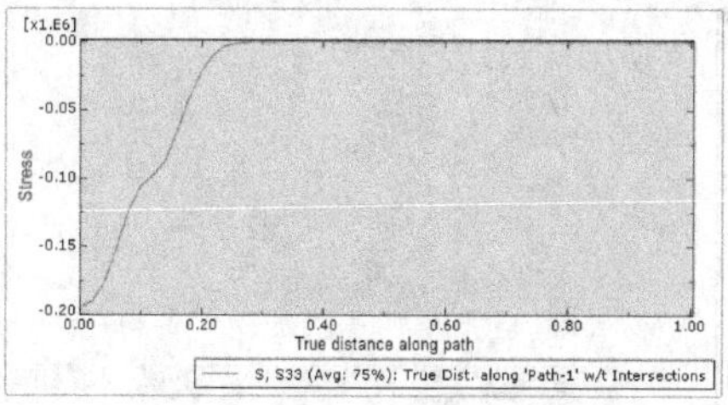

（c）Index：20

图 12-39　在三个不同时刻的沿着棒的轴向的应力分布

（3）创建历史曲线。

提　示

可以在棒中选择三个不同点分析其应力历史，例如，距离棒的加载段为 0.25 m，0.50 m，0.75 m 的三个点。为此，必须首先确定位于这些位置处的单元编号。确定单元编号的一种容易的方法是在包含沿着棒边缘的单元（集合 Out）的显示组中查询这些单元。

创建和绘出显示组单元并查询单元编号步骤如下。

① 在主菜单栏选择 Tools→Display Group→Create，弹出如图 12-40 所示的 Create Display Group 对话框，选择 Item：Element，Selection Method：Element Sets，从几何集合列表中选择 Out，单击 Sava Selection As 按钮，弹出 Sava Selection As 对话框，如图 12-41 所示。

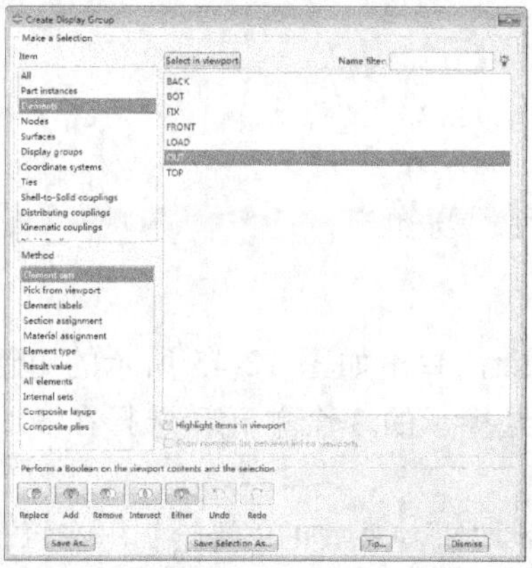

图 12-40　Create Display Group 对话框

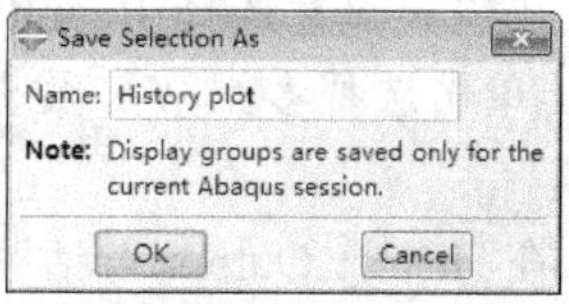

图 12-41　Save Selection As 对话框

② 在 Sava Selection As 对话框中，命名显示组为 History Plot，单击 OK 按钮。单击 Dismiss 按钮，关闭 Create Display Group 对话框。

③ 在主菜单中选择 Plot→Undeformed Shape，绘制未变形形状。在主菜单中选择 Tool→Display Group→Plot→History Plot，绘制所创建的显示组。

④ 在主菜单中选择 Tools→Query，在弹出的 Query 对话框（见图 12-42）中选择 Probe Values，单击 OK 按钮，弹出 Probe Values 对话框，如图 12-43 所示。选择如图 12-44 所示的第 13、第 26 和第 39 个单元，单元的 ID 编号会显示在 Probe Value 对话框中。单击 Cancel 按钮，关闭 Probe Values 对话框。

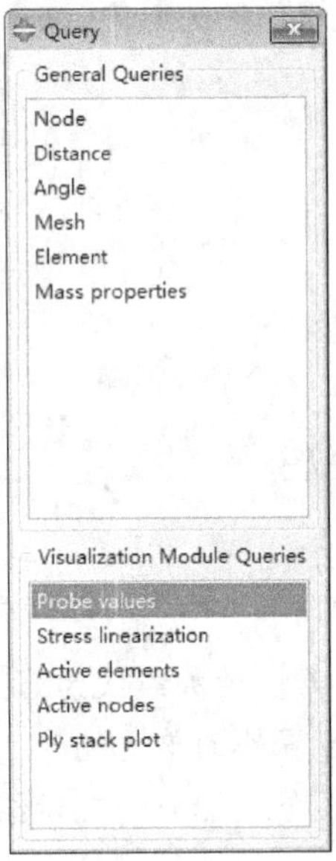

图 12-42 Query 对话框

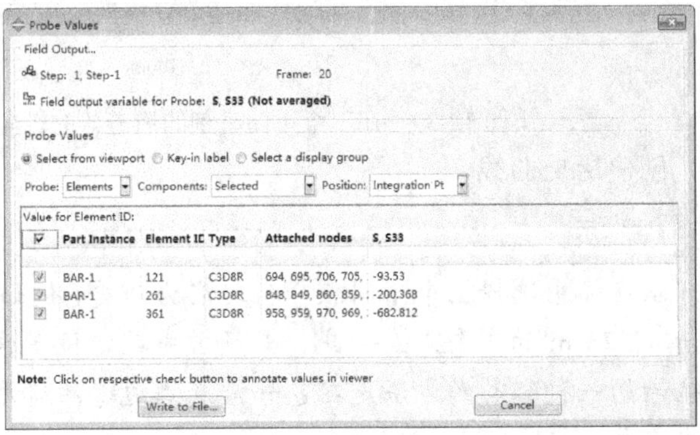

图 12-43 Probe Values 对话框

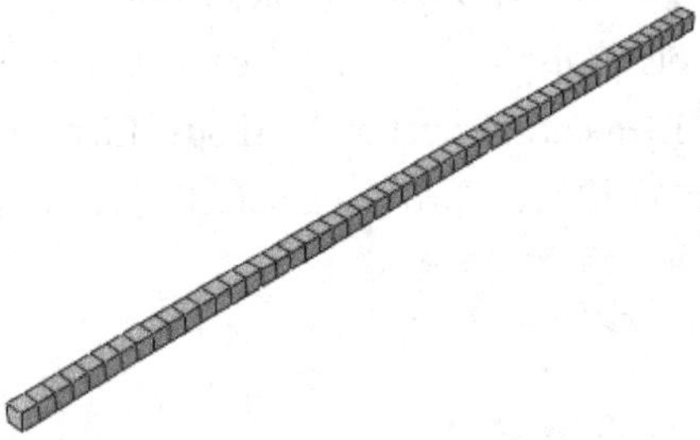

图 12-44 History Plot 显示组

绘制应力历史，操作步骤如下。

① 在主菜单栏选择 Results→History Output，弹出如图 12-45 所示的对话框。按住 Ctrl，单击选择多组 *X-Y* 数据集合，对于已经标示的 3 个单元，选择在 3 方向的应力数据。

② 在 History Output 对话框的底部单击 Plot 按钮，ABAQUS 就绘制出在每个单元中的应力随着时间变化的 *X-Y* 图，如图 12-46 所示。单击 Dismiss 按钮，关闭对话框。

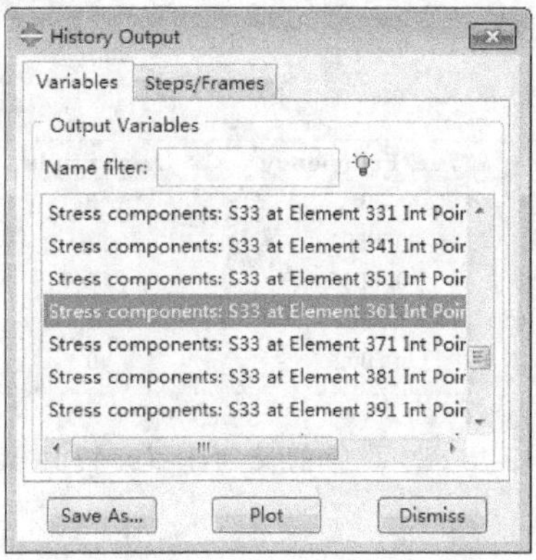

图 12-45 History Output 对话框

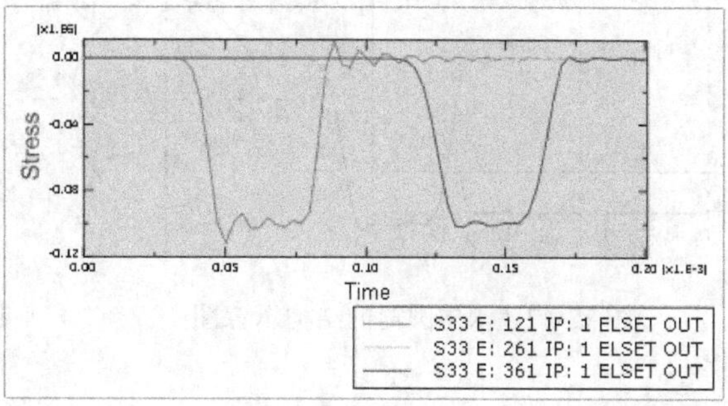

图 12-46 沿着棒的长度方向 3 个点的应力时间历史

12.3.4 INP 文件

该案例中的 INP 文件解释请查阅光盘中的相关文件，限于篇幅，在此不做详解。

12.4 水下圆筒在爆炸冲击下的响应分析

海上建筑物的完整结构，如潜艇、水面舰艇、海上结构等，可能被水下爆炸影响其安全。由于这些结构涉及人身的安全及很高的费用，因而，考虑其在水下爆炸的可能受到的影响的工程设计就显得非常重要。

水下爆炸通常分成两种类别：接触和非接触。一个接触的事件，如直接的鱼雷攻击或在船舶和潜艇的外壳直接发生的爆炸，这类的模拟通常由武器和爆轰的研究者们进行，目的是发展更好的、更具有破坏性的武器。

对于非接触的事件，如邻近的爆炸或附近的攻击。这些事件在空气中虽然不会带来很大的影响，但由于水在爆炸中能传播很大的力，所以能够给结构带来更大的灾害。

ABAQUS 采用基于连续介质的有限元技术来处理流体，以取代 DAA （Doubly Asymptotic Approximation）方法的假设。本例题就是显示在 ABAQUS/CAE 中如何建立一个 pressure-vessel 模型，对爆炸问题进行分析。

12.4.1 问题的描述

如图 12-47 所示的一个浸入水中的圆筒，受到 60 磅的炸药爆炸载荷的作用。圆筒由钢组成，长度为 1.067 m，外直径为 0.305 m，桶身厚 6.35 mm，两头的盖子厚度为 25.4 mm。炸药和圆筒处于 3.66 m 深处，炸药距离圆筒 7.62 m。在圆筒的三个位移埋设应变片，测量其响应，应变片的位置如图 12-47 所示。

作用到桶上的压力脉冲波时间-幅值如图 12-48 所示。

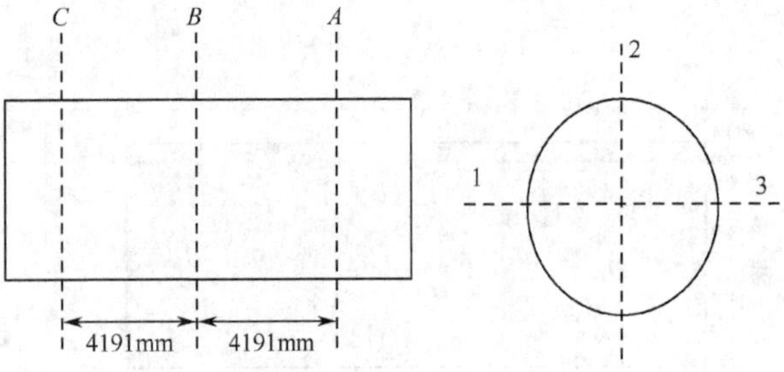

图 12-47 水中圆筒的结构示意图

	Time/Frequency	Amplitude
1	0	0
2	0.0001	16
3	0.0005	8
4	0.001	4
5	0.002	0

图 12-48 时间-幅值表（时间：s，幅值：MPa）

12.4.2 问题分析和求解

1. 创建部件 Cyl

（1）首先，打开 ABAQUS/CAE 的启动界面，单击选择 Create Model Database 按钮创建一个 ABAQUS/CAE 的模型数据库，随即进入 Part（部件）功能模块。进入模块后，用户可在该模块中创建带孔平板模型。

（2）单击工具区中的 Create Part（创建部件）工具，弹出 Create Part 对话框，如图 12-49 所示。在部件名栏输入 Cyl，Modeling space 栏选择 3D，Type 选择 Deformable，Base Feature：Shell，Type：Revolution，模型空间的大约尺寸设置成 5，单击 Continue…按钮，进入草图绘制界面。

（3）单击工具区中的 Create Lines 工具，依次输入坐标(0,0.5335)，(0.1525,0.5335)，(0.1525,-0.5335)，(0,-0.5335)，按 Enter 键完成操作，如图 12-50 所示，单击 Done 按钮。

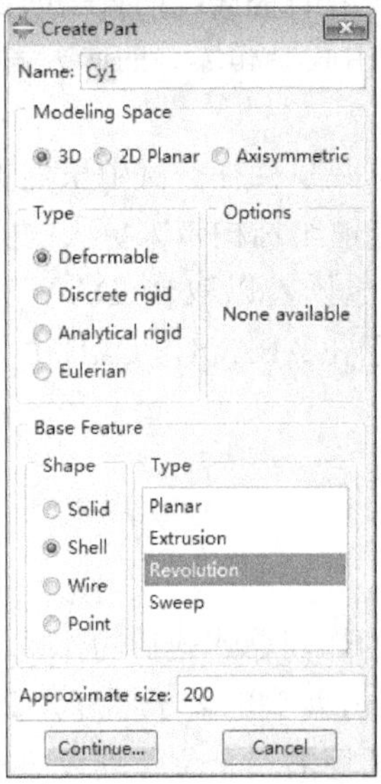

图 12-49 Create Part 对话框

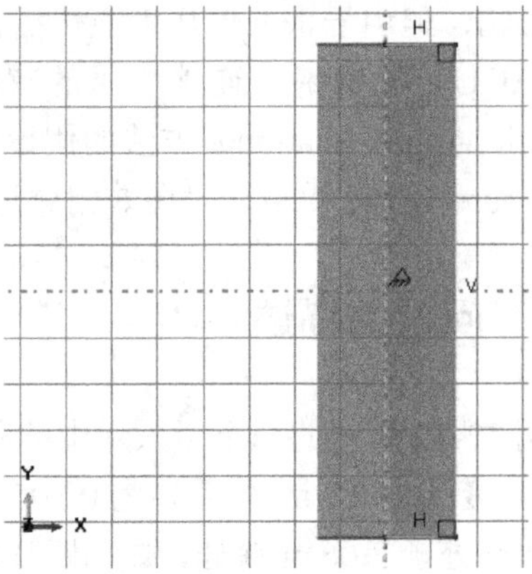

图 12-50 桶身的草图绘制

（4）在弹出的 Edit Revolution 对话框（见图 12-51）中输入 360，作为旋转角度，单击 OK 按钮，完成桶身的绘制。

注 意

单位制的选取，如长度单位用 m，对应着力的单位为 N，质量单位为 kg，应力单位为 Pa。

（5）在主菜单中选择 Tools→Partition，在 Create Partition 对话框（见图 12-52）中选择 Edge 作为 Type，选择 Enter Parameter 作为 Method，单击 Apply 按钮；选中桶身的母线，单击 Done 按钮；输入 0.5，单击 Create Partition 按钮；在母线中创建一个点，单击 Done 按钮，完成第一个应变片的埋设。

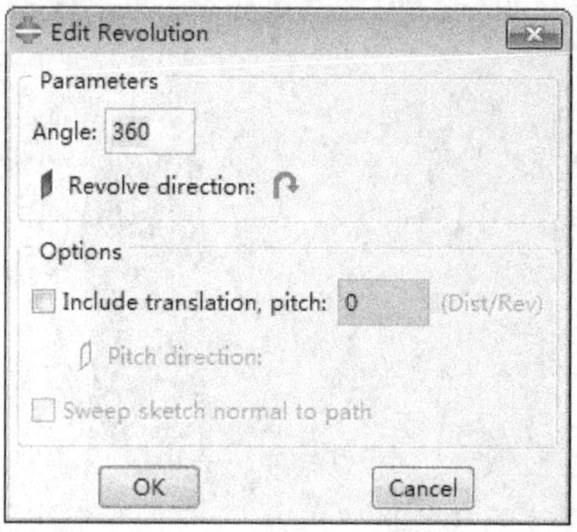

图 12-51　Edit Revolution 对话框

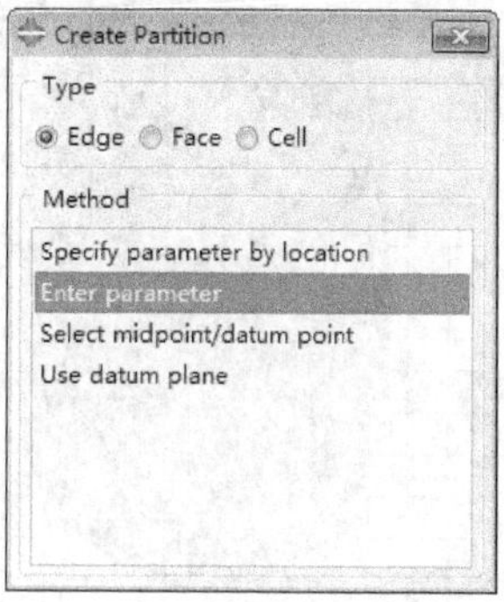

图 12-52　Create Partition 对话框

（6）用同样的方法，选择母线的上半部分，箭头向上则输入 0.7856．反之输入 0.2144，完成第二个应变片的埋设。

（7）用同样的方法，选择母线的下半部分，箭头向下则输入 0.7856，反之输入 0.2144，完成第三个应变片的埋设。埋设应变片后的结构如图 12-53 所示。

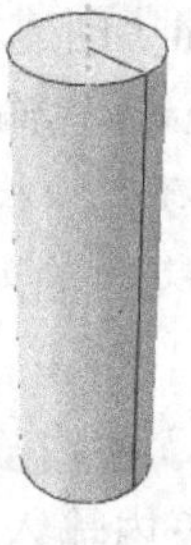

图 12-53　埋设应变片后的桶模型

2．外部水介质的建立

（1）单击工具区中的 Create Part（创建部件）工具，弹出 Create Part 对话框，在部件名栏输入 out-water，Modeling space 栏选择 3D，Type 选择 Deformable，Base Feature：Solid，Type：Revolution，模型空间的大约尺寸设置成 10，单击 Continue…按钮，进入

草图绘制界面。

（2）单击工具区中的 Create Isolated Point 工具，依次输入坐标 A1：（0,0.5335），A2：（0,-0.5335），B1：（0.1525,0.5335），B2：（0.1525,-0.5335），C1：（0.915,0.5335），C2：（0.915,-0.5335），单击 Done 按钮。

（3）单击 Create Arc（创建圆弧）工具，先选中 A1 点，按 Enter 键，然后选中 C1 点，按 Enter 键，最后向上拖拽弧线选中对称轴，完成 1/4 圆弧的绘制。

（4）以同样的技术完成下面 1/4 个圆弧的绘制。

（5）将点连接起来，最终的草图如图 12-54 所示。

（6）单击 Done 按钮，在弹出的 Edit Revolution 对话框中输入 360，作为旋转角度，单击 OK 按钮，完成外部水的绘制，如图 12-55 所示。

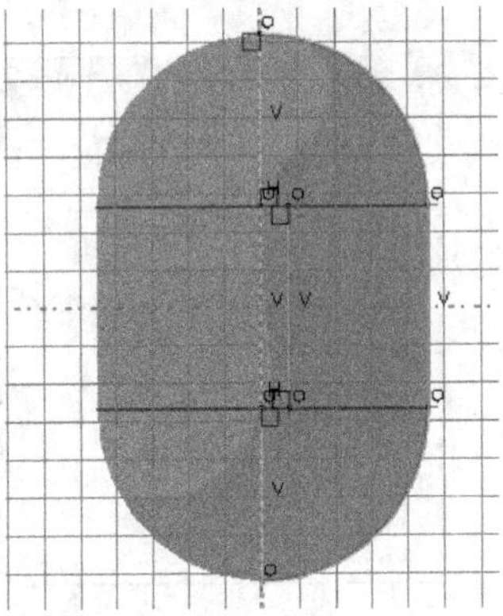

图 12-54　绘制外部水的草图

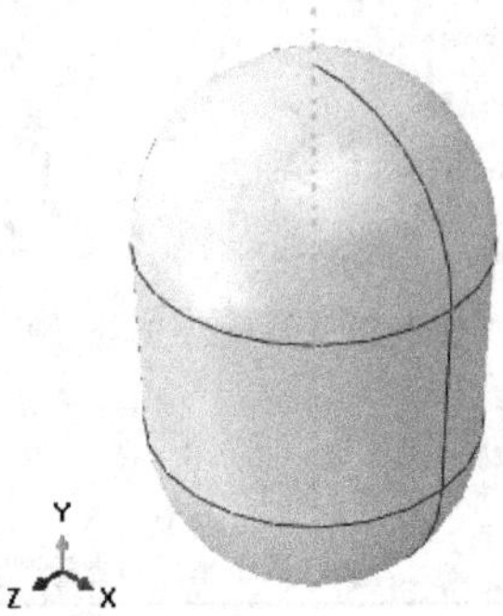

图 12-55　完成外部水的绘制

3．定义材料属性

（1）在环境栏的 Module（模块）列表中选择 Property（特性）功能模块，设置部件的材料性质。

（2）单击工具区中的 Create Material（创建材料）工具，弹出 Edit Material（编辑材料）对话框，如图 12-56 所示。在 Name 栏输入 Steel 为材料名称。

① 在 Material Behaviors（材料性质）栏内执行 Mechanical→Elasticity→Elastic 命令；在 Material Behaviors 下方的 Data 数据表内输入 Young's modulus（弹性模量）为 2.0E9 和 Poisson's ratio（泊松比）为 0.3。

② 在 Material Behaviors（材料性质）栏内执行 Mechanical→Elasticity→Plastic 命令；在 Material Behaviors 下方的 Data 数据表内输入 3E8 和 3.3E8 作为屈服应力，输入 0 和 1 为屈服应变，如图 12-57 所示。

③ 执行 General→Density，输入 7800 作为密度。

④ 单击 Mechanical→Damping，输入 750 作为 Alpha 的值，单击 OK 按钮，完成该材料定义的操作。

（3）用同样的方法，创建一个名为 Water 的材料，密度为 1000。

在 Material Behaviors(材料性质)栏内执行 Other→Acoustic Medium 命令；在 Material

Behaviors 下方的 Data 数据表内输入 2.1204e9 作为体积模量，单击 OK 按钮，完成 Water 的定义，如图 12-58 所示。

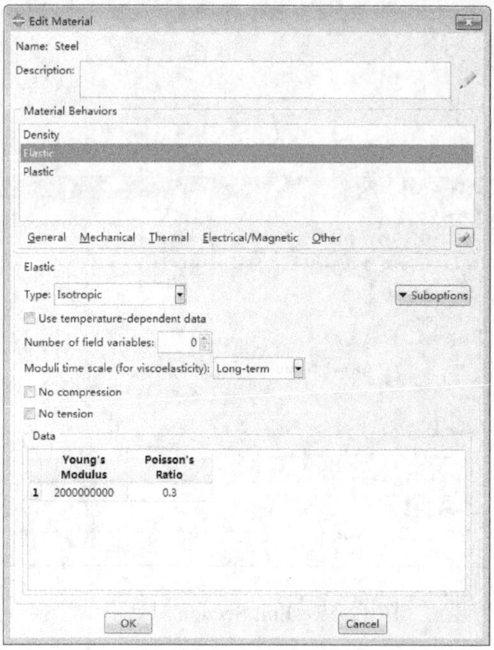

图 12-56 Edit Material 对话框

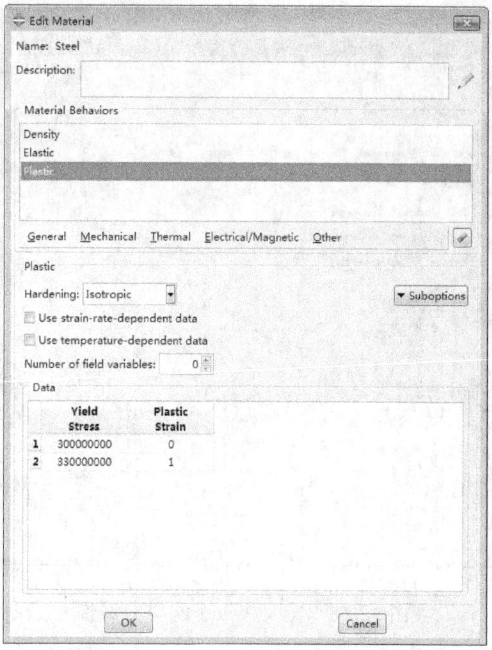

图 12-57 设置塑性应变值

4. 定义截面属性

（1）单击工具区中的 Create Section（创建截面）工具，弹出 Create Section 对话框；在 Name 栏输入 out 为截面名称，选择 Category: Solid 和 Type: Homogeneous，单击 Continue...按钮，弹出 Edit Section（编辑截面）对话框；在 Material 栏选择 Water，其余选项采用默认值；单击 OK 按钮，完成截面的创建操作。

（2）用同样的方法，创建一个 Section，命名为 Cap，选择 Category: Shell 和 Type: Homogeneous，单击 Continue...按钮，在 Edit Section 对话框中输入 0.0254 为厚度值，选中 Steel 为材料，其他选项采用默认值；单击 OK 按钮，完成截面的创建操作，如图 12-59 所示。

（3）用同样的方法，创建一个 Section，命名为 Body，选择 Category: Shell 和 Type: Homogeneous，单击 Continue...按钮，在 Edit Section 对话框中输入 0.00635 为厚度值，选中 Steel 为材料，其他选项采用默认值，单击 OK 按钮，完成截面的创建操作。

（4）单击工具区中的 Assign Section（分配截面）工具，在视图区选择部件 Cyl，单击窗口下方的 Done 按钮，弹出 Edit Section Assignment（编辑截面分配）对话框；在 Section 栏选择 Body，单击 OK 按钮，单击 Done 按钮，完成截面特性的分配操作。

（5）以同样的方法，为部件 Out-water 定义属性 Out，为桶的上、下盖指派 Cap。

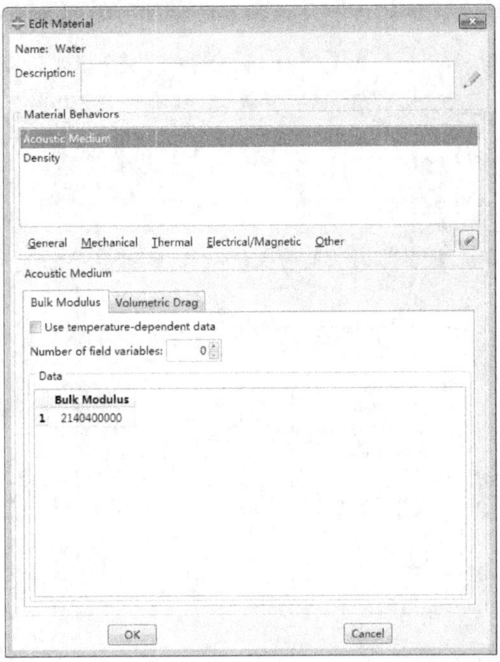

图 12-58　定义 Water 的材料属性

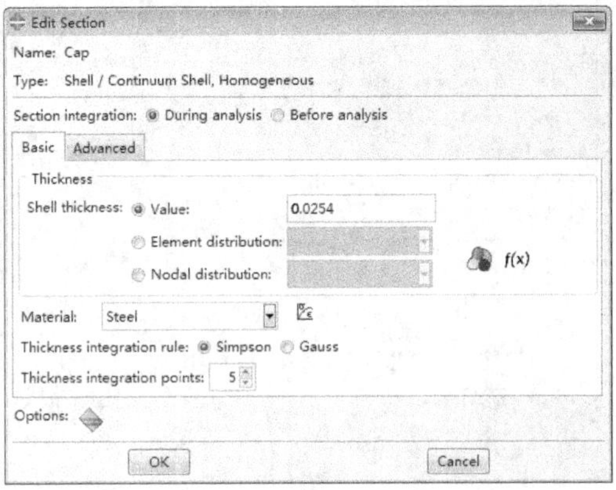

图 12-59　Edit Section 对话框

5．装配部件

在环境栏的 Module（模块）列表中选择 Assembly（装配）功能模块，单击工具栏的 Instance Part 工具，弹出 Create Instance 对话框，选中 Cyl 和 Out-water；单击 Apply 按钮，直接单击 OK 按钮，完成装配部件。

6．设置分析步

（1）在环境栏的 Module（模块）列表中选择 Step（分析步）功能模块。

（2）单击工具区中的 Create Step（创建分析步）工具，弹出 Create Step 对话框，在 Name 后面输入 Shock，选择 Dynamic，Explicit 分析步，单击 Continue...按钮。

（3）在弹出的 Edit Step（编辑分析步）对话框中，输入 0.008 作为 Time Period 的值，保持各项采用默认值，如图 12-60 所示。单击 OK 按钮，完成分析步的设置操作。

（4）设置变量输出集合。

① 执行 Tools→Set→Manager 命令，弹出 Set Manager 对话框，单击 Create...按钮，命名为 Gauge A，在视图区选择母线的中点，单击提示区中的 Done 按钮，建立一个用于输出的集合。

② 用同样的方法，将母线上半部分的应变片设置为 Gauge B，下半部分的应变片点设置为 Gauge C，按住 Shift 键，将桶的上、下盖的中点同时选中，命名为 Gauge D，定义好的 Set Manager 对话框如图 12-61 所示。单击 Dismiss 按钮，退出对话框。

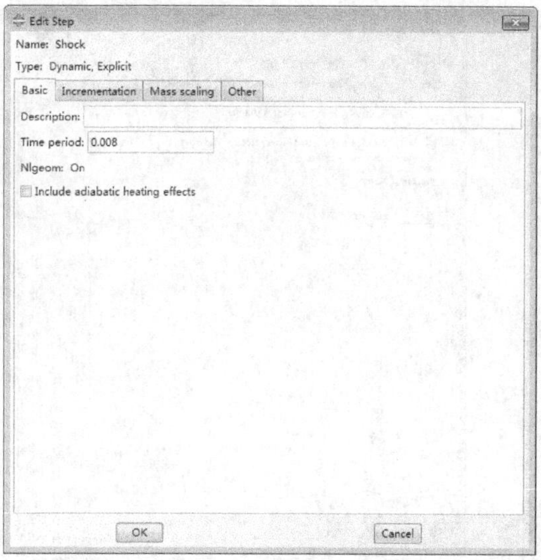

图 12-60　Edit Step 对话框图

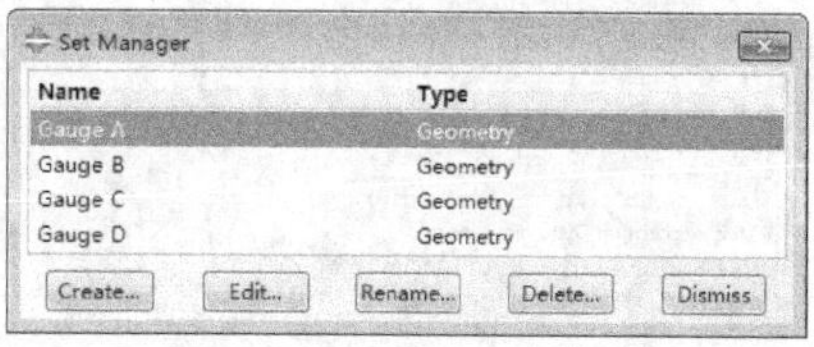

图 12-61　Set Manager 对话框

（5）设置历史输出变量。

① 单击工具箱中的（History Output Manager）按钮，在弹出的 History Output Request Manager 对话框（见图 12-62）中删除原有的 H-Output-1，单击左下角的 Create…按钮创建一个新的输出要求，命名为 Output-A；在 Domain 下拉菜单中选择 Set name，选择 Gauge A 作为 Set name，输入 U1、U2、U3、V1、V2、V3 作为输出变量，单击 OK 按钮。

② 用同样的方法，为 Gauge B、Gauge C、Gauge D 建立相同的输出需求。

提 示

可以利用 Copy 功能复制后，修改 Set name 来完成该操作。

7．定义界面和相互作用

（1）定义各个接触面。

① 从主菜单中选择 View→Assembly Display Options，弹出如图 12-63 所示的 Assembly Display Options 对话框，在 Instance 下先不选中 out-water-1，单击 Apply 按钮，此时视图中就去掉了外部的流体，只剩下圆桶。

② 进入 Interaction 模块，执行 Tools→Surface→Manager 命令，在弹出的对话框（见图 12-64）中单击 Create…按钮，在 Create Surface 对话框中输入 Name：cyl-body；单击 Continue…按钮，在图形窗口选择桶身和上、下两个桶板（按住 Shift 键进行选择）；单击提示区中的 Done 按钮，在提示栏中选择 Magenta 作为这个面的法向，完成该表面的设置。

③ 同样，通过 Instance 选中 out-water-1，去掉 Cyl-1，单击 Apply 按钮，视图中只剩下外部的流场，再单击菜单栏下工具栏中的 Render Model：Wireframe 按钮；创建一个 Surface 名为 water-up 选择上半球。

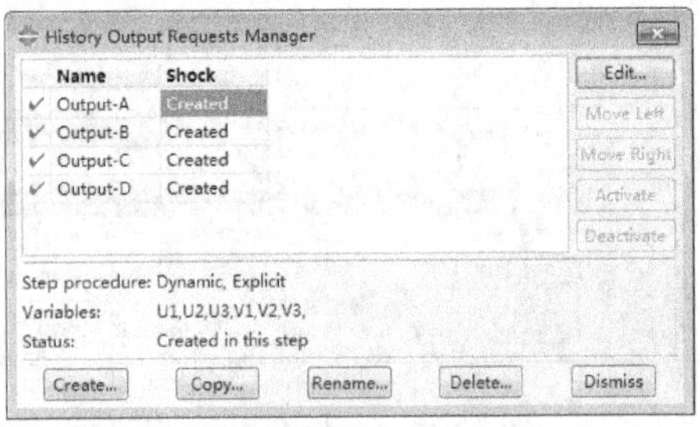

图 12-62　History Output Request Manager 对话框

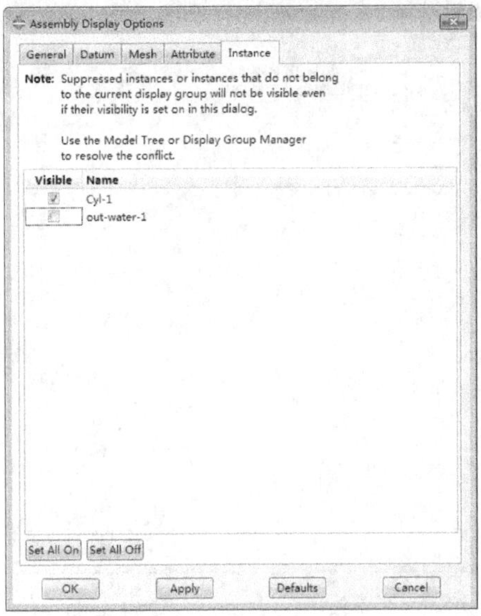

图 12-63　Assembly Display Options 对话框

同样地，创建一个 water-down 的 Surface，选中下半球，一个 water-mid 的 Surface，选中中间的圆柱部分。

（2）定义流场内部和圆桶接触的面。

在 Surface Manager 对话框（见图 12-64）中单击 Create...按钮，命名为 water-body；在菜单栏中单击关闭 Select the entity closest to the Screen 功能按钮，然后单击视图中上半球内的桶身位置，CAE 会将上半球高亮，同时在提示栏中出现 Next 和 Previous 按钮；单击 Next 按钮，可以看到高亮部分转到了桶身对应的流场部分，如图 12-65 所示。同时按住 Shift 键，采用相同的技术将和两个盖板连接的水面都选中，单击 Done 按钮完成这个面的设置。

（3）单击工具栏中的 Constraint Manager 按钮，在弹出的 Constraint Manager 对话框（见图 12-66）中单击 Create...按钮，弹出 Create Constraint 对话框，如图 12-67 所示。单击 Continue...按钮，然后单击提示区的 Surfaces 按钮，ABAQUS/CAE 弹出如图 12-68 所示的 Region Selection 对话框，其中列出了刚才建立的 Surface；先选中 cyl-body，单击 Continue...按钮；在提示栏按钮处单击 Surface 按钮，从对话框中选择 water-body，单击 Continue...按钮；在 Edit Constraint 对话框（见图 12-69）中接受默认选择，单击 OK 按钮，完成设置。

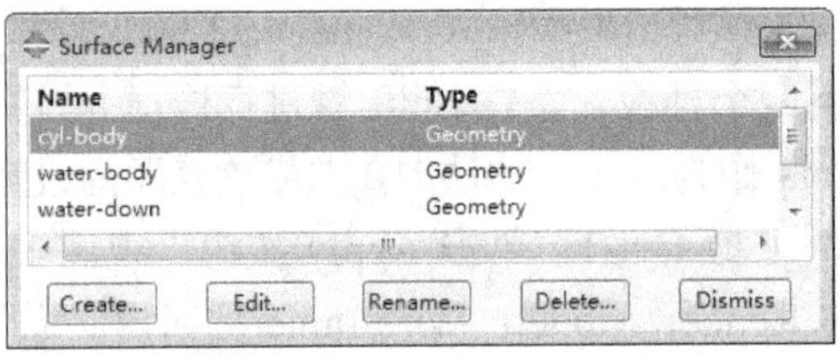

图 12-64　Surface Manager 对话框

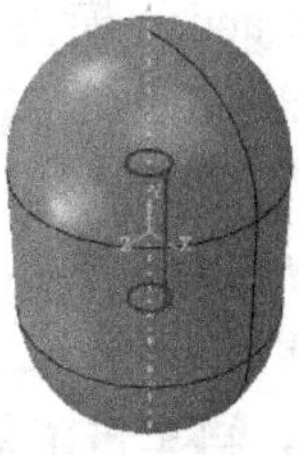

图 12-65　在视图区选中桶身对应的流场

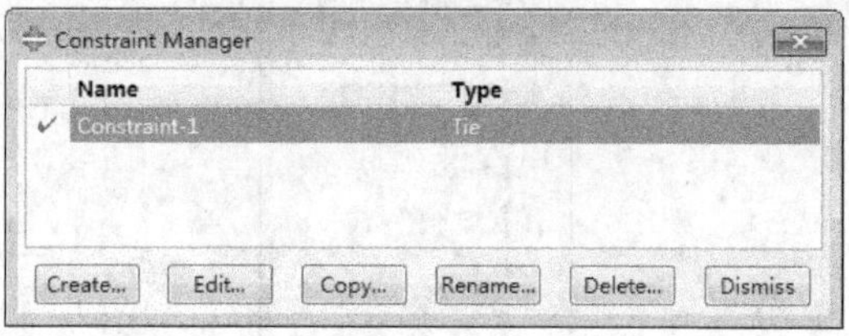

图 12-66　Constraint Manager 对话框

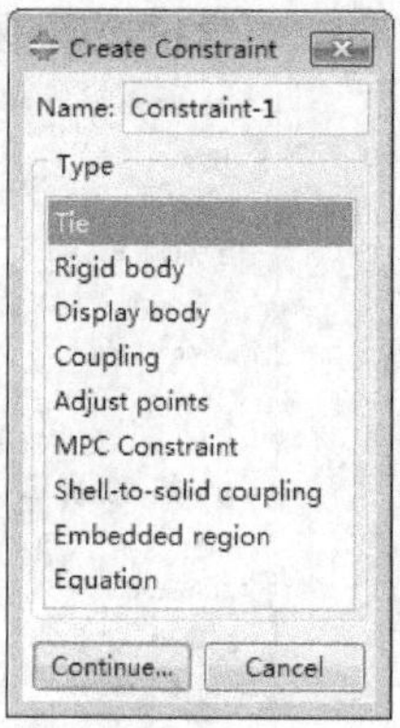

图 12-67　Create Constraint 对话框

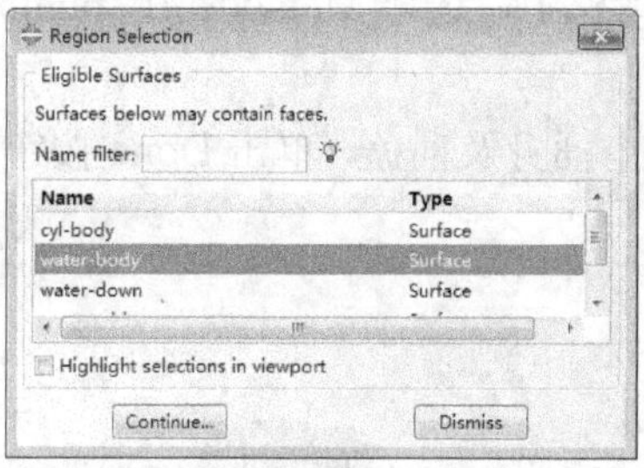

图 12-68　Region Selection 对话框

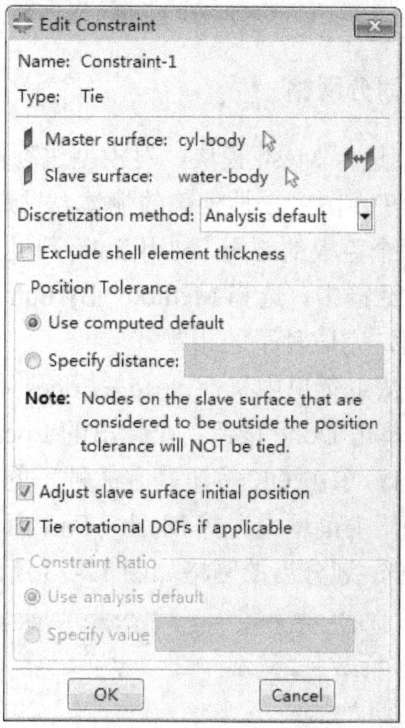

图 12-69　Edit Constraint 对话框

8. 定义载荷和边界条件

单击按钮，Item 栏中选择 All，单击对话框下部的 Replace 按钮，显示整个模型。

进入 Load 模块，执行 Tools→Amplitude→Create 命令；在弹出的 Create Amplitude 对话框（见图 12-70）中输入名称 Pulse，选择 Type 为 Tabular；单击 Continue...按钮，弹出 Edit Amplitude 对话框，输入如图 12-71 所示的数值，单击 OK 按钮完成幅值曲线的定义。

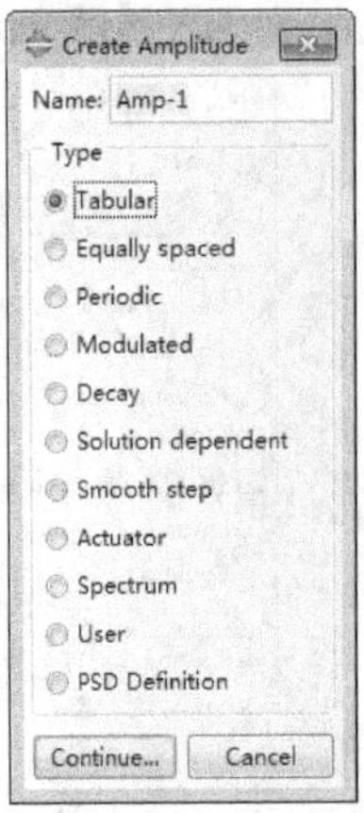

图 12-70　Create Amplitude 对话框

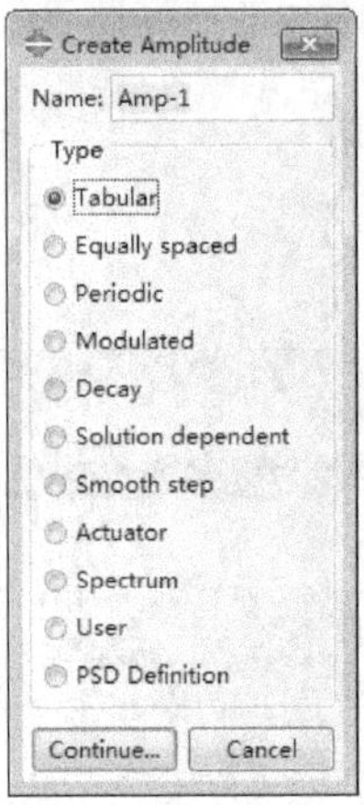

图 12-71　Edit Amplitude 对话框

9．划分网格

（1）进入 Mesh 模块，对模型进行网格划分。

① 在视图中去掉外部的流体，只剩下桶。从主菜单中执行 Seed→Edges 命令，选中上、下两个盖板的圆周（利用 Shift 帮助选择多个目标）；单击 Done 按钮，在弹出的 Local Seeds 对话框中，选择 Method：By number，输入种子设置为 40，如图 12-72 所示。单击 OK 按钮，完成种子的布置。

② 从主菜单中执行 Seed→Edges 命令，选中桶的母线（利用 Shift 帮助选中全部的母线），单击 Done 按钮；在弹出的 Local Seeds 对话框中，选择 Method：By number，输入 0.0201，单击 OK 按钮，完成种子的布置。

③ 从主菜单中选择 Mesh→Part 命令，选中整个桶身及桶盖，单击 Done 按钮，完成网格划分，划分后的网格如图 12-73 所示。

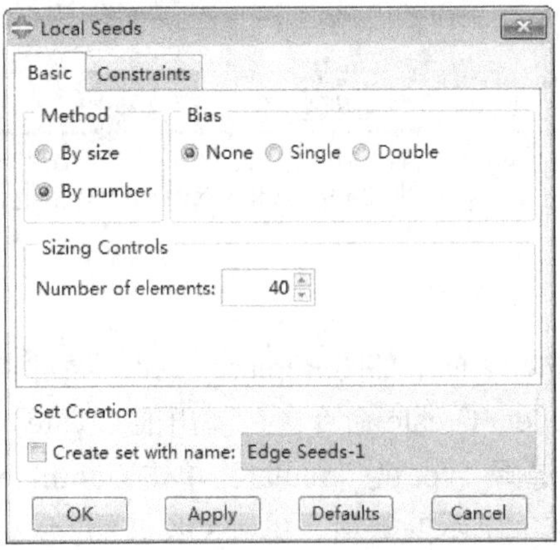

图 12-72　Local Seeds 对话框

图 12-73　桶的网格划分

（2）对外部流体进行网格划分。

① 在视图中设置只显示外部的流体，单击 Render Model：Wireframe 按钮，从主

菜单中执行 Seed→Edges 命令，选中如图 12-74（a）所示的两个边；单击 Done 按钮，在弹出的 Local Seeds 对话框中，选择 Method：By number，输入种子设置为 18；单击 OK 按钮，完成种子的布置。

② 以同样的方法，选中图 12-74（a）所示的另外一条边，单击 Done 按钮，设置种子为 60，单击 OK 按钮。

选中如图 12-74（b）所示的两条边，单击 Done 按钮，设置种子为 27；单击 OK 按钮。

选中如图 12-74（c）所示的三条边，单击 Done 按钮，设置种子数目为 11；单击 OK 按钮，完成种子的布置。

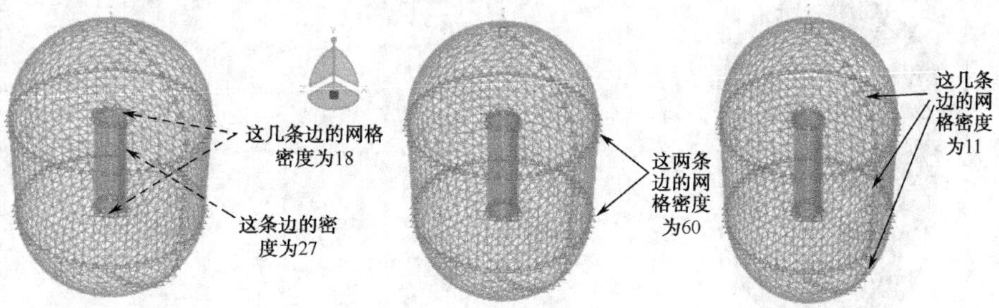

（a）内部圆柱上下圆弧　（b）外部螺旋形　（c）母线

图 12-74　种子设置

③ 从主菜单中选择 Mesh→Controls 命令，选中整个流场，单击 Done 按钮，弹出如图 12-75 所示的 Mesh Controls 对话框；选择 Element Shape：Tet，单击 OK 按钮，完成操作。

④ 从主菜单中选择 Mesh→Element Type 命令，选中整个流场，单击 Done 按钮，弹出如图 12-76 所示的 Element Type 对话框；选择 Family：Acoustic，Element Library：Explicit，单击 OK 按钮，完成操作。

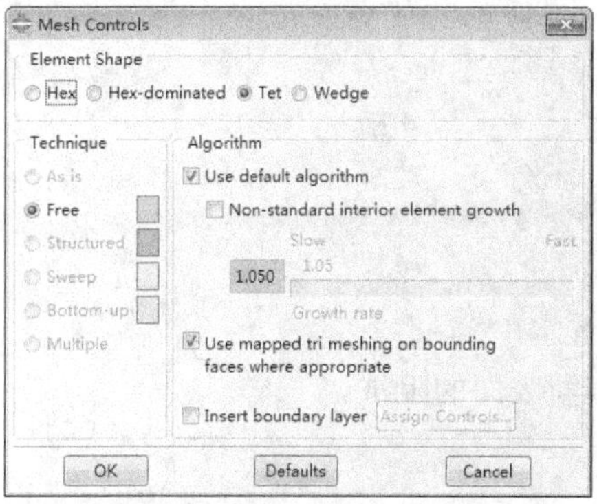

图 12-75　Mesh Controls 对话框

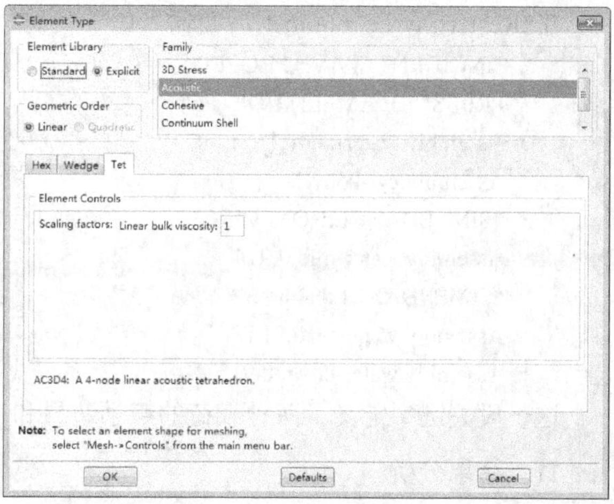

图 12-76　Element Type 对话框

⑤ 从主菜单中选择 Mesh→Part 命令，选中整个流场，单击 Done 按钮，完成网格划分，划分后的网格如图 12-77 所示。

10．编辑关键字

此类分析的载荷目前必须通过关键字输入。

从主菜单中执行 Model→Edit Keywords→press vessel 命令，在如图 12-78 所示的 Edit Keywords 对话框中编辑。

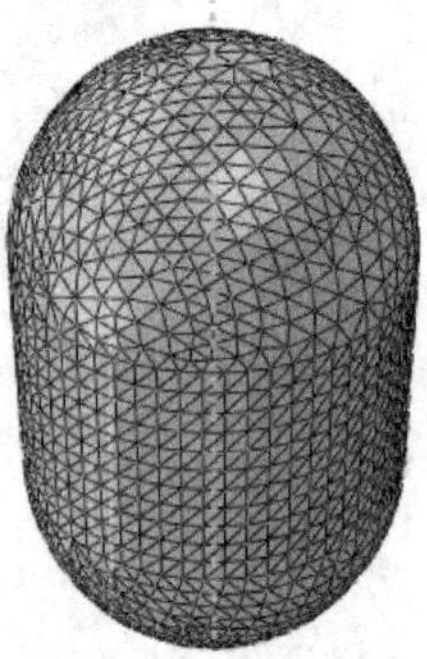

图 12-77　流场划分单元

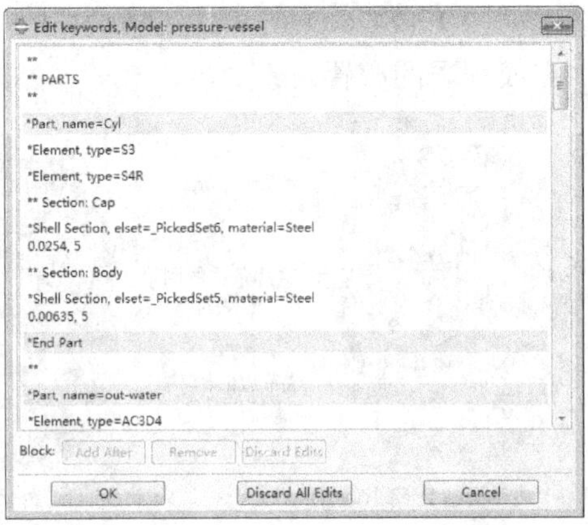

图 12-78　Edit Keywords 对话框

（1）在*Density1000.,后面输入如下代码。

```
*INCIDENT WAVE PROPERTY,NAME=SHOCK,TYPE=SPHERE
0.1525,0.,0.,0.,0.,0.
7.7725,0.,0.
*INCIDENT WAVE FLUID PROPERTY
2.1401E9,1000
```

（2）下面是用来定义冲击波及它的性质，并且定义载荷。

在*Restart, write, number 后面输入如下代码。

```
*INCIDENT WAVE,PROPERTY=SHOCK,
PRESSURE AMPLITUDE=Pulse
Assembly.water-body,1
Assembly.cyl-body,1
*SIMPEDANCE,NON=CIRC
Assembly.water-mid,0.915
*SIMPEDANCE,NON=SPH
Assembly.water-up,0.915
Assembly.water-down,0.915
```

这一段关键字定义了两种载荷的声学边界和声学表面的阻抗。

11．结果分析

（1）进入 Job 模块。执行 Job→Manager 命令，单击 Job Manager 对话框中的 Create…按钮，定义作业名称为 Undex，单击 Continue…按钮，单击 OK 按钮完成作业定义。

（2）单击 Job Manager 对话框中的 Monitor 按钮，打开 Brake Monitor 对话框，可以对求解过程进行监视，单击 Submit 按钮，提交作业。

12．后处理

（1）作业完成后，单击 Job Manager 对话框中的 Results 按钮，进入结果后处理 Visualization 模块。

（2）单击工具栏中的图（Create Display Group），在 Create Display Group 对话框的 Item 栏中选择 Part, instances，在右边的列嵌中选择 OUT-WATER-1，如图 12-79 所示。单击对话框下部的（Remove）按钮，隐去外部流场，如图 12-80 所示。

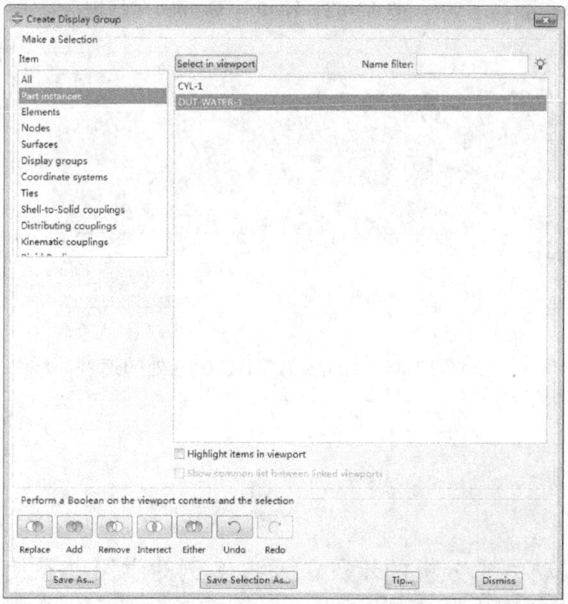

图 12-79　Create Display Group 对话框

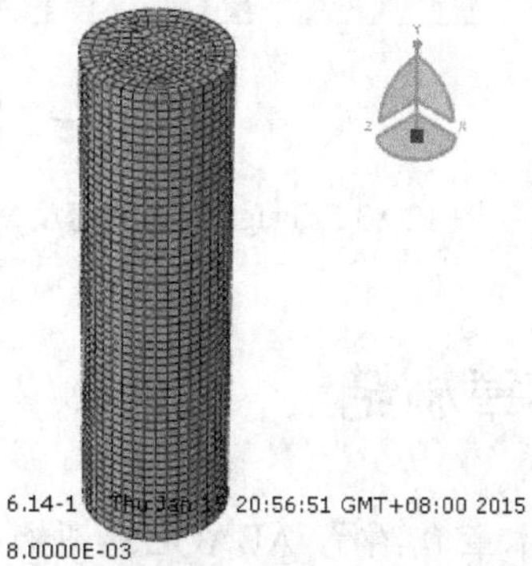

图 12-80　隐去外部流体后的圆桶

（3）执行 Results→Field Output 命令，在 Field Output 对话框中选择变量 S，在 Invariant 栏中选择 Mises，单击 Apply 按钮，显示 Mises 应力分布。单击 Animate：Time History 按钮，可以看到应力随着时间的变化过程，如图 12-81 所示是某个时刻桶上的 Mises 应力分布图。

（4）下面输出上、下两个盖板中心点的位移随着时间变化的曲线。通过执行主菜单的 Results→History Output 命令，弹出如图 12-82 所示的 History Output 对话框，在对话框中按住 Ctrl 键选择 Gauge D 的 V2，单击 Plot 按钮，显示如图 12-83 所示的速度曲线。

（5）以同样的方法，输出 Gauge A、B、C 三处的 V2，如图 12-84 所示。

12.4.3　INP 文件

该案例中的 INP 文件解释请查阅光盘中的相关文件，限于篇幅，在此不做详解。

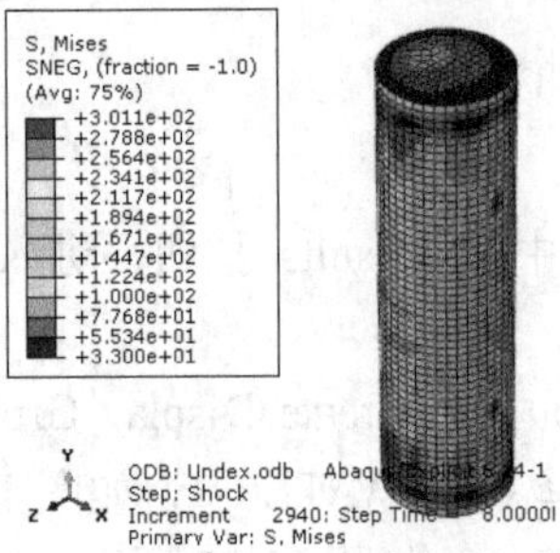

图 12-81　某个时刻桶上的 Mises 应力分布图

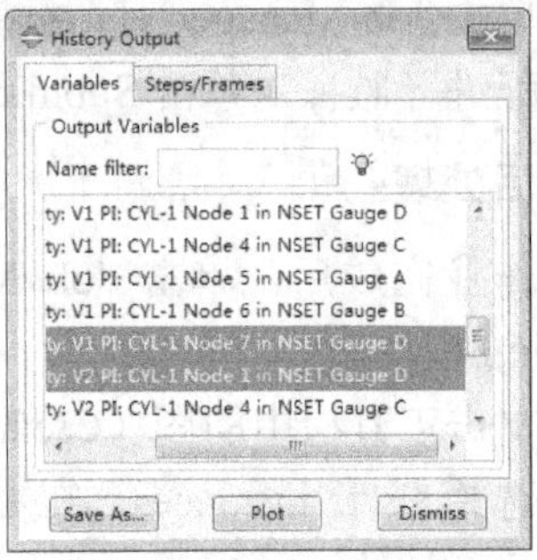

图 12-82　History Output 对话框

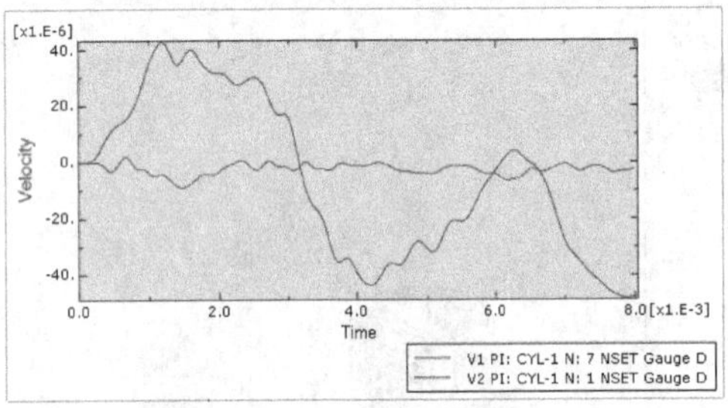

图 12-83　Gauge D 处的速度曲线

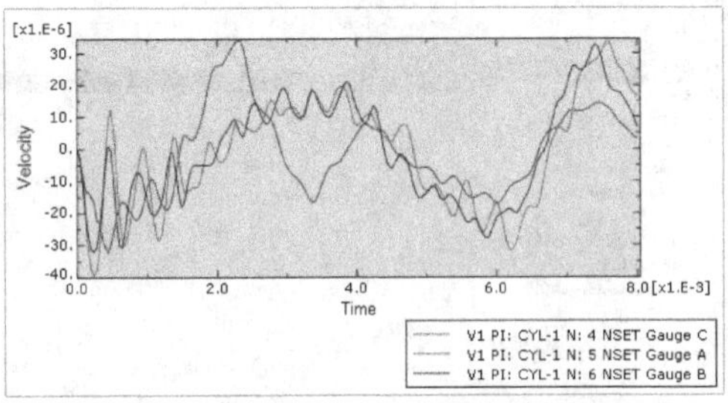

图 12-84　Gauge A、B、C 三处的速度曲线

本章小结

本章介绍了 ABAQUS 进行显式动力学分析的步骤，通过实例的学习熟悉使用 ABAQUS/Explicit 进行显式动力学分析。因为很多工程和军事中涉及到结构受爆炸载荷影响的分析和评估，所以精确地跟踪结构的载荷分析是非常重要的。本章介绍了 ABAQUS/Explicit 进行显式动力学分析的过程和优势，以及 ABAQUS/Explicit 适用的问题类型和动力学显式的有限元方法。需要掌握的内容如下。

1．实例 1：利用 ABAQUS/Explicit 分析棒中的应力波的传播

该实例主要介绍了利用 Amplitude Manager 进行动载荷的定义，以及显示动力学问题结果变量和历史变量输出的设置。

2．实例 2：使用 ABAQUS/Explicit 分析水下爆炸冲击的响应

本实例是以结构在水下爆炸可能受到影响为研究背景的案例，读者可以了解冲击波的性质及其边界条件的定义，进一步加深对 Tie 连接等知识点的认识。

第13章

多步骤分析

ABAQUS 模拟分析的目标是确定模型对所施加载荷的响应。载荷（load）在 ABAQUS 中代表了使结构的响应从它的初始状态到发生变化的任何事情，如非零边界条件或施加的位移、压力、集中力及场。在某些情况下载荷可能相对简单，如在结构上的一组集中载荷。

然而在另外一些问题中，施加在结构上的载荷可能会相当复杂。例如，在某一时间段内不同的载荷的幅值是随时间变化的函数，或按一定的顺序施加到模型的不同部分。采用载荷历史（Load history）来代表这种作用在模型上的复杂载荷。本章将介绍 ABAQUS 处理多步骤分析的过程和方法，学习利用 ABAQUS 处理更多复杂的载荷问题。

教学目标

（1）了解分析过程。

（2）熟悉 ABAQUS 进行管道系统的振动分析。

（3）了解金属板成型的模拟分析。

13.1 分析过程

在 ABAQUS 中，用户将整个的载荷历史划分为若干个分析步（Step）。每一个分析步是指定的一个“时间”段，在该时间段内 ABAQUS 计算该模型对一组特殊的载荷和边界条件的响应。在每一个分析步中，必须指定响应的类型，称为分析过程，并且从一个分析步到下一个分析步，分析过程也可能发生变化。如可以在一个分析步中施加静态恒定载荷，如重力荷，而在下一个分析步中计算这个施加了载荷的结构对于动态载荷的响应。

提 示

隐式和显式分析均可以包含多个分析步，但是，在同一个分析作业中不能组合隐式和显式分析。

13.1.1　分析过程的分类

ABAQUS 将它的所有分析过程主要划分为两类：线性摄动（Linear perturbation）和一般性分析（General）。

注 意

在 ABAQUS/Standard 或在 ABAQUS/Explicit 分析中可以包括一般分析步；而线性摄动分析步只能用于 ABAQUS/Standard 分析。对于两种情况的载荷条件和“时间”，定义是不相同的，因而，从每一种过程得到的结果必须区别对待。

在一般分析过程中，即一般分析步（General step）模型的响应可能是非线性的或者是线性的；而在采用摄动过程的分析步中，即摄动分析步（Perturbation step），响应只能是线性的。

13.1.2　一般分析步

每个一般分析步都是以前一个一般分析步结束时的变形状态作为起点，因此，模型的状态包括在一系列一般分析步中对于定义在每个分析步中载荷的响应。任何指定的初始条件定义了在模拟中第 1 个一般分析步的起始状态。

1．一般分析步的时间

所有的一般性分析过程分享相同的施加载荷和定义“时间”的概念。

ABAQUS 有两种时间尺度。增长的总体时间（Total time），它贯穿于所有的一般分析步，并且是每个一般分析步的总步骤时间的累积。此外，每个分析步也有各自的时间尺度，称为分析步时间（Step time）。对于每个分析步，它从零开始。随时间变化的载荷和边界条件可以以其中任何一种时间尺度来定义。

提 示

图 13-1 所示介绍了一个分析过程的时间尺度，它的历史分解为 3 个分析步，每个 200 s 长。

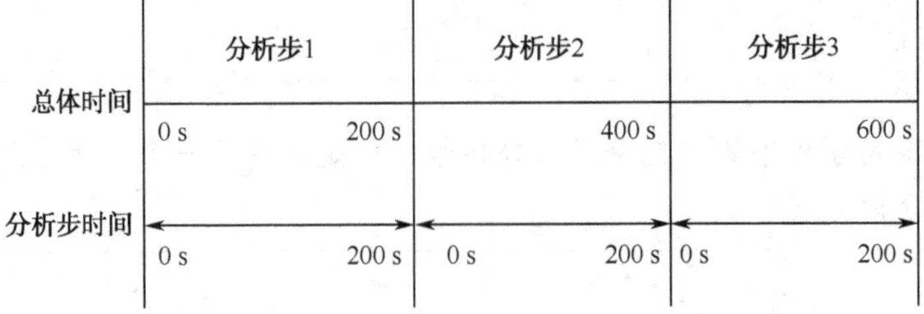

图 13-1　一个模拟的分析步时间和总时间

2. 一般分析步中指定载荷

在一般分析步中，载荷必须以总量而不是以增量的形式给定。即如果一个集中载荷的值在第 1 个分析步中为 1000 N，并在第 2 个一般分析步中增加到 4000 N，那么在这两个分析步中给出的载荷量值应该是 1000 N 和 3000 N，而不是 1000 N 和 3000 N。

在默认情况下，所有前面定义的载荷都传递到当前的分析步。在当前的分析步中，可以定义另外的载荷，以及改变任何前面定义的载荷，如改变它的量值或失去活化（deactivate）。

> **提 示**
>
> 任何前面定义的载荷，如果在当前的分析步中没有指定对其进行修改，那么它将继续遵循它的相关幅值的定义，所提供的幅值曲线是以总体时间的形式定义的。否则，这个载荷将保持在前一个一般分析步结束时的量值上。

13.1.3 线性摄动分析

线性摄动分析步只应用在 ABAQUS/Standard 中。

线性摄动分析步的起点称为模型的基态。如果在模拟中的第 1 个分析步是线性摄动分析步，则基态就是用初始条件所指定的模型的状态。否则，基态就是在线性摄动分析步之前一个一般分析步结束时的模拟的状态。

> **提 示**
>
> 尽管在摄动分析步中结构的响应被定义为线性，但模型在前一个一般分析步中可以有非线性响应。对于在前面一般分析步中有非线性响应的模型，ABAQUS/Standard 应用当前的弹性模量作为摄动分析的线性刚度。这个模量对于弹-塑性材料是初始弹性模量，对于超弹性材料是切线模量（见图 13-2）。在《ABAQUS 分析用户手册》中描述了对于其他材料模型应用的弹性模量。

在摄动步中的载荷应该足够小，这样模型的响应将不会过多地偏离切线模量所预测的响应。如果模拟中包括了接触，则在摄动分析步中两个接触面之间的接触状态不发生改变：在基态中闭合的点仍保持闭合，而脱离的点仍保持脱离。

在 ABAQUS/Standard 中，以下的过程总是采用线性摄动分析步。

- ✧ 线性特征值屈曲（linear eigenvalue buckling）。
- ✧ 频率提取（frequency extraction）。
- ✧ 瞬时模态的动态分析(transient modal dynamics)。
- ✧ 随机响应分析（random response）。
- ✧ 响应谱分析（response spectrum）。
- ✧ 稳态动力分析（steady-state dynamics）。

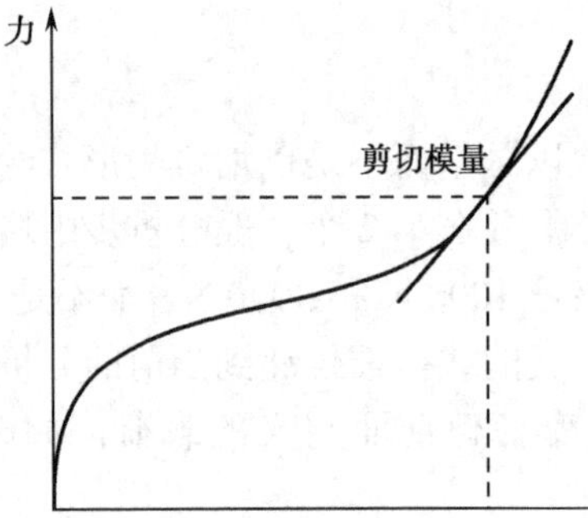

图 13-2　一般非线性分析步之后的线性摄动分析步，应用切线模量作为其刚度

1．线性摄动分析步的时间

如果在摄动分析步后跟随另一个一般分析步，那么它应用在前面一个一般分析步结束时的模型的状态作为它的起点，而不是在摄动分析步结束时的模型的状态。来自线性摄动分析步的响应对模拟不产生持久性的影响。因此，在 ABAQUS/Standard 分析过程的总时间中并不包含线性摄动分析步的步骤时间。

注 意

ABAQUS/Standard 将摄动分析步的步骤时间定义成一个非常小的量（10^{-36}），这样，将它添加到总累积时间上时没有任何影响。唯一的例外是模态动态过程。

2．线性摄动分析步中指定载荷

在线性摄动分析步中所给定的载荷和边界条件总是在该分析步内有效。在线性摄动分析步中给定的载荷量值（包括预设的边界条件）总是载荷的增量，而不是载荷的总量值。因此，任何结果变量的值仅作为摄动值输出，不包含在基态中的变量的值。

作为一个简单的加载历史的例子，考虑如图 13-3 所示的弓和箭，它包含了一般的摄动分析步。

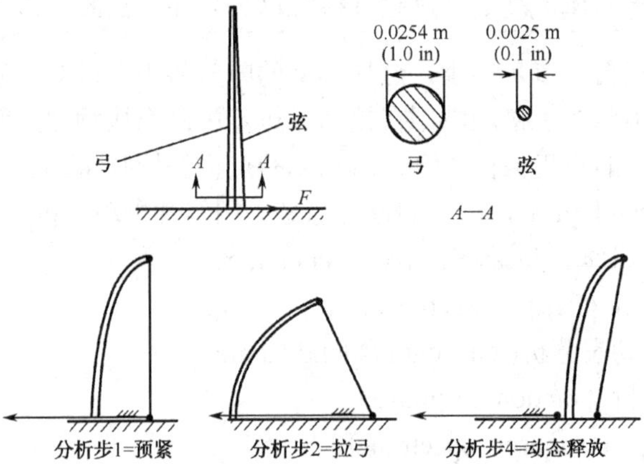

图 13-3　弓和箭的例子

分析步 1 给弓上弦，预张拉弓弦。分析步 2 是在上弦之后用箭将弦向后拉开，这样在系统中储存更多的应变能。然后，分析步 3 是一个线性扰动分析：分析特征频率值以研究这个加载系统的固有频率。分析步 4 是一个非线性动态分析，此时松开了弓弦，因此，在系统中由分析步 2 向后张拉弓弦所储存的应变能将转换为箭的动能，并使其离开弓。所以，这个分析步继续发展了系统的非线性响应，但是此时包含了动态效应。

提 示

这个分析步也可以被包含在分析步 1 和 2 之间，即在弦刚刚被张拉后，并又在拉开将要发射前，以研究弓和弦的固有频率。

在这个例子中，每一个非线性一般分析步必须应用前一个非线性一般分析步结束时的状态作为它的初始状态。如历史的动态部分没有载荷，动态响应是由于释放了储存在静态分析步中的某些应变能引起的。这种效果在输入文件中引入了一个内在的顺序依赖关系：非线性一般分析步是一个接着一个输入的，按照所定义事件的发生顺序，在这个序列中的适当时间插入线性扰动分析步，以研究系统在这些时间中的线性行为。

如图 13-4 所示，以在加工过程中的步骤和在金属板水槽的应用为例演示了分析的过程。应用冲模、冲头和夹具将薄金属板加工形成水槽。这个成型仿真过程包括了一组一般分析步。分析步 1 涉及施加夹持压力，并在分析步 2 模拟冲压过程，分析步 3 移开工具，允许水槽回弹到最终的形状。这些步骤的每一步都是一般分析步，它们组合在一起就模拟了一个连续的载荷历史，这里每一步的起始状态就是前一步结束时的状态。很明显在这些分析步中包含了许多的非线性效应（塑性、接触、大变形）。

接下来是安装水槽：沿着水槽的边缘和与工作台顶部接触的部位施加边界条件。而后可以模拟水槽在各种不同载荷条件下的响应，如需要模拟有人站在水槽上以确保水槽不会发生断裂。因此，分析步 4 将采用线性扰动分析步来分析水槽对局部压力载荷的静态响应。请记住由分析步 4 得到的结果将是来自水槽成型过程后的状态的扰动。

水槽也要适应废水排水系统，因此必须模拟它对在某些频率上的简谐载荷的稳态动力响应。因而分析步 5 是第二个线性扰动分析步，应用施加在排水设备接触点上的载荷，采用直接的稳态动力过程。对于这一步的基态是前面一般分析步结束时的状态，即在分析步 3 结束时的状态，忽略了分析步 4 的响应。因此，这两个扰动分析步是分离的，并独立地模拟水槽对于施加在模型的基态上的载荷的响应。

如果在分析中还包含了另外一个一般分析步，在该分析步开始时结构的条件是前一个一般分析步（分析步 3）结束时的状态。因此，分析步 6 将是一个一般分析步，模拟水槽盛满水的情形。在该分析步中的响应可以是线性的，或是非线性的。紧接着这个一般分析步，分析步 7 的模拟可能是重复在分析步 4 中的分析。然而，基态（结构在前一个一般分析步结束时的状态）是分析步 6 结束时模型的状态。因此，此时的响应为水槽盛满水，而不是空水槽的响应。因为水的质量将在很大程度上改变响应，因此，进行另一个稳态动力模拟将产生不准确的结果。

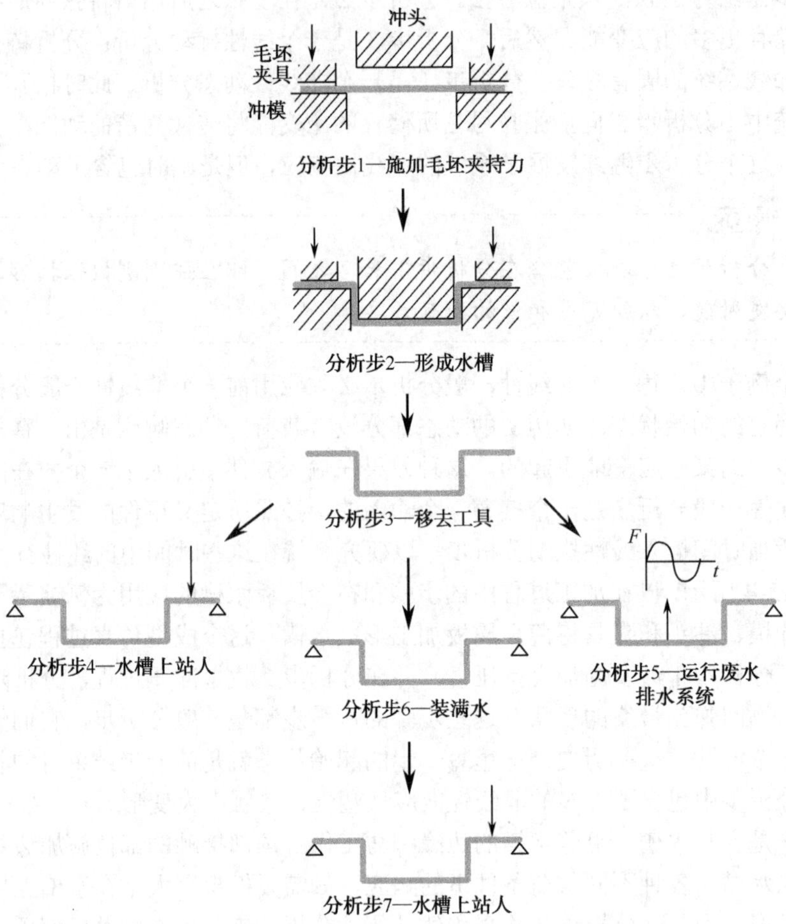

图 13-4　水槽制造和使用的分析步

在 ABAQUS/Standard 中，以下的过程总是采用线性扰动分析步。

✧ 随机响应（random response）。
✧ 响应谱分析（response spectrum）。
✧ 线性特征值屈曲（linear eigenvalue buckling）。
✧ 频率提取（frequency extraction）。
✧ 瞬时模态的动态分析（transient modal dynamics）。
✧ 稳态动力分析（steady-state dynamics）。

静态过程可以是一般过程或是线性扰动过程。

13.2 管道系统的振动

在很多工程问题中涉及管道系统的振动响应问题，为了保证这一段管不发生共振，要求设计时确定其所需要的工作载荷量值，以使最低的振动频率高于共振频率。本节将通过管道系统振动的分析介绍 ABAQUS 进行多步骤分析问题的方法和步骤。

13.2.1 问题的描述

在本节中，需要分析管道系统中一根长为 5 m 的管段的振动频率。管材由钢制造，并有 18 cm 的外径和 2 cm 的壁厚。管的一端被牢固地夹住，另一端仅能够沿轴向运动。

已知管道在工作时将承受轴向拉伸，从考虑 4MN 的载荷值开始。由于结构的横截面是对称的，所以管的最低振动模态将是沿任何与管轴垂直方向的正弦波变形。分析需要一个自然频率提取过程，因此，应用 ABAQUS/Standard 作为分析工具。

13.2.2 问题分析和求解

1. 创建部件

（1）单击工具箱中的 （Create Part）按钮，在如图 13-5 所示的对话框中，Name 后面输入 Pipe，将 Modeling Space 设为 3D，保持默认的参数 Type：Deformable（柔性体）；Base Feature：Wire，Planar，创建一个名称为 Pipe 的三维的、可变形的平面线框（planar wire）部件；大概尺寸输入 6，单击 Continue…按钮，进入草图环境。

（2）单击工具区中的 Create Lines 工具 ，绘制一条长 5.0 m 的水平线段，如图 13-6 所示，通过对绘图进行尺寸标注使其保证精确地满足这个长度。

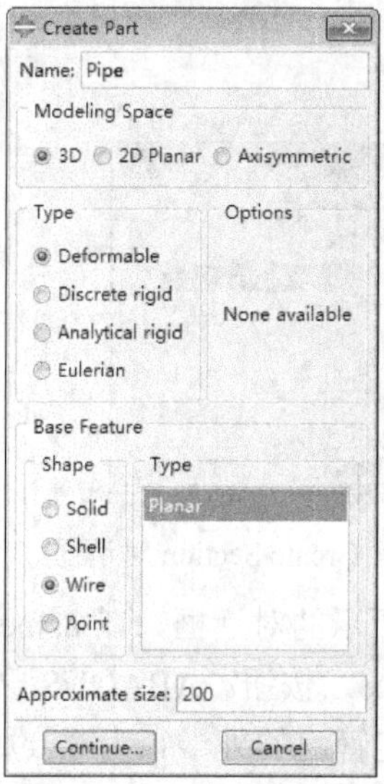

图 13-5 Create Part 对话框

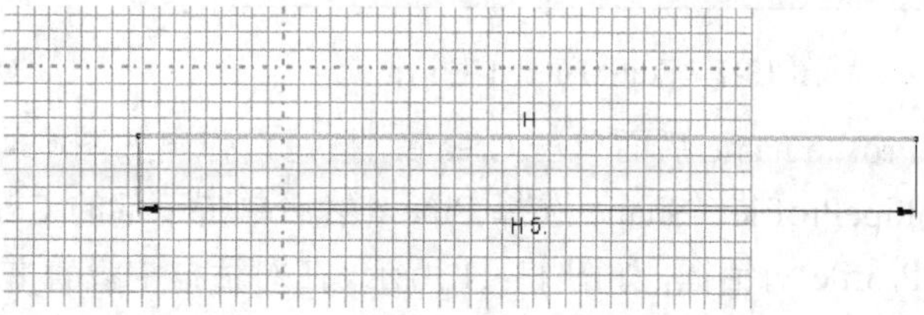

图 13-6 绘制的线段

2. 定义材料属性

（1）在环境栏的 Module（模块）列表中选择 Property（特性）功能模块，设置管道的材料性质。

（2）单击工具区中的 Create Material（创建材料）工具，弹出 Edit Material（编辑材料）对话框，如图 13-7 所示。在 Name 栏输入 Steel 为材料名称；在 Material Behaviors（材料性质）栏内执行 Mechanical→Elasticity→Elastic 命令；在 Material Behaviors 下方的 Data 数据表内输入 Young's modulus（弹性模量）为 2.0E9 和 Poisson's ratio（泊松比）为 0.3，其余参数保持不变；单击 OK 按钮，完成该操作。

（3）在 Material Behaviors（材料性质）栏内执行 General→Density；输入密度为 7800，单击 OK 按钮，如图 13-7 所示，完成该操作。

3．定义截面属性

（1）单击工具区中的 Create Section（创建截面）工具，弹出 Create Section 对话框，如图 13-8 所示。在 Name 栏输入 PipeProfile 为截面名称，选择 Category: Beam 和 Type: Beam，单击 Continue...按钮，弹出 Edit Beam Section 对话框，如图 13-9 所示。在 Material 栏选择 Steel。

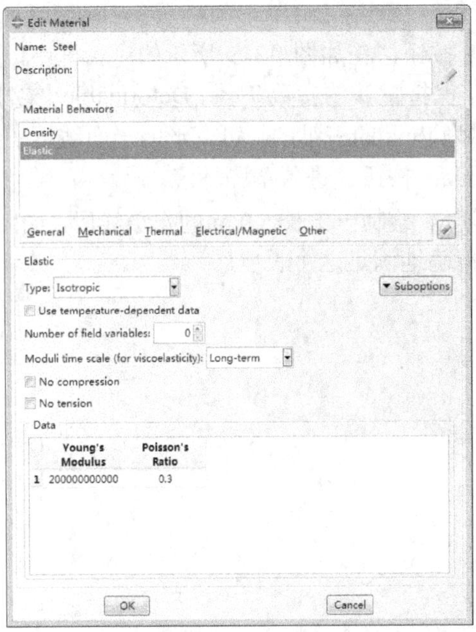

图 13-7 Edit Material 对话框

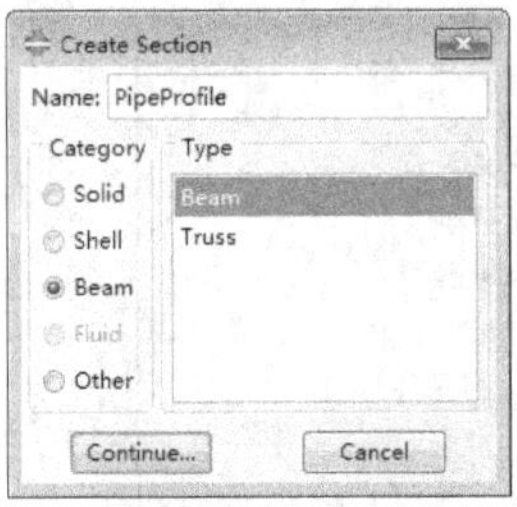

图 13-8 Create Section 对话框

在 Profile name 后面单击 Create...按钮，弹出如图 13-10 所示的对话框，在 name 后面输入 PipeProfile，Shape 选择 Pipe，然后单击下部的 Continue...按钮。ABAQUS 会弹出 Edit Profile 对话框，如图 13-11 所示。在对话框中设置并指定管道的外半径为 0. 09 m，壁厚为 0.02 m，其余选项采用默认值，单击 OK 按钮。

在 Edit Beam Section（编辑梁截面）对话框中，指定截面积分在分析过程中进行，完成截面的创建操作。

（2）单击工具区中的 Assign Section（分配截面）工具，在视图区选择管道，单击窗口下方的 Done 按钮，弹出 Edit Section Assignment（编辑截面分配）对话框，在 Section

栏选择 Pipeprofile，单击 OK 按钮，接着单击 OK 按钮，再单击 Done 按钮，完成截面特性的分配操作。

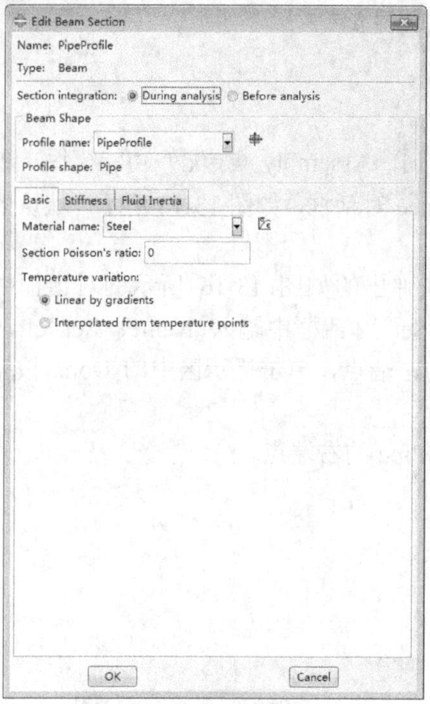

图 13-9　Edit Beam Section 对话框

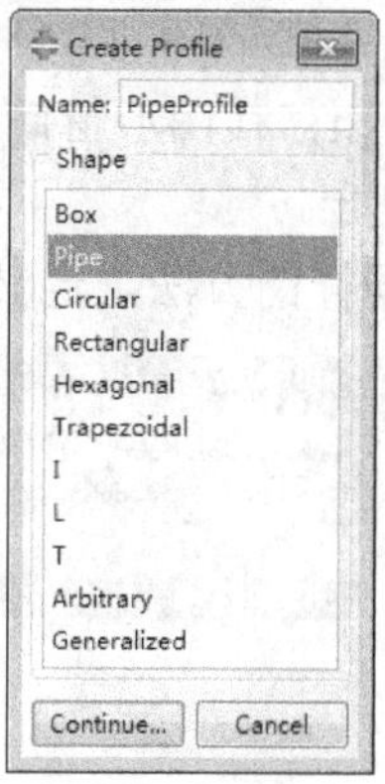

图 13-10　Create Profile 对话框

（3）此外，单击工具区的（Assign beam orientation）按钮，选择视图中的部件，会发现它发生了变化，如图 13-12 所示。在提示区中定义近似的 n1 方向为矢量（0.0,0.0,-1.0）（默认），如图 13-13 所示。

注 意

在这个模型中，实际的 n1 矢量将与这个近似的矢量重合。

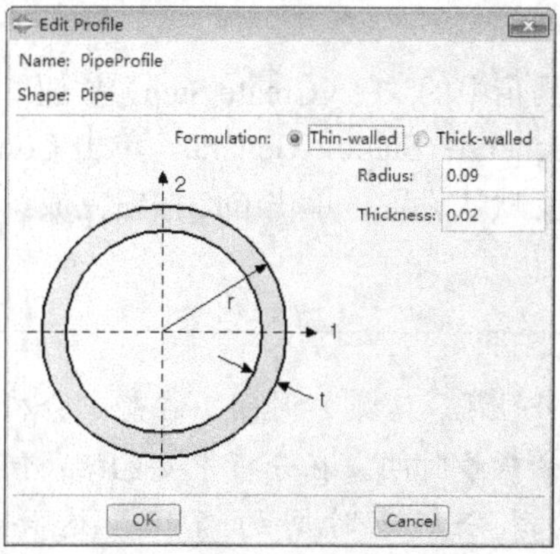

图 13-11　Edit Profile 对话框

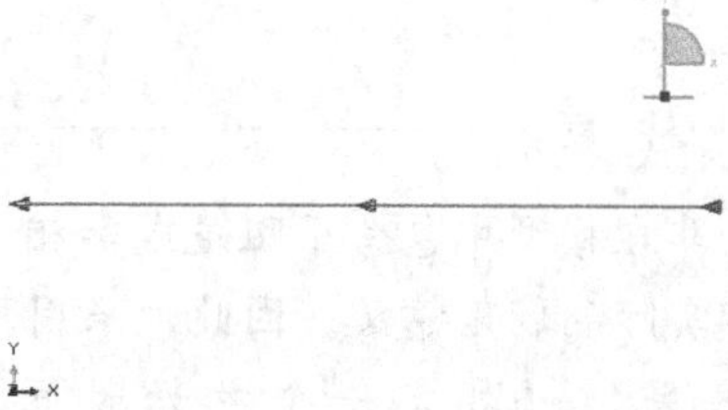

图 13-12　视图中部件的显示

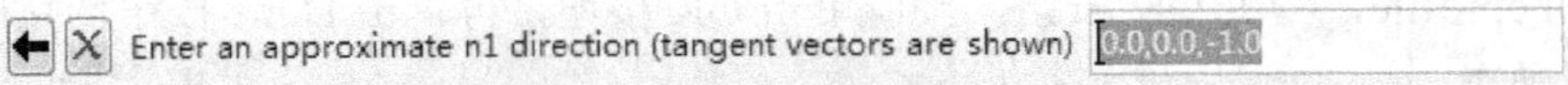

图 13-13　确定 n1 的方向

4．装配部件

（1）在环境栏的 Module（模块）列表中选择 Assembly（装配）功能模块，单击工具栏的 Instance Part 工具，弹出 Create Instance 对话框，如图 13-14 所示。默认的选项为 Pipe，直接单击 OK 按钮，完成装配部件。

（2）执行 Tools→Set→Manager 命令，在弹出的如图 13-16 所示的对话框中单击 Create...按钮；在如图 13-15 所示的 Create Set 对话框中输入 Name：Set-left，单击 Continue...按钮；在图形窗口选择部件 Pipe 的左端点，单击提示区中的 Done 按钮，创建一个 Set 集合。

（3）以同样的方法，定义 Set-right，选择 Pipe 的右端点。

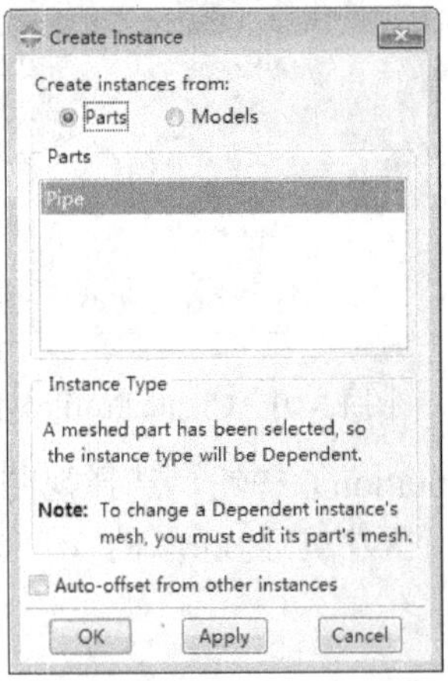

图 13-14　Create Instance 对话框

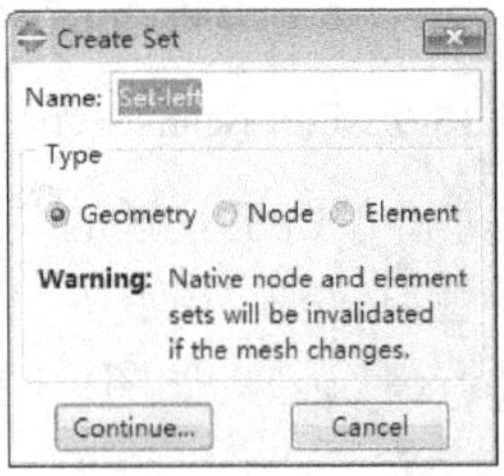

图 13-15　Create Set 对话框

5．设置分析步和输出要求

（1）设置分析步。进入 Step 模块，单击工具箱中的 (Create Step）按钮，在弹出的 Create Step 对话框（见图 13-17）中，选择 General：Static，General，单击 Continue...按钮，在 Edit Step 对话框（见图 13-18）中接受默认设置，单击 OK 按钮完成第一个分析步的定义。

注 意

除非在模型中包含了阻尼或率相关的材料性质，否则“时间”在静态分析过程中没有实际的物理意义。因此，采用 1.0 的分析步时间。在分析中要包括几何非线性的效果，并指定一个初始时间增量为总分析步时间的 1/10。这样导致 ABAQUS/Standard 在第一个增量步施加 10%的载荷。接受默认的允许增量步数目。

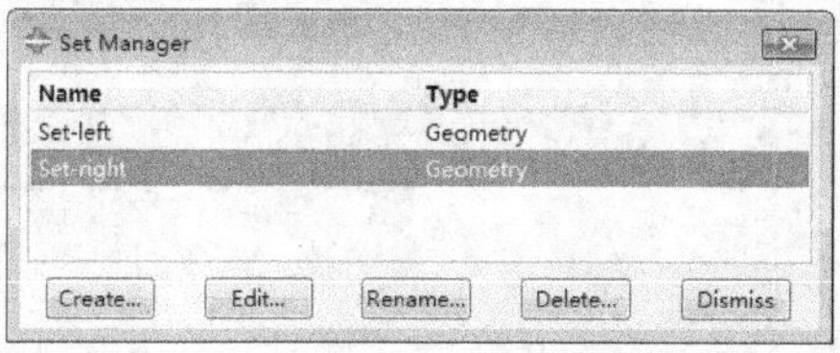

图 13-16　Set Manager 对话框

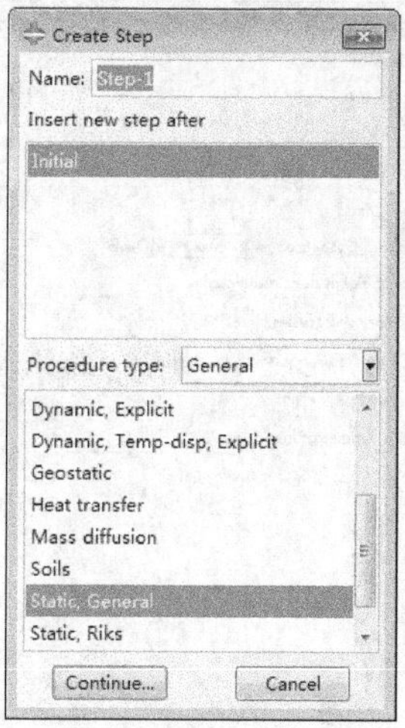

图 13-17　Create Step 对话框

（2）按照同样的步骤，定义另一个 Linear Perturbation：Frequency 分析步，如图 13-19 所示。提取模型的前 10 阶特征模态。由于要求少量的特征值，所以采用子空间迭代（subspace iteraction）特征值求解器，如图 13-20 所示。

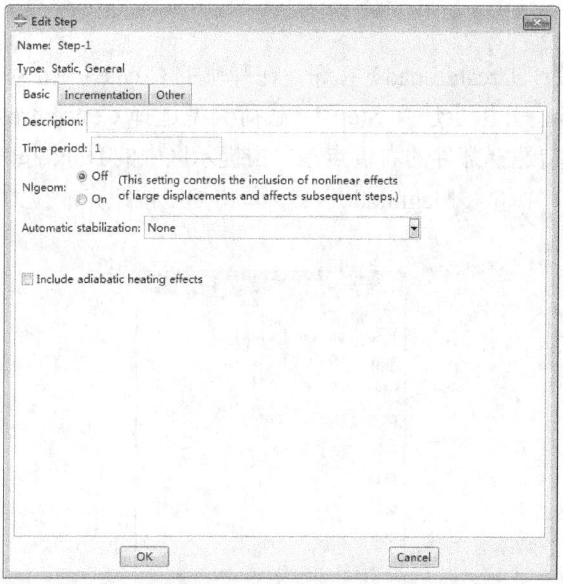

图 13-18　Edit Step 对话框

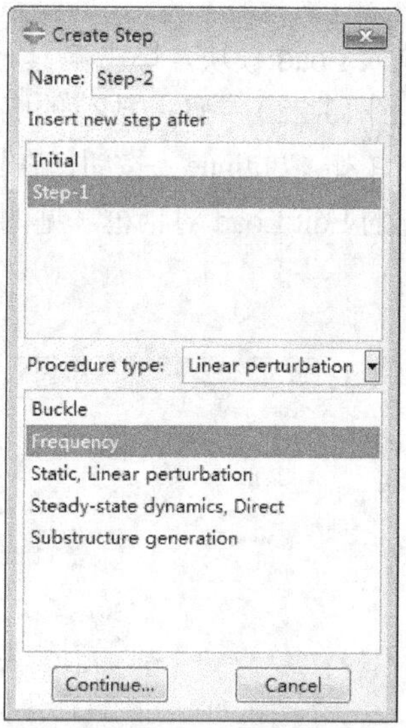

图 13-19　Create Step 对话框

（3）输出要求。由 ABAQUS/CAE 创建的对于每个分析步默认的输出数据要求是足够的，不需要创建另外的输出要求。

为了能够向重新启动文件输出数据，从主菜单栏中选择 Output→Restart Requests。对于标记 Step-1 的分析步，每 10 个增量步向重新启动文件写入一次数据；对于标记 Step-2 的分析步，每个增量步向重新启动文件写入一次数据，如图 13-21 所示。

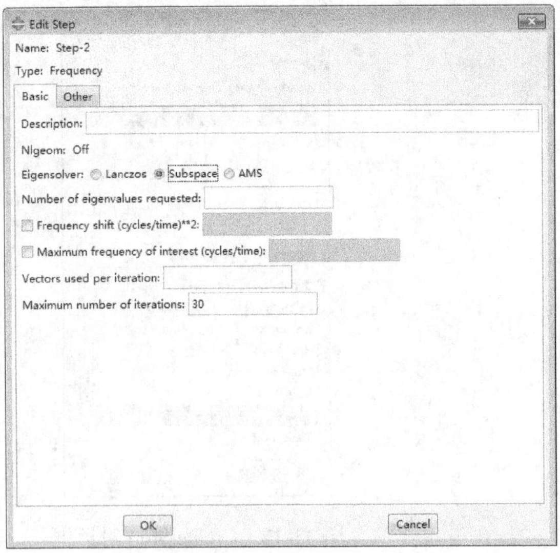

图 13-20　Edit Step 对话框

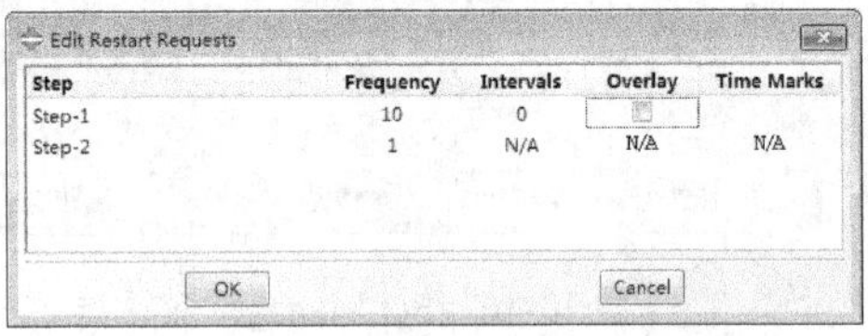

图 13-21　Edit Restart Requests 对话框

6. 定义载荷和边界条件

1）定义载荷

进入 Load 模块，单击工具箱中的（Create Load）按钮，在弹出的 Create Load 对话框（见图 13-22）中输入载荷的名称 Push，分析步选择 Step-1；载荷类型选择 Concentrated force，单击 Continue…按钮，在图形窗口选择部件的右端点，单击提示区中的 Done 按钮；在弹出的 Edit Load 对话框（见图 13-23）中输入 Magnitude: 4e5，单击 OK 按钮完成拉力的施加。

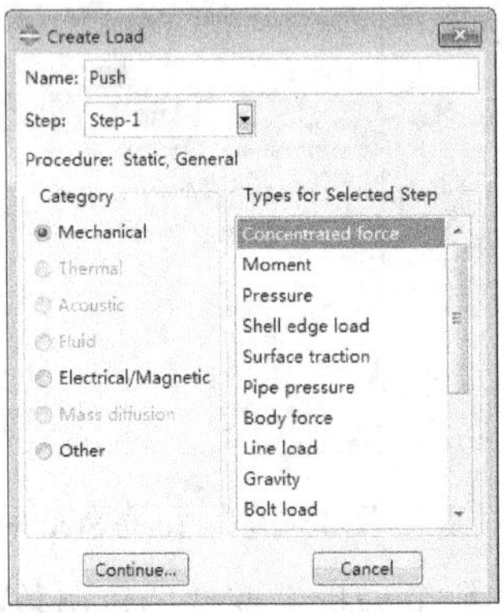

图 13-22　Create Load 对话框

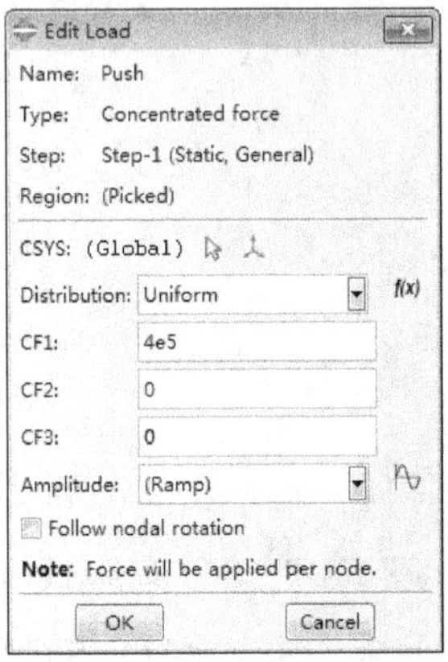

图 13-23　Edit Load 对话框

2）定义边界条件

单击工具箱中的（Create Boundary Conditions）按钮，在弹出的对话框（见图 13-24）中，改名为 Left；分析步选择 Step-1，类型选择 Mechanical Displacement/Rotation；单击

Continue...按钮，在图形窗口选择部件的左端点，单击提示区中的 Done 按钮，在弹出的对话框中设置完全约束；单击 OK 按钮完成一个边界条件的定义，如图 13-25 所示。

以同样的方法，定义 Right，约束自由度 2 到 6（U2，U3，UR1，UR2 和 UR3）。

提 示

在第二个分析步中，要求出已伸长管段的自然频率。这不包括施加的任何扰动载荷，并从前一个一般分析步中完全地继承了固定的边界条件。因此，在这个分析步中，无须指定任何附加的载荷或边界条件。

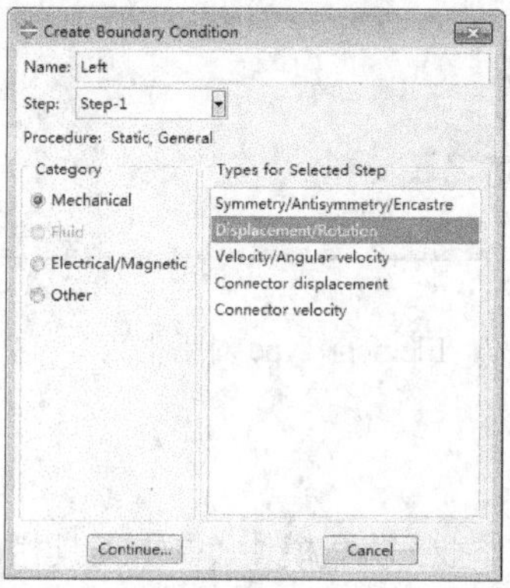

图 13-24 Create Boundary Condition 对话框

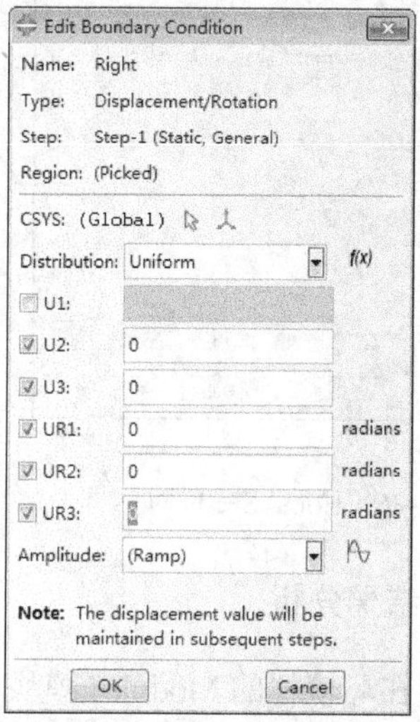

图 13-25 Edit Boundary Condition 对话框

7. 定义网格

在环境栏的 Module（模块）列表中选择 Mesh（网格）功能模块。

1）设置网格密度

在模型树下执行 Model-1→Assembly→Instance→Pipe-1 命令，单击鼠标右键，选择 Make Independent 命令。在主菜单中选择 Seed→Edge By Number 命令，用鼠标单击选中部件，单击Done按钮，弹出如图 13-26 所示的对话框。选择 Method：By number，Number of Elements：30，单击 OK 按钮。

2）选择单元类型

单击工具区中的 Assign Element Type（分配单元类型）工具，在视图区选择模型，单击 Done 按钮，弹出 Element Type 对话框，如图 13-27 所示。选择空间二次管道单元 PIPE32，单击 OK 按钮。

3）划分网格

单击工具区中的 Mesh Part（划分部件）按钮，单击提示区的 Yes 按钮，完成网格划分。

在继续下面的工作之前，从主菜单栏中选择 Model→Rename→Model-1，并重新命名模型为 Original。这个模型将作为后面的重启动分析的模型的基础。

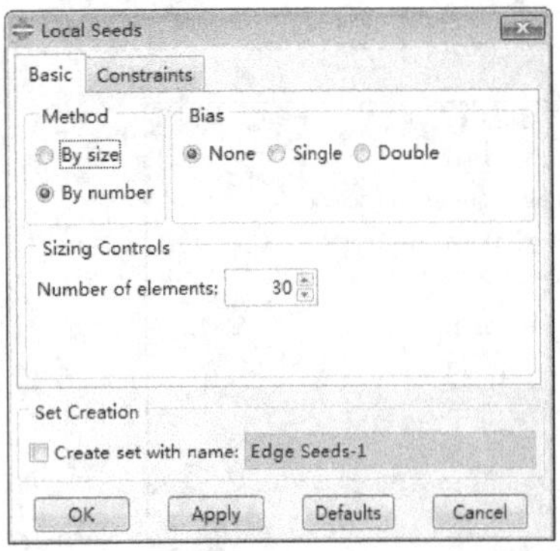

图 13-26　Local Seeds 对话框

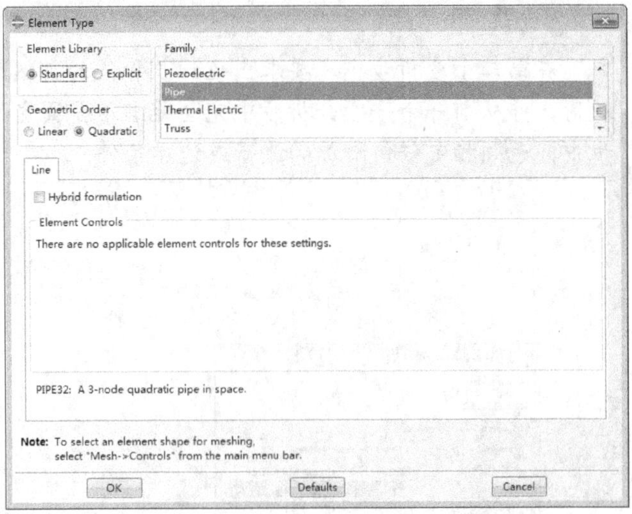

图 13-27　Element Type 对话框

8. 结果分析

（1）在环境栏的 Module（模块）列表中选择 Job（作业）功能模块。单击工具栏的 Create Job（创建作业）工具，弹出 Create Job 对话框，如图 13-28 所示。在 Name 栏输入 Pipe，单击 Continue...按钮，弹出 Edit Job（编辑作业）对话框，保持参数不变，单击 OK 按钮。

（2）单击工具栏中的 Job Manager（分析作业管理器）工具，弹出 Job Manager 对话框，如图 13-29 所示。单击 Submit 按钮提交作业，再单击 Monitor... 按钮，弹出 Pipe Monitor 对话框，如图 13-30 所示。运行完毕，在消息栏显示 Completed。最后单击 Write Input 按钮提交作业。至此，作业分析完毕。

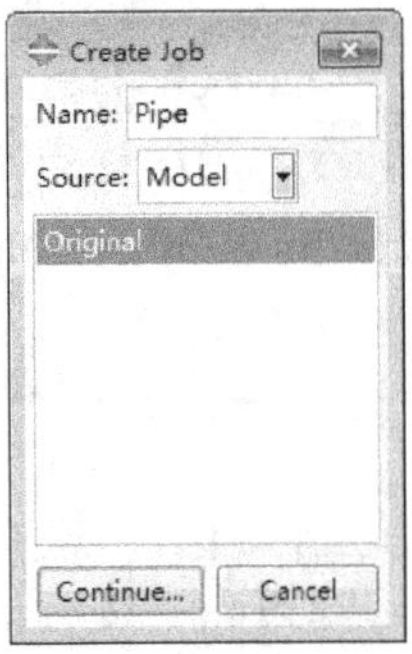

图 13-28　Create Job 对话框

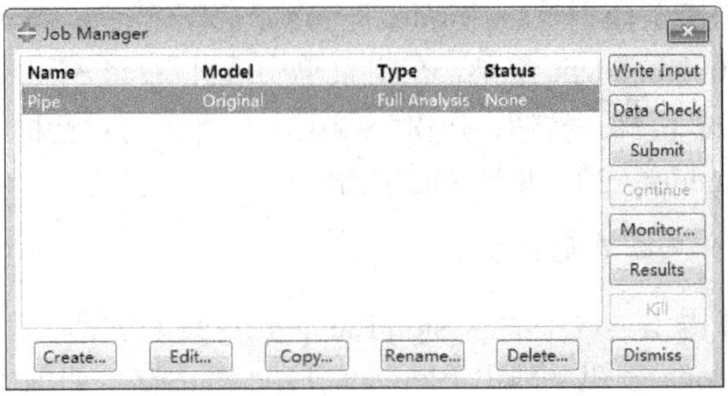

图 13-29　Job Manager 对话框

> **提 示**
>
> 监控求解过程，纠正任何模拟中的错误，并调查任何警告信息的原因，当必要时采取修正的措施。

9. 后处理

（1）当分析完毕后，单击 Results 按钮，ABAQUS/CAE 进入 Visualization（可视化）模块。

（2）绘制振型图。从主菜单栏中选择 Result→Step/Frame，显示 Step/Frame 对话框。选择分析步 Step-2，单击 OK 按钮。

从主菜单栏中选择 Plot→Deformed Shape。

默认的视角为等视图。尝试旋转模型以便发现观察第 1 阶特征模态的最佳视角。旋转模型后应该能够得到类似于如图 13-31 所示的画面。

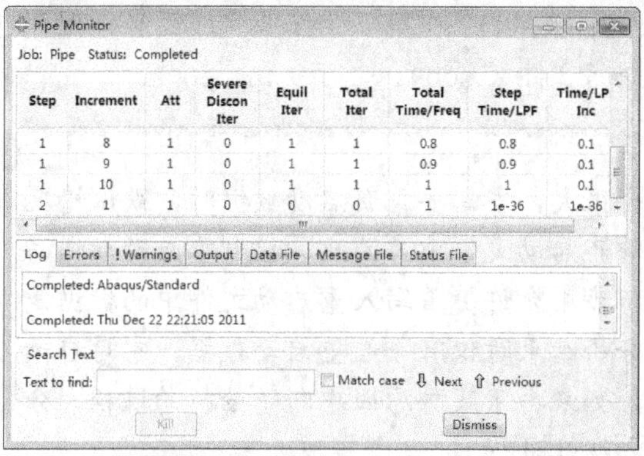

图 13-30 Pipe Monitor 对话框图

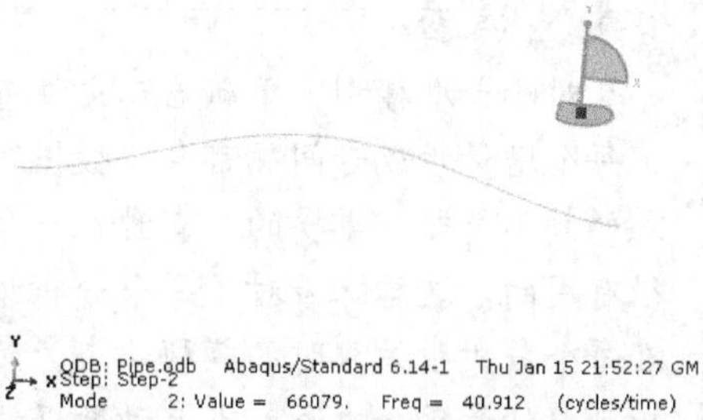

图 13-31 第 1 阶和第 2 阶振型

因为这是一个线性摄动分析步，所以未变形图是这个结构的基态形状。这使得用户可以很容易地观察管道相对于其基态的运动。

应用在提示区中的 ODB Frame（输出画面）选项来绘制其他振型形状，可以发现这个模型有多个重复的振型，这是管道具有对称横截面的结果。某些更高阶的振动模态形状如图 13-32 和图 13-33 所示。

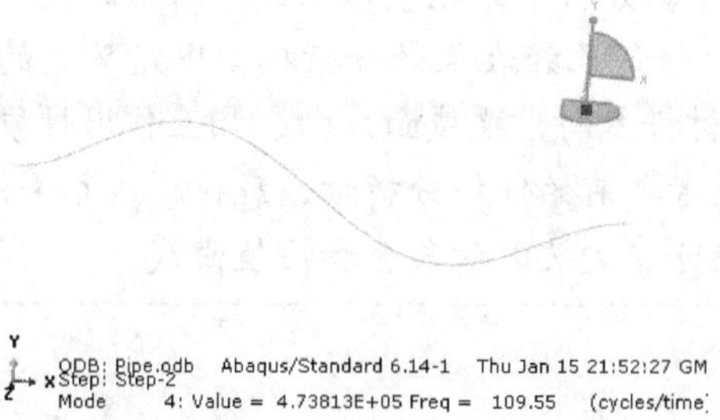

图 13-32 第 3 阶和第 4 阶振型

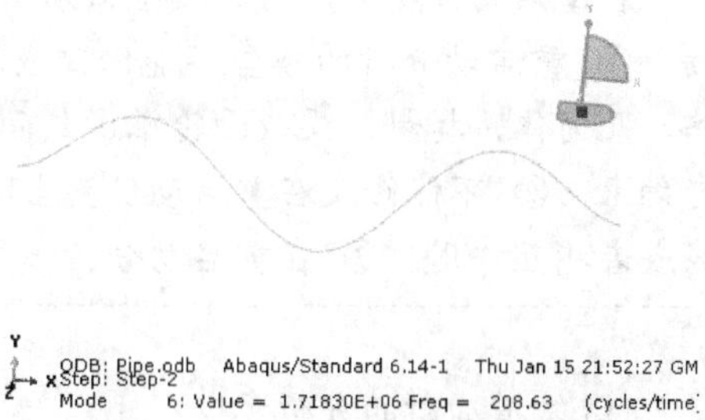

图 13-33 第 5 阶和第 6 阶振型

可以利用在 ABAQUS 中的重新启动功能，在一个新的分析中继续前一个模拟分析的载荷历史，而无须重复整个分析和增加所施加的轴向载荷。

13.2.3 重启动分析

没有必要将多步骤模拟定义在单一作业中。实际上，一般理想的情况是分阶段运行一个复杂的模拟。这样，在继续下一个分析阶段之前，允许用户去检验结果，并确认分析是否正在按照预料的情况进行。ABAQUS 的重启动分析功能允许重新启动一个模拟，并计算模型关于新增载荷历史的响应。

1．重启动文件和状态文件

ABAQUS/Standard 的重启动文件（.res）和 ABAQUS/Explicit 的状态文件（.abq），包含了继续进行前面的分析所必需的信息。在 ABAQUS/Explicit 中，为了重新启动一个分析也要用到打包文件（.pac）和选择结果文件（.sel），在第一个作业完成后必须保存这两个文件。此外，这两个产品需要输出数据库文件（.odb）。

提 示

对于大型模型，重新启动文件可能会很大，当需要重新启动数据时，默认情况下每个增量步或者间隔都会将数据写入重新启动文件中。因此，控制重启动数据写入的频率是非常重要的。有时在一个分析步中允许覆盖写入重启动文件中的数据是很有用的，这意味着对于每个分析步在分析结束时仅有一组重启动数据，它对应于在每个分析步结束时的模型状态。然而，如果由于某种原因中断了分析的过程，分析可以从最后一次写入重启动数据的地方继续进行。

2．重启动分析

当利用前面分析的结果重新启动一个模拟时，在模拟的载荷历史中要指定一个特殊点，作为重新启动分析的出发位置。

注 意

在重启动分析中应用的模型必须与在原始分析中到达重启动时刻所用的模型一致。① 重启动分析的模型不能修改或增加任何已经在原始分析模型中定义过的网格、几何体、材料、梁截面轮廓、截面、材料方向、梁截面方向、相互作用性质或者约束。② 不能修改在重启动位置当时或者之前的任何分析步、载荷、边界条件、场或者相互作用。③ 在重启动分析模型中可以定义新的集合和幅值曲线。

1）继续增加新的分析步

如果前一个分析已经顺利完成，而且观察了结果，希望在载荷历史中增加新的分析步，那么指定的分析步和增量步必须是前面分析中的最后分析步和最后增量步。

2）继续被中断的作业

重启动分析可以直接从前面分析的指定分析步和增量步中继续进行。如果给定的分析步和增量步并没有对应于前面分析的结束位置（例如，如果分析由于计算机故障而中断），在进行任何新的分析步之前，ABAQUS 将试图完成这个原始的分析步。

在 ABAQUS/Explicit 中进行的某些重启动分析是简单地继续一个长的分析步(例如，它可能是由于作业超过了时间限制而中止)，通过使用在命令行中的 recover 命令，可以重新启动去运行这个作业，给出如下：

```
abaqus job=jobname recover
```

3）改变分析

有时已经观察了前面分析的结果，可能希望从一个中间点重启动分析，并以某种方式改变余下的载荷历史，例如，增加更多的输出要求、改变载荷或者调整分析控制。如果由于超过了增量步的最大数目而重新启动一个分析，ABAQUS/Standard 认为这个分析是整个分析步的一部分，它会试图完成该分析步，并立刻再一次超出增量步的最大数目。

在这种情形下，应该设置在指定的分析步和增量步中必须中止当前的分析步，然后模拟可以用一个新的分析步继续。例如，如果一个分析步仅允许最多 40 个增量步，它少于完成这个分析步所需要的增量步数目，则需要在整个分析步的定义中定义一个新的分析步，它包括施加的载荷和边界条件。新的分析步与原始分析步中运算的规定相同，可作如下修改。

✧ 应该增加增量步的数目。
✧ 新的分析步的总时间应该是原分析步的总时间减去完成第 1 次运算分析的时间。例如，如果分析步的时间原来指定为 200 s，而在 20 s 的步骤时间完成了分析，在重启动分析中的分析步时间应该为 180 s。
✧ 任何指定以分析步的时间形式定义的幅值（amplitude）需要重新定义，以反映分析步的新的时间尺度。以总时间形式定义的幅值无须改变，应用在上面给出的修改。

在一般分析步中，由于任何载荷的量值或给定的边界条件总是总体量值，所以它们保持不变。

3. 重启动管道的振动分析

为了演示如何重新启动一个分析，采用前面“管道系统的振动”中的管段例题，并重新启动模拟，增加两个新的载荷历史分析步。

分析步 3 将是一个一般分析步，在管段上增加轴向载荷达到 8MN，而分析步 4 将再次计算特征模态和特征频率。

13.2.4 创建重启动分析模型

打开模型数据库文件 Pipe. cae，在主菜单栏中选择 Model→Copy Model→Original，

将命名为 Original 的模型复制到命名为 Restart 的模型。下面讨论对于该模型的修改。

1. 模型属性

为了进行重启动分析，必须改变模型的属性以指明模型将再次使用来自前面分析的数据。从主菜单栏中选择 Model→Edit Attributes→Restart。在显示的 Edit Model Attributes（编辑模型属性）对话框中，指定从 Pipe 作业中读取重启动分析的数据，并指定重启动的出发点位于在分析步 Step-2 的结束处，如图 13-34 所示。

2. 分析步定义

进入 Step 模块，创建两个新的分析步。第 1 个新分析步是一般静态分析步，命名为 Pull-1，并立刻将其插入在分析步 Step-2 之后，如图 13-35 所示。设置该分析步的时间长度为 1.0，初始时间增量为 0.1，如图 13-36 所示。

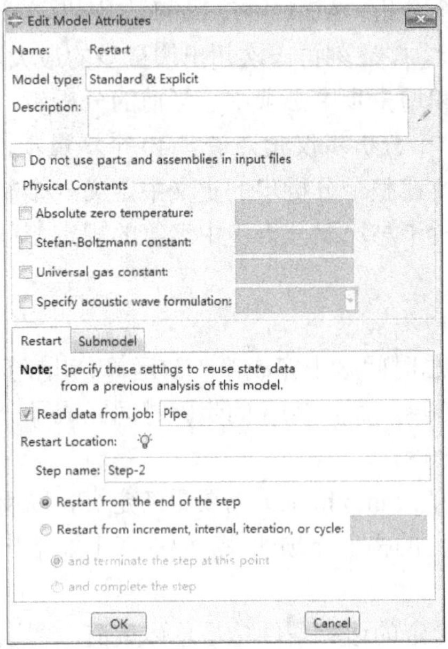

图 13-34　Edit Model Attribntes 对话框

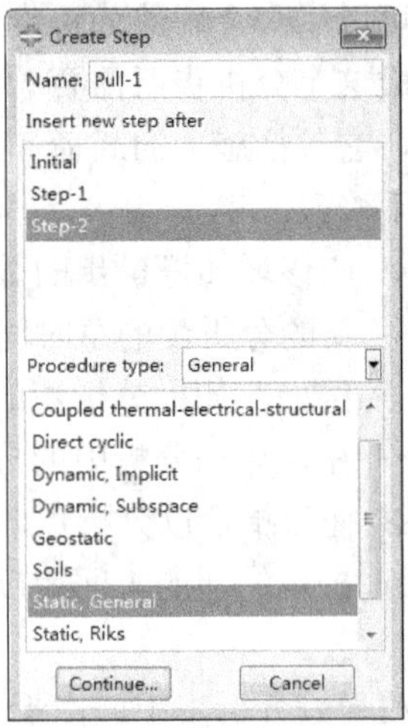

图 13-35　Create Step 对话框

第 2 个新分析步是频率提取步，命名为 Frequency-1，将其插入分析步 Step-2 之后，应用子空间迭代法特征值求解器提取管段的前 10 阶振型和频率，如图 13-37 所示。

3. 输出要求

对于分析步 Pull-1，每 10 个增量步向重启动文件写入一次数据，如图 13-38 所示。另外，每个增量步向输出数据库文件写入预选的场变量数据。对于频率提取分析步，接受默认的输出要求。

4. 载荷定义

在 Load 模块中修改载荷定义，这样在第 2 个一般静态分析步中（Pull-1）施加管段拉力载荷，如图 13-39 所示。为了修改载荷，在主菜单栏中选择 Load→Edit→Load-1，并在分析步 Pull-1 中将作业力的值改为 800000，如图 13-40 所示。

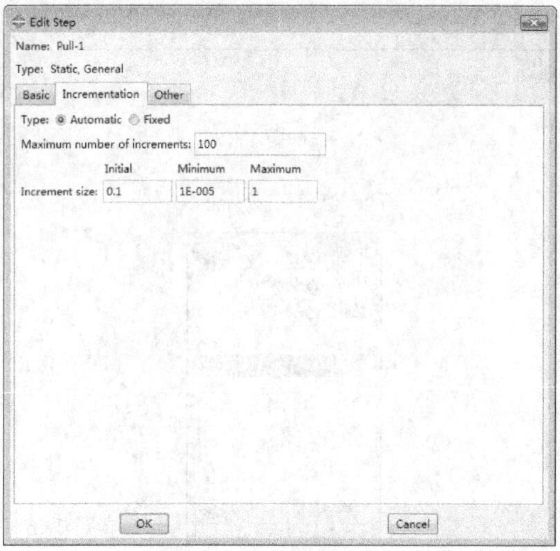

图 13-36　Pull-1 分析步的编辑框

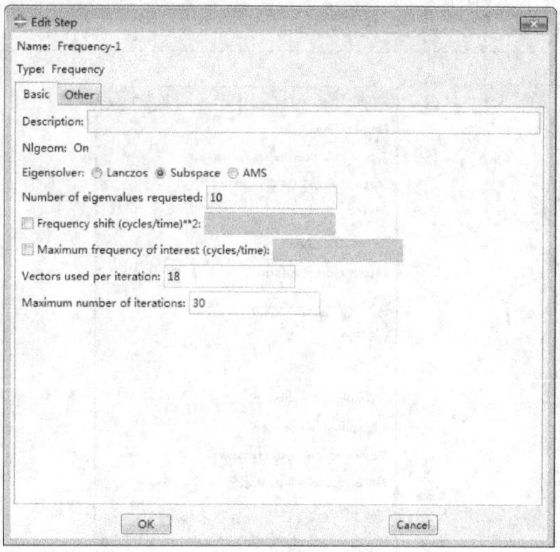

图 13-37　Frenquency-1 分析步的编辑框

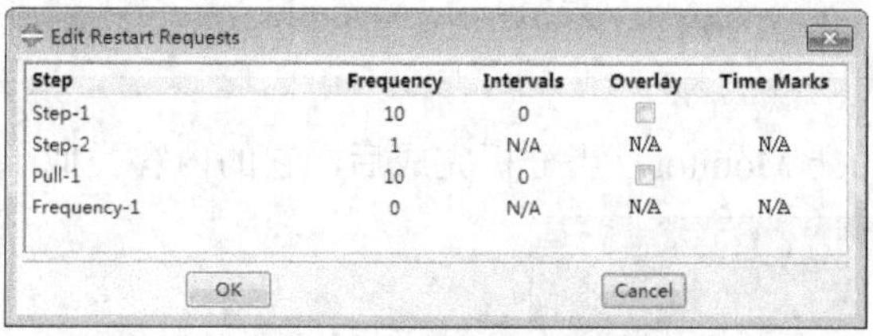

图 13-38　Edit Restart Request 对话框

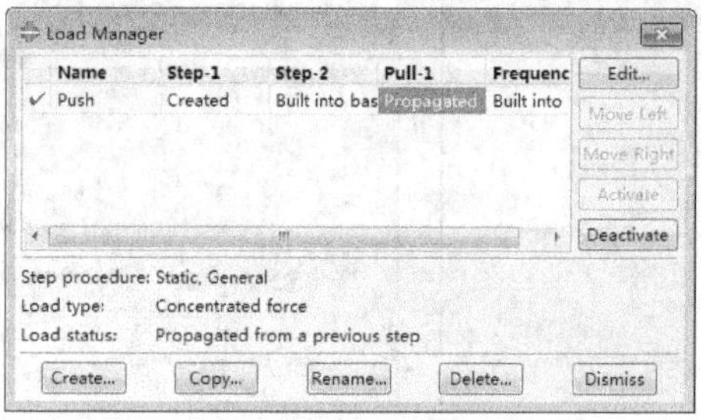

图 13-39　Load Manager 对话框

5．作业定义

在 Job 模块中创建一个作业，命名为 Pipe Restart，如图 13-41 所示。如果还没有设置作业类型，则将其设置为 Restart（重启动）（如果作业类型没有设置为 Restart，ABAQUS/CAE 将忽略模型的重启动属性）。将模型存入模型数据库文件，如图 13-42 所示，并提交作业进行分析。

注 意

监控求解的进程，改正任何模拟中的错误，并研究任何警告信息的原因，采取必要的改正措施。

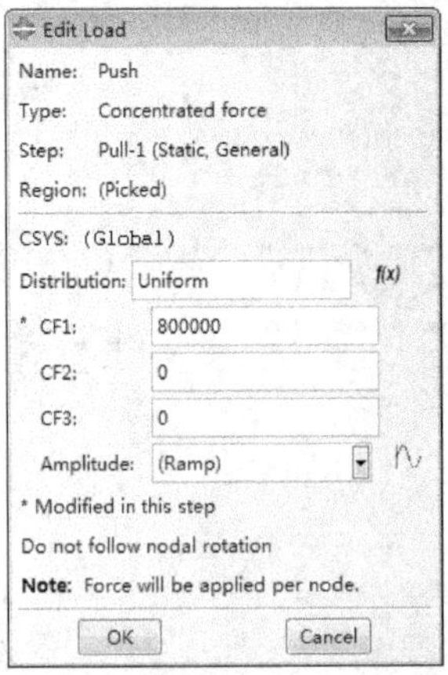

图 13-40　Edit Load 对话框

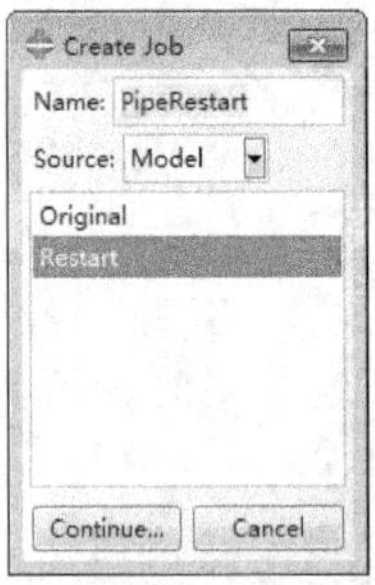

图 13-41　Create Job 对话框

6. 监控作业

作业运行时检查 Job Monitor。当分析完成后，它的内容类似于如图 13-43 所示。

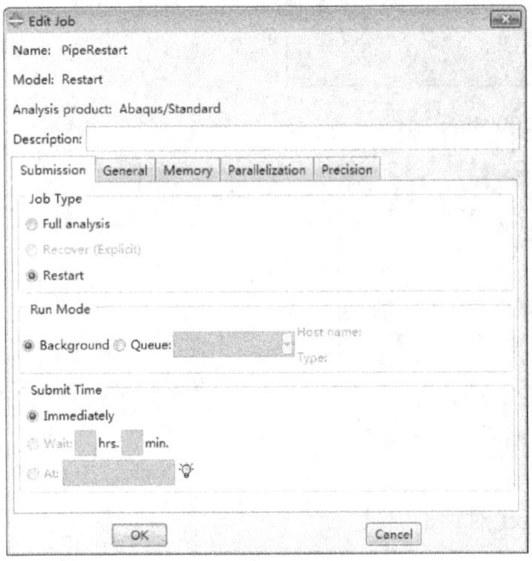

图 13-42　Edit Job 对话框

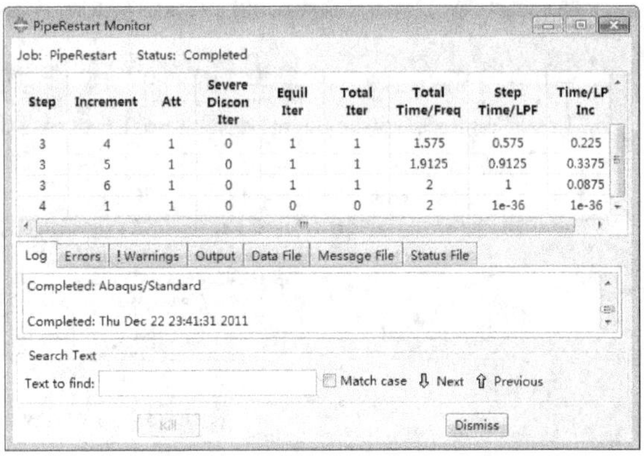

图 13-43　PipeRestart Monitor 对话框

7. 后处理

类似于在前面关于这个模拟的后处理，同样绘制管道的前 6 个振型。应用关于原分析过程的描述，可以绘制振型图。这些振型和它们的自振频率如图 13-44 所示。

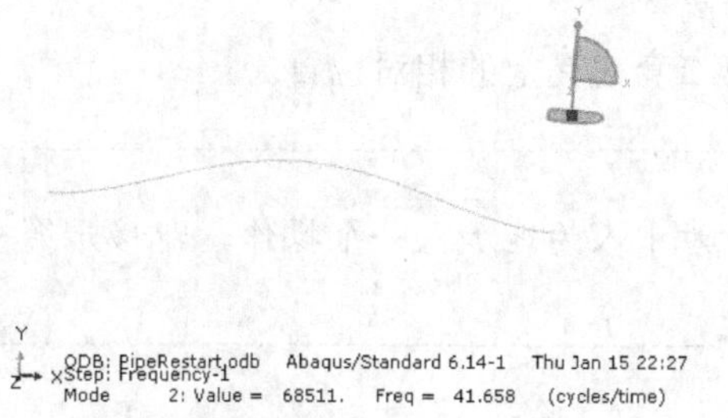

（a）模态 1 和模态 2

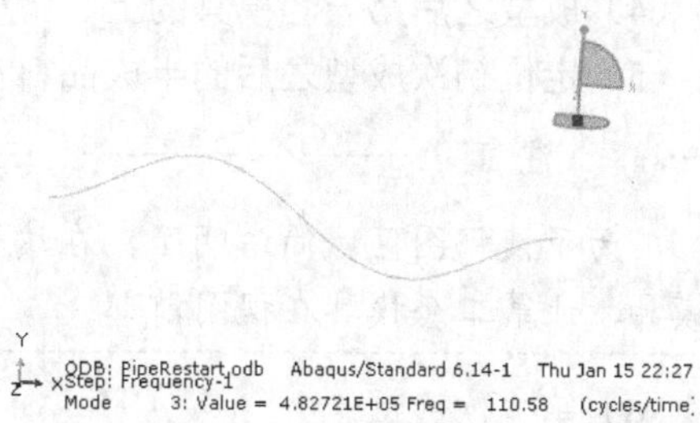

（b）模态 3 和模态 4

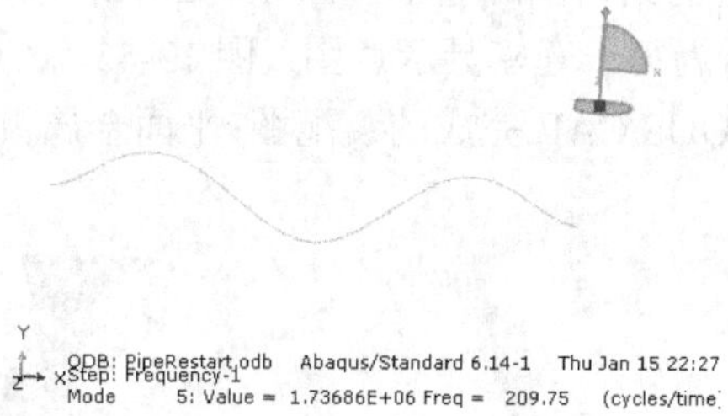

（c）模态 5 和模态 6

图 13-44　第 1 阶到第 6 阶的振型

13.3 金属板成型模拟分析

在成型工艺上，过去习惯于一次成型完毕，其好处是成型时间短、生产进度快，免去了二次成型的麻烦，但不足之处是操作人员多，劳动强度大，质量不易控制。随着加工技术的不断发展，成型件的尺度不断加大，一次成型的弊端日渐引起重视。

为了保证质量，有的单位采用了国外常用的多次成型法，成型件的最终形状分为若干个成型步来完成，每次成型其中的一部分。很多实际金属板件的成型加工过程都是经过若干次成型来完成的，在这些多次加工过程中，最简单的情况就是二次成型过程。

本节将对更为复杂的成型问题进行重点描述，经过本节例题的操作，读者将对 ABAQUS 在金属板成型方面的应用有更为深刻的认识，进一步熟悉 ABAQUS 中的多步骤分析过程。

13.3.1 问题的描述

本例题模拟的问题是某金属板成型件的实际加工过程。

该过程包括两次成型分析，然而在 ABAQUS 中模拟的步骤则需要分为七步来完成。

（1）定位第一套模具的空间位置。

（2）定位坯料在第一套模具上的相对位置。

（3）进行第一次成型。

（4）成型之后第一套模具的上、下模分离。

（5）定位初次成型之后的半成品料在第二套模具上的相对位置。

注 意

为了使视图区域简洁明了，在该分析步中人为地加入一个操作，即移开第一套模具，让第二套模具在视图前部。

（6）第二次成型。

（7）成型之后第二套模具上、下模分离。

图 13-45 所示为模型的结构图。其中，图 13-45（a）所示为金属板件实际成型后的形状；图 13-45（b）所示为第一套模具示意图；图 13-45（c）所示为第二套模具示意图；图 13-45(d)所示为 ABAQUS/CAE 完成的装配图；平面金属板将被冲压成型为如图 13-45（a）所示的结构。

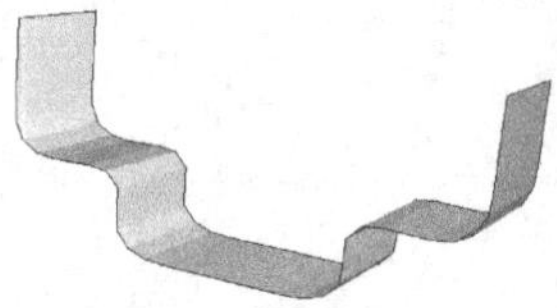

（a）金属板件实际成型后的形状

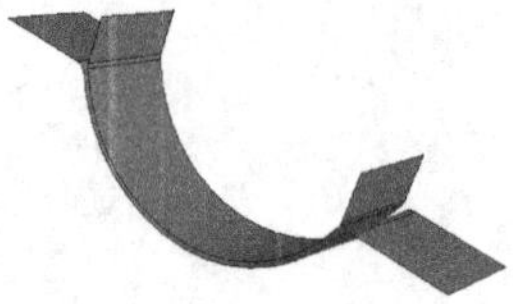

（b）第一套模具示意图

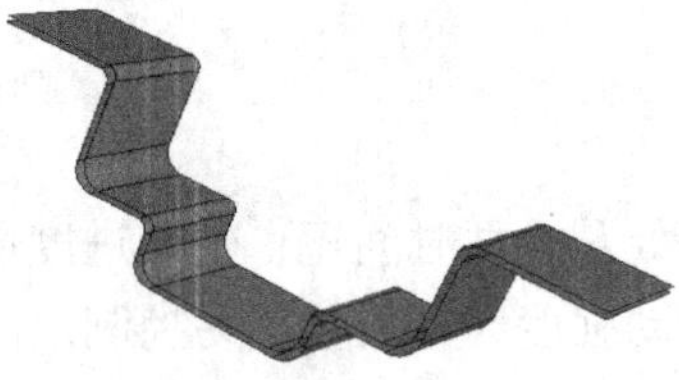

（c）第二套模具示意图

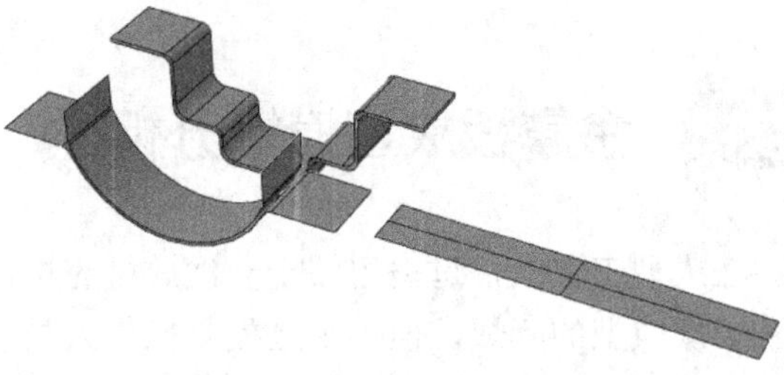

（d）ABAQUS/CAE 完成的装配图

图 13-45　第 1 阶到第 6 阶的模型结构

13.3.2　问题分析和求解

1. 创建第一套成型模具

（1）运行 ABAQUS/CAE，在出现的对话框内选择 Create Model Database。在主菜单 model 中新建模型 two step，并保存文件为 twostep.cae。从 Module 列表中选择 Part，进入 Part 模块。

（2）选择 Part→Create 来创建一个新的部件。ABAQUS 弹出一个如图 13-46 所示的对话框。命名为 smoothbot，确认 Modeling Space、Type 和 BaseFeature 的选项如图 13-46 所示。选择 Approximate size：300，单击 Continue...按钮。ABAQUS/CAE 进入草图模块，如图 13-47 所示。

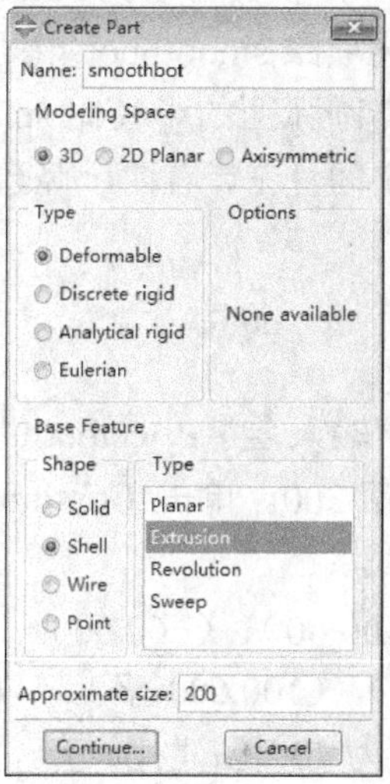

图 13-46　Create Part 对话框

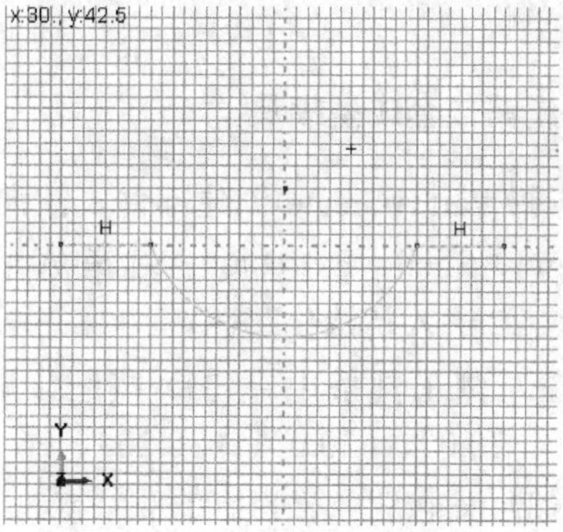

图 13-47　绘制草图

（3）在工具条中单击按钮，连接（-100,0）和（-60,0）点、（60,0）和（100,0）点，采用依次单击下面三个坐标点（0,25）、（60,0）、（-60,0）。单击按钮 Done，在弹出的对话框中输入拉伸长度为 40，如图 13-48 所示。单击 OK 按钮，完成设置。

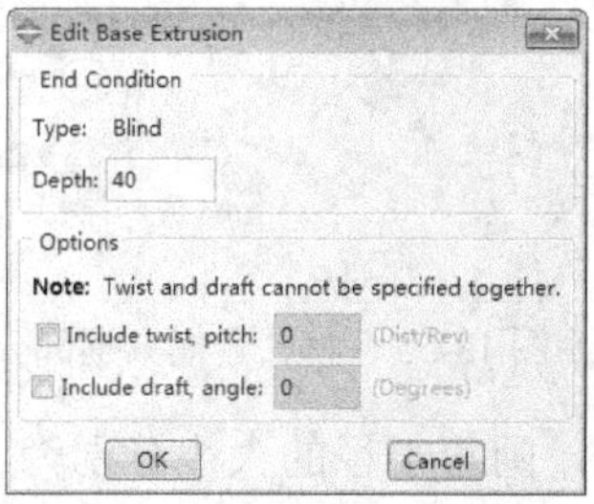

图 13-48　Edit Base Extrusion 对话框

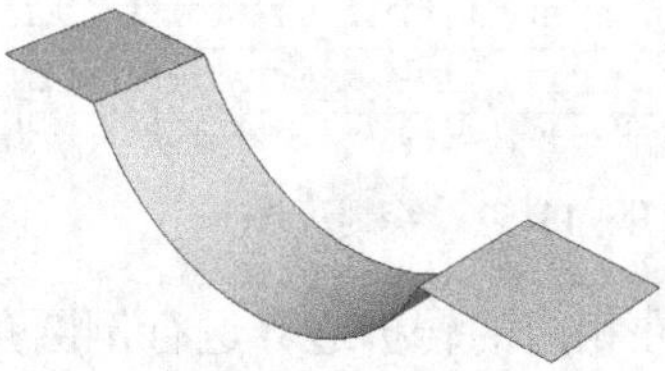

图 13-49　拉伸后的部件

（4）在工具图标上选择，按住 Shift 键用鼠标左键选择如图 13-49 所示的圆弧面和平面之间的两段边界线，单击 Done 按钮。在快捷区输入 5.0 作为倒角的半径，按 Enter 键。生成的三维图形如图 13-50 所示。

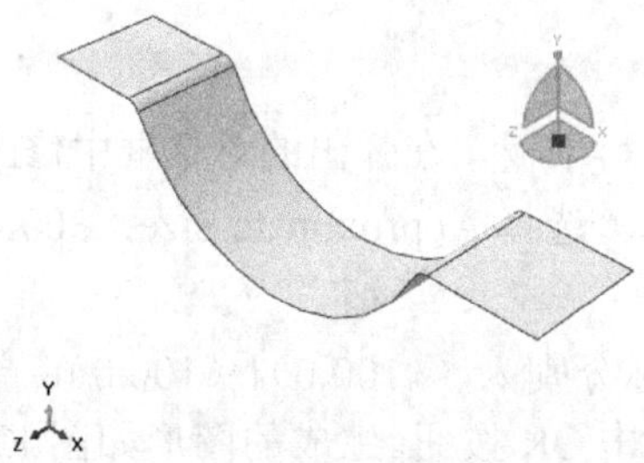

图 13-50　设置倒角后的模型图

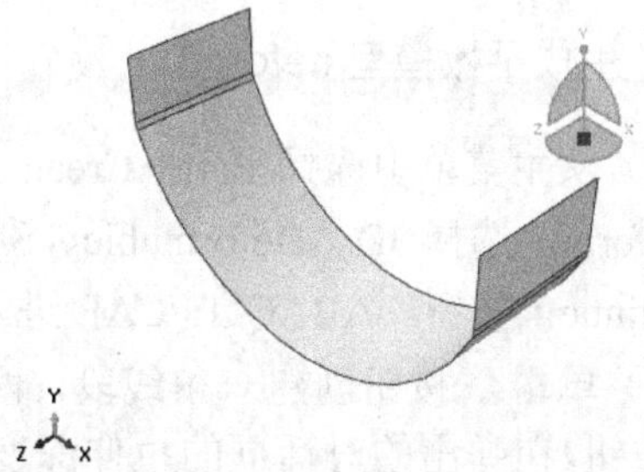

图 13-51　第一套模具上部分结构

（5）用同样的方法，生成如图 13-51 所示的几何图形，将其命名为 smoothtop。它的基本属性：Modeling Space、Type 和 BaseFeature 的选项跟 smoothbot 相同，拉伸深度为 40 个单位，倒角半径为 5 个单位，不同的地方为其圆弧面的半径比 smoothbot 小 2.0 个单位，以保证成型过程中坯料在上、下模之间的空间；左、右两个竖直平面的高度为 20 个单位。

2. 创建第二套成型模具

（1）选择 Part→Create 创建部件。在弹出的对话框中输入名字：tectbot，选择 3D、Discrete rigid、Shell、Extrusion。选择 Approximate size：300。单击 Continue...按钮。ABAQUS/CAE 进入初始化草图。

（2）在左侧工具条中单击按钮，顺序连接（-100,60）、（-60,60）、（-60,20）、（-30,20）、（-30,0）、（30,0）、（30,20）、（60,20）、（60,60）、（100,60）各点，如图 13-52 所示。单击 Done 按钮，在弹出的对话框中输入拉伸长度为 40，创建拉伸壳，如图 13-53 所示。

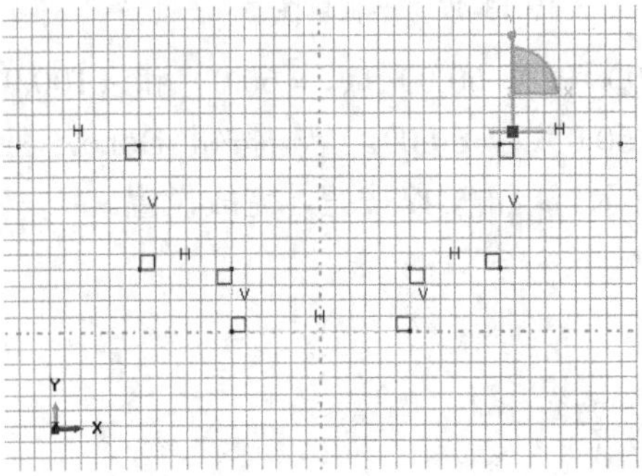

图 13-52　绘制草图

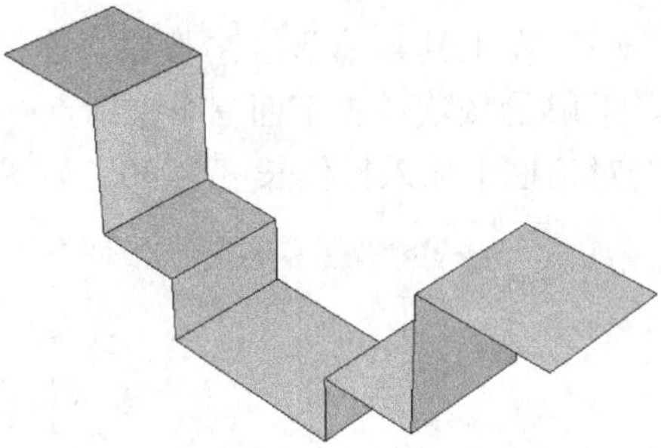

图 13-53　第二套模具上部分结构

（3）在相应的转折边界进行倒圆角操作，其中，圆角半径的大小分别为 5 个单位和 8 个单位，左、右对称，生成的图形如图 13-54 所示。

（4）以同样的方法，生成如图 13-53 所示的几何图形，将其命名为 tecttop。它的基本属性：Modeling Space、Type 和 BaseFeature 的选项跟 tectbot 相同，拉伸深度也是 40 个单位，圆倒角处倒角半径与前面设置相同；不同的地方为其各部分线段的长度，使得当它与 tectbot 配合使用时，其间隙大小为 2.0 个单位。

3. 生成平板模型 deform

（1）从主菜单中选择 Part→Create 来创建冲压坯料平板。在弹出的对话框中修改名字：deform，选择 3D、Deformable、Shell、Extrusion。选择 Approximate size：300，单击 Continue...按钮。ABAQUS/CAE 进入初始化草图。

（2）单击按钮创建一条线段，两个端点的坐标分别为（-100,0）、（100,0）。单击 Done 按钮，在弹出的对话框的拉伸深度中填入 29，单击 OK 按钮。生成的图形如图 13-55 所示。

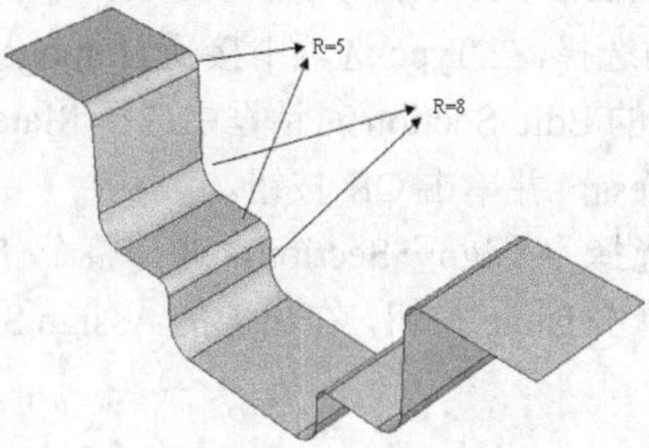

图 13-54　第二套模具上部分结构

图 13-55　deform 部件

4．创建材料

（1）进入 Property 模块，在主菜单中选择 Material→Create 来创建一个新的材料。在 Edit Material 对话框中，命名这个材料为 Material-1，选择 Mechanical→Density，在密度栏中输入 4.55E-9；选择 Mechanical→Elasticity→Elastic，在弹性模量中输入 210000，输入 0.3 作为泊松比；选择 Mechanical→Plasticity→Plastic，在 Data 栏中对应位置输入表 13-1 中的数据。单击 OK 按钮，完成材料的编辑操作。

表 13-1　材料塑性属性

真实应力/MPa	塑 性 应 变
41.82	0
46.35	0.0002
91.32	0.0004
139.42	0.0006
204.25	0.0009
229.69	0.0010125
271.87	0.0012
294.17	0.0013
344.02	0.001525
360.06	0.0016
409.20	0.001825
469.50	0.0021
522.48	0.00235
541.65	0.00245
557.69	0.00255
595.33	0.010425
635.41	0.02095
659.11	0.0333

（2）从主菜单中选择 Section→Create，在 Create Section 对话框中定义这个区域为 Section，在 Category 选项中接受 Shell 作为默认的选择，在 Type 选项中接受 Homogeneous 作为默认的选择，单击 Continue…按钮。在出现的 Edit Section 对话框中选择 Material-1 作为材料，输入 2.0 作为 Plane stress/strain thickness，并单击 OK 按钮。

（3）在 Part 中选择 deform，从主菜单中选择 Assign→Section，选择整个 Part，ABAQUS 将会把选择的区域高亮化；在对话栏单击 Done 按钮，在出现的 Assign Section 对话框中单击 OK 按钮。

5. 定义装配件

（1）进入 Assembly 模块，从主菜单中选择 Instance→Create，在 Create Instance 对话框中选中部件：deform、smoothbot、smoothtop、tectbot、tecttop，单击 OK 按钮，如图 13-56 所示。

（2）从主菜单中，选择 Instance→Translate，选中部件 tectbot，提示栏区域会提示选择平移的起始点，在其右侧的文本框可以看到默认的坐标点（0.0,0.0,0.0），接受该默认值单击鼠标中键或直接按 Enter 键。提示栏区域会提示选择平移的终点，在文本框里输入坐标点（0.0,−60,−100）后按 Enter 键或在视图区直接单击鼠标中键。同理，采用上述操作，将部件 tecttop 以（0.0,0.0,0.0）指向（0.0,−57.8,−100）的矢量平移，将部件 deform 以（0.0,0.0,0.0）指向（220.0,1.0,5.0）的矢量平移。得到的最终装配图如图 13-57 所示。

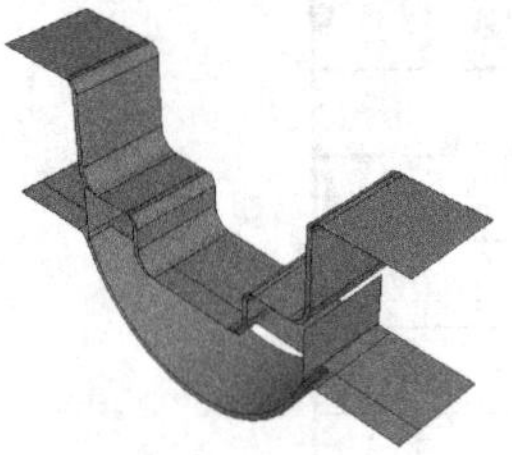

图 13-56　组装部件

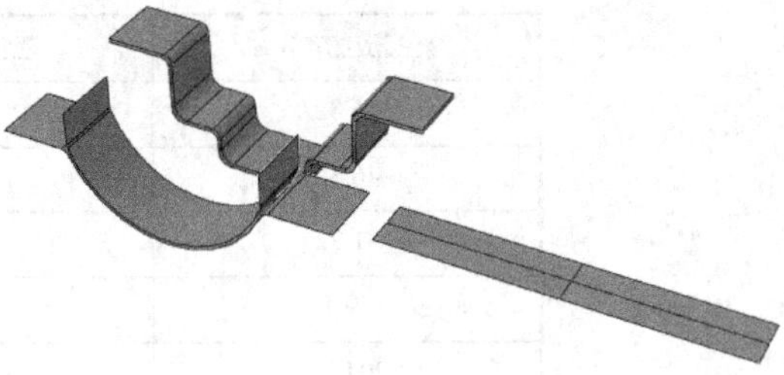

图 13-57　平移部件

6. 设置分析步

（1）进入 Step 模块，从主菜单中选择 Step→Create，命名为 positionpunch1，接受默认的 Procedure type，选择 Dynamic，Explicit，单击 Continue...按钮。在出现的 Edit Step 对话框中，在 Time period 栏中输入 0.0001，接受其他默认选择，并单击 OK 按钮，创建第一个分析步。

（2）以同样的方法，依次创建分析步：positionblank1、forming1、seperate1、positionblank2、forming2、seperate2。分析步类型均为 Dynamic，Explicit，时间步长分别为 0.0001 s、0.04 s、0.0001 s、0.0001 s、0.06 s、0.0001 s。打开分析步管理器，可以看到如图 13-58 所示的整个分析步骤。

（3）从主菜单中，选择 View→Assembly Display Options，弹出如图 13-59 所示的对话框，选择 Instance 标签页，单击 Visible 的选择框，只选中 deform-1，单击 OK 按钮。

（4）在主菜单选择 Tools→Set→Create，命名集合为 blank，在视图中用鼠标拉出一个矩形，确定将 deform 部件的顶点和边全部选中，单击提示栏区的 Done 按钮。重复创建节点集的过程，将所创建的部件分别创建为 smoothbot、smoothtop、tectbot、tecttop 节点集。

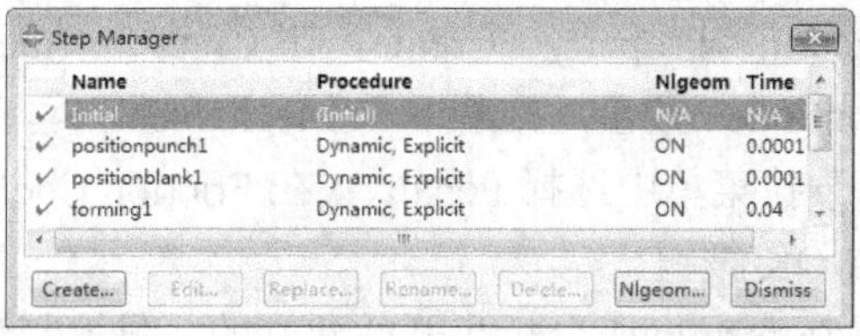

图 13-58　Step Manager 对话框

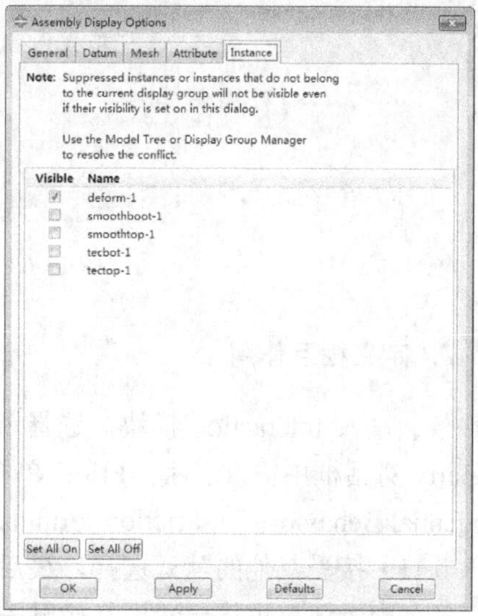

图 13-59　Assembly Display Options 对话框

（5）从主菜单中，选择 Tools→Reference Point，分别选择如图 13-60 所示的点为参考点，分别命名为 smoothbotRP、smoothtopRP、tectbotRP、tecttopRP。并将这些参考点分别生成对应的节点集，节点集名字对应：smoothbotRP、smoothtopRP、tectbotRP、tecttopRP。

（6）在主菜单选择 Tools→Surface→Create，将部件 smoothbot 的上表面定义为成型过程中将要发生接触的表面，命名为 smoothbot。同理，部件 smoothtop 的下表面对应为 smoothtop；部件 tectbot 的上表面对应为 tectbot；部件 tecttop 的下表面对应为 tecttop；部件 deform 的上、下表面分别对应为 blankbot 和 blanktop。图 13-61 所示为定义的所有表面；图 13-62 所示为定义的所有节点集。

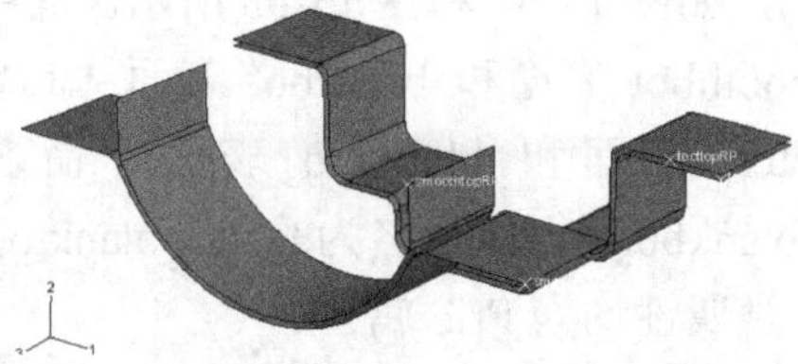

图 13-60　生成的参考点

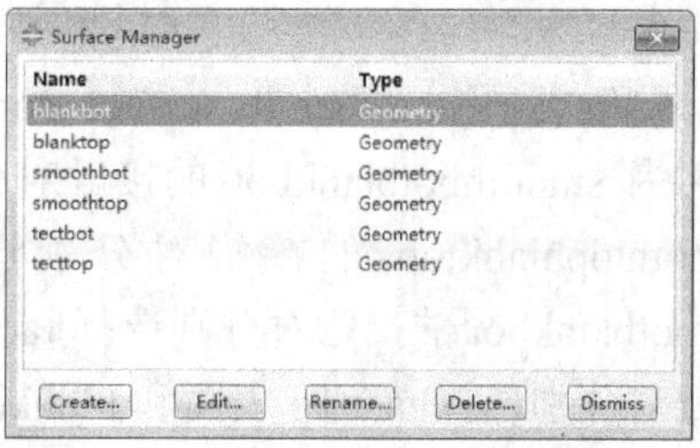

图 13-61　Surface Manager 对话框

（7）在主菜单中选择 Tools→Partition，Type 栏选择 Face，Method 栏选择 Use shortest path between 2 points，单击 OK 按钮，依次选择部件 deform 的两个长边中点，单击 Create Partition 按钮。选择 Tools→Set→Create，命名刚刚生成的分割线为 xblank 节点集，按同

样方法，依次选择部件 deform 的两个短边中点，单击 Create Partition 按钮。选择 Tools→Set→Create，命名刚刚生成的分割线为 zblank 节点集。

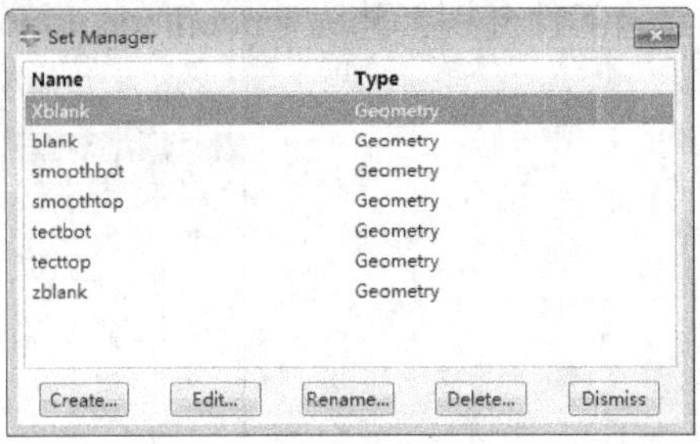

图 13-62　Set Manager 对话框

7. 定义相互作用

（1）进入 Interaction 模块，选择 Interaction→Property→Create，在 Creat Interaction Property 对话框中输入名字：Fric；单击 Continue...按钮，接着单击 Mechanical，再单击 Tangential Behavior；在 Friction formulation 下拉菜单中选择 Penalty；在 Friction Coeff 处输入 0.11；接受其他的默认选择，最后单击 OK 按钮。

（2）由于坯料跟第一套模具接触关系是在 forming1 分析步开始建立的，跟第二套模具的接触关系是在 forming2 分析步开始建立的，而其他的分析步均没有接触发生，因此，可以依照如图 13-63 所示的管理器示意图来分别定义各个接触对。

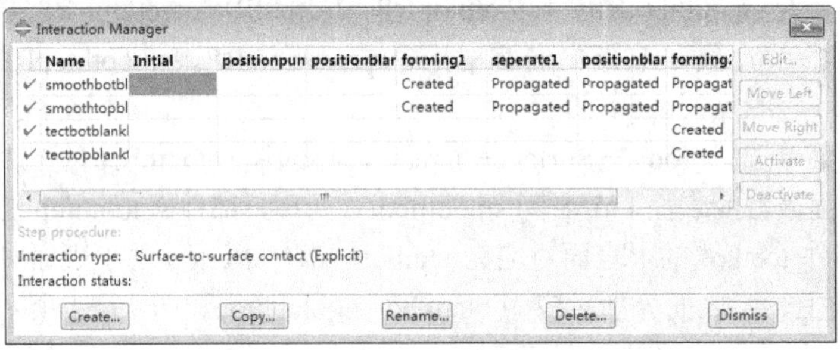

图 13-63　Interaction Manager 对话框

接触类型：surface-to-surface contact(Explicit)，如图 13-64 和图 13-65 所示。其中，命名为 smoothbotblankbot 的接触对分别选择 smoothbot 表面和 blankbot 表面；命名为 smoothtopblanktop 的接触对分别选择 smoothtop 表面和 blanktop 表面；命名为 tactbotblankbot 的接触对分别选择 tactbot 表面和 blankbot 表面；命名为 tacttopblanktop 的接触对分别选择 tacttop 表面和 blanktop 表面；接触属性均为 Fric 属性。

（3）从主菜单中选择 Constraint→Create，命名为 smoothbot；选择 Rigid body；单击 Continue...按钮，选择 Body（elements）；单击 Edit…按钮，在提示栏中单击 Sets 按钮，选择节点集 smoothbot；在 Edit Constraint 对话框中单击 Reference Point 栏的 Edit...按钮，选择 smoothbotRP 参考点；单击 OK 按钮。

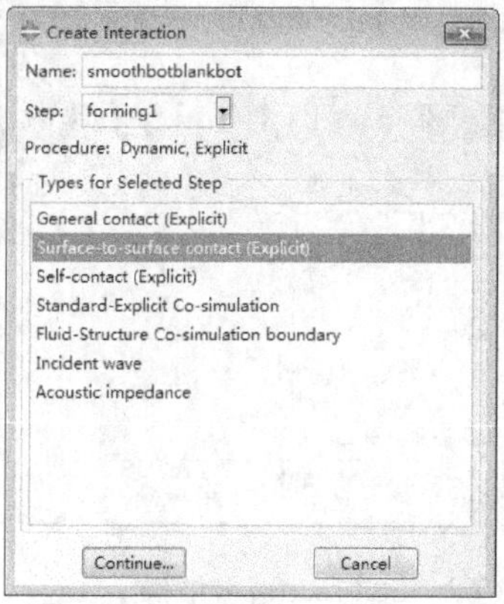

图 13-64 Create Interaction 对话框

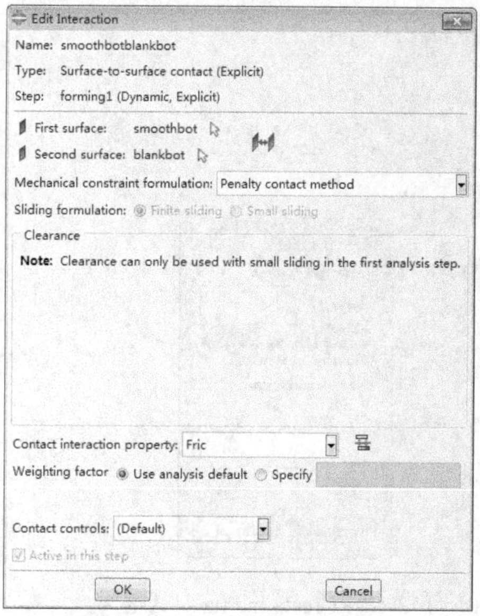

图 13-65 Edit Interaction 对话框

（4）类似第三步，继续定义刚体 smoothtop、tectbot 和 tecttop，对应节点集分别为 smoothtop、tectbot 和 tecttop；对应参考点分别为 smoothtopRP、tectbotRP 和 tecttopRP。打开管理器，可以看到如图 13-66 所示的对话框。双击每一个刚体的定义，或者选中该刚体的名称，单击“编辑”按钮，都可以看到类似如图 13-67 所示的对话框。

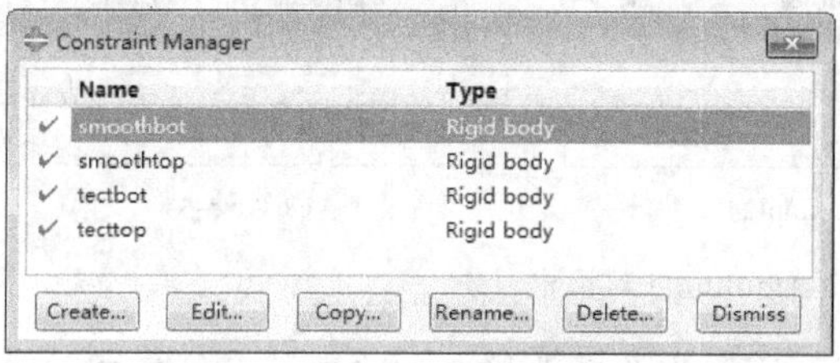

图 13-66 Constraint Manager 对话框

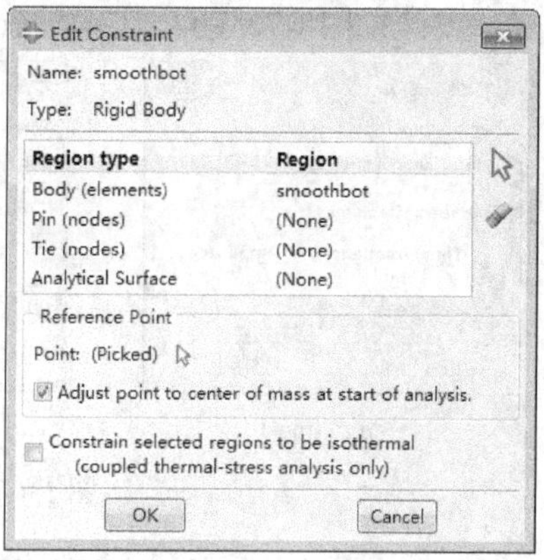

图 13-67 Edit Constraint 对话框

（5）为刚体定义质量点。在主菜单中选择 Special→Inertia→Create，在弹出的对话框的（见图 13-68）Name 栏输入 point_mass；在 Type 栏选择 Point mass/inertia；单击 Continue…按钮，在视图栏选择 smoothbotRP、smoothtopRP、tectbotRP 和 tecttopRP；在提示栏区单击 Done 按钮，在随后弹出的对话框中，在质量栏输入 1e-5；在转动惯量栏分别输入 1、1、1；单击 OK 按钮，如图 13-69 所示。

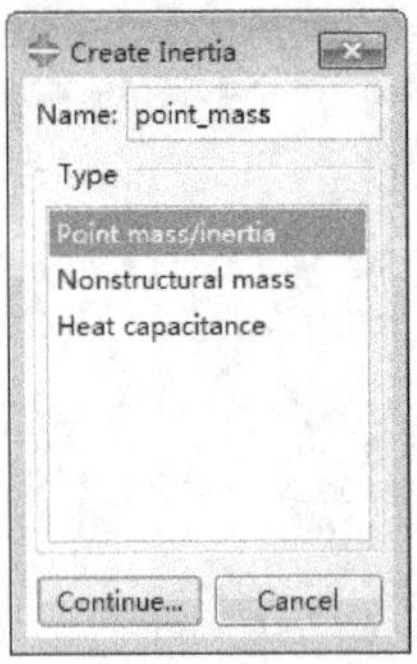

图 13-68　Create Inertia 对话框

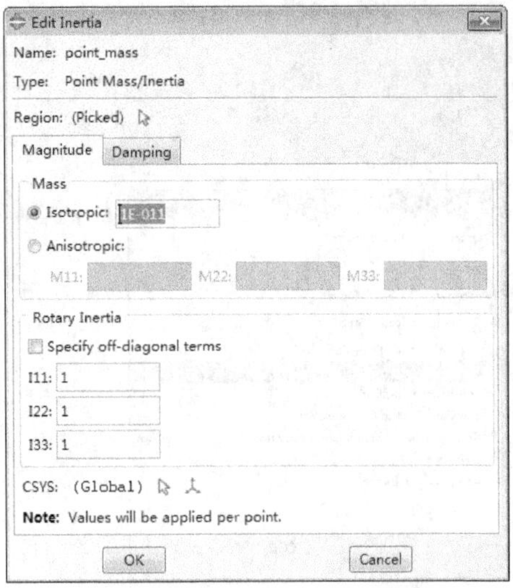

图 13-69　Edit Inertia 对话框

8．定义边界条件

（1）进入 Load 模块，在主菜单中选择 Tools→Amplitude→Create，命名为 Amp-1；Type 栏选择 Smooth step，然后单击 Continue...按钮，输入如图 13-70（a）所示对话框中的数值，单击 OK 按钮完成操作。以同样的方法，创建 Amp-2、Amp-3，Type 栏选择 Smooth step，输入如图 13-70（b）、13-70（c）所示对话框中的数值，单击 OK 按钮。

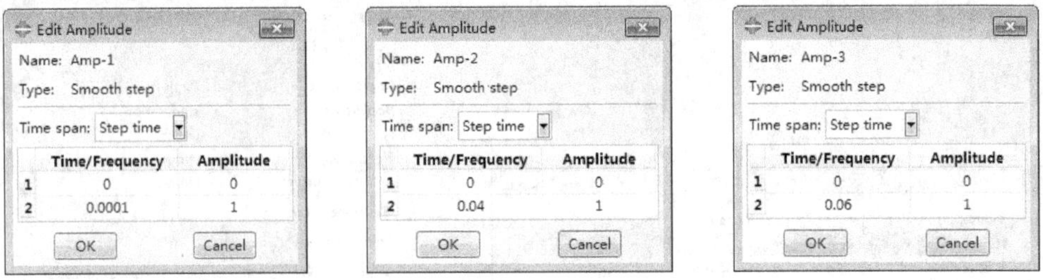

（a）Amp-1　　（b）Amp-2　　（c）Amp-3

图 13-70　Edit Amplitude 对话框

（2）定义坯料平板（blank）的边界条件。从主菜单中选择 BC→Manager，在 Boundary Condition Manager 中单击 Create...按钮；在出现的 Create Boundary Condition 对话框中，命名这个边界条件为 blankposition1；接受默认的选择，即 Step 为 Initial，Category 为 Mechanical，Types for Selected Step 为 Displacement/Rotation；单击 Continue...按钮，在随后出现的视图中选择坯料平板，或者单击提示区最右边的 Sets 按钮，会弹出如图 13-71 所示的对话框，选择 blank；如果选中 Highlight selections in viewport，在视图中坯料平板部件会以高亮的方式显示。然后单击 Continue…按钮，在如图 13-72 所示的对话框中将所有的自由度全部选中，单击 OK 按钮。

图 13-71　Region Selection 对话框

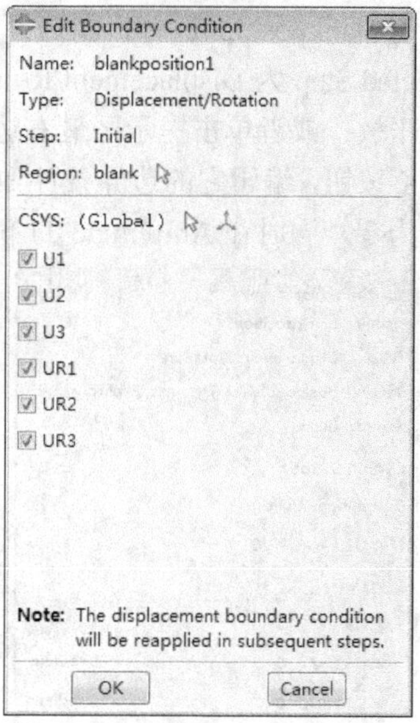

图 13-72　Edit Boundary Condition 对话框

提 示

这样，坯料平板部件在初始分析步时被限制了所有的自由度。接下来在每一个分析步中定义 blank 的边界条件，结合本章最初对于问题的描述，实际的模拟步骤分为七步来完成，分别在这七步中来完成边界条件的定义。

① 定位第一套模具的空间位置，即 positionpunch1 步。该分析步中 blank 保持在原来的空间位置不动，其所有的自由度保持全部为零。

② 定位坯料在第一套模具上的相对位置，即 positionblank1 步。该分析步中 blank 在总体坐标系的 1-方向反向平移 220 个单位，使得它正好处于第一套模具中间，为下一步的初步成型分析做准备，编辑它的边界条件，如图 13-73 所示。在 U1 的文本框中输入 -220，其他自由度仍保持为零，同时在 Amplitude 中选择 Amp-1，单击 OK 按钮。

③ 进行第一次成型，即 forming1 分析步。该分析步中为了约束 blank 的刚体位移，定义节点集 xblank 和 zblank 的边界条件。这两个边界条件的名字分别为 xblank-1、zblank-1，它们均为对称边界条件，其中，节点集 xblank 为 U1=UR2=UR3=0，zblank 为 U3=UR1=UR2=0。

④ 进行 seperate1 分析步。该分析步的平板 blank 的自由度全部放松，即没有边界条件所约束。

提 示

可以单击边界条件管理器对话框右侧的 deactivate 按钮来实现。

⑤ 定位初次成型之后的半成品料在第二套模具上的相对位置，移开第一套模具，让第二套模具在视图前部，即 positionblank2 分析步。在该分析步中，blank 在 3 方向反向平移 80 个单位，类似于前面介绍的第二个分析步的定义。首先新创建一个边界条件，将

其命名为 blankposition2。分析步选择 positionblank2 分析步。Category 为 Mechanical，Types for Selected Step 为 Displacement/Rotation。单击 Continue…按钮，在随后出现的视图中选择坯料平板，或者单击提示区最右边的 Sets 按钮；在弹出的对话框中选择节点集 blank，单击 OK 按钮，编辑它的边界条件如图 13-74 所示。在 U3 的文本框中输入-100，其他自由度均为零，同时在 Amplitude 的下拉框中选择 Amp-1，单击 OK 按钮。

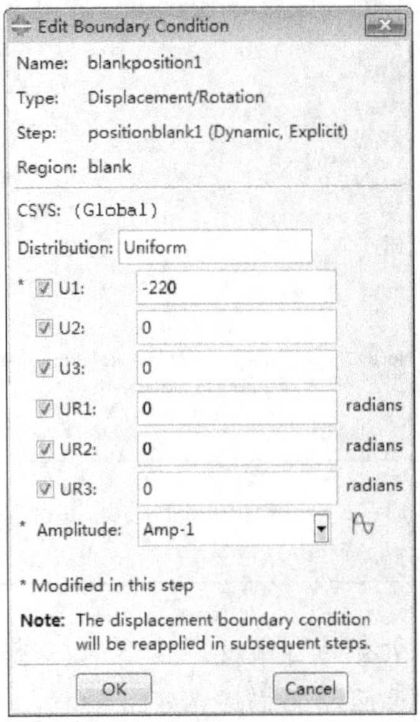

图 13-73　blankposition1 步 Edit Boundary Condition 对话框

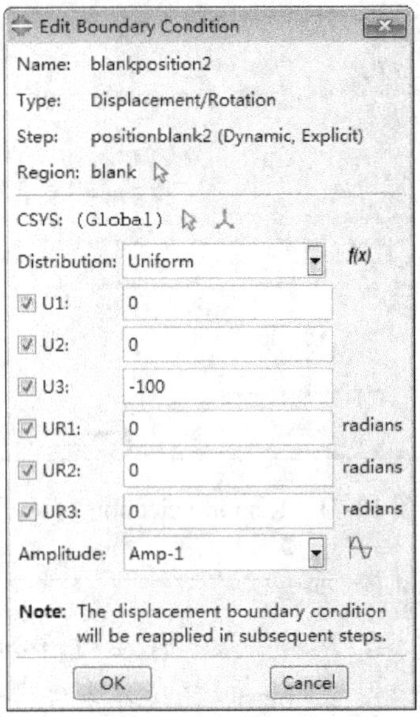

图 13-74　blankposition2 步 Edit Boundary Condition 对话框

⑥ forming2 分析步。在该分析步中，同样限制 xblank 和 zblank 两个节点集以对称边界条件，这两个边界条件的名字分别为 xblank-2、zblank-2。

⑦ seperate2 分析步。在该分析步中，blank 的自由度全部放松，为了限制其刚体位移，将 xblank 节点集施以固定边界条件，即约束它的全部自由度，这个边界条件的施加虽然跟实际情况并不一致，但是由于 xblank 节点集在坯料 blank 中的对称性质，约束它并不会对成型过程造成太大影响。该边界条件被命名为 xblank-3。

（3）定义第一套模具的边界条件。

首先对第一套模具在整个成型分析过程中的动作做分析。

在第一个分析步中定位上、下模的空间位置，该分析步完成之时，下模保持固定不动，上模在 2 方向平移 40 个单位，开打模具为下一步喂进坯料做准备，其位置变化的路径由 Amp-2 曲线和 U2 方向给定的强制位移来控制。

进入第二个分析步，坯料被送进上、下模之间，而模具保持固定不动。

第三个分析步为第一次成型过程，下模继续固定不动，上模在 2 方向强制反向平移 40 个单位完成冲压过程。

第四个分析步为该套模具分离的过程，跟第一个分析步的控制条件相同。

第五个分析步的设计是为了移开它们，使其不影响用户观察视图，可以根据自己的方便来设计它们的位置。本例采用的方法是给定它们在 3 方向反向强制位移 200 个单位，使其移动到第二套模具之后。在此后的分析步中该套模具不再参与，不需要对它们设定边界条件，因此单击 deactivate 按钮解除相应的分析步的约束。

提 示

第一套模具的运动路径清楚之后，采用前面所掌握的操作方法就可以很方便地设定它们在对应分析步中的边界条件。需要注意的是，Amp-1 和 Amp-2 为不同分析步的选择。

（4）定义第二套模具的边界条件。

以同样的方法，对第二套模具在整个成型分析过程中的动作做分析。

对于下模来说，在整个分析过程中，它均保持固定不动，因此可以在 Initial 分析步中给定它以固定边界条件即可。

对于上模，在前三个分析步中，它也保持固定不动。在第四个分析步中，即 seperate1 分析步，它跟下模分开，在 2 方向平移 59.8 个单位，为下一步喂进半成型坯料做准备，其位置变化的路径由 Amp-2 曲线和 U2 方向给定的强制位移来控制。

进入第五个分析步，半成型坯料被送进上、下模之间，而模具保持固定不动。

第六个分析步为第二次成型过程，下模继续固定不动，上模在 2 方向强制反向平移 59.8 个单位完成冲压过程。

最后的分析步为该套模具分离的过程，跟第四个分析步的控制条件相同。

注 意

第二套模具的运动路径清楚之后，采用前面所掌握的操作方法就可以很方便地设定它们在对应分析步中的边界条件，同样需要注意 Amp-1 和 Amp-2 在不同分析步中的选择。

如图 13-75 所示的各图是整个分析过程中，模具及坯料的空间位置示意图。

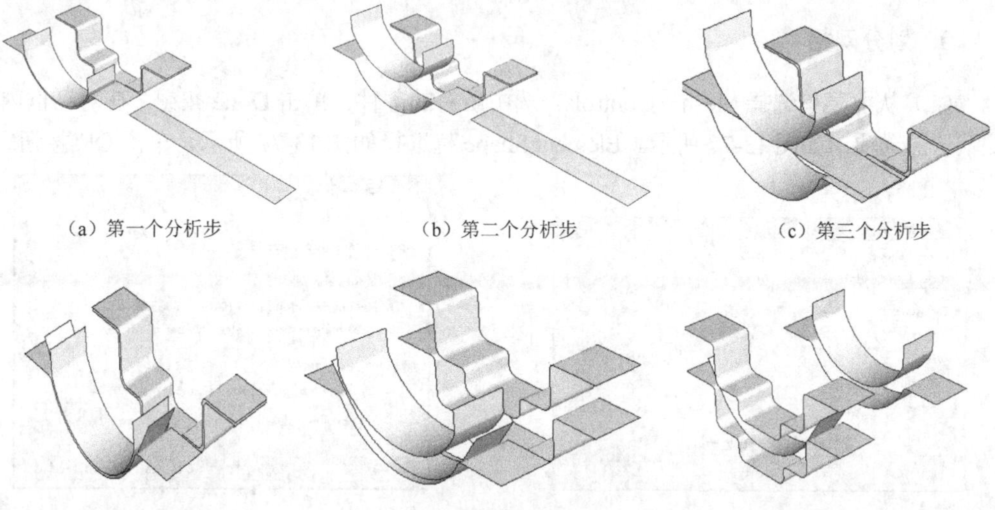

（a）第一个分析步　（b）第二个分析步　（c）第三个分析步

（d）第四个分析步　（e）第五个分析步　（f）移开

图 13-75　模具及坯料的空间位置示意图

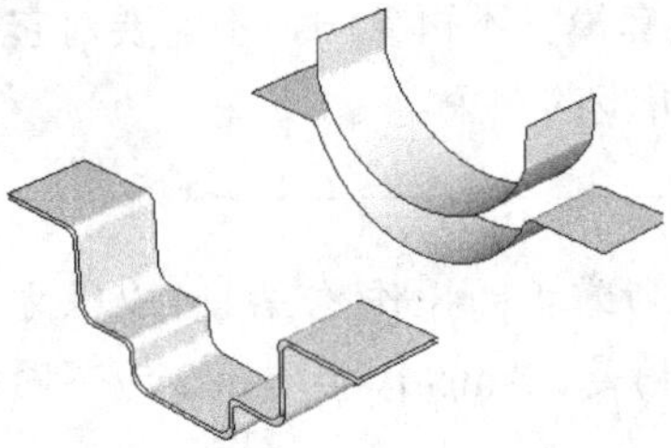

（g）第六个分析步

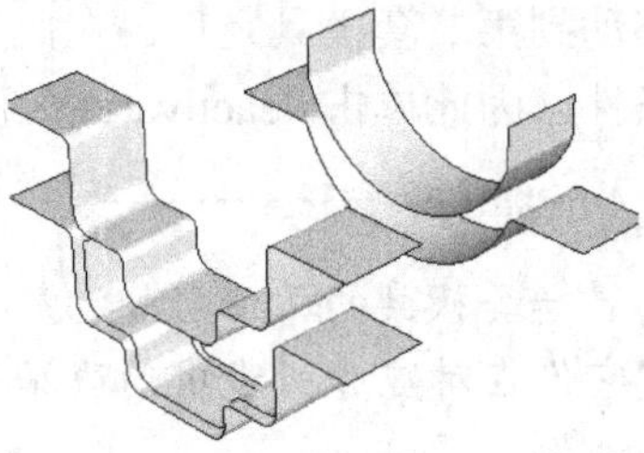

（h）第七个分析步

图 13-75　模具及坯料的空间位置示意图（续）

打开边界条件管理器，可以看到如图 13-76 所示的对话框，检查各边界条件是否定义准确。

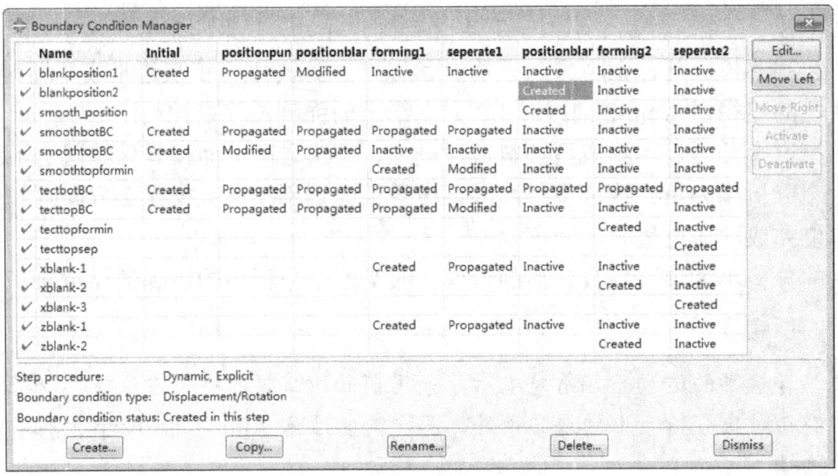

Name	Initial	positionpun	positionblar	forming1	seperate1	positionblar	forming2	seperate2
✓ blankposition1	Created	Propagated	Modified	Inactive	Inactive	Inactive	Inactive	Inactive
✓ blankposition2						Created	Inactive	Inactive
✓ smooth_position						Created	Inactive	Inactive
✓ smoothbotBC	Created	Propagated	Propagated	Propagated	Propagated	Inactive	Inactive	Inactive
✓ smoothtopBC	Created	Modified	Propagated	Inactive	Inactive	Inactive	Inactive	Inactive
✓ smoothtopformin				Created	Modified	Inactive	Inactive	Inactive
✓ tectbotBC	Created	Propagated	Propagated	Propagated	Propagated	Propagated	Propagated	Propagated
✓ tecttopBC	Created	Propagated	Propagated	Propagated	Modified	Inactive	Inactive	Inactive
✓ tecttopformin							Created	Inactive
✓ tecttopsep								Created
✓ xblank-1				Created	Propagated	Inactive	Inactive	Inactive
✓ xblank-2							Created	Inactive
✓ xblank-3								Created
✓ zblank-1				Created	Propagated	Inactive	Inactive	Inactive
✓ zblank-2							Created	Inactive

图 13-76　Boundary Condition Manager 对话框

9．划分网格

（1）从主菜单选择 Mesh→Controls，选中所有的部件，单击 Done 按钮，在对话框内接受默认的选项，如图 13-77 所示。Element Shape 栏选择如图 13-77 所示，单击 OK 按钮。

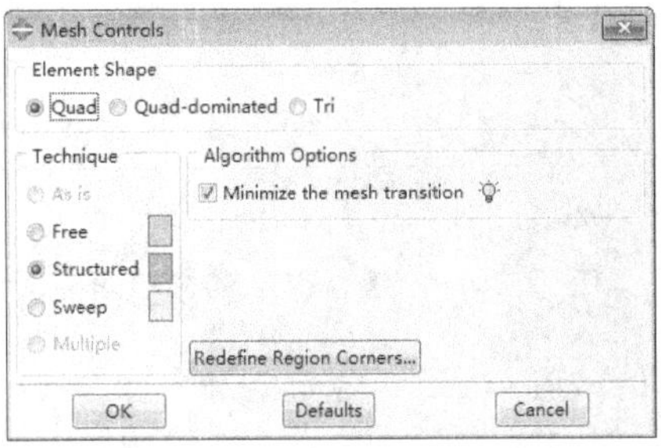

图 13-77　Mesh Controls 对话框

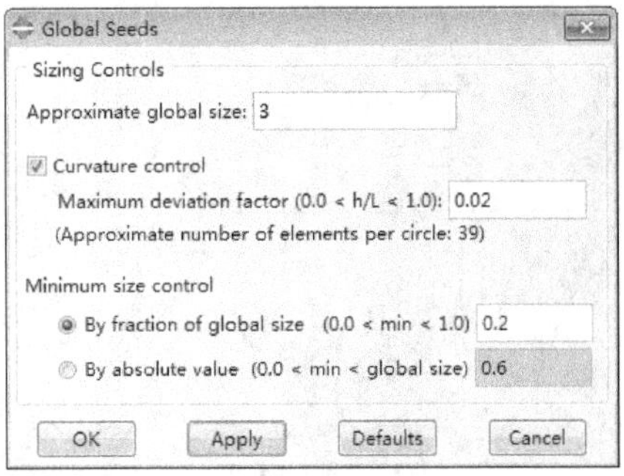

图 13-78　Global Seeds 对话框

（2）从主菜单选择 Seed→Instance，选中所有部件，单击提示栏区的 Done 按钮。在弹出的对话框中输入 3 作为网格点的间距，如图 13-78 所示。选中 Curvature control 选项，输入 0.02 作为 Deviation factor 的大小，单击 OK 按钮。

（3）从主菜单选择 Mesh→Instance，选中所有部分，单击 Done 按钮。所有部件均划分为网格模型，如图 13-79 所示，保存文件。

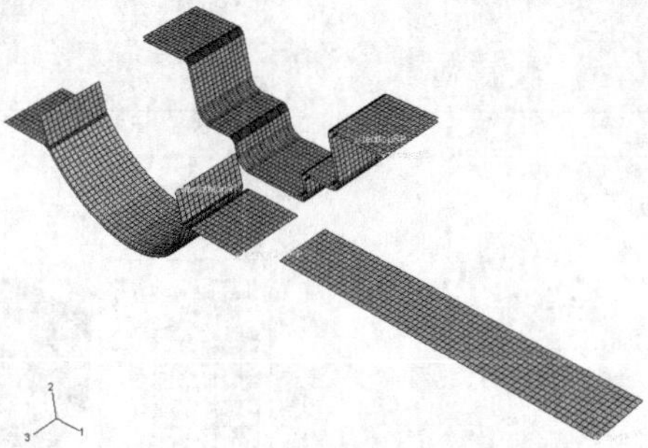

图 13-79　网格模型

10．进行分析，并可视化结果

（1）进入 Job 模块，从主菜单选择 Job→Create，其命名为 twostep-forming，单击 Continue...按钮，其他接受默认选择，单击 OK 按钮。从主菜单选择 Job→Manager，在 Job Manager 中单击 Submit 按钮提交任务，单击 Monitor 按钮来观察分析的进程。

（2）分析结束后，单击 Results 按钮，对结果进行可视化。单击工具栏的 Plot Deformed Shape 按钮，显示结构变形结果。

（3）从主菜单选择 Plot→Contours，显示云图，通过主菜单的 Result→Field Output，可以改变等高线所代表的变量。

（4）从主菜单选择 Animate→Time History，可以观看动画过程。从主菜单选择 Result→History Output，可以选取想要绘制的 *X-Y* 曲线。

图 13-80 所示为结果分析的图像。

图 13-80（a）所示为整个过程中节点集 xblank 处积分点厚度随时间的变化曲线。

图 13-80（b）所示为与厚度变化最小处的单元相关的四个节点在第二次成型过程中厚度随时间的变化曲线。

图 13-80（c）所示为第一次成型完成后金属板中 Mises 应力分布云图。

图 13-80（d）所示为第二次成型完成后金属板中 Mises 应力分布云图。

图 13-80（e）所示为第一次成型完成后金属板中 PEEQ（等效塑性应变）分布云图。

图 13-80（f）所示为第二次成型完成后金属板中 PEEQ（等效塑性应变）分布云图。

图 13-80（g）所示为第一次成型完成后金属板中 STH 分布云图。

图 13-80（h）所示为第二次成型完成后金属板中 STH 分布云图。

图 13-80（i）所示为第一次成型完成后金属板中 UR 分布云图。

图 13-80（j）所示为第二次成型完成后金属板中 UR 分布云图。

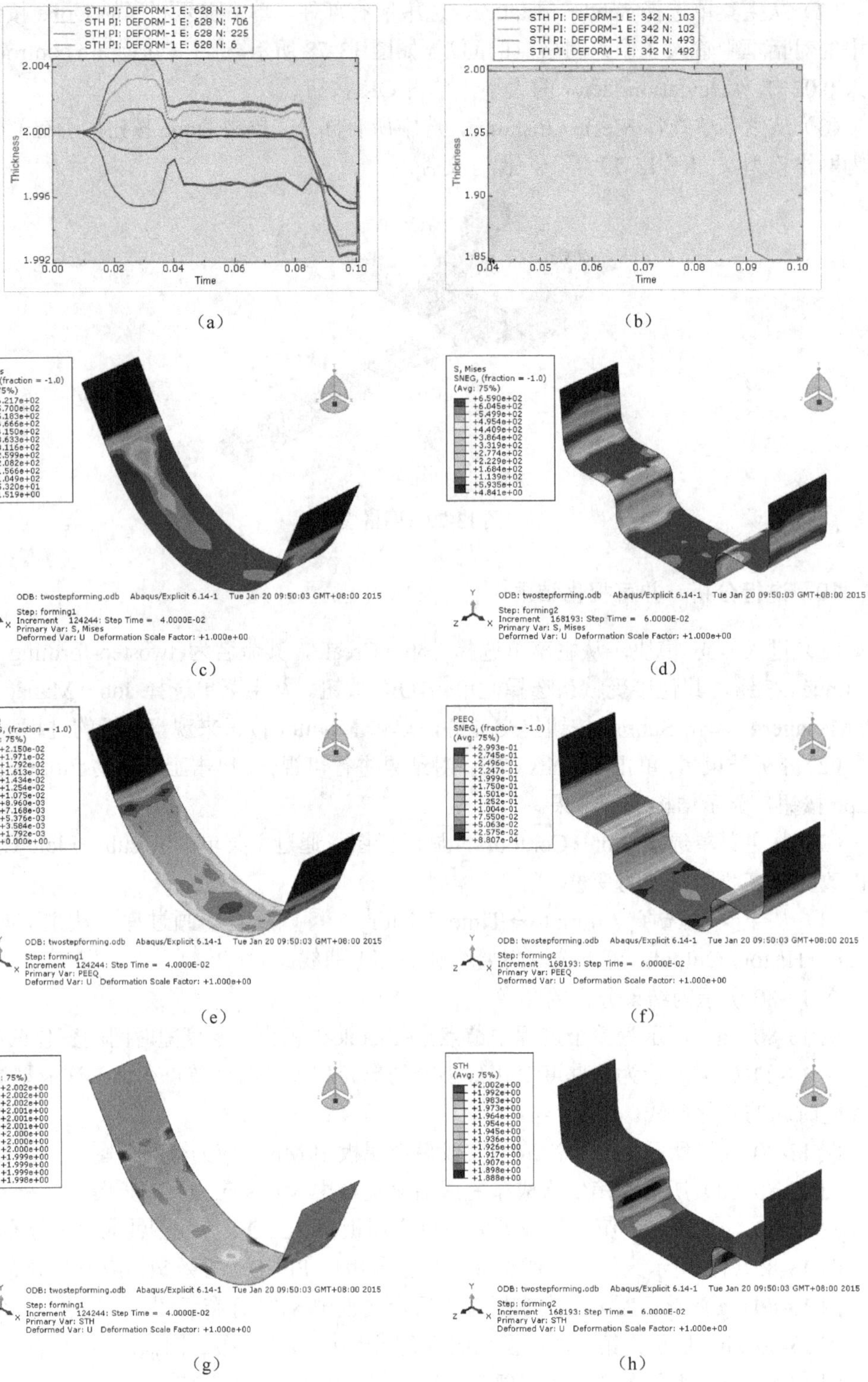

图 13-80 结果分析的图像

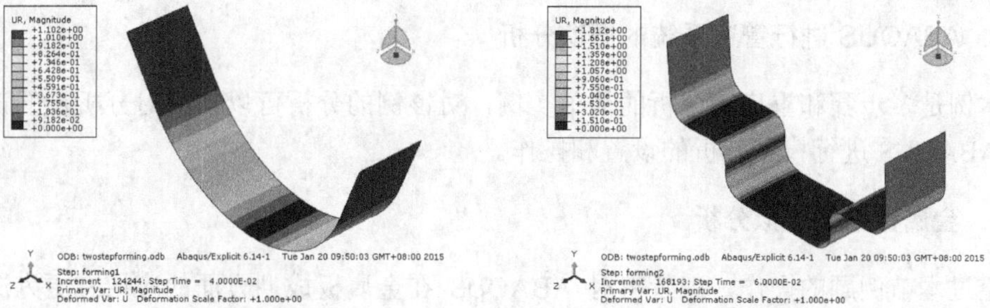

（i）　　　　（j）

图 13-80　结果分析的图像（续）

13.3.3　INP 文件

该案例中的 INP 文件解释请查阅光盘中的相关文件，限于篇幅，在此不做详解。

本章小结

在 ABAQUS 模拟的一些问题中，施加在结构上的载荷可能会相当复杂。例如，在某一时间段内不同载荷的幅值是随时间变化的函数，或按一定的顺序施加到模型的不同部分。采用载荷历史（load history）来代表这种作用在模型上的复杂载荷。本章介绍了 ABAQUS 处理多步骤分析的过程和方法，利用 ABAQUS 处理更多复杂的载荷问题。

1. 了解分析过程

（1）一个 ABAQUS 模拟可以包含任意数目的分析步。

（2）在一个分析作业中，不允许隐式和显式分析步同时存在。

（3）一个分析步就是一段“时间”，在这个时间段内计算模型对于一组给定载荷和边界条件的响应。在分析步中所采用的特殊分析过程决定了这个响应的特征。

（4）在一般分析步中结构的响应可以是线性的，也可以是非线性的。

（5）每一个一般分析步的开始状态是前一个一般分析步的结束状态。这样，在一个模拟中模型的响应涉及一系列的一般分析步。

（6）线性摄动分析步（仅适用于 ABAQUS/Standard）计算结构是对于摄动载荷的线性响应。这个响应是相对于基态而言的，而基态定义为在前一个一般分析步结束时的模型状态。

（7）只要保存了重启动文件，就可以重新启动分析。对于整个模拟过程，重启动文件可以用来继续一个中断的分析或者增加新的载荷历史。

2．ABAQUS 进行管道系统的振动分析

本例是多步骤和重启动分析的简单实例，对该例的分析可以加深对分析步的认识。掌握 ABAQUS 进行模态分析的设置和操作。

3．金属板成型模拟分析

经过本节例题的操作，读者将对 ABAQUS 在金属板成型方面的应用有更为深刻的认识，进一步熟悉 ABAQUS 中的多步骤分析过程。

第 14 章

用户子程序

虽然 ABAQUS 为用户提供了大量的单元库和求解模型，使用户能够利用这些模型处理绝大多数的问题。但是实际问题毕竟非常复杂，ABAQUS 不可能直接求解所有可能出现的问题，所以，ABAQUS 提供了大量的用户自定义子程序（User Subroutine），允许用户在找不到合适模型的情况下自行定义符合自己问题的模型。这些用户子程序涵盖了建模、载荷到单元的几乎各个部分。

在本章中，将讨论用户子程序的应用和优势，进一步扩展 ABAQUS 的应用空间。另外，在使用 abaqus6.14-1 用户子程序功能之前，需要在电脑中预先安装 Microsoft vs2012 以及 IntelFortran2013，否则此功能在调用户子程序时会显示编译失败的错误。

教学目标

（1）掌握用户子程序的基本概念。
（2）熟悉常用的用户子程序接口。
（3）了解使用用户子程序进行分析的过程。

14.1 用户子程序接口概述

ABAQUS 为用户提供了强大而又灵活的用户子程序接口（USER SUBROUTINE）和应用程序接口（UTILITY ROUTINE）。ABAQUS 一共有 42 个用户子程序接口，13 个应用程序接口，用户可以定义包括边界条件、载荷条件、接触条件、材料特性，以及利用用户子程序和其他应用软件进行数据交换等。这些用户子程序接口使用户解决一些问题时有很大的灵活性，同时大大地扩充了 ABAQUS 的功能。例如，如果载荷条件是时间的函数，这在 ABAQUS/CAE 和 INPUT 文件中是难以实现的，但在用户子程序 DLOAD 中就很容易实现。

14.1.1 用户子程序的功能和优点

用户子程序具有以下功能和优点：

✧ ABAQUS 的一些固有选项模型功能有限，用户子程序可以提高 ABAQUS 中这些选项的功能。

✧ 它可以以几种不同的方式包含在模型中。

✧ 由于它们没有存储在 restart 文件中，可以在重新开始运行时修改它。

✧ 在某些情况下它可以利用 ABAQUS 允许的已有程序。

✧ 通常用户子程序是用 FORTRAN 语言的代码写成的。

要在模型中使用用户子程序，可以利用执行程序，在 ABAQUS 执行程序中应用 user 选项来指明包含这些子程序的 FORTRAN 源程序或者目标程序的名字。

提 示

ABAQUS 的输入文件除了可以通过 ABAQUS/CAE 的作业模块提交运行外，还可以在 ABAQUS Command 窗口中输入 ABAQUS 执行程序直接运行：

ABAQUS job=输入文件名 user=用户子程序的 Fortran 文件名

此外，ABAQUS/Standard 和 ABAQUS/Explicit 都支持用户子程序功能，但是它们所支持的用户子程序种类不尽相同，在需要使用时请注意查询手册。

14.1.2 在 ABAQUS 中使用用户子程序

ABAQUS 的用户子程序是根据 ABAQUS 提供的相应接口，按照 FORTRAN 语法而自己编写的代码。在一个算例中，用户可以用到多个用户子程序，但必须把它们放在一个以.FOR 为扩展名的文件中。运行带有用户子程序的算例时有两种方法，一是在 CAE 中运行，在 EDIT JOB 菜单的 GENERAL 子菜单的 USER SUBROUTINE FILE 对话框中选择用户子程序所在的文件即可；二是在 ABABQUS COMMAND 中运行，语法如下：

```
ABAQUS JOB=[JOB] USER=[.FOR]。
```

在编写用户子程序时，要注意以下几点。

（1）用户子程序不能嵌套。即任何用户子程序都不能调用任何其他用户子程序，但可以调用用户自己编写的 FORTRAN 子程序和 ABAQUS 应用程序。当用户编写 FORTRAN 子程序时，建议子程序名以 K 开头，以免和 ABAQUS 内部程序冲突。

（2）当用户在用户子程序中利用 OPEN 打开外部文件时，要注意以下两点：一是设备号的选择是有限制的，只能取 15～18 和大于 100 的设备号，其余的都已被 ABAQUS 占用。二是用户需提供外部文件的绝对路径而不是相对路径。

（3）ABAQUS 应用程序必须由用户子程序调用。

当用到某个用户子程序时，要关心的主要有两方面。

一是 ABAQUS 提供的用户子程序的接口参数。有些参数是 ABAQUS 传到用户子程序中的，例如，SUBROUTINE DLOAD 中的 KSTEP，KINC，COORDS；有些是需要用户自己定义的，如 F。

二是 ABAQUS 何时调用该用户子程序。对于不同的用户子程序，ABAQUS 调用的时间是不同的。有些是在每个 STEP 的开始，有的是在 STEP 的结尾，有的是在每个 INCREMENT 的开始等。当 ABAQUS 调用用户子程序时，都会把当前的 STEP 和 INCREMENT 利用用户子程序的两个实参 KSTEP 和 KINC 传给用户子程序，读者可编个小程序把它们输出到外部文件中，这样对 ABAQUS 何时调用该用户子程序就会有更深地了解。

14.1.3 用户子程序详解

下面就选出几个常用的用户子程序和应用程序进行详细解释。

1. SUBROUTINE DLOAD(F,KSTEP,KINC,TIME,NOEL,NPT,LAYER,KSPT,COORDS, JLTYP,SNAME)

1）参数

（1）F 为用户定义的是每个积分点所作用的载荷的大小。

（2）KSTEP,KINC 为 ABAQUS 传到用户子程序当前的 STEP 和 INCREMENT 值。

（3）TIME（1）,TIME（2）为当前 STEP TIME 和 INCREMENT TIME 的值。

（4）NOEL,NPT 为积分点所在单元的编号和积分点的编号。

（5）COORDS 为当前积分点的坐标。

（6）除 F 外，所有参数的值都是 ABAQUS 传到用户子程序中的。

2）功能

（1）载荷可以被定义为积分点坐标、时间、单元编号和单元节点编号的函数。

（2）可以从其他程序的结果文件中进行相关操作来定义积分点 F 的大小。

例 1 在每个积分点施加的载荷不仅是坐标的函数，而且是随 STEP 变化而变化的。

```
SUBROUTINE DLOAD(P,KSTEP,KINC,TIME,NOEL,NPT,LAYER,KSPT,COORDS,
1 JLTYP,SNAME)
C
INCLUDE 'ABA_PARAM.INC'
C
DIMENSION TIME（2）,COORDS（3）
CHARACTER*80 SNAME
PARAMETER (PLOAD=100.E4)
C
IF (KSTEP.EQ.1) THEN ！当 STEP=1 时的载荷大小
P=PLOAD
ELSE IF (KSTEP.EQ.2) THEN ！当 STEP＝2 时的载荷大小
P=COORDS（1）*PLOAD ！施加在积分点的载荷 P 是坐标的函数
ELSE IF (KSTEP.EQ.3) THEN ！当 STEP=3 时的载荷大小
P=COORDS（1）**2*PLOAD
ELSE IF (KSTEP.EQ.4) THEN ！当 STEP=4 时的载荷大小
P=COORDS（1）**3*PLOAD
ELSE IF (KSTEP.EQ.5) THEN ！当 STEP=5 时的载荷大小
P=COORDS（1）**4*PLOAD
END IF
```

```
RETURN
END
```

2．SUBROUTINE URDFIL (LSTOP,LOVRWRT,KSTEP,KINC,DTIME,TIME)

1）参数

（1）LSTOP 是决定 ABAQUS 分析是否继续的开关。如果 LSTOP=1，分析中止；否则，分析继续。

（2）LOVRWRT 是决定能否把上个 INCREMENT 的结果文件覆盖的开关。LOVRWRT=1，覆盖，这样可以大大减少结果文件的大小；否则，不覆盖。

（3）LSTEP 和 LOVRWRT 参数是留给用户自己定义的，KSTEP,KINC,DTIME,TIME 是 ABAQUS 传给用户子程序的参数。

2）功能

（1）读结果文件（.FIL）中的数据。

（2）利用 LSTOP 开关，用户可中止 ABAQUS 计算。

3）URDFIL 要用到以下两个 ABAQUS 应用程序：POSFIL 和 DBFILE

```
CALL POSFIL (NSTEP,NINC,ARRAY,JRCD)
```

（1）参数：

① NSTEP 和 NINC 的值都是由调用它的 URDFIL 用户子程序接口中的参数 KSTEP 和 KINC 传递的。

② ARRAY 是用来存放 RECORD 2000 的值。

③ JRCD 为返回值。如果在结果文件中找到相应的 STEP 和 INCREMENT，返回值为 0；否则为 1。

（2）功能。

读取结果文件中的一条记录。

4）如果读者想要对某个 STEP 中的某个 INCREMENT 的结果数据进行操作，POSFIL 可定位用户想要进行操作的 STEP 和 INCREMENT 数据在结果文件中的位置。

```
CALL DBFILE (LOP,ARRAY,JRCD)
```

（1）参数。

① LOP 是用户自己定义的参数。LOP 设为 0 表示继续读下一条记录；LOP 设为 2 表示文件已读到结尾后，又从头开始读起。

② ARRAY 是用来存放从结果文件中读到的那条记录的数组。要注意的是 ARRAY 数组的大小要能存放一条记录。

③ JRCD 是返回值，如果读到文件结尾，返回值为非 0 的整数。

（2）功能。

读取结果文件中的一条记录。

提 示

如果想要熟练运用 SUBROUTINE URDFIL，那么必须对结果文件（.FIL）的格式有所了解。

要让 ABAQUS 输出结果文件，用户必须在 INPUT 文件或 KEYWORD 中加入*EL FILE 或*EL NODE。有些数据是 ABAQUS 自动写到结果文件中的，如 ABAQUS 的版本号、节点编号和节点坐标；有些是用户用*EL FILE 或着*EL NODE 定义的，如应力、应变、节点位移等。

结果文件存放的是一条条的记录。为了区别不同的记录集，记录中有一项为 RECORD KEY。不同的记录集，RECORD KEY 是不同的。例如，节点坐标的记录集（COORD）的 RECORD KEY 为 8；主应力（EP）的 RECORD KEY 为 403；可根据不同的 RECORD KEY 来分辨不同的记录集。每条记录包括好多个数据。每个记录是以*I 开头，数据中的实数是以 D 开头，输出格式为 E22.15 or D22.15；整数是以 I 开头，接着的数字为这个整数的位数，然后才是整数的值；字符数据以 A 开头。

提 示

可参考 FORTRAN 有关的资料加深理解。

如记录 *I 18I 41900I 15AS4R I 3194I 3198I 3205I 3204 这条记录，第一项 18 表示这条记录一共有 8 个数据，1 为 8 的位数；第二项为 RECORD KEY，其值为 1900，前面的 4 为 1900 的位数；第三项 5 表示是此单元编号；第四项 S4R 表示单元类型；剩余四项表示此单元四个节点的编号。

例 2 此程序是把结果文件中的每个节点的编号、坐标、速度和位移写到文件 F3.DAT。

```
SUBROUTINE URDFIL(LSTOP,LOVRWRT,KSTEP,KINC,DTIME,TIME)
C
INCLUDE 'ABA_PARAM.INC'
C
DIMENSION ARRAY(513),JRRAY(NPRECD,513),TIME（2）,LRUNIT(2,1)
1,COORD（3）
EQUIVALENCE (ARRAY（1）,JRRAY(1,1))
CALL POSFIL(KSTEP,KINC,ARRAY,JRCD) ！ 定位到当前的 STEP 和 INCREMENT
OPEN(UNIT=17,FILE='G:\TEMP\F3.DAT') ！ 打开文件
WRITE(17,*)KINC，KSTEP ！ 把当前的 STEP 和 INCREMENT 输出到文件
DO 1000 K2=1,10
DO 100 K1=1,99999
C
CALL DBFILE(0,ARRAY,JRCD) ！ 读入一条记录
IF(JRCD.NE.0)GO TO 110 ！ 判断结果文件是否结束
KEY=JRRAY(1,2) !把 RECORD KEY 赋值于 KEY
C
IF(KEY.EQ.107) THEN ！ 判断此条记录是否为节点坐标
```

```
KEL=JRRAY(1,3)
COORD（1）=ARRAY（4）
COORD（2）=ARRAY(5)
COORD（3）=ARRAY(6)
WRITE(17,120) KEL,COORD（1）,COORD（2）,COORD（3） ！输出节点编号，坐标
120 FORMAT(5X,'NODE',I5,5X,'COORD',F20.14,5X,F20.14,5X,F20.14,5X)
ELSE IF(KEY.EQ.101)THEN ！判断此条记录是否为位移
KEL=JRRAY(1,3)
COORD（1）=ARRAY（4）
COORD（2）=ARRAY(5)
COORD（3）=ARRAY(6)
WRITE(17,140) KEL,COORD（1）,COORD（2）,COORD（3）！输出节点编号，位移
140 FORMAT(5X,'NODE',I5,5X,'UCOORD',F20.14,5X,F20.14,5X,F20.14,5X)
ELSE IF(KEY.EQ.102)THEN ！判断此条记录是否为速度
WRITE(17,130) ARRAY（3）,ARRAY（4）,ARRAY(5),ARRAY(6),ARRAY(7),
1 ARRAY(8),ARRAY(9) ！输出节点编号，速度
130 FORMAT(5X,'NODE',I5,5X,'VELOVITY',F20.10,5X,F20.10,5X,F20.10,5X
1 ,F20.10,5X,F20.10,5X,F20.10,5X)
END IF
C
100 CONTINUE
1000 CONTINUE
110 CONTINUE
CLOSE(17) !关闭文件
RETURN
END
```

3. UBROUTINE UEXTERNALDB(LOP,LRESTART,TIME,DTIME,KSTEP,KINC)

1）参数

可以利用 LOP 开关来控制自己的代码程序何时被 ABAQUS 调用。

LOP=0（3）表示在计算的开始（结束），ABAQUS 调用此用户子程序。

LOP=1（2）表示在每个 INCREMENT 的开始（结束），ABAQUS 调用此用户子程序。

LOP=4 表示在每个 RESTART 的开始，ABAQUS 调用此用户子程序。这为用户子程序提供了很大的灵活性。

2）功能

（1）可以用来和其他用户子程序及其他软件进行数据通信。

（2）可以用来在适当的时间打开或关闭外部文件。

（3）可以把自己编写的 ABAQUS 扩充功能的程序代码通过此用户子程序嵌入到 ABAQUS 中。

例 3 新建一个与 JOB 名相同但扩展名（.ALE）不同的文件，此用户子程序会用到 GETENVVAR 应用程序来获得 ABAQUS 的环境变量，并且用 DMKNAME 子程序来合

成所需的文件名。

```
SUBROUTINE UEXTERNALDB(LOP,LRSTART,TIME,DTIME,KSTEP,KINC)
INCLUDE 'ABA_PARAM.INC'
CHARACTER XINDIR*255,XFNAME*80
CHARACTER DMKNAME*255,FNAMEX*80
C
LXFNAME=0
LXINDIR=0
XFNAME =' '
XINDIR =' '
CALL GETENVVAR('FNAME',XFNAME,LXFNAME) !读取 input 文件名
CALL GETENVVAR ('OUTDIR',XINDIR,LXINDIR) !读取 input 文件所在的路径
IF(LOP.EQ.0) THEN
FNAMEX=DMKNAME(XFNAME(1:LXFNAME),XINDIR(1:LXINDIR), '.ALE')
！生成所要新建文件的文件名
OPEN(UNIT=17,FILE=FNAMEX,STATUS='UNKNOWN',FORM='FORMATTED')
！打开文件
WRITE(17,*)'Opening new user external file...'
WRITE(17,*)'Writing dummy data to this file...'
END IF
RETURN
END
C
C     COMPOSE A FILENAME DIRECTORY/JOBNAME.EXTEN
CHARACTER*(*) FUNCTION DMKNAME(FNAME,DNAME,EXTEN)
C
CHARACTER*(*) FNAME,DNAME,EXTEN
C     FNAME I JOBNAME
C     DNAME I DIRECTORY
C     EXTEN I EXTENSION
C     DMKNAME O DIRECTORY/JOBNAME.EXTEN
LTOT = LEN(FNAME)
LF = 0
DO K1 = LTOT,2,-1
IF (LF.EQ.0.AND.FNAME(K1:K1).NE.' ') LF = K1
END DO
LTOT = LEN(DNAME)
LD = 0
DO K1 = LTOT,2,-1
IF (LD.EQ.0.AND.DNAME(K1:K1).NE.' ') LD = K1
END DO
LTOT = LEN(EXTEN)
LE = 0
DO K1 = LTOT,2,-1
```

```
IF (LE.EQ.0.AND.EXTEN(K1:K1).NE.' ') LE = K1
END DO
IF ((LF + LD + LE) .LE. LEN(DMKNAME)) THEN
DMKNAME = DNAME(1:LD)//FNAME(1:LF)
LTOT = LD + LF
IF ( LE.GT.0) THEN
DMKNAME = DMKNAME(1:LTOT)//EXTEN(1:LE)
END IF
END IF
C
RETURN
END
```

14.2 ABAQUS 用户子程序

本节将简要介绍 ABAQUS/Standard 和 ABAQUS/Explicit 中提供的用户子程序接口。

14.2.1 ABAQUS/Standard 中的用户子程序

（1）CREEP: Define time-dependent, viscoplastic behavior (creep and swelling).定义和时间相关的、黏塑性的运动（蠕变和膨胀）。

（2）DFLOW: Define nonuniform pore fluid velocity in a consolidation analysis.在压实分析中，定义非均匀孔隙流速度。

（3）DFLUX: Define nonuniform distributed flux in a heat transfer or mass diffusion analysis.在热传递和质量扩散分析中，定义非均匀的分布流量。

（4）DISP: Specify prescribed boundary conditions.指定规定的边界条件。

（5）DLOAD: Specify nonuniform distributed loads.指定非均匀的分布载荷。

（6）FILM: Define nonuniform film coefficient and associated sink temperatures for heattransfer analysis.对热传递分析指定非均匀的膜层散热系数和联合的散热器温度。

（7）FLOW: Define nonuniform seepage coefficient and associated sink pore pressure for consolidation analysis.对压实分析定义非均匀的渗流系数和渗入孔隙压力。

（8）FRIC: Define frictional behavior for contact surfaces.对接触面定义摩擦。

（9）FRIC COEF: Define the isotropic frictional coefficient between contacting surfaces.定义相互接触面的摩擦系数。

（10）GAPCON: Define conductance between contact surfaces or nodes in a fully coupled temperature-displacement analysis or pure heat transfer analysis.在一个完全耦合的温度—置换分析或者是纯热传递分析中，定义接触面或节点间的导热系数。

（11）GAPELECTR: Define electrical conductance between surfaces in a coupled thermal-electrical analysis.在耦合热电分析中，定义表面间的导电系数。

（12）HARDINI: Define initial equivalent plastic strain and initial backstress tensor.定义初始等效应变和初始反应力张量。

（13）HETVAL: Provide internal heat generation in heat transfer analysis.在热传递分析中提供初始热。

（14）MPC: Define multi-point constraints.定义多点约束。

（15）ORIENT: Provide an orientation for defining local material directions or local directions for kinematic coupling constraints or local rigid body directions for inertia relief.

为定义局部材料方向提供定位；运动学耦合约束的局部方向；惯性释放的局部刚体方向。

（16）RSURFU: Define a rigid surface.定义一个刚性面。

（17）SDVINI: Define initial solution-dependent state variable fields.定义初始和结果相关的变量场。

（18）SIGINI: Define an initial stress field.定义初始应力场。

（19）UAMP: Define the current value of an amplitude definition as a function of time.定义随时间变化的幅值函数的初值。

（20）UANISOHYPER INV: Define the strain energy potential of anisotropic hyperelastic materials as a function of an irreducible set of scalar invariants.

定义各向异性超弹性材料的应变能密度（标量不变量的函数）。

（21）UANISOHYPER STRAIN: Define the strain energy potential of anisotropic hyperelastic materials as a function of the components of the Green strain tensor.

定义各向异性超弹性材料的应变能密度（格林张量的函数）。

（22）UCORR: Define cross-correlation properties for random response loading.为随机的相应载荷定义互相关属性。

（23）UEL: Define an element.定义单元。

（24）UEXPAN: Define incremental thermal strains.定义增加的热应变。

（25）UEXTERNALDB: Manage user-defined external databases and calculate model-independent history information.管理用户定义的外部数据和计算与模型无关的历史资料。

（26）UFIELD: Specify predefined field variables.指定预定义的场变量。

（27）UFLUID: Define fluid density and fluid compliance for hydrostatic fluid elements.为静水力学流体单元定义流体密度和流体柔量。

（28）UFLUIDLEAKOFF: Define the fluid leak-off coefficients for pore pressure cohesive elements.定义空隙压力黏性单元的流体泄漏常数。

（29）UGENS: Define the mechanical behavior of a shell section.定义一个壳截面的机械运动。

（30）UHARD: Define the yield surface size and hardening parameters for isotropic plasticity or combined hardening models.在等方性塑性或者组合硬化模型中，定义屈服面尺寸和硬化系数。

（31）UHYPEL: Define a hypoelastic stress-strain relation.定义一个次弹性的应力应变

关系。

（32）UHYPER: Define a hyperelastic material.定义一个超弹性材料。

（33）UINTER: Define surface interaction behavior for contact surfaces.

为接触面定义表面相互作用。

（34）UMASFL: Specify prescribed mass flow rate conditions for a convection/diffusion heat transfer analysis.在对流\扩散热传递分析中，指定规定的质量流动比条件。

（35）UMAT: Define a material’s mechanical behavior.定义材料的机械运动。

（36）UMATHT: Define a material’s thermal behavior.定义材料的热运动。

（37）UMESHMOTION: Specify mesh motion constraints during adaptive meshing.在适应的网格划分中，指定网格运动约束。

（38）UMOTION: Specify motions during cavity radiation heat transfer analysis or steady-state transport analysis.在辐射热传递分析或稳态传输分析中，指定运动。

（39）UMULLINS: Define damage variable for the Mullins effect material model.对马林斯效应材料模型定义损伤变量。

（40）UPOREP: Define initial fluid pore pressure.定义初始孔隙流压力。

（41）UPRESS: Specify prescribed equivalent pressure stress conditions.指定规定的换算压应力条件。

（42）UPSD: Define the frequency dependence for random response loading.对随即响应载荷定义频率相关。

（43）URDFIL: Read the results file.读取结果文件。

（44）USDFLD: Redefine field variables at a material point.再一次定义材料场变量。

（45）UTEMP: Specify prescribed temperatures.指定规定的温度。

（46）UTRACLOAD: Specify nonuniform traction loads.指定非均匀牵引载荷。

（47）UTRS: Define a reduced time shift function for a viscoelastic material.对黏弹性材料定义一个简化的时间转换函数。

（48）UVARM: Define output quantities that are functions of any of the available integration point quantities listed in the Output Variable Identifiers table.指定积分点处的输出量。

（49）UVARM: Generate element output.形成单元输出。

（50）UWAVE: Define wave kinematics for an ABAQUS/Aqua analysis.对 ABAQUS/AQUA 分析定义波浪运动。

（51）VOIDRI: Define initial void ratios.定义初始孔隙比。

14.2.2 ABAQUS/Explicit 中的用户子程序

（1）VDISP: Defined boundary condition.定义边界条件。

（2）VDLOAD: Specify nonuniform distributed loads.指定非均匀的分布载荷。

（3）VFABRIC: Define the mechanical constitutive behavior of a fabric material in the plane of the fabric.定义纤维材料纤维面上的力学本构关系。

（4）VFRIC: Define frictional behavior for contact surfaces.对接触面定义摩擦。

（5）VFRIC COEF: Define the frictional behavior between contact pair surfaces.定义接触面上的摩擦系数。

（6）VFRVTION: Define the isotropic frictional coefficient between contacting surfaces.定义接触面之间的各向同性摩擦系数。

（7）VUAMP: Define the current value of an amplitude definition as a function of time.定义幅值函数（随时间变化）的当前值。

（8）VUANISOHYPER INV: Define the strain energy potential of anisotropic hyperelastic materials as a function of an irreducible set of scalar invariants.定义各向异性超弹性材料的应变能密度（标量不变量的函数）。

（9）VUANISOHYPER STRAIN: Define the strain energy potential of anisotropic hyperelastic materials as a function of the components of the Green strain tensor.定义超弹性材料的应变能密度（格林应变张量的函数）。

（10）VUEL: Define user-defined element.定义用户定义单元。

（11）VUFIELD: Prescribe predefined field variables at the nodes of a model.描述预定义场的节点变量。

（12）VUFIULDEXCH: Define mass flow rate and/or heat energy flow rate for fluid exchange.定义流动速度（用于流体中的物质和能量交换）。

（13）VUFLUIDEXCHEFFAREA: Define an effective area for fluid exchange.定义流体交换的有效面积。

（14）VUHARD: Define user-defined isotropic hardening or cyclic hardening for metal plasticity.定义用户自定义的硬度。

（15）VUINTER: Define the interaction between contact surfaces.在接触面之间定义相互作用。

（16）VUINTERACTION: Define the mechanical and thermal interaction between contact surfaces.定义接触面之间的力学和热学的相互作用。

（17）VUMAT: Define material behavior.定义材料特性。

（18）VUSDFLD: Redefine of field variables at a material point as functions of time or of any of the available material point quantities.重新定义材料节点上的场变量（时间或者其他变量的函数）。

（19）VUTRS: Define a temperature-time shift for a time domain viscoelastic analysis.对于依赖时间变化的黏弹性分析，定义温度-时间关系。

（20）VUVISCOSITY: Define the material definition includes user-defined viscous shear behavior.用于用户自定义的黏弹性剪切行为的定义。

14.3 ABAQUS 中调用用户子程序

本节以最简单的杆件压缩为例，介绍在 ABAQUS 里调用用户子程序进行计算的步骤。

14.3.1 问题的描述

一杆件左端受固定约束，右端受均布压缩，结构示意图如图 14-1 所示，求杆件受载后的 Mises 应力、位移分布。

材料性质：弹性模量 $E = 206\,000$，泊松比 $\nu = 0.3$（使用 Umat 定义）。

均布载荷：$p = 0.6$ MPa 。

图 14-1　悬臂梁受均布载荷图

14.3.2 问题分析和求解

1．启动 ABAQUS

启动 ABAQUS/CAE 后，在出现的 Start Session（开始任务）对话框中选择 Create Model Database。

2．创建部件

在 ABAQUS/CAE 顶部的环境栏中，可以看到模块列表：Module：Part，这表示当前处在 Part（部件）模块，在这个模块中可以定义模型各部分的几何形体。可参照下面步骤创建悬臂梁的几何模型。

（1）创建部件。对于如图 14-1 所示的杆件结构，可以先画出梁结构的二维截面（矩形），再通过拉伸得到。单击左侧工具区中的 （Creat Part）按钮，或者在主菜单里面选择 Part→Create，弹出如图 14-2 所示的 Create Part 对话框。在 Name（部件名字）后面输入 Bar，Modeling Space（模型所在空间）设为 3D，Shape 选择 Solid（实体），Type 采用默认的 Extrusion，

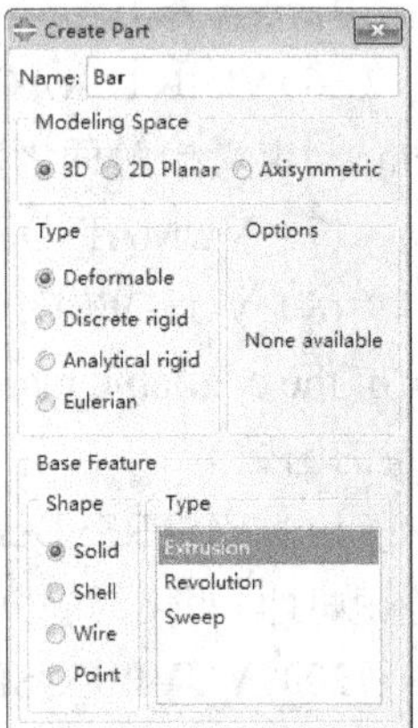

图 14-2　Create Part 对话框

在 Approximate size 里输入 200，单击 Continue…按钮。

注 意

如果无法输入字符，原因可能是当前正处于中文输入法的状态，应切换到英文输入法。

（2）绘制矩形。ABAQUS/CAE 自动进入绘图环境，左侧的工具区显示出绘图工具按钮，视图区内显示栅格，视图区正中两条相互垂直的点划线，即当前二维区域的 *X* 轴和 *Y* 轴，二者相交于坐标原点。

选择绘图工具箱中的按钮，窗口提示区显示 Pick a starting corner for the rectangle—or enter X, Y（选择矩形的一个角点，或输入 *X*、*Y* 的坐标），如图 14-3 所示。在视图区中移动鼠标时，鼠标就会自动对齐栅格点，视图区的左上角会显示当前位置的坐标。

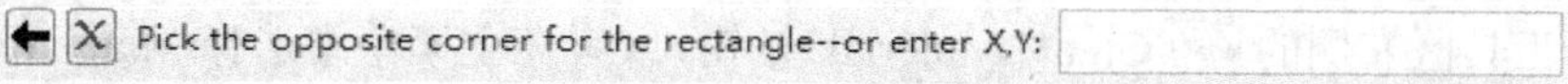

图 14-3　输入点坐标

输入矩形的第一个点的坐标为（0,0），移动光标选择与该点相对的点的坐标为（17.5,22.5），单击鼠标左键，矩形就画出来了。

如果在绘制过程中操作有误，可以单击绘图工具箱的撤销工具来撤销上一步操作，也可以使用删除工具来删除错误的几何图形。

注 意

在确认结束某一步操作的时候，一般总是在视图区中单击鼠标中键，或者单击窗口底部提示区的 Done 按钮（完成），以下不再赘述。

（3）由于在前面操作中，已经选择了 Extrusion 类型，在上一步退出后，ABAQUS 即弹出“编辑基本拉伸”对话框，如图 14-4 所示。在该窗口中，输入拉伸尺寸为 100。然后单击 OK 按钮，视图区就出现了杆件的结构图，如图 14-5 所示。

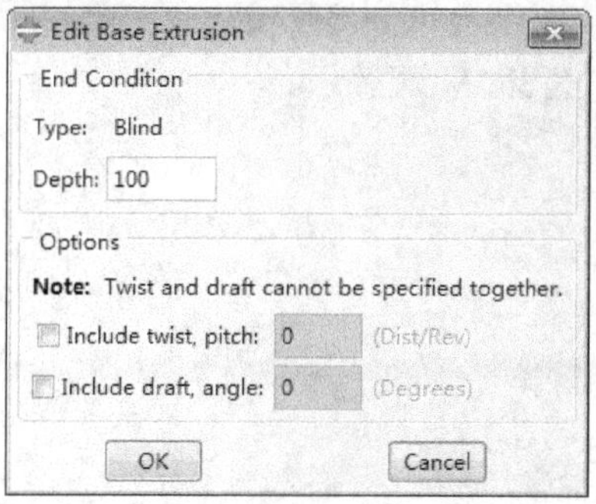

图 14-4　“编辑基本拉伸”对话框

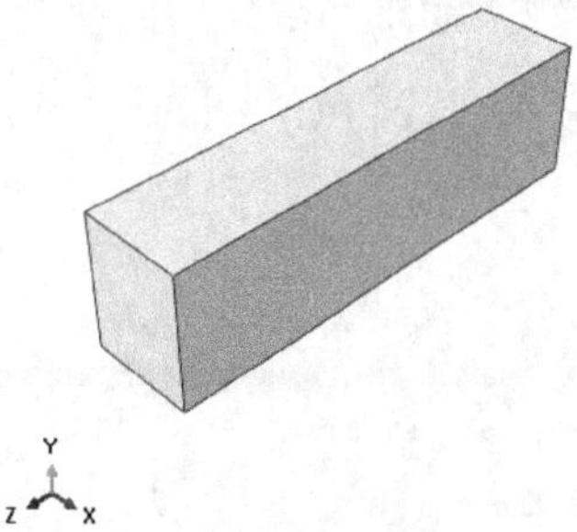

图 14-5　形成的悬臂梁结构图

（4）保存模型。在下一步之前，单击窗口顶部工具栏中的按钮来保存所建立的模型。输入希望保存的文件名，ABAQUS/CAE 会自动加上后缀.cae。用户还可以在主菜单中选择 File→Save，对所建模型进行保存操作，此处把该部件取名为 Bar。

说 明

ABAQUS/CAE 不会自动保存模型的数据，用户每隔一段时间自己保存模型。如果由于意外造成的系统死机或者无法自动退出 ABAQUS/CAE，下次启动时就会显示自动恢复的对话框，选择 Yes 就可以自动恢复尚未保存的数据，但是有时会因为恢复文件中存在错误，出现自动恢复失败。

3．创建材料和截面属性

在窗口左上角 Module（模块）列表中选择 Property（特性）功能模块，按照以下步骤来定义材料。

1）创建材料

单击工具区左侧的（Create Material）按钮，或者在主菜单中选择 Material→Create，弹出 Edit Material 对话框（也可以双击左侧模型树中的 Material 来完成此操作），如图 14-6 所示。

单击此对话框中的 General→User Material（用户材料）。在数据表中设置 Young's Modulus（弹性模量）为 206000，Poisson's Ratio（泊松比）为 0.3，如图 14-6 所示。选择 General→Depvar，在弹出的如图 14-7 所示的对话框中，设置 Number of solution-dependent state variables：1。然后单击 OK 按钮，结束操作。

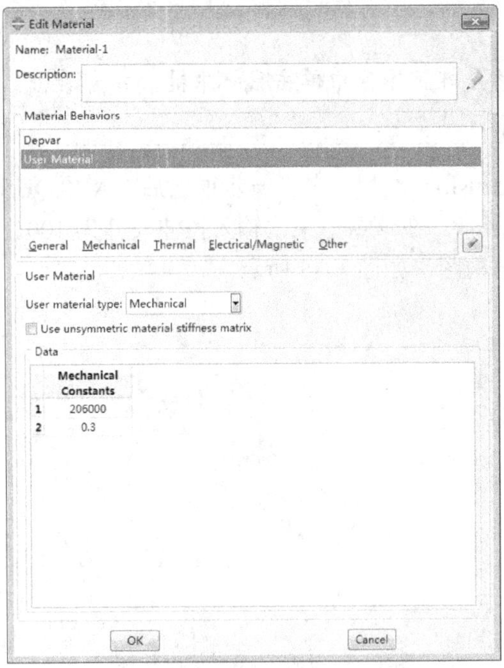

图 14-6　Edit Material 对话框

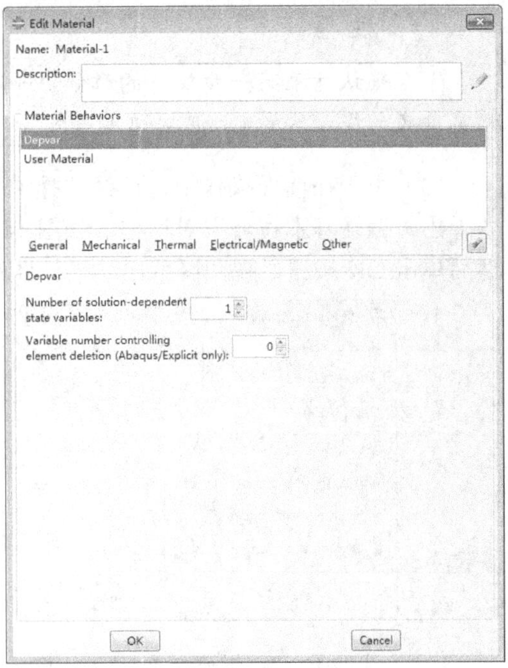

图 14-7　输入 Depvar 的值

2）创建截面属性

单击左侧工具区的（Create Section）按钮，或者在主菜单中选择 Section→Create，弹出 Create Section 对话框（也可以双击左侧模型树中的 Section 来完成此操作），保持其他默认参数不变，单击 Continue...按钮。

在弹出的 Edit Section 对话框（见图 14-8）中，默认的参数为 Material: Material-1；Type：Solid, Homogeneous; Plane stress/strain thickness：1，然后单击 OK 按钮。

3）给部件赋予截面属性

单击左侧工具区的 (Assign Section）按钮，或者在主菜单中选择 Assign→Section，单击视图区中的悬臂梁模型，ABAQUS/CAE 以红色亮度显示被选中，在视图区中单击鼠标中键，弹出 Edit Section Assignment 对话框，如图 14-9 所示，然后单击 OK 按钮。

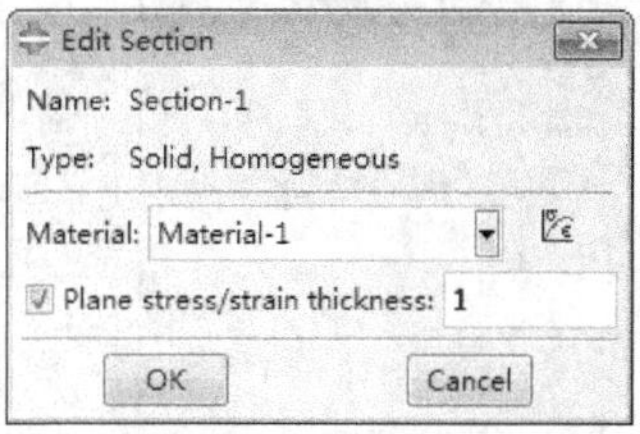

图 14-8 Edit Section 对话框

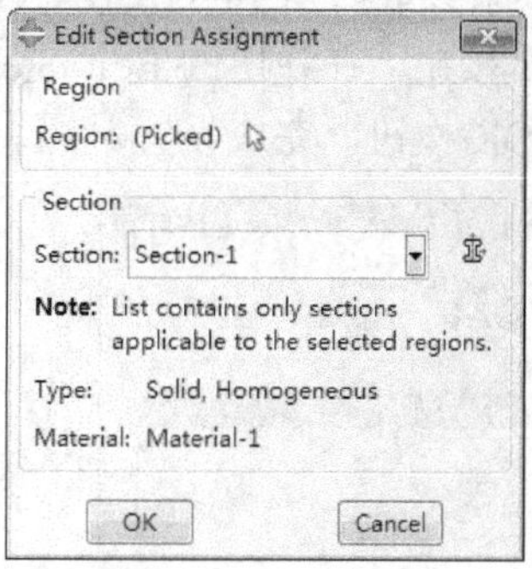

图 14-9 Edit Section Assignment 对话框

说 明

ABAQUS/CAE 不把材料属性直接赋予单元或者几何实体，而是首先在截面属性（Section）中定义材料特性，再为每个部件赋予相应的截面属性。

注 意

ABAQUS/CAE 推荐的建模方法是把整个数值模型（如材料、载荷、边界条件等）都直接定义在几何模型上，而不是像其他前处理器一样定义在单元或者节点上，这样在修改网格时不必重新定义材料和边界条件等模型参数。这样在处理复杂问题时，可以首先简单地划分粗网格，得到初步的模拟结果，然后再适当的区域细化网格。

4．定义装配件

整个分析模型是一个装配件，前面的 Part 功能模型中创建的各个部件将在 Assembly 功能模块中装配起来，具体的操作步骤如下。

（1）在窗口左上角的 Module 列表中选择 Assembly（装配）功能模块。单击左侧工具区的 （Instance Part）按钮，或者在主菜单中选择 Instance→Create（也可以直接单击左侧模型树中的 Assembly 左侧的+号，然后双击其下一层的 Instance 来完成此项操作）。

（2）在弹出的 Create Instance 对话框中，如图 14-10 所示，前面创建的部件自动被选中，默认参数为 Instance Type：Dependent（mesh on part），然后单击 OK 按钮。

5．设置分析步

ABAQUS/CAE 会自动创建一个初始分析步(Initial step)，可以在其中施加边界条件，用户必须自己创建后续分析步（analysis step），用来施加载荷，具体操作步骤如下。

（1）在窗口左上角的 Module 列表中选择 Step（分析步）功能模块。单击左侧工具区的 （Create Step）按钮，或者在主菜单中选择 Step→Create（也可以直接单击左侧模型树中的 Steps 来完成此项操作）。

（2）在弹出的 Create Step 对话框中，在 Name 后面分析步的名称，此处继续使用默认值 Step-1。其余参数如图 14-11 所示（Procedure type：General； 选中 Static General）。单击 Continue...按钮，在弹出的 Edit Step 对话框（见图 14-12）中，参数都保持为默认值。然后单击 OK 按钮，完成设置。

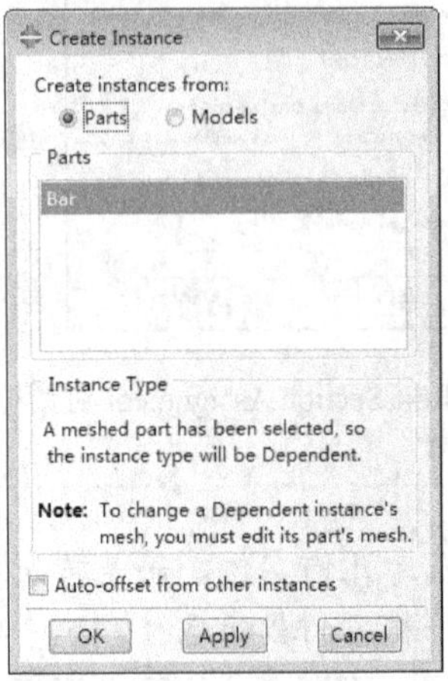

图 14-10　Create Instance 对话框

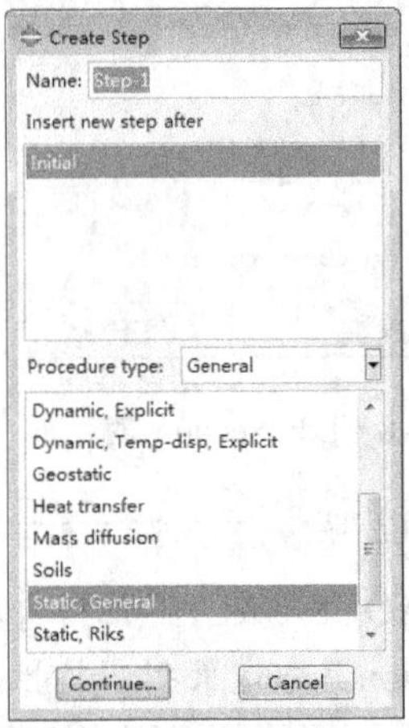

图 14-11　Create Step 对话框

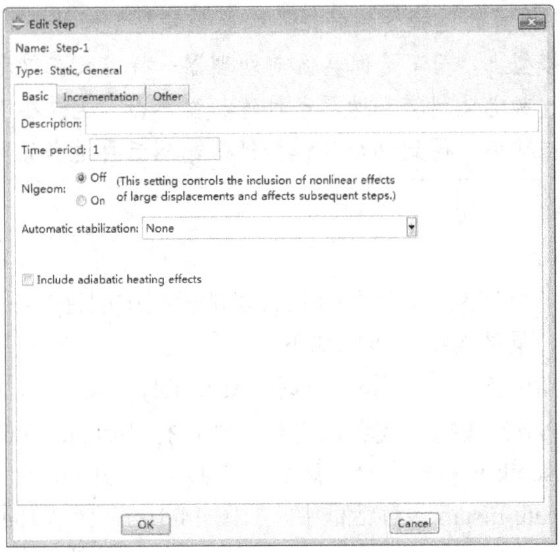

图 14-12　Edit Step 对话框

6. 定义边界条件和载荷

在窗口左上角的 Module 列表中选择 Load（载荷）功能模块，定义边界条件和载荷。

1）施加载荷

单击左侧工具区的 （Create Load）按钮，或在主菜单中选择 Load→Create（也可以直接单击左侧模型树中的 Loads 来完成此项操作）。在弹出的 Create Load 对话框中（见图 14-13），将 Types for Selected Step（所选分析步的载荷类型）设为 Pressure（单位面积上的压力），Step：Setp-1，然后单击 Continue…按钮。

此时窗口底部的提示区信息变为 Select surfaces for the load，单击杆件的右端，ABAQUS/CAE 以红色高亮度显示被选中的表面，在视图区中单击鼠标中键。在弹出的 Edit Load 对话框中（见图 14-14），在 Magnitude 后面输入 1e6，然后单击 OK 按钮。

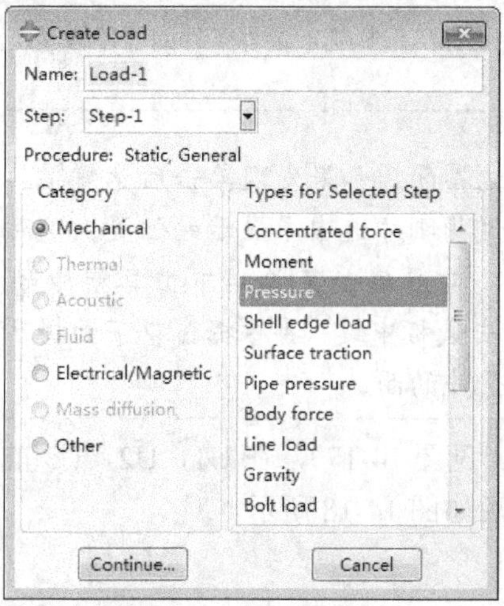

图 14-13　Create Load 对话框

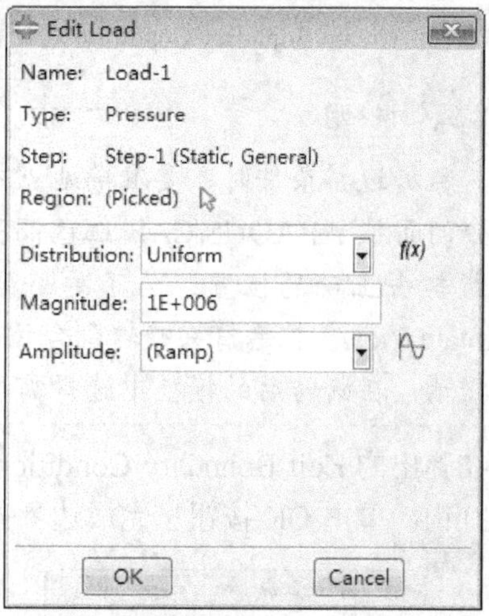

图 14-14　Edit Load 对话框中设置载荷

说 明

载荷类型 Pressure 的含义是单位面积上的力，正值表示压力，负值表示拉力。

2）定义杆件左侧的固支约束

单击工具区左侧的 （Create Boundary Condition）按钮，或者在主菜单中选择 BC→Create（也可以直接单击左侧模型数据树中的 BCs 来完成此操作）。在弹出的 Create Boundary Condition 对话框中（见图 14-15），将 Step 设为 Initial，Types for Selected Step：Displacement/Rotation，单击 Continue…按钮。

此时窗口底部的提示区信息变为 Select regions for the boundary condition，选择悬臂梁左侧的面，ABAQUS/CAE 以红色高亮度的显示选中的平面，如图 14-16 所示，在视图区中单击鼠标中键。

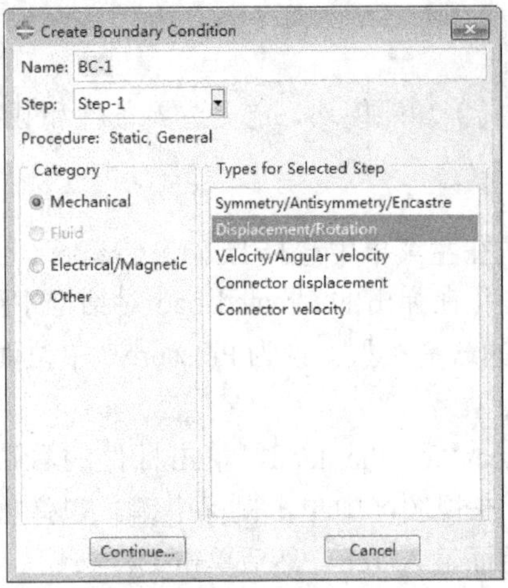

图 14-15　Create Boundary Condition 对话框

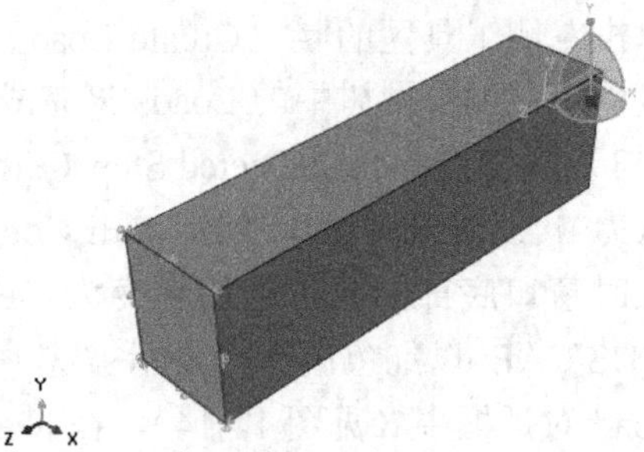

图 14-16　选择施加边界条件的杆件模型

说 明

施加边界条件时，要准确地点中要选择的边界面。如果发现单击后悬臂梁其他部分的面被 ABAQUS/CAE 红色高亮度显示，说明刚才选中了显示的位置。这时应重新单击正确的位置。为了更好的选中位置，可以借助菜单栏下工具栏中的 (Rotate View) 把悬臂梁旋转到合适的位置，单击鼠标中键。再根据窗口下面提示区的提示，在旋转后的模型中选择需要施加边界条件的面。

在弹出的 Edit Boundary Condition 对话框中（见图 14-17），在 U1，U2，U3 前的方框中打钩，单击 OK 按钮。完成边界条件的施加后如图 14-18 所示。

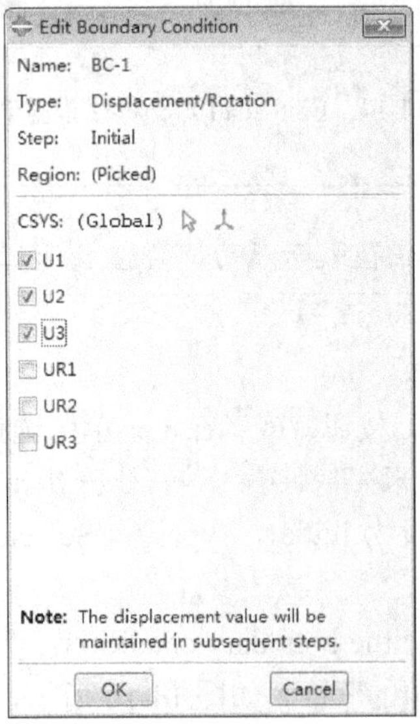

图 14-17　Edit Boundary Condition 对话框

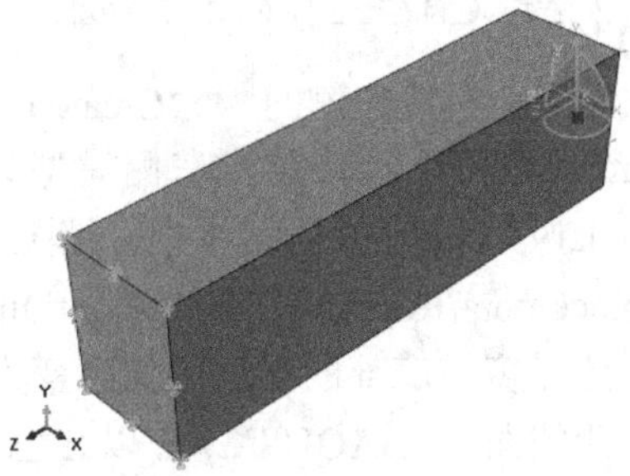

图 14-18　创建边界条件后的杆件模型

7. 划分网格

在窗口左上角的 Module 列表中选择 Mesh（网格）功能模块，在窗口顶部的环境栏中把 Object 选项设为 Part：Bar，如图 14-19 所示，即部件 Bar 划分网格，而不是为整个装配件划分网格。

> **说 明**
>
> 如果没有选择对部件划分网格，而是按照默认选项来对整个装配件划分网格，在接下来的操作就就会出现错误信息。

图 14-19　把划分网格的对象设置为 Part：Bar

（1）设置网格控制参数。在主菜单中选择 Mesh→Controls，或单击左侧工具区的（Assign Mesh Controls）按钮，弹出 Mesh Controls（网格控制参数）对话框，将 Element Shape（单元形状）设置为 Hex，Technique 设置为 Structured，如图 14-20 所示，单击 OK 按钮。

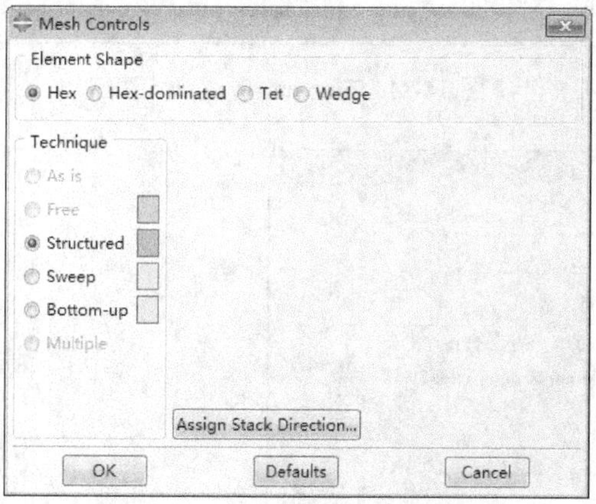

图 14-20　Mesh Controls 对话框

（2）设置单元类型。单击左侧工具区的（Assign Element Type）按钮，或者在主菜单中选择 Mesh→Element Type，弹出 Element Type 对话框，如图 14-21 所示。单击 Hex 标签项，选择 Incompatible modes，对话框中就出现了 C3D8 单元类型的信息提示。其余参数采用默认值，单击 OK 按钮。

（3）设置种子。在左侧工具区用鼠标单击（Seed Part）按钮，或者直接在主菜单中选择 Seed→Part…，就会出现 Global Seeds 对话框，选择单元大小默认值：10，如图 14-22 所示，单击 OK 按钮。

（4）划分网格。单击左侧工具区的（Mesh Part）按钮，或者在主菜单中选择 Mesh→Part，窗口底部的提示区显示 OK to mesh the part?（为部件划分网格？），在视图区中单击鼠标中键，或直接单击提示区中的 Yes，得到如图 14-23 所示的网格。

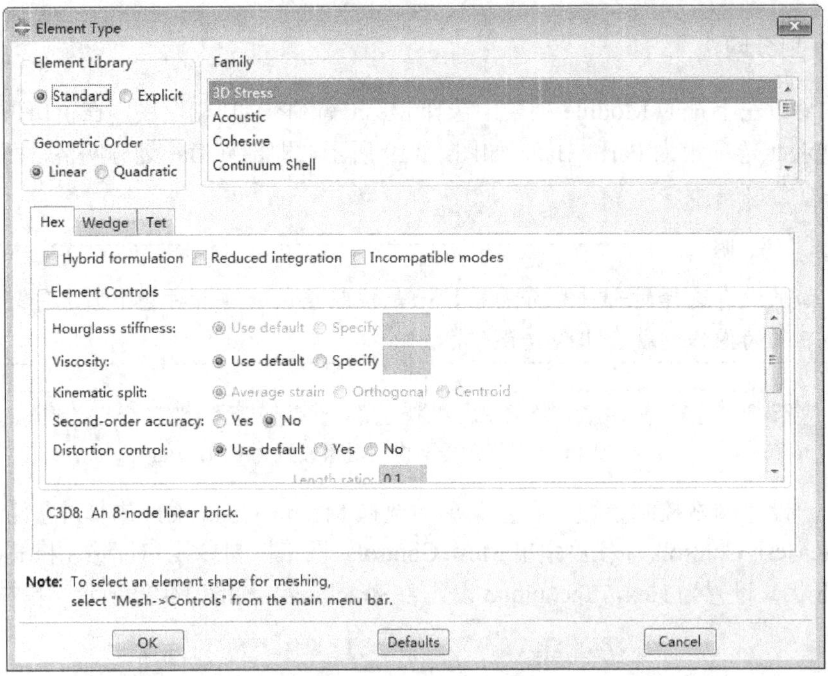

图 14-21 Element Type 对话框

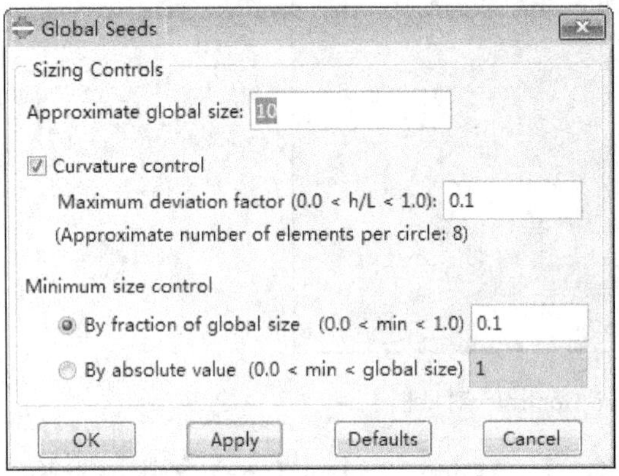

图 14-22 Global Seeds 对话框

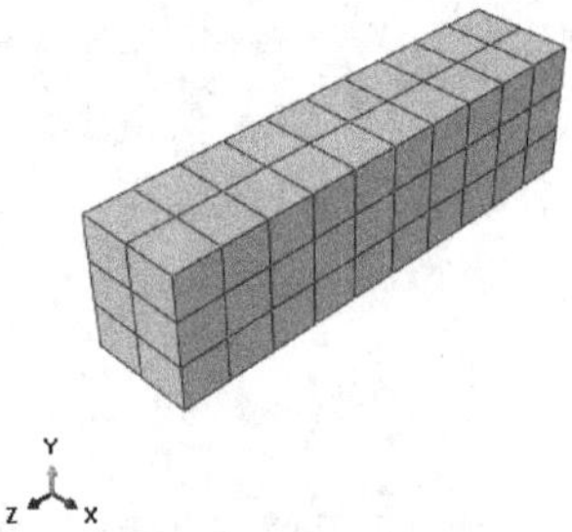

图 14-23 生成的网格

说 明

本例题的目的是通过一个简单的模型，让读者初步了解 ABAQUS/CAE 中调用用户子程序的建模方法，因此使用了比较简单的网格划分方法，得到的网格较粗糙，计算得出的悬臂梁固定端处的应力结果将不会太精确。如果希望更准确的分析此杆件受均布载荷的问题，可以进一步细化网格。

8. 提交分析作业

在窗口的左上角的 Module 列表中选择 Job（分析作业）功能模块。

1）创建分析作业

单击左侧工具区的（Job Manager）按钮，或者在主菜单中选择 Job→Manager，弹出 Job Manager 对话框，如图 14-24 所示，单击 Create…按钮（创建新的作业），在 Name 后面输入 User，单击 Edit…按钮，弹出 Edit Job 对话框，如图 14-25 所示，选择 General 标签栏，在标签栏的 User subroutine file 栏中单击 Select 按钮，在弹出的对话框（见图 14-26）中选择 for 文件，其他各参数保持默认值，单击 OK 按钮。

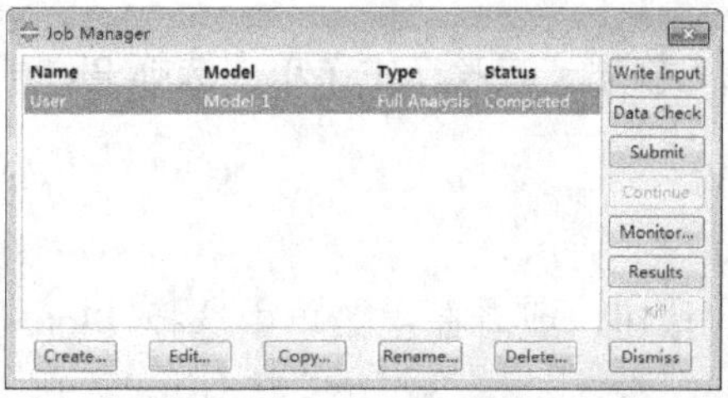

图 14-24　Job Manager 对话框

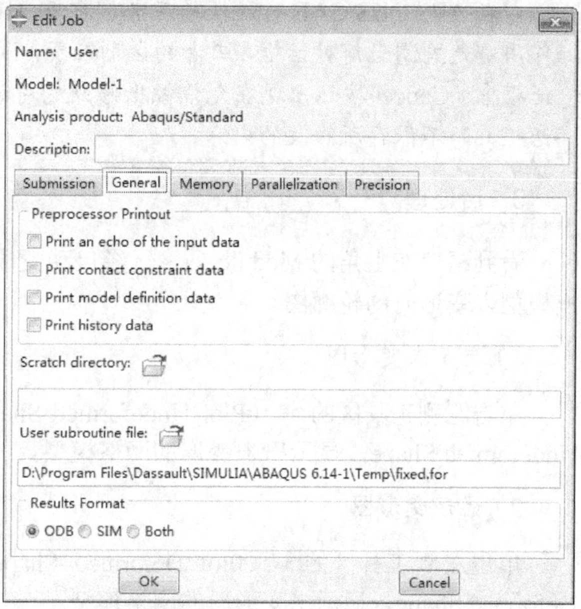

图 14-25　Edit Job 对话框

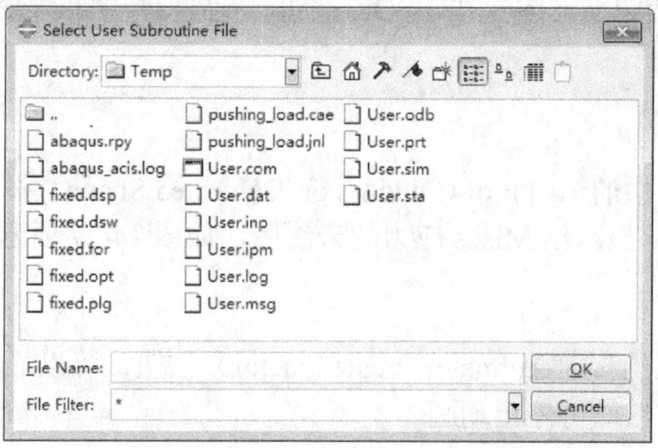

图 14-26　Select User Subroutine File 对话框

2）提交分析

在 Job Manager 对话框中单击 Submit（提交分析）。看到对话框中的 Status（状态）提示依次变为 Submitted，Running 和 Completed，这表明对模型的分析已经完成。单击此对话框中的 Results（分析结果）按钮，自动进入 Visualization 模块。

提 示

如果Status提示变为Aborted（分析失败），说明模型存在问题，分析已经终止。可以单击对话框中的Monitor（监视器）按钮来检查错误信息，然后检查前面各个建模步骤是否都已经准确完成，更正错误后，再重新提交分析。

说 明

在ABAQUS/CAE对话框的底部常常可以看到两个按钮：Dismiss和Cancel，其作用都是关闭当前对话框，二者的区别在于：Dismiss按钮出现在包含只读数据的对话框中；Cancel按钮出现在允许做出修改的对话框中，单击Cancel按钮可以关闭对话框，而不保存所修改的内容。

9．后处理

看到窗口左上角的Module列表已经自动变成Visualization功能模块，在视图区显示出模型未变形时的轮廓图。

1）显示未变形图

单击左侧工具区的（Plot Undeformed Shape）按钮，或者在主菜单中选择Plot→Undeformed Shape，显示出未变形的网格模型。

2）显示变形图

单击左侧工具区的（Plot Deformed Shape）按钮，或者在主菜单中选择Plot→Deformed Shape，显示出变形后的网格模型。

单击窗口右下角的Deformed Shape Options，在弹出的对话框中，选择Superimpose undeformed plot（覆盖未变形图），单击OK按钮，看到变形图和未变形图的模型一起显示出来。

3）显示云纹图

单击左侧工具区中的（Plot Contours on Deformed Shape）按钮，或者在主菜单中选择Plot→Contours，显示出Mises应力的云纹图，如图14-27所示。

4）显示动画

单击左侧工具区的（Animate：Scale Factor）按钮，可以显示缩放系数变化时的动画，再次单击此按钮即可停止动画。

5）显示节点的Mises应力值

单击窗口顶部工具栏中的（Query Information）按钮，或者在主菜单中选择Tools→Query（查询），在弹出的Query对话框中选择Probe values（查询值），然后单击OK按钮。

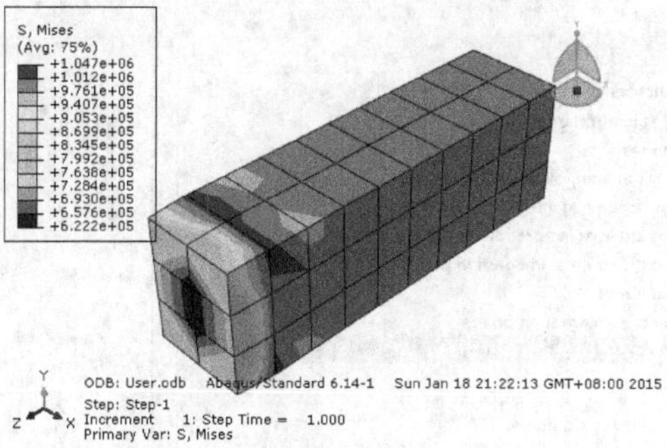

图 14-27　变形后的 Mises 应力分布

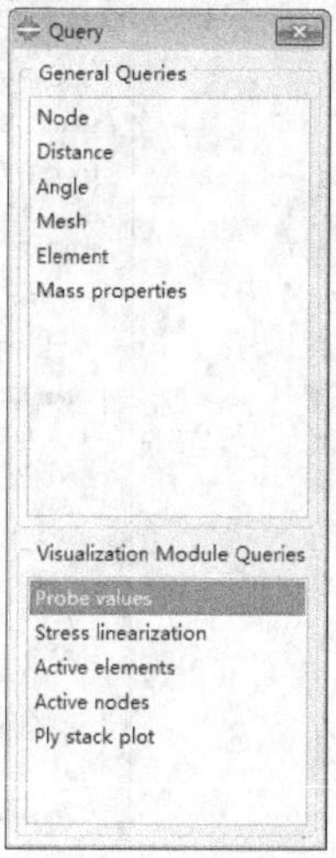

图 14-28　查询分析结果

在弹出的 Probe Values 对话框（见图 14-29）中，将 Probe（查询对象）设为 Nodes，选中 S, Mises，然后将鼠标移至杆件的任意位置处，此节点的的 Mises 应力就会在 Probe Values 对话框中显示出来，如图 14-29 所示。

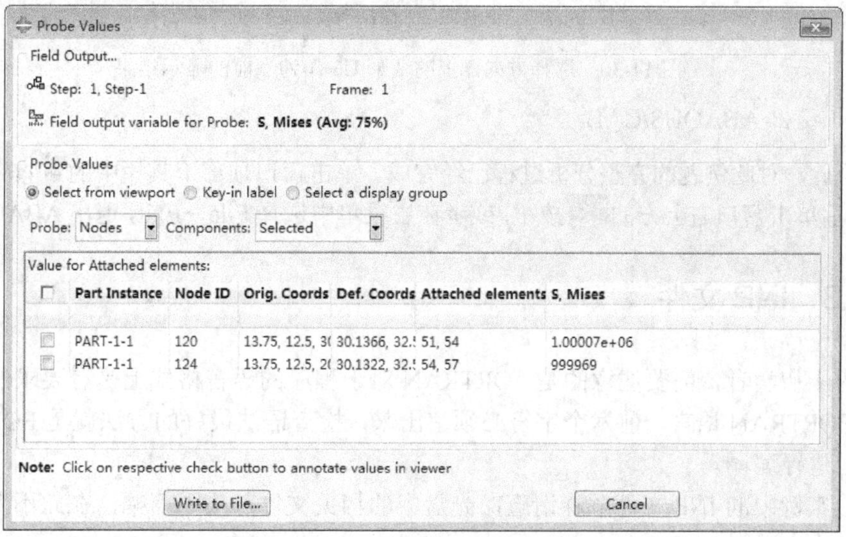

图 14-29　显示某节点处的 Mises 应力

6）查询节点的位移

在菜单栏 Result 中单击 Field Output…，弹出 Field Output 对话框，如图 14-30 所示，当前的默认输出变量是 Name：S（名称：应力），Invariant：Mises（变量：Mises 应力）。将输出变量改为 Name：U（名称：位移），Component：U3（变量：在方向 3 上的位移），单击 OK 按钮，此时云纹图变成对 U3 的结果显示。

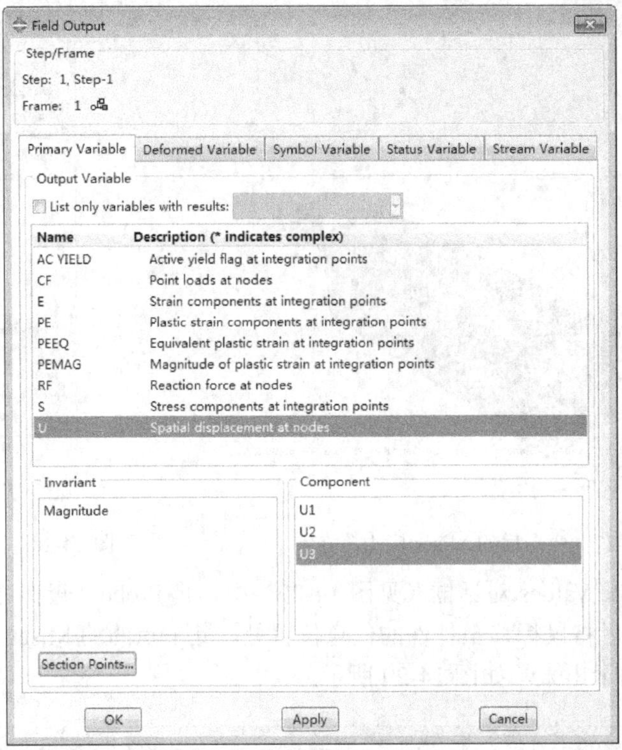

图 14-30　选择方向 3 上的变形 U3 作为当前的显示结果

7）退出 ABAQUS/CAE

至此，对此例题的完整分析过程已经完成。单击窗口顶部工具栏中的按钮来保存模型，然后单击窗口右上方的按钮，或者在主菜单中选择 File→Exit，退出 ABAQUS/CAE。

14.3.3　INP 文件

对于初学者，需要注意的是 FORTRAN 对于程序的语言格式上是有要求的。例如，对于 FORTRAN 语言，前六个字符必须空出来，检查语法最好的方法就是 FORTRAN 编译器上进行编译。

该案例中的 INP 文件解释请查阅光盘中的相关文件，限于篇幅，在此不做详解。

14.3.4　UMAT 子程序

```
      SUBROUTINE UMAT(STRESS,STATEV,DDSDDE,SSE,SPD,SCD,RPL,DDSDDT,
     1 DRPLDE,DRPLDT,STRAN,DSTRAN,TIME,DTIME,TEMP,DTEMP,PREDEF,DPRED,
     2 CMNAME,NDI,NSHR,NTENS,NSTATV,PROPS,NPROPS,COORDS,DROT,
     3 PNEWDT,CELENT,DFGRDO,DFGRDI,NOEL,NPT,LAYER,KSPT,KSTEP,KINC)

      include 'aba_param.inc'
```

```
      CHARACTER*8 CMNAME
      DIMENSION STRESS(NTENS),STATEV(NSTATV),DDSDDE(NTENS,NTENS),
 1 DDSDDT(NTENS),DRPLDE(NTENS),STRAN(NTENS),DSTRAN(NTENS),
 2 TIME（2）,PREDEF（1）,DPRED（1）,PROPS(NPROPS),COORDS（3）,DROT(3,3),
 3 DFGRD0(3,3),DFGRDl(3,3)
 C UMAT FOR ISOTROPIC ELASTICITY
 C CANNOT BE USED FOR PLANE STRESS
 C -    ------- -
 C PROPS（1）- E
 C PROPS（2）- NU
 CC
      IF (NDI.NE.3) THEN
      WRITE (6,*) 'THIS UMAT MAY ONLY BE USED FOR ELEMENTS
 1 WITH THREE DIRECT STRESS COMPONENTS'
      CALL XIT
      ENDIF
 C
 C ELASTIC PROPERTIES
      EMOD=PROPS（1）
      ENU=PROPS（2）
      EBULK3=EMOD/(1-2*ENU)
      EG2=EMOD/(1+ENU)
      EG=EG2/2
      EG3=3*EG
      ELAM=(EBULK3-EG2)/3
 C
 C ELASTIC STIFFNESS
 C
      DO K1=1, NDI
      DO K2=1, NDI
      DDSDDE(K2, K1)=ELAM
      END DO
      DDSDDE(K1, K1)=EG2+ELAM
      END DO
      DO K1=NDI+1, NTENS
      DDSDDE(K1 ,K1)=EG
      END DO
 C
 C CALCULATE STRESS
 C
      DO K1=1, NTENS
      DO K2=1, NTENS
      STRESS(K2)=STRESS(K2)+DDSDDE(K2, K1)*DSTRAN(K1)
      END DO
```

```
      END DO
C
      RETURN
      END
```

14.4 单向压缩试验有限元模拟

前面章节中已经分析了单向压缩试验的过程模拟，本节将利用文献中提到了新型材料的信息，来进一步分析该问题。

14.4.1 问题的描述

如图 14-31 所示，圆柱形试样高 50 mm，直径为 30 mm，压缩后高度变为 30 mm，试样的上、下底面保持润滑良好。压头可看做刚体。单向压缩试验得到试样的数据如表 14-1 所示，作为本模型中的材料数据。

表 14-1 试样的材料定义

性　质	弹性模量 /MPa	泊 松 比	Johnson-Cook 模型参数				
			A /MPa	*B* /MPa	*n*	*C*	*M*
数　值	68.0×10^3	0.3	66	108	0.23	0.029	0.5

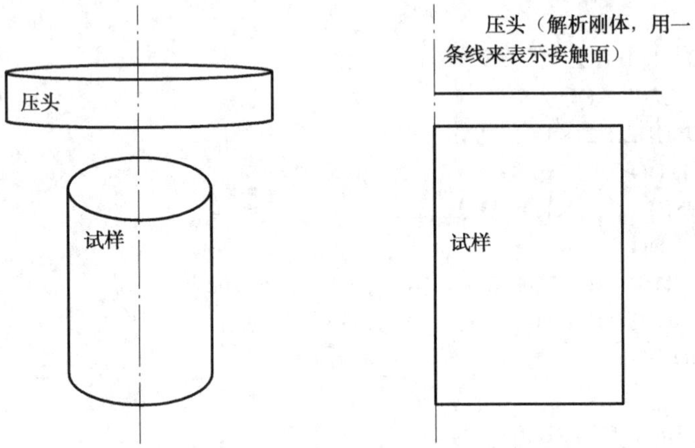

（a）模型示意图　　（b）轴对称模型

图 14-31 单向压缩过程的分析模型

下面将进行试样压缩过程的模拟。

14.4.2 问题分析和求解

（1）该问题研究的是结构的静态响应，所以分析类型设置为 Static、General（使用 ABAQUS/Standard 作为求解器）。

（2）根据结构和载荷的特点，将按照轴对称问题来建模。

（3）这是一个大位移问题，应把 Step 功能模块中把参数 Nlgeom（几何非线性）设为 On。

（4）试样的单元类型选择 CAX4I 单元（4 节点四边形双线性非协调轴对称单元），压头使用解析刚体来建模。

（5）接触属性为默认的“硬接触”。摩擦系数为 0。这样整个试样会被均匀压缩，不出现鼓形，试样上各点的应力和应变值都会是相同的，有利于更方便地验证分析结果。分析过程中会出现很大的滑动。因此选用有限滑移。

（6）在 Property 模块和 Job 模块中进行设置，导入新材料属性。

1．创建部件

1）创建试样

启动 ABAQUS/CAE，单击 Create Model Database。

进入 Part 功能模块，单击按钮，在 Name 后面输入 Specimen，将 Modeling Space 设为 Axisymmetric（轴对称），保持默认的参数 Type：Deformable（柔性体）；Base Feature：Shell，然后单击 Continue…按钮，完成该部分操作。

单击左侧工具区中的按钮来绘制顶点坐标为（0,50）和（15,0）的矩形。ABAQUS 已经自动生成了一条经过原点的竖直辅助线，它将作为轴对称部件的旋转轴。在视图区中连续单击鼠标中键完成操作。

2）创建压头

再次单击按钮，在 Name 后面输入 Head，参数 Modeling Space 仍为 Axisymmetric，将 Type 改为 Analytical rigid（解析刚体），单击 Continue…按钮。单击左侧工具区中的按钮来绘制一条顶点为（0,55）和（30,55）的直线，来代表压头的底面。在视图区中连续单击鼠标中键来完成操作。

注 意

如果将压头绘制为矩形，其接触部位的尖角会造成错误的分析结果。此外，代表压头底面的直线必须绘制得足够长，因为在压缩过程中截面的尺寸会增大。

提 示

如果增大后的试样直径超出了压头底面的直径，也就是说（试样）落在了主面（压头）之外，这会造成接触分析的收敛问题，在 MSG 文件中会显示如下错误信息：CONTACT PAIR（ASSEMBLY _SURF-SPECIIIEN，ASSEMBLY_HEAD-1 SURF-HEAD）NODE SPECIMEN-1.148 IS OVER-CLOSED BY 1.60194 WHICH IS TOO SEVERE。

3）指定刚体部件的参考点

在主菜单中选择 Tools→Rerference Point，单击压头的中点，参考点在视图区中显示为一个黄色的叉子，旁边标以 RP，如图 14-32 所示。

2．创建材料和截面属性

（1）创建材料。进入 Property 功能模块，单击按钮，在弹出的 Edit Material 对话框中，选择对话框中的 Mechanical→User Material，将表 14-1 所示的材料信息输入数据表中，如图 14-33 所示。

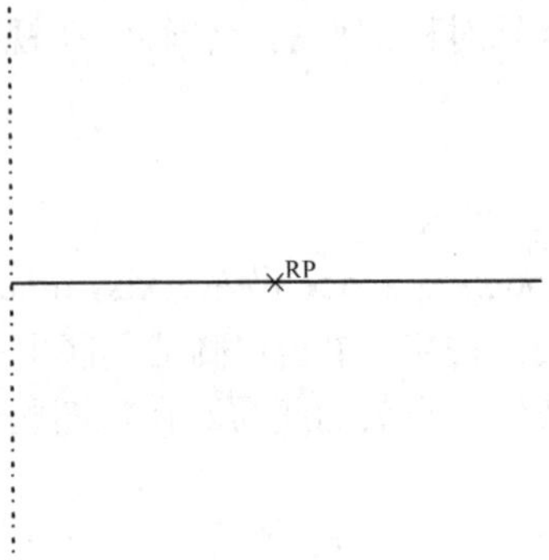

图 14-32 定义刚性部件的参考点

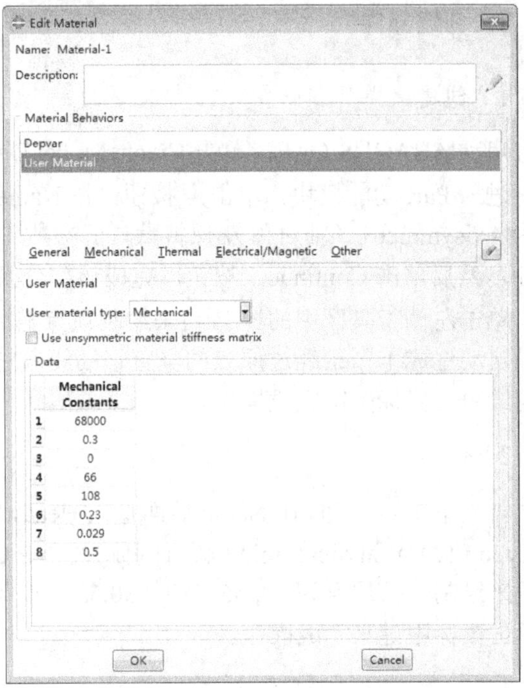

图 14-33 输入材料的塑性数据

选择 General→Depvar，设置 Number of solution-dependent state variables：1，单击 OK 按钮，结束操作。然后单击 OK 按钮，完成操作。

（2）创建截面属性。单击按钮，单击 Continue...按钮，然后单击 OK 按钮，完成创建截面属性的操作。

（3）赋予截面属性。单击按钮，为柔体部件 Specimen 赋予截面属性。

3. 定义装配件

进入 Assembly 功能模块，单击按钮，在弹出的 Create Instance 对话框中拖动鼠标来选中全部部件，然后单击 OK 按钮。由于试样和压头的位置都已经是正确的，不需要再重新定位。

4. 划分网格

（1）进入 Mesh 功能模块。在窗口顶部的环境栏中把 Object 选项设为 Part: Specimen。单击按钮，把 Approximate global size 设为 1.5。

（2）单击按钮，在弹出的如图 14-34 所示对话框中，选择 Incompatible modes（非协调模式），即单元类型为 CAX4I（四节点四边形双线性非协调轴对称单元）。

（3）单击按钮得到如图 14-35 所示的网格。

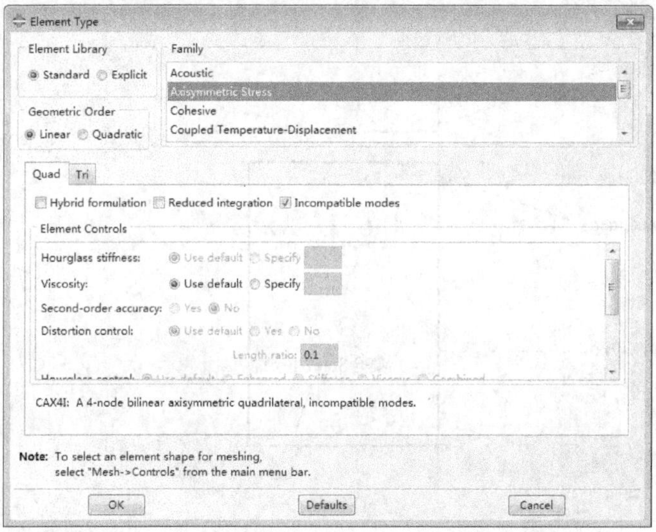

图 14-34　Element Type 对话框

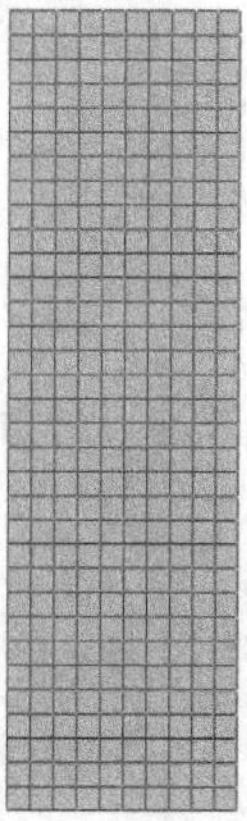

图 14-35 网格划分

5. 设置分析步

本模型中将包含以下分析步。

（1）第一个分析步 InContact：设定压头在 *Y* 方向的位移为-5.001mm，建立平稳地接触关系。

（2）第二个分析步 Press：设定压头在 *Y* 方向的位移为-25mm（试样被压缩了 20mm）。此分析步分为 20 个时间增量步，每个增量步长为 1/20=0.05。

进入 Step 功能模块，然后按照以下操作来创建分析步。

（1）创建第一个分析步 InContact：单击按钮，在 Name 后面输入 InContact，单击 Continue…按钮，在弹出的 Edit Step 对话框中，把 Nlgeom（几何非线性）设为 On，再单击 OK 按钮，完成该操作。

（2）创建第二个分析步 Press 再次单击按钮，在 Name 后面输入 Press，在 Edit Step 对话框中单击 Incrementation 标签，把 Initial（初始增量步大小）和 Maximum（最大增量步大小）都改为 0.05，然后单击 OK 按钮。

6．定义接触

1）定义各个接触面（见图 14-36）

进入 Interaction 功能模块，在主菜单中选择 Tools→Surface→Manager，单击 Create…按钮，在 Name 后面输入 Surf-Specimen，单击 Continue…按钮。

单击试样的顶面，然后在视图区中单击鼠标中键来确认退出。

用类似的方法来定义压头与试样相接触的面 Surf-Head，由于压头是解析刚体部件，窗口底部提示区中会显示 Choose a side for the edges: Magenta，Yellow，这时应根据视图区中所显示的颜色来选择刚体的外侧。

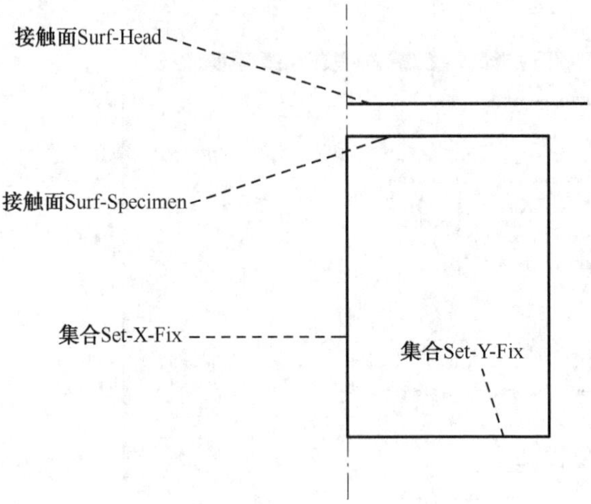

图 14-36　各个面和集合的定义

2）定义无摩擦的接触属性

单击（Create Interaction Property）按钮，单击 Continue…按钮，再单击 OK 按钮，完成操作。

3）定义试样和压头之间的接触

在主菜单中选择 Interaction→Manager，单击 Create…按钮，设置 Step 为 initial，然后单击 Continue…按钮。选择 Surf-Head 作为主面，Surf-Specimen 作为从面，在弹出的 Edit Interaction 对话框中，保持各项默认参数不变（Sliding formulation: Finite sliding），单击 OK 按钮，完成操作。

7．定义边界条件

由于试样是轴对称柔性体，需要施加的边界条件是，固定对称轴上的径向位移 U1

和底边的轴向位移U2。压头是轴对称刚体，需要施加在压头参考点上的边界条件如下。

（1）第一个分析步InContact：使压头向下移动5.001mm（U1=0，U2=-5.001，UR3=0）。

（2）第二个分析步Press：使压头向下移动25mm（U1=0，U2=-25，UR3=0）。

定义边界条件的具体操作如下。

（1）创建各个集合进入Load功能模块，在主菜单中选择Tools→Set→Manager，单击Create...按钮，依次定义以下集合（见图14-36）。

✧ 集合Set-Y-Fix：基座的底边。

✧ 集合Set-X-Fix试样位于对称轴上的边。

✧ 集合Set-Head-Ref：压头的参考点。

（2）约束试样底边的轴向位移U2。在主菜单中选择BC→Manager，单击Create...按钮，在Name后面输入BC-Fix-Y，将Step设为Initial，将Types for Selected Step设为Displacement/Rotation，单击Continue...按钮。选中集合Set-Y-Fix，单击Continue...按钮，选中轴向位移U2，然后单击OK按钮，完成操作。

（3）约束试样对称轴上的径向位移U1与上面的操作类似，创建名为BC-Fix-X的边界条件，选中集合Set-X-Fix，然后约束径向位移U1。

（4）在第一个分析步中，让压头下移5.001 mm在Boundary Condition Manager对话框中。再次单击Create...按钮，在Name后面输入BC-Move，将Step设为InCon,tact，将Types for Selected Step设为Displacement/Rotation，单击Continue...按钮。选中集合Set-Head-Ref，单击Continue...按钮，选中U1、U2和UR3，并将U2的位移值改为-5. 001，然后单击OK按钮。

（5）在第二个分析步中，让压头下移25 mm，在Boundary Condition Manager对话框中，单击边界条件BC-Move在第二个分析步Press下面的propagated，然后单击Edit...按钮，把U2的位移值改为-25，再单击OK按钮，完成操作。

8．将压头参考点上的反作用力写入DAT文件

压头参考点上的反作用力RF即压缩过程中的载荷，根据ABAQUS默认的输出设置，RF会被写入ODB文件，在后处理中可以看到其分析结果。下面介绍查看RF的另外一种方法：使用关键词*NODE PRINT来将节点分析结果输出到DAT文件。

单击主菜单Model→Edit Keywords→Model-1，在弹出的Edit Keywords对话框中，找到第一个分析步中的下列语句

```
*Output, field, variable= PRESELECT
```

在它的后面添加以下语句：

```
*NODE PRINT,NSET= Set-Head-Ref
RF.
```

其中，Set-Head-Ref是为压头的参考点创建的集合。

9．提交分析作业

（1）单击左侧工具区的（Job Manager）按钮，或者在主菜单中选择Job→Manager，弹出如图14-37所示的Job Manager对话框。

（2）单击 Create…按钮（创建新的作业），在 Name 后面输入 test_Subroutine，单击 Edit…按钮，弹出如图 14-38 所示的 Edit Job 对话框。

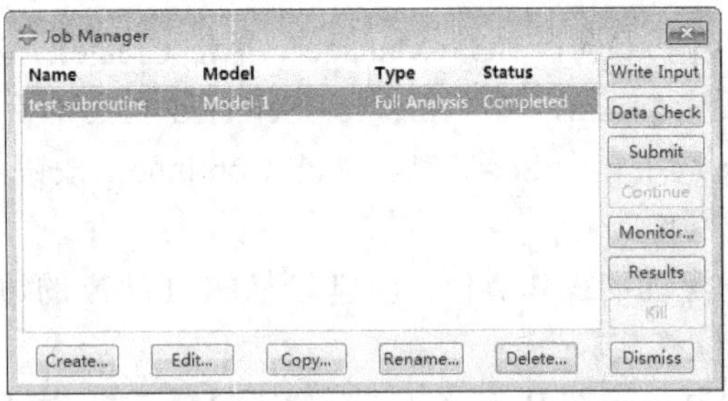

图 14-37　Job Manager 对话框图

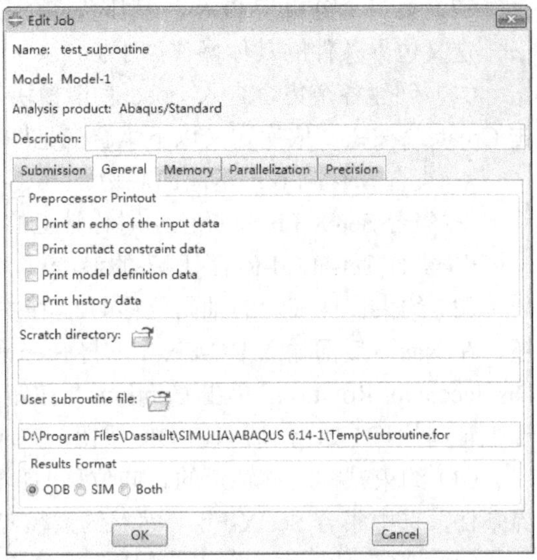

图 14-38　Edit Job 对话框

（3）选择 General 标签栏，在标签栏的 User subroutine file 栏中单击 Select 按钮，在弹出的如图 14-39 所示的对话框中选择 for 文件，其他各参数保持默认值，单击 OK 按钮，完成操作。

（4）单击窗口顶部工具栏中的按钮来保存所建的模型，然后提交分析。分析完成后，单击 Results 按钮，进入 Visualization 功能模块。

10. 后处理

（1）显示 Mises 应力和等效塑性应变在 Visualization 功能模块中，单击按钮来显示 Mises 应力的云纹图，可以看到，在分析步 Press 结束时，试样上各点的 Mises 应力如图 14-40 所示。

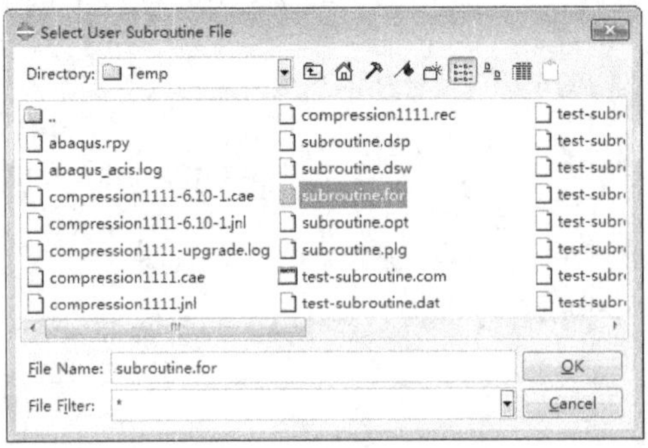

图 14-39　Select User Subroutine File 对话框

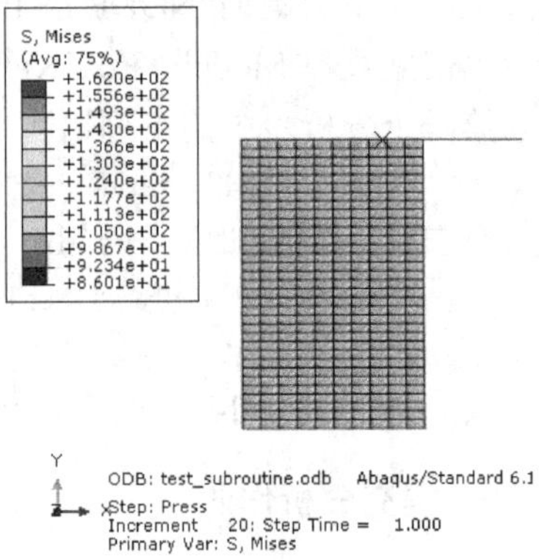

图 14-40　Mises 应力分布图

（2）查看 DAT 文件中的反作用力 RF：使用文本编辑软件打开结果文件 test-Subroutine.dat，由于使用了关键词*NODE PRINT，因此，每个增量步中顶头参考点上的反作用力 RF 都被写入了 test-Subroutine.dat。其中，*Y* 方向上的反作用力即下压过程中的载荷。

14.4.3 INP 文件

该案例中的 INP 文件解释请查阅光盘中的相关文件，限于篇幅，在此不做详解。

14.4.4 UMAT 的 Fortran 程序

```
      SUBROUTINE UMAT(STRESS,STATEV,DDSDDE,SSE,SPD,SCD,
     1 RPL,DDSDDT,DRPLDE,DRPLDT,STRAN,DSTRAN,
     2 TIME,DTIME,TEMP,DTEMP,PREDEF,DPRED,MATERL,NDI,NSHR,NTENS,
     3 NSTATV,PROPS,NPROPS,COORDS,DROT,PNEWDT,CELENT,
     4 DFGRD0,DFGRD1,NOEL,NPT,KSLAY,KSPT,KSTEP,KINC)
C
      INCLUDE 'ABA_PARAM.INC'
C
      CHARACTER*80 MATERL
      DIMENSION STRESS(NTENS),STATEV(NSTATV),
     1 DDSDDE(NTENS,NTENS),DDSDDT(NTENS),DRPLDE(NTENS),
     2 STRAN(NTENS),DSTRAN(NTENS),TIME（2）,PREDEF（1）,DPRED（1）,
     3 PROPS(NPROPS),COORDS（3）,DROT(3,3),
     4 DFGRD0(3,3),DFGRD1(3,3)
C
      DIMENSION EELAS(6),EPLAS(6),FLOW(6)
      PARAMETER (ONE=1.0D0,TWO=2.0D0,THREE=3.0D0,SIX=6.0D0,HALF =0.5d0)
      DATA NEWTON,TOLER/40,1.D-6/
C
C -----------------------------------------------------
C     UMAT FOR JOHNSON-COOK MODEL
C -----------------------------------------------------
C     PROPS（1）- YANG'S MODULUS
C     PROPS（2）- POISSON RATIO
C     PROPS（3） - INELASTIC HEAT FRACTION
C     PARAMETERS OF JOHNSON-COOK MODEL:
C         PROPS（4） - A
```

```
C            PROPS(5) - B
C            PROPS(6) - n
C            PROPS(7) - C
C            PROPS(8) - m
C ---------------------------------------------------------
C
      IF (NDI.NE.3) THEN
         WRITE(6,1)
1       FORMAT(//,30X,'***ERROR - THIS UMAT MAY ONLY BE USED FOR ',
1            'ELEMENTS WITH THREE DIRECT STRESS COMPONENTS')
      ENDIF
C
C      ELASTIC PROPERTIES
C
      EMOD=PROPS（1）
      ENU=PROPS（2）
      IF(ENU.GT.0.4999.AND.ENU.LT.0.5001) ENU=0.499
      EBULK3=EMOD/(ONE-TWO*ENU)
      EG2=EMOD/(ONE+ENU)
      EG=EG2/TWO
      EG3=THREE*EG
      ELAM=(EBULK3-EG2)/THREE
C
C      ELASTIC STIFFNESS
C
      DO 20 K1=1,NTENS
        DO 10 K2=1,NTENS
          DDSDDE(K2,K1)=0.0
10      CONTINUE
20    CONTINUE
C
      DO 40 K1=1,NDI
        DO 30 K2=1,NDI
          DDSDDE(K2,K1)=ELAM
30      CONTINUE
        DDSDDE(K1,K1)=EG2+ELAM
40    CONTINUE
      DO 50 K1=NDI+1,NTENS
```

```
        DDSDDE(K1,K1)=EG
 50   CONTINUE
C
C     CALCULATE STRESS FROM ELASTIC STRAINS
C
      DO 70 K1=1,NTENS
        DO 60 K2=1,NTENS
          STRESS(K2)=STRESS(K2)+DDSDDE(K2,K1)*DSTRAN(K1)
 60     CONTINUE
 70   CONTINUE
C
C     RECOVER ELASTIC AND PLASTIC STRAINS
C
      DO 80 K1=1,NTENS
        EELAS(K1)=STATEV(K1)+DSTRAN(K1)
        EPLAS(K1)=STATEV(K1+NTENS)
 80   CONTINUE
      EQPLAS=STATEV(1+2*NTENS)
C
C     CALCULATE MISES STRESS
C
      IF(NPROPS.GT.5.AND.PROPS（4）.GT.0.0) THEN
        SMISES=(STRESS（1）-STRESS（2）)*(STRESS（1）-STRESS（2）)+
     1          (STRESS（2）-STRESS（3）)*(STRESS（2）-STRESS（3）)+
     1          (STRESS（3）-STRESS（1）)*(STRESS（3）-STRESS（1）)
        DO 90 K1=NDI+1,NTENS
          SMISES=SMISES+SIX*STRESS(K1)*STRESS(K1)
 90     CONTINUE
        SMISES=SQRT(SMISES/TWO)
C
C     CALL USERHARD SUBROUTINE, GET HARDENING RATE AND YIELD STRESS
C
C
        CALL USERHARD(SYIEL0,HARD,EQPLAS,PROPS（4）)
C     DETERMINE IF ACTIVELY YIELDING
C
        IF (SMISES.GT.(1.0+TOLER)*SYIEL0) THEN
C
```

```
C      MATERIAL RESPONSE IS PLASTIC, DETERMINE FLOW DIRECTION
C
          SHYDRO=(STRESS（1）+STRESS（2）+STRESS（3）)/THREE
          ONESY=ONE/SMISES
          DO 110 K1=1,NDI
            FLOW(K1)=ONESY*(STRESS(K1)-SHYDRO)
110       CONTINUE
          DO 120 K1=NDI+1,NTENS
            FLOW(K1)=STRESS(K1)*ONESY
120       CONTINUE
C
C    READ PARAMETERS OF JOHNSON-COOK MODEL
C
          A=PROPS（4）
          B=PROPS(5)
          EN=PROPS(6)
          C=PROPS(7)
          EM=PROPS(8)
C
C      NEWTON ITERATION
C
          SYIELD=SYIEL0
          DEQPL=(SMISES-SYIELD)/EG3
          DSTRES=TOLER*SYIEL0/EG3
          DEQMIN=HALF*DTIME*EXP(1.0D-4/C)
          DO 130 KEWTON=1,NEWTON
               DEQPL=MAX(DEQPL,DEQMIN)
               CALL USERHARD(SYIELD,HARD,EQPLAS+DEQPL,PROPS（4）)
               TVP=C*LOG(DEQPL/DTIME)
               TVP1=TVP+ONE
               HARD1=HARD*TVP1+SYIELD*C/DEQPL
               SYIELD=SYIELD*TVP1
               RHS=SMISES-EG3*DEQPL-SYIELD
               DEQPL=DEQPL+RHS/(EG3+HARD1)
          IF(ABS(RHS/EG3) .LE. DSTRES ) GOTO 140
130       CONTINUE
          WRITE(6,2) NEWTON
2         FORMAT(//,30X,'***WARNING - PLASTICITY ALGORITHM DID NOT ',
```

```
1          'CONVERGE AFTER ',I3,' ITERATIONS')
140        CONTINUE
           EFFHRD=EG3*HARD1/(EG3+HARD1)
C
C      CALCULATE STRESS AND UPDATE STRAINS
C
           DO 150 K1=1,NDI
              STRESS(K1)=FLOW(K1)*SYIELD+SHYDRO
              EPLAS(K1)=EPLAS(K1)+THREE*FLOW(K1)*DEQPL/TWO
              EELAS(K1)=EELAS(K1)-THREE*FLOW(K1)*DEQPL/TWO
150        CONTINUE
           DO 160 K1=NDI+1,NTENS
              STRESS(K1)=FLOW(K1)*SYIELD
              EPLAS(K1)=EPLAS(K1)+THREE*FLOW(K1)*DEQPL
              EELAS(K1)=EELAS(K1)-THREE*FLOW(K1)*DEQPL
160        CONTINUE
           EQPLAS=EQPLAS+DEQPL
           SPD=DEQPL*(SYIEL0+SYIELD)/TWO
           RPL = PROPS（3）*SPD/DTIME
C
C      JACOBIAN
C
           EFFG=EG*SYIELD/SMISES
           EFFG2=TWO*EFFG
           EFFG3=THREE*EFFG2/TWO
           EFFLAM=(EBULK3-EFFG2)/THREE
           DO 220 K1=1,NDI
              DO 210 K2=1,NDI
                 DDSDDE(K2,K1)=EFFLAM
210           CONTINUE
              DDSDDE(K1,K1)=EFFG2+EFFLAM
220        CONTINUE
           DO 230 K1=NDI+1,NTENS
              DDSDDE(K1,K1)=EFFG
230        CONTINUE
           DO 250 K1=1,NTENS
              DO 240 K2=1,NTENS
                 DDSDDE(K2,K1)=DDSDDE(K2,K1)+FLOW(K2)*FLOW(K1)
```

```
1                                             *(EFFHRD-EFFG3)
240            CONTINUE
250          CONTINUE
           ENDIF
         ENDIF
C
C        STORE STRAINS IN STATE VARIABLE ARRAY
C
         DO 310 K1=1,NTENS
           STATEV(K1)=EELAS(K1)
           STATEV(K1+NTENS)=EPLAS(K1)
310     CONTINUE
         STATEV(1+2*NTENS)=EQPLAS
C
         RETURN
         END
C
C
C
         SUBROUTINE USERHARD(SYIELD,HARD,EQPLAS,TABLE)
C
         INCLUDE 'ABA_PARAM.INC'
C
         DIMENSION TABLE（3）
C
C        GET PARAMETERS, SET HARDENING TO ZERO
C
         A=TABLE（1）
         B=TABLE（2）
         EN=TABLE（3）
         HARD=0.0
C
C        CALSULATE CURRENT YIELD STRESS AND HARDENING RATE
C
         IF(EQPLAS.EQ.0.0) THEN
            SYIELD=A
        ELSE
            HARD=EN*B*EQPLAS**(EN-1)
```

```
        SYIELD=A+B*EQPLAS**EN
     END IF
      RETURN
      END
```

2．UMATHT（包含材料的热行为）

```
      SUBROUTINE UMATHT(U,DUDT,DUDG,FLUX,DFDT,DFDG,STATEV,TEMP,
  $
DTEMP,DTEMDX,TIME,DTIME,PREDEF,DPRED,CMNAME,NTGRD,NSTATV,
   $
PROPS,NPROPS,COORDS,PNEWDT,NOEL,NPT,LAYER,KSPT,KSTEP,KINC)
C
      INCLUDE 'ABA_PARAM.INC'
C
      CHARACTER*80 CMNAME
C
      DIMENSION DUDG(NTGRD),FLUX(NTGRD),DFDT(NTGRD),
     $
DFDG(NTGRD,NTGRD),STATEV(NSTATV),DTEMDX(NTGRD),TIME（2）,
     $
PREDEF（1）,DPRED（1）,PROPS(NPROPS),COORDS（3）
C
      COND=PROPS（1）
      SPECHT=PROPS（2）
C
C     INPUT SPECIFIC HEAT
      DUDT=SPECHT
      DU=DUDT*DTEMP
      U=U+DU
C
C     INPUT FLUX = -[K]*{DTEMDX}
      DO I=1, NTGRD
         FLUX(I)=-COND*DTEMDX(I)
      END DO
C
C     INPUT ISOTROPIC CONDUCTIVITY
C
      DO I=1, NTGRD
         DFDG(I,I)=-COND
```

```
        END DO
C
        RETURN
        END
```

本章小结

虽然 ABAQUS 为用户提供了大量的单元库和求解模型，使用户能够利用这些模型处理绝大多数的问题。但是实际问题毕竟非常复杂，ABAQUS 不可能直接求解所有可能出现的问题。所以，ABAQUS 提供了大量的用户自定义子程序（User Subroutine），允许用户在找不到合适模型的情况下自行定义符合自己问题的模型。这些用户子程序涵盖了建模、载荷到单元的几乎各个部分。

ABAQUS/Standard 和 ABAQUS/Explicit 都支持用户子程序功能，但是它们所支持的用户子程序种类不尽相同。

本章讨论了用户子程序的应用和优势，进一步扩展了 ABAQUS 的应用空间。

（1）以最简单的杆件拉伸受单轴压缩为例，介绍了在 ABAQUS 里面调用用户子程序进行计算的步骤。

（2）单向压缩试验的过程模拟。

本例考虑前面章节已经分析的单向压缩试验的过程模拟，利用了文献中提到的新型材料的信息分析该问题。在 Property 模块和 Job 模块中进行设置，导入用户子程序的材料属性。

第15章

复杂工程分析

前面章节分别介绍了各种问题类型的分析方法，本章将介绍两个较为复杂的工程实例，在建模过程中需要综合运用多种建模技巧，读者可以从中学习到真实工程问题的分析方法。

第一个是工程铰接结构的分析模拟，主要练习复杂接触问题的建模方法，生成部件和定位实体的不同方法，以及模拟过程的多步骤分析问题。

第二个复杂实例是钣金成型问题的分析，此例将接触分析、非线性材料定义及多步骤分析结合起来，并介绍建模的一些技巧，单元的选择等问题。

希望读者通过这些例子能掌握 ABAQUS 处理问题的步骤和处理方法，举一反三，开展工程和科学研究工作。

教学目标

（1）掌握工程铰接结构的分析模拟。

（2）熟悉钣金成型过程模拟分析。

15.1 工程铰接结构的分析模拟

很多工程问题中涉及到铰接结构，为了保证这一结构有效承载，要求设计时确定其所需要的工作载荷量值。本节将介绍工程铰接结构的分析模拟，通过该模型的建立和分析，读者可以进一步了解 ABAQUS 进行问题分析的方法和步骤。

15.1.1 问题的描述

在本节中，需要工程铰接结构一段受拉伸载荷的响应分析。铰接的一端被牢固地夹住，另一端仅能够沿轴向运动。结构模型如图 15-1 所示。

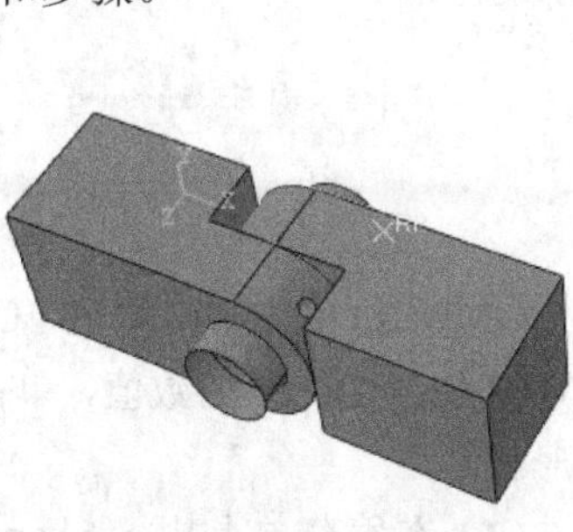

图 15-1 铰接结构模型

15.1.2　问题分析和求解

1．创建 Hinge 部件

（1）首先运行 ABAQUS/CAE，在出现的对话框内选择 Create Model Database。从 Module 列表中选择 Part，进入 Part 模块。

（2）单击工具箱中的 （Create Part）按钮，弹出如图 15-2 所示的 Create Part 对话框，来创建一个新的部件。在提示区域会出现如图 15-3 所示的信息。在 Create Part 对话框中 Name 后面输入 Hinge，将 Modeling Space 设为 3D，保持默认的参数 Type：Deformable（柔性体）；Base Feature：Solid，Extrusion，创建一个名称为 Hinge 的三维的、可变形部件，尺寸输入 0.4，单击 Continue…按钮，进入草图环境。

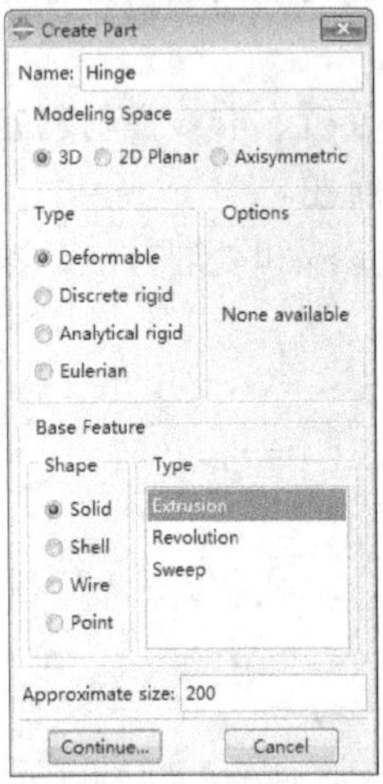

图 15-2　Create Part 对话框

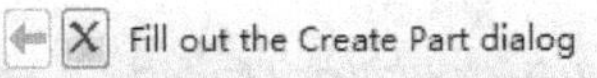

图 15-3　提示区信息

（3）在工具栏选择 Create Lines: Rectangle（4 Lines），在提示栏出现如图 15-4 所示的提示后，输入（0.025,0.02）和（-0.025,-0.02），然后单击鼠标的中键，生成如图 15-5 所示的矩形。

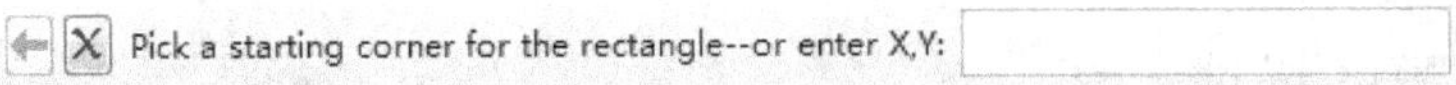

图 15-4　提示区提示输入信息

在提示框单击 OK 按钮，CAE 弹出如图 15-6 所示的 Edit Basic Extrusion 对话框，输入 0.04 作为 Depth 的数值，单击 OK 按钮。此时，视图区出现生成的如图 15-7 所示的部件形状。

（4）在主菜单上执行 Shape→Solid→Extrude 命令，选择六面体的前表面，单击鼠标左键。然后根据提示选择如图 15-8 所示的边，单击鼠标左键后，再次进入 Sketch 模块，此时提示区提示如图 15-9 所示的信息。

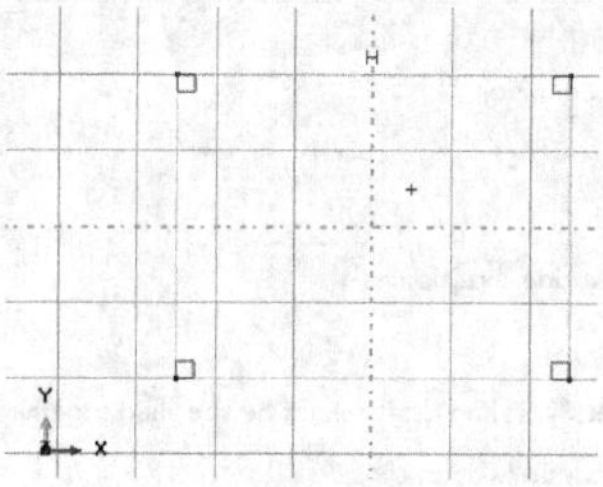

图 15-5　草图区生成的矩形

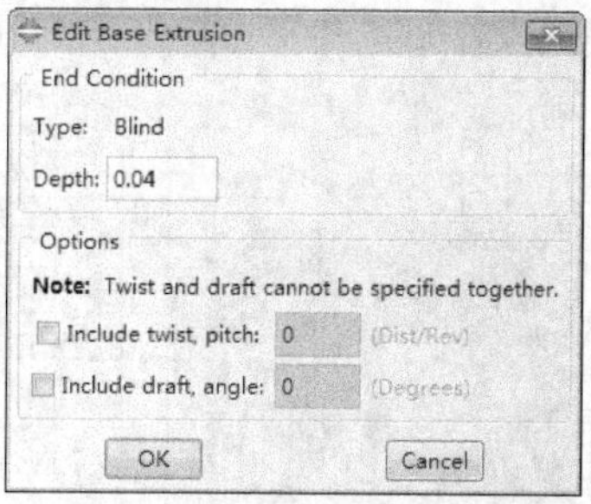

图 15-6　Edit Base Extrusion 对话框

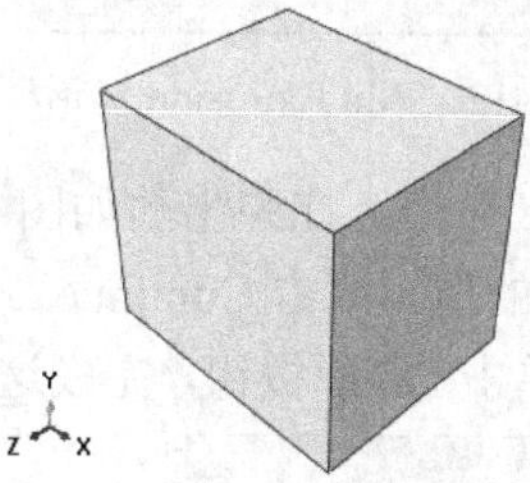

图 15-7　视图区出现的结构图

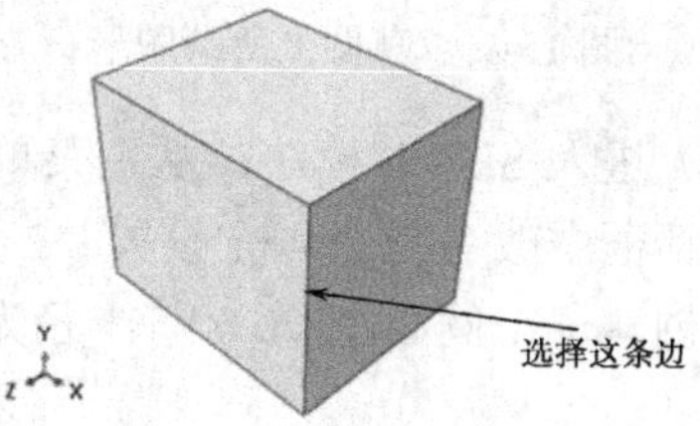

图 15-8　视图区选择的边

（5）如图 15-10 所示，利用按钮创建三条线段。然后在工具栏中选择 Create Arc: Center and 2 Endpoints，移动鼠标选择（0.045,0.0）为圆心，单击鼠标左键，然后将鼠标移到（0.045,0.02），再次单击鼠标左键，从而画好区域的外面将鼠标移到（0.045,-0.02），这时可以看到在这两个点之间出现一个半圆，单击鼠标左键完成这个半圆。

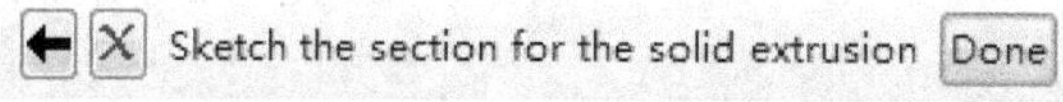

图 15-9　提示区提示信息

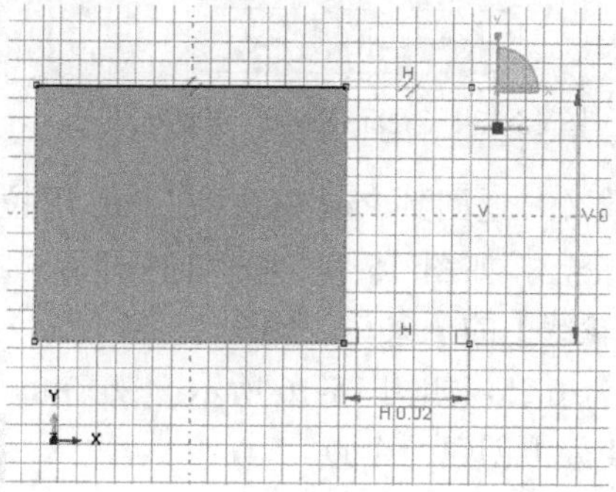

图 15-10　创建三条线段

（6）再次在工具栏选择（Create Circle: Center and Perimeter），将鼠标移动选择（0.04,0.0）后单击鼠标左键，然后将鼠标移动选择（0.05,0.0），单击鼠标左键。从主菜单选择 Add→Dimension→Radial 命令，为刚完成的圆标注尺寸，如图 15-11 所示。

（7）选择工具栏的 Edit Dimension Value 按钮，选择圆的尺寸（0.01）单击鼠标左键，在提示栏输入 0.012，按 Enter 键。再次单击 Edit Dimension Value，退出该操作。单击提示栏上的 Done 按钮，在 CAE 弹出如图 15-12 所示的 Edit Extrusion 对话框内输入 0.02 作为深度的值。CAE 以一个箭头表示拉伸的方向，单击 Clip 可改变这个方向。单击 OK 按钮，完成操作。

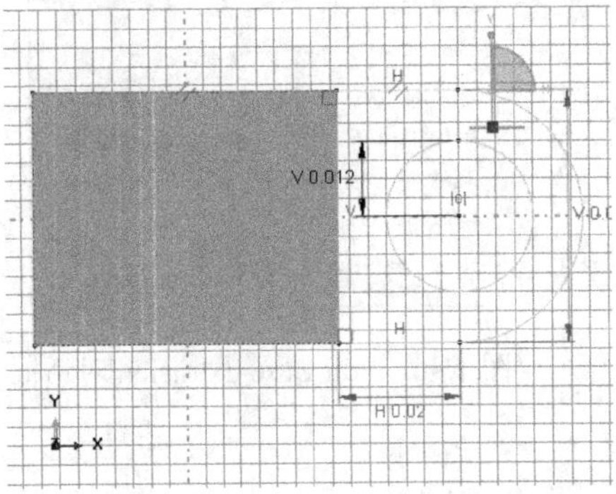

图 15-11　草图区所绘图形

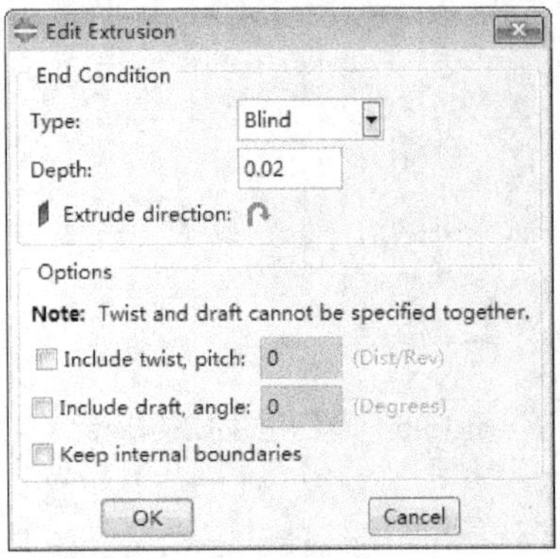

图 15-12　Edit Extrusion 对话框

（8）进入 Sketch 模块，从主菜单选择 Sketch→Create 命令，在弹出的如图 15-13 所示的对话框中改名为 Hole，设置 0.2 为 Approximate Size 的值，单击 Continue...按钮。在视图区创建一个圆心在（0,0），半径为 0.003 的圆，然后单击 Done 按钮，完成这一步骤。

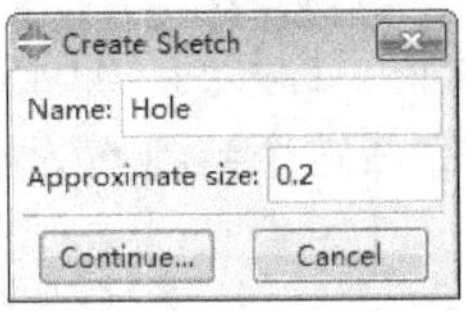

图 15-13　Create Sketch 对话框

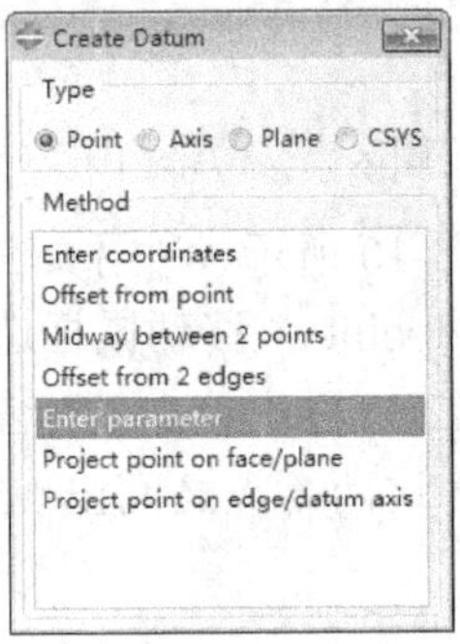

图 15-14　Create Datum 对话框

（9）返回到 Part 模块，在 Part 下拉菜单中选择 Hinge。在主菜单中选择 Tools→Datum 命令，按如图 15-14 所示选择对话框内的选项，然后根据提示区的提示选择一条边，选择轮缘上的一条边，如图 15-15 所示，参数的值是从 0～1。如果箭头和图中所示一样就输入 0.25，如图 15-16 所示，按 Enter 键，否则就输入 0.75。ABAQUS/CAE 在这条边的 1/4 处上创建一个点。

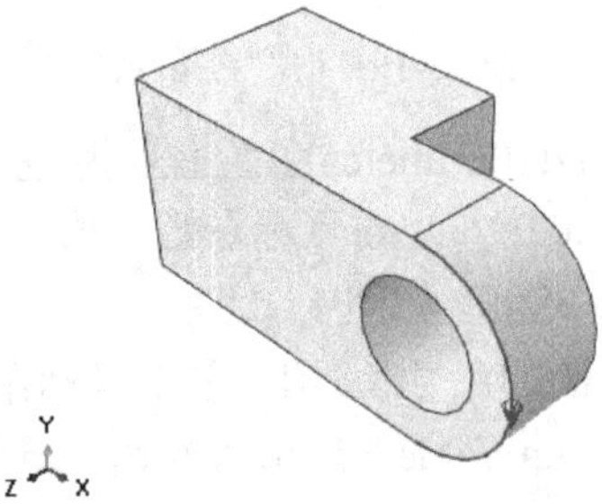

图 15-15　选择部件的一条边

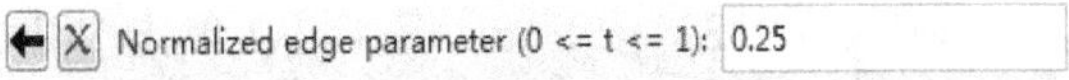

图 15-16　提示区输入信息

（10）创建一个基线，在 Create Datum 对话框（见图 15-17）内选择 Axis，在 Method 选项中选择 2 Points，单击 Apply 按钮。选择圆的中心点和刚才创建的基点，ABAQUS/CAE 将创建如图 15-18 所示的基线。

（11）在 Create Datum 对话框（见图 15-19）内选择 Plane，在 Method 中选择 Point and normal，单击 OK 按钮，选择刚才创建的基点和基线，生成的基面如图 15-20 所示。

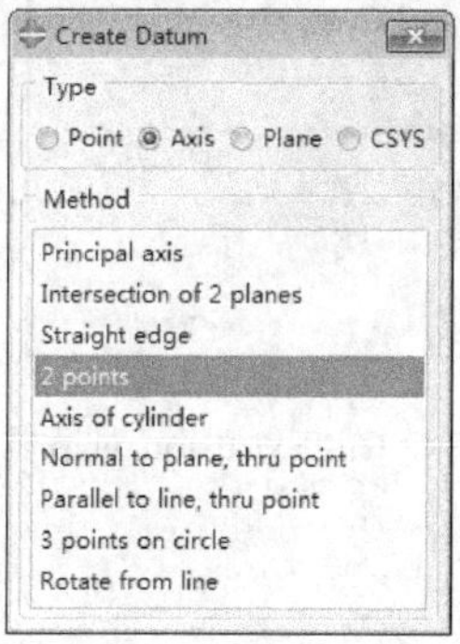

图 15-17　Create Datum 对话框

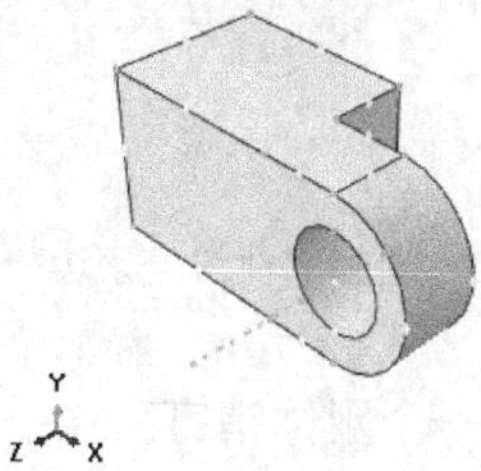

图 15-18　生成的基线

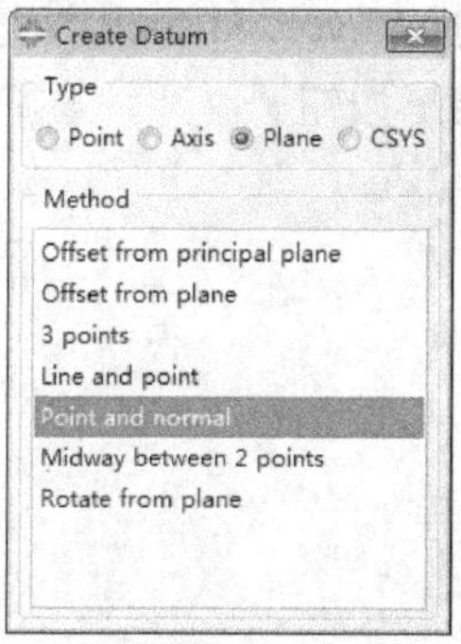

图 15-19　Create Datum 对话框

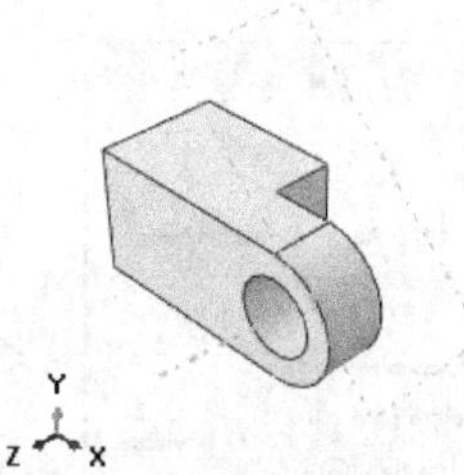

图 15-20　生成的基面

（12）从主菜单中选择 Shape→Cut→Extrude 命令，选择创建的基准面和如图 15-21 所示的边，单击鼠标左键。然后从主菜单中选择 Add→Sketch，选择 Hole，然后单击 OK 按钮，在提示栏中单击 Translate 按钮。

通过下面两步将 Hole 移到最终位置。

✧ 先单击 Hole 的圆心，然后单击创建的基点，圆心就移动到了已经创建的基点上。
✧ 单击工具栏中的按钮，然后单击移动后的圆心（基点），单击提示栏的 Done 按钮，再单击提示栏中随后出现的 Translate 按钮，输入（0,0）和（0,-0.01），按 Enter 键，最后单击 Done 按钮，完成操作。

（13）在 Edit Cut Extrusion 对话框中选择 Blind 作为 Type 的选项，输入 0.015 作为深度，如图 15-22 所示，如果需要可以选择 Flip 改变箭头的方向，然后单击 OK 按钮，完成操作。

2．创建不含润滑孔的铰链部件

（1）从主菜单选择 Part→Copy→Hinge 命令，命名新的部件为 Hinge，单击 OK 按钮。

（2）在 Part 下拉菜单中选中 Hinge→Solid 命令，从工具栏里选择 Delete Feature 按钮 ，选中创建的基点，单击提示栏里的 Yes 按钮，删除基点和其他的子特征。

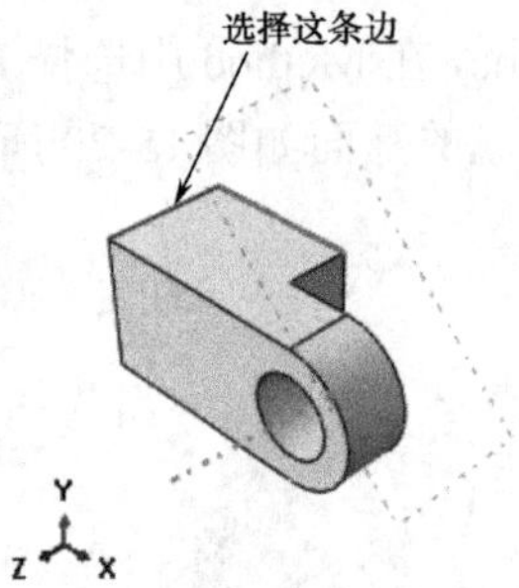

图 15-21　选择部件的一条边

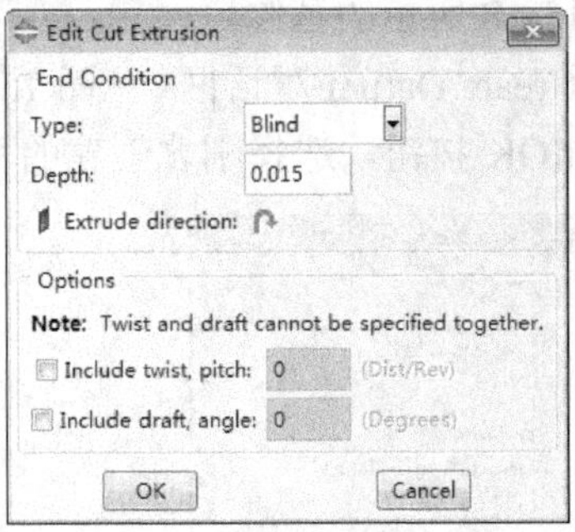

图 15-22　Edit Cut Extrusion 对话框

3．创建一个刚体销钉

（1）从主菜单里选择 Part→Create 命令，在如图 15-23 所示的对话框中，命名为 Pin，选择 Modeling Space 为 3D，类型为 Analytical rigid，选择 Revolved shell 为基本的特征，输入 0.2 作为 Approximate size 的值，然后单击 Continue…按钮。

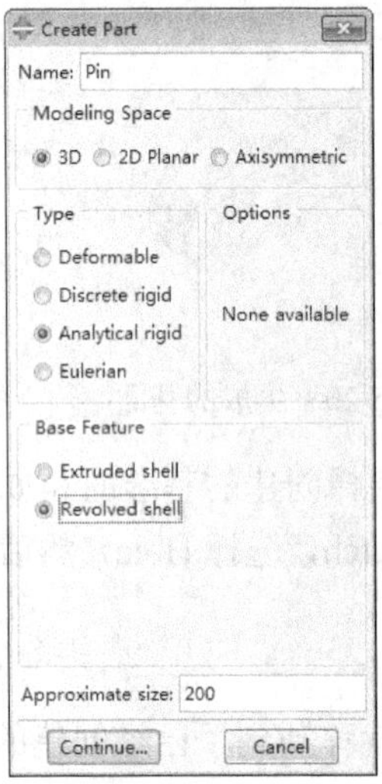

图 15-23　Create Part 对话框

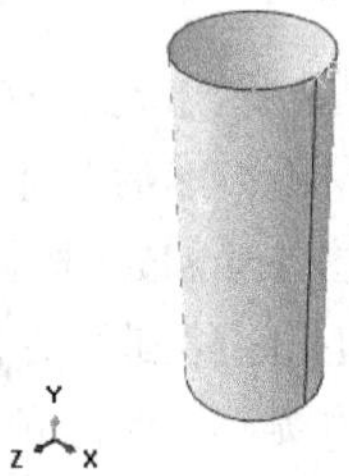

图 15-24　生成的 Pin 部件和参考点

（2）从工具栏选择 （Create Lines: Connected）按钮创建一条从（0.012,0.03）到（0.012,−0.03）的直线，然后单击 Done 按钮，退出草图。从主菜单中，选择 Tools→Reference Point，选择销钉周线顶部的点，保存模型数据为 hinge.cae。

4．创建材料

（1）进入 Property 模块，在主菜单中选择 Material→Create 来创建一个新的材料。在弹出的 Edit Material 对话框中，如图 15-25 所示，命名这个材料为 Steel，选择 Mechanical→

Elasticity→Elastic，在弹性模量中输入 2E9，输入 0.3 作为泊松比，单击 OK 按钮，退出材料编辑。

（2）从主菜单中选择 Section→Create，在 Create Section 对话框（见图 15-26）中定义这个区域为 Section，在 Category 选项中接受 Soild 作为默认的选择，在 Type 选项中接受 Homogeneous 作为默认的选择，单击 Continue…按钮。在出现的 Edit Section 对话框（见图 15-27）中选择 Steel 作为材料，接受 1 作为 Plane stress/strain thickness，并单击 OK 按钮，完成操作。

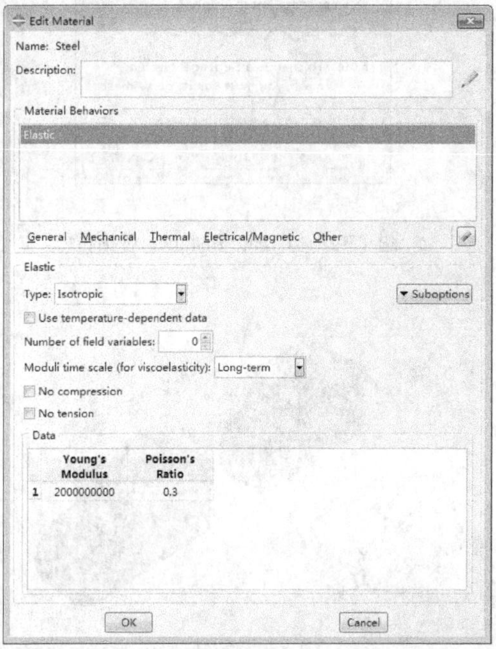

图 15-25　Edit Material 对话框

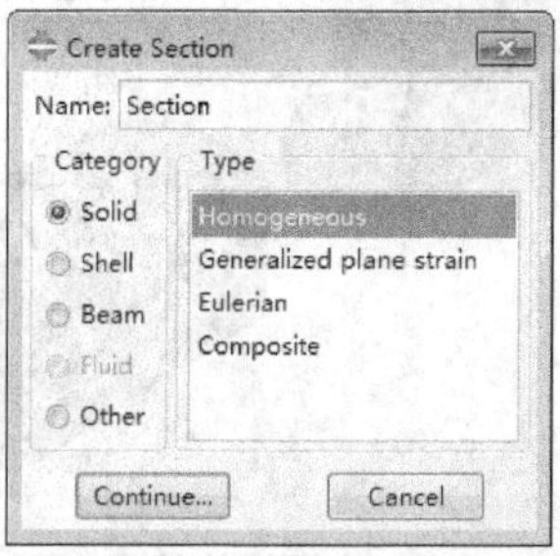

图 15-26　Create Section 对话框

（3）在 Part 中选择 Hinge，从主菜单中选择 Assign→Section 命令，选择整个 Part，ABAQUS 将会把选择的区域高亮化，在对话框中单击 Done 按钮，在出现的 Assign Section 对话框中单击 OK 按钮，完成操作。

（4）用同样的方法，为 Hinge-soild 分配材料。

5. 定义装配件

（1）进入 Assembly 模块，从主菜单中选择 Instance→Create 命令，在 Create Instance 对话框（见图 15-28）中选择 Hinge，单击 Apply 按钮。

（2）然后，在 Create Instance 对话框中选择 Hinge-soild，选择 Auto-offset from other instances，单击 OK 按钮，视图区内出现两个部件的实体。

（3）从主菜单中，选择 Constraint→Face to Face 命令，选择如图 15-29 所示的表面，再选择如图 15-30 所示的另一表面，如果两个箭头同向，单击 Flip 按钮，单击 OK 按钮，在提示栏输入 0.045，按 Enter 键，完成操作。

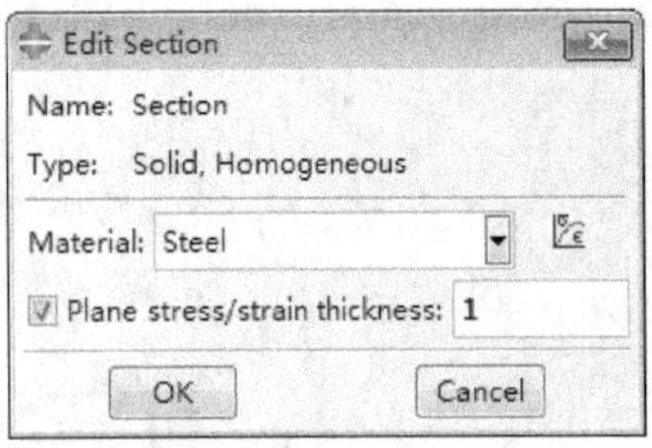

图 15-27　Edit Section 对话框

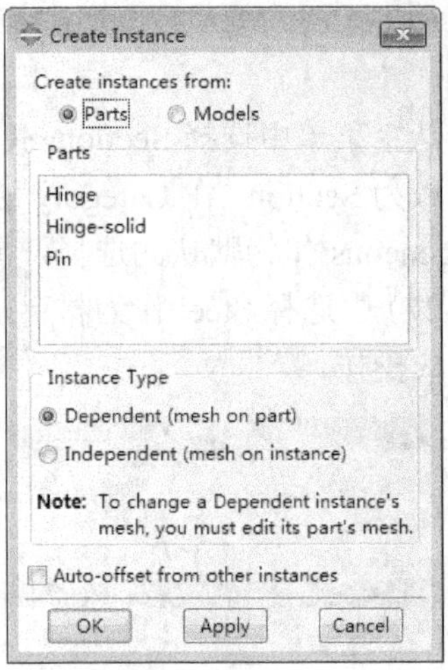

图 15-28　Create Instance 对话框

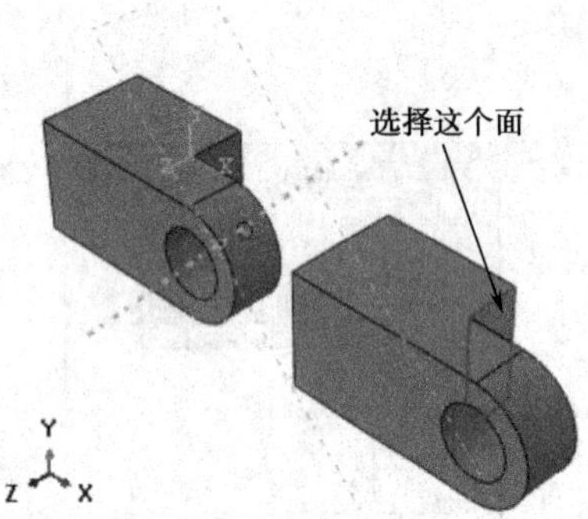

图 15-29　选择部件的一个面

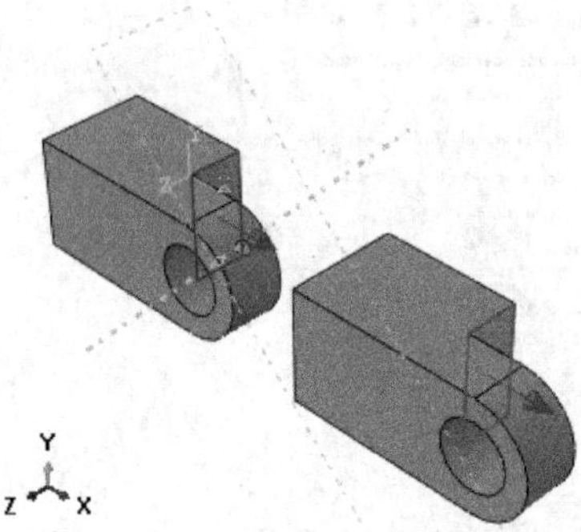

图 15-30　实体的两个箭头方法一致

（4）从主菜单中选择 Constraint→Coaxial，先选择如图 15-31 所示的孔，再选择如图 15-32 所示的孔，单击 Flip 按钮，如果箭头如图 15-31 所示，单击 OK 按钮。

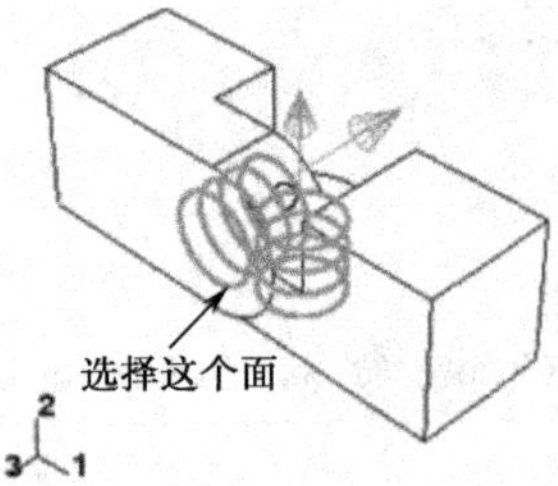

图 15-31　选择孔的面

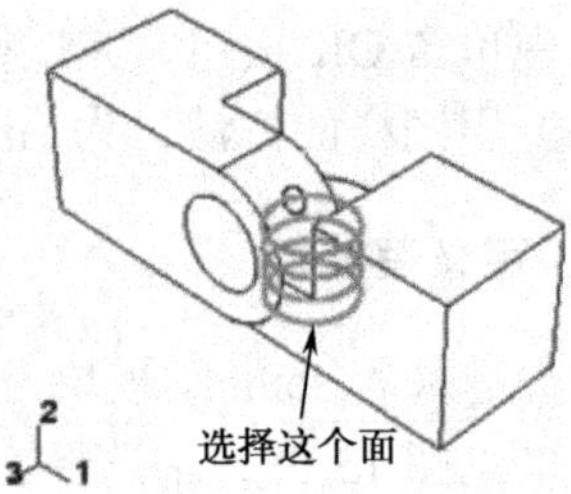

图 15-32　选择共轴的另一个孔面

（5）从主菜单中选择 Constraint→Edge to Edge，选择如图 15-33 所示的边，再选择如图 15-34 所示的边，单击 Flip 按钮，如果箭头如图 15-33 所示，单击 OK 按钮，完成铰链的组装。

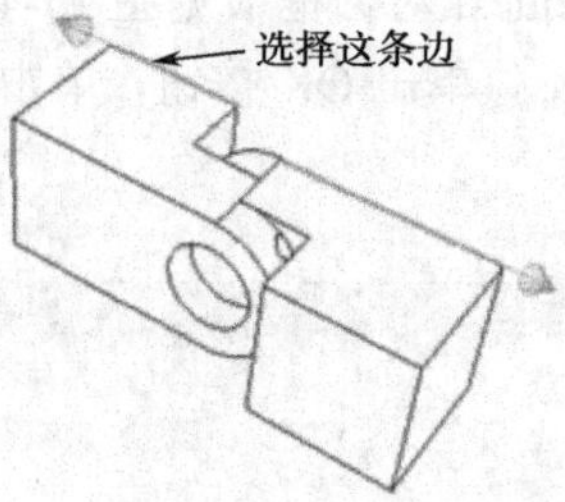

图 15-33　选择部件的一条边

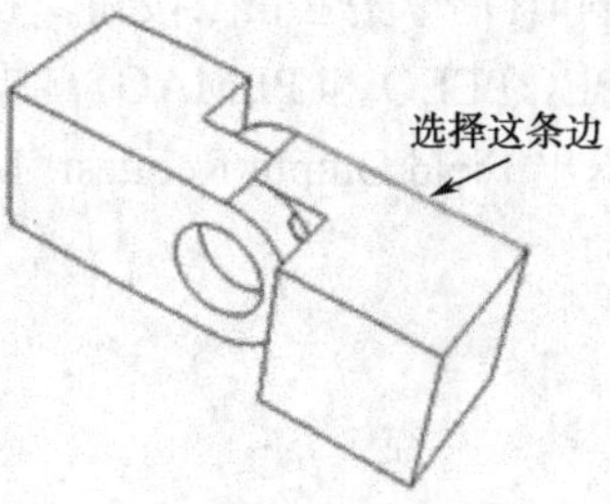

图 15-34　选择另一条边

（6）从主菜单中选择 Instance→Create，选择 Pin 部件，单击 OK 按钮。

（7）从主菜单中选择 Constraint→Coaxial 命令，选择 Pine 和铰链中的孔，如果需要，单击 Flip 按钮，单击 OK 按钮，显示如图 15-35 所示。

（8）从主菜单中选择 Instance→Translate，选择 Pin 部件，单击 Done 按钮，在 CAE 警告信息栏中单击 Yes 按钮。在提示栏输入（0,0,0）和（0,0,0.02），按 Enter 键。在提示栏单击 OK 按钮，最终的构形如图 15-36 所示。

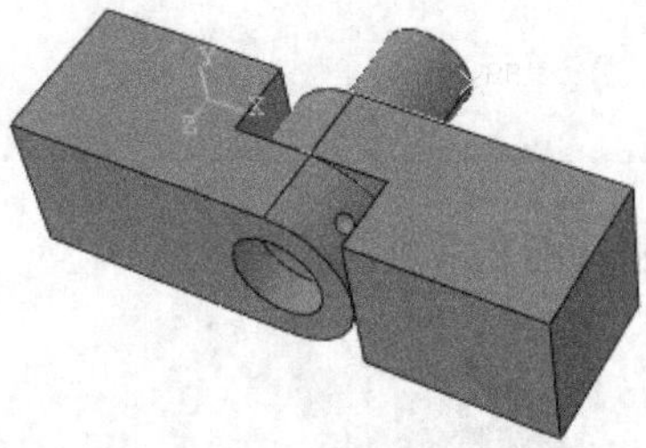

图 15-35　生成的装配件

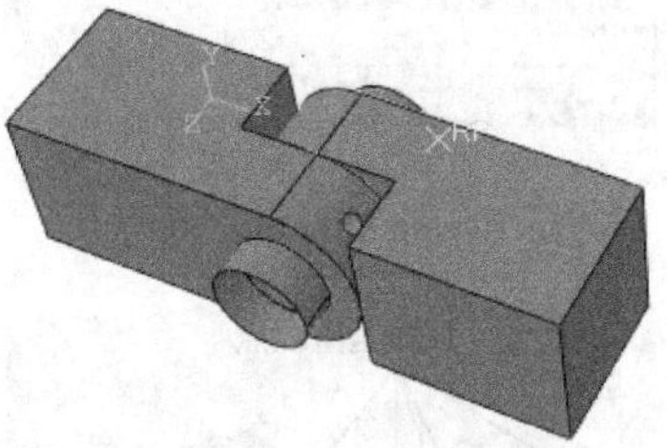

图 15-36　最终装配件

6．设置分析步

（1）进入 Step 模块，从主菜单中选择 Step→Create 命令，在弹出的 Creat Step 对话框（见图 15-37）中命名这个分析步为 Contact，接受默认的 Static, General，单击 Continue... 按钮。在出现的 Edit Step 对话框中，接受所有默认选择，并单击 OK 按钮，创建一个分析步。

（2）重复上一步，创建一个分析步，命名为 Load，在 Edit Step 对话框（见图 15-38）中，进入 Incrementation 标签栏，输入 0.1 为 Initial Increment Size。单击 OK 按钮，完成分析步的创建。

（3）为输出结果创建几何集，在主菜单选择 Tools→Set→Create，命名这个几何集为 Set-output-nodes，单击 Continue…按钮。选择如图 15-39 所示的点，单击 Done 按钮，完成该步骤。

（4）采用相同的技术，定义如图 15-40 所示的面为 fixed-face-output，所示的边为 hole-output。

（5）从主菜单中选择 Output→Field Output Requests→Manager，从出现的对话框中选

择 F-output-1，单击 Edit...按钮，在 Edit Field Output Request 对话框（见图 15-41）中删除变量 PE，PEEQ 和 PEMAG，删除选择 Forces/Reactions，单击 OK 按钮，单击 Dismiss 按钮，退出 Field Output Requests Manager。

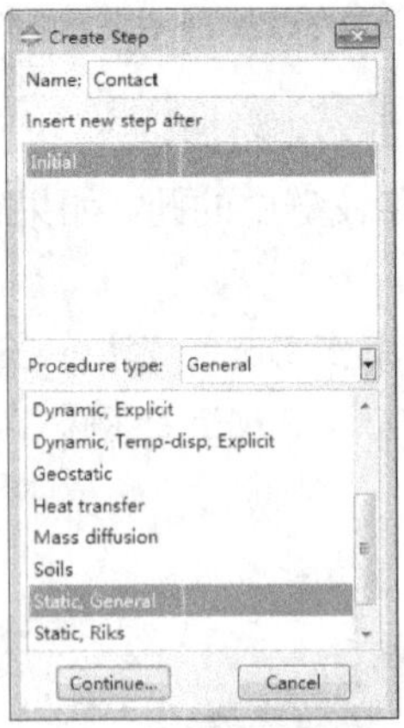

图 15-37　Create Step 对话框

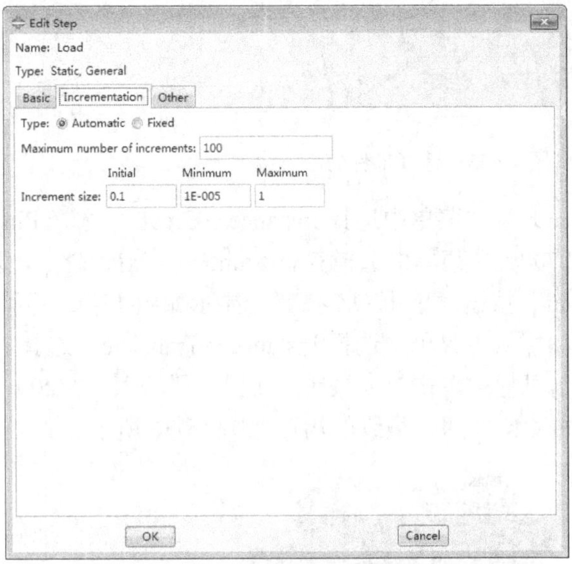

图 15-38　Edit Step 对话框

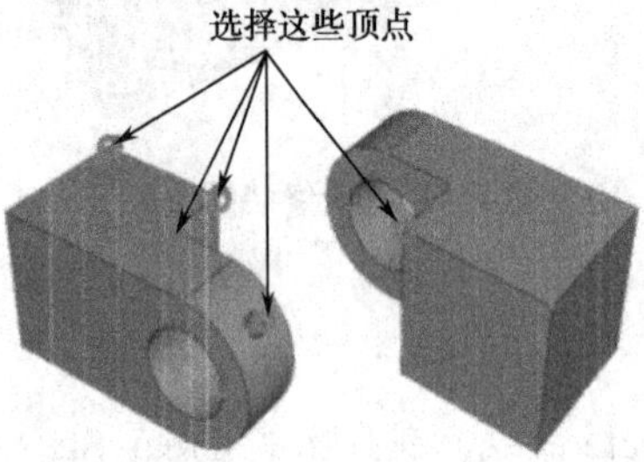

图 15-39　选择这些顶点

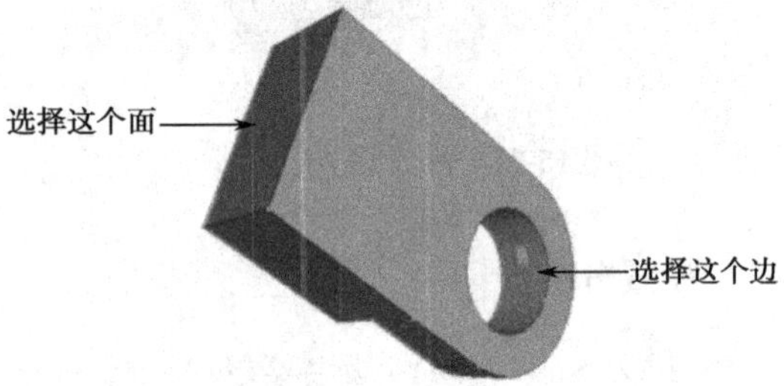

图 15-40　选择部件的面和边

（6）从主菜单中选择 Output→History Output Requests→Manager，从出现的对话框中选择 H-output-1，单击 Edit...按钮，在 Edit History Output Request 对话框（见图 15-42）中 Domain 选择 Set name，并选择 ndisp-output，去掉 Energy 选项，输入 U1，U2，U3，单击 OK 按钮。

（7）创建新的历史输出，为 Fixed-face-output 输出变量 RF1，为 Hole-output 输出变量 S11，MISES 和 E11。单击 Dismiss 按钮，退出 History Output Requests Manager，如图 15-43 所示。

（8）从主菜单中选择 Tools→Set→Create 命令，在弹出的对话框中改名为 Monitor，单击 Continue...按钮，选择 ndisp-output 集中于 Hinge-Soild 上的点，单击 Done 按钮，完成几何集的创建。

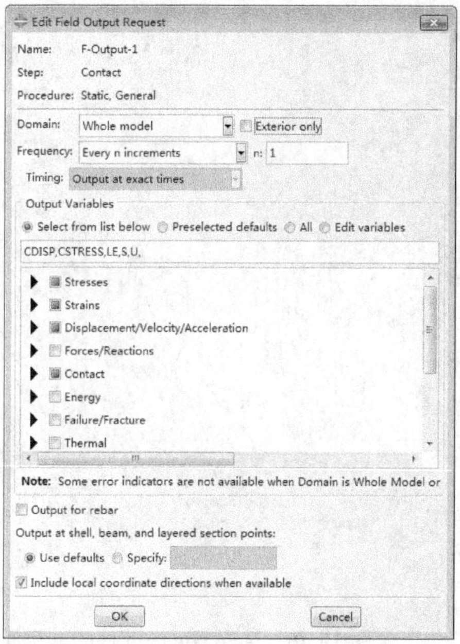

图 15-41　Edit Field Output Request 对话框

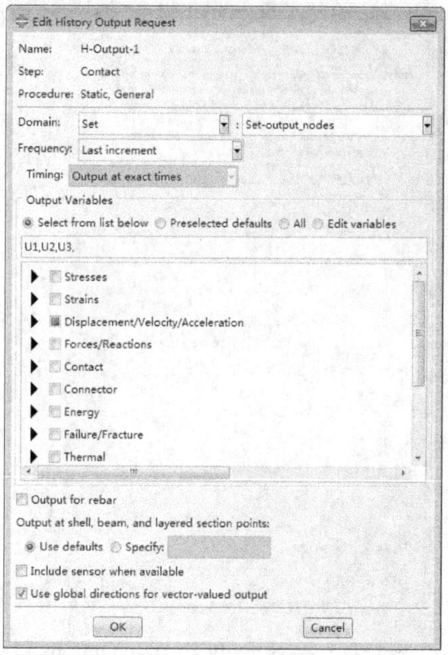

图 15-42　Edit History Output Request 对话框

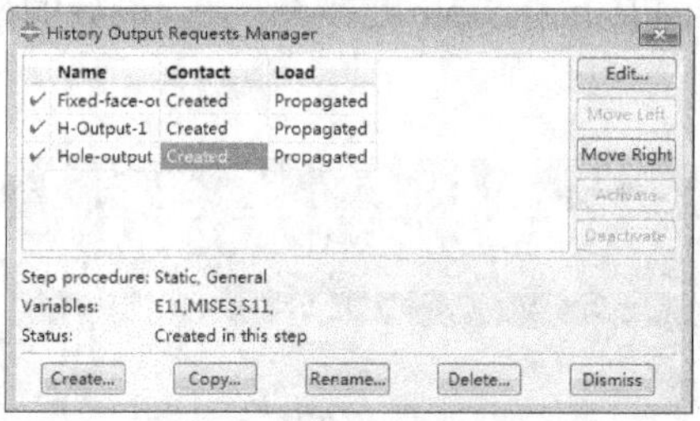

图 15-43　History Output Request Manager 对话框

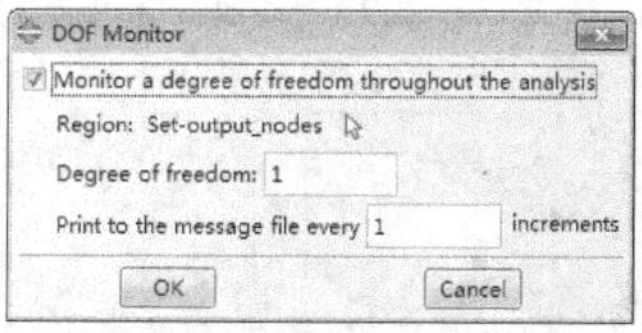

图 15-44　DOF Monitor 对话框

（9）从主菜单中选择 Output→DOF Monitor 按钮，在如图 15-44 所示的对话框中选中 Monitor a degree of freedom throughout the analysis，Point region 选择 Monitor，在 Degree of freedom 中输入 1，单击 OK 按钮。

7. 定义相互作用

（1）进入 Interaction 模块，选择 View→Assembly Display Options，在 Assembly Display Options 对话框（见图 15-45）中选择 Instance 标签栏，单击 Hinge-hole-1 和 Hinge-solid-1，最后单击 Apply 按钮，ABAQUS/CAE 只显示 Pin 部件。

（2）从主菜单中选择 Tools→Surface→Create，命名这个表面为 Pin，单击 Continue…按钮，选择销钉外表面，单击提示栏内的 Done 按钮，在销钉上出现两个箭头，选择 Magenta 作为销钉表面的法向。

（3）采用第一步的方法，只显示 Hinge-hole-1。从主菜单中选择 Tools→Surface→Create 命令，命名这个表面为 Flange-h，单击 Continue…按钮，选择如图 15-46 所示的表面。采用同样的技术创建一个名为 Inside-h 的表面，如图 15-47 所示。

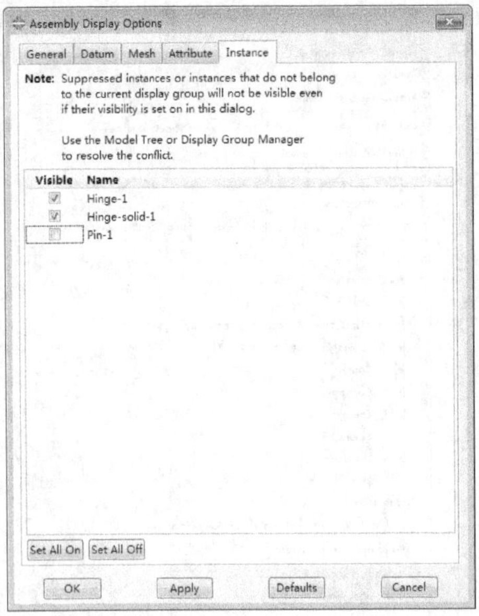

图 15-45　Assembly Display Options 对话框

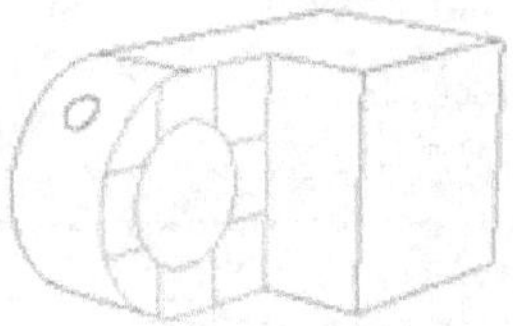

图 15-46　选择 Hinge 部件的一个面

（4）只显示 Hinge-soild-1，创建和 Flange-h 表面紧靠在一起的表面，命名为 Flange-s。同样创建一个表面，命名为 Inside-s，该表面和 Inside-h 通过 pin 连接在一起，最后的 Surface Manager 如图 15-48 所示。

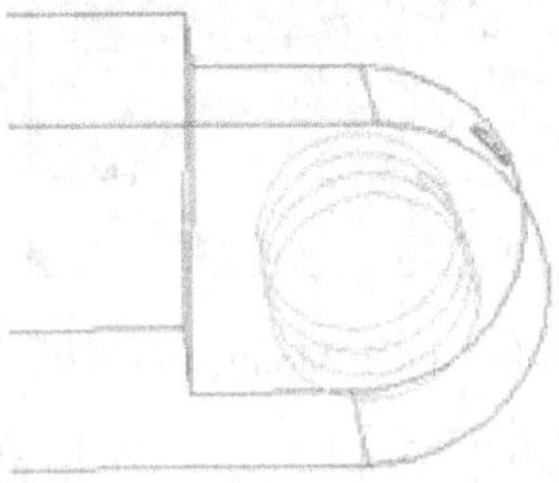

图 15-47　选择部件的一个面

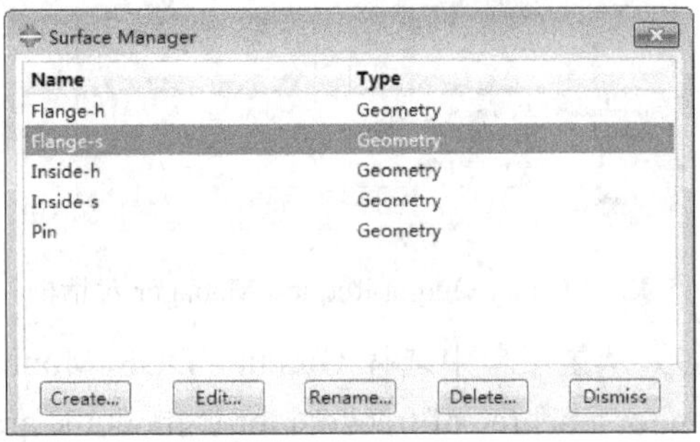

图 15-48　Surface Manager 对话框

下面定义模型各部分之间的接触。

（5）从主菜单选择 Interaction→Property→Create，在出现的对话框（见图 15-49）中命名其为 NoFric，接受 Contact 作为默认选择，单击 Continue...按钮。在后出现的 Edit Contact Property 对话框（见图 15-50）中，选择 Mechanical→Tangential Behavior，接受默认的选择，然后选择 Mechanical→Normal Behavior，接受默认的选择，单击 OK 按钮。

（6）从主菜单中选择 Interaction→Manager，然后单击 Create...按钮，在出现的对话框中，命名其为 Hingepin-hole，接受默认选择，单击 Continue...按钮。在提示栏的右下角单击 Surface 按钮，在出现的对话框中选择 Pin 作为主表面，如图 15-51 所示，单击 Continue...按钮。采用同样技术，选取 Inside-h 作为从表面，单击 Continue...按钮。观察弹出来的对话框，并接受默认的选择，单击 OK 按钮。

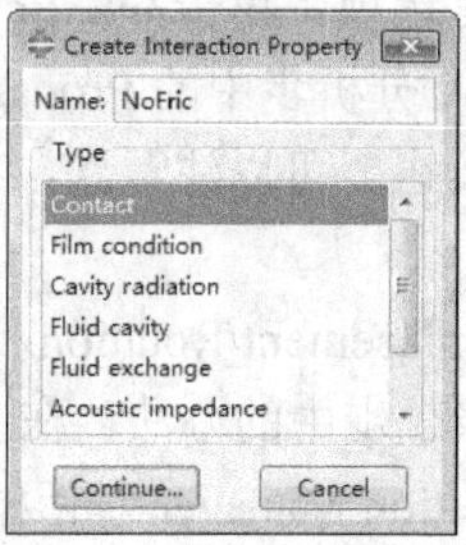

图 15-49　Create Interaction…对话框

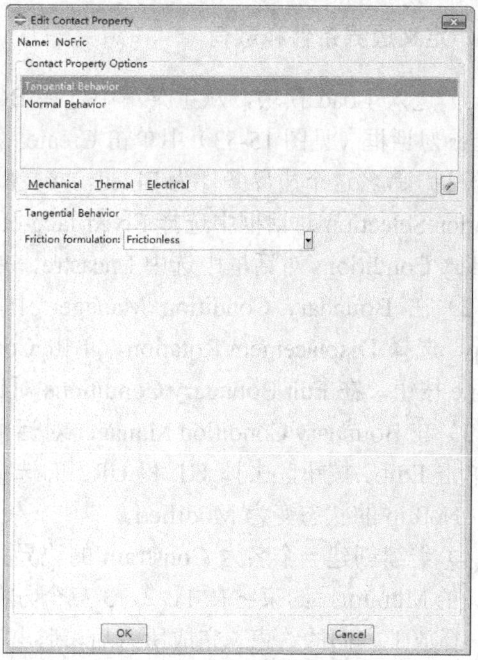

图 15-50　Edit Contact Property 对话框

（7）采用相同的技术定义一个相互作用为 Hingepin-soild，用 pin 作为主表面，Inside-s 作为从表面，NoFric 为相互作用的特性。创建一个 Flanges 的相互作用，用 Flange-h 作为主表面，Flange-s 作为从表面。然后单击 Dismiss 按钮退出 Interaction Manager，如图 15-52 所示。

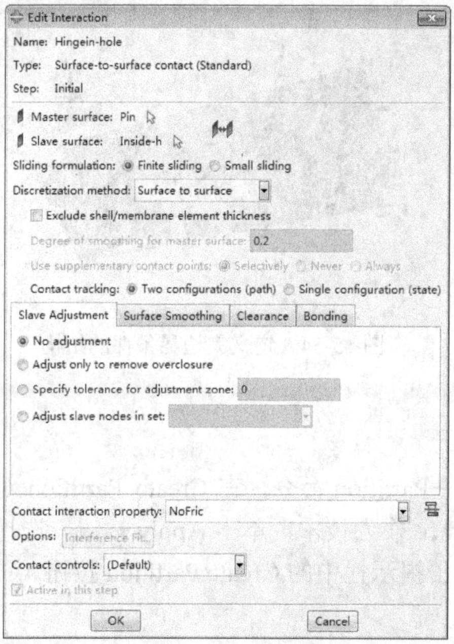

图 15-51　Edit Interaction 对话框中选择 Pin 作为主表面

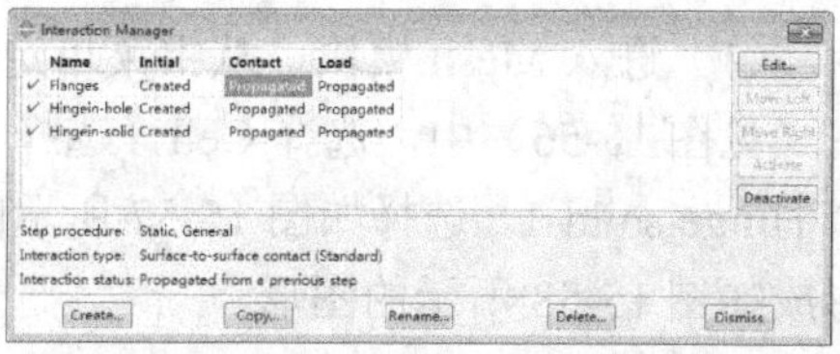

图 15-52　Interaction Manager 对话框

8．定义边界条件和载荷

（1）进入 Load 模块，从主菜单中选择 BC→Manager 命令，在 Boundary Condition Manager 对话框（见图 15-53）中单击 Create...按钮，在出现的 Create Boundary Condition 对话框中，命名这个边界条件为 Fixed，接受默认的选择，单击 Continue...按钮，在出现的 Region Selection 对话框中选择 Fixed-face-output，单击 Continue...按钮，在出现的 Edit Boundary Conditions 对话框中选中 Encastre，单击 OK 按钮。

（2）在 Boundary Condition Manager 中单击 Create...按钮，命名这个边界条件为 NoSlip，选择 Displacement/Rotation，单击 Continue...按钮。选择 pin 的刚体参考点，单击 Done 按钮，在 Edit Boundary Conditions 对话框中选中所有选项，单击 OK 按钮。

（3）在 Boundary Condition Manager 对话框中，选中 Load 分析步中的 Propagated 按钮，单击 Edit…按钮，去掉 U1 和 UR2 的选择，单击 OK 按钮，可以注意到，在 Load 步时，NoSlip 的状态变为 Modified。

（4）继续创建一个名为 Constrain 的边界条件，选择 Displacement/Rotation，选择前面定义的 Monitor，约束它在 1，2，3 三个方向的移动。按照 3 步中的办法，在 Load 分析步，释放 1 方向的约束。完成所有后，退出 Boundary Condition Manager 对话框。定义完边界条件的结构如图 15-54 所示。

（5）从工具栏中选择 Create Load 按钮，在对话框中，命名这个载荷为 Pressure，接受以 Load 作为载荷施加的分析步，选择载荷类型为 Pressure，单击 Continue…按钮。然后选择如图 15-55 所示的底面，单击 Done 按钮，在对话框中，输入-1E4，接受默认的选择，单击 OK 按钮，完成载荷的定义。

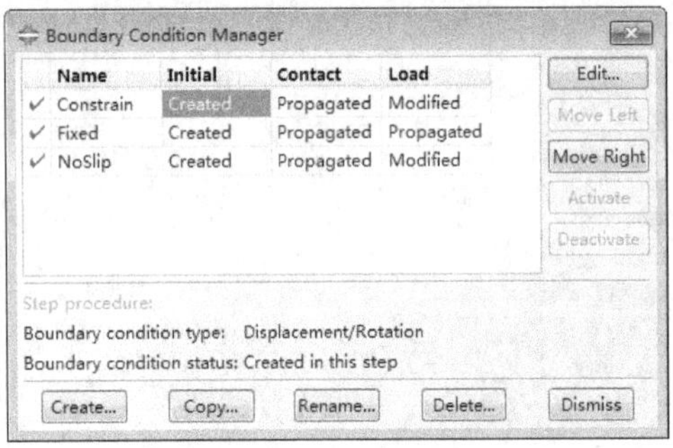

图 15-53　Boundary Condition Manager 对话框

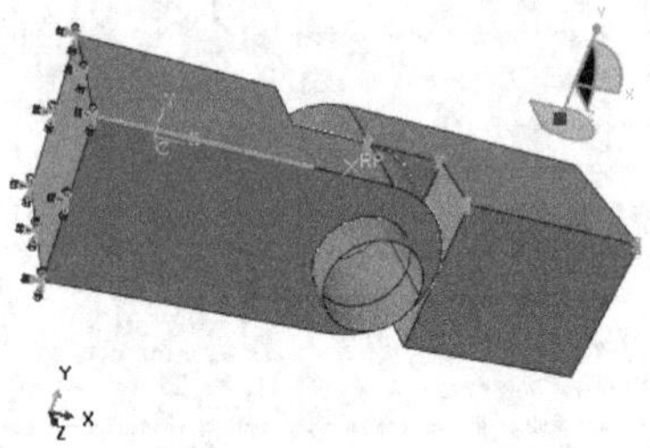

图 15-54　定义完边界条件的结构

9．划分网格

（1）进入 Mesh 模块，从主菜单选择 Tools→Partition 命令，在 Create Partition 对话框（见图 15-56）中，选择 Cell，选择 Extend face 作为技术，单击 Apply 按钮。选择整个 Hinge-soild-1，选择如图 15-57 所示的面，单击提示栏中的 Create Partition 按钮。CAE 形成如图 15-58 所示的图形。

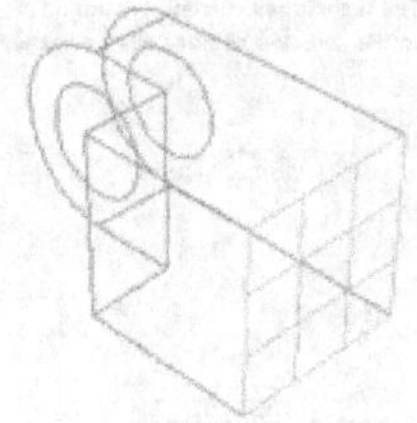

图 15-55　选择部件的底面

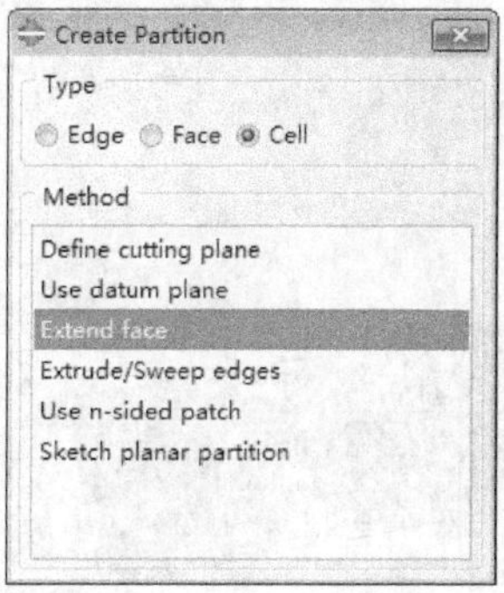

图 15-56　Create Partition 对话框

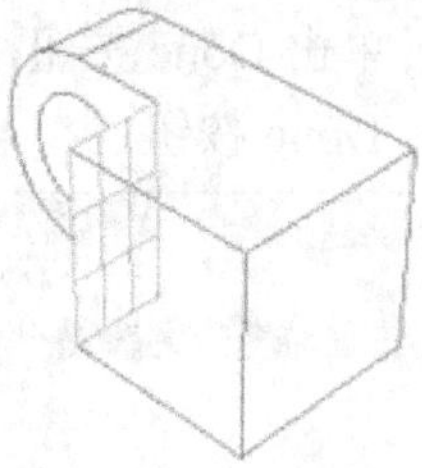

图 15-57　选择部件一个面

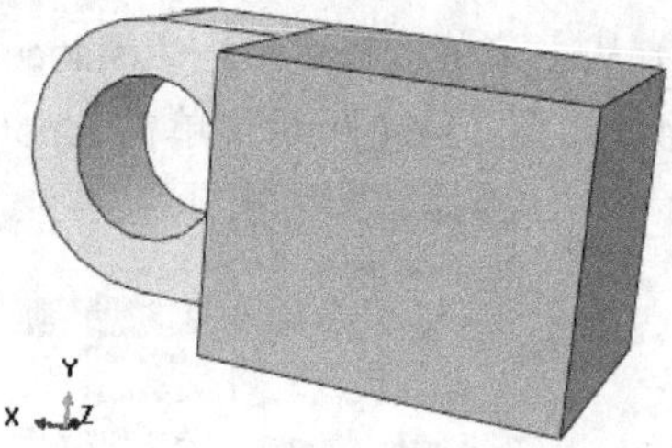

图 15-58　Partition 创建后的部件

（2）同第一步，先将 Hinge 分成两个部分，如图 15-59 所示。

（3）从 Create Partition 对话框中，选择 Cell，选择 Define cutting plane，单击 Apply 按钮，选择整个 Hinge，单击 Done 按钮，在提示栏选择 3 Points，选择三点，单击 Create Partition 按钮，CAE 将整个 hinge 分为 3 块，如图 15-60 所示。

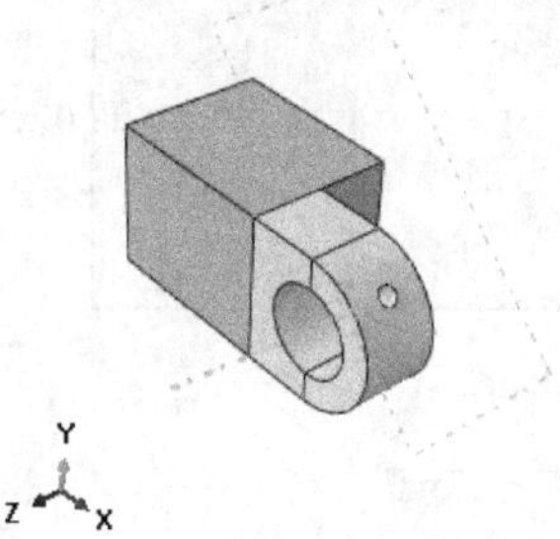

图 15-59　Hinge 部件分成两部分

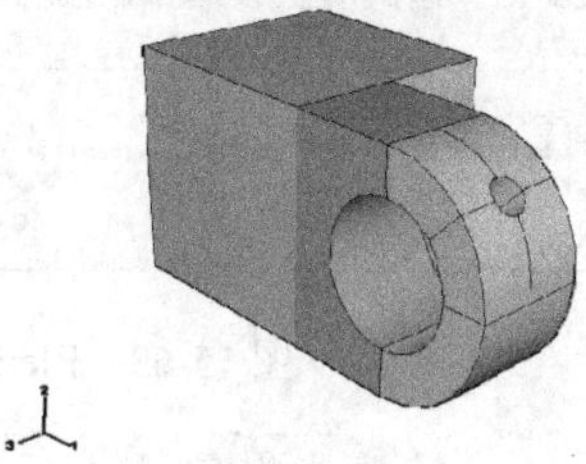

图 15-60　分成三部分

（4）采用 Define cutting plane 将 hinge 分成如图 15-60 所示的数个部分（用 3 Points）。

（5）再采用上面相同的技术将突起的底部分割成两个部分，如图 15-61 所示。

（6）从主菜单选择 Mesh→Controls，在弹出的 Mesh Controls 对话框中选中除了销钉以外的所有部分，单击 Done 按钮，在对话框内接受默认的选项，单击 OK 按钮，如图 15-62 所示。

（7）从主菜单选择 Mesh→Element Type，用相同的技术选中除了销钉以外的所有部分，单击 Done 按钮，在对话框中，如图 15-63 所示，接受所有的默认选择，单击 OK 按钮。

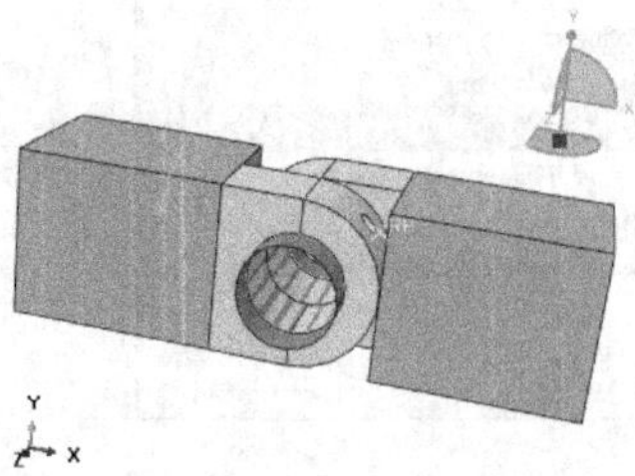

图 15-61　Partition 后的装配件

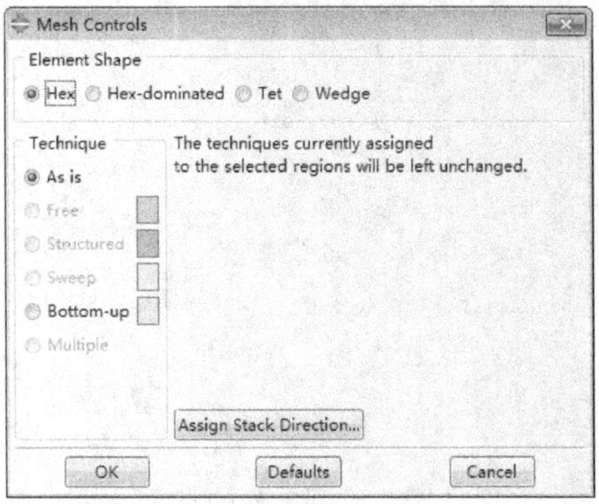

图 15-62　Mesh Controls 对话框

（8）从主菜单选择 Seed→Instance，选中两个铰链，单击 Done 按钮，在提示栏中输入 0.004，如图 15-64 所示，单击 Apply 按钮，然后单击 Done 按钮。

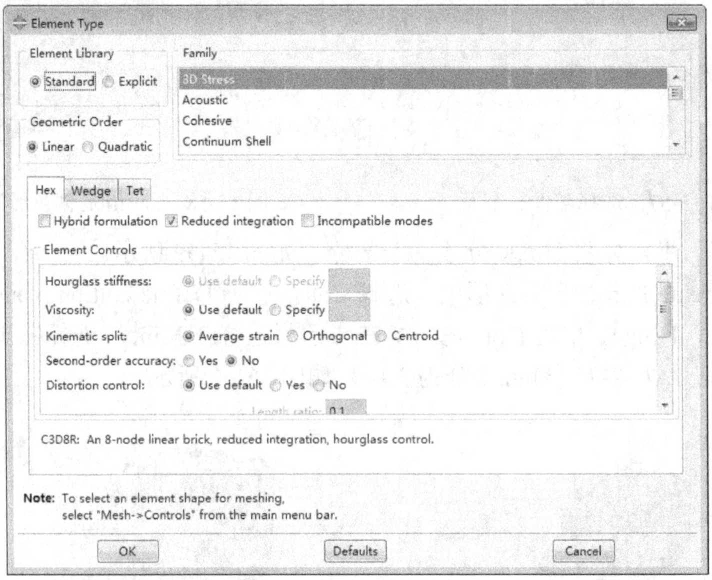

图 15-63　Element Type 对话框

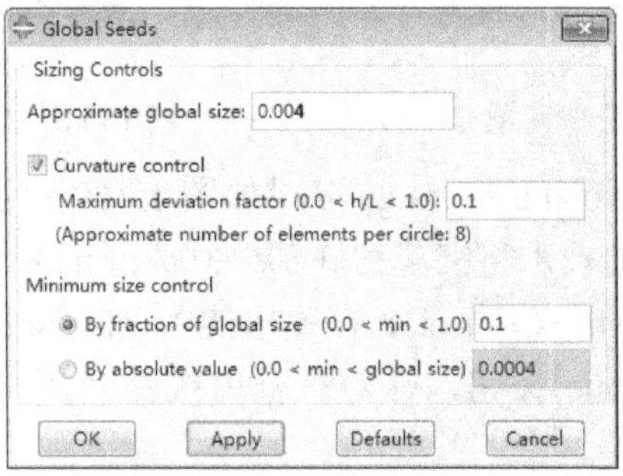

图 15-64　Global Seeds 对话框

（9）从主菜单选择 Mesh→Instance，选中两个铰链，单击 Done 按钮。CAE 将为铰链划分网格，如图 15-65 所示。

10．进行分析，并可视化结果

（1）进入 Job 模块，从主菜单选择 Job→Create 命令，在弹出的对话框（见图 15-66）中命名其为 Pullhinge，单击 Continue...按钮，接受所有的默认选择，单击 OK 按钮。

（2）从主菜单选择 Job→Manager，在 Job Manager 对话框（见图 15-67）中单击 Submit 提交任务，单击 Monitor（见图 15-68）来观察分析的进程。

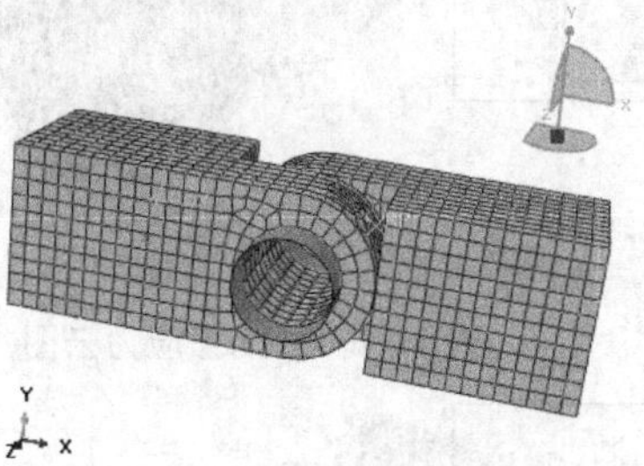

图 15-65　划分网格后的结构

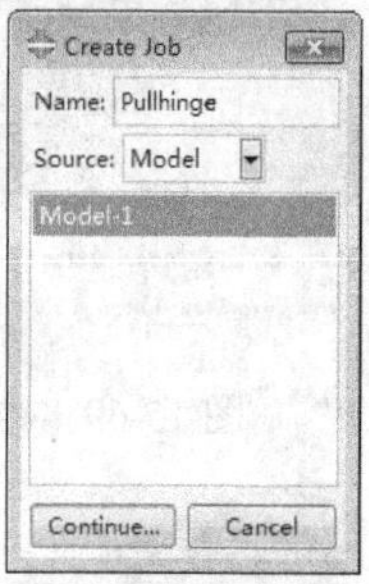

图 15-66　Create Job 对话框

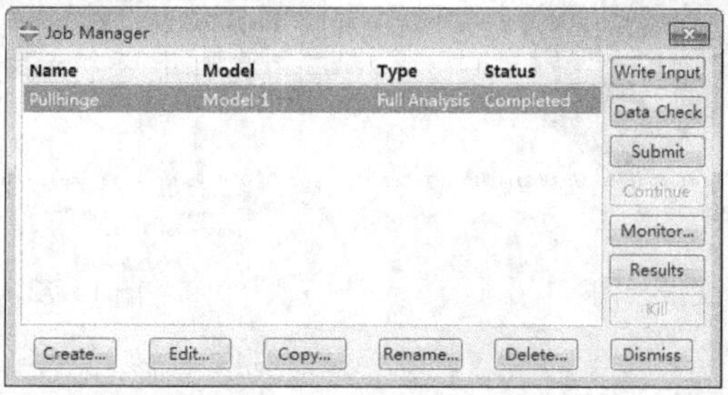

图 15-67　Job Manager 对话框

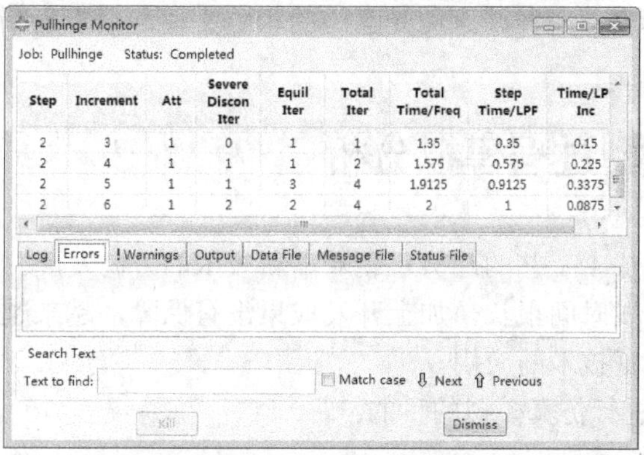

图 15-68　Pullhinge Monitor 对话框

（3）分析结束后，单击 Results 按钮，对结果进行可视化。

✧ 单击工具栏的 Plot Deformed Shape 按钮，显示结构变形结果，如图 15-69 所示。

✧ 从主菜单选择 Plot→Contours，显示云图，通过主菜单的 Result→Field Output 命令，可以改变等高线所代表的变量。如图 15-70 到图 15-72 所示，分别描述了结构的 Mises 应力、U1、U2 的云图。
✧ 从主菜单选择 Animate→Time History，可以观看 CAE 制作的动画过程。
✧ 从主菜单选择 Result→History Output，可以选取想要绘制的 *X-Y* 曲线。

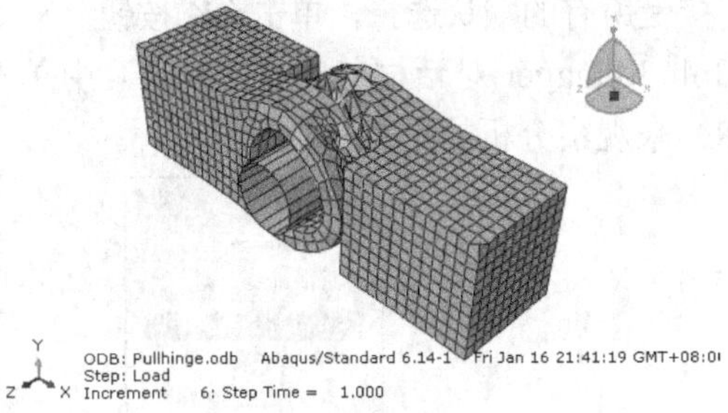

图 15-69 结构变形图

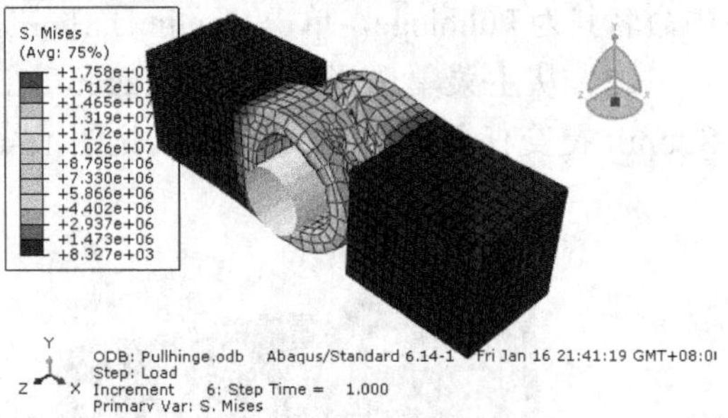

图 15-70 Mises 应力云图

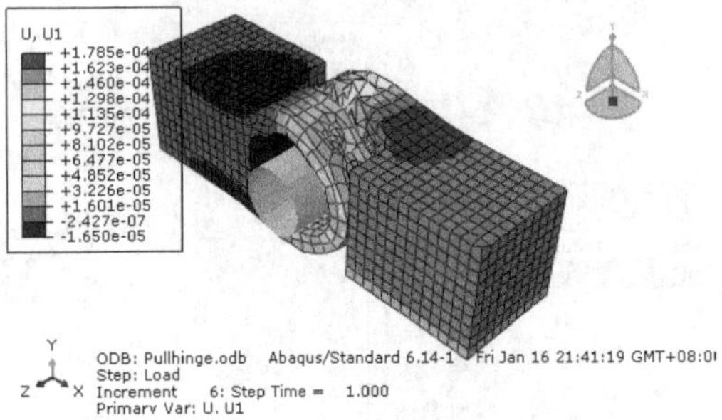

图 15-71 U1 变量云图

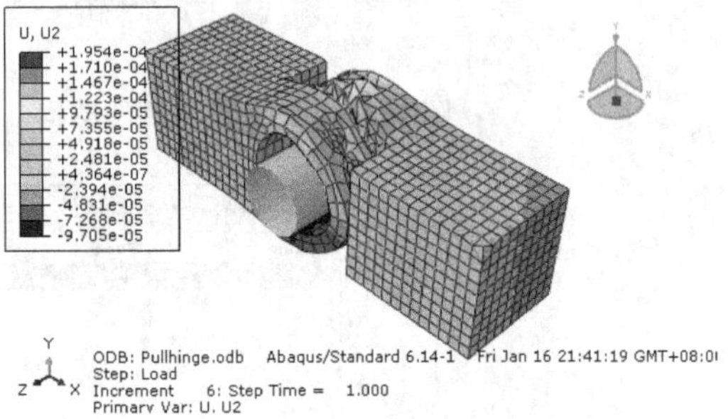

图 15-72 U2 变量云图

15.1.3 INP 文件

该案例中的 INP 文件解释请查阅光盘中的相关文件，限于篇幅，在此不做详解。

15.2 钣金成型过程模拟分析

当前，制造行业加工工艺的趋势正朝着高新技术的方向发展。由于新产品、新技术的开发成本太高、开发时间很长，加上开发成果没有保障，越来越多的公司在研发、制造过程中开始注重仿真技术的应用。

采用 ABAQUS 进行仿真模拟的目的：

✧ 节约开发成本。
✧ 提高产品质量。
✧ 加快研发速度。

采用 ABAQUS 对加工工艺进行模拟有着诸多优点：

✧ 数值模拟减少了耗时的原型实验，缩短了产品投放市场的时间。
✧ 合理的坯料设计，减少了飞边，也减少原材料的浪费。
✧ 合理的参数设计可以降低对工件的损耗。
✧ 对模具的设计、加工提供合理建议。
✧ 优化加工过程，提高产品成型质量。

15.2.1 问题的描述

本实例模拟油箱的冲压成型过程，如图 15-73 所示。图 15-73（a）所示为实际的油箱形状，是由两个如图 15-73（b）所示的结构组成的，考虑冲压成型过程中它的结构的对称性，建立如图 15-73（c）所示的结构，对其进行模拟分析，达到分析整个油箱成型分析的目的。

首先，将通过 ABAQUS/CAE 完成如图 15-74 所示的装配图。其中，平面金属板将被冲压成型为如图 15-73（c）所示的结构。

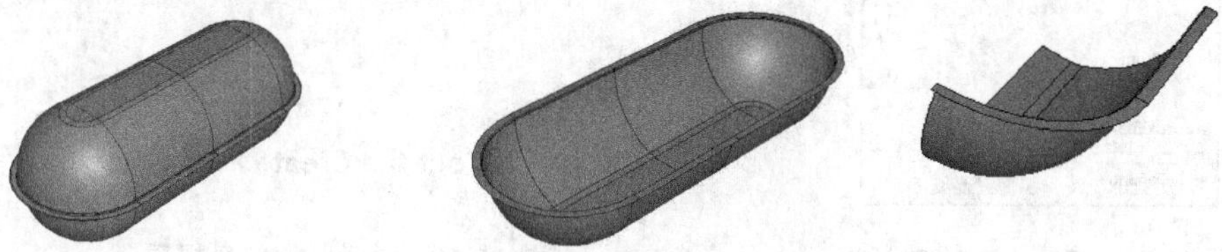

（a）整个结构　（b）1/2 的结构　（c）1/4 的结构

图 15-73　模型结构图

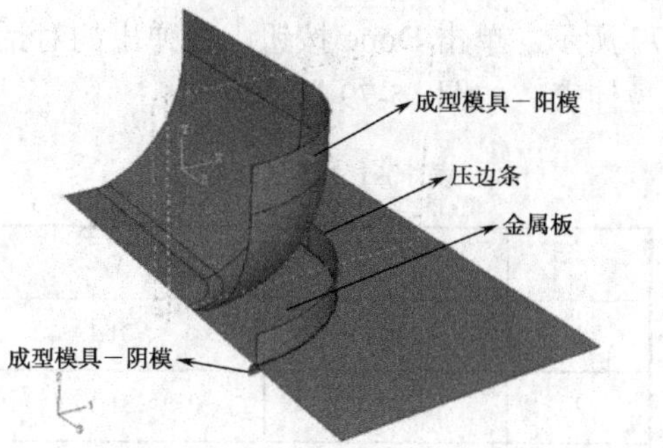

图 15-74　模型分析结构图

15.2.2 问题分析和求解

1. 创建成型模具——阳模

（1）首先运行 ABAQUS/CAE，在出现的对话框内选择 Create Model Database。在主菜单 model 中命名新建模型为 Forming example，并保存文件为 examle_forming.cae。从

Module 列表中选择 Part，进入 Part 模块。

（2）选择 Part→Create 来创建一个新的部件。ABAQUS 弹出一个如图 15-75 所示的对话框。命名为 Punch，确认 Modeling Space、Type 和 BaseFeature 的选项如图 15-75 所示，选择 Approximate size：300，单击 Continue...按钮。此外，在提示区域会出现如图 15-76 所示的信息。

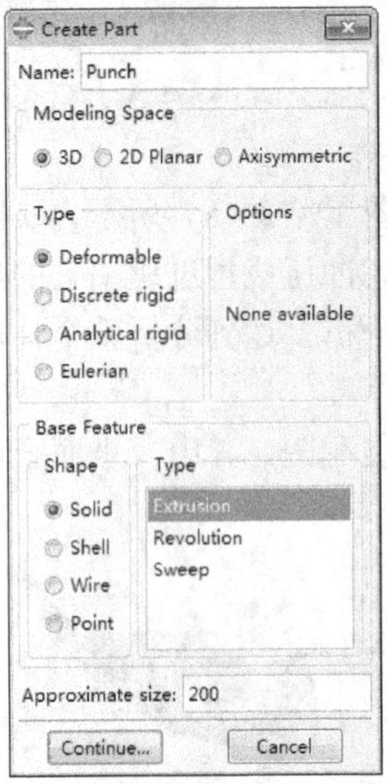

图 15-75　Create Part 对话框

图 15-76　提示区的信息提示

（3）在左侧工具条上单击按钮，在提示栏中依次输入如表 15-1 所示的坐标点，采用图标连接 1 和 2 点、6 和 7 点，采用图标连接图中 2、3、4 点和 4、5、6 点，曲线不用闭合，如图 15-77 所示。单击 Done 按钮，在弹出的对话框（见图 15-78）中输入拉伸长度为 296，创建拉伸壳，如图 15-79 所示。

表 15-1　点的坐标值

	x	y
1	-150.0	-31.1
2	-102.47	-31.1
3	-93.46	-30.31
4	-84.76	-27.90
5	1.57	39.73
6	34.2	144.40
7	34.2	200.00

（4）在工具栏中选择 Tools→Datum 命令，在弹出的对话框（见图 15-80）中选择 Type：Plane，Method：3points，单击 OK 按钮。依次选择不在同一直线上的三个点，如图 15-81 所示，如果想修改点的选择，可以在第三个点选中之前单击提示栏的箭头，回退到上一

步继续选择。

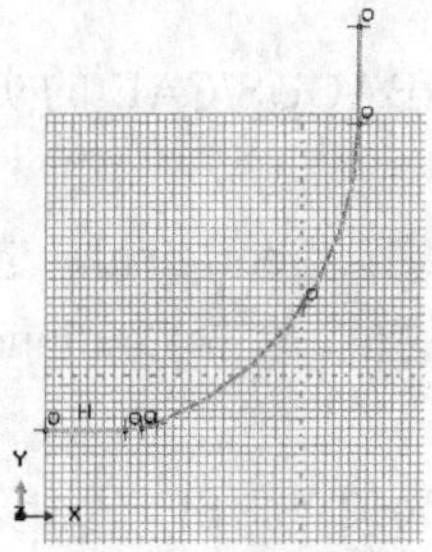

图 15-77　绘制的草图

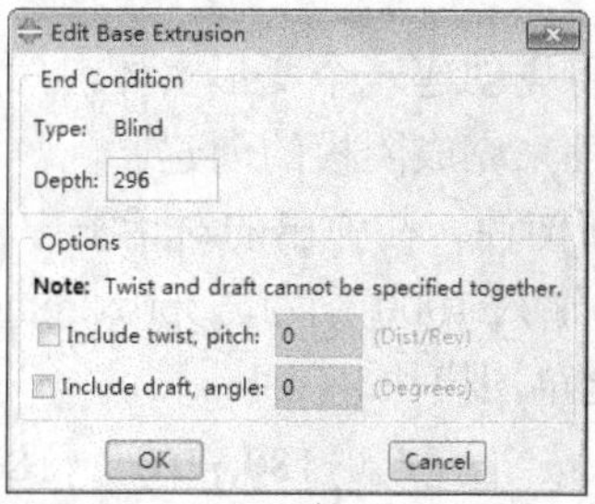

图 15-78　Edit Base Extrusion 对话框

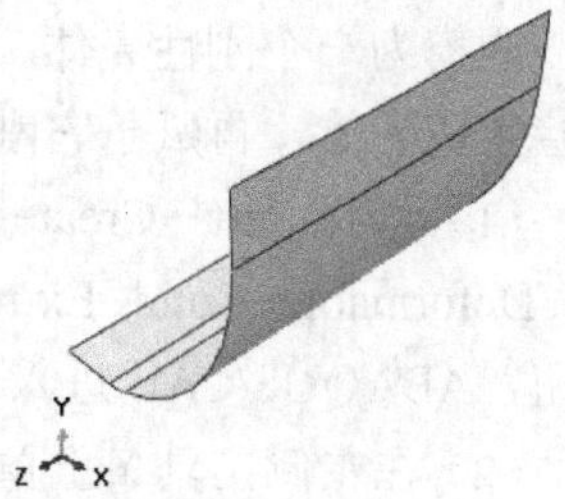

图 15-79　生成的部件

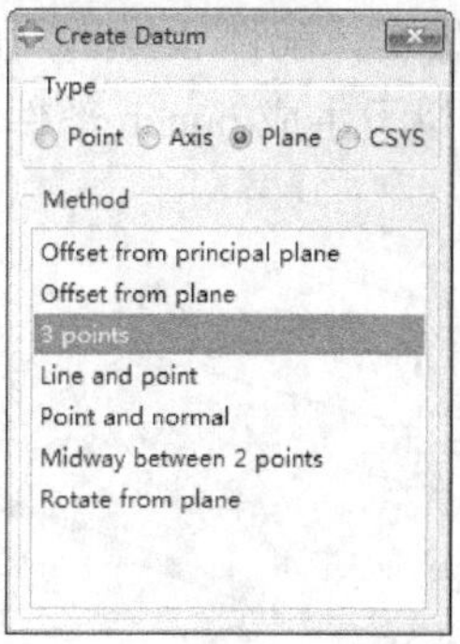

图 15-80　Create Datum 对话框

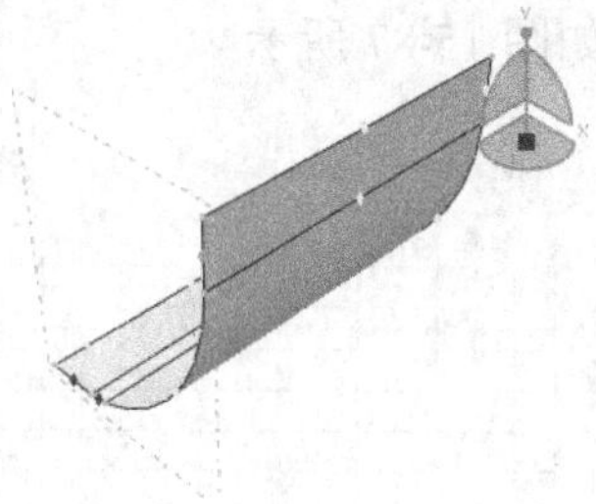

图 15-81　选择三个点创建基面

（5）在主菜单上选择 Shape→Shell→Revolve 命令，选择刚刚创建的基面，然后在提示栏下拉菜单选择 vertical and on the right，此时视图区的图形如图 15-82 所示。然后选择如图 15-77 所示所创建的上部的垂直线段，进入平面绘图视图。

（6）采用图标和连接图中各点（如步骤（3）所述顺序），曲线不用闭合。

（7）在主菜单上选择 Add→Construction→Vertical 命令，通过曲线最左边线段上的任何一点单击鼠标左键，然后单击提示栏上的 Done 按钮。在弹出的对话框（见图 15-83）中默认角度为 90°，单击 OK 按钮完成操作。形成的图形如图 15-84 所示。如果旋转方向跟默认的方向不同，可以通过单击 Flip 按钮改变该方向。

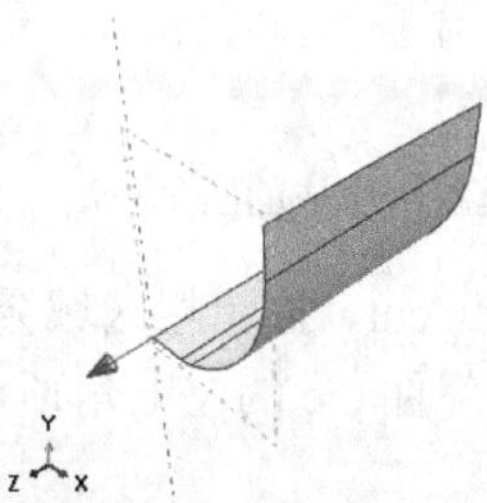

图 15-82　选择创建好的基面

图 15-83　Edit Revolution 对话框

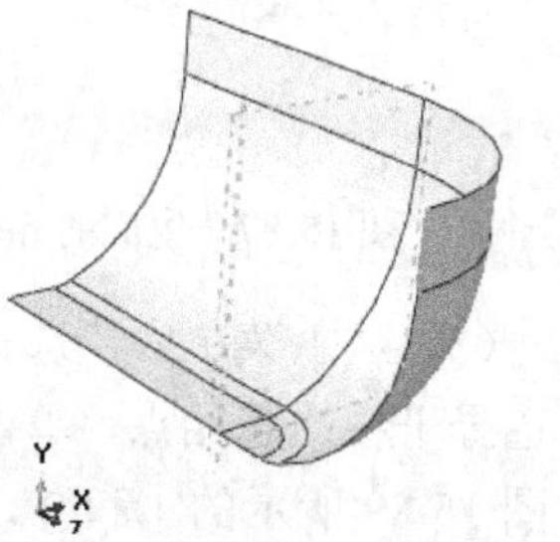

图 15-84 形成的部件结构图

2．创建成型模具——阴模

阴模为一个刚性壳体。下面将先创建一个变形实体，然后由 ABAQUS/CAE 的实体直接生成壳体，再赋予它刚体属性来完成阴模的创建。

（1）选择 Part→Create 创建新部件。在弹出的对话框中输入名字：dieoriginal，选择 3D、Deformable、Solid、Extrusion。输入 1000 作为 Approximate size 的值。单击 Continue…按钮，ABAQUS/CAE 进入初始化草图模块。

（2）在左侧工具条上单击 按钮，以（-180,-10），（180,10）为顶点画出一个矩形，可以通过在提示栏中依次输入坐标点，也可以用鼠标直接在视图中单击完成，如图 15-85 所示，确定拉伸长度为 660，创建拉伸实体，如图 15-86 所示。

（3）用同样的方法，生成一个 296×185.5×20 的变形体实体部件 diecut，在此基础上以 185.5×20 的表面为基准面生成一个旋转实体，步骤类似于生成 punch 部件时的步骤。生成的实体如图 15-87 所示。

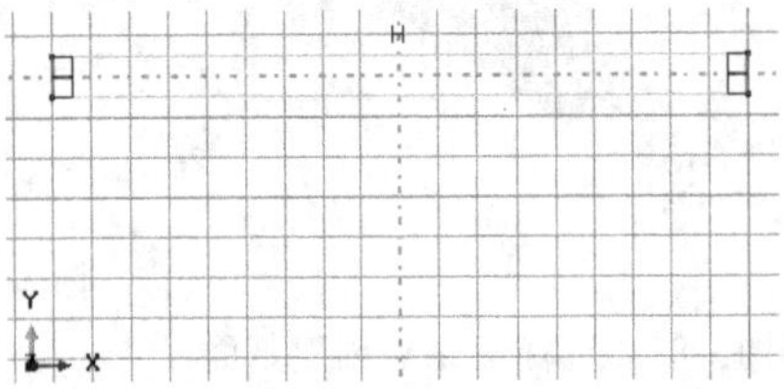

图 15-85　草图内绘制的矩形

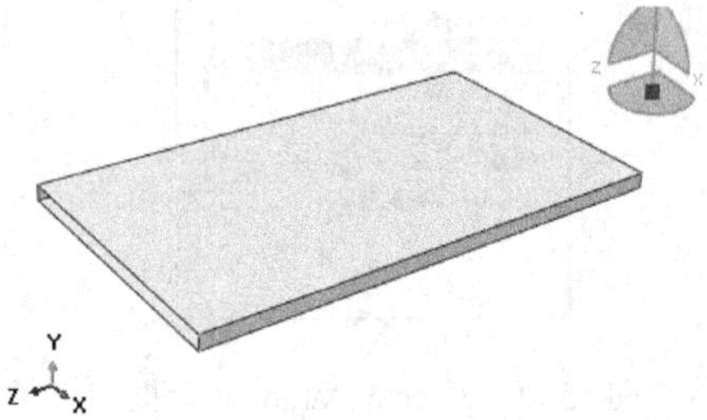

图 15-86　拉伸后生成的结构部件

（4）进入 Assembly 模块，从主菜单中选择 Instance→Create 命令，在 Create Instance 对话框中选择 dieoriginal 和 diecut，并选中 Auto-offset from other instances，单击 OK 按钮。视图区的结构如图 15-88 所示。

图 15-87　生成的 diecut 部件

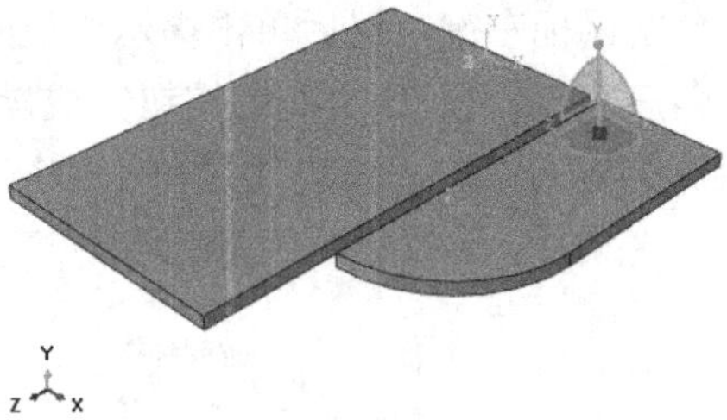

图 15-88　Assembly 模块中生成的实体

（5）从主菜单中，选择 Instance→Translate 命令，选中部件 diecut，提示栏区域会提示选择平移的起始点，单击平板壳的左上角的顶点，然后再单击部件 die 的左上角顶点，如图 15-89 所示的①和②，得到的结果如图 15-90 所示。

（6）从主菜单中，选择 Instance→Merge/cut 命令，输入 die 作为生成的新部件，选择 Cut geometry，并选中 Suppress original instances，单击 Continue…按钮，如图 15-91

所示。在视图中，选择 dieoriginal 部件作为被切割部件，选择 diecut 作为切割部件，单击 Done 按钮。完成后的图形如图 15-92 所示。

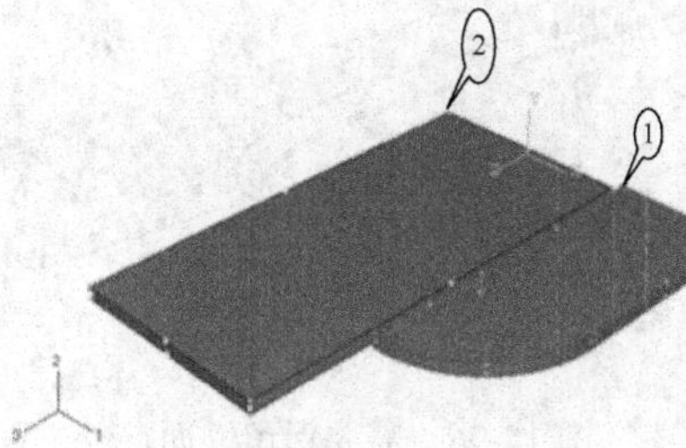

图 15-89　选择顶点

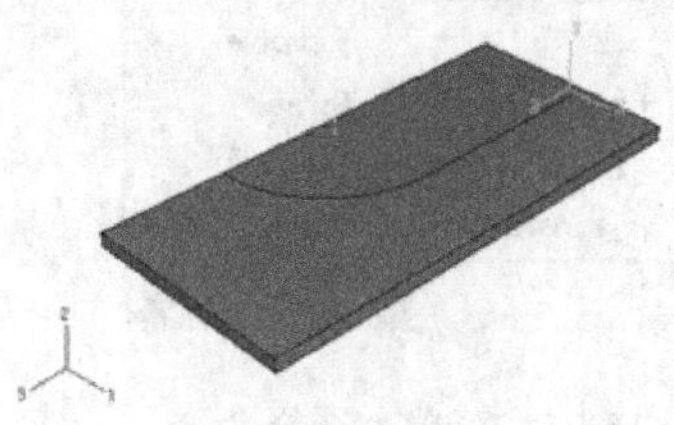

图 15-90　Assembly 模块中定位的实体

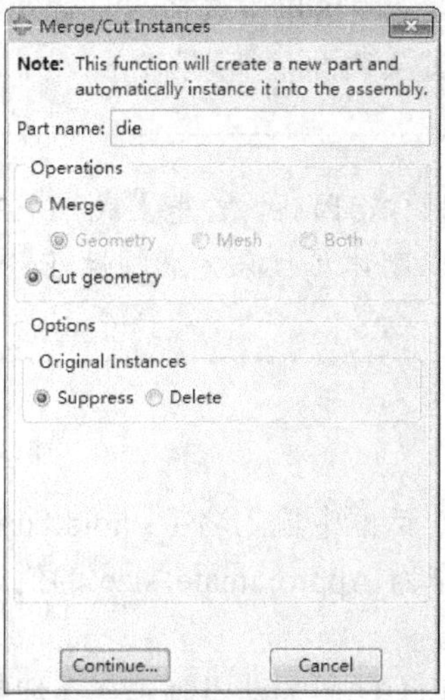

图 15-91　Merge/Cut Instances 对话框

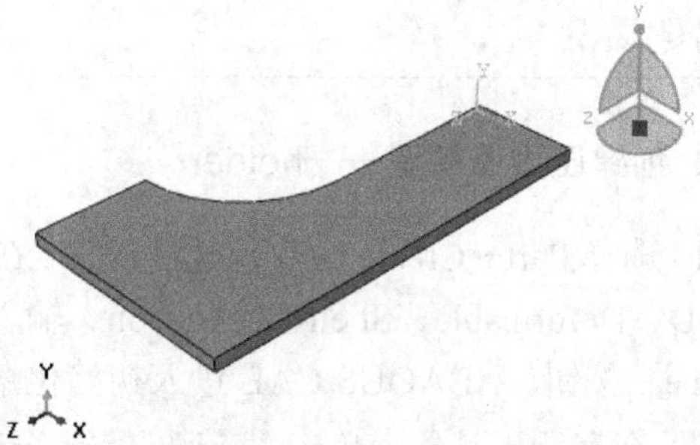

图 15-92　生成的 die 部件

（7）进入 Part 模块，对 die 部件的切割边进行倒角操作。从主菜单中选择 Shape→Bland→Round/Fillet，选择如图 15-93 所示的两条边，在提示区输入圆角半径为 16，按 Enter 键后，die 部件变成如图 15-94 所示。

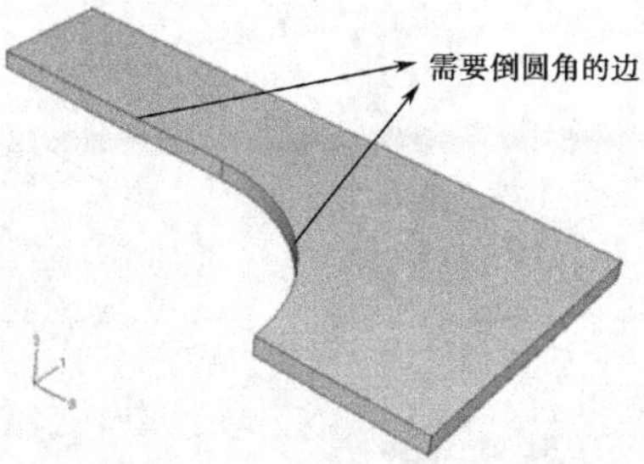

图 15-93　需要选择的边

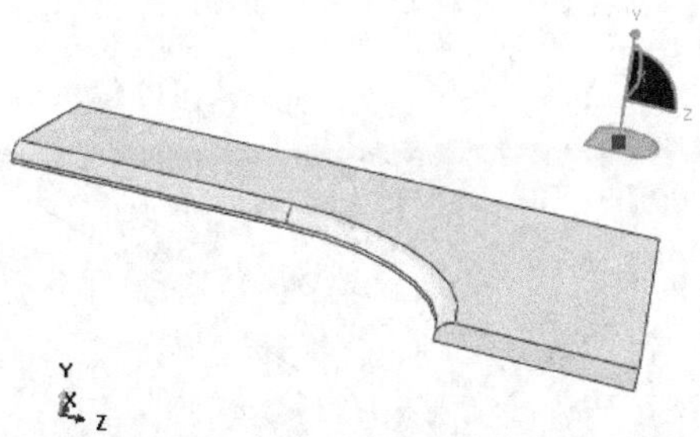

图 15-94　创建倒角后的 die 部件

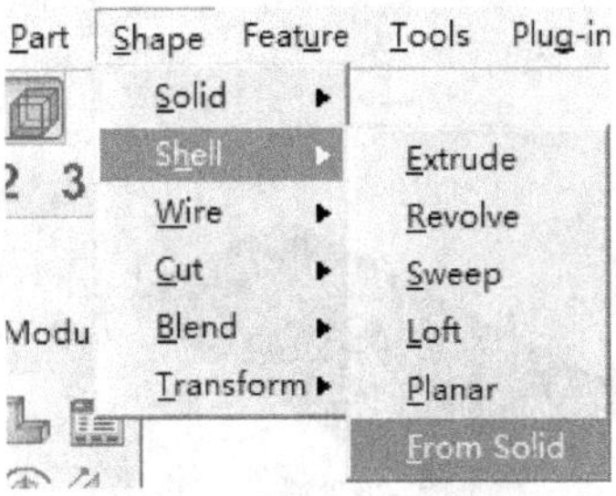

图 15-95　菜单中选择命令

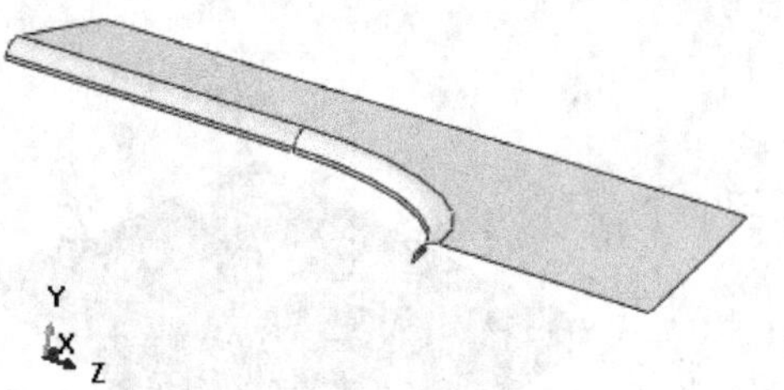

图 15-96　需要保留的面

（8）从主菜单中选择 Shape→Shell→From Solid 命令，如图 15-95 所示，在视图区单击 die 部件的任何一部分，单击快捷区的 Done 按钮。从主菜单中选择 Shape→Shell→Remove Face，只保留如图 15-96 所示的五个表面，将其余表面全部删除。

注 意

ABAQUS/CAE 对非变形体不能进行 Merge/cut 操作，因此，首先生成一个变形实体，在后续的 Interaction 模块中，通过赋予变形体以刚体属性来完成刚性 die 部件的创建。

3. 创建压边条模型——holder

（1）选择 Part→Create 命令创建新部件。在弹出的对话框中输入名字：holderoriginal，选择 3D、Deformable、Shell、Extrusion。输入 1000 作为 Approximate size 的值。单击 Continue…按钮。ABAQUS/CAE 进入初始化草图模块。

（2）在左侧工具条上单击按钮，以（-180,0），（180,0）为端点画出一条线段，可以通过在提示栏中依次输入坐标点，也可以用鼠标直接在视图中单击完成，确定拉伸长度为 660，创建拉伸壳，如图 15-97 所示。

（3）用同样的方法，生成一个 296×185.5 的变形体壳体部件 holdercut，在此基础上以长为 185.5 单位的短边为基准生成一个旋转壳，步骤类似于生成 punch 部件时的步骤，生成的壳如图 15-98 所示。参考生成 die 部件的步骤完成 holder 部件的建模。

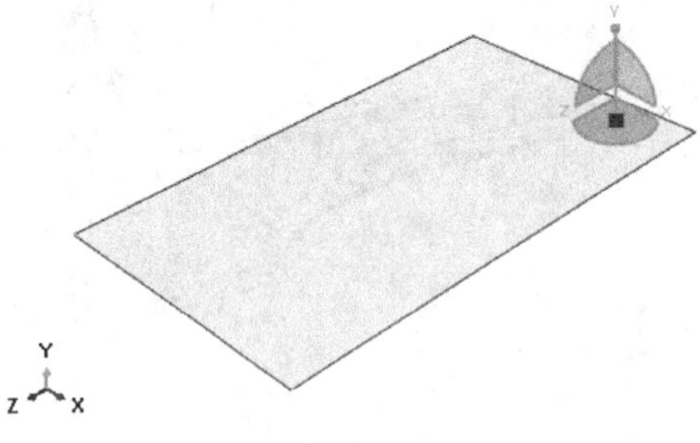

图 15-97　生成的矩形

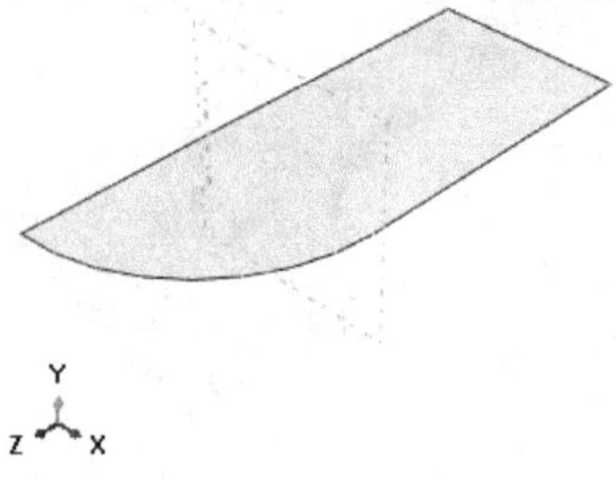

图 15-98　创建的拉伸壳

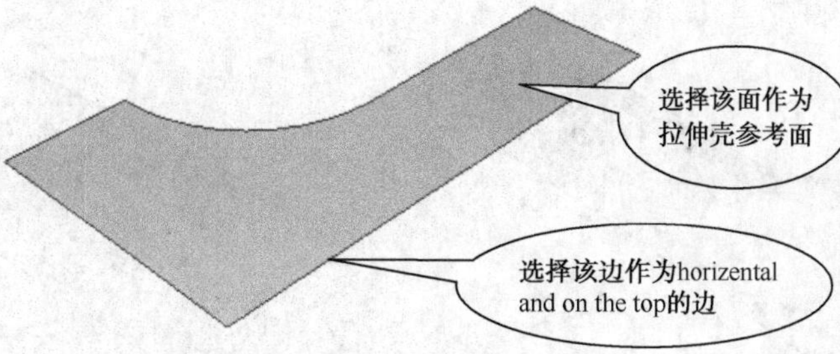

图 15-99　需要选择的面和边

（4）进入 Part 模块，在主菜单中，选择 Shape→Shell→Extrude 命令，选择 holder 壳面，在快捷区选择 horizontal and on the top，如图 15-99 所示。连接如图 15-100 所示的亮线显示的线段和圆弧，单击 Done 按钮。在弹出的对话框（见图 15-101）中输入拉伸深度为 40，单击 OK 按钮。

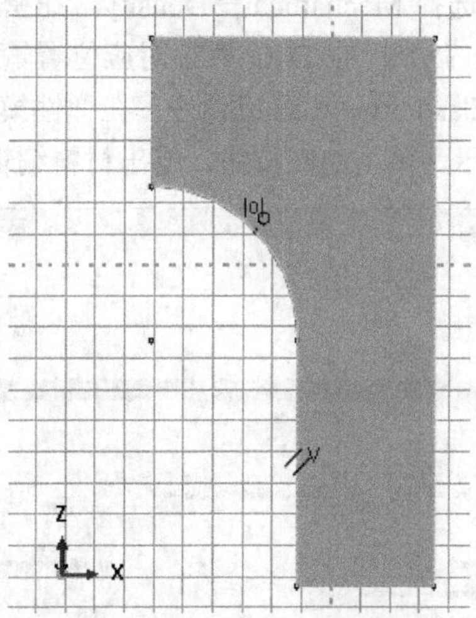

图 15-100　选择的线段和圆弧

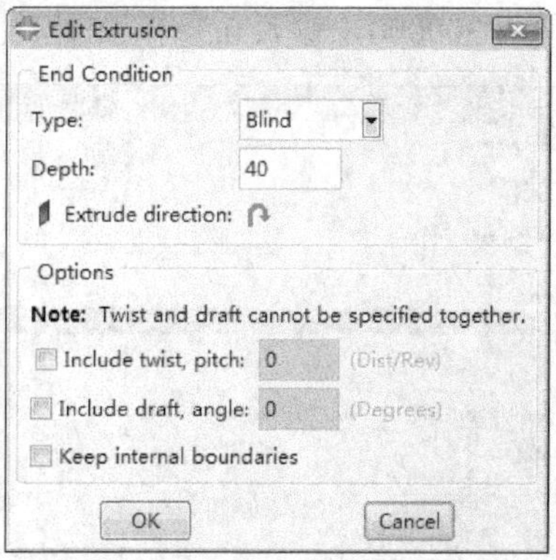

图 15-101　Edit Extrusion 对话框

（5）对拉伸处的边生成半径为 2 的倒角，最终的 holder 模型如图 15-102 所示，保存文件。

4．生成平板模型——blank

（1）从主菜单中选择 Part→Create 命令来创建冲压平板。在弹出的对话框中输入名字：blank，选择 3D、Deformable、Shell、Extrusion。输入 1000 作为 Approximate size 的值。单击 Continue…按钮。ABAQUS/CAE 进入初始化草图模块。

（2）采用图标创建一条线段，两个端点的坐标分别为（-180,0）、（180,0）。单击 Done 按钮，在弹出的对话框的拉伸深度中填入 660，单击 OK 按钮。生成的部件如图 15-103 所示。

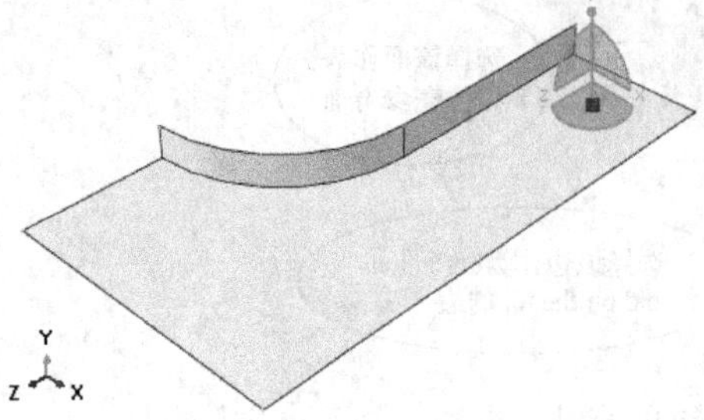

图 15-102　生成的 holder 模型

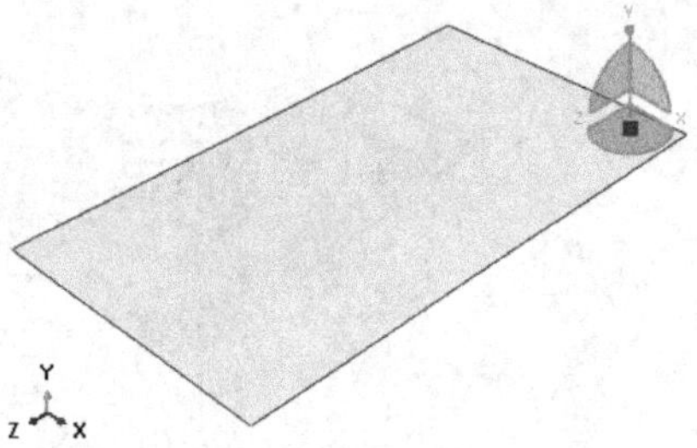

图 15-103　生成的 blank 模型

5．创建材料

（1）进入 Property 模块，在主菜单中选择 Material→Create 来创建一个新的材料。在 Edit Material 对话框中，命名这个材料为 Material-1，选择 Mechanical→Density，在密度栏中输入 7.8E-9；选择 Mechanical→Plasticity→Plastic 命令，在 Data 栏中对应位置输入下表中的数据，如图 15-104 所示；选择 Mechanical→Elasticity→Elastic 命令，在弹性模量中输入 200000，输入 0.3 作为泊松比，如图 15-105 所示，单击 OK 按钮，退出材料编辑。

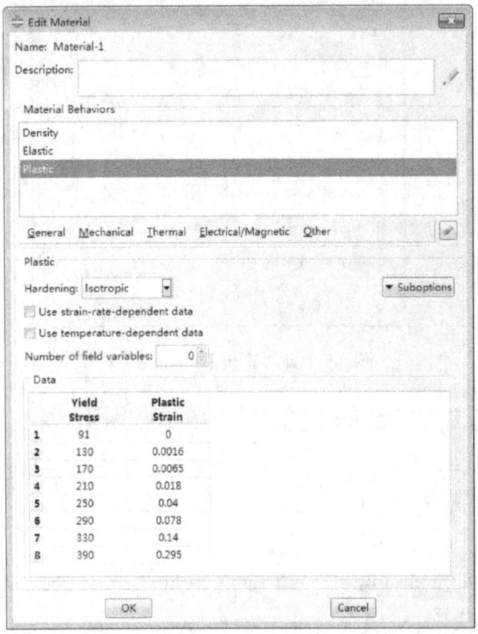

图 15-104　塑性数据

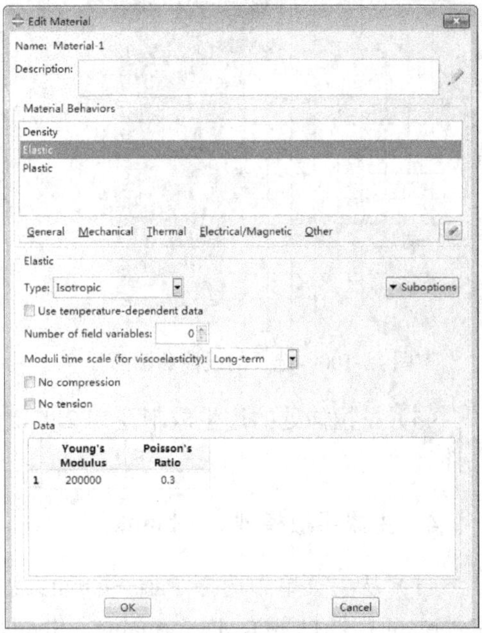

图 15-105　弹性模量和泊松比

（2）从主菜单中选择 Section→Create 命令，在 Create Section 对话框中定义这个区域为 Section-1，在 Category 选项中接受 Shell 作为默认的选择，在 Type 选项中接受 Homogeneous 作为默认的选择，单击 Continue…按钮。

（3）在出现的 Edit Section 对话框（见图 15-106）中选择 Material-1 作为材料，输入 1.2 作为 Plane stress/strain thickness，并单击 OK 按钮。

（4）在 Part 中选择 blank，从主菜单中选择 Assign→Section 命令，选择整个 Part，ABAQUS 将会把选择的区域高亮化，在提示栏单击 Done 按钮，在出现的 Assign Section 对话框中单击 OK 按钮，完成操作。

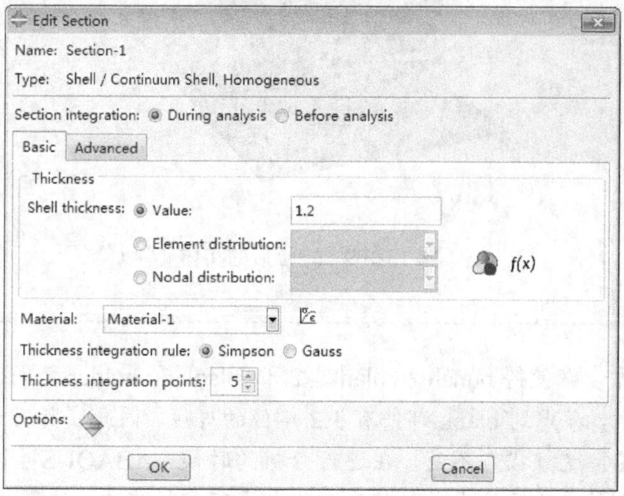

图 15-106 Edit Section 对话框

6. 部件组装

（1）进入 Assembly 模块，从主菜单中选择 Instance→Create，在 Create Instance 对话框中选中部件：blank、die、holder、punch，并选中 Auto-offset from other instances，单击 OK 按钮，如图 15-107 所示。

（2）从主菜单中，选择 Instance→Translate 命令，选中部件 die，提示栏区域会提示选择平移的起始点，单击它的左下角的顶点④，然后再单击部件 blank 的左下角的顶点①，如图 15-108 所示，单击 OK 按钮。

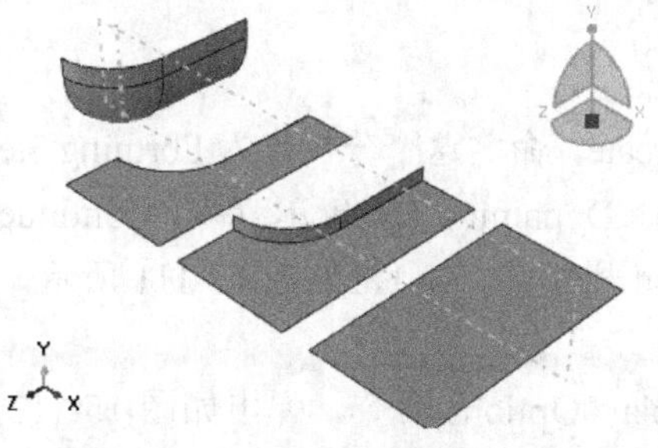

图 15-107 视图区显示的实体

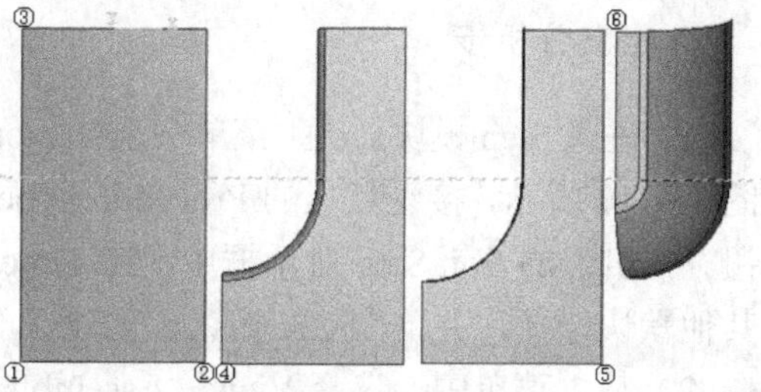

图 15-108 实体的定位

（3）用同样的方法，移动部件 holder 和 punch，顶点⑤和②、⑥和③分别为 holder、punch 移动的起点和终点，得到的组合图如图 15-109 所示。

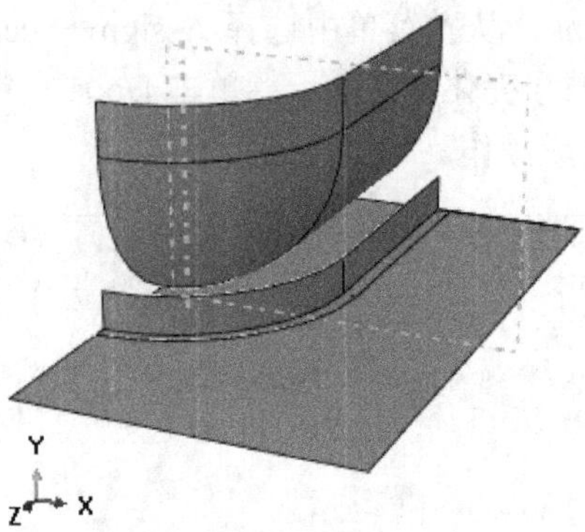

图 15-109　定位后的实体

注 意

上述的操作步骤使得punch和blank之间、blank和holder之间、blank和die之间为无间隙接触，考虑到blank部件有1.2单位的厚度，因此实际上这些表面都是过盈接触。如果保持这种状态不变，在进行分析的时候，ABAQUS会对相应的接触面自动进行位移调整，从而产生初始应变，但却没有初始应力，这是不合理的。因此，在装配时需要调整各部件在总体坐标系的2方向上的相对位置。下面需要以blank为基准调整其他部件的位置。

（4）从主菜单中，选择Instance→Translate命令，选中部件die，提示栏区域会提示选择平移的起始点，提示栏右端的文本框内有一组坐标，它的含义是平移矢量的起始点坐标，默认为（0.0,0.0,0.0）。按Enter键接受这个默认值，提示栏区域会提示选择平移的终点，输入（0.0,-0.6,0.0），按Enter键，单击OK按钮完成移动。

（5）重复上步操作，将punch和holder部件沿2方向平移0.6单位（沿2正方向移动）。

7．定义分析步

（1）进入Step模块，从主菜单中选择Step→Create，命名这个分析步为Forming Step，如图15-110所示，接受默认的Procedure type，选择Dynamic，Explicit，单击Continue…按钮。在出现的Edit Step对话框中，在Time period栏中输入0.1，如图15-111所示，接受其他默认选择，并单击OK按钮，创建一个分析步。

（2）从主菜单中，选择View→Assembly Display Options命令，弹出如图15-112所示的对话框，选择Instance标签页，单击Visible的选择框，保证只有blank-1被选中，单击OK按钮。

（3）在主菜单选择Tools→Set→Create命令，命名将要生成的节点集为blank，在视图中用鼠标拉出一个矩形，确定将blank部件的顶点和边全部选中，单击提示栏区的Done按钮。重复创建节点集的过程，将如图15-113所示的两条边分别创建为xblank和zblank节点集。

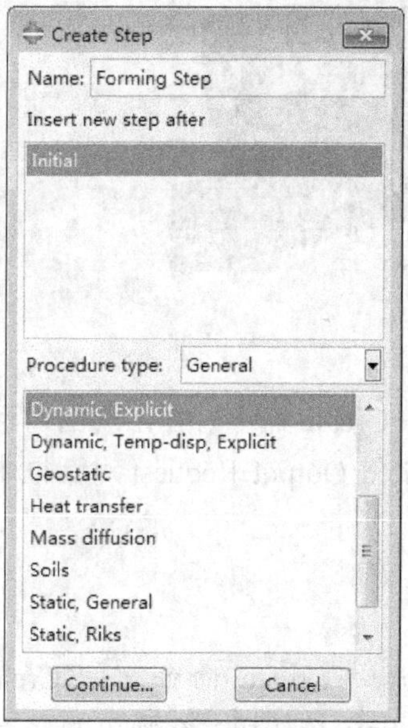

图 15-110　Create Step 对话框

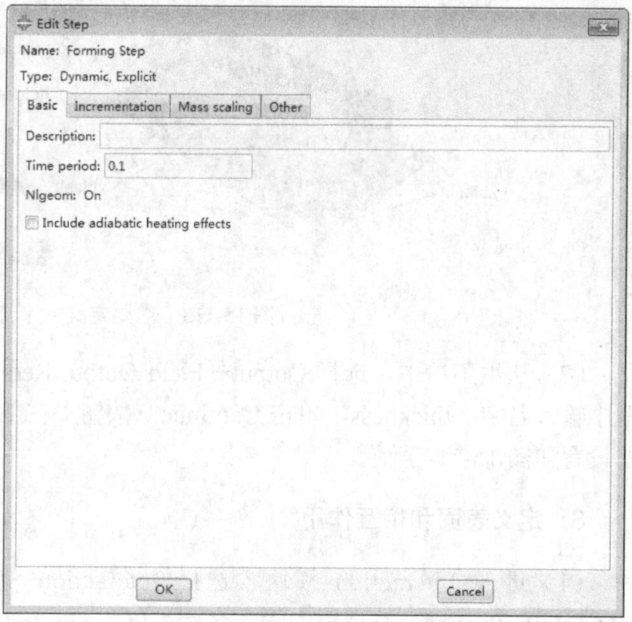

图 15-111　Edit Step 对话框

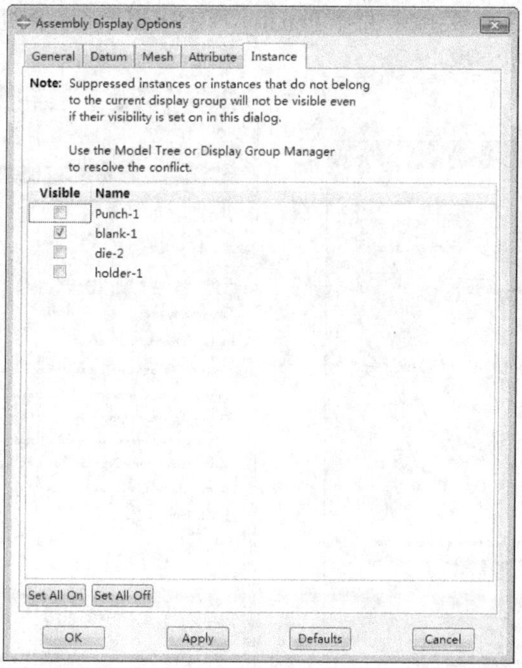

图 15-112　Assembly Display Options 对话框

（4）用同样的方法，将其他三个部件均创建为节点集，分别命名为 die、holder、punch。

（5）在 Assembly Display Options 对话框中将四个部件全选中，单击 OK 按钮。

（6）从主菜单中，选择 Tools→Reference Point 命令，分别选择如图 15-113 所示的点为参考点，分别命名为 punchRP、holderRP、dieRP，如图 15-113 所示。

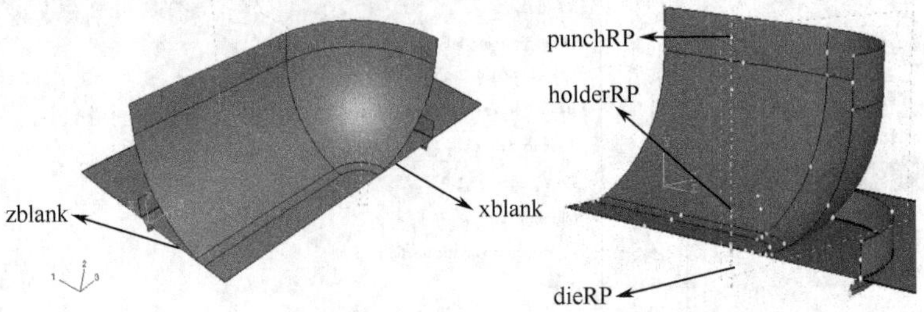

图 15-113　需要定义的节点集

（7）从主菜单中，选择 Output→Field Output Requests→Create 命令，在出现的对话框中输入名字：thickness，单击 Continue…按钮，在 Edit Field Output Request 对话框中的设置如图 15-114 所示。

8．定义表面和相互作用

（1）进入 Interaction 模块，选择 Interaction→Property→Create 命令，在 Creat Interaction Property 对话框中输入名字：Fric，并单击 Continue…按钮，在弹出的 Edit Contact Property 对话框（见图 15-115）中单击 Mechanical，单击 Tangential Behavior，在 Friction formulation 下拉菜单中选择 Penalty，在 Friction Coeff 处输入 0.1，接受其他的默认选择，最后单击 OK 按钮。

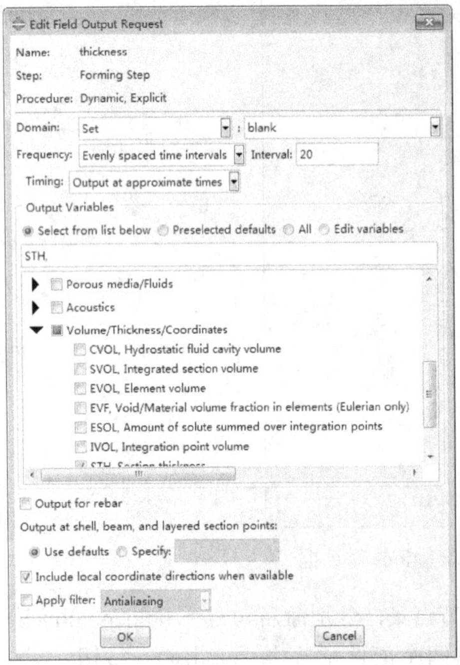

图 15-114　Edit Field Output Request 对话框

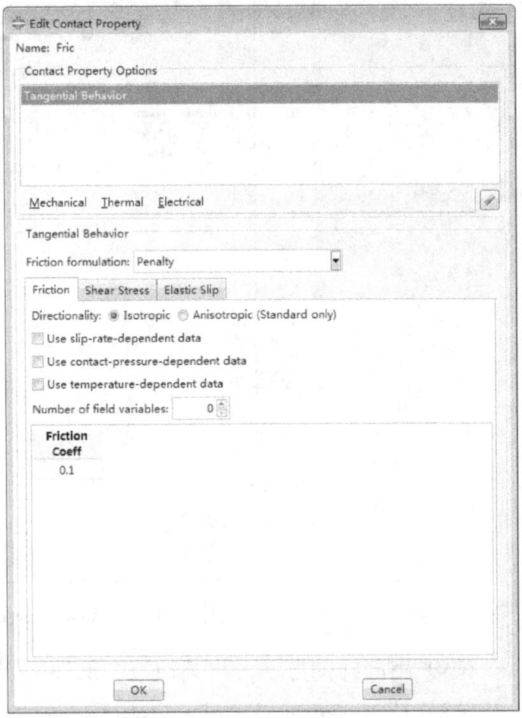

图 15-115　Edit Contact Property 对话框

（2）从主菜单中选择 Interaction→Create 命令，在弹出的对话框（见图 15-116）中输入名字：contact，默认 step 为 Initial，Types for Selected Step 选择 General contact(Explicit)。单击 Continue...按钮，接受所有默认选择，单击 OK 按钮。

（3）从主菜单中选择 Constraint→Create 命令，输入名字 die，选择 Rigid body，单击 Continue...按钮，出现如图 15-117 所示的对话框。选择 Body（elements），单击 Edit...按钮，在提示栏中单击 Sets...按钮，选择节点集 die，在 Edit Constraint 对话框中单击 Reference Point 栏的 Edit...按钮，选择 dieRP 参考点，单击 OK 按钮。

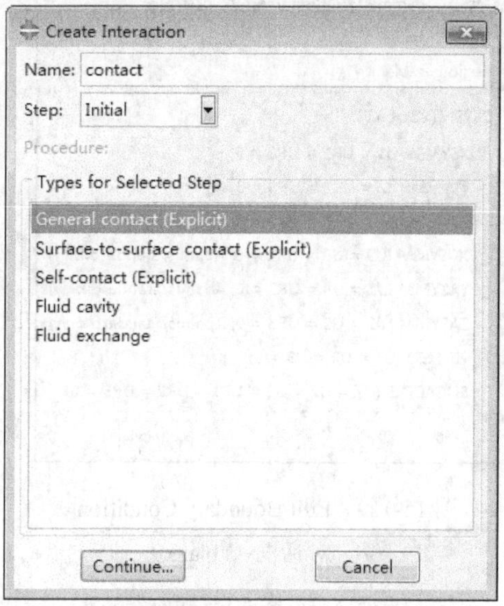

图 15-116　Create Interaction 对话框

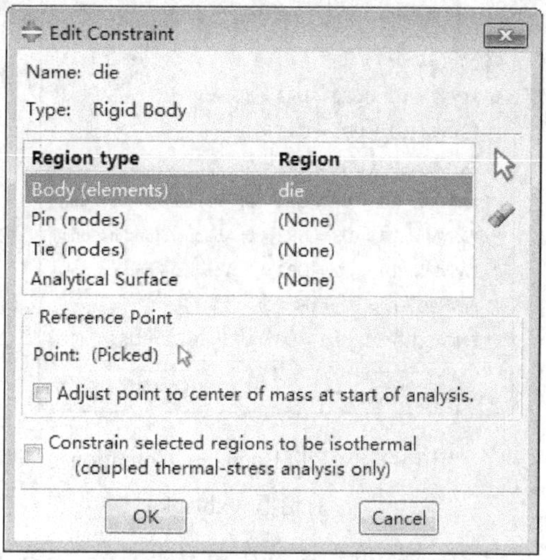

图 15-117　Edit Constraint 对话框

（4）类似第三步，继续定义刚体 punch 和 holder，对应节点集分别为 punch 和 holder，对应参考点分别为 punchRP 和 holderRP。

9. 定义边界条件

（1）进入 Load 模块，从主菜单中选择 BC→Manager 命令，在 Boundary Condition Manager 中单击 Create...按钮，在出现的 Create Boundary Condition 对话框中，命名这个边界条件为 dieBC，接受默认的选择，单击 Continue...按钮，在出现的 Region Selection 对话框中选择参考点 dieRP，单击提示栏中的 Done 按钮，在出现的 Edit Boundary Conditions 对话框中选中 ENCASTRE，单击 OK 按钮。

（2）在 Boundary Condition Manager 中单击 Create...按钮，命名这个边界条件为 xblank，接受默认的选择，单击 Continue...按钮，在出现的 Region Selection 对话框中选择节点集 xblank，单击 Done 按钮，在 Edit Boundary Conditions 对话框中选中如图 15-118 所示的选项，单击 OK 按钮。

（3）在 Boundary Condition Manager 中单击 Create...按钮，命名这个边界条件为 zblank，接受默认的选择，单击 Continue...按钮，在出现的 Region Selection 对话框中选择节点集 zblank，单击 Done 按钮，在 Edit Boundary Conditions 对话框中选中如图 15-119 所示的选项，单击 OK 按钮。

（4）在 Boundary Condition Manager 中单击 Create...按钮，命名这个边界条件为 punchBC，选择 Type 为 Displacement/Rotation，单击 Continue...按钮，在出现的 Region Selection 对话框中选择参考点 punchRP，单击 Done 按钮，选中所有的选项，单击 OK 按钮。

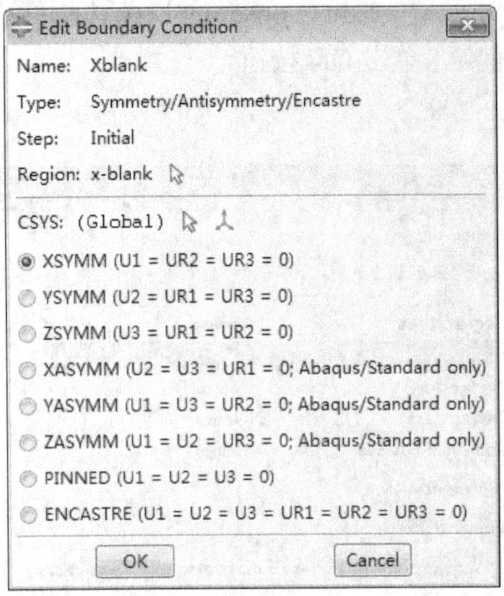

图 15-118　Edit Boundary Condition 对话框（xblank）

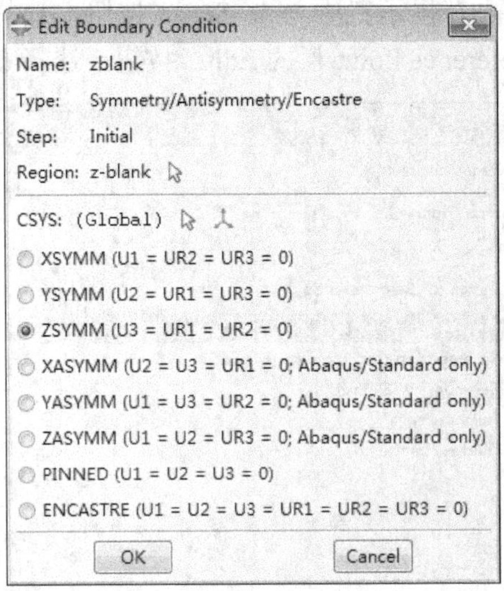

图 15-119　Edit Boundary Condition 对话框（zblank）

重复该步骤，定义边界条件 holderBC，约束 holderRP 点的全部自由度。最后，Boundary Condition Manager 对话框如图 15-120 所示。

（5）在主菜单中选择 Tools→Amplitude→Create 命令，选择 Smooth step，然后单击 Continue...按钮，输入如图 15-121 所示的对话框中的数值，单击 OK 按钮完成操作。

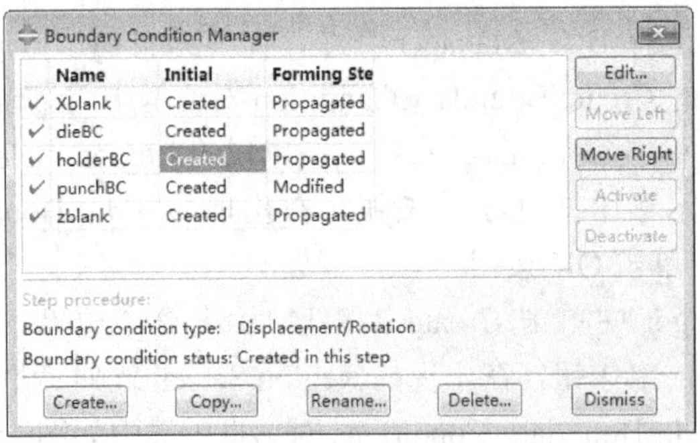

图 15-120　Boundary Condition Manager 对话框

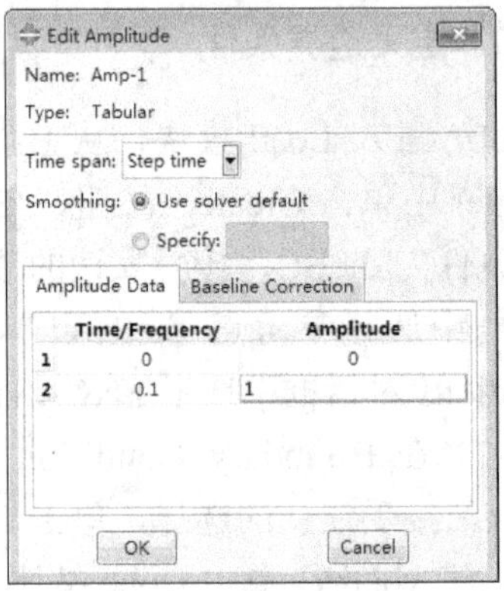

图 15-121　Edit Amplitude 对话框

（6）在 Boundary Condition Manager 中，如图 15-118 所示，单击 Edit...按钮，在 U2 中输入-150，在 Amplitude 栏中选择 Amp-1，单击 OK 按钮，可以注意到，在 Forming Step 中，punchBC 的状态变为 Modified。

（7）在主菜单中选择 Load→Create 命令，在弹出的对话框中名字栏输入 Pressure，Step 栏中选择 Forming Step，Category 栏接受默认的 Mechanical 选择，在 Types for Selected Step 栏中选择 Concentrated force，单击 Continue...按钮，在视图区选择 holderRP，单击 Done 按钮，在 Edit Load 对话框中输入 CF2 的大小：-1.5E5，如图 15-122 所示，单击 OK 按钮，完成操作。

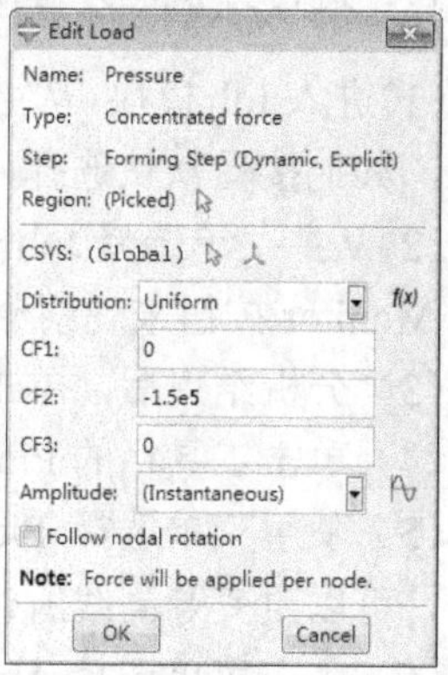

图 15-122 Edit Load 对话框

10. 划分网格

（1）从主菜单选择 Mesh→Controls 命令，选中所有的部件，单击 Done 按钮，在对话框内接受默认的选项，如图 15-123 所示，Technique 栏选择 Structured 选项，单击 OK 按钮。

（2）从主菜单选择 Seed→Instance，选中除了 blank 以外的所有部件，单击提示栏区的 Done 按钮。在弹出的对话框（见图 15-124）中输入 20 作为网格点的间距，如图 15-124 所示。选中 Curvature control 选项，输入 0.01 作为 Deviation factor 的大小，单击 OK 按钮。

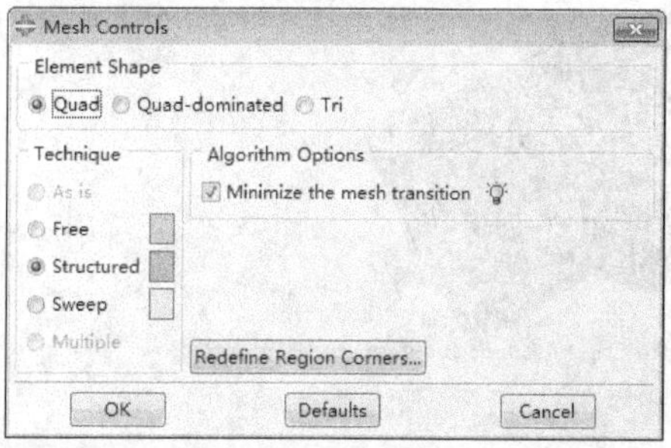

图 15-123 Mesh Controls 对话框

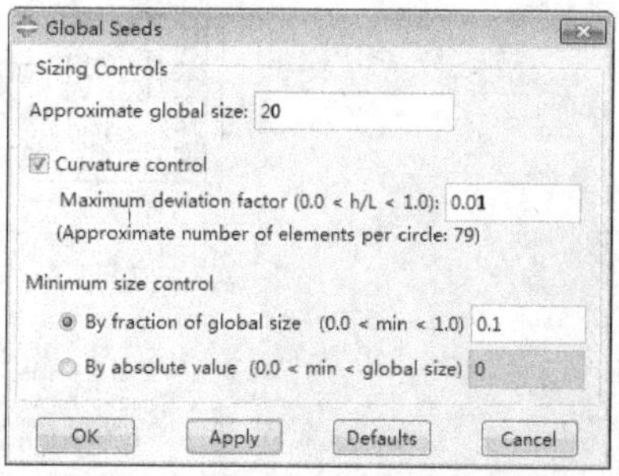

图 15-124 Global Seeds 对话框

（3）从主菜单选择 Seed→Instance，选中 blank 部件，单击 Done 按钮，在出现的对话框的 global size 输入区输入 12，单击 OK 按钮。

（4）从主菜单选择 Mesh→Instance，选中所有部分，单击 Done 按钮。CAE 将为所有部件均划分网格模型，如图 15-125 所示，保存文件。

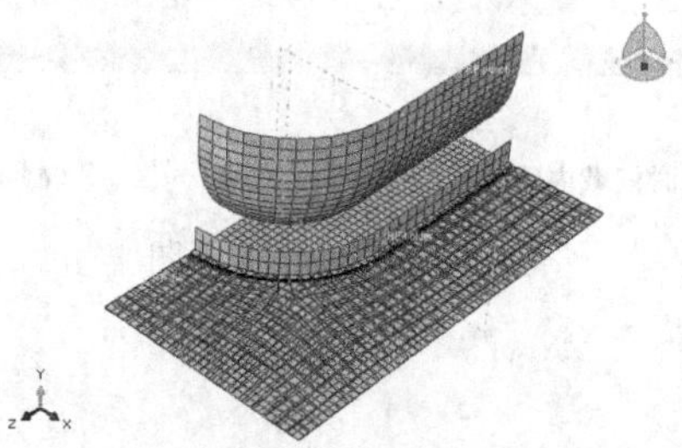

图 15-125 生成的网格

11．进行分析，并可视化结果

（1）进入 Job 模块，从主菜单选择 Job→Create 命令，命名为 forming，单击 Continue... 按钮，其他接受默认选择，单击 OK 按钮。

（2）从主菜单选择 Job→Manager 命令，在 Job Manager 中单击 Submit 按钮提交任务，单击 Monitor 按钮来观察分析的进程。

（3）分析结束后，单击 Results 按钮，对结果进行可视化。

（4）单击工具栏的 Plot Deformed Shape 按钮，显示结构变形结果。

（5）从主菜单选择 Plot→Contours，显示云图，通过主菜单的 Result→Field Output 命令，可以改变等高线所代表的变量。

（6）从主菜单选择 Animate→Time History，可以观看 CAE 制作的动画过程。

（7）从主菜单选择 Result→History Output，可以选取想要绘制的 *X-Y* 曲线。

其中，图 15-126（a）所示给出了成型后金属板的厚度分布云图；图 15-126（b）所示给出了与厚度变化最大处的单元相关的四个节点处的厚度在时间域内的变化曲线；图 15-126（c）所示为整个过程中内能和动能的变化曲线。

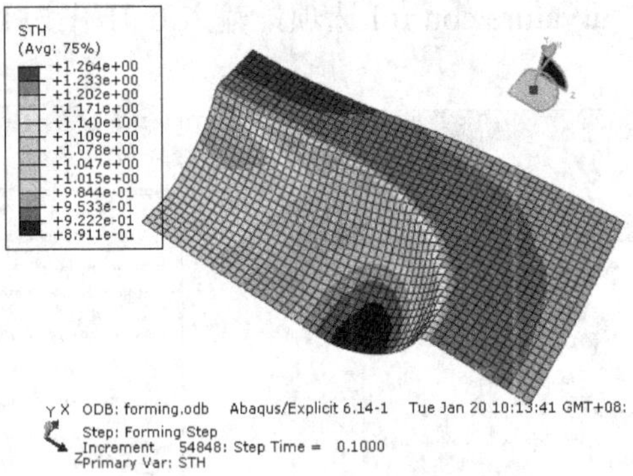

（a）STH 分布图

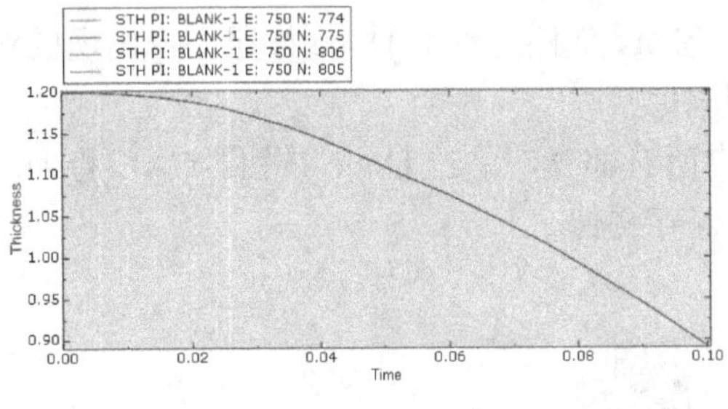

（b）四个节点处的厚度在时间域内的变化曲线

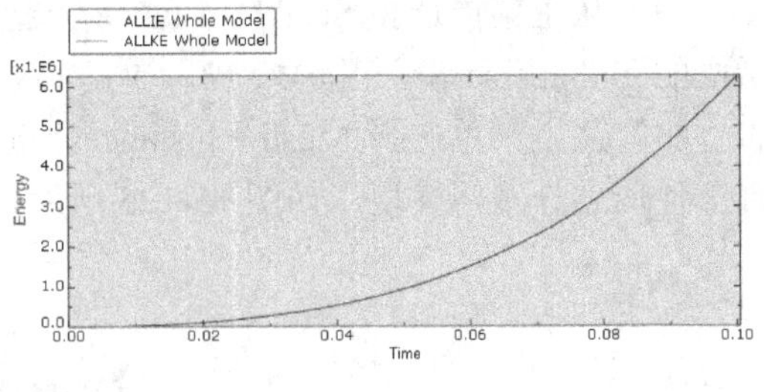

（c）内能和动能的变化曲线

图 15-126 结果分析图

15.2.3 INP 文件

该案例中的 INP 文件解释请查阅光盘中的相关文件，限于篇幅，在此不做详解。

本章小结

本章介绍了两个较为复杂的工程实例，在建模过程中需要综合运用多种建模技巧，读者可以从中学习到真实工程问题的分析方法，主要内容如下。

（1）工程铰接结构的分析模拟。

很多工程问题中涉及到铰接结构，为了保证这一结构有效承载，要求设计时确定其所需要的工作载荷量值。该例主要练习复杂接触问题的建模方法，生成部件和定位实体的不同方法，以及模拟过程的多步骤分析问题。

（2）钣金成型过程模拟分析。

本实例模拟油箱的冲压成型过程，将接触分析、非线性材料定义及多步骤分析结合起来，并介绍了建模的一些技巧，单元的选择等问题。

希望读者通过这些例子能掌握 ABAQUS 处理问题的步骤和处理方法，举一反三，开展工程和科学研究工作。

附录A

错误信息和警告信息总汇

ABAQUS 在分析过程中，经常会出现错误并分析终止的情况。此时 ABAQUS 会在 DAT 文件、MSG 文件和 LOG 文件中显示相应的错误信息（error）或警告信息（warning），读者可以根据这些信息注意来找出模型中的错误并做出解决措施。

在分析过程中，出现的错误信息和警告信息有很多种，相同的错误或警告信息也有可能是由于多种不同原因导致的，这里不能一一列出。下面把一些常见的错误信息和警告信息归纳总汇，并给出相应的出错原因解析和解决措施。

A.1 DAT 文件中的错误信息和警告信息

ABAQUS 对 INP 文件进行预处理所生成的信息显示在 DAT 文件的开始部分。如果在这部分内容中出现了问题，会在 DAT 文件中显示错误信息（error）。此时，ABAQUS 不会开始分析计算，必须改正相应的错误，然后重新提交分析。DAT 文件中出现错误信息，大部分是由于 INP 文件中存在格式错误。通过使用 ABAQUS/CAE 等前处理软件来自动生成 INP 文件，或从已有的正确的 INP 文件中复制数据行，可以避免此类错误的发生。

DAT 文件中还经常会出现一些警告信息（warning），它们大多仅仅是一些注意，并不意味着模型有错误。下面介绍一些 DAT 文件中的常见错误信息和需要注意的警告信息。

A.1.1 文件中有空行

DAT 文件中错误信息的例子。

```
***ERROR: A CONCENTRATED LOAD HAS BEEN SPECIFIED ON NODE 0. THIS NODE IS NOT ACTIVE IN THE MODEL
```

（1）出错的 INP 文件内容：

```
*CLOAD, OP = NEW
Set-Load, 1, -10725.
                    !此处有一个空行
* End Step
```

（2）错误原因：INP 文件中不允许有空行。在上面的例子中，ABAQUS 把空行理解为节点编号 0，认为它是关键词*CLOAD 的一个参数，所以出现了上述错误信息。

（3）措施办法：去掉空行。如果希望使用空行来隔开两部分内容，应在此行的开头输入**，表明这行是注释行。

> **注 意**
>
> 在复制粘贴数据时，容易在无意中出现空行，应注意避免。

A.1.2 未注明实体名称（Unknown Assembly ID）

DAT 文件中错误信息的例子。

```
***ERROR: in keyword *BOUNDARY, file "plate. Inp", line 34：Unknown assembly id 10.
***ERROR: in keyword *BOUNDARY, file "plate. Inp", line 34：Unknown assembly node set SET1
```

（1）出错的 INP 文件内容。

```
**----------------------------------------
* Part．name= Plate
* Node
10, 0. , 1.
11, 0. , 0.
12, 1. , 0.
13, 1. , 1.
* Element，type= CPS41
1, 10, 11, 12, 13
**
*Nset，nset = SetA   !在 Part 数据块中定义了节点集合 SetA
11
*End Part
**----------------------------------------------
*Assembly, name = Assembly
**
*Instance, name= Plate-1, part = Plate
*End Instance
**
* Nset, nset = SetB, instance = Plate-1     !在 Assembly 数据块中定义了节点集合 SetB
12
*End Assembly
**---------------------------------------------
*Boundary
10, 1, 2          !错误：节点编号或单元编号应加上实体名称，即 Plate-1. 10
SetA, 1, 2        !错误：在 Part 数据块中定义的集合应加上实体名称，即 Plate-1. SetA
SetB, 1, 2        !正确：在 Assembly 数据块中定义的集合不需要加上实体名称
```

（2）错误原因：在边界条件、载荷、约束、预定义场等数据中，如果需要引用节点编号、单元编号，或需要引用在 Part 数据块或 Instance 数据块中定义的集合名称，应在前面加上实体名称。

（3）措施办法：正确的 INP 内容将边界条件的定义改为如下。

```
*Boundary
Plate-1. 10, 1, 2
Plate-1. SetA. 1, 2
SetB, 1, 2
```

A.1.3 关键词拼写错误

DAT 文件中错误信息的例子。

```
***ERROR: Ambiguous keyword definition "elem".
```

（1）出错的 INP 文件内容。

```
*Elem，type = CPS4I
2, 7, 35, 21, 56
```

（2）错误原因：定义单元的关键词是*ELEMENT，而不是*ELEM。

（3）正确的 INP 文件内容：

```
*Element，type = CPS4I
2, 7, 35, 21, 56
```

A.1.4 关键词前没有星号

DAT 文件中错误信息的例子。

```
***ERROR: The following elements reference one or more nodes that do not exist:
1 2 3 4
```

（1）出错的 INP 文件内容。

```
Element，type = CPS4I
2, 7, 35, 21, 56
```

（2）错误原因：关键词* ELEMENT 前面没有写星号。

（3）正确的 INP 文件内容。

```
*Element，type = CPS4I
2, 7, 35, 21, 56
```

注 意

ABAQUS 会忽略缺少星号的语句，而不给出相应的注意。

A.1.5 关键词的数据错误与警告

DAT 文件中错误信息的例子。

```
***ERROR: in keyword *ELEMENT,file "plate. Inp",line 12: Too few nodes for element(s) of type "CPS8": 1
```

（1）出错的 INP 文件内容。

```
*Element, type = CPS8
```

```
3, 22, 14, 34, 21
```

（2）错误原因：CPS8 单元应该有 8 个节点，而不是 4 个节点。

（3）正确的 INP 文件内容。

```
*Element，type = CPS8
3, 22, 14, 34, 21, 28, 31, 2, 54
```

INP 文件的每一行不能超过 256 个字符，有些关键字对此还有近一步的规定。前面介绍的*ELEMENT 和*NSET 要求在每个数据行中包含的数据不超过 16 个，如果超出 16 个，超出的部分会被忽略，并显示警告信息。

DAT 文件中警告信息的的例子。

```
***WARNING: in keyword *NSET, file "Plate-CPS8.inp", line 391: One or more data lines contain more 16 items（counting those after trailing commas）. The extra items are deleted.
```

（1）出错的 INP 文件内容。

```
*Nset, nset = Set5, instance = Plate-1
1, 3, 11, 13, 21, 27, 54, 60, 66, 72, 96, 140, 189, 232, 240, 261, 269
```

（2）错误原因：数据行中包含的数据超过了 16 个。

（3）正确的 INP 文件的内容。

```
*Nset, nset = Set5, instance = Plate-1
1, 3, 11, 13, 21, 27, 54, 60, 66, 72, 96, 140, 189, 232, 240, 261
269
```

A.1.6 关键词的参数错误

DAT 文件中错误信息的例子。

```
***ERROR: UNKNOWN PARAMETER EXPANSION
```

（1）出错的 INP 文件内容。

```
*Material. name= Steel, Expansion =2.75E-04
*Elastic
200000. , 0. 1
```

（2）错误原因：定义线胀系数要使用关键词*EXPANSION，而不能将其作为*MATE-RIAL 的一个参数来定义。

（3）正确的 INP 文件内容。

```
*Material, name = Steel
*Elastic
200000. , 0.1
*Expansion
2.75E-04
```

A.1.7 标点符号错误

DAT 文件中错误信息的例子 1。

```
***ERROR: in keyword *ELEMENT，file "plate. Inp", line 117: Element connectivity is missing
```

for element 100 of type "CPS4I"

（1）出错的 INP 文件内容。

```
*Element, type = CPS4I
67 5 17 57 33
```

（2）错误原因：关键词的各个数据之间要用逗号分隔开。

（3）正确的 INP 文件内容。

```
*Element,type = CPS4I
67, 5, 17, 57, 33
```

注 意

不要在无意中使用了中文的逗号，应该使用英文的逗号。

DAT 文件中错误信息的例子 2。

```
***ERROR: INVALID FLOAT VALUE
LINE IMAGE: 1.5E4. ,0.1.
```

（1）出错的 INP 文件内容。

```
*Material, name = Steel
*Elastic
1.5E4. ,0.1.
```

（2）错误原因：1.5E4 和 0.1 后面各多了一个小数点。

（3）正确的 INP 文件内容。

```
*Material, name = Steel
*Elastic
1.5E4, 0.1
```

注 意

ABAQUS/CAE 在生成 INP 文件时，会在浮点数的整数位后面加上一个小数点，这个小数点不是必须的。修改数据时，容易忽略这个小数点的存在造成上述错误。

A.1.8 关键词位置错误

DAT 文件中错误信息的例子。

***ERROR: in keyword *BOUNDARY, file "plate. Inp", line 252: The keyword misplaced. It can be suboption for the following keyword(s): subsructureloadcase, model, loadcase, step

（1）出错的 INP 文件内容。

```
*Boundary
Set-Cylinder-Ref, 1, 1
**
* End Assembly
```

（2）错误原因：关键词*BOUNDARY 不能位于*ASSEMBLY 和*END ASSEMBLY 之间。

注 意

在 ABAQUS 帮助文档《ABAQUS Keywords Reference Manual》中，列出了每个关键词应出现在 INP 文件的什么位置。例如，在对*BOUDARY 的解释中可以看到如下说明："Level: Model Step"，其含义为此关键词可以出现在 Part、Instance 和 Assembly 数据之外，或*STEP 和*END STEP 之间。

（3）正确的 INP 文件内容。

```
*End Assembly
**
*Boundary
Set-Cylinder-Ref, 1, 1
```

A.1.9 没有为单元赋予截面属性

DAT 文件中错误信息的例子。

```
***ERROR: ELEMENT 1 INSTANCE PLATE-1 IS LACKING A PROPERTY DEFINITION; CHECK ELEMENT SET AND ELEMENT DEFINITIONS
```

这类错误有如下几种常见情况：

（1）确实没有使用*SOLID SECTION、*SHELL SECTION 或*BEAM GENERAL SECTION 等关键词为单元赋予截面属性。

（2）截面属性的类型错误，例如，平面应力和平面应变单元的截面属性应该是*SOLID SECTION，而不是*SHELL SECTION。

（3）有部分单元没有被赋予截面属性。

A.1.10 过约束

DAT 文件中警告信息的例子。

```
***WARNING: OVERCONSTRAINT CHECKS: NODE 23 INSTANCE PULLEY-1-1 IS A DEPENDENT NODE IN A *TIE OPTION.
```

（1）错误原因：模型中有过约束。

（2）措施办法：存在过约束不一定意味着此模型无法得到正确的分析结果，对于 ABAQUS/Standard 分析，应查看 MSG 文件是否出现了 Overconstraint Checks 和 Zero Pivot 警告信息。如果没有，说明 ABAQUS 已经自动消除了过约束，分析正常进行；如果在 MSG 文件中有上述警告信息，说明 ABAQUS 无法自动解决过约束问题，分析往往不会收敛，即使收敛了，结果也可能是错误的。

A.1.11 重启动分析数据错误

DAT 文件中错误信息的例子。

```
***ERROR: STEP 3 WAS NOT SAVED ON THE RESTART FILE.  STEP 1 IS THE LAST STEP ON THE FILE
```

（1）出错的 INP 文件内容。

```
RESTART, READ, STEP = 3, WRITE, frequency = 1
```

（2）错误原因：STEP = 3 的含义是在基础模型的第 3 个分析步结束处开始重启动分析，如果基础模型中只有一个分析步，就会出现上述错误信息。

（3）正确的 INP 文件内容。

```
*RESTART, READ, STEP = 1, WRITE, frequency = 1
```

A.1.12 材料塑性数据不符合格式要求

DAT 文件中错误信息的例子 1。

```
***ERROR: THE PLASTIC STRAIN AT FIRST YIELD MUST BE ZERO
```

（1）出错的 INP 文件内容。

```
*Material, name = Steel
*Plastic
348. , 0.03
670. , 0.078
```

（2）错误原因：关键词*PLASTIC 下面第一行中的第二项数据必须为 0，其含义为在屈服点处的塑性应变为 0。

（3）正确的 INP 文件内容。

```
*Material, name = Steel
*Plastic
348. , 0
670. , 0.078
```

> **注 意**
>
> 关键词*PLASTIC 下面每个数据行的第一项是真实应力，第二项是塑性应变，注意不要颠倒。

DAT 文件中错误信息的例子 2。

```
***ERROR: THE INDEPENDENT VARIABLES MUST BE ARRANGED IN ASCENDING ORDER LINE IMAGE: 670. , 0.078
```

（1）出错的 INP 文件内容。

```
*Material, name = Steel
*Plastic
348. , 0
600. , 0.105
670. , 0.078
```

（2）错误原因：关键词*PLASTIC 下面各个数据行中的塑性应变必须按照递增的顺

序排列。

> **注 意**
>
> 真实应力不一定是递增的，书写时应该格外注意。

（3）正确的 INP 文件内容。

```
*Material, name = Steel
*Plastic
348. , 0
670. , 0.078
600. , 0.105
```

A.1.13 环境参数 pre_memory 设置

DAT 文件中错误信息的例子。

```
***ERROR: INSUFFICIENT MEMORY PRE_ MEMORY IS CURRENTLY SET TO 256.00 MBYTES. IT IS NOT POSSIBLE TO ESTIMATE THE TOTAL AMOUNT OF MEMORY THAT WILL BE REQUIRED. PLEASE INCREASE THE VALUE OF PRE MEMORY
```

（1）错误原因：在环境文件 abaqus_v6.env 中的参数 pre_memory（预处理时所使用的内存）设置得太小。此错误信息并不意味着计算机本身的内存或虚拟内存不足。

（2）措施办法：可以根据自己计算机的内存情况，尽可能地增大此参数值，以加快分析速度。

> **注 意**
>
> 如果 pre_memory 设置的太大，超出了计算机或操作系统所允许的上限，也会产生问题，详见 A.3.3。

A.1.14 磁盘空间不足

DAT 文件中错误信息的例子。

```
***ERROR: UNABLE TO COMPLETE FILE WRITE.  CHECK THAT SUFFICIENT DISK SPACE IS AVAILABLE. FILE IN USE AT FAILURE IS Fit-20Grad. Stt, 或***ERROR: SEQUENTIAL I/O ERROR ON UNIT 23. OUT OF DISK SPACE OR DISK QUOTA EXCEEDED.
```

错误原因：工作目录所在的磁盘空间不足，无法完成预处理。如果在 ABAQUS/Standard 分析过程中出现磁盘空间不足，此错误信息将会出现在 MSG 文件中。

A.2 MSG 文件中的错误信息和警告信息

当 ABAQUS/Standard 无法顺利完成分析时，将会在 MSG 文件中显示相应的警告信息，读者可以根据警告信息提示找出模型的错误。在使用 ABAQUS 的过程中，最常见到的问题就是在MSG文件中出现以下信息。

✧ Negative Eigenvalue（负特征值）。

✧ Zero Pivot（零主元）。

✧ Numerical Singularity（数值奇异）。

✧ Too Many Attempts Made for This Increment（过多次迭代尝试）。

下面详细介绍出现这些问题的常见原因和措施办法。

A.2.1 负特征值

MSG文件中警告信息的例子。

```
***WARNING: THE SYSTEM MATRIX HAS 2 NEGATIVE EIGENVALUES.
```

（1）错误原因：出现 Negative Eigenvalue 警告信息通常有以下三种原因：

✧ 没有消除刚体位移（参见第A.2.3节）。

✧ 单元异常，如单元过度变形，或由于调整接触面上节点的初始位置而造成单元反转（inverted）。

✧ 应力应变关系曲线中有负斜率。

（2）措施办法：Negative Eigenvalue 警告信息不一定意味着模型中有错误，只要此警告信息不是出现在增量步的最后一次迭代，模型就应该没有问题。

注 意

在接触分析中，有可能在最初的几次迭代中出现 Negative Eigenvalue 警告信息（因为刚体位移还没有被完全消除），而当接触关系建立起来后，就不再出现此警告信息，这是正常现象。如果在增量步的最后一次迭代中也出现 Negative Eigenvalue，甚至分析无法收敛，则应查找模型中是否有上面介绍的错误原因，并采取相应解决办法。

A.2.2 零主元

MSG文件中警告信息的例子。

```
***WARNING: Solver problem.   Zero pivot when processing D.O.F.1 of l nodes.
The nodes have been identified node set WarnNodeSolvProbZeroPiv_1_1_1_1_1.
***WARNING: OVERCONSTRAINT CHECKS: The model is overconstrained in this increment
due to the interactions among nodes in node set WarnNodeOverconZeroPivotStep1 lnc1 Iter1.
```

（1）错误原因：出现 Zero Pivot 警告信息的最常见原因是模型中存在过约束。如果ABAQUS 无法自动解决过约束问题，就会在 MSG 文件中显示上述 Zero Pivot 和Overconstraint Checks 警告信息，这时分析往往不会收敛。

（2）措施办法：本书A.1.10节介绍了过约束问题的措施办法，不再赘述。

A.2.3 数值奇异

MSG 文件中警告信息的例子。

***WARNING: SOLVER PROBLEM NUMERICAL SINGULARITY WHEN PROCESSING NODE BASE-1. 141 D.O.F.2 RATIO = 2.77153E+014.

（1）错误原因：出现 Numerical Singularity 警告信息时，最常见的原因是模型中出现了不确定的刚体位移（有时还会同时显示 Negative Eigenvalue 警告信息）。在静力分析中，必须对模型中所有实体都定义足够的约束条件，以保证它们在各个平移和转动自由度上都不会出现不确定的刚体位移。

（2）措施办法：采用“消除刚体位移”中详细讨论了如何发现和解决刚体位移问题。如果模型需要通过接触或摩擦来消除刚体位移，则应按照前面章节中介绍的方法，正确地定义接触关系。

另外，模型中存在过约束时，有时也会出现 Numerical Singularity 警告信息，详见第 A.2.2 节。

注 意

如果在各个增量步中反复出现 Numerical Singularity 警告信息，即使分析达到了收敛，其结果也往往是错误的或不准确的。

A.2.4 接触的过盈量太大

MSG 文件中注意信息的例子。

CONTACT PAIR (ASSEMBLY_SURF-1, ASSEMBLY_SURF-2) NODE SPECIMEN_1.148 IS OVERCLOSED BY 1.60194 WHICH IS TOO SEVERE.

（1）错误原因：此注意信息前面没有出现 WARNING 或 ERROR 字样，但仍需要注意。如果分析不收敛，应检查此信息中提到的接触对是否存在以下方面的问题。

- ✧ 过盈量确实太大。
- ✧ 在分析开始时或模型运动过程中，从面节点落到了主面之外，尤其注意的是从面节点落到了主面的背面。
- ✧ 接触面的法线方向错误。

（2）措施办法：见本书前面章节。

A.2.5 过多次迭代尝试

MSG 文件中错误信息的例子。

***ERROR: TOO MANY ATTEMPTS MADE FOR TTHIS INCREMENT: ANALYSIS TERMINATED.

（1）错误原因：如果 ABAQUS 按照当前的时间增量步无法在规定的迭代次数内达

到收敛，就会自动减小时间增量步（Cutback）。如果这样仍不能收敛，则会继续减小时间增量步。默认的 Cutback 最大次数为 5 次，如果达到了这个最大次数而仍不能收敛，ABAQUS 就会停止分析，显示以上错误信息。关于收敛控制的详细内容，可以参见 ABAQUS 帮助文件《ABAQUS Analysis User's Manual》。

（2）措施办法：分析无法达到收敛，往往是因为模型中有问题，例如，存在刚体位移、过约束、接触定义不当等，应查看 MSG 文件中是否有前面第 A.2.1～A.2.4 节所介绍的警告信息，然后采取相应措施。

> **注 意**
>
> 如果模型中有塑性材料，或分析过程中会发生很大的位移或局部变形，或施加载荷后会使接触状态发生很大的变化，则尝试应在关键词*STATIC 中设置较小的初始时间增量步。具体操作：选择“Step”模块，主菜单“Step→Edit”，在 Edit Step 对话框中，单击 Incrementation 标签页，设置参数 Initial 的值。

A.2.6 局部塑性变形过大

MSG 文件中警告信息的例子。

***WARNING: THE STRAIN INCREMENT HAS EXCEEDED FIFTY TIMES THE STRAIN TO CAUSE FIRST YIELD AT 16 POINTS.

（1）错误原因：与 Negative Eigenvalue 警告信息项类似，上述警告信息也不一定意味着模型中有错误。但如果模型出现了收敛问题，就应查看是否局部的塑性变形过大。

（2）措施办法：参考前面章节中介绍的措施办法。

A.2.7 时间增量步达到下限

MSG 文件中警告信息的例子。

***ERROR: TIME INCREMENT REQUIRED IS LESS THAN THE MINIMUM SPECIFIED

（1）错误原因：与前面第 A.2.5 节所述内容相类似，当 ABAQUS 无法以当前的时间增量步达到收敛时，就会自动减小时间增量步，当减小到所规定的时间增量步下限时（默认值为10^{-5}），ABAQUS 就会停止分析，显示上述错误信息。

（2）措施办法：见第 A.2.5 节。

A.2.8 环境参数 standard _ memory 设置问题

环境参数 standard _ memory 设置过小。

***ERROR: THE VALUE OF 256 MB THAT HAS BEEN SPECIFIED FOR STANDARD_MEMORY IS TOO SMALL TO RUN THE ANALYSIS AND MUST BE INCREASED. THE MINIMUM POSSIBLE VALUE FOR STANDARD_MEMORY IS 560 MB.

（1）错误原因：在环境文件 abaqus_v6.env 中的参数 standard memory（ABAQUS/

Standard 所能使用的内存）设置得太小。

> **注 意**
>
> 此错误信息并不意味着计算机本身的内存或虚拟内存不足。

（2）措施办法：在 abaqus_v6.env 中的默认参数为 standard_memory = “256MB”。在上面这个错误信息的例子中，注意了此分析所需的最小内存值为 560MB，读者可以根据自己计算机的内存情况，尽可能地增大此参数值，以加快分析速度。

环境参数 standard _ memory 设置过大。

```
***ERROR: THE VALUE THAT HAS BEEN SPECIFIED FOR STANDARD_MEMORY EXCEEDS THE AMOUNT OF MEMORY THAT CAN BE ALLOCATED USING 32-BIT HARDWARE. EITHER STANDARD_MEMORY MUST BE DECREASED OR THE ANALYSIS MUST BE RUN USING 64-BIT HARDWARE.
```

（1）错误原因：在环境文件 abaqus_v6.env 中的参数 standard _ memory（ABAQUS/Standard 所能使用的内存）设置得过大，超出了 32 位硬件所允许的上限。

（2）措施办法：减小环境参数 standard memory 的值。

A.3 LOG 文件中的错误信息

除了以上两节讲到的在预处理和分析过程中出现的问题外，还有一种情况，ABAQUS/Standard 分析已经停止，在 Windows 任务管理器中已经看不到进程 Pre.exe 和 Standard.exe，但看不到“THE ANALYSIS HAS BEEN COMPLETED”（分析顺利完成）的提示，同时在 DAT 文件和 MSG 文件中既看不到错误信息。这时就应该查看 LOG 文件中的错误信息。这种问题出现的原因有以下几种。

A.3.1 用户子程序（user subroutine）出现错误

LOG 文件中错误信息的例子。

```
ABAQUS Error: ABAQUS/Standard Analysis exited with an error-Please see the message file for possible error messages if the file exists.
ABAQUS/Analysis exited with errors.
```

（1）错误原因：如果在运行用户单元（UEL）或用户材料（UMAT）等读者子程序时出现错误，就很有可能在 MSG 文件和 DAT 文件中看不到任何错误信息，只在 LOG 文件中出现上述错误信息。

（2）措施办法：检查在 INP 文件中调用用户子程序时，是否使用了正确的参数。可以尝试用一个简单的例子来调试读者子程序，确保其正确性。另外在编写读者子程序时，应注意尽可能多设置一些出错提示。

A.3.2 ABAQUS 本身的缺陷

LOG 文件中错误信息的例子。

ABAQUS Error: The executable D:\ABAQUS\6.5-1 \exec\standard.exe aborted with system error "拒绝访问。

"（error code 5）.

Please check the.dat, .msg, and.sta files for error messages if the files exist. If there are no error messages and you cannot resolve the problem, please run, the command "abaqus job = support information = support" to report and save your system information. Use the same command to run ABAQUS that you, used when the problem occurred. Please contact your local ABAQUS support office and send them the input file, the file support log which you just created, the executable name, and the error code.

ABAQUS/Analysis exited with errors.

（1）错误原因：如果分析异常中止，而在 MSG 文件和 DAT 文件中看不到任何错误信息，只是在 LOG 文件中出现上述信息，有可能是 ABAQUS 内部的缺陷造成的。

（2）措施办法：去掉模型中不必要的特殊设置，各参数尽量使用 ABAQUS 的默认值。如果初始的模型没问题，而在修改了某些参数之后出现上述错误信息，可以尝试逐个将这些参数恢复至初始状态。

A.3.3 环境参数 pre_memory 设置得过大

LOG 文件中错误信息的例子。

ABAQUS Error: The executable D: \ABAQUS\6.5-1 \exec\pre.exe aborted with system error "拒绝访问。

"（error code 5）.

Please check the.dat，.msg, and.sta files for error messages if the files exist. If there are no error messages and you cannot resolve the problem, please run the command "abaqus job = support information = support" to report and save your system information. Use the same command to run, ABAQUS that you used when the problem occurred. Please contact your local ABAQUS support office and send them the input file, the file support log which you just created, the executable name, and the error code.

ABAQUS/Analysis exited with errors.

（1）错误原因：如果把环境文件 abaqus_v6.env 中的参数 pre_memory（预处理时所使用的内存）设置得过大，导致操作系统内存不足，就可能在 LOG 文件中出现上述错误信息。

（2）措施办法：在环境文件 abaqus_v6.env 中，将参数 pre_memory（预处理时所使用的内存）调小。

注 意

此 Windows 注意信息并不一定意味着计算机本身的内存或虚拟内存不足，而很可能是参数 pre_memory 过大造成的。